정보화 시대의

# 반도체공학

The Semiconductor Guide in the information Age
## Semiconduct Engineering

| 류장렬 지음 |

청문각

# Preface

■■■ 최근 첨단 반도체 산업은 다양한 분야로 그 수요가 급증하면서 국가 간의 치열한 경쟁, 기업 간의 전략적 제휴 및 시장 점유율 우위를 위한 기술 혁신의 가속화 등이 이루어지고 있다. 반도체는 실리콘 원자재 위에 각종 회로를 설계하고 집적하여 컴퓨터, 휴대폰, 로봇, 사물 인터넷(IoT) 등의 핵심 부품으로 이용되어 그 역할이 증대하고 있는 등 국가의 성장 동력 산업의 핵심을 담당하는 중요한 분야이다. 또한 부가 가치가 높고, 고도의 기술 집약적이며, 자원이나 에너지가 적게 드는 산업인 반면, 정밀한 시설과 고가의 장비가 필요하며, 연구 개발에 대한 투자비가 많이 소요되어 위험 요소가 비교적 큰 산업이기도 하다.

1920년 초 내부 광전 효과와 정류 작용이 일어난다는 사실을 밝혀낸 후, 1926년 슈뢰딩거Schrödinger, Erwin에 의해 파동 방정식이 발표되고, 이것을 활용하여 반도체 물질에서의 현상을 규명하기 시작하였다. 이러한 일련의 연구를 거쳐 1947년 존 바딘John Bardeen, 월터 하우저 브래튼Walter Houser Brattain에 의해 점 접촉 트랜지스터가 개발되었고, 이어서 윌리엄 쇼클리Schockley, William Bradford에 의해 pn 접합 이론이 발표되고, 반도체 물질을 이용한 트랜지스터가 발명되면서 본격적인 반도체 시대가 열리게 되었다. 1958년 미국의 킬비Jack Kilby, S.와 노이스Noyce, Robert Norton가 집적 회로integrated circuit 기술을 개발하여 오늘날의 집적 회로 시대로 발전하게 되었다.

1980년 초 대한민국은 반도체 기술에 대한 인프라가 전혀 없는 열악한 상황에서 64 Kb DRAM을 개발한 것이 오늘의 반도체 강국의 기반이 되었다고 볼 수 있으며, 1998년 세계 최초의 256 Mb DRAM의 개발에 성공하면서 반도체 강국의 반열에 올랐다고 할 수 있다. 이어서 2001년 1 Gb, 2002년 2 Gb 낸드 플래시 메모리nand flash memory를 개발하게 되었고, 2005년 16 Gb, 2006년 32 Gb 메모리 개발에 성공하여 7년 연속 1년에 집적도 2배를 달성하는 커다란 성과를 이루게 되면서 2013년 기준 세계 시장 점유율 16%, 2014년 기준 세계 DRAM 시장의 70%에 육박하는 점유율을 보이고 있다.

이와 같은 반도체 기술의 발전은 국가 경제에 큰 기여를 하고 있으며, 국제적 위상을 높이는 데 큰 역할을 하고 있다. 이제 반도체 산업은 국가의 기반 산업으로 반도체 없이는 어느 제품도 경쟁력을 높일 수 없는 중요한 산업으로 자리 잡게 되었다.

이러한 의미에서 반도체공학은 대학에서 전자·정보 기술 분야를 전공하는 우리 젊은 공학자들의 전문 기초 지식으로 습득해야 하는 중요한 과목의 하나라고 할 수 있다. 여러 종류의 디지털 회로 및 전자 회로의 해석 및 설계를 위해서는 반도체 재료와 소자에 관한 현상이나 원리를 학습하는 것이 필요하다고 본다.

그동안 강의 경험을 바탕으로 얻은 지식을 통하여 반도체의 물성과 소자 분야의 기초적이면서, 최신의 내용으로 교재를 엮게 되었다. 이 책의 구성은 제1장은 반도체와 관련한 물성론의 개념, 제2장은 반도체의 결정을 포함한 물질의 결합, 제3장은 반도체의 재료, 제4장은 반도체의 에너지 준위, 제5장은 반도체의 도전 현상, 제6장은 반도체의 pn접합, 제7장은 트랜지스터, 제8장은 금속과 반도체의 접촉, 제9장은 반도체의 제조 공정, 제10장은 특수 반도체 소자, 제11장은 정보 디스플레이 등으로 구성되어 기본적인 반도체의 물리적 성질을 학습하는 기초적인 물리전자공학과 반도체공학으로 두 개 학기에 걸쳐서 강의하거나 선별하여 한 개 학기에도 강의할 수 있도록 구성하였다.

이 책을 펴내면서 참고한 국내·외 여러 저서 및 논문들의 저자 분들에게 깊은 감사를 드리며, 문헌들을 참고하여 쉽게 쓰려고 노력하였으나, 많은 내용을 요약하여 정리하다 보니 미비한 점들이 많이 있을 것으로 예상된다. 따라서 더욱 좋은 교재가 될 수 있도록 독자와 관심 있는 분들의 질책과 격려를 통하여 보완될 것을 기대한다.

끝으로 본 교재가 독자에게 조금이나마 도움이 되었으면 하는 마음이며, 이 교재가 출간될 수 있도록 지원을 아끼지 않은 청문각의 관계자 여러분에게 심심한 감사의 말씀을 드린다.

2015년 8월

저자
jrryu@kongju.ac.kr

# Contents

### Chapter 3   반도체의 재료

**Chapter 6**    # 반도체의 pn 접합

Chapter 7     **트랜지스터**

## Chapter 10   특수 반도체 소자

# 부록

# 물성론

Physical theory

물질의 온도 변화를 설명하는 이론은 1907년 아인슈타인에 의하여 발표되었다. 이것은 당시 연구가 활성화된 양자론quantum theory에 의한 것이다.

1926년에 이르러 슈뢰딩거Schrödinger는 고체 내 전자의 움직임을 수학적으로 해석할 수 있는 유명한 파동 방정식을 발표하여 고체 내 전자의 에너지 준위를 계산할 수 있는 이론적 근거를 마련하였다. 그 후 이것은 반도체의 Band 이론으로 발전하는 계기가 된 것이다.

학습
목표

# 1 소립자

## 1 원 자

### 1. 원자의 발견

지구 상에 존재하는 모든 물질은 원자들로 구성되어 있고, 우리 눈으로 확인하고 손으로 감촉되는 물질의 성질은 이 원자들의 이합집산, 결합의 방식 등에 의하여 결정된다는 원자설(原子說)은 고대 그리스의 학자로부터 시작되었으며, 돌턴Dalton이나 아보가드로Avogadro 등의 화학자들에 의해 증명되었다. 그 후 여러 과학자에 의해 이 원자가 다시 여러 가지 소립자elementary particle로 구성되어 있다는 사실이 밝혀졌다. 즉, 모든 물질은 전자electron, 양성자proton, 중성자neutron, 중간자meson, 쿼크quark 등의 소립자로 구성되어 있다는 것이다.

현대물리학에서 가장 중심적인 과제의 하나는 물질의 구조를 연구하는 것이다. 20세기에 들어와 물리학자들은 원자가 결코 나눌 수 없는 것이 아니고, 더 작은 입자들로 구성되어 있음을 밝혀내게 되었다. 즉, 원자의 중심에 양전기를 띤 한 개의 핵nucleus이 있고, 그 핵 둘레에 음전기를 띤 전자electron들이 에워싸고 있다는 것이다. 이 작은 원자의 세계에서 원자핵과 전자는 상호 작용하는 전기적 인력에 의해서 마치 태양계와 흡사한 체계를 형성하고 있다. 즉, 원자는 하나의 소우주라 할 수 있다. 여기서 원자핵은 작은 입자이나 복잡한 구조를 가지고 있다.

1803년 원자설을 발표했던 돌턴은 원자를 단순한 공 모양의 알갱이로만 생각하였으나, 1903년 톰슨Thomson은 음극선 실험으로부터 원자 내에는 부(負)의 전자가 존재한다는 것을 확인하였으며, 원자는 전기적으로 중성이므로 양전기(陽電氣)도 원자 내에 존재해야 한다고 생각하였다. 그 후, 러더퍼드Ruther Ford의 원자 모형 제안과 보어Bohr의 원자 모형에 관한 '양자가설'을 거쳐 1926년 슈뢰딩거Schrödinger에 의하여 현대적인 원자 모형이 완성되었다. 그 후, 양전기의 알맹이가 원자의 중심에 위치하여 원자 질량의 대부분을 차지하고 있다는 것을 발견하였고, 이 알맹이를 원자핵(原子核atomic nucleus)[1]이라고 하였다. 그 후 여러 과학자들의 연구에 의하여 물질을 구성하는 기본적인 알맹이로서 물질의 고유 성질을 보유하는 극한입자(極限粒子)인 분자(分子molecule)는 원자로, 원자는 다시 원자핵과 전자(電子electron)[2]로 구성되어 있다는 것이 밝혀졌다.

원자 번호가 $Z$인 원자는 (+)로 대전(帶電electric charge)된 한 개의 원자핵과 (−)전하를 갖는 $Z$개의 전자로 구성되었으며, 원자핵은 몇 개의 중성자(中性子neutron)와 $Z$개의 양성자(陽性子proton)로 구성되어 있고, 중성자와 양성자는 중간자(中間子meson)에 의한 핵력(核力)으로 결속되어

---

1   원자핵  물질의 궁극은 원자이며, 모든 물질은 원자가 여러 가지로 조합하여 구성된 것이라고 생각할 수 있는데, 이 원자의 구조를 관찰해 보면 양(+)전하를 띤 중심부와 음(−)전하를 가지고 몇 개의 궤도로 나뉘어서 그 주위를 돌고 있는 전자로 구성되어 있다.
2   전자  원자의 핵 주위를 궤도 운동하는 하전 입자로, 전하량 $e = 1.6 \times 10^{-19}$[C], 정지 질량 $m = 9.11 \times 10^{-31}$[kg]의 미소한 입자이다. 원자와 원자의 결합은 이 전자들의 결합력에 의해 이루어지며, 가해진 전계에 의해 원자핵의 구속으로부터 벗어난 전자의 이동에 의해 금속이나 반도체의 전기 전도 현상이 일어난다. 전자는 전하를 가지고 있으므로 전계나 자계에 의해 운동의 영향을 받으며, 열에너지와 빛에너지에 의해 물질 외부로 방출되기도 한다.

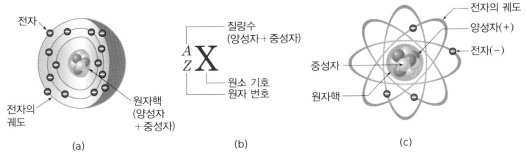

▼ 그림 1.1 (a) 원자의 구조 (b) 원자의 표기 (c) 전자의 궤도 운동

있다. 이를 그림 1.1에서 보여 주고 있다.

## 2. 원자핵

원자핵 속에는 (+)전기를 띤 양성자와 전기를 띠지 않은 중성자가 존재한다. 원자 번호가 92번인 우라늄 원자핵을 살펴보면, 원자핵 속에 92개의 양성자가 있다.

이 작은 핵 속에 같은 부호의 전기를 띤 양성자가 서로 밀어내지 않고 어떻게 함께 존재하는 것일까? 핵 속의 양성자와 중성자들은 서로를 강하게 잡아당기는 핵력(核力)이 있는데, 이 핵력은 양성자와 양성자 사이에서 전기적으로 밀치는 힘보다 훨씬 강하기 때문에 많은 양성자들이 핵 속에 가까이 붙어 있는 것이다. 그림 1.2는 원자핵의 결합을 나타낸 것이다.

원자핵의 성질 중 원자의 질량을 줄이려는 성질이 있는데, 이것은 무거운 원자핵들이 쪼개져, 보다 가벼운 두 개의 원자핵으로 나누어질 수 있다. 이렇게 하나의 원자핵이 두 개의 원자핵으로 나누어지는 것을 핵분열이라 한다. 이는 중성자 한 개가 우라늄 원자핵과 충돌하여 원자핵을 두 개로 쪼갠 다음, 다시 두 개의 중성자가 아주 빠른 속도로 튀어나오게 된다. 이 두 개의 중성자는 다시 두 개의 원자핵을 쪼개고, 다시 4개의 중성자가 튀어나와 4개의 원자핵을 쪼갠 뒤, 8개의 중성자가 튀어나온다. 이러한 과정을 거쳐 원자핵이 연쇄적으로 분열하게 되는데, 이것이 연쇄 핵분열이다. 우라늄 1 kg 속에 엄청나게 많은 원자핵이 존재하고, 원자핵 하나가 분열할 때의 에

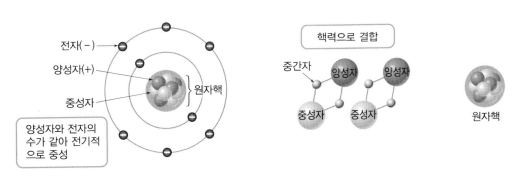

▼ 그림 1.2 **원자핵의 결합**

너지는 그리 크지 않으나, 많은 양의 원자핵이 동시에 분열하게 되면 그 에너지도 대단히 크게 된다. 이 엄청난 에너지를 폭탄으로 사용한 것이 원자폭탄이다. 우라늄 1 kg이 폭발할 때의 에너지는 석탄 300만 톤을 동시에 태웠을 때의 에너지와 같다.

우라늄이 핵분열할 때 나오는 에너지를 순간적으로 사용하지 않고 천천히 분열하도록 하여 여기서 나오는 그 에너지로 수차를 돌려 전기를 만드는 것이 바로 원자력 발전neuclear power generation이다. 이것은 중성자들이 원자핵을 천천히 쪼개도록 중성자들을 느리게 움직이게 하면 된다. 즉, 물속에서는 중성자의 움직임이 느리므로 물속에서 원자의 핵분열을 일으키면 중성자가 원자핵을 두 개로 쪼개는 반응이 느려져 에너지가 천천히 발생하게 된다.

## 3. 분자의 구조

물질의 상태를 살펴보자. 물이라고 하는 물질을 나누어 가면 $H_2O$라는 분자의 집합체가 된다. $H_2O$는 수소(H)와 산소(O)의 원자로 나눌 수 있다.

그림 1.3 (a)는 물 분자의 구조를 나타낸 것인데, $H_2O$로 구성된 물은 수소 원자 2개와 산소 원자 1개로 구성된 화합물이다. 하나의 수소 원자에는 1개의 전자가 있고, 산소 원자의 최외각 궤도에는 6개의 전자가 있다. 결국, 각 수소 원자에는 2개, 산소 원자에는 8개의 전자가 있어 안정한 결합상태가 되는 것이다. 물 분자 하나에는 전자 10개가 운동하고 있다. 그림 (b)는 수소 분자인 $H_2$를 그림으로 나타낸 것인데, 양전기의 원자핵과 음전기를 띤 전자를 너무 가깝게 하면 전자와 전자 사이의 반발력 때문에 매우 불안정하나, 적당한 거리를 유지하면 전자가 두 개의 원자핵을 전기적인 힘으로 끌어당겨 안정을 유지하므로 분자의 형태로 존재하게 된다.

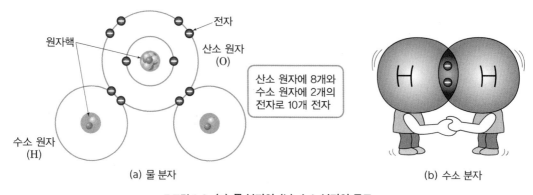

전자
원자핵
산소 원자 (O)

산소 원자에 8개와 수소 원자에 2개의 전자로 10개 전자

수소 원자 (H)

(a) 물 분자

(b) 수소 분자

▼ 그림 1.3 **(a) 물 분자와 (b) 수소 분자의 구조**

그림 1.4는 몇 가지 물질의 분자 모형도를 보여 주고 있는데, 그림 (a)의 산소 분자의 경우, 같은 원소 2개가 결합한 것이며, 그림 (b)의 아르곤(Ar)은 원자 하나가 그대로 분자를 구성하는 것이다. 한편, 그림 (c)는 분자가 대단히 큰 고분자 화합물인 아미노산 물질의 분자 모형도를 나타낸 것이다.

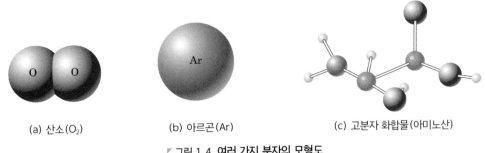

(a) 산소(O₂)  (b) 아르곤(Ar)  (c) 고분자 화합물(아미노산)

▼ 그림 1.4 여러 가지 분자의 모형도

그림 1.5는 수소 원자와 산소 원자의 구조를 나타낸 것인데, 그림에서 전자는 ( − )전기를, 양성자는 ( + )전기를 띠게 되며, 중성자는 전기를 띠지 않는다. 또 전자의 수와 양성자의 수가 같기 때문에 전기적인 중성을 유지하게 된다.

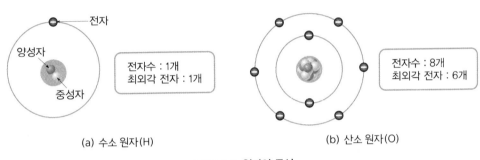

전자
양성자
중성자

전자수 : 1개
최외각 전자 : 1개

전자수 : 8개
최외각 전자 : 6개

(a) 수소 원자(H)  (b) 산소 원자(O)

▼ 그림 1.5 원자의 구성

그림 1.6은 실리콘silicon, 게르마늄germanium, 비소arsenic 원자의 구성을 보여 주고 있는데, 여기서 그림 (a)의 실리콘 원자를 살펴보면, 실리콘은 원자 번호가 $Z = 14$이다. 원자의 구성은 ( + )로 대전한 원자핵과 그 주위의 궤도를 운동하고 있는 14개의 전자로 구성된다. 이 14개의 전자 중 최외각 궤도를 운동하고 있는 4개의 전자는 실리콘 물질의 화학적 성질을 결정하는 중요한 요소로 화학적으로 원자가(原子價)를 결정하며, 이 4개의 전자를 가전자(價電子) 또는 최외각 전자라 한다.

이 최외각에 있는 가전자는 원자핵으로부터 가장 멀리 떨어져 있어 원자핵의 속박으로부터 벗어나기 쉬운 성질도 가지고 있다. 여기서 실리콘 원자는 이 4개의 가전자로는 안정한 상태에 있지 않으며, 다른 원자와의 결합을 통하여 최외각에 8개의 전자가 있어야 가장 안정한 상태로 된다. 한편, 원자와 전자는 각각 $10^{-10}$[m], $10^{-15}$[m]의 직경을 갖고 있다. 따라서 이들 입자는 매우 작으므로 원자나 전자의 운동을 해석할 때 이들의 크기는 무시하고 하나의 질점(質點)으로 간주한다.

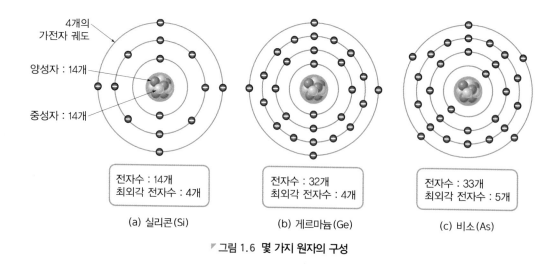

| | | |
|---|---|---|
| 전자수 : 14개<br>최외각 전자수 : 4개 | 전자수 : 32개<br>최외각 전자수 : 4개 | 전자수 : 33개<br>최외각 전자수 : 5개 |
| (a) 실리콘(Si) | (b) 게르마늄(Ge) | (c) 비소(As) |

그림 1.6 **몇 가지 원자의 구성**

**토막상식** **쿼크**

원자핵 속에는 양성자와 중성자가 존재하고 있다. 이 양성자와 중성자를 더 이상 쪼갤 수 있으면 어떻게 될까? 양성자와 중성자를 구성하는 기본 알갱이들을 쿼크라고 한다. 양성자는 두 개의 업up 쿼크와 한 개의 다운down 쿼크로 이루어져 있고, 중성자는 두 개의 다운 쿼크와 한 개의 업 쿼크로 이루어져 있다. 업 쿼크와 다운 쿼크의 질량이 거의 같기 때문에 양성자와 중성자의 질량이 거의 같은 것이다. 쿼크의 종류는 업 쿼크, 다운 쿼크 외에 스트레인지 쿼크, 참 쿼크, 보텀 쿼크, 톱 쿼크 등 6가지로 알려져 있다.

## 2 전자의 전하

물체가 대전되어 전기적 성질을 띠거나 전류가 흘러 전구에 빛이 나는 현상은 전하(電荷electric charge)[3]라는 실체로 설명할 수 있다. 정전기뿐만 아니라 모든 전기 현상은 전하에 의해 일어나는데, 이 모든 전기 현상의 근원이 되는 실체가 전하이다. 대전(帶電)되어 있는 물체는 '전하를 가진다.' 또는 '하전(荷電) 상태에 있다.'라고도 한다. 전하의 크기를 전기량이라고 하며, 일반적으로 기본 전하량의 표기는 $e$로 하고 그 값은

$$e = 1.602 \times 10^{-19}[\text{C}] \tag{1.1}$$

의 정수 배가 된다. 전하는 음(−)과 양(+)으로 구별하고 있으며, 그 분포에 따라 여러 가지 전기 현상이 일어난다. 분포 상태의 변화가 일어나지 않을 때는 정전하(靜電荷electrostatic charge) 상태에 있는 것이며, 전하가 이동하는 현상이 전류이다. 이것은 전위(電位)가 높은 곳에서 낮은 곳으로 전하가 연속적으로 이동하는 현상을 말한다. 전하의 양, 즉 전기량은 정전하 사이에 작용하는

---

3 　전하　물체가 띠고 있는 정전기의 양을 전하라고 한다. 같은 부호의 전하 사이에는 미는 힘이, 다른 부호의 전하 사이에는 끄는 힘이 작용한다. 한 점에 집중되어 있는 것을 점전하라고 하며, 이것이 이동하는 현상이 전류이다.

힘, 즉 인력 또는 반발력의 크기로 측정할 수 있다. 또 전류가 되어 1초 동안에 이동하는 양으로 정의하기도 한다.

그러나 어떤 경우라도 그 값은 전자가 가지는 전기량의 정수 배가 된다. 이것은 전하라는 것이 전자 또는 그 정수 배의 전기량을 지닌 하전 입자에 의해서만 존재하기 때문이다. 음( $-$ )의 전기량 $e$ 에 대응하여 양( $+$ )의 전기량은 $q$ 로 표기하기도 하나, 여기서는 $+e$ 로 표기한다.

보통 물체가 대전되어 있지 않다는 것은 그 어디를 취해도 음과 양의 전하를 지닌 입자의 수가 같은 경우를 뜻하며, 대전체는 어떤 원인으로 이들이 음과 양으로 분리된 것을 말한다. 전하는 쿨롱이라는 단위를 사용한다. 쿨롱coulomb은 국제단위계의 전하의 단위로, 쿨롱Coulomb, Charles Augustin de[4]의 이름을 따서 사용하게 된 것이다. 국제단위계에서는 초와 암페어의 곱인 유도 단위로 쓴다. 1쿨롱은 1암페어의 전류가 1초 동안 흘렀을 때 이동한 전하의 양을 나타낸다. 즉, 단위 시간당 이동한 전하의 양을 말하며, 기호 [C]로 표기한다.

## ③ 전자와 자유 전자

전기가 통한다는 것은 물질 속에 있는 전자가 이동하여 생기는 것이다. 이때 전자가 이동하여 전자제품을 질 직동시키기 위해서는 전자가 어느 힘에 묶여져 있지 않고 자유롭게 움직일 수 있어야 한다. 이것을 사람들은 자유 전자free electron라 부르고 있다. 즉, 전자가 원자라는 집 울타리 속에 갇혀 있지 않고, 자유롭게 움직일 수 있다는 뜻이다.

이와 같이 자유로운 전자가 있는가 하면, 어떤 힘에 이끌려 원자 집 속에 원자핵과 어울려 있으면서 그곳에서만 궤도 운동을 하는 묶여진 전자가 있다. 전자를 끌어당길 수 있는 힘을 가지면서 하나의 집을 구성하는 요소를 원자핵atomic nucleus이라고 하였다. 잘 알고 있는 바와 같이 우리 지구는 태양계에서 정해진 궤도만을 공전하여 한 바퀴 돌고 나면 365일이 된다. 이와 같이 태양이 잡아당기는 힘으로 지구가 지구의 궤도를 돌고 있듯이 원자핵에 묶여진 전자는 원자핵을 중심으로 정해진 궤도만을 운동하고 있다. 원자핵을 태양에 비유할 수 있다.

그러면 원자핵에 묶여져 있는 전자와 자유 전자는 어떤 차이가 있을까? 결국, 이 둘은 같은 것이다. 다만, 어느 조건을 가하면 원자에 묶여져 있던 전자가 떨어져 나와 자유롭게 되어 자유 전자가 되는 것이다. 우리가 살고 있는 이 지구 상에는 많은 물질들이 존재하고 있다. 이들 물질 속에 있는 원자에 전자가 어떻게 묶여져 있는가에 따라서 자유 전자로 되기가 쉽기도 하고, 어렵기도 하다. 이것은 물질의 종류에 의해서 자유 전자로 되기 쉬운 전자가 많이 있기도 하고, 적게 있기도 하다는 것이다. 결국, 전자와 자유 전자의 차이점은 물질의 종류에 있다고 보아도 좋겠다.

그러면 이 전류의 근원인 자유 전자는 어떻게 생기는 것일까? 자유 전자가 많이 있는 금속인 구리 물질을 들여다보자. 구리를 구성하는 모든 원자는 규칙적으로 배열되어 있는데, 어떤 원자

---

4   쿨롱(Coulomb, Charles Augustin de, 1736~1806) 프랑스의 물리학자로, 1785년 비틀림 저울을 발명, 이것을 이용해서 대전체 및 자극 간의 힘을 측정하고, 유명한 '쿨롱의 법칙'을 발견하여, 정전기학, 자기학에 정량적 기초를 남겼다.

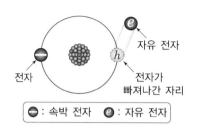

▼ 그림 1.7 **전자와 자유 전자**

핵 주위를 돌고 있는 전자 중 몇 개는 이웃하는 원자 집으로 가서 그 원자핵 주위를 서성거리며 느슨하게 돌기 시작한다. 원자핵 주변을 느슨하게 돌고 있는 어떤 전자는 바로 자신의 원자핵을 떨어져 나올 수 있다. 이런 일이 연쇄적으로 일어나면 원자핵 주위를 돌고 있는 어떤 전자들은 자신이 어느 집의 원자핵과 어울려 있었는지 모르게 되어 결국, 어느 원자에도 속하지 않는 자유로운 전자가 되는 것이다.

나트륨 물질은 어떨까? 나트륨은 원자 번호가 11번이다. 마지막 궤도에 전자 1개가 운동하고 있다. 1개의 전자로는 나트륨 물질이 불안한 상태에 있는 것이다. 불안한 상태를 해결할 수 있는 것은 마지막 궤도에 운동하고 있는 전자, 즉 가전자를 버리는 것이다. 그러기에 원자핵의 속박으로부터 이탈하여 자유롭게 움직이는 자유 전자가 쉽게 될 수 있는 것이다. 1개의 전자를 내어버리면 안정해지는데, 그러면 전자가 뛰쳐나오니까 전기적으로 중성의 성질이 없어지는 것으로 생각하지만, 곧바로 다른 원자에서 뛰쳐나온 전자가 오기 때문에 여전히 중성의 조건을 지키며, 나트륨이라는 물질이 안정한 상태를 유지하게 되는 것이다. 이를 그림 1.8에서 보여 주고 있다.

무릇 전기라고 하는 것은 무엇일까? 이것은 전자electron의 이동이라고 말할 수 있다. 그러나

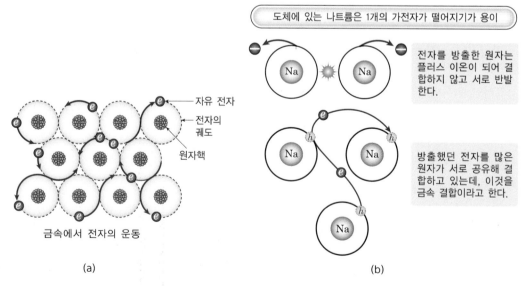

(a)                                                     (b)

▼ 그림 1.8 **(a) 구리의 자유 전자 (b) 나트륨의 자유 전자**

이것만으로 전기를 이해하기는 어렵다. 전자는 전기를 만드는 아주 작은 알갱이로, 이들 알갱이들이 모여 전기를 만드는 것이다. 우리 눈으로는 그 존재를 확인할 수 없는 아주 미세한 입자 particle이다. 이들 전자들이 모여 흘러가는 상태를 전류electric current라고 한다.

전자에는 움직이는 것과 움직이지 못하는 것이 있는데, 움직이지 못하는 전자, 즉 정지해 있는 전자에 의해서 만들어지는 전기를 정전기static electricity라고 부른다. 벼락의 원리가 바로 정전기 현상이다. 그야말로 음(⊖)전기와 양(⊕)전기가 서로 마주보고 정지해 있으면서 그 사이에서 전기적인 힘을 띠게 되는데, 이것을 대전(帶電electric charge)하고 있다고 한다.

그러면 이 전자들을 어떻게 흐르게(이동하게) 할 수 있을까? 전자의 흐름을 전류라고 하였다. 결국, 이것은 전하의 흐름이 전류인 셈이다. 모든 물질이 전류가 통하는 것은 아니다. 절연체는 전기를 통하지 않는다. 그렇다고 절연체가 대전하지 않을까? 그렇지 않다. 책받침은 절연체이지만 전자가 이동해서 대전하고 있다. 보통 절연체에서는 자유 전자가 없다. 이 자유 전자가 없다면, 전류도 생기지 않을 것이다. 결국, 전류가 흐를 조건은 대전하고 있는 물질이라면 전자 즉, 전하가 어떤 압력을 받아야 흐를 수 있고, 자유 전자가 있는 물질이라도 압력을 주어야 전자가 움직여 전류가 생기게 되는 것이다. 여기서 압력은 전위차를 말한다. 그림 1.9에서 이것을 설명해 주고 있다.

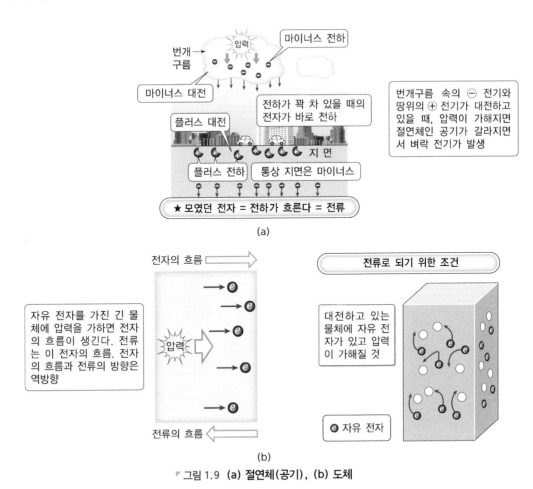

(a)

(b)

그림 1.9 (a) 절연체(공기), (b) 도체

## 4 전위와 전압

2개의 서로 다른 전하의 그룹, 즉 전자가 많이 있는 상태의 음(-)전위와 전자 부족 상태의 전하가 많이 있는 양(+)전위를 금속선으로 연결시키면, 전자가 많이 있는 부분에서 전자가 부족한 부분인 양극으로 자유 전자가 이동하면서 전기적 일을 하게 되는데, 이때 두 개의 전하 그룹에서 각각 '일할 수 있는 능력'을 전위potential라고 한다. 또 두 전하 사이에서 '일할 수 있는 능력의 차이'를 전위차(電位差potential difference) 또는 전압(電壓voltage)이라고 한다. 물이 높은 곳에서 낮은 곳으로 흐르는 것처럼 전하는 전위가 높은 곳에서 낮은 곳으로 이동한다고 하였다. 이때 높은 곳과 낮은 곳의 차이가 전위차, 즉 전압이다. 낮은 곳보다 높은 곳에서 떨어지는 물이 더 많은 에너지를 가지고 있듯이, 전압이 클수록 더 많은 전기 에너지를 가지고 있는 것이다. 그리고 높이 차이가 없으면 물이 흐르지 않듯이 전압이 0이면 전류가 흐르지 않는다. 전압의 크기를 나타내는 단위는 볼트[V volt]이다. 1[V]는 1[C]의 전하가 두 점 사이에서 이동하였을 때에 한 일이 1[J]일 때의 전위차이다. 1[J]은 1[N]의 힘으로 물체를 힘의 방향으로 1[m]만큼 움직이는 동안 하는 일 또는 그렇게 움직이는 데 필요한 에너지를 나타낸다. 열과 일에 대해 업적을 남긴 영국의 물리학자 줄Joule, James Prescott[5]의 이름을 따서 붙여졌다. 1[J]은 다음의 차원을 갖는다.

$$1[J] = 1[N \cdot m] = 1[kg \cdot m^2/s^2] \text{ (MKS 단위)} \tag{1.2}$$

그림 1.10에서는 물의 높이가 서로 다른 두 개의 비커를 보여 주고 있는데, 물이 많이 있는 비커는 수위가 높다. 반대로 물이 적은 비커의 수위는 낮다. 이때 두 개의 비커를 서로 연결한다면 어떤 현상이 일어날까? 두 비커의 수위가 같아지도록 하는 힘이 작용할 것이다. 그 힘은 두 비커의 수위의 차이만큼이 될 것이다. 이 힘으로 물은 수위가 높은 쪽에서 낮은 쪽으로 흘러 결국 같아지는 것이다.

이 수위를 전위라는 말로 비유해 볼 수 있다. 전위가 높은 곳과 낮은 곳 사이에서는 위치의

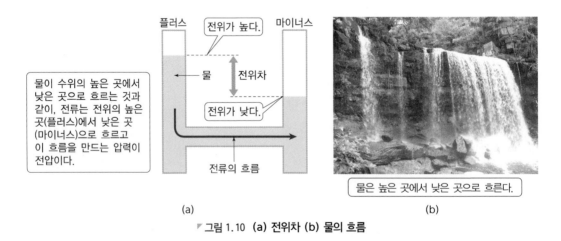

물이 수위의 높은 곳에서 낮은 곳으로 흐르는 것과 같이, 전류는 전위의 높은 곳(플러스)에서 낮은 곳(마이너스)으로 흐르고 이 흐름을 만드는 압력이 전압이다.

물은 높은 곳에서 낮은 곳으로 흐른다.

(a)　　　　　　　　　　　　(b)

▶ 그림 1.10 (a) 전위차 (b) 물의 흐름

---

5   줄(Joule, James Prescott, 1818~1889) 영국의 물리학자로, 전류를 통하여 생기는 열량에 관한 법칙을 밝히고, 열에너지와 일과의 관계를 실측하여 '줄의 법칙'을 발견하였다.

차이가 있으므로 전기가 흐르게 되는 것이다. 이 사실을 잊어서는 안 된다. 물은 땅이 높은 곳에서 낮은 곳으로 흐르고 있다. 이와 같이 높은 위치에서 낮은 위치로 전류가 흐르도록 작용하는 전기적 압력이 전압voltage이다. 전압은 전위차가 클수록 커지는 성질을 가지고 있다.

전계가 형성되어 있는 임의의 공간의 점 A에서 점 B까지 단위 정전하 +1[C]을 옮기는 데 필요한 에너지를 $V$[V]라 하면 점 A는 점 B보다 $V$[V]만큼 전위(電位potential)가 높은 것이며, 점 A와 B 사이의 전위차(電位差potential difference)를 $V$[V]라 하고, 이 전위차가 전압(電壓voltage)인 것이다.

일반적으로 전위의 기준점은 무한 원점을 0 전위로 하여 전계 내의 임의의 점 A까지 단위 정전하(單位正電荷)를 옮기는 데 필요한 일을 점 A의 전위로 정의하기도 한다. 전위는 스칼라scalar량이며, 단위는

$$1\,[\mathrm{V}] = 1\left[\frac{\mathrm{J}}{\mathrm{C}}\right] \tag{1.3}$$

이다. 한편, 전위차와 전계와의 관계를 수식으로 나타내면 다음과 같다.

$$V = -\int_A^B E_x\, dx\,[\mathrm{V}] \tag{1.4}$$

## 5 전자의 질량

전자가 갖는 질량은 자연계에 존재하는 질량 중 가장 작으며, 직접 측정하기는 곤란하다. 1897년 영국의 물리학자 톰슨J. Thomson은 전기 방전(電氣放電) 실험을 통하여 전자의 질량에 대한 전하의 비 $e/m_0$를 측정하였다.

이 $e/m_0$의 값을 비전하(比電荷)라 하며, 그 크기는

$$\frac{e}{m_0} = 1.759 \times 10^{11}\,[\mathrm{C/kg}] \tag{1.5}$$

이며, 여기서 $m_0$는 전자의 정지 질량으로, 그 값은

$$m_0 = 9.109 \times 10^{-31}\,[\mathrm{kg}] \tag{1.6}$$

이다. 이는 수소 원자 질량의 1/1,837 배에 해당된다. 또한 전자가 $v$[m/sec]의 속도로 운동하고 있을 때, 전자의 운동 질량 $m$은 아인슈타인Einstein의 상대성 원리에 의하여 다음과 같이 주어진다.

$$m = \frac{m_0}{\sqrt{1 - \left(\dfrac{v}{c}\right)^2}} \tag{1.7}$$

여기서 $c$는 광속도(光速度)로서 $3 \times 10^8$[m/s]의 값을 갖는다.

## 6 전 계

한 개의 대전체 주위에 다른 대전체를 가까이 하면 이 대전체에는 쿨롱의 법칙에 따른 전기력이 작용한다. 이와 같이 공간의 어느 장소에 대전체를 놓았을 때, 이 대전체에 전기력이 작용하는 장소를 전계(電界electric field) 또는 전장(電場)이라고 한다. 특히, 전하가 정지되어 있는 경우의 전계를 정전계(靜電界electrostatic field)라고 한다. 그림 1.11에서와 같이 점 X에 점전하(點電荷) $e_0$ [C]가 있을 때, 점 X에서 거리 $r$[m] 떨어진 지점 Y에 다른 점전하 $e$[C]를 놓으면 전하 $e$에 작용하는 전기력 $F$는

$$F = \frac{e_0 \cdot e}{4\pi \varepsilon_0 r^2} [\text{N}] \tag{1.8}$$

가 되고, 힘 $F$의 방향은 그림 1.11에 표시한 바와 같다. 점 Y의 전하 $e$가 받는 힘 $F$의 크기는 $e$[C]에 비례하므로 식 (1.8)의 양변을 $e$로 나누면

$$E = \frac{F}{e} = \frac{e_0}{4\pi \varepsilon_0 r^2} [\text{N/C}] \tag{1.9}$$

이다. 여기서 $E$는 점 Y의 단위 정전하(單位正電荷)에 작용하는 전기력의 크기이며, 이를 점 Y의 전계의 세기intensity of electric field라고 한다.

전계의 세기 단위는 [N/C]이지만 실용적인 단위 [V/m]로 바꾸어 고쳐 사용하고 있다. 전계의 세기 $E$는 쿨롱의 힘 $F$와 같이 Vector이며, 방향은 $F$와 같다.

전기장(電氣場)은 공간상에 전하가 존재할 때, 그 전하에 의해 생기는 공간상 각 지점의 전위의 기울기를 말한다. 전위의 기울기이기 때문에, 단위는 [V/m]가 된다. 또한 일반적으로 공간상의 한 점의 전기장의 크기는 그 지점에 단위 정전하(+1C)를 놓았을 때 그 전하가 받는 힘으로 정의한다. 따라서 단위는 [N/C]이나, 실용적인 단위 [V/m]를 사용하고 있다. 이것을 유도하여 보자.

$$E = \frac{F}{e_0} \tag{1.10}$$

여기서 $E$ : 전계이고, $e_0$ : 전하량이다.

전기장의 단위 유도는 다음과 같다.

$$E = \frac{F}{e_0} = \frac{F \times m}{e_0 \times m} = \frac{J}{e_0 \times m} \tag{1.11}$$

$m$은 힘에 의해서 이동한 변위displacement이고, $J$는 에너지energy이다.

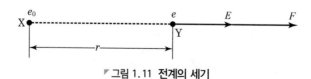

▼그림 1.11 전계의 세기

단위 전하가 갖는 에너지가 전위이므로

$$\frac{J}{e_0} = V \tag{1.12}$$

이고, 식 (1.11)과 식 (1.12)에서

$$E = \frac{F}{e_0} = \frac{V}{m} \tag{1.13}$$

이 된다.

## 7 전자의 에너지

물리학에서 에너지의 단위로는 MKS 단위계(單位係)의 Joule[6]과 CGS 단위계의 erg를 사용하고 있다. 그러나 전자의 에너지는 매우 작은 양으로, 이와 같이 큰 단위를 사용하면 불합리한 경우가 많다. 그러므로 전자에 대한 에너지의 단위로 사용하기에 적절한 전자 전압(eV$_{electron\ Volt}$)의 단위를 쓰고 있다. 1[eV]의 의미는 전자 한 개가 1[V]의 전압으로 가속되었을 때, 전자가 갖는 운동 에너지를 뜻한다. 따라서 [eV]와 [J]과의 관계는

$$1[eV] = 1.602 \times 10^{-19} \times 1[V] = 1.602 \times 10^{-19}[J] \tag{1.14}$$

이며, 다음 관계식도 성립한다.

$$1[J] = 0.63 \times 10^{19}[eV] \tag{1.15}$$

## 8 전자의 힘과 가속도

어떤 물체에 전압을 공급하여 그 전압의 힘이 미치는 영역을 전장(電場) 또는 전계(電界)[7]라 하며, 이 전장에는 전속(電束)이 존재하고, 이 전속의 밀도에 따라 전계의 세기가 정해진다. 이 전계의 세기가 전장의 전 영역에 일정한 경우가 균등 전계인데, 이제 이 균등 전계가 평행 평판에 적용되었다고 생각하여 보자.

이 균등 전계는 극판의 넓이에 비하여 두 극판 사이의 거리가 아주 짧은 평행 평판 사이에 전압을 공급함으로써 얻을 수 있다. 이 균등 전계 내에서 운동하는 전자의 작용은 물리학에서 취급하는 지구 중력장 내의 낙하 물체에 작용하는 것과 유사하다.

그림 1.12에 나타낸 바와 같이, 전계가 작용한 두 극판 사이에 정전하인 입자가 놓여 있을 때,

---

6   Joule   에너지 혹은 일의 단위이며, MKS 단위계로 힘의 작용점이 힘의 방향으로 1[m]의 거리를 움직인 때의 한 일로 정의한다.
7   전계   전기를 띤 대전체 주위의 공간은 어떤 성질을 갖고 있어 이 공간 속에 다른 대전체를 놓으면 이것에 힘이 작용하게 된다. 이것은 대전체가 주위 공간에 전기력을 미친다고 생각되므로 이 공간을 전계(電界 ; electric field) 또는 전장(電場)이라고 한다. 전계의 세기는 전계 속에 단위 정(+)전하를 띤 대전체를 놓았을 때 그 대전체가 받는 힘으로 나타낸다.

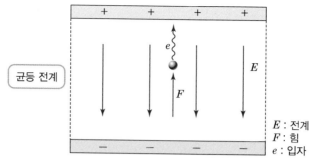

균등 전계

$E$ : 전계
$F$ : 힘
$e$ : 입자

▊ 그림 1.12 **평행 평판의 균등 전계**

이 입자가 받는 힘 $F$는 전자의 전하량을 $e$라 하고 전계의 세기를 $E$라 하면

$$F = eE \tag{1.16}$$

이며, 전자의 전하량이 부($-$)인 것을 고려하여 $e$ 대신 $-e$로 대체하면

$$F = -eE \tag{1.17}$$

가 된다. 여기서 뉴턴Newton의 운동 법칙을 적용하면 다음과 같다.

$$F = ma = -eE \tag{1.18}$$

여기서 $m$은 낙하물체의 질량이며, $-$는 부($-$)의 전하량을 고려하여 힘 $F$와 전계 $E$의 방향이 반대임을 나타낸다. 따라서 전자가 받는 가속도 $a$는 다음과 같다.

$$a = -\frac{e}{m}E \ [\mathrm{m/s^2}] \tag{1.19}$$

### ▥ 연습문제 1-1 ▥

전계의 세기 $E = 10^5 [\mathrm{V/m}]$가 균등하게 분포한 평행평판에 전자가 놓여 있는 경우, 이 전자의 가속도는? (단, 전자의 질량은 $m = 9.109 \times 10^{-31} [\mathrm{kg}]$, 전자의 전하량 $e = 1.602 \times 10^{-19} [\mathrm{C}]$이다.)

**풀이** 전계 $E$ 내에 전자가 받는 힘 $F$는 $F = -eE = ma$이므로

$$a = -\frac{e}{m}E = -1.759 \times 10^{11} \times 10^5 = -1.759 \times 10^{16}$$

$$\therefore a = -1.759 \times 10^{16} [\mathrm{m/s^2}]$$

* ($-$) 표시는 전계와 반대 방향으로 전자가 운동하고 있음을 나타냄

## ⑨ ▊ 전자의 속도

균등 전계 $E$가 공급되어 있는 전장(電場)에서 전자의 운동은 시간 $t$와 위치 $x$에 따라 변하지 않으므로 식 (1.19)의 가속도 $a$는 상수가 된다. 따라서 이 균등 전계 내에서 운동하는 전자는

등가속도 운동(等加速度運動)을 하게 된다. 이때 가속도 $a$가 시간의 함수이면 다음 식을 적분함으로써 속도 및 이동 거리를 구할 수 있다.

$$a_x = \frac{dv_x}{dt}, \ v_x = \frac{dx}{dt} \tag{1.20}$$

식 (1.19)를 이용하여 식 (1.20)을 변형하여 다시 쓰면

$$-\frac{e}{m}E_x = \frac{dv_x}{dt} \tag{1.21}$$

이고, $dt = \frac{dx}{v_x}$로 치환하여 적분한다.

$$-\frac{e}{m}\int_{x_0}^{x} E_x \, dx = \int_{v_{x_0}}^{v_x} v_x \, dv_x \tag{1.22}$$

식 (1.22)의 좌변에서 전위의 정의에 따라 처음 위치 $x_0$와 이동거리 $x$ 사이의 전위 $V$는 다음과 같다.

$$V = -\int_{x_0}^{x} E_x \, dx \tag{1.23}$$

식 (1.22)와 식 (1.23)에서

$$eV = \frac{1}{2}m(v_x^2 - v_{x_0}^2) \tag{1.24}$$

이고, 초속도 $v_{x_0} = 0$이라고 가정하고 $v_x$를 $v$로 놓으면

$$eV = \frac{1}{2}mv^2 \tag{1.25}$$

을 얻을 수 있다. 식 (1.25)에서 질량 $m$을 정지질량 $m_0$로 가정하여 전자의 이동속도 $v$를 구하면

$$v \fallingdotseq 5.93 \times 10^5 \sqrt{V} \ [\text{m/s}] \tag{1.26}$$

이다. 또한, 식 (1.23)의 전압과 전계와의 관계를 정리하면,

$$V = -\int_{x_0}^{x} E_x \, dx = -E_x(x - x_0)[\text{V}]$$

$$E_x = -\frac{V}{x - x_0} \tag{1.27}$$

이고, 여기서 $x - x_0$을 두 평행평판 사이의 거리 $d$로 놓으면

$$E_x = -\frac{V}{d}[\text{V/m}] \tag{1.28}$$

이고, 이를 전계 내 임의의 점에 있어서 전위 경도(電位傾度potential gradient)라고 한다.

### ■ 연습문제 1-2 ■

초기에 정지하고 있던 전자가 9[V]의 전압이 공급된 두 전극 사이를 운동할 때의 속도는?

**풀이** 운동 속도를 $v$라 하면 $eV = \frac{1}{2}m_0 v^2$에서 $v = 5.93 \times 10^5 \times \sqrt{V}$ 이므로

$$v = 5.93 \times 10^5 \times \sqrt{9} \fallingdotseq 1.8 \times 10^6$$

$$\therefore v \fallingdotseq 1.8 \times 10^6 \ [\text{m/s}]$$

# 2 양자론의 기초

## 1 양 자

19세기 중엽 맥스웰Maxwell은 빛이 전자파(電磁波)의 일종으로 일정한 에너지를 가지고 있다고 하였으며, 1900년경 플랑크Planck는 이 광(光)에너지가 불연속적으로 흡수 또는 복사된다는 것을 가정하고, 또한 이 사실을 증명하였다.

미시적 세계를 취급하는 경우 소립자의 에너지나 플랑크 상수 $h(6.624 \times 10^{-34}[\text{J} \cdot \text{s}])$ 정도의 미세한 에너지의 작용을 해석하기 위하여 양자(量子quantum)[8]라는 개념을 도입하여 물질을 고찰하게 되었다. 이와 같은 방법론을 양자론(量子論quantum theory) 또는 양자역학이라 한다.

양자론은 물질을 미시적 현상으로 고찰하는 학문이며, 여러 과학자들의 양자역학을 통한 증명 과정에서 빛의 이중적 성질을 규명하였다. 광(光)은 드브로이de Broglie파, 불확정성의 원리 및 회절 현상 등으로 증명이 되는 파동으로서의 성질과 광전 효과(光電效果), 콤프턴Compton 효과 등으로 알려져 있는 입자로서의 성질도 가지고 있다. 마찬가지로 전자와 중성자 등도 외부에서 가해지는 일정한 힘에 의해 직진 운동을 하는 입자로서의 성질과 광선이나 전자선 등이 매우 좁은 틈을 통과할 때 그 방향 이외에서도 광선이 미치는 현상인 전자선 회절(電子線回折) 등에 의한 파동으로서의 성질도 가지고 있음이 밝혀졌다. 이와 같이 광과 물질이 파동성(波動性)과 입자성 (粒子性)을 동시에 갖고 있으므로 입자성에 관련한 물리량과 파동성에 관련한 물리량을 연결시키는 일정한 관계가 존재해야 한다. 입자성에 관련한 물리량에는 속도 $v$, 운동량 $P$와 운동 에너지 $mv^2/2$이 있고, 파동성과 관련한 물리량에는 파장 $\lambda$와 진동수(振動數) $\nu$(혹은 주파수 $f$) 등이 있다.

---

8 **양자** 고전역학에서 물리 현상의 에너지는 연속적이라 하였으나, 엄밀히 말하면 여기에는 최소의 소량(素量)이 있으며, 에너지는 그 정수 배의 값을 취할 수밖에 없다는 것이다. 이와 같이 어떤 양을 그 정수 배로 나타내는 경우 이 최소의 단위량을 양자라고 한다.

## 2 ⬛ 입자의 파동성

### 1. 간섭현상

그림 1.13 (a)와 같은 전자 발생 장치 $e$, 두 개의 틈$_{slit}$ $s_1$, $s_2$를 뚫어 놓은 판, 틈을 통과한 전자를 받아들이는 판 $x$ 등 세 개의 요소로 구성된 실험 장치를 생각해 보자. 전자는 $e$에서 발생되어 판 $x$의 한 점 $p$에 도달할 것이다. 이때 전자가 실제로 $p$에 도달한다는 사실은 판 $x$ 위치에 형광판을 설치해 보면 알 수 있다. 즉, 형광판의 임의의 점 $p$에서 빛이 발생하면 전자가 그 점에 도달하였다고 볼 수 있다. 이때 전자가 경로를 갖는다면 전자는 $e \to s_1 \to p$ 경로 또는 $e \to s_2 \to p$ 경로 중 어느 한 방법으로 $p$에 도달한다고 해야 한다. 그러나 전자에 대하여 꼭 그렇다고 단정하기는 어렵다. 즉, 전자가 $s_1$ 틈을 통과하였는지 $s_2$ 틈을 통과하였는지 어느 한쪽이라고 단정하여 설명할 수 없다. 전자가 양쪽 틈을 동시에 통과하였다고 생각하지 않으면 설명이 되지 않는 현상이 발생하기 때문이다. 이것은 전자가 $e$에서 발생한 파동$_{wave}$처럼 작용하는 것이다. 파의 경우 두 개의 틈을 지나 $p$에 도달하여 간섭 현상(干涉現象)[9]이 작용하는 것은 이미 알려져 있다.

그림 (b)에 나타낸 바와 같이, 실제로 $e$ 지점에 전자 발생 장치 대신 단색 광원을 놓으면 $x$ 지점에서는 간섭 현상에 의하여 규칙성 있는 명암의 간섭무늬가 생긴다. 이 간섭무늬는 $s_1$을 통과한 파와 $s_2$를 지난 파가 판 뒤의 공간에서 중첩되어 상호 간섭으로 어느 지점에서 파들이 상쇄

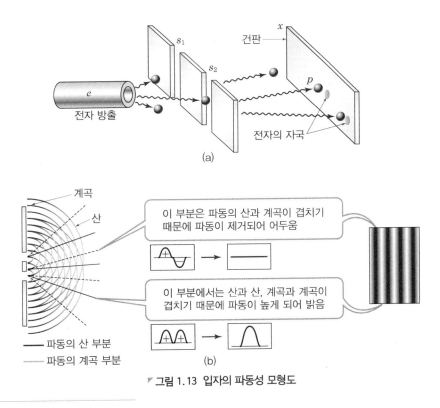

▼ 그림 1.13 입자의 파동성 모형도

9   두 개의 파가 겹쳐지는 현상

되고, 어느 지점에서는 보강되기 때문에 발생하는 현상이다. 이 간섭 현상 때문에 빛을 파동(波動 wave)이라고 하는 것이다.

## 2. 드브로이파

1924년 드브로이de Broglie는 물질이 입자성을 갖는 동시에 파동성도 갖는다고 설명하였다. 따라서 전자는 입자성에 관련한 물리량과 파동성에 관련한 물리량을 연결시킬 수 있다. 실제 이 두 관계를 연결하여 파장 $\lambda$와 주파수 $f$를 나타내면

$$\lambda = \frac{h}{P} = \frac{h}{mv} \tag{1.29}$$

$$f = \frac{E}{h} \tag{1.30}$$

$h$ : 플랑크 상수($6.624 \times 10^{-34}[\text{J} \cdot \text{s}]$)

의 관계가 성립한다. 즉, 진동수 $f$인 광자의 운동량 $P = hf/c$을 파장 $\lambda$로 표현하면 광속 $c = \lambda f$이므로 $P = h/\lambda$가 된다. 그러므로 광자의 파장은 $\lambda = h/P = h/mv$에 의해 운동량값으로 표시되는 것이다. 이 입자에 따른 파를 물질파(物質波) 또는 드브로이파라고 한다. 이것은 전자와 같은 물질 입자에 수반되는 파를 의미한다.

### ▨ 연습문제 1-3 ▨

전자의 속도가 빛 속도의 2/3로 진동하며 진행할 때 전자가 갖는 파장 $\lambda$를 계산하시오. (단, 플랑크 상수 $h = 6.624 \times 10^{-34}[\text{J} \cdot \text{s}]$, 정지 질량 $m_0 = 9.109 \times 10^{-31}[\text{kg}]$, 광속 $c = 3 \times 10^8[\text{m/s}]$이다.)

**풀이** $m = \dfrac{m_0}{\sqrt{1 - \left(\dfrac{v}{c}\right)^2}} = \dfrac{3m_0}{\sqrt{5}}$ 이므로 파장 $\lambda$는

$$\lambda = \frac{h}{mv} = \frac{h}{\dfrac{3m_0}{\sqrt{5}} \times \dfrac{2c}{3}} = \frac{\sqrt{5}}{2} \times \frac{6.624 \times 10^{-34}}{9.109 \times 10^{-31} \times 3 \times 10^8} = 2.7 \times 10^{-12}$$

$$\therefore \ \lambda = 2.7 \times 10^{-12}[\text{m}]$$

### ▨ 연습문제 1-4 ▨

어떤 입자의 드브로이(de Broglie) 파장 $\lambda$를 구하시오. (단, 속도 $v = 10^5[\text{m/s}]$, 정지 질량 $m_0 = 9.109 \times 10^{-31}[\text{kg}]$, 플랑크 상수 $h = 6.624 \times 10^{-34}[\text{J} \cdot \text{s}]$이다.)

**풀이** 운동량 $P$는 $P = m_0 v = 9.109 \times 10^{-31} \times 10^5 = 9.109 \times 10^{-26}$

이고, 파장 $\lambda$는 $\lambda = \dfrac{h}{P} = \dfrac{6.624 \times 10^{-34}}{9.109 \times 10^{-26}} = 7.27 \times 10^{-9}$

$$\therefore \lambda = 72.7[\text{Å}]$$

## 3. 슈뢰딩거의 파동 방정식

슈뢰딩거Schrödinger는 드브로이의 물질파가 어떤 방정식에 따라 움직이는가를 연구하여, 이것이 파동의 형태를 갖는 것이며, 이를 미분 방정식으로 완성하였다.

다음 절에서 살펴보는 바와 같이 고체 내의 전자는 입자성과 파동성의 이중적 성질을 가지고 있다. 여기서 파동으로서의 성질은 진폭, 주파수, 파장으로 나타낼 수 있다. 전자의 운동은 파동 함수로 표시되는데, 이를 구하기 위하여 슈뢰딩거의 파동 방정식의 해를 구해야 한다.

전 절에서 설명한 물질파의 진폭을 $\Phi$라 하고, 이 물질파의 방정식을 구해 보자. 이를 구하기 위하여 그림 1.14와 같이 위치 에너지potential energy 상자 내의 전자파는 정상파(定常波) 혹은 정재파(定在波)[10]에 대응시켜 고찰할 수 있다.

그림 1.14에서 파장 $\lambda$는

$$\lambda = \frac{2l}{n} \quad n = 1,\ 2,\ 3,\ \cdots \tag{1.31}$$

이고, 전자의 운동 에너지 $E$는

$$E = \frac{1}{2}mv^2 = \frac{h^2}{2m\lambda^2} = \frac{h^2 \cdot n^2}{8ml^2} \tag{1.32}$$

지금 $x$ 방향에서 속도 $v$로 운동하는 전자의 전자파 방정식은

$$\frac{\partial^2 \Phi}{\partial x^2} = \frac{1}{v^2}\frac{\partial^2 \Phi}{\partial t^2}, \quad \Phi = A\sin(\omega t - \beta x) \tag{1.33}$$

이다. 여기서 $\omega$는 각속도(角速度)이며, $v = \omega/\beta$이다.

$$\frac{\partial^2 \Phi}{\partial t^2} = -\omega^2 A\sin(\omega t - \beta x) = -\omega^2 \Phi \tag{1.34}$$

식 (1.34)를 식 (1.33)에 대입하면

$$\frac{\partial^2 \Phi}{\partial x^2} + \left(\frac{\omega}{v}\right)^2 \Phi = 0 \tag{1.35}$$

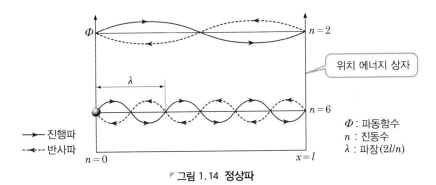

▶ 그림 1.14 정상파

---

10 정재파 임의의 전송 선로에 진행파와 반사파의 합성에 의하여 생긴 파

으로 된다. 진동수를 $f$, 주기를 $T$라 하면

$$Tv = \lambda, \; \omega = 2\pi f = \frac{2\pi}{T} = \frac{2\pi v}{\lambda} \tag{1.36}$$

의 관계가 성립하며, 이를 식 (1.35)에 대입하면

$$\frac{\partial^2 \Phi}{\partial x^2} + \frac{4\pi^2}{\lambda^2} \Phi = 0 \tag{1.37}$$

이다. 입자의 위치 에너지를 $E_p$, 입자가 갖는 전체 에너지를 $E$라 하면

$$E = \frac{1}{2} mv^2 + E_p \tag{1.38}$$

이고, 이를 식 (1.29)에 대입하면

$$\lambda = \frac{h}{mv} = \frac{h}{\sqrt{2m(E - E_p)}} \tag{1.39}$$

이다. 식 (1.39)를 식 (1.37)에 대입하여 정리하면 다음과 같은 1차원의 방정식이 얻어진다.

$$\frac{\partial^2 \Phi}{\partial x^2} + \frac{8\pi^2 m}{h^2} (E - E_p) \Phi = 0 \tag{1.40}$$

3차원인 공간에서의 입자를 고려하면

$$\frac{\partial^2 \Phi}{\partial x^2} + \frac{\partial^2 \Phi}{\partial y^2} + \frac{\partial^2 \Phi}{\partial z^2} + \frac{8\pi^2 m}{h^2} (E - E_p) \Phi = 0 \tag{1.41}$$

으로 되며, 위의 식은 **슈뢰딩거의 파동 방정식**(波動方程式)이라 하고, $\Phi$를 **파동함수**라고 한다. 식 (1.41)은 다음과 같이 표현할 수도 있다.

$$\nabla^2 \Phi + \frac{2m}{\hbar^2} (E - E_p) \Phi = 0 \tag{1.42}$$

여기서 $\nabla^2 = \dfrac{\partial^2}{\partial x^2} + \dfrac{\partial^2}{\partial y^2} + \dfrac{\partial^2}{\partial z^2}$ 이고, $\hbar = \dfrac{h}{2\pi}$ 이다. 이는 질량이 $m$인 입자가 위치 에너지 $E_p$인 영역에 존재할 때의 방정식을 나타낸다.

식 (1.41)의 해(解)에서 얻은 파동함수 $\Phi$의 절댓값의 제곱은 입자를 발견할 수 있는 확률을 나타낸다. 즉, 점 $Q(x, \; y, \; z)$ 근처의 미소체적 $dxdydz$ 내에서 입자가 존재할 확률은 $|\Phi|^2 dxdydz$에 비례하고, 3차원에서 입자를 발견할 확률은 1이므로 파동함수 $\Phi$는 전체 공간에 대한 적분값

$$\iiint |\Phi|^2 \, dxdydz = 1 \tag{1.43}$$

이 되도록 규격화<sub>nomalize</sub>되어야 하며, 이를 **규격화 조건**이라고 한다.

## **3** 양자의 입자성

### 1. 흑체 방사

일반적으로 고체를 가열시키면 처음은 붉으나 후에는 백열화(白熱化)되어 빛이 방사된다. 열에 의한 빛은 일종의 전자파로서 고체의 온도가 증가함에 따라 여러 가지 색의 빛을 방사하게 된다. 이와 같이 고온 물체가 전자파의 형태로 에너지를 방출하는 것을 **열방사**(熱放射heat radiation)라고 한다. 1901년 플랑크는 에너지 양자 개념을 도입하여 그림 1.15와 같이 에너지가 방사 혹은 흡수될 때, 그 에너지의 흐름은 불연속적으로 방사 혹은 흡수된다고 하였다. 즉, 모든 물체가 연속체가 아니라 더 이상 나눌 수 없는 원자로 구성되어 있는 것과 같이, 방사(복사) 에너지도 연속량이 아니고 더 이상 나눌 수 없는 소량(素量)으로 구성된 양자 에너지 알갱이로 이루어져 있다고 하였다. 이때 이 불연속적 에너지 덩어리를 에너지 **양자**energy quantum[11]라 하며, 그 에너지의 크기 $E$는 $E = hf$이다.

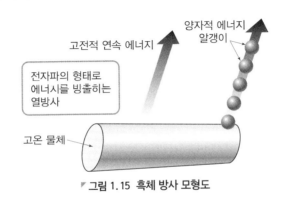

▼ **그림 1.15 흑체 방사 모형도**

### 2. 광전 효과

금속이나 반도체 등에 광을 조사(照射)하면 주파수가 $f$인 광자(光子photon)는 $hf$의 에너지를 가지며, 이 광자 에너지가 고체에 전달되어 고체 표면에서 전자가 방출된다. 이때 광에너지에 의해서 방출된 전자를 **광전자**photoelectron라 하며, 이 현상을 **광전자 방출**photoelectron emission 또는 일반적으로 **광전 효과**(光電效果photoelectric effect)라고 한다.

1923년 아인슈타인은 이 광전 효과를 설명하기 위하여 광은 $E = hf$의 에너지를 갖는 입자의 흐름으로 가정하였다. 이 가정에 의하여 그림 1.16과 같이 광자가 고체에 충돌하면 고체 내에 분포되어 있는 전자의 일부는 빛에너지를 받아 고체 표면 밖으로 방출하게 된다. 이때 전자가 고체 표면을 통하여 외부로 나오려면 일정한 에너지 $e\Phi$가 필요하게 된다. 이 $e\Phi$를 **일함수**work function라 하며, 이는 절대 온도 0[K]에서 금속 내의 전자 한 개를 고체 밖으로 내보내는 데 필요

---

11  에너지 양자 양자론의 "양자"라는 말은 보통 익숙하지 않을 것이나, 양자는 quantum이라는 해석으로 "작은 집합 단위"라는 의미를 갖는다. 그러면 어떤 집합과 단위가 되어 있는가 하면, "양이 작은 집합이 되어 있는 것"을 말한다. 예를 들어 마이크로(micro)로 물질이 가지고 있는 에너지의 양(크기)은 "에너지 양자"라고 하는 작은 집합체의 모임이라고 생각하는 것이다.

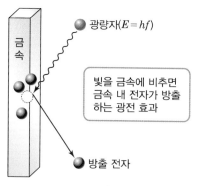

▼ 그림 1.16 광전자 방출

▼ 표 1.1 몇 가지 금속의 일함수

| 금속 | W | Al | Ni | Mo | Ta | Cs |
|---|---|---|---|---|---|---|
| 일함수 [eV] | 4.52 | 4.20 | 4.61 | 4.17 | 4.1 | 1.81 |

한 일로 정의하며, 표 1.1에 몇 가지 금속의 일함수를 나타내었다. 그러므로 외부로 방출된 전자가 갖는 운동 에너지 $E_k$는 입사된 광에너지 $hf$에서 $e\Phi$를 뺀 값, 즉

$$E_k = \frac{1}{2}mv^2 = hf - e\Phi \qquad (1.44)$$

가 된다.

그림 1.17은 광전 효과를 설명하기 위한 양자 우물quàntum well을 나타낸 것이다. 여기서는 금속 내부에 있는 전자를 금속 표면으로 끌어내는 데 $e\Phi$의 일함수가 필요하고, 이것이 방출하기 위해서는 $(hf - e\Phi)$의 운동 에너지가 필요하다는 것이다. 그림의 $E_f$는 양자 우물의 표면 에너지로서 금속이나 반도체의 에너지 구조를 분석하는 데 중요한 요소로 페르미 에너지Fermi energy $E_f$[12]라 한다.

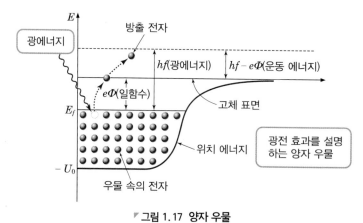

▼ 그림 1.17 양자 우물

---

12  $E_f$(fermi energy) 금속 내에서 절대 온도 0[K]에서 전자가 가질 수 있는 최대 에너지로 정의

(1) 광전 효과에 대하여 설명하시오.
(2) 광전 효과를 이용하여 금속의 일함수를 구할 수 있는데, 그 이유를 설명하시오.

**풀이** (1) 금속과 반도체에 빛을 비추면, 이들 물질에서 외부로 전자가 방출하는 형상을 외부 광전효과
라고 한다. 금속의 일함수는 절대 온도 0[K]에서 금속 내의 전자 1개를 금속 밖으로 방출하
는 데 필요한 에너지로 정의한다. 또, 반도체의 일함수는 절대 온도 0[K] 중의 페르미 에너
지와 외부 에너지의 차를 일함수로 정의한다.

(2) 금속 또는 반도체에 단색광을 조사하고 광파장을 긴 쪽부터 짧은 쪽으로 변화시키면, 광에너
지는 파장에 반비례하여 커지므로 에너지는 점점 증가한다. 조사된 광에너지가 일함수에 상
당하는 에너지와 일치하면, 광전 효과에 의하여 전자가 외부로 방출하게 된다. 따라서 전자
를 방출하는 에너지의 임계값을 구하면 이것이 물질의 일함수가 된다.

알루미늄(Al)의 일함수는 4.20[eV]이다. 이 에너지를 파장 및 온도로 환산하면 각각 얼마인가?

**풀이** 광파장 $\lambda$, 절대 온도 $T$, 에너지 $E$, Boltzmann 상수 $k$, Planck 상수 $h$, 진동수 $f$라 하면, 이들
사이에

$$E = hf = \frac{ch}{\lambda} = kT$$

의 관계가 있다. 지금, $h = 6.624 \times 10^{-34}[\mathrm{J \cdot s}]$, $k = 1.38 \times 10^{23}[\mathrm{J/K}]$, $c = 3.0 \times 10^{8}[\mathrm{m/s}]$, $e = 1.6 \times 10^{-19}[\mathrm{C}]$을 이용하여 계산하면

$$\therefore \lambda = \frac{ch}{E} = \frac{3 \times 10^{8} \times 6.624 \times 10^{-34}}{4.2 \times 1.6 \times 10^{-19}} \fallingdotseq 0.3[\mu m]$$

$$\therefore T = \frac{E}{k} = \frac{4.2 \times 1.6 \times 10^{-19}}{1.38 \times 10^{-23}} \fallingdotseq 4.87 \times 10^{4}[\mathrm{K}]$$

# 4 보어(Bohr)의 원자 모형

앞에서 언급한 바와 같이 원자가 원자핵과 주위의 궤도 운동을 하고 있는 전자들로 구성되어
있을 때, 원자는 뉴턴Newton의 역학에 의하면, 전자가 원자핵 주위의 어떤 궤도에서 운동하고 있
다는 조건에서만 평형 상태를 유지할 수 있다. 그러나 전자기학의 입장에서 보면, 전자가 가속도
운동을 할 때, 전자파를 방출하여 전자의 운동 에너지가 적어지므로 결국은 원자핵으로부터 전리
ionization되는 현상이 일어나게 된다. 이러한 모순을 해결하기 위하여 양자역학(量子力學)이 발전
하게 되었다. 1913년 보어N. Bohr는 고전론적 결론의 난점을 극복하기 위하여 수소 원자의 모형을
제시하여 가설을 제안하였다.

## 1. 원자의 평형 상태 조건

원자는 원자핵과 그 주위를 궤도 운동하는 전자로 구성되어 있으며, 원자핵은 양성자와 중성자로 구성되어 있다. 원자 번호 $Z$인 원자는 ( + )로 대전된 한 개의 원자핵과 질량수가 A인 원자핵은 $+1.602 \times 10^{-19}$[C]의 전하량, $1.672 \times 10^{-27}$[kg]의 정지 질량을 갖는 $Z$개의 양성자와 전기적 성질을 갖지 않고 양성자와 같은 질량을 갖는 중성자가 핵력에 의해서 결합하고 있다. $+e$의 정전하를 갖고 비교적 무거운 질량($1.672 \times 10^{-27}$[kg]), 반경 $10^{-15}$[m] 정도의 원자핵 주위를 부의 전하를 갖는 가벼운 질량($9.109 \times 10^{-31}$[kg])의 전자가 쿨롱의 힘에 의해서 $10^{-10}$[m]의 반경으로 궤도 운동하고 있다.

원자핵을 구성하는 소립자 사이의 결합 에너지는 $10^{6}$[eV]보다 커서 원자핵은 불변이며, 원자의 전기·화학적 성질은 핵외 전자의 배치 상태에 따라서 원자 번호 $Z$에 의해서 결정된다.

그림 1.18과 같이 원자 번호 $Z = 1$인 수소(H) 원자는 $+e$의 전하를 갖는 무거운 양자 주위를 $-e$의 전하량과 $m$의 질량을 갖는 1개의 전자가 쿨롱의 힘과 원심력에 의해서 반경 $r$인 원주를 속도 $v$로 원운동을 하게 된다. 핵외 전자가 원운동을 하기 위한 첫째 조건은 반경 $r$의 위치에서 궤도 운동하는 전자에 의해서 발생되는 원심력과 양자와 전자와의 쿨롱의 힘이 식 (1.45)와 같이 일치되어야 하며, 이때 평형 상태가 유지된다.

$$\frac{mv^2}{r} = \frac{e^2}{4\pi \varepsilon_0 r^2} \tag{1.45}$$

여기서 $\varepsilon_0 = 8.85 \times 10^{-12}$[F/m]는 진공의 유전율이다.

그림 1.18의 수소 원자 모델은 원자핵의 정전하와 전자의 부전하가 전기쌍극자로 되어 회전하는 것이다. 이것은 맥스웰(Maxwell)의 전자기학 이론에 따르면 핵 주위를 선회하는 전자의 회전 주파수와 동일한 주파수의 전자파가 방사되어 전자는 그 운동 에너지를 잃어 회전 반경에 반비례하여 주파수가 상승하는 케플러의 법칙(Kepler's laws)에 의해 $10^{-10}$[s] 뒤에는 전자가 원자핵과 일치하여 전자파의 방출은 없어진다. 실제의 경우 수소 원자에서 방사되는 전자파 또는 광은 특정 주파수의 선스펙트럼의 집합이며, 시간적으로 주파수가 변화하지 않는다.

이와 같이 고전물리학으로 수소 원자를 취급하는 경우는 모순점이 생긴다. 이 모순점을 해결하기 위하여 보어는 1913년에 다음의 2가지 가정에 기초한 고전양자론을 발표하였다.

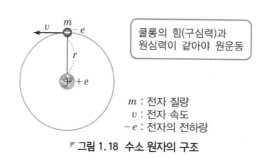

$m$ : 전자 질량
$v$ : 전자 속도
$-e$ : 전자의 전하량

▛ 그림 1.18 수소 원자의 구조

## 2. 양자화 조건<sub></sub>quantum condition

원자핵 주위를 선회하는 전자는 외부에 전자파를 방사 또는 흡수하지 않는 안정된 불연속 궤도가 존재한다고 하였다. 이와 같은 안정된 궤도의 미소 영역의 전자의 운동량 $p$를 같은 방향의 위치좌표 $q$에 대하여 1주기의 회전에 걸쳐 적분한 것이 프랑크 상수 $h = 6.625 \times 10^{-34} [\text{J} \cdot \text{s}]$의 정수배가 되는 조건 즉,

$$\oint p \cdot dq = nh \tag{1.46}$$

로 결정하며, 여기에서 정수 $n$은 $n = 1, 2, 3, \cdots$, $\oint$는 1주기에 대한 주회적분을 의미한다. 이것을 보어의 양자화 조건이라고 한다. 궤도를 결정하는 정수 $n$이 양자수quantum number이다.

## 3. 진동수 조건frequency condition

전자가 앞에서 설명한 양자화 조건의 식 (1.46)에서 결정되는 에너지 $E_i$의 안정 궤도에서 다른 에너지 $E_j$의 안정 궤도로 천이할 때는 전자파의 흡수 또는 방출이 일어난다. 이때의 조건식은

$$E_i - E_j = hf \tag{1.47}$$

로 쓸 수 있다. 식 (1.47)이 보어의 진동수 조건이며, 이는 진동수 $f$를 갖는 광은 $hf$의 에너지를 갖는 광자(光子)라 생각하면 이것은 광의 흡수 또는 방출할 때의 에너지 보존 법칙이 성립한다.

이미 설명한 수소 원자의 원운동 모델에 보어의 두 가지 조건을 적용해 보면 다음과 같다. 그림 1.18과 같이 전자의 원운동 속도를 $v$, 원주의 미소 선요소를 $dq$로 하면, 전자의 원운동 속도가 일정할 때 원주 방향의 양자화 조건의 식 (1.46)으로부터

$$\oint p \cdot dq = \oint mv \cdot dq = mv \cdot 2\pi r = nh \quad (n = 1, 2, 3, \cdots) \tag{1.48}$$

식 (1.46), (1.48)로부터 $v$를 소거하면 원자핵으로부터 전자가 안정한 궤도 운동을 하기 위한 반경 $r_n$이 구해지며,

$$r_n = \frac{n^2 \epsilon_o h^2}{\pi e^2 m} = n^2 a_0 \quad (n = 1, 2, 3, \cdots) \tag{1.49}$$

와 같이 양자수 $n$으로 결정되는 불연속적인 값을 갖는다. 여기서 $a_0 = \varepsilon_0 h^2 / \pi e^2 m = 0.53 [\text{Å}]$ $= 0.53 \times 10^{-10} [\text{m}]$으로 계산되며, 이 값은 수소 원자의 첫 번째($n=1$)의 전자 궤도 반경으로 원자 크기의 기준이 되는 보어의 반경이다.

양자수 $n$인 안정 궤도를 선회하는 전자의 전체 에너지(운동 에너지 + 위치 에너지) $E$는 식 (1.45)와 식 (1.49)를 이용하여

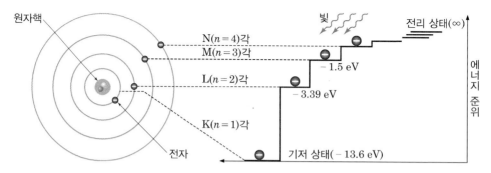

▼ 그림 1.19 수소 원자의 안정 궤도와 전자 에너지

$$E = \frac{1}{2}mv^2 + \left(-\frac{e^2}{4\pi\,\varepsilon_0 r_n}\right) = -\frac{e^2}{8\pi\,\varepsilon_0 r_n} = -\frac{me^4}{8\varepsilon_0^2 h^2}\frac{1}{n^2} \tag{1.50}$$

을 얻을 수 있으며, 전자의 전체 에너지는 양자수 $n$에 의해서 결정되는 불연속적인 값을 갖게 된다. 여기서, $-me^4/8\varepsilon_0^2 h^2 = -13.6[\mathrm{eV}]$는 수소 원자의 첫째 궤도($n=1$)를 회전하는 전자를 무한히 멀리 하여 자유 전자로 만들기 위한($n=\infty$) 에너지 즉, 전리 에너지ionization energy를 의미한다. 식 (1.49), (1.50)에 나타난 수소 원자의 안정 궤도의 반경 $r_n$과 전자 에너지 $E$를 나타내면 각각 그림 1.19와 같다.

　양자화 조건에 의해 허용되는 불연속적인 에너지값을 에너지 준위energy level라고 한다. 에너지가 가장 낮고 안정된 상태인 $n=1$의 궤도를 기저 상태ground state라 하고, 이때의 에너지 준위를 기저 준위라고 한다. 또 $n\geq 2$의 상태를 여기 상태excited state라 하고, 이때의 에너지 준위를 여기 준위라고 한다. 기저 상태의 전자를 각 여기 상태로 올리는 데 필요한 에너지를 각 과정에 대응하여 여기 에너지excitation energy라고 한다. 또 $E>0$인 자유 전자에 대해서는 어떠한 에너지도 허용되며 에너지 준위는 연속적이다.

　다음에 진동수 조건으로부터 수소 원자의 속박 전자가 양자수 $j$의 상태에서 $i$상태로 천이할 때 다음의 진동수를 갖는 광을 방출한다. 지금 $n_j$상태에서 $n_i$상태($n_i < n_j$)로 전자가 천이할 때 다음의 진동수 $f_{ji}$를 갖는 빛을 방출한다.

$$f_{ji} = \frac{E_j - E_i}{h} = \frac{me^4}{8\varepsilon_0^2 h^3}\left(\frac{1}{n_i^2} - \frac{1}{n_j^2}\right) = Rc\left(\frac{1}{n_j^2} - \frac{1}{n_i^2}\right) \tag{1.51}$$

여기서 $c$는 광속이고 $R$은

$$R = \frac{me^4}{8\varepsilon_0^2 h^3 c} = 1.097 \times 10^7 [\mathrm{m}^{-1}] \tag{1.52}$$

으로 이를 리드베리 정수Rydberg constant라고 한다. 이때 전자파의 파장 $\lambda$는

$$\lambda = \frac{c}{f_{ji}} = \frac{8h^3\varepsilon_0^2 c}{me^4}(n_i^2 - n_j^2) = \frac{1}{R}(n_i^2 - n_j^2) \tag{1.53}$$

이다. 그림 1.20에는 수소 원자에서 방출되는 빛의 스펙트럼이 $n_j$와 $n_i$의 조합에 따라 결정되는 특성을 나타내었으며, 표 1.2에는 스펙트럼 계열과 천이 상태를 나타내었다.

$$
\left.
\begin{aligned}
&n_i = 1, \ n_j = 2, \ 3, \ 4, \ \cdots \ : \ \text{라이먼 계열}_{\text{Lyman series}}\\
&n_i = 2, \ n_j = 3, \ 4, \ 5, \ \cdots \ : \ \text{발머 계열}_{\text{Blamer series}}\\
&n_i = 3, \ n_j = 4, \ 5, \ 6, \ \cdots \ : \ \text{파셴 계열}_{\text{Paschen series}}\\
&n_i = 4, \ n_j = 5, \ 6, \ 7, \ \cdots \ : \ \text{브라켓 계열}_{\text{Brackett series}}\\
&n_i = 5, \ n_j = 6, \ 7, \ 8, \ \cdots \ : \ \text{푼트 계열}_{\text{Pfund series}}
\end{aligned}
\right\} \tag{1.54}
$$

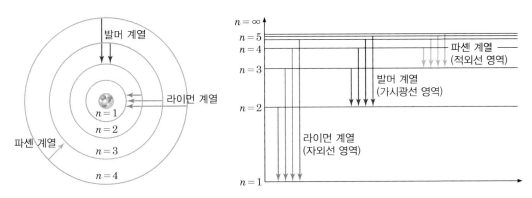

▀ 그림 1.20 에너지 준위와 스펙트럼

▀ 표 1.2 전자 천이 상태에 따른 스펙트럼 영역

| 계 열 | 발견 연도 | 스펙트럼 영역 | 전자의 천이 상태 |
|---|---|---|---|
| 라이먼 (Lyman) | 1906~1914 | 자외선 | 원자가 $n=2, 3, 4, \cdots$ 인 준위로부터 $n=1$인 준위로 떨어질 때 |
| 발머 (Balmer) | 1885 | 자외선 가시광선 | 원자가 $n=3, 4, 5, \cdots$ 인 준위로부터 $n=2$인 준위로 떨어질 때 |
| 파셴 (Pashen) | 1908 | 적외선 | 원자가 $n=4, 5, 6, \cdots$ 인 준위로부터 $n=3$인 준위로 떨어질 때 |
| 브라켓 계열 | 1922 | 적외선 | 원자가 $n=5, 6, 7, \cdots$ 인 준위로부터 $n=4$인 준위로 떨어질 때 |
| 푼트 계열 | 1924 | 적외선 | 원자가 $n=6, 7, 8, \cdots$ 인 준위로부터 $n=5$인 준위로 떨어질 때 |

기저 상태($n=1$)에서 운동하고 있는 수소 원자의 전자를 전리시키는 데 필요한 에너지는 eV로 얼마인가?

**풀이** 하나의 안정 상태에서 다른 안정 상태로 변화되는 것을 '여기'라 하며, 전리는 운동하고 있는 전자가 원자핵의 구속력을 벗어나 자유 전자로 되는 것을 나타낸다.

따라서 $E_n = -13.58 \times \dfrac{1}{n^2}$ 이므로

$$E_{n=\infty} - E_{n=1} = -\frac{13.58}{\infty^2} + \frac{13.58}{1^2} = 13.58[\text{eV}]$$

## 4. 보어의 반지름

그림 1.21과 같이 궤도 반경 $r$, 속도 $v$로 운동하는 전자에 작용하는 원심력은 $mv^2/r$이 되며, 역학적으로 안정하려면 쿨롱의 힘과 평형 상태를 유지해야 한다. 식 (1.49)에서 전자 궤도 반경 $r_n$은

$$r_n = \frac{\varepsilon_0 h^2 n^2}{\pi m e^2} \tag{1.55}$$

이고, $r_n$값은

$$r_n = 0.529 \times 10^{-10} \times n^2 [\text{m}]$$

이다. 특히 $n=1$인 궤도 반경 $r_1$은

$$r_1 = 0.529[\text{Å}] \tag{1.56}$$

이며, 이를 보어의 반지름이라 하며, 이는 수소 원자의 반지름이기도 하다.

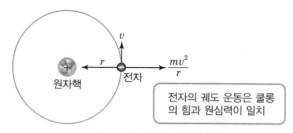

▼ 그림 1.21 수소 원자의 전자 운동

## 5. 전자의 에너지

전자의 전체 에너지 $E$는 운동 에너지 $E_k$와 위치 에너지 $E_p$의 합이다. 지금 전자의 궤도 운동

속도를 $v$라 하면 식 (1.44)와 식 (1.45)의 관계에서

$$E_k = \frac{1}{2}mv^2 = \frac{e^2}{8\pi\varepsilon_0 r} \tag{1.57}$$

이다. 또한 전자의 위치 에너지는 무한 원점에서 원자핵에 의한 전계 내의 $r$까지 전하 $e$를 가져오는 데 필요한 에너지이므로

$$E_p = -\int_{\infty}^{r} Fdr = \int_{\infty}^{r} \frac{e^2}{4\pi\varepsilon_0 r^2}dr$$

$$= -\frac{e^2}{4\pi\varepsilon_0 r} \tag{1.58}$$

이고, $E_k$와 $E_p$와의 관계는 식 (1.57)과 식 (1.58)에서

$$E_k = -\frac{1}{2}E_p$$

이다. 그러므로 전자의 전체 에너지 $E$는

$$E = E_k + E_p = \frac{1}{2}E_p$$

$$= -\frac{e^2}{8\pi\varepsilon_0 r} \tag{1.59}$$

이다. 식 (1.55)를 식 (1.59)에 대입하여 정리하면 다음 식으로 된다.

$$E = -\frac{me^4}{8\varepsilon_0^2 h^2} \times \frac{1}{n^2}$$

$$= -13.58 \times \frac{1}{n^2} \tag{1.60}$$

### ▨ 연습문제 1-8 ▨

파장 $\lambda = 0.708 \times 10^{-8}$[cm]인 X-선의 입자 에너지를 구하시오.

**풀이** 입자 에너지 $E$는

$$E = hf = h\frac{c}{\lambda} = \frac{6.624 \times 10^{-34} \times 3 \times 10^{10}}{0.708 \times 10^{-8}} = 2.81 \times 10^{-15}[\text{J}]$$

이 에너지를 [eV] 단위로 환산하면

$$E = \frac{2.81 \times 10^{-15}}{1.6 \times 10^{-19}} = 1.756 \times 10^4[\text{eV}]$$

위의 풀이에서 파장이 짧은 광이나 X-선 등은 에너지가 높음을 알 수 있다.

$n = 1$에서 $n = 2$인 궤도로 천이하는 원자의 전자를 전리하는 데 필요한 에너지 eV는?

**풀이** 하나의 안정 상태에서 다른 안정 상태로 변화되는 것을 '여기'라 하며, 전리는 운동하고 있는 전자가 원자핵의 구속력을 벗어나 자유롭게 되는 것이다.

따라서 $E_n = -13.58 \times \dfrac{1}{n^2}$이므로

$$E_{n=2} - E_{n=1} = -\frac{13.58}{2^2} - \left( -\frac{13.58}{1^2} \right) = +10.19[\text{eV}]$$

어떤 원자가 $V$로 여기될 때, 방사하는 광파장을 계산하시오.

**풀이** 이 원자가 $V$로 여기될 때의 에너지 $E$는 $E = hf = eV$이므로

$$f = \frac{eV}{h}$$

따라서 파장 $\lambda$는

$$\lambda = \frac{c}{f} = \frac{ch}{eV} = \frac{3 \times 10^8 \times 6.624 \times 10^{-34}}{1.602 \times 10^{-19} \times V} = \frac{12.4}{V} \times 10^{-7}$$

$$\therefore \lambda = 12.4 \times 10^{-7} \times \frac{1}{V}[\text{m}]$$

## 5 ■ 전자의 양자수

슈뢰딩거의 파동 방정식에 의한 수소 원자의 에너지 준위에 관한 이론은 보어Bohr의 가설과도 잘 일치하였으며, 또한 슈뢰딩거는 원자에 허용된 에너지 준위에 관련된 파동함수도 구하였다.

따라서 양자역학 한계 내에서 원자 내 전자의 상태를 완전히 기술하기 위해서는 주양자수 $n$, 부양자수 $l$, 자기 양자수 $m_l$, 스핀 양자수 $m_s$의 네 개의 양자수가 필요하게 되었다.

원자 내 전자의 에너지를 결정해 주는 주양자수(主量子數principal quantum number) $n$은 양의 정수를 갖는다. 즉, 이 양(+)의 정숫값에 따라 원자핵에서 가까운 쪽부터 $K$, $L$, $M$, $N$, … 각(殼shell)을 결정한다. 제2양자수인 부양자수 $l$은 각운동 양자수 또는 방위 양자수라고도 한다. 제3의 양자수로서 자기 양자수(磁氣量子數) $m_l$이 있다. 이는 궤도면의 자장 방향(磁場方向)에 대한 기울기를 규정한 것으로 각운동량의 자장 성분이 $h/2\pi$의 정수 배와 같다는 양자화 조건에 의해 결정된다.

전자의 자전(自轉)에 의한 제4양자수 $m_s$를 스핀 양자수spin quantum number라 하며, 이를 그림 1.22에서 설명하고 있다.

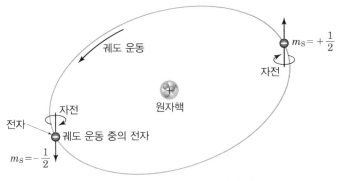

▼ 그림 1.22 스핀 양자수를 갖는 전자 궤도

이상의 네 가지 양자수를 종합하여 정리하면 다음과 같다.

주양자수 : $n = 1, \ 2, \ 3, \ \cdots$

방위 양자수 : $l = 0, \ 1, \ 2, \ 3, \ \cdots \ (n - l)$, 즉 $0 \leq l \leq n - 1$

자기 양자수 : $m_l = 0, \ \pm 1, \ \pm 2, \ \cdots \pm l$, 즉 $-l \leq m_l \leq l$

스핀 양자수 : $m_s = \pm 1/2$

$$(1.61)$$

여기서 스핀양자수는 1925년 울렌벡Uhlenberk과 고우트스미트Goudsmit가 스펙트럼을 더욱 정밀하게 설명하기 위하여 도입한 것으로, 이들에 따르면 전자가 원자핵 주위를 궤도 운동하면서 전자 자신도 외부의 자장 방향을 축으로 하여 시계 방향 또는 반시계 방향으로 자전한다는 것이다.

특히 이 스핀양자수는 다른 양자수에 관계없이 ±1/2의 두 가지 값만을 갖는다.

그림 1.23 (a)에서와 같이, 주양자수 $n$에 대응하는 궤도를 각각 $K, \ L, \ M, \ \cdots$ 각이라 하여 이를 전자각(電子殻electron shell)이라 하고, $l = 0, \ 1, \ 2, \ 3, \ \cdots$에 대응하는 준위를 각각 $s$(예리한 계열sharp), $p$(주계열principal), $d$(얇은 퍼짐 계열diffuse), $f$(기저 계열fundamental) 상태라 하고, 그 이후의 배열은 알파벳 순서($g, \ h, \ \cdots$)의 기호를 사용하며 이를 전자 부각이라고 한다.

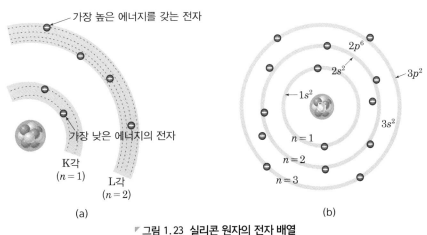

▼ 그림 1.23 실리콘 원자의 전자 배열

**표 1.3 전자의 양자 상태**

| 각 | 양자수 | | | | 전자수 | 전자 배열 |
|---|---|---|---|---|---|---|
| | $n$ | $l$ | $m_l$ | $m_s$ | | |
| $K$ | 1 | 0 | 0 | $\pm 1/2$ | 2 | $1s^2$ |
| $L$ | 2 | 0 | 0 | $\pm 1/2$ | 2 | $2s^2$ |
| | | 1 | $-1$<br>0<br>$+1$ | $\pm 1/2$<br>$\pm 1/2$<br>$\pm 1/2$ | 6 | $2p^6$ |
| $M$ | 3 | 0 | 0 | $\pm 1/2$ | 2 | $3s^2$ |
| | | 1 | $-1$<br>0<br>$+1$ | $\pm 1/2$<br>$\pm 1/2$<br>$\pm 1/2$ | 6 | $3p^6$ |
| | | 2 | $-2$<br>$-1$<br>0<br>$+1$<br>$+2$ | $\pm 1/2$<br>$\pm 1/2$<br>$\pm 1/2$<br>$\pm 1/2$<br>$\pm 1/2$ | 10 | $3d^{10}$ |

그림 1.23 (b)에는 실리콘의 경우 전자 부각을 나타내었다. $n=1$인 $K$각에는 $l=0$, $m_l=0$, $m_s=\pm 1/2$의 두 개의 상태, 즉 $1s^2$ 상태이며, 따라서 $K$각에는 두 개의 전자가 존재할 수 있다. 표 1.3에는 전자의 양자 상태에 따른 전자 배열을 나타내었다.

또 $n=2$, $l=0$, $m_l=0$, $m_s=\pm 1/2$에 대응되는 두 개의 상태는 $2s^2$, $n=2$, $l=1$, $m_l=-1$, 0, 1, $m_s=\pm 1/2$인 $2p^6$ 상태는 6개이므로 $L$각에는 전체 8개의 상태로 최대 8개의 전자가 들어갈 수 있다. 실리콘Si의 경우 원자 번호는 $Z=14$이며, 하나의 원자는 14개의 전자를 가지고 있다. 각 궤도의 전자 배열은 다음과 같다.

$$1s^2 \; 2s^2 2p^6 \; 3s^2 3p^2 \tag{1.62}$$

$1s^2$의 1은 $n=1$($K$각)이며 $s^2$의 2는 $s$ 궤도에 전자가 2개 있음을 의미한다. 이와 같은 방법으로 배열한 것을 그림 1.23 (b)에서 보여 주고 있다.

표 1.4에는 몇 가지 4족 원소의 전자 배열을 나타내었다. 1925년 파울리Pauli는 네 가지 양자 상태로서 원소의 주기율표를 설명하기 위하여 다음과 같은 관계가 성립해야 된다고 제안하였다.

**표 1.4 4족 원소의 전자 배열**

| 원 소 | 원자 번호 | 전자 배열 | | | | | |
|---|---|---|---|---|---|---|---|
| 탄소(C) | 6 | $1s^2$ | $2s^2 \; 2p^2$ | | | | |
| 실리콘(Si) | 14 | $1s^2$ | $2s^2 \; 2p^6$ | $3s^2 \; 3p^2$ | | | |
| 게르마늄(Ge) | 32 | $1s^2$ | $2s^2 \; 2p^6$ | $3s^2 \; 3p^6 \; 3d^{10}$ | $4s^2 \; 4p^2$ | | |
| 주석(Sn) | 50 | $1s^2$ | $2s^2 \; 2p^6$ | $3s^2 \; 3p^6 \; 3d^{10}$ | $4s^2 \; 4p^6 \; 4d^{10}$ | $5s^2 \; 5p^2$ | |
| 세슘(Cs) | 55 | $1s^2$ | $2s^2 \; 2p^6$ | $3s^2 \; 3p^6 \; 3d^{10}$ | $4s^2 \; 4p^6 \; 4d^{10}$ | $5s^2 \; 5p^6$ | $6s^1$ |

즉, "네 가지 양자수 $n$, $l$, $m_l$, $m_s$에 의하여 결정되는 하나의 에너지 준위에는 단 한 개의 전자 밖에 들어갈 수 없다." 이를 파울리 배타율Pauli exclusion principle이라고 한다.

### ▓ 연습문제 1-11 ▓

반도체의 불순물로 쓰이는 5가 원소인 비소(As)와 3가 원소인 붕소(B)의 전자 배열을 구하시오.

> **풀이** 비소(As)는 원자 번호 $Z=33$이고, 붕소(B)는 $Z=5$이다.
> As : $1s^2 \quad 2s^2 2p^6 \quad 3s^2 3p^6 3d^{10} \quad 4s^2 4p^3$
> B : $1s^2 \quad 2s^2 2p^1$

### ▓ 연습문제 1-12 ▓

주양자수 $n$인 상태의 수가 $2n^2$임을 증명하시오.

> **풀이** 주양자수가 $n$인 경우, 부양자수(방위 양자수) $l$이 취할 수 있는 값은 0, 1, 2, 3, ⋯, $(n-1)$이고, 각 방위 양자수 $l$에 대한 자기 양자수 $m$은 $-l$, ⋯, $-1$, 0, 1, 2, ⋯, $l$의 $(2l+1)$개 이며, 또 각 자기 양자수에 대한 스핀 양자수는 $\pm 1/2$의 2개이다. 그러므로 어느 $l$값에 대하여 $N=4l+2$의 상태가 된다. 따라서 주양자수 $n$에 대하여
>
> $$(4 \times 0 + 2) + (4 \times 1 + 2) + (4 \times 2 + 2) + \cdots + [4 \times (n-1) + 2]$$
> $$= 4(1 + 2 + 3 + \cdots) + 2n = 4 \times \frac{n(n-1)}{2} + 2n = 2n^2$$
>
> ∴ 주양자수 $n$인 상태의 수 : $2n^2$

# 3 확률분포함수

질량이 $m$인 입자가 속도가 $v$이고, 파장이 $\lambda$인 파wave의 형태로 진행할 때, 이것을 물질파라고 하였다. 고체 내의 자유 전자가 자유롭게 운동할 수 있는 것으로 생각하여 그림 1.14와 같은 깊은 위치 에너지 상자 내에 전자가 존재하고, 이 전자가 에너지 상자 내를 왕복 운동한다고 보면, 이 물질파는 전자파로서 정상파를 만들게 될 것이다. 이때 파장 $\lambda$는

$$\lambda = \frac{2l}{n} (n = 1, \ 2, \ 3, \ \cdots) \tag{1.63}$$

이고, 전자의 운동 에너지를 $E$라 하면, 운동 에너지의 식, 드브로이파식, 식 (1.63)에서 다음과 같이 된다.

$$E = \frac{1}{2}mv^2 = \frac{h^2}{2m\lambda^2} = \frac{h^2}{8ml^2}n^2 \tag{1.64}$$

다음에 슈뢰딩거의 파동 방정식인 식 (1.40)에서 입자의 위치 에너지 $E_p$가 없다고 가정하고 다시 쓰면,

$$\frac{\partial^2 \Phi}{\partial x^2} + \frac{8\pi^2 m}{h^2}E\Phi = 0 \tag{1.65}$$

이고, 이 식의 해는

$$\Phi = Ae^{jkx} + Be^{-jkx} \tag{1.66}$$

$$k^2 = \frac{8\pi^2 m}{h^2}E$$

이고, 여기서 경계조건을 적용하여 에너지 $E$를 구할 수 있다. $x = 0$일 때, $\Phi = 0$인 조건에서 $A = -B$이고, 여기서 $\sin kx$형의 해를 얻는다. $x = l$일 때, $\Phi = 0$인 조건에서

$$\sin kl = 0, \ k = n\pi/l \tag{1.67}$$

로 된다. 에너지의 값을 구하면,

$$E = \frac{h^2}{8\pi^2 m}k^2 = \frac{h^2}{8ml^2}n^2 \tag{1.68}$$

을 얻게 되어 식 (1.64)와 같은 형을 얻는다. 물론 전자가 3차원의 깊은 에너지 상자에서 운동한다고 하면, $x$, $y$, $z$ 방향에서의 해를 구해야 한다. 전자가 3차원의 깊은 위치 에너지 상자에 있어서 밖으로 나올 수 없다고 가정하고 한 변의 길이가 $l$인 입방체라 하자.

이 상자 내에서는 식 (1.41)에서 $E_p = 0$이라 하면 다음 식을 얻을 수 있다.

$$\nabla^2\Phi = \frac{\partial^2\Phi}{\partial x^2} + \frac{\partial^2\Phi}{\partial y^2} + \frac{\partial^2\Phi}{\partial z^2} = -\frac{8\pi^2 m}{h^2}E\Phi \tag{1.69}$$

이고, 경계면 $(x, \ y, \ z) = 0$, $l$에서 $\Phi = 0$인 조건에서

$$\Phi = A\sin\frac{\pi n_x x}{l}\sin\frac{\pi n_y y}{l}\sin\frac{\pi n_z z}{l} \tag{1.70}$$

의 해를 얻을 수 있으며, 여기서 $n_x$, $n_y$, $n_z$는 정(正)의 정수이다.

에너지 $E$는 식 (1.68)에서 3차원을 고려한 형으로 얻어진다.

$$E = \frac{h^2}{8ml^2}(n_x^2 + n_y^2 + n_z^2) \tag{1.71}$$

$$n^2 = n_x^2 + n_y^2 + n_z^2$$

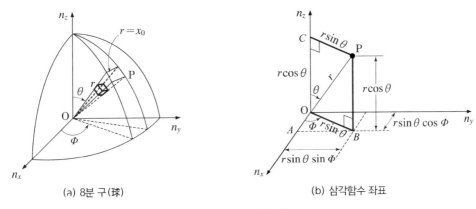

|   |   |
|---|---|
| (a) 8분 구(球) | (b) 삼각함수 좌표 |

그림 1.24 전자의 좌표

파동함수 $\Phi$는 $(n_x, n_y, n_z)$를 조합하고, 이 각각은 입자의 상태를 나타낸 것이다. 식 (1.71)에서 에너지가 같은 경우를 예로 들면, $(1, 1, 2)$, $(1, 2, 1)$, $(2, 1, 1)$의 조합에 대하여 식 (1.68)의 파동함수는 다르며, 이를 **축퇴**(縮退 degeneration)라고 한다. $(n_x, n_y, n_z)$의 조합의 총수는 전자가 얻을 수 있는 상태수를 나타내는 것이다. 에너지가 $0 \sim E_0$까지의 상태수 $N$을 구해 보자.

$$E_0 = \frac{h^2}{8ml^2} n_0^2 \ (n_0^2 = n_{x0}^2 + n_{y0}^2 + n_{z0}^2) \tag{1.72}$$

여기서 $n_0$를 구하기 위하여 그림 1.24 (a)와 같이 $n_x, n_y, n_z$를 좌표축으로 하여 반경 $r$인 각을 만든다. 구(球) 내의 점 $P(n_x, n_y, n_z)$에 대하여 $n^2 < n_0^2$이므로 이에 대한 에너지는 위의 식 $E_0$보다 작다. 구 내에 있는 점의 총수는 $(n_x, n_y, n_z)$가 정수이므로 구의 제1상한의 체적과 같다. 이때의 체적은 제1상한 내 공간의 점 $P$를 극좌표$(r, \theta, \Phi)$로 하여 결정할 수 있다. 그림에서 반경이 $r$인 점 $P$의 체적을 구하면 되는 것이다. 이때 $\theta$는 $\angle POn_z$, $\Phi$는 두 개의 면 $POn_z$와 $n_x On_z$가 이루는 사잇각이다. 그림(b)에서와 같이 직교 좌표 $n_x, n_y, n_z$는 극좌표로 변환할 수 있다.

$\angle POC = \theta$라 하면 $\overline{OC} = r\cos\theta$, $\overline{PC} = r\sin\theta$이고, $\overline{OB} = r\sin\theta$, $\overline{PB} = r\cos\theta$이다. 한편 $\angle AOB = \Phi$라 하면 $\overline{AB} = r\sin\theta \sin\Phi$, $\overline{OA} = r\sin\theta \cos\Phi$이므로

$$n_x = r\sin\theta \cos\Phi, \ n_y = r\sin\theta \sin\Phi, \ n_z = r\cos\theta \tag{1.73}$$

이다. 그리고 $r, \theta, \Phi$의 증가분을 각각 $dr, d\theta, d\Phi$라 하면 이 증가분은 부피 요소의 각 모서리의 거리를 $dr, rd\theta, r\sin\theta \, d\Phi$로 나타내므로 이 부피 요소 $dN$은

$$dN = r^2\sin\theta \, dr \, d\theta \, d\Phi \tag{1.74}$$

이다. 따라서 총 부피 $N$은 다음과 같다.

$$N = \int\int\int r^2 \sin\theta \, dr \, d\theta \, d\Phi \tag{1.75}$$

위 3중 적분의 적분 구간의 거리는 $0 \sim n_0$, $d\theta$와 $d\Phi$는 각각 $0 \sim \dfrac{\pi}{2}$ 까지로 한다.

$$
\begin{aligned}
N &= \int_0^{\frac{\pi}{2}} \int_0^{\frac{\pi}{2}} \int_0^{n_0} r^2 \sin\theta \, dr \, d\theta \, d\Phi \\
&= \int_0^{\frac{\pi}{2}} \int_0^{\frac{\pi}{2}} \left[ \frac{r^3}{3} \right]_0^{n_0} \sin\theta \, d\theta \, d\Phi \\
&= \frac{n_0^3}{3} \int_0^{\frac{\pi}{2}} \left[ -\cos\theta \right]_0^{\pi/2} d\Phi \\
&= \frac{n_0^3}{3} \int_0^{\frac{\pi}{2}} d\Phi = \frac{n_0^3}{3} \left[ \Phi \right]_0^{\pi/2} = \frac{n_0^3}{3} \frac{\pi}{2} = \frac{\pi}{6} n_0^3
\end{aligned}
\tag{1.76}
$$

으로 된다. 식 (1.72)의 $n_0$를 식 (1.76)에 대입하면

$$
N = \frac{4\pi}{3} \left( \frac{2m}{h^2} \right)^{3/2} l^3 \, E^{3/2}
\tag{1.77}
$$

으로 된다. 그림 1.25에서 보여 주는 바와 같이 에너지가 $E \sim E + dE$ 사이에 있는 상태수를 $dN$ 이라 하고, 식 (1.77)를 에너지에 대하여 1회 미분하여 구하면

$$
dN = 2\pi \left( \frac{2m}{h^2} \right)^{3/2} l^3 \, E^{1/2} \, dE
\tag{1.78}
$$

이다. 동일 상태에 있는 전자는 전자의 스핀을 고려하지 않으면 단 한 개밖에 존재할 수 없다는 것이 파울리 배타율이지만, 전자의 스핀을 고려하여 동일 상태에 두 개가 존재할 수 있다. 단위 체적당 전자의 존재 가능수를 $N(E)dE$라 하면

$$
N(E)dE = 2\frac{dN}{l^3} = 4\pi \left( \frac{2m}{h^2} \right)^{3/2} E^{1/2} dE
$$

$$
N(E) = 4\pi \left( \frac{2m}{h^2} \right)^{3/2} E^{1/2}
\tag{1.79}
$$

로 되며, $N(E)$를 상태 밀도라고 한다. 이 관계에서 그림 1.25의 상태수는 $dE$ 부분의 면적이다.

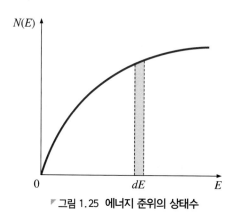

▼ 그림 1.25 에너지 준위의 상태수

# 4 페르미 – 디렉 분포함수

전 절에서 전자의 존재 가능한 상태의 수를 구하였지만, 실제 존재하는 전자의 실수를 구하지 않으면 안 되며, 이를 결정하는 분포함수를 페르미–디렉Fermi-Dirac 분포함수[13]라 한다. 그림 1.26에서 전자의 존재 가능수를 에너지가 낮은 쪽에서 미세하게 잘라서 생각해 보자. 그림에서 미세하게 자른 부분의 수를 낮은 쪽에서부터 순차적으로 $g_1$, $g_2$, $g_3$, $\cdots$ $g_j$, $\cdots$라 하자. 그러면 $g_j$는

$$g_j = N(E)dE = 4\pi \left( \frac{2m}{h^2} \right)^{3/2} E^{1/2} \, dE \tag{1.80}$$

이며, $g_j$개 상태의 에너지를 $\varepsilon_j$라 하면, $\varepsilon_j$ 에너지에는 $g_j$개의 전자가 존재 가능하다.

그러나 실제 존재하는 전자는 이보다 적어서 이 수를 $N_j$개라 하면 $g_j$개 위치에 $N_j$개의 전자를 배치하는 방법의 수는

$$\frac{g_j!}{N_j!(g_j - N_j)!} \tag{1.81}$$

뿐이다. $g_1$에는 $N_1$, $g_2$에는 $N_2$, $\cdots$개가 있다고 생각하고, 이들 전자의 전체적인 배치 방법의 수를 $W$라 하자.

$$\begin{aligned} W &= \frac{g_1!}{N_1!(g_1 - N_1)!} \times \cdots \times \frac{g_j!}{N_j!(g_j - N_j)!} \times \cdots \\ &= \Pi \sum_{j=1}^{M} \frac{g_j!}{N_j!(g_j - N_j)!} \end{aligned} \tag{1.82}$$

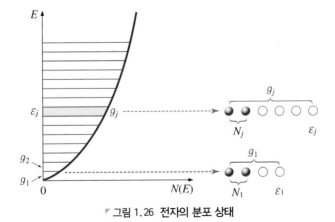

▶ 그림 1.26 전자의 분포 상태

---

13 페르미–디렉 분포함수  수많은 광자 집합의 성질을 통계적으로 논할 때 보통의 입자와는 다른 방법을 사용해야 한다고 생각한 사람은 인도의 물리학자 S.N. Bose였다. 이는 입자의 자기동일성(自己同 一性)의 개념에서 출발하였으나, 전자의 경우 자기동일성을 갖지 않는다는 사실 이외에 두 개 이상의 전자가 동일상태에 존재할 수 없다는 특별한 성질을 갖고 있으므로 별도의 통계법을 적용해야 한다고 하였다. 전자의 경우에 관한 통계법을 Fermi와 Dirac이 독립적으로 연구하였으나, 이를 통합하여 Fermi–Dirac 통계법이라 한다.

로 된다. 열역학적 평형상태에서는 $W$가 최대로 되는 것이며, 열역학에 의한 엔트로피entropy는 $k\log W$이다. $k$는 Boltzmann 상수이다. 이 엔트로피가 최대로 되는 것이 평형 상태를 나타내는 것과 동일하다. 전체 전자수를 $N$, 전체 에너지를 $E$라 하면,

$$N = N_1 + N_2 + \ldots N_j + \ldots = \sum_j N_j \cdots \tag{1.83}$$

$$N = \varepsilon_1 N_1 + \varepsilon_2 N_2 + \cdots \varepsilon_j N_j + \cdots = \sum_j \varepsilon_j N_j \tag{1.84}$$

이고, $N$과 $E$가 일정한 조건에서 $N_j$를 변화시켜 $W$가 최대로 되는 상태가 평형 상태이다.

$$\log W = \sum_j \{\log g_j! - \log N_j! - \log(g_j - N_j)!\} \tag{1.85}$$

Stirling 공식에서

$$\log M! = M(\log M - 1) \tag{1.86}$$

$$\delta \log M! \fallingdotseq \delta M \log M$$

을 이용하여 식 (1.84)의 변화분이 구해진다. 식 (1.83)과 식 (1.84)에서 $N$과 $E$의 변화분을 구하면 다음과 같으며, 열평형에서는 $N$, $E$가 일정하다.

$$-\delta \log W = \sum_j \{\log N_j - \log(g_i - N_j)\}\delta N_j = 0 \tag{1.87}$$

$$\delta E = \sum_{ji} \varepsilon_j \delta N_j = 0 \ldots \times \beta$$

$$\delta N = \sum_j \delta N_j = 0 \ldots \times \alpha \tag{1.88}$$

열평형 상태에서 위의 식은 모두 0이며, 식 (1.88)의 양변에 변수 $\beta$, $\alpha$를 곱하고, 식 (1.87)과의 관계에서 풀면 다음과 같다.

$$\sum_j \left\{\log \frac{N_j}{g_i - N_j} + \alpha + \beta \varepsilon_j\right\}\delta N_j = 0 \tag{1.89}$$

$\delta N_j$의 계수를 0으로 놓고 $N_j$에 대하여 풀면,

$$N_j = \frac{g_j}{e^{\alpha + \beta \varepsilon_j} + 1} \tag{1.90}$$

로 된다. 상태수가 $g_j$일 때, 실제 존재하는 전자의 수는 $N_j$이다. $N_j/g_j$는 에너지 $\varepsilon_j$ 상태에서 전자가 존재할 확률을 나타내는 것이며, 이것을 $f(\varepsilon_j)$라 하면,

$$f(\varepsilon_j) = \frac{N_j}{g_j} = \frac{1}{1 + e^{\alpha + \beta \varepsilon_j}} \tag{1.91}$$

이다. 열역학에 의해 에너지가 대단히 클 때의 입자 분포(粒子分布)는 Boltzmann 분포로 된다. 에너지 $\varepsilon$을 갖는 입자의 수를 $n$, 정수를 $n_0$라 하면

$$n = n_0 e^{-\frac{e}{kT}} \tag{1.92}$$

이다. 이것과 식 (1.88)을 비교하여 $\varepsilon_j$가 클 때에는 식 (1.91)은

$$f(\varepsilon_j) \fallingdotseq e^{-\alpha - \beta \varepsilon_j} \tag{1.93}$$

로 되며, 이를 식 (1.92)와 비교하여 $\beta = 1/kT$로 됨을 알 수 있다.

또 $\alpha = -E_f/kT$, $\varepsilon_j$를 $E$라 하고, 식 (1.91)을 나타내면,

$$f(E) = \frac{1}{1 + \exp\left(\dfrac{E - E_f}{kT}\right)} \tag{1.94}$$

로 되는데, 이것을 페르미-디렉Fermi-Dirac 분포함수라 하며, 그림 1.27에 나타내었다.

$g_j$개 상태에 실제 존재하는 전자의 수는 식 (1.91)에 의해

$$N_j = g_j f(\varepsilon_j) = \frac{g_j}{1 + \exp\left(\dfrac{E - E_f}{kT}\right)} \tag{1.95}$$

이고, 식 (1.80)을 식 (1.95)에 대입하고 $E \sim E + dE$의 미소 에너지 범위에서의 전자수 $N_j$를 $dn$이라 하면

$$dn = 4\pi\left(\frac{2m}{h^2}\right)^{3/2} \frac{E^{1/2} dE}{1 + \exp\left(\dfrac{E - E_f}{kT}\right)} \tag{1.96}$$

이다. $k = 1.38 \times 10^{-23}$[J/K]이고, $T \fallingdotseq 300$[K]의 상온에서 $kT = 4.14 \times 10^{-21}$[J]이다. 에너지 단위

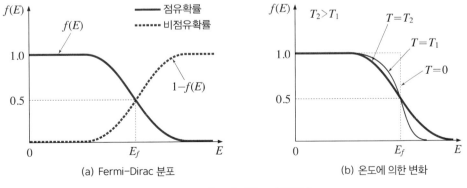

(a) Fermi-Dirac 분포    (b) 온도에 의한 변화

▶ 그림 1.27 Fermi-Dirac 분포함수

인 [eV]로 나타내면, $1[\mathrm{eV}] = 1.602 \times 10^{-19}[\mathrm{J}]$이므로 $kT = 0.026[\mathrm{eV}]$가 된다.

온도 $T$가 높으면 $kT$는 $T$에 비례하여 증가한다. 식 (1.94)에서 $f(E)$는 $E = E_f$에서 0.5이나, $E - E_f \gg kT$에서는 0, $E - E_f \ll kT$에서는 1에 접근하게 된다.

그림 1.27 (a)와 같이 $E_f$를 중심으로 하여 에너지가 $\pm kT$ 범위에서 급격히 변화한다. 이 범위에서 온도에 따른 변화를 그림 1.27 (b)에 나타내었다. 이때 이 $E_f$를 페르미 에너지fermi energy 라 하는데, 이는 금속과 반도체의 해석에서 중요한 역할을 하는 요소이다. 이 페르미 에너지는 0[K]에서 전자가 파울리Pauli 배타율에 따라 충만대에서부터 순차적으로 채워질 때, 전자가 절대온도 0[K]에서 가질 수 있는 최대 에너지로 정의하기도 한다. 한편, 점유 에너지의 크기에 따라 페르미 – 디렉Fermi-Dirac 분포함수는 다음 세 가지로 나누어 생각할 수 있다.

① $E < E_f$의 경우 : Fermi – Dirac 분포함수 $f(E)$

$$f(E) = \frac{1}{1 + \exp\left(\dfrac{E - E_f}{kT}\right)}$$
$$= \frac{1}{1 + \exp(-\infty)} = 1 \ (\text{단}, \ T = 0 \ \mathrm{K}) \tag{1.97}$$

이다. 이는 $E < E_f$인 경우 $f(E) = 1$이 되는 확률로 $T = 0[\mathrm{K}]$에서 페르미 준위fermi level[14] $E_f$보다 낮은 에너지 준위를 전부 전자로 채워질 수 있는 확률분포를 의미한다.

② $E > E_f$인 경우

$$f(E) = \frac{1}{1 + \exp(\infty)} = 0 \ (\text{단}, \ T = 0[\mathrm{K}]) \tag{1.98}$$

이다. 확률분포 $f(E)$가 0으로 되는 확률로 $T = 0[\mathrm{K}]$에서 페르미 준위 이상의 에너지 준위에서는 전자가 전혀 점유할 수 없음을 나타낸다.

③ $E = E_f$의 경우

$$f(E) = \frac{1}{1 + \exp(0)} = \frac{1}{2} \ (\text{단}, \ T = 0[\mathrm{K}]) \tag{1.99}$$

이다. 페르미 준위에서는 온도 $T$에 관계없이 전자의 점유 확률이 50%임을 의미한다.

---

14  페르미 준위  고체 내의 전자는 모든 전자가 같은 에너지의 값을 가지고 있는 것이 아니라 개개의 전자가 각각 다른 에너지의 값을 가지게 된다. 이 전자가 갖는 에너지 상태는 페르미－디렉 분포라 하는 확률분포를 따르게 된다. 이 분포는 물질의 종류와 온도에 따라서 달라지는데, 전자의 점유 확률이 정확히 1/2이 되는 에너지의 값을 페르미 에너지(fermi energy)라 하며, 이 에너지에 상당하는 에너지 레벨을 페르미 준위(fermi level)라고 한다.

## 연습문제 1-13

300[K]에서 페르미 준위 $E_f$보다 0.1[eV] 낮은 에너지 준위에 전자가 점유할 확률은 얼마인가?

**풀이** 페르미 – 디렉 분포함수는

$$f(E) = \frac{1}{1 + \exp\left(\dfrac{E - E_f}{kT}\right)} \text{ 이고,}$$

$E - E_f = -0.1[\text{eV}]$, $kT = 0.026[\text{eV}]$ 이므로

$$\therefore f(E) = \frac{1}{1 + \exp(-3.87)} \fallingdotseq 0.98$$

점유 확률이 98[%] 즉, 이 에너지 준위에 전자가 거의 점유하고 있는 상태이다.

## 연습문제 1-14

$E_f$ 이상의 에너지 상태가 전자로 점유될 확률을 계산하시오. (단, $T = 300[\text{K}]$이다.)

**풀이** 일반적으로 $T = 300[\text{K}]$에서 페르미 에너지의 차$(E - E_f)$가 $kT$의 3배 이상은 전자로 채워진다. 식 (1.94)에서

$$f(E) = \frac{1}{1 + \exp\left(\dfrac{E - E_f}{kT}\right)} = \frac{1}{1 + \exp\left(\dfrac{3kT}{kT}\right)} = \frac{1}{1 + 20.09} = 0.0474$$

$$\therefore f(E) = 4.74\%$$

## 연습문제 1-15

어떤 재료 내 전자의 에너지 상태가 비점유 상태로 되기 위한 확률이 1%일 때 온도는 몇 K인가? (단, 이 재료의 페르미 에너지는 6.25[eV]이고, 페르미 – 디렉 분포함수에 따르며 0.3[eV] 이하는 비점유 상태가 될 수 있다.)

**풀이** 비점유 상태 확률은

$$1 - f(E) = 1 - \frac{1}{1 + \exp\left(\dfrac{E - E_f}{kT}\right)}$$

$$0.01 = 1 - \frac{1}{1 + \exp\left(\dfrac{5.95 - 6.25}{kT}\right)}$$

이다.

$$\exp\left(\frac{-0.3}{kT}\right) = 0.01$$

$$\frac{-0.3}{kT} = \ln 0.01 = -4.595$$

$$kT = 0.06529[\text{J}]$$

$$\therefore T = 0.0757 \times 10^4 [\text{K}] = 757[\text{K}]$$

어떤 도체에서 페르미 준위보다 0.2[eV]의 위와 아래에서 전자가 점유할 확률을 구하시오. (단, 온도는 27[℃]라 한다.)

**풀이** $0.2[eV] = 0.2 \times 1.602 \times 10^{-19} = 0.320 \times 10^{-19}[J]$

① 0.2[eV] 이상인 경우

$$f_1(E) = \cfrac{1}{1 + \exp\left(\cfrac{E - E_f}{kT}\right)} = \cfrac{1}{1 + \exp\left(\cfrac{0.32 \times 10^{-19}}{1.38 \times 10^{-23} \times 300}\right)} = \cfrac{1}{1 + \exp 7.74} = 0.00044$$

$$\therefore f_1(E) = 0.044[\%]$$

② 0.2[eV] 이하인 경우

$$f_2(E) = \frac{1}{1 + \exp(-7.74)} = 0.9995$$

$$\therefore f_2(E) = 99.95[\%]$$

* 0.2[eV] 이상의 에너지 준위에는 전자가 거의 비어 있고, 그 이하에서는 가득 차 있다.

---

우리가 확률적 분포함수를 고려하는 것은 원자 속에 있는 전자가 어느 위치에 있는지를 정확하게 알 수가 없기 때문이다. 그러나 전자가 있을 확률이 가장 높은 위치는 알 수가 있다. 그러므로 전자의 위치는 "어느 위치에 있을 확률"로 표현할 수 있는 것이다.

예를 들어 수소 원자의 경우, 전자의 에너지가 가장 작을 때, 전자가 있을 것으로 여겨지는 곳을 점으로 찍으면, 그림 1.28과 같이 전자가 수소 원자의 핵 주위에 구름처럼 퍼져 있는 모양을 갖게 된다. 원자핵 주변에 전자의 존재 확률을 전자운(電子雲)으로 표현한다.

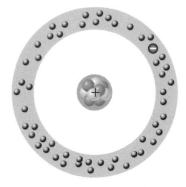

▼ 그림 1.28 전자의 존재 확률

다음 그림과 같이 균등자계 $B$ 내에 수직으로 전자가 속도 $v$로 입사되어 전자가 원운동할 때의 반지름 $r$을 구하시오.

**풀이**

$\otimes\ B$

$\bullet \rightarrow \rightarrow \rightarrow v$

원심력 $mv^2/r$, 구심력 $evB$가 같을 때 원운동이 발생하므로 $mv^2/r = evB$

$$\therefore r = \frac{mv}{eB}$$

**토막상식** 절대 온도 0[K]·이온(ion)·전류 흐름의 방향

절대 온도 0[K]   물체는 원자로 이루어지고, 원자는 열운동을 하게 된다. 만일 물체의 열운동을 감소시키면 온도가 내려간다. 물체의 열운동이 0에 가까우면 원자의 운동 에너지도 0에 가깝다. 이 때 물체의 온도는 가장 낮은 한계 온도에 도달하게 된다. 온도는 한없이 내려가는 것이 아니고, 영하 273.16[℃]까지 내려가는 것으로 밝혀졌다. 이 영하 273.16[℃]를 절대 0[K]라 하며, K는 이 온도를 밝혀낸 'Kelvin'의 머리글자이다.

이온(ion)   원자 속의 전자 중 에너지가 가장 높은 전자(최외각 궤도의 운동 중인 전자)가 원자 밖으로 튀어나가면 양(+)이온이 되고, 또 어떤 원자는 원자 밖의 전자를 끌어와 음(−)이온이 되기도 한다. 이와 같이 이온이란 원자가 전자를 잃거나 얻는 것을 말한다. 원자가 전자를 잃으면 양(+)이온, 얻으면 음(−)이온이 된다. 원자는 원자핵과 전자로 구성되었으며, 원자핵은 양(+)의 전기를 띤 양성자와 중성자로 구성되고, 양성자의 수와 궤도 운동하고 있는 전자의 수가 같아 전기적으로 중성이다.

여기서 소금의 경우를 예로 들어 보자. 소금은 나트륨(Na)과 염소(Cl)로 결합되어 있다. 나트륨 원자의 경우 원래 11개의 전자를 갖고 있는데, 가장 바깥 부분에 분포하고 있는 전자는 느슨한 결합력으로 쉽게 떨어져 나간다. 그러면 결국 원자핵에 있는 양성자의 수가 1개 많은 상태로 되어 양(+)의 전기를 띤 나트륨 이온($Na^+$)이라는 양이온이 된다. 반면 염소의 경우는 원래 전자가 17개이었는데, 외부에서 전자 1개를 받아들여 전자가 1개 많아지는 상태 즉, 염소이온($Cl^-$)의 음이온으로 되는 것이다.

전류 흐름의 방향   전자들이 도선을 따라 움직이는 것이 전류(電流) 즉, 전자들의 흐름이다. 전류의 흐름은 (+)극에서 (−)극으로 흐른다고 되어 있다. 그러나 (+)극에서 (−)극으로 흐르는 것은 아무것도 없다. 전자가 전지의 (−)극에서 나와 (+)극으로 움직이는 것이 전류이다.

전기를 띤 알갱이들이 흐른다는 것을 처음 알아낸 것은 1700년대 중반으로, 이때는 전류의 방향을 (+)전기를 띤 알갱이들의 흐름이라고 생각하였다. 그리고 이 약속에 따라 전기 장치를 만들어 사용하였다.

그런데 1898년 (−)전기를 띤 전자가 있다는 사실이 밝혀지면서 전류는 전자의 흐름이므로 (−)극에서 (+)극으로 흘러야 한다고 생각하게 되었다. 그러나 전류의 방향을 바꾸기 위하여 너무 혼란스러웠기 때문에 전에 생각했던 (+)극에서 (−)극으로 흐른다고 하게 된 것이다. 따라서 전류의 방향과 전자의 방향은 반대라고 생각하면 될 것이다.

■ 다음 문장 속의 (    ) 또는 [국문(영문)]에 적절한 용어를 써 넣으시오.

**01** 지구 상에 존재하는 모든 물질은 (        ), (        ), (        ), (        ) 등의 소립자로 구성되어 있다.

**02** 원자의 중심에 양전기를 띤 한 개의 [          (          )]이 있고, 그 (        ) 둘레에 음전기를 띤 [          (          )]들이 에워싸고 있다.

**03** 양전기의 알맹이가 원자의 중심에 위치하여 원자 질량의 대부분을 차지하고 있다는 것을 발견하였고, 이 알맹이를 [          (          )]이라고 한다.

**04** 물질을 구성하는 기본적인 알맹이로서 물질의 고유 성질을 보유하는 극한 입자(極限粒子)인 분자(分子 molecule)는 (      )로, (      )는 다시 (      )과 [          (          )]로 구성되어 있다는 것이 밝혀졌다.

**05** 원자 번호가 $Z$인 원자는 (+)로 대전(帶電electric charge)된 한 개의 원자핵과 (−)전하를 갖는 $Z$개의 전자로 구성되었으며, 원자핵은 몇 개의[          (          )]와 $Z$개의 [          (          )]로 구성되어 있고, 중성자와 양성자는 중간자meson에 의해 결속되어 있다.

**06** 원자에서 전자는 (−)전기를, 양자는 (+)전기를 띠게 되며, 중성자는 전기를 갖지 않는다. 또 (          )와 (          )가 같기 때문에 전기적인 중성을 유지하게 된다.

**07** 실리콘은 원자 번호가 $Z=14$이다. 원자의 구성은 (+)로 대전한 원자핵과 그 주위의 궤도를 운동하고 있는 (          )로 구성된다. 이 (          ) 중 최외각 궤도를 운동하고 있는 4개의 전자는 실리콘 물질의 화학적 성질을 결정하는 중요한 요소이며, 화학적으로 원자가(原子價)를 결정하며, 이 4개의 전자를 (          ) 또는 (          )라 한다.

**08** 전자는 매우 작은 입자로서 일정한 크기의 (        )과 (          )을 가지고 있다.

**09** 전자에 대한 에너지 단위로 사용하기에 적절한 [          (          )]의 단위를 쓰고 있다.

**10** 미시적 세계를 취급하는 경우 소립자의 에너지나 플랑크 상수 $h$ 정도의 미세한 에너지의 작용이 문제가 되어 [          (          )]라는 개념을 도입하여 물질을 고찰하게 되었다. 이와 같은 방법론을 [        (        )] 또는 양자역학이라고 한다.

**11** 광(光)은 드브로이de Broglie파, 불확정성의 원리 및 회절 현상 등으로 증명이 되는 (              )과 광전 효과(光電效果), 콤프턴Compton 효과 등으로 알려져 있는 (              )을 동시에 가지고 있다.

**12** 모든 물체는 연속체가 아니라 더 이상 나눌 수 없는 원자로 구성되어 있는 것과 같이, 방사(복사) 에너지도 연속량이 아니고 더 이상 나눌 수 없는 소량(素量)으로 구성된 양자 에너지 덩어리로 이루어져 있다고 하였다. 이때 이 불연속적 에너지 덩어리를 [              ]라 하며, 그 에너지 크기는 (              )이다.

**13** 금속이나 반도체 등에 광을 조사(照射)하면 주파수가 $f$ 인 [              ]는 $hf$의 에너지를 가지며, 이 광자 에너지가 고체에 전달되어 고체 표면에서 전자가 방출된다. 이때 광에너지에 의해서 방출된 전자를 [              ]라 하며, 이 현상을 [                ] 또는 일반적으로 [              ]라고 한다.

**14** 광자가 고체에 충돌하면 고체 내에 분포되어 있는 전자의 일부는 빛에너지를 받아 고체 표면 밖으로 방출하게 된다. 이 때 전자가 고체 표면을 통하여 외부로 나오려면 일정한 에너지가 필요하게 된다. 이 에너지를 [              ]라고 한다.

**15** 핵외 전자가 원운동을 하기 위한 첫째 조건은 반경 $r$의 위치에서 궤도 운동하는 전자에 의해서 발생되는 (          )과 양자와 전자와의 (        )이 일치되어야 하며, 이때 (            )가 유지된다.

**16** 하나의 안정 상태에서 다른 안정 상태로 변화되는 것을 (        )라 하며, 전리는 운동하고 있는 전자가 (            )을 벗어나 자유 전자로 되는 것을 나타낸다.

**17** 양자역학 한계 내에서 원자 내 전자의 상태를 완전히 기술하기 위해서는 (            ), (          ), (            ), (            )의 네 개의 양자수가 필요하다.

**18** 네 가지 양자수에 의하여 결정되는 하나의 에너지 준위에는 단 한 개의 전자밖에 들어갈 수 없다. 이를 [              ]이라고 한다.

**19** 이온이란 원자가 (            )을 말한다. 원자기 (        ) 양(＋)이온, (        ) 음(－)이온이 된다. 원자는 원자핵과 전자로 구성되었으며, 원자핵은 양(＋)의 전기를 띤 양성자와 중성자로 구성되고 (            )와 궤도 운동하고 있는 (          )가 같아 전기적으로 중성이다.

**20** 전류의 방향과 (          )은 반대이다.

# 연 구 문 제

**01** 원자의 구조에 대하여 설명하시오.

**02** 전자와 자유 전자의 개념에 대하여 설명하시오.

**03** 전위와 전압의 개념에 대하여 설명하시오.

**04** 전계의 개념에 대하여 설명하시오.

**05** 초기 속도가 0인 전자에 1,000[V]의 전압으로 가속될 때, 전자의 운동 속도 $v$ [m/sec]는? (단, 전자의 비전하 $|e|/m_o = 1.759 \times 10^{11}$[C/kg]이다.)

| 힌트 | $\left( \dfrac{1}{2}mv^2 = eV \ \therefore \ v = \sqrt{\dfrac{2eV}{m}} \right)$

**06** 평행 평판의 두 극판에 100[V]의 전압을 공급하였다. 전자가 2[cm] 떨어진 양극판에 도달하기까지 소요되는 시간 $t$ 는 얼마인가?

| 힌트 | $\left[ a = -\dfrac{e}{m}E = -\dfrac{e}{m}\dfrac{V}{d}, \ x = \dfrac{1}{2}at^2 = \dfrac{1}{2}\left( \dfrac{e}{m}\dfrac{V}{d} \right)t^2 = d \right]$

**07** 전계의 세기 $E = 10^5$[V/m]의 균등 전계 내의 전자가 갖는 가속도 $a$는? (단, 전자의 질량 $m = 9.109 \times 10^{-31}$[kg], 전자의 전하량 $e = -1.6 \times 10^{-19}$[C]이다.)

| 힌트 | $\therefore \left( F = ma = eE, \ a = \dfrac{e}{m}E \right)$

**08** 100[V]의 전압으로 전자를 가속하였을 때, 전자가 갖는 운동 에너지를 계산하시오.

| 힌트 | $\left( \dfrac{1}{2}mv^2 = eV \right)$

**09** 보어(Bohr)가 제창한 수소 원자의 모형 이론에 대하여 설명하시오.

**10** 보어(Bohr)의 이론에 의하여 수소 원자의 기저 상태에서 전자가 갖는 운동 에너지 $E_k$, 위치 에너지 $E_p$ 및 전체 에너지 $E$를 구하시오.

**11** 전자를 10[V]로 여기시킬 때 방사하는 빛의 파장 λ는 얼마인가? (단, 플랑크 상수 $h = 6.62 \times 10^{-34}$[J·s], 광속 $c = 3 \times 10^8$[m/s], $E$는 에너지이다.)

| 힌트 | $\left( E = hf = eV, \ f = \dfrac{eV}{h} \quad \therefore \lambda = \dfrac{c}{f} = \dfrac{hc}{eV} \right)$

**12** 전자가 $10^5$[m/s]의 속도로 운동하고 있을 때, 이 전자의 파장 λ는?

| 힌트 | $\left( \lambda = \dfrac{h}{P} = \dfrac{h}{mv} \right)$

**13** 나트륨(Na)의 한계 주파수는 $4.35 \times 10^{14}$[Hz]이다. 나트륨의 일함수와 한계 파장을 구하시오.

| 힌트 | $\left( f_c = \dfrac{e\Phi}{h} \quad \therefore \lambda_c = \dfrac{c}{f_c} = \dfrac{hc}{e\Phi} \right)$

**14** 운동 중의 전자가 갖는 파장이 $\lambda = 2.7 \times 10^{-10}$[m]일 때, 이 전자의 속도는 얼마인가?

| 힌트 | $\left( \dfrac{1}{2}mv^2 = eV = \dfrac{hc}{\lambda} \quad \therefore v = \sqrt{\dfrac{2hc}{m\lambda}} \right)$

**15** 300[K]에서 페르미 준위 $E_f$ 보다 0.1[eV] 높은 에너지 준위에 전자가 점유할 확률은 얼마인가?

**16** 0.1[eV] 이하의 에너지 상태에서 전자가 점유할 확률을 구하시오. (단, $T = 300$[K]이다.)

**17** 에너지가 0에서 1[eV] 사이의 값을 갖는 전자의 단위 체적당 상태 밀도 $N$은 얼마인가? (단, 전자의 질량 $m = 9.109 \times 10^{-31}$[kg]이다.)

**18** 300[K]에서 전자로 채워질 확률이 0.01 이하가 되는 에너지 $E$는 얼마인가? (단, $E_f = 8$[eV]이다.)

**19** 운동 중인 전자가 갖는 파장이 $\lambda = 3.5 \times 10^{-8}$[m]일 때, 이 전자의 속도는 얼마인가?

| 힌트 | $v = \sqrt{\dfrac{2hc}{m\lambda}}$

# 2

# 물질의 결합

Bond of material

결정이 주기성과 반복성을 가지고 있다는 이론은 1930년대로 거슬러 올라가며, 많은 물리학자에 의해서 고체물리 발전의 기반이 되었다. 1913년 결정의 주기성을 실험으로 입증하는 유명한 브래그Bragg의 반사 조건식이 발표되면서 결정 재료의 연구가 활성화되었다.

학습
목표

# 1 물질의 특성

## 1 원소의 전자수

지구 상에는 여러 가지의 물질이 있는데, 이들은 모두 원자의 결합으로 만들어지고 있다. 우리는 이 원자 속에는 원자핵과 전자가 들어 있다는 것은 벌써 알고 있다. 물질을 구성하고 있는 종류와 수, 원자와 원자가 어울리는 방법이 서로 다르기 때문에 여러 종류의 물질이 존재하고 있다.

물질 속에는 원자가 있는데, 그 원자가 다르다고 하는 것은 원자 주위에 있는 전자의 수가 다르다고 하는 것과 같다. 결국, 이 전자의 수가 다르기 때문에 여러 가지 원자가 있다고 할 수 있을 것이다. 예를 들어, 철은 원자 기호를 Fe로 쓰고, 원자 1개에 전자가 26개 있다. 구리는 원자핵 주위에 전자가 29개 있고, 실리콘은 그 주위에 14개가 있다. 이것으로 원자 한 개당 전자의 수가 다르면 물질이 다르다고 할 수 있을 것이다.

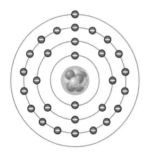
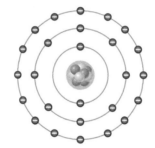
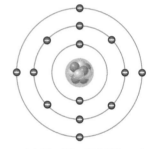

(a) 구리(Cu : 원자 번호=29)    (b) 철(Fe : 원자 번호=26)    (c) 규소(Si : 원자 번호=14)

**그림 2.1 원소의 전자수**

## 2 원자의 결합

우리 주변에는 수많은 종류의 물질이 있다. 각 물질은 그 자신의 특성을 유지하며 지구 상에 존재하고 있다. 특성이 다르다는 것은 바로 전자의 수에 있다고 하였다. 물질들은 원자들의 결합으로 이루어져 있는데, 물질에 따라 결합방식이 다르다. 결합 방식이 다르다는 것은 원자를 구성하는 전자의 수에 따라 결정된다.

여기서 철 물질을 좀 더 자세히 살펴보면, 그림 2.2 (a)와 같이 철 원자 1개가 있을 때를 물질이라고 하지 않는다. 왜냐하면 철 물질이 되기 위해서는 수많은 철 원자가 결합해야 철 물질로 존재할 수 있기 때문이다. 이러한 원리는 철뿐만 아니라 구리나 규소도 마찬가지이다. 그런데 모든 원자들이 결합하여 물질이 되는 것은 아니다. 원자의 세계에서는 다른 원자와 결합을 잘

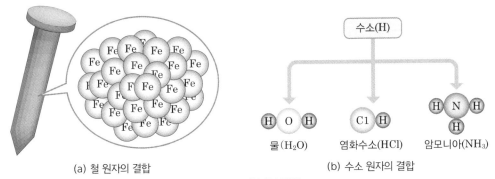

(a) 철 원자의 결합
(b) 수소 원자의 결합

물($H_2O$) 염화수소(HCl) 암모니아($NH_3$)

▼ 그림 2.2 원자의 결합

할 수 있는 원자가 있는가 하면, 그렇지 못한 원자도 있다. 결합이 잘 되는 원자는 물질로 될 가능성이 높을 것이다. 예를 들어 수소(H)는 여러 원자와 결합하여 많은 물질을 만들지만, 헬륨(He)은 다른 원자와 결합하지 않고 단원자 상태의 물질로 지구 상에 존재하고 있다.

같은 종류의 원자끼리 결합하기도 하고, 다른 종류의 원자와 결합하기도 한다. 예를 들어 철 원자는 같은 원자와 결합하였을 때 철 물질이 되지만, 산소 원자와 결합하면, 산화철oxidized steel이 된다. 이것은 철로 만들어진 문이나 못을 공기 중에 오래 방치하면 생기는 녹을 말하는데, 철이 공기 중의 산소와 결합하여 생기는 것이다. 또 산소 원자는 같은 산소 원자와 만나 산소 기체($O_2$)가 되기도 한다. 이와 같이 원자는 결합하는 방법에 따라 여러 종류의 물질을 만들 수 있다.

앞에서 살펴본 철에서 철의 원자가 1개 있을 때, 이것은 철 원자이지 물질[1]은 아니다. 많은 철 원자들이 서로 어울려 철이라고 하는 물질이 되는 것이다. 그러면 왜 철 원자가 철이라는 물질로 될까? 원자의 세계에서는 서로 어울리기 쉬운 것이 있는가 하면, 서로 어울리기 어려운 원자들도 있다. 어울리기 쉬운 원자는 물질로 될 가능성이 높고, 그렇지 않으면 물질이 되기 어려울 것이다. 여기서 원자와 원자가 어울리는 것을 결합이라 하고, 여러 가지 결합 방식에 의하여

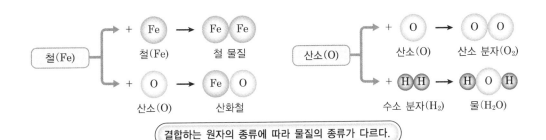

철(Fe) + 철(Fe) → 철 물질
+ 산소(O) → 산화철

산소(O) + 산소(O) → 산소 분자($O_2$)
+ 수소 분자($H_2$) → 물($H_2O$)

결합하는 원자의 종류에 따라 물질의 종류가 다르다.

▼ 그림 2.3 원자의 결합에 따른 물질의 종류

---

1  물질  물체를 이루는 재료 또는 본바탕을 물질이라고 한다. 우리 주위의 물체는 물질로 이루어져 있다. 크기나 겉모습에 중점을 둘 때는 물체로, 그 물체를 이루는 재료에 중점을 둘 때는 물질이라고 한다. 예를 들어, 플라스틱으로 만들어진 자(ruler)는 물체라고 하며, 그 재료가 되는 플라스틱은 물질이 된다. 물질이란 사전적 의미로 일정한 공간을 점유하고 질량을 갖는 것을 의미하지만 화학에서는 화합물을 포함한 순물질과 혼합물을 합한 것을 말한다. 이러한 물질은 원자로 이루어져 있으며, 그 원자는 원자핵과 전자로 이루어져 있고, 원자핵은 양성자와 중성자로 이루어져 있다.

지구 상에는 다양한 물질들이 존재하고 있다. 결국, 철 원자들끼리 결합하면 철이라는 물질이될 것이다. 어떤 원자에 다른 종류의 원자가 섞여서 결합하면 그것은 다른 물질로 될 것이다.

구리는 도체라 전기가 잘 흐른다. 구리 속에는 자유 전자가 많이 있거나 자유 전자로 되기 쉬운 상태로 있기 때문일 것이다. 구리라고 하는 금속은 그 원자 구조가 자유 전자를 만들어 내기 쉬운 구조로 자유 전자를 잘 만들어 내는 상태로 결합하는 것이다. 그림 2.4에서도 구리와 물의 원자들이 모여서 물질이 구성되는 모습을 보여 주고 있다.

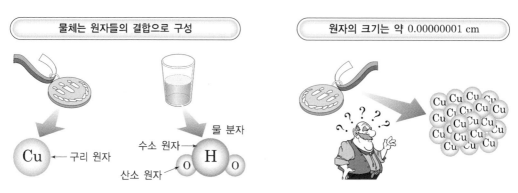

▼ 그림 2.4 물질의 구성

그러면 원자들이 어떻게 결합하여 물질이 되는 것일까? 이것은 원자 속에 있는 전자가 그 일을 맡아 하게 되는 것이다. 전자라고 하는 손이 원자에 있어서 이들 원자끼리 서로 손을 내밀어잡게 되는 것이다.

원자에는 궤도라고 하는 것이 있다. 궤도란 전자가 운동할 수 있는 에너지길을 말한다. 이것은우리 지구가 태양과 서로 끌어당기는 힘으로 지구만이 공전할 수 있는 길이 있는 것과 같은 이치이다. 원자핵 주변에 전자가 운동할 수 있는 궤도가 몇 개 있는데, 각 궤도에 들어갈 수 있는전자수가 정해져 있다. 여기서 가장 바깥의 궤도를 최외각valence shell 궤도라고 말하고, 여기에있는 전자를 가전자valence electron[2]라 하며, 이것이 원자와 원자가 서로 악수할 수 있는 손이 되는것이다. 원자핵 주변의 각 에너지 궤도에는 들어갈 전자의 수가 정해져 있다.

실리콘 물질을 예로 들어 볼까?

그림 2.5에서와 같이 실리콘의 최외각 궤도에서 운동하고 있는 전자는 4개가 있어서 가전자가4개가 되는 것이다. 그러나 이 최외각에는 전자가 8개가 있어야 안정한 상태의 원자를 유지하게된다. 이것은 자연 현상이다. 안정하다고 하는 것은 그 원자가 다른 원자와 서로 손을 맞잡고악수하기 위해서 가장 잘 어울릴 수 있는 상태라고 할 수 있다.

---

2  가전자 원자의 가장 바깥쪽 궤도를 돌고 있는 전자로, 원자의 가전자라고도 한다. 화학 결합에 관여하며 원자가와 같은 화학적 성질을결정한다.

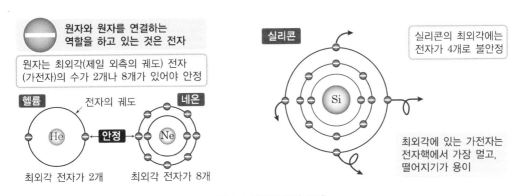

그림 2.5 **원자의 결합 모양**

지구상에는 여러 가지 물질이 있는데, 이들은 서로 다른 독특한 결합방식으로 구성되어 물질로 존재하고 있다. 이들을 분류하면 5가지가 있다. 첫째는 이온결합ionic bond인데, 소금($NaCl$)과 같이 전자 1개를 서로 주고받아 +, – 이온의 쿨롱의 힘으로 결합하고 있는 것이 있고, 둘째는 실리콘과 같이 각각의 원자가 전자를 공유하여 결합하는 공유결합covalent bond이 있다. 셋째는 리튬Li 등의 알칼리alkali 금속과 같이 다수의 원자가 전자를 내보내서 결합하는 금속결합(金屬結合 metallic bond), 넷째는 분자내의 전하분포가 한쪽으로 쏠리는 경우가 있는데, 수소H는 $H^+$, 산소O는 $O^-$와 같이 전하의 분포가 시간적으로 변하지 않고 정전기(靜電氣)적으로 결합하고 있는 물$H_2O$과 같은 수소결합(水素結合 hydrogen bond)이 있고, 다섯째, 헬륨He, 질소$N_2$와 같은 분자는 최외각 궤도에 전자가 가득 차 있어서 결합의 힘이 없으나, 냉각 등의 방법으로 저온 상태로 하면 분자 사이의 전하가 이동하여 쌍극자(雙極子 dipole)가 생기고, 이 쌍극자 사이의 인력에 의하여 질소 기체 분자끼리 결합이 발생하여 기체에서 액체질소가 만들어진다. 이것을 반데르 왈스 결합Van der Waals' bond 또는 분자결합(分子結合 molecular bond)이라 한다.

## 3 금속 결합

앞에서 살펴본 실리콘으로 다시 한 번 돌아가 이야기해 보자. 실리콘은 반도체를 만드는 중요한 재료로 가전자가 4개라고 하였다. 8개의 전자를 채우기 위해 주변에 있는 4개의 가전자와 서로 악수하면서 결합하여 안정한 상태의 물질로 되기가 쉽다.

그림 2.6 (a)를 살펴보자. 가운데 있는 실리콘 원자에 주목해 보면 이 원자는 주위에 있는 4개의 원자에서 1개씩의 전자를 공유해서 모두 8개가 되었는데, 이 원자의 가전자는 원래 4개였는데, 주변 4개의 원자에서 1개씩의 전자를 받아들여 안정한 상태로 결합하는 것이다. 물론 그 주변에 있는 다른 원자들도 이와 같이 결합하여 안정한 상태를 유지하면서 3차원적으로 확장해 가면 실리콘 결정이라는 물질로 되는 것이다.

한편, 전기를 잘 통하는 물질은 어떻게 되어 있을까? 이것은 나트륨 원자를 예를 들어 생각해

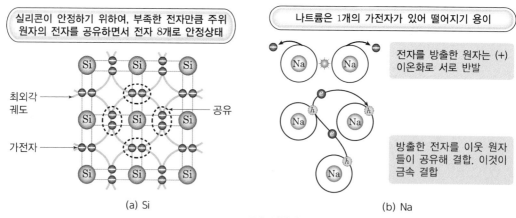

**실리콘이 안정하기 위하여, 부족한 전자만큼 주위 원자의 전자를 공유하면서 전자 8개로 안정상태**

최외각 궤도

가전자

공유

(a) Si

**나트륨은 1개의 가전자가 있어 떨어지기 용이**

전자를 방출한 원자는 (+) 이온화로 서로 반발

방출한 전자를 이웃 원자 들이 공유해 결합. 이것이 금속 결합

(b) Na

▼ 그림 2.6 금속 결합의 모양

보면, 나트륨 원자는 그 기호가 Na이고, 원자 번호는 11번이다. 결국 원자핵 주위에 11개의 전자가 궤도 운동하고 있는 원소인데, 나트륨 원자의 최외각 궤도에는 전자 1개가 있다. 안정한 상태를 유지하기 위해서는 옆에서 7개의 전자와 악수하여 결합하든가, 아니면 1개의 전자를 다른 원자에게 내어 주든가 하면 될 것이다. 그러나 전자를 방출하면 이 원자는 양전기를 띠게 되는데, 양전기끼리는 서로 반발하는 전기적 성질이 있어서 결정 물질로 되지 않는다. 그래서 방출된 전자가 많이 있는 원자에서 공유하는 현상이 일어나 각 원자는 전기적으로 중성인 상태에서 최외각 전자수는 8개로 되므로 안정하게 되어, 많은 나트륨 원자가 모여 결합하여 나트륨이라는 물질로 되는 것이다. 이러한 결합 방식을 **금속 결합**[3]이라고 한다.

## 4 실리콘의 결합

트랜지스터는 집적 회로(IC, Integrated Circuit)라는 반도체에 들어가 여러 기능을 하는 중요한 소자이다. 이 반도체는 수많은 규소(Si, silicon)들의 결합으로 이루어져 있다. 이제 트랜지스터의 소재로 쓰이는 규소의 원자들이 어떻게 결합하여 반도체 물질로 구성되는지 살펴보자.

원자는 자신이 가지고 있는 궤도에 알맞은 전자가 배치되어 있을 때 화학적으로 안정한 상태를 유지한다. 앞에서 살펴본 바와 같이 실리콘 원자는 원자 번호가 14이다. 이것은 원자 1개에 전자를 14개 가지고 있다는 뜻이기도 하다. 14개의 전자를 궤도에 배치하여 볼까? 그림 2.7 (a)에서는 14개의 전자가 각 궤도에 배치되어 있는 모양을 보여 주고 있다. 자연법칙에 따라 원자핵에서 가장 가까운 첫 번째 궤도에 전자가 2개 배치되고, 두 번째 궤도에 8개, 세 번째 궤도에 4개가 배치되었다. 이것은 옥텟 규칙, octet rule을 통해 알 수 있다.

**옥텟 규칙**이란 원자핵 주위의 궤도를 운동하고 있는 전자 중 최외각 궤도에 있는 가전자가 8개

---

3  **금속 결합** 금속 결정을 형성하는 금속 원자 사이의 화학 결합을 말한다. 자유 전자의 존재와 결합의 무방향성이 특징이고, 이것으로 금속의 열·전기 전도성, 절연성 등의 여러 가지 성질을 설명할 수 있다.

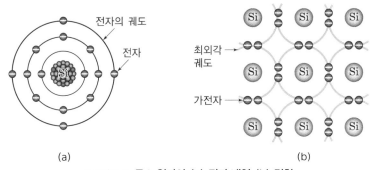

▼ 그림 2.7 규소 원자의 (a) 전자 배열 (b) 결합

일 때 매우 안정하게 된다는 규칙을 말한다. 대부분의 원자 결합이 이 옥텟 규칙에 따라 결합하므로 화학 결합을 이해하는 데 유용하게 쓰이는 용어이다. 세 번째 궤도에 8개가 배치되면 안정한 상태를 유지할 수 있을 텐데 4개밖에 없다. 규소 원자가 안정한 상태가 아니라는 것이다. 그렇다면 규소 원자가 안정해지는 방법은 무엇일까? 4개의 전자를 더 넣어 주면 될 것이다. 4개의 전자를 더 넣어 주면 최외각 궤도의 전자가 8개가 되어 안정해질 것이다.

어떻게 넣어주면 좋을까? 그림 2.7 (b)에서 이것을 잘 설명하고 있다. 가운데에 있는 규소 원자에 주목해 보자. 앞에서 살펴본 바와 같이 이 원자는 자신의 동서남북 방향에 있는 4개의 원자들과 전자 1개씩을 공유하므로 8개를 채울 수 있다. 즉, 주변에 있는 4개의 원자에서 각 1개의 전자를 받아들여 안정한 상태로 결합하는 것이다. 이와 같이 다른 원자의 전자를 서로 공유하면서 8개를 채워 안정해지는 화학 결합을 공유 결합covalent bond[4]이라고 한다. 물론 그 주변의 다른 규소 원자들도 같은 방법으로 결합하여 모두 안정한 상태를 유지하고 있다. 이러한 결합이 3차원적으로 확장하여 규소 결정이라는 고체 물질로 지구 상에 존재하게 되는 것이다. 규소 원자의 공유 결합이 자유 전자의 생성과 관련이 없어 보일지 모르지만, 이것이 반도체의 전기전도 현상을 이해하는 데 중요한 요소가 되고 있다.

# 2 결정의 정의

지구 상에 존재하는 고체 물질은 내부 구조에 따라 결정체crystal와 비결정체amorphous로 나누어지며, 대부분은 결정의 상태로 존재하고 있다. 결정(結晶)은 원자(분자) 혹은 이온이 규칙적인 주기성과 반복성으로 배열되어 3차원으로 확장되어 있는 것, 즉 "원자의 규칙적인 배열"이라고 정의할 수 있다.

---

4  공유 결합  한 쌍 이상의 전자를 함께 공유하여 이루어지는 화학 결합을 말한다. 전자쌍의 수에 따라 단일 결합, 이중 결합, 삼중 결합이라고 하며 세 개의 원자들 사이에 이루어진 결합을 '삼중심 결합'이라고 한다.

▼ 그림 2.8 결정의 실물 형상

(a) 단결정          (b) 다결정          (c) 비정질

▼ 그림 2.9 원자 배열에 따른 고체의 형상

결정체는 다시 단결정single crystal과 다결정poly crystal으로 분류되는데, 단결정은 원자의 규칙적인 배열이 고체 전체에 균일하게 이루어져 있는 경우를 말하며, 다결정은 부분적으로는 결정을 이루지만 전체적으로는 하나의 균일한 결정이 아닌 경우를 말한다. 한편, 비결정체라 함은 고체이지만 분자가 무작위로 배열되어 규칙성이 없는 경우를 말한다. 그림 2.8은 결정의 실물을 보여 주고 있으며, 그림 2.9는 단결정, 다결정과 비결정체의 형상을 나타내고 있다.

결정 구조의 성질을 정량적으로 고찰하는 데 공간 격자space lattice의 개념이 이용되고 있다. 이는 결정을 이루고 있는 원자 혹은 분자의 규칙적인 배열로 구성되는 3차원적 공간의 입체적 골격을 말한다. 이 공간 격자를 구성하는 원자나 원자군 자체를 격자점lattice point이라고 하는데, 이 격자점은 인접하고 있는 격자점과 에너지적으로 연결되어 물질을 구성한다.

결정 구조의 주요 특징은 규칙적이고 반복적인데, 이 반복량을 나타내기 위하여 어떤 단위 구조가 반복되는지를 정하는 것이 필요하다. 실제 결정 구조는 여러 가지 구조적 단위가 반복됨에 따라 형성된 것이며, 일반적으로 그 구조적 단위를 나타내기 위한 가장 간단한 것을 단위정unit cell이라고 한다. 그림 2.10은 단위정의 모형도를 나타낸 것이다.

다이아몬드는 단결정이다. 그리고 대부분의 금속은 다결정이다. 이 결정과 단결정은 경계가 애매하다. 예를 들어 보자, 만약에 어떤 부분의 결정이 1[cm] 정도 되는 결정이 모인 집합은 단결정인가 다결정인가? 그것은 상황에 따라 정의될 수 있을 것이다. 지름이 20[cm] 되는 8인치 실리콘

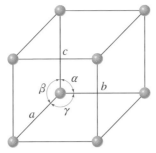

세 개의 축 $a$, $b$, $c$는 에너지 크기이며, 그 사이의 각에 따라 결정의 형태가 정해짐

▶ 그림 2.10 단위정의 모형

웨이퍼wafer 전체의 크기를 생각하면 이것은 물론 다결정이라고 해야 한다. 16 MDRAM(1 Mega =100만)은 기억 셀memory cell의 전체 길이가 2[$\mu$m](micrometer = 1/1,000[mm])가 못된다. 이 트랜지스터 입장에서 보면 1[cm]의 크기는 단결정으로 보일 것이다.

그러므로 단결정과 다결정은 그것을 사용하는 상황이 어떤가에 따라 단결정, 다결정이 정의된다. 그러나 여기서 우리가 관심이 있는 것은 반도체 소자이므로, 이런 관점에서는 웨이퍼 전체가 하나의 결정인 것만 단결정으로 본다.

비결정체의 구조를 가진 것으로 우리 주위에 흔히 볼 수 있는 것은 유리이다. 유리는 비결정질이기 때문에 갖가지 모양으로 가공하기 쉽다. 유리가 석영 같은 다결정이나 단결정이라면 유리컵이나 거울을 만들기 훨씬 어려웠을 것이다. 금속을 초고속으로 냉각시켜도 비결정체가 된다.

때로는 액체 중에서도 결정 구조를 가진 경우가 있다. 자연 상태에서 저절로 결정을 이루는 것이 아니라, 외부에서 전압을 걸어 주었을 때 결정과 같이 규칙적인 배열 구조가 나타나는 것이다. 이것을 액정liquid crystal 즉 액체 결정이라 부르며, 이것은 LCDliquid crystal display의 재료로 사용되는데 각종 디스플레이 기기에 쓰여 왔고, 현재 FPDflat panel display 등 가전제품을 중심으로 쓰이는 물질이다.

반도체에서 대부분의 칩chip은 단결정 웨이퍼 위에 제작을 한다. 그러나 MOS 트랜지스터의 게이트는 다결정 실리콘으로 만든다. 그리고 DRAM의 저장용 커패시터capacitor는 비결정질 실리콘으로 만들고, 앞서 말한 LCD를 구동하는 트랜지스터도 보통 비결정질 실리콘으로 제작하며, 이것을 TFTthin film transistor LCD라고 부른다.

# 3 결정의 종류

지구 상에 존재하는 결정은 내부 구조에 따라 7종의 결정계로 구분할 수 있으며, 이를 다시 격자점의 대칭성으로 14종의 결정격자로 나누고 있다. 이것을 브라바이스Bravais 공간격자라 한다.

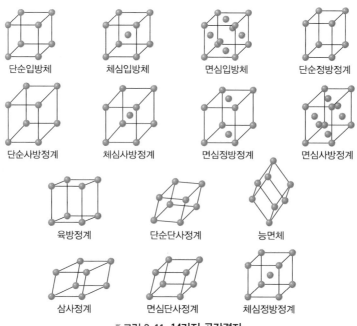

| 단순입방체 | 체심입방체 | 면심입방체 | 단순정방정계 |
| --- | --- | --- | --- |
| 단순사방정계 | 체심사방정계 | 면심정방정계 | 면심사방정계 |

| 육방정계 | 단순단사정계 | 능면체 |
| --- | --- | --- |

| 삼사정계 | 면심단사정계 | 체심정방정계 |
| --- | --- | --- |

▼ 그림 2.11  14가지 공간격자

그림 2.11에서는 기본적인 단위격자의 종류를 나타내었으며, 표 2.1은 7가지 결정계를 나타낸 것이다.

▼ 표 2.1  7가지 결정계

| 결정계 | 결정축의 길이와 각 | 단위정 기하 |
| --- | --- | --- |
| 입방체<br>(立方體, cubic) | $a = b = c,\ \alpha = \beta = \gamma = 90°$ | |
| 정방정계<br>(正方晶系, tetragonal) | $a = b \neq c,\ \alpha = \beta = \gamma = 90°$ | |
| 사방정계<br>(斜方晶系, orthorhombic) | $a \neq b \neq c,\ \alpha = \beta = \gamma = 90°$ | |
| 능면체<br>(菱面體, rhombohedral) | $a = b = c,\ \alpha = \beta = \gamma \neq 90°$ | |

(계속)

| 결정계 | 결정축의 길이와 각 | 단위정 기하 |
|---|---|---|
| 육방정계<br>(六方晶系, hexagonal) | $a = b \neq c,\ \alpha = \beta = 90°,\ \gamma = 120°$ | |
| 단사정계<br>(單斜晶系, monoclinic) | $a \neq b \neq c,\ \alpha = \gamma = 90° \neq \beta$ | |
| 삼사정계<br>(三斜晶系, triclinic) | $a \neq b \neq c,\ \alpha \neq \beta \neq \gamma \neq 90°$ | |

주) • 격자 상수 $a$, $b$, $c$는 단위정의 모서리 길이이다. 격자 상수 $\alpha$, $\beta$, $\gamma$는 이웃하고 있는 단위정축 사이의 각들이다.
   • 단위정 기하에서 각 꼭짓점 혹은 면에 있는 점은 원자 또는 원자군을 가리키며, 격자점이라고 한다.

# 4 결정 구조

자연 상태에서 결정의 종류는 축의 기울어짐과 축의 길이 등에 따라 14가지 형태로 크게 구분된다. 그중에서 우리가 다루는 반도체 물질인 실리콘, 게르마늄, 갈륨비소 등의 결정은 입방cubic 구조($x$, $y$, $z$축이 모두 직각이며, 길이가 같은 구조)이므로 이것만 생각하기로 한다.

입방 구조는 단순입방simple cubic, 면심입방face centered cubic, 체심입방body centered cubic, 다이아몬드diamond, 섬아연광zincblende 구조로 나눌 수 있다.

## 1 단순입방격자

그림 2.12와 같이 입방체의 각 꼭짓점에 원자가 위치하여 이것을 기본으로 규칙적인 배열이 반복되어 있는 것을 말하는데, 그림 (a)는 기본격자인 단위격자primitive lattice를 나타낸 것이다. 단위격자가 입방체처럼 된 공간격자를 **입방격자**cubic lattice라 하며, 이 입방격자의 가장 간단한 것을 **단순입방격자**simple cubic lattice라고 한다. 그림 (b)는 단순입방격자가 여러 개 모여 3차원적으로 확장된 모형을 나타낸 것이다.

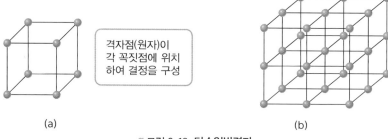

(a)                                                           (b)

▼ 그림 2.12 **단순입방격자**

단순입방 구조를 그림 2.13과 같은 모형으로 생각해 볼 수 있다. 그림을 살펴보면, 구슬을 정사각형으로 배열하고 그 구슬 바로 위에 다시 구슬을 똑같은 형태로 쌓은 구조와 같이 볼 수 있다.

▼ 그림 2.13 **단순입방 구조**

## 2 면심입방격자

그림 2.14에서 보여 주는 바와 같이, 각 꼭짓점과 그 면 중심에 원자가 배열되어 있는 것을 면심입방격자face centered cubic lattice라고 한다.

면심입방 구조를 그림 2.15와 같이 생각해 볼 수도 있다. 그림에서 정육면체의 여덟 개 꼭짓점에 각각 1/8짜리 구가 있고 여섯 개의 면에 1/2의 구가 존재하는 형태로 볼 수 있다. 즉, 1개의 정육면체 내에는 $(1/8 \times 8) + (1/2 \times 6) = 1 + 3 = 4$개에 해당하는 구, 즉 격자점이 존재한다고 생각할 수 있다.

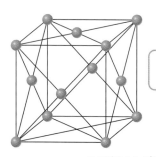

격자점이 각 꼭짓점과 면에 위치

▼ 그림 2.14 **면심입방격자**

▼ 그림 2.15 **면심입방 구조**

## ③ ■ 체심입방격자

그림 2.16과 같이 각 꼭짓점과 입방체 중심에 원자가 배열되어 있는 것을 체심입방격자body centered cubic lattice라고 한다.

체심입방 구조는 그림 2.17과 같이 생각해 볼 수도 있다. 체심입방 구조는 가운데에 한 개의 구가 있고 정육면체의 여덟 개의 꼭짓점에 각각 1/8짜리 구, 즉 격자점이 있는 구조이다.

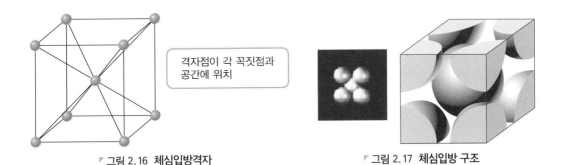

격자점이 각 꼭짓점과
공간에 위치

▼ 그림 2.16  체심입방격자　　　　　　　　　　▼ 그림 2.17  체심입방 구조

## ④ ■ 다이아몬드형 결정 구조

하나의 격자에서 한 변의 길이를 격자 상수lattice constant라고 한다. 실리콘 물질의 단결정은 어떤 구조일까? 앞에서 말한 세 가지 모두를 동시에 갖고 있는 다이아몬드 격자diamond lattice[5]의 구조를

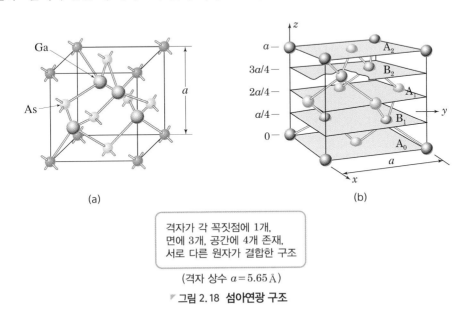

(a)　　　　　　　　　　　　　　　　　　　　(b)

격자가 각 꼭짓점에 1개,
면에 3개, 공간에 4개 존재,
서로 다른 원자가 결합한 구조

(격자 상수 $a = 5.65 \, \text{Å}$)

▼ 그림 2.18  섬아연광 구조

---

5　다이아몬드 격자　다이아몬드는 탄소(C)의 순수 결정으로 이루어진 물질로 그 구조는 4개의 가전자(價電子 : valence electron)를 가진 원자가 공유결합을 하여 결정을 이루었을 때의 특유한 형이며 다이아몬드 격자라고 한다. 게르마늄(Ge)이나 실리콘(Si)의 단결정도 이것과 같은 결정 구조로 되어 있다.

지니고 있다. 다이아몬드 구조를 이야기하기 전에 섬아연광zincblende 구조를 먼저 생각해 보자. 그림 2.18 (a)에서 보여 주고 있는 바와 같이 3차원 구조로 되어 있는 것이 섬아연광 구조인데, 이 구조는 서로 다른 두 개의 원자에 각각의 원자가 서로 면심입방격자의 구조를 지니고 있는 것이다.

이 두 종류의 원자로 된 두 개의 면심입방체를 서로 결합시켜 하나의 면심입방체 사이에 다른 면심입방체를 그림 (a)와 같이 $x$축, $y$축, $z$축으로 격자 상수의 1/4만큼씩 이동시킨 상태로 끼워 넣는 구조이다. 그림을 다시 보면 A 원자는 A 원자끼리 면심입방체이고, B 원자는 B 원자끼리 면심입방체인데 이 둘이 서로 겹쳐 있는 구조이다. 그림 (b)는 갈륨Ga 원소와 비소As 원소가 상호 결합하여 입방체를 구성한 모형으로 나타낸 것이다. GaAs, InP, InSb 등의 3족과 5족 원소로 구성되는 화합물반도체(化合物半導體 compound semiconductor)의 경우, 원자가 존재하는 위치는 동일하나, 그림 속의 원자 내에서 $z=0$의 $A_o$면에는 5족 원자, $a/4$의 $B_1$면에는 3족 원자, $2a/4$의 $A_1$면에는 5족 원자, $3a/4$의 $B_2$면에는 3족 원자가 $z$방향으로 서로 교차하여 위치하고 있다. 따라서 이러한 구조를 **섬아연광 구조**zincblende structure라 하여 다이아몬드 구조와 구분하고 있다.

한편, **다이아몬드 구조**는 섬아연광zincblende 구조와 동일한데, 다만 두 종류의 다른 원자로 이루어진 것이 아니라 같은 원자로 이루어져 있는 것이다. 그림 2.19 (a)에서는 실리콘의 공유결합을 모델화하여 평면적으로 묘사한 것인데, 실제로는 그림 2.19 (b)에서 보여 주는 바와 같이 하나의 원자가 그 주변의 4개의 원자와 4 방향에서 같은 각도로 입체적으로 결합하고 있다. 이것이 **다이아몬드 구조**diamond structure인데, 그림 (a)의 중앙에 있는 원자가 단독으로 존재할 때는 최외각 궤도에는 4개의 빈자리가 있으나, 원자가 인접하여 접촉하면, 궤도가 중첩되어 합쳐지면서 주변 4개의 원자와의 사이에서 각각 1개씩의 전자를 공유하게 되는 것이다. 이와 같이 공유결합을 하고 있는 결정은 8개의 전자가 각각의 원자를 결합시켜 안정한 상태를 유지하기 때문에 다이아몬드와 같이 기계적으로 강하고, 화학적으로 안정한 상태를 공통적으로 갖게 되는 것이다.

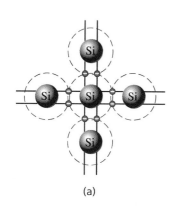

(a)

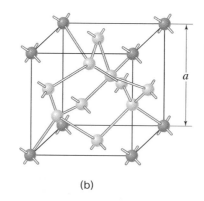

격자가 꼭짓점에 1개, 면에 3개, 내부 공간에 4개 존재, 같은 원자 결합

(격자 상수 $a=5.43\text{Å}$)

(b)

**그림 2.19 다이아몬드형 결정 구조**

다시 말하면, 면심입방 구조를 두 개 만들고 이 두 개를 겹치는데, 하나의 구조는 다른 것과 $x$축, $y$축, $z$축으로 각각 1/4씩 이동하여 겹쳐진 구조이다. 실리콘$_{Si}$과 게르마늄$_{Ge}$은 다이아몬드 구조를 이루고 있으며, 갈륨비소 화합물 반도체는 섬아연광 구조를 이루고 있다. 그림 2.19는 다이아몬드형 결정 구조의 모형도를 나타낸 것이다. 여기서 $a$는 격자 상수로 원자와 원자 사이의 간격을 말하는데, 실리콘의 경우 이 거리는 5.43[Å]이다.

■ **연습문제 2-1** ■

공유 결합을 하고 있는 실리콘 결정의 단위정당 원자수와 단위 체적($m^3$)당 원자수를 구하시오.

**풀이** ① 실리콘의 단위정당 원자수
- 단위정의 8개 꼭짓점 : $8 \times 1/8 = 1$개분의 원자
- 단위정의 면 중심 : $6 \times 1/2 = 3$개분의 원자
- 단위정의 내부 공간 : 4개의 원자
 ∴ $1 + 3 + 4 = 8$ 단위정에는 8개의 원자가 존재

② 단위 체적($m^3$)당 원자수
단위정의 한 변의 길이인 격자 상수가 $a = 5.43$[Å]이므로
$(5.43 \times 10^{-10})^3 [m^3]$ : 8개 = 1$[m^3]$ : $x$개에서 $x = 5 \times 10^{28}/[m^3]$
 ∴ 1$[m^3]$당 $5 \times 10^{28}$개의 원자가 존재

■ **연습문제 2-2** ■

길이와 폭이 각각 0.2[$\mu m$], 0.3[$\mu m$]이고, 두께가 100[Å]인 실리콘 단결정층 속의 원자수 및 가전자수를 계산하시오.

**풀이** ① 원자수
$1[m^3]$ : $5 \times 10^{28}$개 = $0.2 \times 10^{-6} \times 0.3 \times 10^{-6} \times 1 \times 10^{-8}$ : $x$개에서 $x = 0.3 \times 10^8$
 ∴ 원자수 : $0.3 \times 10^8$[개/$m^3$]

② 가전자수
실리콘 원자 1개당 가전자수는 4개이므로 원자수×4개 하면 $1.2 \times 10^8$
 ∴ 가전자수 : $1.2 \times 10^8$[개/$m^3$]

## 5 기타 결정 구조

그림 2.20에서는 몇 가지 결정 구조의 모형도를 보여 주고 있다. 우선, 그림 (a)는 황화카드뮴 등에서 볼 수 있는 우르차이트광$_{wurtzite}$형의 결정으로, 이 결정계는 육방정계(六方晶系)의 구조를 갖는다. 그림 (b), (c)는 각각 염화나트륨$_{NaCl}$과 염화세슘$_{CsCl}$의 결정 구조를 나타낸 것이다.

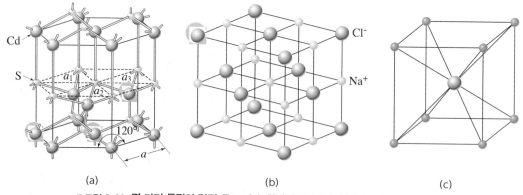

▼ 그림 2.20 **몇 가지 물질의 결정 구조** (a) 황화카드뮴 (b) 염화나트륨 (c) 염화세슘

# 5 밀러 지수

결정 구조에서 주목해야 할 점은 어떠한 결정을 특정한 면으로 자를 때 그 자르는 방향에 따라서 자른 면의 모양이 다르게 나타난다는 것이다. 체심입방(BCC) 구조를 예로 들면, $x$축에 직각인 방향으로 자르면 그림 2.21 (a)와 같이 될 것이고, $x$축과 $y$축에 45도 방향으로 자르면 그림 (b)와 같은 원자배치 구조로 보일 것이다. 또한 대각선 방향으로 자르면 그림 (c)와 같은 구조가된다.

전자가 이 결정들 사이를 지나가고 있다고 한다면 어떤 방향으로 진행하는가에 따라서 전자가느끼는 원자 배치 구조는 다르게 보일 것이다. 전자는 실리콘에서 어떤 결정 방향으로 진행하는가에 따라서 그 성질이 달라지며, 반도체 제조 공정에서도 어떤 방향으로 실리콘 산화막을 성장시키는가에 따라서 성장 속도가 달라진다.

따라서 결정의 특정한 방향과 면을 표시하는 표현 방법이 필요하다. 이제 결정의 방향과 결정면을 표시하는 표현 방법을 알아보자.

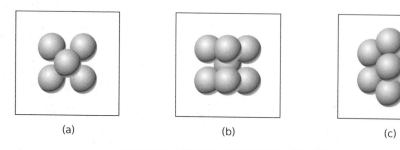

▼ 그림 2.21 **방향에 따른 체심입방체의 원자 배열**

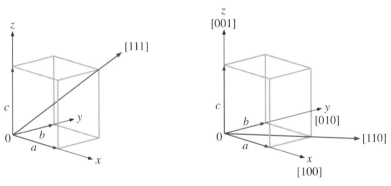

▼ 그림 2.22 **입방격자 구조에서 결정 방향**

그림 2.22에서 보는 바와 같이, 결정에 대해 $x$, $y$, $z$축을 설정한다. 입방체 구조의 결정에서는 $x$, $y$, $z$를 서로 바꿔도 동일하다. 먼저 방향을 표시할 때에는 결정격자의 크기를 1로 잡고 진행 방향의 $x$, $y$, $z$축의 좌표를 표시한다. 예를 들어, 그림에서 $a$ 방향은 [100], $b$는 [010]이다. 마찬가지로 $c$는 [001]이 된다.

면을 표시하는 것은 좀 더 복잡하다. 먼저 면이 $x$, $y$, $z$축과 만나는 점을 표시하고 그것의 역수를 취하여 간단한 정수꼴이 되도록 만든다. 예를 들어, 그림 2.23 (a)의 $a$면은 $x$, $y$, $z$축과 만나는 점이 (1 ∞ ∞)이고 그것의 역수는 (100)이므로 이것은 (100)면이 된다.

만약 그림 (c)는 $x$, $y$, $z$축과의 교점이 (111)이고 그 역수도 (111)이므로 이것은 (111)면이 된다. 만약 교점이 (112)이면 그 역수는 (1 1 1/2)인데 정수 2를 곱하여 (221)면이 되는 것이다. 이렇게 교점의 역수를 취하는 이유는 수학에서 어떤 면을 표현할 때 그 면과 직각이 되는 선의 값으로 표현하는 것이 여러 가지로 편리하기 때문이다. (111)면은 [111] 방향과 서로 수직이 된다. 여기서 방향을 표시할 때는 [ ]를 사용하고, 면을 표시할 때에는 ( )를 사용했는데, 각각 방향과 면을 표시하는 기호로 약속한 것이다.

여기서 [100]과 [010] 방향을 비교해 보자. 체심입방체이든 면심입방체이든 단순입방체이든 이 두 방향이 동일한 배치를 보여 준다. [110]과 [101], [011]은 모두 같은 방향을 의미하므로

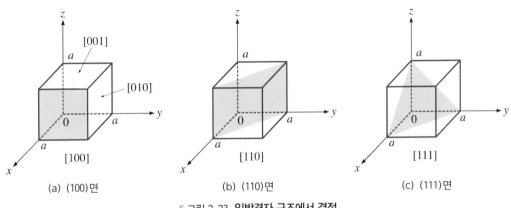

(a) (100)면          (b) (110)면          (c) (111)면

▼ 그림 2.23 **입방격자 구조에서 결정**

이것들을 통칭하는 대푯값이 필요하게 된다. 그래서 이것을 <100>, <110>이라고 하게 되었다. 물론 <010>이라고 쓰고 대푯값이라고 해도 상관은 없다.

그러므로 여기서 < >라는 기호를 사용하는 것은 결정에서 이 기호로 표시되는 방향이 나머지 동일한 의미가 되는 방향들을 통칭한다는 의미라고 이해하자. 마찬가지로 면에 대해서도 (100) 면과 (010), (001)면은 동일한 면을 의미하며 이것을 통칭하여 {100}면이라고 표시한다. (110), (101), (011) 또한 {110}으로 통칭할 수 있다. 여기서 { } 기호를 사용하여 대표면을 표시함을 주목하자. 뒤에 에너지 밴드를 공부할 때 이러한 방향에 따른 특성들을 관찰하게 된다. 또한 실리콘 웨이퍼에서 그 웨이퍼의 결정 방향이 어떤 것인지를 표시할 때 이러한 방법을 사용한다.

**▨ 연습문제 2-3 ▨**

어떤 실리콘 결정을 그림과 같이 절단한 경우 밀러 지수를 구하시오. (단, 격자 상수 $a = 1$이다.)

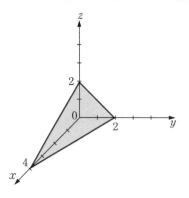

**풀이** 그림에서와 같은 3차원 결정면은 $x$, $y$, $z$축과 (4, 0, 0), (0, 2, 0), (0, 0, 2)의 교차점에서 만난다. 이 교차점의 역수를 취하면, (1/4, 1/2, 1/2)과 같이 된다. 이들 분수의 분모에 최소공배수 즉 4를 곱하면 (1, 2, 2)이다. 따라서 그림과 같은 결정면을 (1, 2, 2)면이라 하고, 이것이 밀러 지수가 된다.

# 6 결정 결함

지금까지 살펴본 바와 같이 결정은 규칙성과 반복성으로 원자가 배열되어 형성된다. 그러나 실제 결정체에서는 불순물이 포함되어 있거나, 고온 영역에서 원자가 진동하기도 하고, 또 표면에서 외부로 원자의 증발 등의 현상이 일어나기도 한다. 이들 현상으로 결정의 완전성이 허물어져 구조적인 결함이 발생하게 되는데, 이를 결정의 격자 결함lattice defects 또는 불완전성이라고 한다.

격자 결함에는 점 결함, 선 결함, 면 결함 등이 있어, 이들 재료로 소자를 제작할 경우, 소자의 특성에 악영향을 미칠 수 있게 된다.

## 1 점 결함

점 결함에는 격자점이 없는 빈 구멍인 격자 공공(格子空孔lattice vacancy)이 발생하거나, 격자와 격자 사이의 원자 및 불순물 등에 의한 결함이 발생할 수 있다.

그림 2.24 (a)에서 보여 주고 있는 결함은 어느 결정격자에 원자가 존재하지 않아 생기는 결함으로 쇼트키Schottky형 결함이라 한다. 그림 (b)는 격자와 격자 사이에 원자가 존재하여 생기는 결함으로 격자간 원자interstitial atom 결함이다.

한편 그림 (c)에서는 격자 공공과 격자간 원자가 동시에 생기는 것으로 프렌클Frenkel형 결함을 보여 주고 있다. 그림 (d)는 치환substitutional형 불순물의 결함을 나타낸 것이다.

그림 (a)와 같이, 결정격자의 원자가 빠져 구멍이 있는 곳을 원자공공과 격자점 틈 사이에 끼어든 원자인 격자간 원자에서 격자점의 원자를 1개 빼내어 결정 표면으로 이동시키기 위해 필요한 에너지 즉 원자공공 형성 에너지를 $W$라 하면, 통계역학적으로 $N$개의 격자점의 공공(空孔)에 점하는 수 $n$은 열평형 상태에서 에너지 상태의 점유 확률로 설명되는 볼츠만 상수Boltzmann factor에 지배되어

$$n \simeq Ne^{-\frac{W}{kT}} \tag{2.1}$$

이 된다.

식 (2.1)에서 공공의 평형 농도 $n$은 온도 $T$가 증가하면 지수함수적으로 증가한다. 격자간 원자에 대해서도 마찬가지이다. 이와 같은 공공 및 격자간 원자는 일단 고온으로 하여 고농도의 공공 및 격자간 원자 등을 만들어서 급랭하여 동결하는 조작quenching 및 $\gamma$선, 중성자선, 높은 에너지를 갖는 전자선 등의 방사선 손상radiation damage 등에 의해서도 만들어질 수 있다. 공공 및 격자간

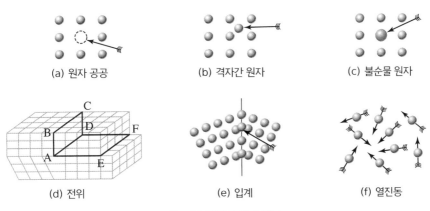

(a) 원자 공공 (b) 격자간 원자 (c) 불순물 원자

(d) 전위 (e) 입계 (f) 열진동

▶ 그림 2.24 격자 결함의 종류

원자는 고체의 불순물 전자전도, 이온 전도, 원자 확산, 기계적 성질 등에 큰 영향을 미친다.

고체 결정에 소량의 불순물이 융해 및 확산에 의해서 침입하면, 그 원자는 원래 격자 원자와 치환되어 그림 (d)와 같은 치환형 불순물 원자로 되지만, 격자간 위치에 끼어들면 격자간 불순물 원자가 된다.

## 2 선 결함

어느 금속 결정은 잡아당기면 늘어나 원래의 상태로 돌아가지 않는 성질이 있다. 이 특성을 소성 변형(塑性變形plasticity)이라고 하는데, 이것은 탄성의 한계를 넘어 고체를 변형시키면 그 외력을 없애도 그 부분이 변형된 그대로 존재하는 것을 말한다. 이러한 소성 변형은 어떤 결정면에서 일부의 원자만이 이동한 후, 다른 원자가 차례로 이동하여 생기게 된다. 그림 2.25 (a)는 결함의 일종인 전위의 모델을 나타낸 것으로, $P_1$, $P_2$, $P_3$, $P_4$가 미끄러진 면이 $a$ 방향으로 원자가 이동하여 미끄러진 면의 위쪽이 수직한 원자면의 수가 아래쪽보다 불어난다. 이때 $a$는 원자의 이동량이나 방향을 나타내는데, 이를 버거스 벡터Burgers vector라고 한다. 이 원자의 미끄러짐으로 인하여 $P_1$, $P_4$에서는 선상의 격자결함이 형성되어 인상 전위(刃狀轉位edge dislocation)가 생기게 된다. 이 전위가 결정 내에 존재하면 전위의 주위에서 원자의 이동이 발생하여 소성변형이 일어날 수 있다.

그림 (b)는 나사 전위screw dislocation의 모델을 보여 주고 있는데, 전위에서 미끄러진 방향이 경계면에 평행으로 되어 그 모양이 마치 나선 모양으로 나타나는 것이다.

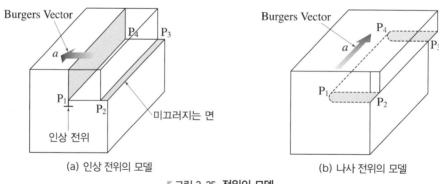

(a) 인상 전위의 모델　　　　　　(b) 나사 전위의 모델

▛ 그림 2.25 **전위의 모델**

## 3 면 결함

면 결함에는 결정학적으로 규칙적인 격자를 구성하지 못하여 생기는 것으로, 결정 내부에서 발생하는 쌍결정(雙結晶), 결정 입계(結晶粒界grain boundary) 및 적층 결함(積層缺陷stacking fault) 등이 있다. 쌍결정은 두 개의 단결정이 어떤 결정학적 방향으로 접합하고 있는 상태를 나타내는

것이고, 결정 입계는 주로 다결정에 존재하는 것으로 단결정과 단결정 사이의 면 결함을 말한다. 적층 결함은 기판 표면의 손상, 오염, 산화물의 잔류, 결정 내 주입 불순물, 격자간 원자의 응집 등으로 생기는 결함이다.

## 7 결정 구조의 해석

결정 구조의 해석에서는 격자 상수의 길이에 가까운 파장을 갖는 X – 선$_{X-ray}$이 이용된다. 이 X – 선을 결정에 쪼이면 결정을 구성하는 공간격자가 회절격자의 역할을 하여 특정 방향으로 X – 선이 강하게 반사되는 X – 선 회절$_{X-ray\ diffraction}$ 현상이 발생하게 된다. 앞에서 살펴본 격자면 (hkl)에 파장이 $\lambda$인 X – 선이 입사하였다고 생각하자.

이 경우를 그림 2.26에 나타내었다. 그림에서와 같이 X – 선은 $\theta$의 입사각으로 격자면 $P_1$에 입사한 후, 격자점 A에서 반사된다. 이때의 반사력은 미약하나, 격자면 $P_2$에 입사한 X – 선이 격자점 C에서 동일한 반사각으로 반사되면 두 반사파의 위상이 일치하게 되어 두 반사파는 서로 보강되어 합해진다.

그림의 격자점 A에서 격자면 $P_2$에 입사된 X – 선의 수선과의 교점을 B, 반사된 X – 선에의 교점을 D라 하면, 이 위상이 일치하는 것은 거리 BC + CD가 파장 $\lambda$의 정수 배로 되는 것을 의미한다. 그러므로 격자면 $P_1$, $P_2$ 사이의 거리를 $d$라 하면 다음 관계식이 얻어진다.

$$2d\ \sin\theta = n\lambda \quad (n = 1,\ 2,\ 3,\ \cdots) \tag{2.2}$$

이 식을 브래그$_{Bragg}$의 반사 조건식이라고 한다.

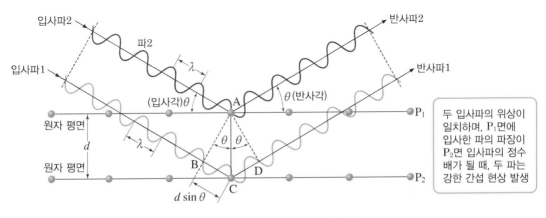

▼ 그림 2.26 두 결정면에서의 X–선 반사

위의 식을 만족하는 경우에 가장 강하게 반사하고 밝은 간섭광을 나타낸다. 이 원인은 그림에서 알 수 있듯이 면 $P_1$에서의 반사광과 면 $P_2$에서의 반사광에 대한 광로차(光路差) $2d\sin\theta$가 파장 $\lambda$의 정수 배인 경우에 양쪽의 반사광의 위상이 동일하게 되어 서로 강하게 작용하기 때문이다. 그 밖에도 슬릿의 뒤쪽에 일어나는 회절 현상이나 기름의 막면에 볼 수 있는 간섭 등은 광의 파동성을 나타내는 현상이다. 이와 같이 간섭의 설명을 위해서는 광은 파동이어야 한다.

**토막상식** **정전기의 원리**

전기에는 움직일 수 있는 동전기와 움직일 수 없는 정전기가 존재하는데, 정전기에 관하여 살펴보자. 플라스틱 책받침을 털가죽에 문지르면 어떻게 될까? 이렇게 되면 두 물질 사이에 열이 발생하게 된다. 전자들이 열에너지를 받아 움직일 수 있게 된다. 이때 털가죽 속의 전자들이 플라스틱 책받침 속의 전자보다 원자핵으로부터 탈출하기 쉽다. 그러므로 아래 그림과 같이 털가죽 속의 전자들이 책받침 속으로 흘러들어가는 것이다. 따라서 털가죽은 전자들이 빠져나가 원자핵에 (+)전기가 많아져 (+)전기를 띠고, 책받침은 전자들이 많아져 (-)전기를 띠게 되는 것이다.

이렇게 두 물체를 마찰시키면 전자들이 움직여 두 물체는 서로 반대의 전기를 띠게 된다. 이렇게 하여 발생한 전기를 마찰 전기 또는 정전기(靜電氣)라고 한다.

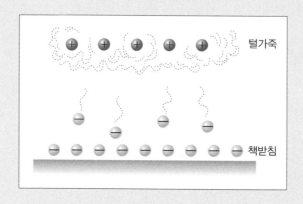

■ 다음 문장에서 (　　　) 혹은 [국문(영문)]에 적절한 용어를 써 넣으시오.

**01** 결정체는 [　　　(　　　　　　)]과 [　　　(　　　　　　　)]으로 분류되며, (　　　)은 원자의
규칙적인 배열이 고체 전체에 균일하게 이루어져 있는 것이고, (　　　)은 부분적으로는 결정을 이루지만
전체적으로는 하나의 균일한 결정이 아닌 경우를 말한다.

**02** 결정 구조는 여러 가지 구조적 단위가 반복됨에 따라 형성된 것이며, 일반적으로 그 구조적 단위를 나타내
기 위한 가장 간단한 것을 [　　　(　　　　　　　)]이라 한다.

**03** 다이아몬드는 (　　　) 물질이며, 대부분의 금속은 (　　　)이다.

**04** (　　　)를 가진 것으로 우리 주위에서 흔히 볼 수 있는 것은 유리이다. 유리는 (　　　)이기 때문에
갖가지 모양으로 가공하기 쉽다. 유리가 석영 같은 다결정이나 단결정이라면 유리컵이나 거울을 만들기
훨씬 어려웠을 것이다. 금속을 초고속으로 냉각시켜도 (　　　)이 된다.

**05** 액체 중에서도 결정 구조를 갖는 경우가 있다. 자연 상태에서 저절로 결정을 이루는 것이 아니라 외부에서
전압을 걸어 주었을 때 결정과 같이 규칙적인 배열 구조가 나타나는 것이다.
이것을 [　　　(　　　　　　　)]이라고 한다.

**06** 입방체의 각 꼭짓점에 원자가 위치하여 이것을 기본으로 규칙적인 배열이 반복되어 있는 것을 (　　　)라고
한다.

**07** 각 꼭짓점과 그 면 중심에 원자가 배열되어 있는 것을 [　　　(　　　　　　　)]라고 한다.

**08** 면심입방 구조에서 정육면체의 여덟 개 구석에 각각 (　　)짜리 구가 있고 여섯 개의 면에 (　　)의 구가
존재하는 형태로 볼 수 있다. 즉, 1개의 정육면체 내에는 (　　)개에 해당하는 구가 존재한다고 생각할 수
있다.

**09** 각 꼭짓점과 입방체 중심에 원자가 배열되어 있는 것을 [　　　(　　　　　　　)]라고 한다.

**10** 섬아연광<sub>zincblende</sub> 구조는 서로 다른 두 개의 원자에 각각의 원자가 서로 (            )의 구조를 지니고 있는 것이다.

**11** 다이아몬드형 구조는 섬아연광<sub>zincblende</sub> 구조와 동일한데, 다만 두 종류의 다른 원자로 이루어진 것이 아니라 (            )로 이루어져 있는 것이다.

**12** 공유 결합을 하고 있는 실리콘 결정의 단위정당 원자수는 (      )개이다.

**13** 황화카드늄의 결정 구조는 [            (            )]형의 결정으로, 이 결정계는 육방정계(六方晶系)의 구조를 갖는다.

**14** 전자가 결정 사이를 이동할 때 어떤 방향으로 진행하는가에 따라서 전자가 느끼는 (      )는 다르게 보일 것이다. 전자는 실리콘에서 어떤 (            )으로 진행하는가에 따라서 그 성질이 달라진다.

**15** 어떤 실리콘 결정을 절단한 경우 3차원 결정면은 $x$, $y$, $z$ 축과의 교차점에서 만난다. 이 교차점의 역수를 취하고, 이들 분수의 분모에 최소공배수를 곱하여 정해진 결정면이 (            )가 된다.

**16** 고체 결정에서는 원자가 완전한 규칙적 배열을 하고 있지 않는 경우가 많은데, 이러한 불규칙성을 [            (            )]이라고 한다.

**17** 중요한 격자결함은 [        (            )] [        (            )] [            (            )] [        (        )] [        (        )] [        (            )] 등이 있다.

**18** 결정격자의 원자가 빠져 구멍이 있는 곳을 (        )이라고 한다. 반대로 격자점 틈 사이에 끼어든 원자를 (            )라고 한다.

**19** X-선을 결정에 쪼이면 결정을 구성하는 공간격자가 회절격자의 역할을 하여 특정 방향으로 X-선이 강하게 반사되는 [        (            )] 현상이 발생하게 된다.

**20** 두 물체를 마찰시키면 전자들이 움직여 두 물체는 서로 반대의 전기를 띠게 된다. 이렇게 하여 발생한 전기를 (            )라고 한다.

**01** 물질이 결합하는 원리를 설명하시오.

**02** 금속 결합에 관하여 설명하시오.

**03** 반도체에서 전기가 흐르는 원리를 설명하시오.

**04** 단위정(單位晶unit cell)에 관하여 설명하시오.

**05** Bravais 공간격자에 관하여 설명하시오.

**06** 격자 구조의 종류를 열거하고, 각 격자에 관하여 설명하시오.

**07** 결정의 결합 형태 중 공유 결합과 이온 결합 상태를 설명하시오.

**08** 다음 그림에서 보여 주는 결정면의 밀러 지수를 구하시오. (단, 격자 상수 $a = b = c = 1$이다.)

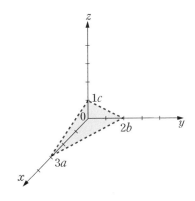

**09** 결정의 구조를 해석하는 데 이용하는 브래그Bragg 반사 조건에 관하여 설명하시오.

**10** 길이와 폭이 각각 $0.2[\mu m]$, $0.3[\mu m]$이고, 두께가 $0.3[\mu m]$인 실리콘Si 단결정층 속의 원자수 및 가전자수를 계산하시오.

**11** 결정실리콘은 비중이 $2.33[g/cm^3]$이고, 원자량이 28.1이다. 체적($cm^3$)당 결정실리콘 내의 원자수를 구하시오(원자수＝비중×아보가르도수/원자량).

**12** 두께가 $1[\mu m]$의 실리콘Si 결정의 얇은 막에는 단위정이 몇 개의 층으로 겹쳐 쌓여 있는지 계산하시오(격자상수 $a=0.543[nm]$).

**13** 결정의 불완전성에 관하여 설명하시오.

Advanced Semiconductor Engineering

# 반도체의 재료

Material of semiconductor

반도체는 전자의 이동 측면에서 도체인 금속과 유사하다. 반도체란 그 저항률이 $10^{-6} \sim 10^{7}$ [$\Omega \cdot cm$] 범위의 물질을 말하는데, 이 재료는 불순물을 이용하여 전기 저항의 값을 변화시킬 수 있고, 전류, 전압, 열, 빛, 자기 등의 외적인 에너지에 의해서도 전기 저항의 값을 변화시킬 수 있는 특성을 갖는다. 도체나 절연체와 반도체의 구별은 이론적으로 설명할 수 없었으나, 에너지대energy band 구조의 이론이 발표되면서 구체화되었다.

학습
목표

# 1 도체·반도체·절연체

지구 상에 존재하는 물질 중에서 구리$_{Cu}$나 알루미늄$_{Al}$과 같이 전기를 잘 통하는 물질을 도체 conductor[1]라 하며, 거꾸로 고무나 세라믹, 사기 등과 같이 전기를 거의 통할 수 없는 물질을 절연체 insulator[2]라고 한다. 한편 도체와 절연체의 중간적 성질을 갖는 것으로 반도체semiconductor가 있다.

이와 같이 물질에 있어서 전기의 흐름은 물질이 갖는 고유의 저항 때문이다. 즉, 저항이 클수록 전류의 흐름이 어렵고, 저항이 작을수록 전류는 잘 흐를 수 있게 된다. 전기 흐름의 용이성 측면에서 보면 그림 3.1에서와 같이 물이 통과하는 수도관을 예로 하여 분류할 수 있다.

| 분류 | 물질 | 정의 | 그림 표현 |
|---|---|---|---|
| 도체 | 구리<br>알루미늄 | • 전류가 쉽게 통합<br>• 조절 불가능 | 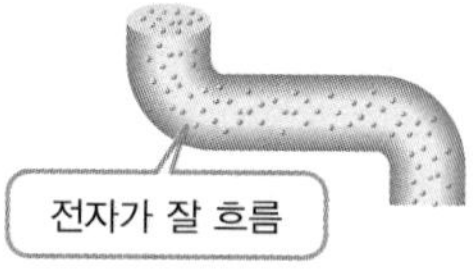 전자가 잘 흐름 |
| 절연체 | 고무<br>유리 | • 전류가 통하지 않음 | 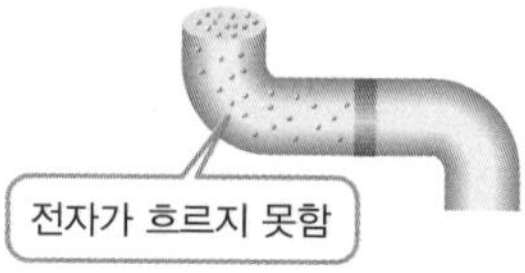 전자가 흐르지 못함 |
| 반도체 | 실리콘<br>게르마늄<br>GaAs | • 순수상태에서는 전류가 통하지 않음<br>• 빛, 열, 불순물을 공급하면 쉽게 전류가 통함<br>• 조절 가능 | 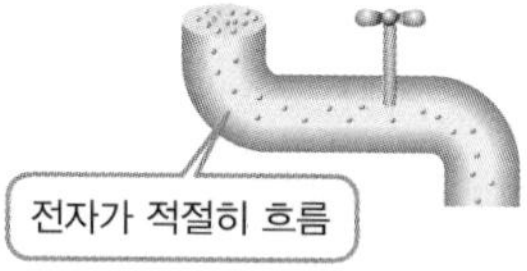 전자가 적절히 흐름 |

그림 3.1 **전류 흐름 관점의 물질 분류**

자유 전자가 많이 있는 물질에 전기적 압력을 가하면 전자가 압력에 못 이겨 옮겨 가고자 하는 목적인 양전기 방향으로 움직이게 된다. 정전기와 같이 전자가 정지해 있는 상태와 비교하여 전자가 압력을 받아 움직이는 상태를 동전기라고 한다.

여기서 도체라고 하는 것은 그 속에 자유 전자가 많이 있어서 거기에 압력을 주면 전자가 잘 흐르게 되는 것이다. 한편, 절연체 속에는 자유 전자가 없다. 그러므로 압력을 주어도 전류가 흐르지 않는다. 절연체에는 고무, 비닐, 유리, 공기 등의 물질이 해당한다. 전깃줄에 비닐이 싸여져 있는 것은 전깃줄에 손이 닿아도 감전되지 않도록 하기 위해서 꼭 필요한 것이다.

---

1 　도체 　일반적으로 전기가 통하는 물질을 도체, 그렇지 않은 물질을 부도체 또는 절연체라고 한다. 전기가 통하는 정도는 물질에 따라서 큰 차이가 있으며, 비저항이 $10^{-6} \sim 10^{-4}$[Ω·cm] 정도의 범위를 도체, $10^{6}$[Ω·cm] 정도 이상을 부도체라 하며, 그 중간의 것을 반도체라고 한다.

2 　절연체 　전압을 걸었을 때 전류를 흘리지 못하는 물질로 반도체 공정에 쓰이는 유전체는 실리콘 산화막($SiO_2$)과 질화막($Si_3N_4$) 등이 있다.

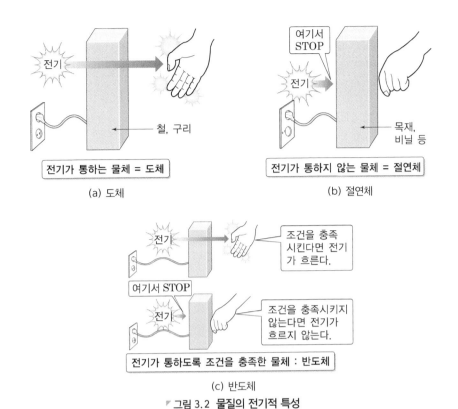

(a) 도체

(b) 절연체

(c) 반도체

그림 3.2 물질의 전기적 특성

그런데 절연체의 경우에도 대단히 큰 압력이 주어지면 전자가 흐를 수 있는 경우도 있다. 그 예가 벼락이다. 공기는 절연체이다. 벼락구름의 밑에 대단히 많은 전자가 모여 있어서 그 밑에 있는 공기와의 전위차가 커지게 되면 전류가 흘러 벼락이 떨어지는 것이다.

이러한 물질의 특성을 이용하면, 여러 가지 재료를 저항의 크기에 의해서 도체, 반도체, 절연체로 분류할 수도 있다. 그런데 같은 물질이라도 저항의 크기는 저항체의 형상에 의해서도 다를 수 있기 때문에 실제 물질이 갖는 고유의 성질로서 저항률이라는 척도로 비교하는 것이 바람직하다.

그림 3.3 벼락

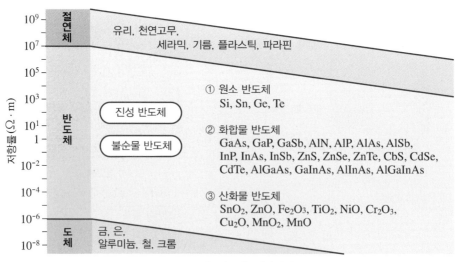

그림 3.4 도체·반도체·절연체의 분류

그림 3.4에서는 저항률에 의한 도체, 반도체, 절연체를 분류하고 있는데, 반도체는 $10^{-6} \sim 10^{7}$ [$\Omega \cdot$ cm] 사이의 비교적 넓은 범위에 분포되어 있다. 이것은 같은 반도체 재료라 하더라도 형태에 따라 저항률이 변화할 수 있기 때문이다. 예를 들어, 불순물을 거의 포함하지 않는 순수한 물질인 진성 반도체intrinsic semiconductor에서 원자가 규칙적으로 배열되어 있는 단결정single crystal 상태에서 절연체와 같이 높은 저항률을 나타내 전류는 거의 흐르지 않는다. 이 순수한 반도체에 어떤 종류의 불순물을 첨가한 경우에는 저항이 감소하여 전류가 잘 흐르게 된다. 이를 불순물 반도체extrinsic semiconductor[3]라고 한다.

앞에서 살펴본 여러 가지 반도체 재료에는 단일의 원소로 구성된 원소 반도체element semiconductor 가 있고, 두 종류 이상의 원소가 화합물이 된 화합물 반도체compound semiconductor, 어떤 종류의 금속 산화물이 되어 결합한 금속 산화물 반도체metal oxide semiconductor 등이 존재하고 있다. 이들 반도체 재료는 목적에 따라 용도가 다르나, 현재 가장 중요하게 이용되는 재료는 원소 반도체인 실리콘 silicon이다.

## 2 반도체의 특성

### 1 실리콘 재료의 사용

어떤 물질에 자유 전자가 흐를 때, 원자와 충돌하면 열이 생긴다고 하였다. 그 물질이 절연체

---

3 불순물 반도체 순수 반도체에 대비해서 쓰는 말로, 순수 반도체에 불순물을 포함시킨 p형 또는 n형 반도체를 말하며, 외인성 반도체(外因性半導體)라고도 한다.

이면 열을 많이 낼 것이고, 도체이면 열이 적게 발생할 것이다. 그런데 물질에 따라서 열을 발산하는 능력이 서로 다르게 되어 있다. 지구 상에는 열을 식히는 척도가 쉬운 물질이 있는가 하면 어려운 물질도 있다.

여기서 실리콘이라는 물질을 생각해 보자. 이 실리콘이라는 물질은 쉽게 이야기하면 모래이다. 강이나 바다의 해수욕장에서 보았을 것이다. 이 모래는 실리콘과 산소가 결합해서 우리 땅 위에 존재하고 있으므로 주성분이 실리콘 물질이라고 할 수 있다. 지구에 있는 물질 중 산소 다음으로 많은 물질이 바로 모래이다. 그래서 지구 상에서 실리콘 재료는 무한한 재료라고 할 수 있다. 이것이 실리콘 물질이 반도체 재료로 사용되는 이유 중의 하나이다.

앞에서 자유 전자가 이동할 때, 원자들과 충돌하여 열을 낸다고 하였다. TV, 휴대폰 등에 들어간 반도체에 전자가 이동할 때 열이 생기게 되는데, 이 열을 빨리 식혀 주어야 한다. 그래야 전자 기기가 정상적으로 작동하게 된다. 우리가 여름철에 운동을 하면 땀이 많이 나게 되고, 그러면 시원한 물로 목욕하거나 선풍기 바람으로 몸을 식혀야 한다. 이와 같이 열을 식히기 쉬운 물질로 반도체를 만들어야 고장 없이 오래 사용할 수 있을 것이 아닌가? 이 실리콘 재료는 지구 상에 많이 존재하면서도 열에도 비교적 잘 견딜 수 있고, 열방사도 비교적 용이한 성질이 있다. 또한 가지 실리콘 재료를 사용하는 이유가 있다. 전자 기기에 쓰이는 반도체 소자를 만들기 위해서는 산화막$_{oxide}$($SiO_2$)[4]이 반드시 필요한데, 이 산화 물질을 아주 쉽게 만들 수 있기 때문이다. 방금 전에 예를 들은 모래가 바로 산화 물질이다. 절연체인 이 산화막은 반도체에서 많은 일을 하고 있다. 반도체 안쪽과 바깥 세계와 절연해야 하는데, 이 산화 물질이 이를 잘 해 줄 수 있다. 또 실리콘에 산소만 넣어 주면 바로 산화 물질이 생기기 때문에 만들기도 아주 편리하다.

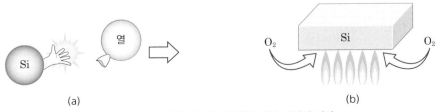

(a)　　　　　　　　　　　(b)

▼ 그림 3.5 **실리콘 (a) 열에 강하고 (b) 산화막 성장**

## 2 반도체의 전자

보통 반도체라고 하는 것은 도체도 아니고, 절연체도 아닌 그 중간의 성질을 갖는 물질이라고 말하는데, 엄밀히 말하면 평소에는 절연체를 닮았다고 할 수 있다. 절연체란 자유 전자가 없어서 전기가 통하지 않는 것인데, 절연체에 가까운 반도체에 어느 조건을 충족해 주면 자유 전자가

---

4　산화막(dioxide film, 酸化膜)　금속 또는 반도체가 산소와 반응해서 생성하는 얇은 막을 산화막이라고 한다. 반도체 공업에서는 실리콘 단결정이 각종 트랜지스터의 재료이며, 실리콘 산화막을 간단히 산화막이라고 한다. 이 막은 실리콘을 약 1,000℃의 산소 또는 수증기 중에 두면 생성된다. 절연성이 높고 화학적으로 안정되어 있어서 트랜지스터 제작 시 실리콘 결정에 함유된 각종 불순물의 확산 방지에도 사용된다.

생기는 물질이라고 할 수 있다.

그러면 어느 조건이라는 것은 무엇을 말하는 것일까? 이 조건이라는 것은 외부에서 인위적으로 에너지를 가하는 것이다. 즉, 열을 주거나, 빛을 쪼여 주거나, 전압을 걸어 주는 것 말이다. 이를 그림 3.6 (a)에서 보여 주고 있다.

열을 가해 주는 것을 한 번 생각해 보자. 반도체나 절연체는 약간의 자유 전자가 존재할 뿐이다. 얼마나 많은 자유 전자가 존재하는가는 물질마다 다르다. 순수한 반도체의 경우, 단위 체적당 100억($10^{10}$/cm$^3$) 개가 있다. 대단히 많은 것 같이 보이지만, 이 정도로는 아주 무시할 정도의 미세한 전류로, 대략 $10^{-9}$[A] 정도밖에 되지 않는다. 정보 기기가 무엇인가를 동작하려면 이보다 10만 배는 되어야 한다. 자유 전자의 수를 많게 하는 방법은 온도를 높여 주면 된다. 그러자면 우리 주변의 전자 기기마다 정교한 히터가 붙어 있어야 할 것이다. 이렇게 되면 예열 시간으로 속도가 너무 느릴 뿐만 아니라 전력 소모는 어떻게 할 것인가? 대단히 불합리한 방법이다.

이제 또 한 가지를 제안하여 보자. 절연체인 반도체에 인위적으로 불순물을 넣어 주는 것이다. 불순물이라고 하니까 나쁜 이미지가 생각날 수도 있으나, 이 "불순물impurity"에 주목하여 보자. 전자 기기에 사용하는 반도체는 불순물을 넣어 주어야 한다.

이런 불순물이 있는 반도체에 에너지를 주게 되면 반도체 원자의 원자핵과 주위에 있던 전자가 자유 전자로 되기 쉬워서 전류가 잘 흐르게 되는 것이다. 물론 금속보다는 덜 흐른다. 반도체는 금속 결정 방법으로 원자들이 어울려 물질을 만든다고 하였다. 자유 전자의 개수를 늘리는데 불순물을 주입하는 것을 생각해 낸 것이다. 불순물을 주입하면 열에너지를 공급하지 않아도 자유 전자가 생기게 된다.

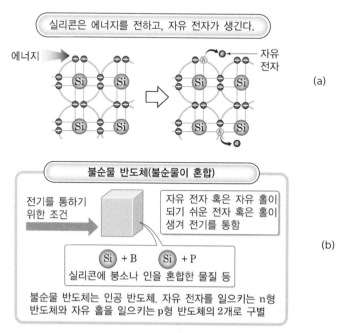

그림 3.6 **(a)** 에너지에 의한 자유 전자 발생 **(b)** 불순물에 의한 자유 전자 발생

# 3 전자와 정공의 발생

보석으로 사용하고 있는 수정 또는 다이아몬드는 정말 불순물이 섞이지 않은 순수한 물질이다. 현재 반도체 재료로 쓰이는 물질 중 많이 사용하는 것은 실리콘silicon이라는 물질이다. 불순물이 전혀 포함되지 않은 순수한 반도체를 진성 반도체intrinsic semiconductor라고 한다. 이 말은 불순물 반도체와 반대되는 말로 쓰이고 있다. 순수한 반도체를 말하며, 절연체적 성질을 갖는다.

그러면 불순물 반도체는 어떤 것을 말하는 것일까? 그것은 순수한 실리콘 결정 물질에 어떤 불순물을 주입하여 그 특성을 의도적으로 변화시킨 반도체를 말한다. 사람이 불순물 주입 기술을 통해서 만드는 것으로, 이렇게 되면 순수한 반도체의 성질이 변하게 된다.

어떤 변화가 있을까? 보통 불순물을 주입하면 자유 전자가 쉽게 만들어질 수 있는 구조로 변하거나 또 다른 어떤 불순물을 주입하면 자유 전자와 반대의 성질을 갖는 자유 홀free hole이 생기기 쉬운 구조로 바뀌게 된다. 여기서 자유 홀은 무엇일까? 이것은 "자유 전자"라는 말과 반대되는 개념이다. 그러니까 성질도 반대가 될 것이다. 이것은 "자유 전자의 부족"이라는 말로 설명할 수 있다. 실리콘 원소에 어떤 불순물 원소 1개를 넣어 주면 전자 1개가 부족한 경우가 있다. 전자 1개가 부족한 곳을 다른 말로 나타내면 "전자 1개가 빠져나가서 생긴 구멍"이라고 생각할 수 있다. 앞으로는 이 자유 홀을 정공(正孔hole)이라고 부르기로 하자. 이를 그림 3.7에서 보여 주고 있다.

불순물 반도체를 이해하기 위하여 앞에서와 같이 먼저 자유 전자를 이해해야 하고, 그 다음에 알아야 하는 것이 바로 정공이다. 정공은 규소 결정 속의 전자 배열에서 전자가 빠져나간 빈 곳, 또는 어떤 원인에 의하여 전자가 있어야 할 곳에 전자가 없는 곳으로 음(−)전하를 띠는 전자가 빠져나가 양(+)전하를 띠게 된 것으로 생각할 수 있다. 결정 내의 정공은 가까이에 있는 전자를 끌어들여 중성으로 되려고 하는 성질이 있어서 전자와의 결합이 끊임없이 반복하게 된다. 그래서 마치 정공이 이동한 것처럼 보이는 것이다.

따라서 정공은, "자유 전자가 없는 구멍" 또는 "자유 전자의 부족"이라고 정의할 수 있다. 그러니까 그 성질도 자유 전자와 반대가 될 것이다. 전하의 성질이 양(+)전하로 되고, 이동 방향도 자유 전자와 반대로 된다. 정공을 만들기 위하여 사람들은 규소 결정에 정공이 생길 수 있는 어떤 불순물을 넣어 주어 이 불순물 때문에 전자 1개가 부족해지도록 하고 있다. 이것은 자유 전자가 1개 부족하여 1개의 구멍이 생겼다고 볼 수 있는 것이다. 정공은 반도체에서만 존재하는 것으로 금속과 달리 정공에 의해서도 전류를 만들 수 있다.

즉, 반도체 속에서 자유 전자와 정공이 함께 작용하여 전류를 만들게 되는 것이다. 순수한 실리콘에 전류를 흐르도록 하기 위하여 자유 전자와 정공이 필요하고, 이것을 만들기 위하여 불순물을 주입하는 것이다. 결국, 반도체에는 자유 전자와 정공이 동시에 존재하여

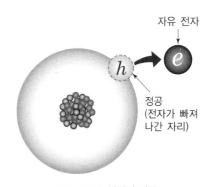

▼ **그림 3.7 원자와 정공**

전기를 만드는 데 기여하고 있는 것이다. 이와 같이 순수한 반도체에 자유 전자 또는 정공이 많이 생기도록 하여 전류가 잘 흐르도록 한 것이 불순물 반도체이다. 앞으로 반도체 하면 불순물 반도체를 말하는 것이다.

## 4 n형 반도체와 p형 반도체

불순물 반도체에 대하여 살펴보자. 실리콘 결정 구조에 인($P_{phosphorus}$)이라는 불순물을 넣어 보자. 이를 그림 3.8 (a)에서 보여 주고 있다.

실리콘은 가장 바깥 궤도에 4개의 전자가 운동하고 있다. 인은 바깥 궤도에 운동하고 있는 전자의 수가 5개이다. 서로 전자의 수가 다른 물질이 섞이는 것이다. 그러면 이 결합에서는 8개의 전자가 서로 공유하여 안정한 결합이 되면서 여분의 전자 1개가 남게 되는데, 이것이 바로 자유 전자가 되어 반도체에 전기를 만들게 되는 것이다. 사람들은 이 여분의 전자가 많이 있는 물질을 n형 반도체n type semiconductor라고 부르고 있다. 여기서 n이라는 문자는 negative의 머리글자에서 따온 것으로 전자가 많이 존재한다는 뜻이다.

규소 결정에 인을 많이 넣을수록 자유 전자가 많아져 전류의 흐름이 쉬워진다. 인 원자 1개에서 1개의 자유 전자를 얻을 수 있으니, 1,000개이면 거의 1,000개, $10^{17}$개 이면 거의 $10^{17}$개의 자유 전자를 얻을 수 있는 것이다.

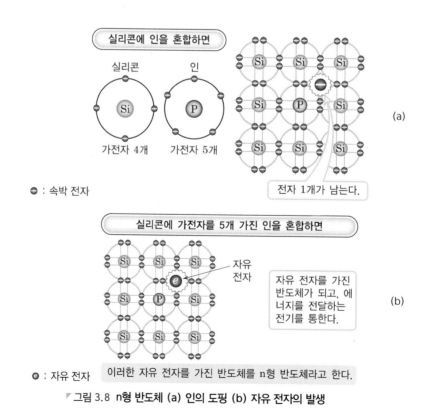

그림 3.8 n형 반도체 (a) 인의 도핑 (b) 자유 전자의 발생

이번에는 실리콘에 붕소($B_{boron}$)를 넣어 보자. 붕소는 최외각 전자가 3개로 실리콘의 최외각 전자수보다 1개가 적다. 그래서 규소 원자로 붕소를 에워싸도 전자의 수가 8개에서 1개가 부족한 7개로 불안정한 결합이 된다. 여기서 전자 1개가 어디에선가 날아와 부족한 이곳에 들어간다면, 붕소 원자는 안정하게 될 것이다. 그러나 전자가 어디에선가 날아오는 것은 아니다. 이 실리콘과 붕소가 섞여져 만들어진 결정은 "항상 전자가 필요한 자리가 남아 있는" 상태에 있다고 할 수 있다.

여기서 전자가 있을 자리라는 것은 자유 전자의 반대말로 자유 홀$_{free hole}$ 즉, "전자가 들어올 여지가 있는 전기적 구멍"의 상태라 하여 정공$_{positive hole}$이라고 부른다고 하였다. 이 상태에서는 전자가 부족하기 때문에 옆에 있는 전자를 끌어오고자 하는 성질을 갖게 된다. 그래서 옆에 있던 전자는 정공이라고 하는 그 구멍으로 들어와 자리를 잡게 된다. 그러면 옆으로 끌려온 전자가 있었던 자리에 또 하나의 구멍이 생길 것이다. 이것이 연쇄적으로 반복되면 많은 전자가 이동하는 것과 같이 정공이 전자의 방향과 반대로 움직이는 것이 될 것이다.

이 부족한 전자, 즉 정공이 주도하여 반도체에 전기를 만들게 되는 것이다. 사람들은 이 정공이 많이 있는 물질을 p형 반도체$_{p type semiconductor}$라는 이름을 지어서 부르고 있다. 여기서 p는 positive의 머리글자를 말하며, 정공이 많이 있다는 뜻이다.

규소에 붕소 원자 1개를 넣어 주면, 여기에 전자 1개가 부족한 상태, 즉 정공이 1개 있는 상태의 물질이 된다. 그러면 1,000개를 넣어 주면 거의 1,000개, $10^{17}$개의 붕소 원자에서는 거의 $10^{17}$개의 정공이 생길 것이다. 이러한 정공이 많이 생기도록 하여 이들 힘으로 전기가 흐르는 반도체가 p형 반도체인 것이다.

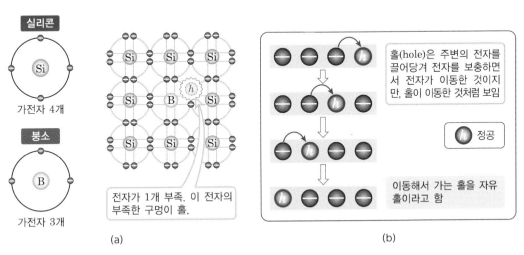

실리콘

Si

가전자 4개

붕소

B

가전자 3개

전자가 1개 부족. 이 전자의 부족한 구멍이 홀.

(a)

홀(hole)은 주변의 전자를 끌어당겨 전자를 보충하면서 전자가 이동한 것이지만, 홀이 이동한 것처럼 보임

h 정공

이동해서 가는 홀을 자유 홀이라고 함

(b)

그림 3.9 p형 반도체 (a) 붕소의 주입 (b) 정공의 이동

# 3 반도체의 공유 결합

## 1 공유 결합

에너지대energy band[5]의 발생과 에너지대가 갖는 의미를 설명하고자 한다. 에너지대를 이해하는 것은 반도체라는 물질을 이해하고 해석하는 가장 기본이 되는 것이다. 에너지대를 이해하고 머릿속에 자유자재로 그릴 수 있으면 이미 반도체공학의 80%는 이해한 것이라고 해도 과언이 아닐 것이다.

실리콘 원자는 하나의 상태state를 어떤 입자가 채우고 있으면 다른 입자가 채울 수 없다는 파울리의 배타율Pauli's exclusion principle에 따라 가장 낮은 에너지부터 채워진 것이며, 이렇게 하여 10개의 내부 전자와 4개의 최외각 전자로 이루어지게 된다. 순수한 실리콘 결정의 원자 하나에서 최외각 전자 4개는 인접 원자와 결합한다.

그림 3.10 (a)와 같이, 같은 종류의 원자가 서로 결합하여 분자를 형성하는 경우, 그 구성 원자가 서로 상대편의 전자를 공유하여 결합된 것을 공유 결합covalent bond[6]이라 한다. 갈륨비소(GaAs)는 화합물 반도체로 그림 (b)와 같이 각각의 원자는 상보적(相補的complementary)인 특성의 원자들로 둘러싸여, 비소의 5개 전자가 갈륨의 3개 전자와 공유하고 있다.

공유 결합하고 있는 전자의 결합 에너지보다 더 큰 운동 에너지를 물질에 공급하면 그 결합이 깨지고, 최외각 전자는 자유롭게 이동할 수 있는 자유 전자free electron가 발생되어 전류를 형성할 수 있게 된다.

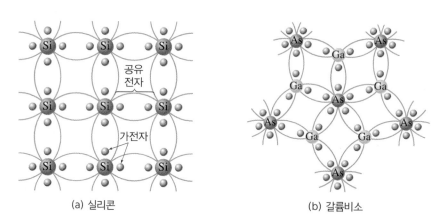

(a) 실리콘                    (b) 갈륨비소

그림 3.10 실리콘과 갈륨비소의 공유 결합 모형

---

5   에너지대  독립된 원자에서 원자핵 주위를 돌고 있는 전자는 각각 정해진 에너지 값을 갖는데, 여러 개의 원자가 서로 밀집되어 있는 결정 구조에서는 전자가 취할 수 있는 에너지 상태는 정해진 하나의 값이 아니라 어떤 폭을 갖는 구조로 표현될 수 있는데, 이것이 에너지 밴드 이론energy band theory으로 허용대와 허용대 사이에는 전자가 취할 수 없는 에너지 준위 즉, 금지대가 존재한다. 이와 같이 허용대, 금지대의 대(帶band) 구조로 나눈 것을 에너지대 또는 에너지 밴드라고 한다.

6   공유 결합  몇 개의 원자가 모여서 분자의 형태를 이룰 때, 양쪽 원자의 전자가 하나씩 쌍을 이루어 결합하게 되면 매우 안정되고 강한 결합력을 가지게 된다. 이러한 결합은 상대방의 원자가 갖는 전자를 서로 공유하는 결합 상태이므로 공유 결합이라고 한다. 대표적인 반도체 물질인 실리콘 원자는 4개의 가전자를 4 방향에 있는 원자들이 1개씩 공유하여 다이아몬드 격자라고 하는 견고한 결정을 형성하고 있다.

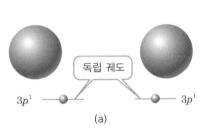 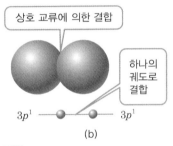

그림 3.11 **실리콘 원자의 공유 결합**

공유 결합에 대한 내용을 좀 더 깊이 있게 살펴보자. 만약에 그림 3.11 (a)에서와 같이 하나의 실리콘 원자에 속한 전자가 $3p^1$ 궤도를 차지하고 있고 또 하나의 실리콘 원자의 전자가 $3p^1$ 궤도를 차지하고 있다고 가정하자. 두 원자가 서로 가까이 다가가 서로의 궤도가 겹친다면 파울리의 배타율에 위배되는 것이 아닐까? 이것에 대한 특성을 살펴보자.

그림 3.11 (a)는 두 개의 독립된 실리콘 원자이며, 각각은 서로 영향을 주지 않는다. 그러나 이 두 개의 실리콘 원자가 서로 그림 (b)와 같이 겹쳐 있다면 어떠할까? 이렇게 두 원자가 겹치는 경우는, 두 개의 원자핵이 일정한 거리를 두고 존재하는 경우에 대한 슈뢰딩거Schrödinger 방정식을 풀어야 하는 것이다. 즉, 두 개의 각기 다른 시스템이 아니라 하나의 새로운 시스템이 되는 것이다. 이러한 새로운 시스템에서는 전자가 하나의 특정한 원자핵에 속한 것이 아니라 서로가 공유하고 있다. 따라서 원자 사이의 거리가 가까울수록 서로의 영향이 더욱 커지게 된다.

# 4 반도체의 종류

전자공학이 발달하기 이전에는 전기를 주에너지원으로 사용하였으며, 이에 따라 에너지 소모를 최소화할 수 있는 양질의 도체와 높은 전압에서도 누설전류를 허용하지 않는 절연체가 중요한 전기적 재료로 연구의 대상이었다. 그러나 통신 및 컴퓨터 기술의 획기적 발전을 위해서는 전기신호를 제어할 수 있는 적합한 재료가 필요하게 되었다. 이것이 바로 반도체이다. 전기 전도의 관점에서 반도체는 도체와 절연체의 중간적 성질을 갖는다. 전기 신호의 처리를 위해서는 전기 전도가 쉽게 제어될 수 있어야 하는데, 이것이 반도체의 성질과 꼭 부합한다.

순수한 반도체는 절연체의 특성을 가지나, 여기에 첨가하는 불순물impurity[7]의 종류와 양에 따라 전기 전도뿐만 아니라 전류를 제어할 수 있는 반도체가 된다. 또한 빛이나 열에 의해서도 전기전도가 쉽게 변화하는 특성이 있으므로, 빛 신호를 전기 신호로 바꾸는 데에도 이용할 수 있다.

---

7  반도체 물질 속에 필요한 만큼의 양을 첨가하여 원하는 전도형과 저항성을 갖도록 하는 것으로, 첨가되는 물질의 종류에 따라 p형 불순물과 n형 불순물로 나누며, 이 불순물이 첨가된 반도체를 불순물 반도체(impurity semiconductor 또는 extrinsic semiconductor)라고 한다.

반도체 소자의 특성을 조사하기 위해서는 양자역학적 개념에 기초하여 반도체의 물성적 개념을 이해해야 한다. 반도체는 주로 공유 결합을 하고 있는 다이아몬드diamond형 결정 구조를 갖는 단결정single crystal의 형태로 이용된다.

반도체를 이용하여 만든 전자 소자의 전기적 특성은 전하의 운반자, 즉 캐리어carrier의 이동에 의해 이루어지므로, 캐리어의 농도 및 이동 과정을 이해하는 것이 중요하다. 캐리어는 전자electron 또는 정공hole으로 나누어지는데, 순수한 반도체에 주기율표상의 5족 원소를 주입하면 n형 반도체로서 전자가 전기 전도에 크게 기여하게 되고, 3족 원소를 도핑하면 p형 반도체로서 정공이 전기 전도를 거의 결정하게 된다.

반도체 내에서 캐리어가 이동하는 성질로 불순물 농도가 높은 쪽에서 낮은 쪽으로 이동하는 확산diffusion 현상[8]과 외부 전계에 의하여 캐리어가 이동하는 현상인 드리프트drift 현상이 있다. 전기 전도의 관점에서 반도체는 금속과 절연체의 중간적 성질을 가지고 있으며, 온도가 상승함에 따라 저항이 감소하며, 불순물을 주입하면 저항이 감소하는 성질이 있는 것은 앞에서 설명한 바 있다.

# 1 실리콘

현재 반도체 재료로 가장 많이 이용되는 재료는 실리콘이다. 이 실리콘은 지구 상에 원소로서의 존재 비율이 27%에 이르러 산소 다음으로 많이 존재하는 원소인데, 자연 상태에서는 산화규소($SiO_2$)로 존재하고 있다. 집적회로(IC)로 사용되는 실리콘은 99.999999999%의 초고순도의 단결정 구조로 정제하여 사용하게 된다. 실리콘 원자는 주기율표상에서 원자 번호가 14번인데, 그림 3.12 (a)에서 보여 주는 바와 같이 14개의 전자가 존재하여 K각에 2개, L각에 8개, M각에 4개의 전자가 에너지 궤도 운동을 하고 있다. 그림 (b)는 실리콘 원자의 격자 구조를 나타내고 있는데, 원자와 원자가 그들의 최외각 전자를 공유하고 있다.

실리콘 원자끼리 결합하는 경우, 최외각 전자를 하나씩 공유하여 안정된 궤도 운동을 하게 된다. 이와 같은 단결정에서는 상온에서 실리콘 원자 내의 전자는 원자핵의 속박된 상태에 있어 전압을 인가해도 원자핵의 속박을 벗어나 자유롭게 움직일 수 있는 자유 전자free electron[9]가 거의 없어 전류가 흐르지 못하는 절연체적 성질을 갖는다.

그러나 실리콘을 고온으로 가열하면 실리콘 원자 사이의 공유 결합이 무너져 속박되었던 최외각의 전자가 자유 전자로 될 수 있다. 이와 같은 상태에서는 실리콘 단결정의 저항이 감소하여 전압을 인가하면 전류가 잘 흐르게 되므로 도체와 같은 성질로 바뀌게 되는 것이다.

---

8   확산 현상  반도체 제조 공정 중 고온의 전기로 내에서 웨이퍼에 불순물을 확산시키는 과정으로, 이것은 반도체 층의 일부분에 대한 전도 형태를 변화시키기 위한 공정이며, 온도 및 시간과 밀접한 연관을 갖는다.

9   자유 전자  전자에는 원자핵과 강하게 결합되어 원자핵으로부터 떨어질 수 없는 것과 결합력이 약하여 약간의 에너지에 의해서도 쉽게 움직일 수 있는 것이 있다. 이 결합력이 약한 전자는 결정격자의 구성에 관여하지 않고 결정 속에서 전계에 끌려 자유로이 움직일 수 있으므로 이것을 자유 전자free electron라고 한다. 자유 전자를 많이 가지고 있는 물질은 외부에서 전압을 걸면 자유 전자가 양극으로 이동하여 전하를 운반하므로 전기 전도의 성질을 나타낸다.

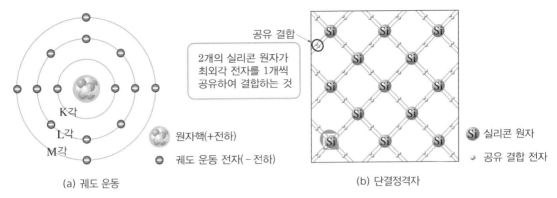

공유 결합

2개의 실리콘 원자가
최외각 전자를 1개씩
공유하여 결합하는 것

K각
L각
M각

원자핵(+전하)

궤도 운동 전자(－전하)

(a) 궤도 운동

Si 실리콘 원자

공유 결합 전자

(b) 단결정격자

▼ 그림 3.12 **실리콘 원자의 궤도 운동과 단결정격자**

## 2 진성 반도체

반도체의 저항률은 불순물이 적으면 증가하는 성질이 있으며, 불순물이 어느 정도 이하로 되면 일정한 저항값을 유지하게 된다. 이와 같이 순수한 반도체는 앞에서 언급한 진성 반도체(眞性半導體intrinsic semiconductor)이다.

전기 전도가 생기기 위해서는 전도 전자(傳導電子)[10]가 존재할 필요가 있다. 진성 반도체에서 전자는 전부 공유 결합으로 속박되어 자유로이 움직일 수 없으나, 이 속박으로부터 벗어나게 하면 전자는 결정 내를 자유로이 이동할 수 있는 자유 전자free electron가 되어 전기 전도에 기여하게 된다. 진성 반도체에서 전도 전자가 발생되는 과정을 그림 3.13에 나타내었다. 그림 (a)는 에너지 준위에서의 전자 – 정공쌍의 발생을 나타낸 것이며, 그림 (b)는 공유 결합 상태에서의 전도 전자의 발생 과정을 나타낸 것이다.

공유 결합을 파괴시키는 데 필요한 에너지는 물질의 종류에 따라 다르며, 보통 전자 볼트(eVelectron Volt)[11] 단위로 나타낸다. 게르마늄(Ge)은 0.72[eV], 실리콘은 1.12[eV]이며, 다이아몬드인 경우는 6~7[eV]로 알려져 있다. 극히 저온에서는 공유 결합을 파괴시키는 데 필요한 에너지는 작으나, 온도가 높아지면 그 열에너지도 증가한다. 게르마늄은 실리콘보다 공유 결합의 속박을 파괴시키는 데 필요한 에너지가 작으므로 전도도가 크다.

---

10 전도 전자  전기 전도에 기여하는 전자를 말한다. 전계를 가했을 때 움직일 수 있는 전자가 전기를 운반하기 때문에 전도 전자는 자유 전자라고 생각해도 된다. 결정 구조면에서 생각할 때 움직일 수 있는 전자는 결정격자로부터 떨어진 전자이며, 이것은 에너지를 받아서 결정격자로부터 튀어나왔거나 또는 결정격자의 일부를 형성하고 있는 도너 원자로부터 공급된 것이다. 이 상태를 에너지대 이론으로 표현하면, 전도 전자는 전도대에 있는 전자이며, 이것은 금지대를 뛰어넘을 수 있는 에너지를 받아서 충만대로부터 올라왔거나 또는 전도대보다 약간 아래에 있는 도너 레벨에서 올라온 것에 해당한다.

11 전자 볼트  물리학에서 에너지 단위로는 MKS 단위계로 힘의 MKS 단위의 작용점이 힘의 방향으로 1[m]의 거리를 움직인 때의 한 일로 정의되는 Joule을 사용한다. 그러나 전자(電子)가 한 일의 경우, 그 에너지는 매우 작은 양이므로 Joule을 사용하면 불합리하다. 따라서 전자에 적용할 수 있는 일의 단위로 eV를 사용하게 되었다. 1[eV]는 전자 한 개가 1[V]의 전압으로 가속되었을 때, 전자가 갖는 운동에너지를 뜻한다. eV와 J과의 관계는 다음과 같다.
$$1[eV] = 1.602 \times 10^{-19}[C] \times 1[V] = 1.602 \times 10^{-19}[J]$$

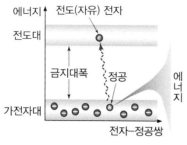

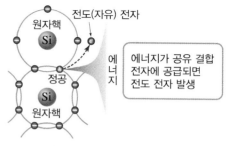

(a) 에너지대의 전자-정공쌍                    (b) 공유 결합에서의 전자-정공쌍

그림 3.13 **전도(자유) 전자의 생성 과정**

다이아몬드는 대단히 큰 에너지가 필요하므로 상온에서 전도 전자의 수가 거의 0에 가까워 절연체에 가깝다.

---

■ **연습문제 3-1** ■

10[V]의 전압으로 전자를 가속하였을 때, 전자의 운동 에너지는 [J]과 [eV] 단위로 얼마인가?

**풀이** 운동 에너지의 식 $\dfrac{mv^2}{2} = eV$에서

$$eV = 1.602 \times 10^{-19}[C] \times 10[V] = 1.602 \times 10^{-18}[J]$$

$$J = \frac{1}{1.602 \times 10^{-18}} = 0.624 \times 10^{18}[eV]$$

$$\therefore 운동 에너지 \ \ 1.602 \times 10^{-18}[J] = 0.624 \times 10^{18}[eV]$$

---

■ **연습문제 3-2** ■

초기 속도가 0인 전자에 10,000[V]의 전압이 인가될 때, 전자의 운동 속도 $v$[m/s]는? (단, 전자의 비전하 $e/m_o = 1.759 \times 10^{11}$[C/kg] 이다.)

**풀이** 운동 에너지의 식 $m_o v^2 / 2 = eV$에서

$$v = \sqrt{\frac{2eV}{m_o}} = \sqrt{2 \times 1.759 \times 10^{11} \times 10^4} = \sqrt{0.352 \times 10^{16}} = 0.59 \times 10^8 [m/s]$$

$$\therefore 속도 \ \ v = 0.59 \times 10^8 [m/s]$$

---

## 3 ■ 불순물 반도체

### 1. 전자와 정공

앞에서 언급한 바와 같이, 공유 결합이 파괴되어 생긴 전도 전자는 결합의 위치에서 떨어져 자유로이 운동하지만, 전자가 있던 곳에는 전자 한 개가 부족하게 된다.

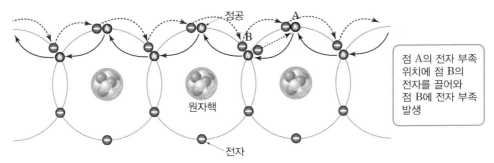

점 A의 전자 부족 위치에 점 B의 전자를 끌어와 점 B에 전자 부족 발생

정공
A
B
원자핵
전자

▸ 그림 3.14 **실리콘 내의 전자와 정공**

이와 같이 전자가 부족한 곳에 정전하가 존재하고 있는 것으로 생각하여 이를 정공이라 한 바 있다. 그림 3.14는 전자에 의한 정공의 이동 과정을 나타낸 것이다. 공유 결합을 하고 있는 전자는 결정 전체로서의 공통의 전자로 작용하며, 각 전자는 항상 상호 작용으로 교환하고 있다.

그림에서 A점의 전자 부족 위치에 B점의 전자가 이동하여 B점에 전자 부족 상태를 만든다. 이와 같은 작용이 순차적으로 연속되어 전자 부족 상태가 결정 내를 이동하게 되며, 결국 정공은 결정 내를 운동하고 있는 것으로 생각할 수 있다. 전도 전자가 운동하고 있는 사이에 정공과 충돌하면 에너지를 방출하고 원래의 공유 결합 상태의 전자로 되돌아간다. 이것을 전자와 정공의 재결합(再結合recombination)[12]이라고 한다. 공유 결합을 파괴하여 전도 전자로 되는 동시에 정공이 발생하며, 이 정공의 수와 재결합으로 없어지는 수가 같게 되는 경우가 있는데, 이 상태를 열평형 상태(熱平衡狀態thermal equilibrium)라고 한다.

외부에서 광, X－선, 전계 등을 공급하면 공유 결합의 전자가 에너지를 얻어서 전도 전자가 되고, 정공을 남겨 그 수가 많게 되어 전기 전도가 증가한다. 광, X－선 등의 조사를 정지시키면 증가했던 전도 전자와 정공은 시간의 흐름에 따라 재결합으로 감소한다. 어느 정도 시간이 경과 하면 처음의 상태로 되돌아가며, 이것이 열평형 상태로, 이때 전도 전자와 정공의 수는 같게 된 다. 이 수는 온도에 의해 정해지며, 상온에서 $1[cm^3]$당 수는 게르마늄인 경우 $2.5 \times 10^{13}[cm^{-3}]$, 실리콘은 $1.5 \times 10^{10}[cm^{-3}]$이다.

진성 반도체에 반하여 순수한 실리콘 물질에 어떤 종류의 원소를 함유하게 하면 불순물 반도 체impurity semiconductor가 된다. 불순물과 관련하여 제V족 원소인 인(P), 비소(As), 안티몬(Sb) 등 이 있으며, 제III족의 원소로는 붕소(B)나 알루미늄(Al)이 있다. 이들 불순물을 첨가한 실리콘 단결정은 상온에서 저항이 낮아지고, 전압을 인가하면 반도체 내에 전류가 흐르게 된다. 반도체 의 저항값은 첨가한 불순물의 종류와 불순물의 농도에 의해서 결정된다. 그림 3.15에서는 상온에 실리콘의 저항률이 불순물 농도에 의하여 변화하는 실험값을 보여 주고 있다.

---

12 재결합 어떤 물질이 열평형상태가 아닌 경우, 즉 공유 결합하고 있는 진성 반도체에 빛을 쪼여 주면 열평형 상태는 무너지고 캐리어가 발생하여 도전율을 증가시킨다. 이를 열생성이라 하며, 이 열생성과 반대 공정으로 재결합이 있다. 이것은 열적으로 생성된 전자-정공쌍은 어떤 에너지를 갖게 되는데, 전자와 정공이 충돌하는 경우, 전자와 정공은 다시 공유 결합 상태로 되돌아가게 된다. 이와 같이 전자-정공이 충돌하여 그들이 가지고 있던 에너지를 잃고 소멸하는 과정을 말한다.

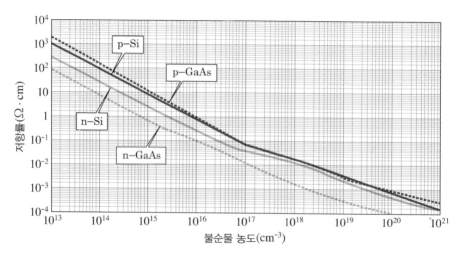

▛ 그림 3.15 **실리콘 저항률의 불순물 의존성**

Si과 GaAs의 불순물 농도에 따른 저항률의 변화에서 불순물 농도가 높을수록 저항률이 낮아지는 경향이 있고, 또 같은 재료라 하더라도 p형보다 n형의 저항률이 낮게 분포하고 있다.

## 2. n형 반도체

반도체의 전기 전도도는 불순물에 의해 크게 변화한다. 순수한 실리콘에 불순물을 주입할 때 저항률과 불순물 양과의 관계는 불순물 원자의 수가 증가할수록 저항률은 감소한다. 실리콘에 5가 원소인 비소를 주입할 경우를 생각해 보자. 비소 원자는 실리콘의 격자점을 점유하여 그림 3.16과 같은 배열로 된다.

비소의 5개의 전자 중 4개는 근처의 실리콘 원자와 공유 결합에 사용되지만 나머지 한 개의 전자는 남는다. 이들 전자는 극히 저온에서는 전기적 인력에 의해 비소 근처에 있으나, 온도가 상승하면 떨어져 자유로이 운동할 수 있는 전도 전자로 된다. 이 결합력을 파괴시키는 데 필요한

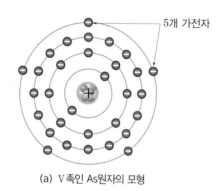

(a) Ⅴ족인 As원자의 모형

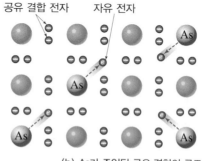

(b) As가 주입된 공유 결합의 구조

▛ 그림 3.16 **n형 반도체의 모형**

에너지는 0.01[eV] 정도이며, 이 이상의 에너지가 가해질 때 비소는 이온화하므로 이를 이온화 에너지ionized energy[13]라고 한다.

공유 결합을 하고 있는 전자를 떼어내는 데에 0.72[eV]가 필요한 것에 비하면 대단히 적으므로 상온에서 대부분 이온화하고 있다. 진성 반도체의 전도 전자의 수는 $1.5 \times 10^{10}[cm^{-3}]$이므로, 비소의 양을 이 이상 혼합하면 비소에 의한 전도 전자수가 많게 된다. 이와 같이 주로 불순물 전자에 의하여 전기 전도가 생기는 것을 n형 반도체라 한다. n은 부전하(負電荷)를 표시하며, 이 때 주입된 불순물은 전자를 준다는 의미로서 도너(donor)[14]라고 한다.

순수한 실리콘 혹은 게르마늄에 5족 원소(As, P, Sb)를 혼합하면 n형 반도체로 되며, 이 반도체에서는 전도 전자의 수가 많고 정공과 재결합하는 비율이 크기 때문에 열평형 상태에서 정공의 수는 대단히 작다.

따라서 이 전도 전자를 다수 캐리어majority carrier라 하고, 정공을 소수 캐리어minority carrier라고 한다. 다수 캐리어는 불순물 주입에 의하여 발생하는 것이 대부분이지만, 공유 결합 상태에서 열에너지에 의해 발생하기도 한다. 그러나 소수 캐리어는 열에너지에 의하여 생기는 경우가 많으며, 그 양은 작으나 다이오드 및 트랜지스터 등의 소자가 역방향 바이어스에서 동작할 때 항복breakdown 현상을 일으키는 역할을 하기도 한다.

전도 전자의 수를 $n$, 정공의 수를 $p$라 하면

$$n \cdot p = 정수(定數) \tag{3.1}$$

인 관계가 있다. 이 정수는 반도체의 종류와 온도에 의해서 결정되며 불순물과는 무관하다. $n = p$일 때 진성 반도체이고, $n > p$인 경우는 n형 반도체가 된다.

## 3. p형 반도체

실리콘에 Ⅲ족 원소인 붕소($B_{boron}$)를 혼합한 경우 붕소 원자는 그림 3.17과 같은 격자점을 점유한다. 붕소는 세 개의 전자밖에 없으므로 주위의 실리콘 원자와 공유 결합하기 위해서는 전자 한 개가 부족하다. 다른 실리콘의 공유 결합 전자가 그 결합을 붕괴하여 붕소가 공유 결합하게 된다. 이 전자가 이동한 위치에 정공이 생기고, 붕소는 전자를 여분으로 한 개 얻어서 부(−)로 이온화한 상태로 된다. 이 과정이 순차적으로 일어나 정공은 결정 내를 이동할 수 있고, 전기 전도는 이 정공에 의해 이루어진다.

이와 같이 정공에 의해 전기 전도가 형성되는 것을 p형 반도체p type semiconductor라고 한다. 여기

---

13 이온화 에너지 원자핵과 전자는 +, −의 전기력으로 결합되어 있으므로 원자로부터 전자를 떼어 놓는 것, 즉 원자를 이온화하는 데 필요한 에너지를 이온화 에너지(ionization energy)라고 한다. 전자의 궤도에서 핵으로부터 최외각 궤도에 존재하는 최외각 전자는 핵과의 결합력이 약하므로 외부에서 받는 에너지에 의해 쉽게 떨어져 나갈 수 있다.

14 도너 5가지의 원자 즉 5개의 가전자를 갖는 원자가 4가의 반도체 원자(Si, Ge)와 결합할 때 공유 결합에 참여하지 못하는 1개의 전자는 원자와의 결합력이 약하여 상온 정도의 열에너지로도 쉽게 이탈하여 자유 전자로 되며, 이때 반도체는 전자 과잉의 n형 물질이 된다. 이와 같이 불순물로서 혼입되었을 때, 전자 하나를 낳고 자신을 +이온으로 되는 원자를 "전자를 주는 것"이라는 뜻에서 도너라고 부른다. 이러한 불순물 원자에는 Ⅴ족 원자인 비소(As), 안티몬(Sb), 인(P) 등이 있다.

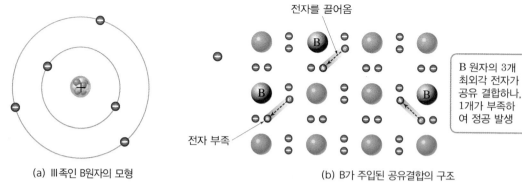

전자를 끌어옴

B 원자의 3개 최외각 전자가 공유 결합하나, 1개가 부족하여 정공 발생

전자 부족

(a) Ⅲ족인 B원자의 모형

(b) B가 주입된 공유결합의 구조

▼ 그림 3.17 p형 반도체의 모형

서 $p$는 정전하를 나타내며, $n \cdot p =$ 정수의 식에서 $p > n$인 경우가 p형 반도체이고, 주입된 불순물인 붕소는 전자를 받아들여 이온화하므로 **억셉터**acceptor[15]라고 한다.

## 5 반도체의 발전 과정

### 1 진공관

전기 신호의 증폭을 위하여 개발한 것이 진공관식 트랜지스터이었다. 1904년 영국의 과학자 플래밍Fleming, John Ambrose이 2극 진공관을 발명한 후, 1906년 미국인 발명가 포레스트Forest, Lee de는 전파를 증폭, 수신, 검출하는 3극 진공관 개발에 성공하였다. 3극 진공관의 발명으로 인류는 처음으로 기계적인 조작 없이 전류의 흐름을 제어할 수 있게 되었고 증폭으로 필요한 장거리 전송이 가능해지게 되었다. 전류의 흐름을 제어하여 동작하는 전화, 전신, 라디오, TV까지 모두 이용할 수 있는 핵심 부품으로 전자 공학 시대의 개막을 알리는 서곡이었다.

진공관[16]의 원리는 무엇일까? 진공관 속에는 필라멘트filament라는 금속선이 있다. 전자의 이동을 쉽지 않게 하는 특성을 가지고 있어 열을 발생시키고, 빛을 낼 수 있는 물질이다. 형광등이 나오기 전에 주로 사용하였던 백열등에서 빛을 내는 부분이 바로 필라멘트이다. 백열등에 전기를 공급하면 열과 동시에 빛이 나오게 되는데 빛을 이용하는 것이 백열등이다. 마찬가지로 진공관에

---

15 억셉터 3가의 원자 즉 3개의 가전자(價電子valence electron)를 가지고 있는 원자를 게르마늄(Ge)이나 실리콘(Si)과 같은 다이아몬드 결정 구조로 공유 결합을 하는 반도체 결정 속에 불순물로서 미량 혼입하면, 3가의 원자는 반도체 원자로부터 전자 1개를 취하여 완전한 결정 구조의 공유 결합을 이루려는 성질로 인하여 반도체 물질은 p형으로 된다. 즉, 3가의 불순물 원자는 상온 정도의 에너지로 가전자를 빼앗아 (−)이온으로 되고 가전자를 빼앗긴 반도체 원자에는 정공hole이 남아 전체적인 반도체 물질은 정공이 다수로 존재하는 p형이 되는 것이다. 이와 같이 불순물로서 혼입되었을 때 자신이 (−)이온으로 되어 정공을 만들어 내는 원자를 "전자를 받아들이는 것"이라는 의미에서 억셉터라고 부른다. 이 불순물 원자에는 원소의 주기율표상의 Ⅲ족 원소인 알루미늄(Al), 인듐(In), 갈륨(Ga), 붕소(B) 등이 있다.

16 진공관 유리나 금속 등의 용기에 몇 개의 전극을 봉입하고 내부를 높은 진공 상태로 만든 전자관이다. 음극을 가열하여 열전자를 방출하고 양극을 음극에 대하여 양(+)의 전위로 하면, 전자는 양극에 이르러 전류가 흘러서 증폭, 검파, 정류, 발진 등의 작용을 한다.

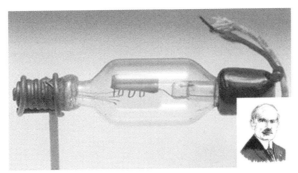

▼ 그림 3.18 **1906년 포레스토가 발명한 3극 진공관**

전기를 인가하면 빛과 열이 동시에 나지만, 열만 이용하는 것이 진공관이다. 필라멘트가 뜨겁게 달아오르면 금속으로부터 전자가 튀어나오는 현상이 생기는데, 이것을 전자 방출electron emission[17] 현상이라고 하고, 이때의 전자를 열전자hot electron라고 부른다.

그림 3.19 (a)에서와 같이 2극 진공관의 경우, 양극에 (+)전압을 공급하면 음극에서 발생한 열전자가 양극으로 이끌려 가니까 양극에서 음극으로 전류가 흐르는 것이다. 전자는 항상 (+)전압이 있는 곳으로 이동하기 때문이다. 그 반대의 전압을 인가하면 전류가 흐르지 않는다. 오늘날의 다이오드의 기능을 하는 것이다. 한편 3극 진공관은 2극관의 중간에 금속으로 만들어진 그물망을 설치한 것으로 이것을 그리드grid라고 한다. 2극관에서와 같이 전압을 인가한 상태에서 그리드에 음(-)의 전압을 공급하면 양극으로 끌려가던 전자의 일부가 반발하여 되돌아오게 된다. 여기서 그리드에 인가한 전압의 크기를 달리 하면 반발하여 되돌아오는 전자의 수가 달라져 전류의 크기가 변화되는 원리이다. 즉, 전자가 흐를 수 있는 이동 통로의 폭을 조절함으로써 흐르는 전자의 개수를 조절하는 것이 기본 원리이다. 이는 그림 (b)에서 보여 주고 있다.

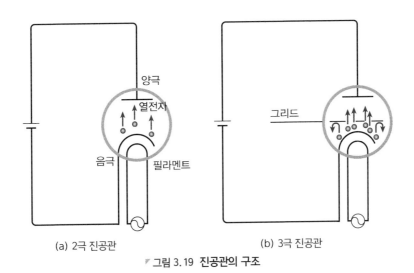

(a) 2극 진공관  (b) 3극 진공관

▼ 그림 3.19 **진공관의 구조**

---

17 **진자 방출** 진공관이나 광전관의 음극에서 전자가 방출되는 현상을 말한다.

▛ 그림 3.20 에니악(ENIAC)

1946년 미국 펜실베니아 대학에서 만든 세계 최초의 진공관식 컴퓨터

과학 기술의 발전은 빠르고 정확한 계산 능력을 요구하면서 전자 공학은 이것에 비례하여 눈부신 발전을 이룩하기 시작한 것이다. 이러한 노력으로 1947년 미국의 Moore 대학에서 세계 최초의 전자계산기인 ENIAC이 개발되었다.

그림 3.20에서 보여 주고 있는 이 진공관 계산기는 무게가 50톤, 면적은 280[m$^2$]나 차지하였다. 무려 19,000개나 되는 진공관이 사용되었고, 150[kWh]의 전력이 소모되면서 옆에 있지 못할 정도로 엄청난 열이 발생하였다. 이것이 원인이 되어 약 30분마다 진공관이 하나씩 타버리는 문제가 발생하고 있어서 이것이 또 다른 전자 소자의 발명을 앞당기는 계기가 되었다. 이 컴퓨터의 성능은 초당 5,000번의 연산을 할 수 있을 정도였으며 당시 가격도 백만 달러를 호가하였다.

## 2 트랜지스터

진공관은 부피가 크고, 부품인 필라멘트가 녹아서 끊어지는 일이 많아 신뢰성이 떨어지게 되었다. 이 문제를 해결한 것이 바로 트랜지스터의 개발이다. 1947년 미국의 벨연구소에서 일하던 과학자 쇼클리Shockley, William Bradford, 죤 바딘Bardeen, John, 브래튼Brattain, Walter Houser이 고안하였다.

당시의 물질은 실리콘이 아닌 게르마늄 물질을 사용하여 만들었는데, 게르마늄 평판에 금 박편을 접촉시킨 점접촉 트랜지스터의 개발에 성공하게 된 것이다. 마침내 반도체 재료를 이용한 정보 기기의 핵심소자인 트랜지스터transistor가 탄생하는 순간이었다. 진정한 반도체 시대의 개막인 셈이었다. 이 연구에 참여한 쇼클리, 브래튼, 물리학자 바딘은 노벨상 공동 수상자로 선정되어 수상하였다.

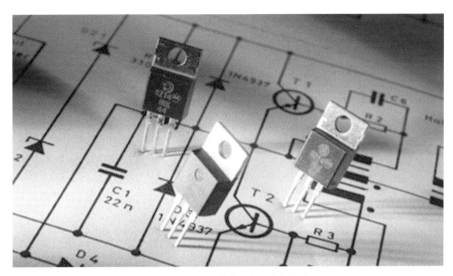

▶ 그림 3.21 트랜지스터와 전자 회로

트랜지스터가 세상에 처음 나왔을 때 사람들은 이것의 의미를 알지 못했다. 연구소 발표 기사는 뉴욕 타임즈 단신 기사로 몇 줄 등장한 정도였으나 이 작은 소자는 라디오, 텔레비전, 컴퓨터 등 정보 기기와 가전제품의 기능이 도약하는 일대 혁명을 가져왔고 반도체 시대를 여는 커다란 사건으로 기록되었다.

그러나 트랜지스터[18] 역시 단점은 있었다. 트랜지스터 자체의 문제라기보다는 많은 트랜지스터와 전자 부품들을 서로 연결해 주어야 다양한 기능을 가진 하나의 전자 기기를 만들 수 있는데, 제품이 복잡할수록 트랜지스터끼리 서로 연결해야 하는 연결점(접촉점)이 기하급수적으로 증가하게 되고, 바로 이 연결점들이 제품을 고장 내는 주요 원인이 되었던 것이다. 이때 여러 개의 전자 부품들을 한 개의 작은 반도체 속에 집어넣는 방법을 연구한 사람이 있었다. 바로 미국 TI 사의 기술자, 킬비Kilby Jack S.와 당시 페어차일드 반도체 회사에 근무하는 노이스Noyce, Robert Norton 가 그들인데, 이들은 이 기술을 독자적으로 발명하게 된 것이다. 그 후, 이들은 합의하여 공동 개발한 것으로 하였다.

## 3 트랜지스터의 기능

그러면 트랜지스터는 어떤 일을 할까? 순수한 반도체에 두 종류의 불순물을 주입하여 재료의 성질을 변화시킨 두 물질을 잘 조합하면 전류를 증폭amplification시키거나 스위치switch 역할을 하는 반도체 소자인 트랜지스터transistor를 만들 수 있다. 이 트랜지스터를 손톱만 한 작은 면적에 수십억 개로 집적(集積integration)하여 특정의 기능을 갖는 전자 회로를 만들 수 있는 것이다. 증폭은

---

18 트랜지스터(transistor) 규소, 게르마늄 등의 반도체를 이용해서 전기 신호를 증폭하여 발진시키는 반도체 소자로, 세 개 이상의 전극이 있다.

장거리 전송으로 지친 정보를 키워 주는 기능이고 스위치는 디지털 정보의 처리에 중요한 기능이다.

트랜지스터는 거리에 관계없이 서로의 정보를 교환할 수 있는 인간의 욕구에 의해서 발명된 것이다. 예전부터 인간은 수많은 전쟁을 치러야 했다. 그때마다 승리에 대한 갈망으로 무선 통신이 필요하였고, 또한 경쟁 체제에 돌입한 세계 경제에서 무엇보다도 정보의 빠른 전달이 경쟁에서 이기는 첩경임을 알게 되었다. 음성 신호를 전기적 신호로 바꿀 수 있으면 장거리 통신이 가능한데, 이때 중간 중간 약해진 전기 신호를 증폭시켜 주는 일이 필요하였다. 이 일을 트랜지스터가 잘 할 수 있다.

또한 요즈음은 디지털 시스템으로 정보 기기가 만들어지고 있는데, 이 디지털 시스템을 동작시키는 회로가 바로 스위치 회로이다. 스위치란 형광등을 키거나 끌 때 누르는 그 스위치를 말한다. 스위치의 동작은 두 가지라는 것을 우리 모두 잘 알고 있다. 스위치를 올리거나 내리는 두 가지 행위 말이다. 디지털 회로를 스위치 회로라고 한다. 왜냐하면 디지털 회로는 2진수의 원리가 기본이기 때문이다. 2진수는 숫자가 두 개밖에 없으므로 두 가지 행위의 동작에 적합한 수의 체계를 말한다. 이것도 트랜지스터가 잘 수행할 수 있다.

## 4 집적 회로의 탄생

앞서 살펴본 바와 같이 노이스와 킬비는1958년 트랜지스터, 저항 등 여러 개의 전자 부품을 한 개의 작은 반도체 조각에 집어넣는 방법을 개발하고, 이를 집적 회로(集積回路IC Integrated Circuit)라 명명하여 오늘에 이르고 있다.

집적 회로[19]란 반도체 소자를 개별적으로 배치하여 연결하는 것이 아니라, 수십억 개의 트랜지스터를 모아 쌓아 둔 덩어리를 말한다. 하나의 반도체 조각에 수십 억 개의 트랜지스터를 배치하고 이들을 연결하여 거대한 디지털 회로를 만들어 사용하므로 기존의 개별 트랜지스터 접속에서 오는 단점을 해결하게 된 것이다. 여기서 집적이란 '모아서 쌓는다.'라는 의미이다.

집적 회로에서는 트랜지스터와 같이 저항Resistor, 커패시터Capacitor도 하나의 칩에 집적시키고

(a) 1906년 진공관      (b) 1947년 트랜지스터      (c) 1958년 집적 회로

그림 3.22 **트랜지스터의 변천 과정**

---

19 집적 회로(IC, Integrated Circuit) 두 개 이상의 회로 소자 모두가 기판 위나 기판 내에 서로 분리될 수 없도록 결합한 전자 회로이다. 크기가 작으면서도 동작 속도가 빠르고 전력 소비가 적으며, 가격이 싸다는 이점이 있다.

표 3.1 집적 회로의 종류 및 소자의 수

| 종류 | 명칭 | 소자의 수 | 면적 |
|------|------|-----------|------|
| SSISmall Scale Integration | 소규모 집적 회로 | 100개 이하 | |
| MSIMedium Scale Integration | 중규모 집적 회로 | 100~1,000개 | |
| LSILarge Scale Integration | 대규모 집적 회로 | 1,000~10,000개 | $2{\sim}6~mm^2$ |
| VLSIVery Large Scale Integration | 초대규모 집적 회로 | 10,000~100,000개 | $5{\sim}9~mm^2$ |
| ULSIUltra Large Scale Integration | 극초대규모 집적 회로 | 100,000개 이상 | $10~mm^2$ |

있다. 이렇듯 반도체의 핵심소자인 트랜지스터는 1906년 진공관의 모습으로 발명되어 1947년 비로소 트랜지스터의 모습을 갖추었고, 1958년 반도체로 만든 트랜지스터가 집적된 오늘의 IC 로 발전한 것이다. 그림 3.22는 트랜지스터의 변천 과정을 나타낸 것이다.

여기서 집적도는 집적된 트랜지스터의 개수에 따라 다른데, LSI, VLSI, ULSI로 구분하고 있다. 정확히 몇 개 이상이면 LSI라고 정해진 것은 없으나, 대략 표 3.1과 같이 분류한다.

# 6 반도체의 재료

반도체로 쓰이는 재료에는 게르마늄과 실리콘이 있다. 실리콘은 열에 강하고 지구 상에서 산소 다음으로 매우 흔한 물질로 모래나 돌멩이, 유리창문, 수정 등의 주성분이므로, 우리 주위에서 가장 흔하게 보는 물질이기 때문에 현재는 이것을 더 많이 쓴다. 실리콘은 대부분의 반도체 전자 소자에 쓰이며, 정류 소자, 트랜지스터 및 집적 회로 소자의 제조에 사용된다. 표 3.2에서는 반도체 재료로 쓰이는 원소를 보여 주고 있다.

반면에 표 3.2에서와 같이, 화합물 반도체는 주기율표상의 Ⅲ – Ⅴ족 또는 Ⅱ – Ⅵ족 원소들의 화합물을 이용한 반도체 제품으로서 대표적으로 갈륨비소(GaAs) 반도체가 있다. 실리콘 반도체 와는 달리 빛을 내고 동작 속도가 매우 빠르기 때문에, 전광판이나 전자제품의 전원 램프에 사용 되는 발광 소자와 정보의 전달 속도가 매우 빠른 고속 소자로 사용되고 있다. 또한 갈륨비소는 고주파수에서 동작할 때 전력 소모가 적고 내방사성이 우수하여 군사용에 이용하고 있으며, 동작 온도( – 200[℃] ~ + 200[℃])의 범위가 넓을 뿐만 아니라 내부 소음 발생이 적어 증폭하는 데 사 용된다. 그러나 기판이 깨지기 쉽고 고가이며 고온에서 갈륨과 비소가 분해될 수 있어 정밀한 공정이 요구된다.

표 3.2 반도체 재료의 주기율표

| II | III | IV | V | VI |
|---|---|---|---|---|
|  | B | C |  | O |
|  | Al | Si | P | S |
| Zn | Ga | Ge | As | Se |
| Cd | In |  | Sb | Te |

표 3.3 원소 및 화합물 반도체

| 원소 반도체 | IV족 화합물 | III-V족 화합물 | II-VI족 화합물 |
|---|---|---|---|
| Si | SiC | AlP | ZnS |
| Ge | SiGe | AlAs | ZnSe |
|  |  | AlSb | ZnTe |
|  |  | GaP | CdS |
|  |  | GaAs | CdSe |
|  |  | GaSb | CdTe |
|  |  | InP |  |
|  |  | InAs |  |
|  |  | InSb |  |

텔레비전 화면에 쓰이는 것과 같은 형광 물질은 일반적으로 ZnS와 같은 II-VI족의 화합물 반도체이다. 광검출 소자는 흔히 InSb, CdSe 또는 PbTe, HgCdTe와 같은 연염류의 화합물이 쓰이며, Si와 Ge도 적외선 검출 소자와 방사능 검출 소자로 널리 쓰이고 있다. 마이크로파 전자 소자로서 중요한 Gunn 다이오드는 GaAs, InP나 GaN로 만드는 것이 보통이다. 반도체 레이저 는 GaAs, AlGaAs나 3원소, 4원소 화합물로 만들어진다.

표 3.4에서는 반도체 재료로 쓰이는 물질의 특성을 보여 주고 있다. 여기서 $E_g$는 에너지 갭, $\mu_n$는 전자의 이동도, $\mu_p$는 정공의 이동도, $\rho$는 고순도 물질의 저항률, $i$는 에너지 밴드가 간접 형이고 $d$는 직접형, $D$는 결정 구조가 다이아몬드형, $Z$는 섬아연광형zinc blende, $N$은 우르츠광형 wurtzite, $H$는 암염halite 구조이고, $a$는 격자 상수, $\varepsilon_s$은 비유전율이다. Si과 GaAs는 전자의 이동도 가 정공의 이동도보다 빠르며, GaAs는 에너지 밴드가 직접형이다.

표 3.4 반도체 재료의 성질

| 재료 | $E_g$ (eV) | 전자 이동도 $\mu_n$ (cm²/V·s) | 정공 이동도 $\mu_p$ (cm²/V·s) | 에너지 구조 | 격자형 | 격자 상수 $a$(Å) | 비유전율 $\varepsilon_s$ | 밀도 (g/cm³) | 융점 (℃) |
|---|---|---|---|---|---|---|---|---|---|
| Si | 1.11 | 1,350 | 480 | $i$ | $D$ | 5.43 | 11.8 | 2.33 | 1,414 |
| Ge | 0.67 | 3,900 | 1,900 | $i$ | $D$ | 5.65 | 16 | 5.32 | 936 |
| sIc($\alpha$) | 2.86 | 500 | | $i$ | $W$ | 3.08 | 10.2 | 3.21 | 2,830 |
| AlP | 2.45 | 80 | | $i$ | $Z$ | 5.46 | 9.8 | 2.40 | 2,000 |
| AlAs | 2.16 | 180 | | $i$ | $Z$ | 5.66 | 10.9 | 3.60 | 1,740 |
| AlSb | 1.6 | 200 | 300 | $i$ | $Z$ | 6.14 | 11 | 4.26 | 1,080 |
| GaP | 2.26 | 300 | 150 | $i$ | $Z$ | 5.45 | 11.1 | 4.13 | 1,467 |
| GaAs | 1.43 | 8,500 | 400 | $d$ | $Z$ | 5.65 | 13.2 | 5.31 | 1,238 |
| GaSb | 0.7 | 5,000 | 1,000 | $d$ | $Z$ | 6.09 | 15.7 | 5.61 | 712 |
| InP | 1.35 | 4,000 | 100 | $d$ | $Z$ | 5.87 | 12.4 | 4.79 | 1,070 |
| InAs | 0.36 | 22,600 | 200 | $d$ | $Z$ | 6.06 | 14.6 | 5.67 | 943 |
| InSb | 0.18 | $10^5$ | 1,700 | $d$ | $Z$ | 6.48 | 17.7 | 5.78 | 525 |
| ZnS | 3.6 | 110 | | $d$ | $Z, W$ | 5.409 | 8.9 | 4.09 | 1,650[+] |
| ZnSe | 2.7 | 600 | | $d$ | $Z$ | 5.671 | 9.2 | 5.65 | 1,100[+] |
| ZnTe | 2.25 | | 100 | $d$ | $Z$ | 6.101 | 10.4 | 5.51 | 1,238[+] |
| CdS | 2.42 | 250 | 15 | $d$ | $W, Z$ | 4.137 | 8.9 | 4.82 | 1,475 |
| CdSe | 1.73 | 650 | | $d$ | $W$ | 4.30 | 10.2 | 5.81 | 1,258 |
| CdTe | 1.58 | 1,050 | 100 | $d$ | $Z$ | 6.482 | 10.2 | 6.20 | 1,098 |
| PbS | 0.37 | 575 | 200 | $d$ | $H$ | 5.936 | 161 | 7.6 | 1,119 |
| PbSe | 0.27 | 1,000 | 1,000 | $i$ | $H$ | 6.147 | 280 | 8.73 | 1,081 |
| PbTe | 0.29 | 1,600 | 700 | $i$ | $H$ | 6.452 | 360 | 8.16 | 925 |

# 7 반도체의 역할

## 1 정류(整流)

전기 신호의 흐름에는 직선처럼 생긴 직류와 파동처럼 생긴 교류 두 가지가 있다. 전기 신호를 처리하다 보면 직류를 교류로 또는 교류를 직류로 바꾸어 주어야 할 경우가 있다. 이런 작업을 전기 신호의 흐름(전류)을 정리해 주는 의미에서 정류라고 한다. 정류 작용을 하는 반도체를 일반적으로 다이오드라고 한다. 다이오드 회로를 구성하면 이 역할을 잘 수행할 수 있다.

## 2 증폭(增幅)

전기 신호를 이동시키다 보면 점점 약해진다. 따라서 전기 신호를 정상적으로 전달하기 위해서는 이동 중에 원상태 또는 이보다 크게 해 주어야 한다. 이처럼 약한 신호를 강한 신호로 키워 주는 것을 증폭이라 하며, 증폭 작용을 하는 반도체로 트랜지스터가 있다.

## 3 변환 및 전환

전기 신호는 필요에 따라 빛(光)이나 소리(音) 등으로 바꾸어 줄 필요가 있다. 지하철이나 고속도로에서 볼 수 있는 전광판에 쓰이는 반도체는 전기 신호를 빛으로 바꾸어 주는 역할을 하며, 이러한 반도체를 발광 소자라고 한다. 반대로, 빛을 전기 신호로 바꾸어 줄 수도 있는데, CCD$_{\text{charge coupled device}}$ 반도체는 카메라로 읽어 들이는 빛을 전기 신호로 바꿔 저장하는 역할을 한다.

정보(데이터)에는 연속적인 상태의 아날로그$_{\text{analog}}$와 불연속적 즉, 1(ON)과 0(OFF)만의 상태인 디지털$_{\text{digital}}$이 있다. 정보를 처리하다 보면 아날로그를 디지털로, 또는 디지털을 아날로그로 바꾸어 주어야 할 경우가 있다. 반도체는 이처럼 정보의 상태를 전환해 줄 수 있다. 디지털 신호 처리 DSP$_{\text{digital signal processing}}$도 여기에 해당한다.

## 4 스위치

오늘날 대부분의 정보 기기는 디지털 시스템으로 구성한다. 이는 시스템 기능의 구현에 유연성이 있으며, 개발 기간을 단축할 수 있을 뿐만 아니라 정보의 가공이 용이하고, 정보 처리의 정확성, 정밀성, 소형화, 저비용 등의 장점이 있기 때문이다. 이들 기기 설계의 기본은 두 가지 상태만으로 회로를 구성하는 2진수의 체계, 즉 1과 0이 그것이다.

두 가지 상태의 예로 스위치$_{\text{switch}}$를 생각할 수 있다. 스위치 혹은 2진수 회로를 기반으로 정보 기기를 설계하는 데 반도체가 큰 역할을 하고 있다.

## 5 저장 및 기억

컴퓨터의 전원을 켜 주면 모니터를 통해 C:\ 같은 상태가 되기 전에 여러 가지 메시지가 나타나는 것을 볼 수 있다. 이것은 그러한 메시지 정보가 프로그램화되어 컴퓨터 메모리에 저장되어 있기 때문에 가능하다. 이처럼 반도체는 정보를 프로그램화해서 저장할 수 있으며, 이러한 반도체를 메모리 반도체라고 한다. 오늘의 모든 정보 기기의 엄청난 정보를 저장할 수 있는 것은 이 메모리 반도체의 역할이다.

## 6 계산 및 연산

개인용 컴퓨터나 휴대폰에 전자계산기가 있다. 사용하기도 편하고 속도도 빠른 전자계산기도 그 속에는 반도체가 들어 있다. 이처럼 수치 정보를 계산하는 데 사용되는 반도체를 논리 반도체라고 한다.

# 7 제어

기계나 설비가 정해진 순서에 따라 동작하도록 해주는 것을 제어라고 한다. 이런 작동 순서를 프로그램화하여 반도체 집적 회로에 기억시켜 두면 그 순서에 따라 장비나 작업을 자동으로 제어할 수 있게 되는데, 이러한 반도체를 마이크로프로세서라고 하고, 이 속에 다양한 프로그램을 저장하여 사용한다.

# 복습문제

■ 다음 문장 속의 (   ) 또는 [국문(영문)]에 적절한 용어를 써 넣으시오.

**01** 지구 상에 존재하는 물질 중에서 구리(Cu)나 알루미늄(Al)과 같이 전기를 잘 통하는 물질을
[            (                    )]라고 한다.

**02** 거꾸로 고무나 세라믹, 사기 등과 같이 거의 전기를 통할 수 없는 물질이[            (                )]이고,
도체와 절연체의 중간적 성질을 갖는 것에는 [                    (                )]가 있다.

**03** 물질에 있어서 전기의 흐름은 물질이 갖는 (        ) 때문이다. 즉, 저항이 클수록 전류의 흐름이 어렵고,
저항이 작을수록 전류는 잘 흐를 수 있게 된다.

**04** 재료에서 저항의 크기는 저항체의 형상에 의해서도 다를 수 있기 때문에 실제는 물질이 갖는 고유의 성질
로서 (        )이라는 척도로 비교하는 것이 바람직하다.

**05** 불순물을 거의 포함하지 않는 순수한 물질인 [                    (                )]에서 원자가 규칙적으로
배열되어 있는 단결정single crystal 상태에서 절연체와 같이 높은 저항률을 나타내 전류는 거의 흐르지 않
는다.

**06** 순수한 반도체에 어떤 종류의 불순물을 소량 첨가한 경우에는 저항이 감소하여 전류를 잘 흐르게 된다.
이를 [                    (                    )]라고 한다.

**07** 반도체 재료는 목적에 따라 쓰이는 용도가 다르나, 가장 중요하게 이용되는 재료는 원소 반도체인
[                    (                    )]이다.

**08** 도체와 절연체의 장점을 모두 가지고 있는 것이 바로 반도체이며, (        )의 조절 용이성이 바로 반도체의
무한한 가능성을 의미한다고 할 수 있다.

**09** 반도체는 독특한 몇 가지 특징을 가지고 있다.

    ① 도체는 가열하면 저항이 커지지만 반도체는 (　　)진다.

    ② 반도체에 섞여 있는 (　　　　)에 따라 저항을 조절할 수 있다.

    ③ 교류 전기를 직류 전기로 바꾸는 (　　　　)을 할 수도 있다.

    ④ 반도체가 빛을 받으면 (　　　)이 작아지거나 전기를 일으킬 수 있다.

    ⑤ 어떤 반도체는 (　　　)를 흘리면 빛을 내기도 한다.

**10** 반도체 물질에서 전기를 운반하는 물질에는 [　　　　(　　　　　)]와 [　　　　(　　　　　)]이 있다.

**11** 전자는 음$_{negative}$의 전기를 가지고 있으며, 전자가 많은 반도체를 (　　　)라 하고, 정공이 많은 반도체를 (　　　　　)라고 한다.

**12** n형이나 p형 반도체는 반도체에 첨가하는 (　　　　　)에 따라 마음대로 만들 수 있고, (　　　　)에 따라 전자나 정공의 개수도 조절할 수 있다.

**13** 반도체 재료로 쓰이는 실리콘 원자는 양성자, 중성자, 전자로 구성되어 있다. 그 모양을 보면 마치 태양 주변에 지구를 포함한 여러 행성이 궤도 운동하고 있는 것과 같이 (　　　　　)로 된 원자핵을 중심으로 [　　　　(　　　　　)]가 일정한 궤도를 돌고 있는 모양이 된다.

**14** 원자의 가장 바깥에 있는 (　　　　)들은 8개를 채우려 하는 성질이 있는데, 이것이 원자와 원자를 서로 (　　　)시키는 원동력이 되고, 이렇게 해서 분자도 되고 또 분자들이 모여서 물질이 된다.

**15** 반도체를 이용하여 만든 전자 소자의 전기적 특성은 전하의 운반자 즉 [　　　　　(　　　　　)]의 이동에 의해 이루어지므로, 그 농도 및 이동 과정을 이해하는 것이 중요하다. (　　　)는 전자$_{electron}$ 또는 정공$_{hole}$으로 나누어진다.

**16** 반도체 내에서 전류가 발생하는 성질로 불순물 농도가 높은 쪽에서 낮은 쪽으로 이동하는 [　　　　　　(　　　　　)] 현상과 외부 전계에 의하여 캐리어가 이동하는 현상인 [　　　　　　(　　　　　)] 현상이 있다.

**17** 실리콘 원자는 주기율표상에서 원자 번호가 14번인데, (          )가 존재하여 K각에 (      ), L각에 (      ), (      )에 4개의 전자가 에너지 궤도 운동을 하고 있다.

**18** 상온에서 순수한 실리콘 원자 내의 전자는 원자핵의 속박된 상태에 있어 전압을 인가해도 원자핵의 속박을 벗어나 자유롭게 움직일 수 있는 [          (                    )]가 거의 없어 전류가 흐르지 못하는 (          ) 성질을 갖는다.

**19** 실리콘을 고온으로 가열하면 실리콘 원자 사이의 공유 결합이 무너져 속박되었던 (          )가 자유 전자로 될 수 있다. 이와 같은 상태에서는 실리콘 단결정의 (          )하여 전압을 인가하면 전류가 잘 흐르게 되므로 (          )와 같은 성질로 바뀌게 되는 것이다.

**20** 전도 전자가 운동하고 있는 사이에 정공과 충돌하면 에너지를 방출하고 원래의 공유 결합 상태의 전자로 되돌아간다. 이것을 전자와 정공의 [          (                    )]이라 한다. 공유 결합을 파괴하여 전도 전자로 되는 동시에 정공이 발생하며, 이 정공의 수와 재결합으로 없어지는 수가 같게 되는 경우가 있는데, 이 상태를 [          (                )]라고 한다.

**21** 순수한 실리콘에 불순물을 주입할 때 저항률과 불순물의 양과의 관계는 (                    )가 증가할수록 저항률은 (      )한다.

**22** 실리콘에 5가 원소인 비소를 주입한 경우, 비소의 (          )의 전자 중 4개는 근처의 실리콘 원자와 공유 결합에 사용되지만 나머지 한 개의 전자는 남는다. 이 전자는 극히 저온에서는 전기적 인력에 의해 비소 근처에 있으나, (          )하면 떨어져 자유로이 운동할 수 있는 전도 전자로 된다. 이 결합력을 파괴시키는 데 필요한 에너지는 0.01[eV] 정도이며, 이 이상의 에너지가 가해질 때 비소는 이온화하므로 이를 [          (                )]라고 한다.

**23** 진성 반도체의 전도 전자의 수는 (                )이므로, 비소의 양을 이 이상 혼합하면 비소에 의한 전도 전자수가 많게 된다. 이와 같이 주로 불순물 전자에 의하여 전기 전도가 생기는 것을 (          )라 하며, 이때 주입된 불순물은 전자를 준다는 의미로서 [          (                )]라고 한다.

**24** 불순물 반도체에서 ( )는 불순물 주입에 의하여 발생하는 것이 대부분이지만, 소수 캐리어는
( )에 의하여 생기는 경우가 많으며, 그 양은 작으나 다이오드 및 트랜지스터 등의 소자가 역방향
바이어스에서 동작할 때 [ ( ) ]을 일으키는 역할을 하기도 한다.

**25** 실리콘에 III족 원소인 붕소$_{boron}$를 혼합한 경우, 붕소는 세 개의 전자밖에 없으므로 주위의 실리콘 원자와
공유 결합하기 위해서는 ( )하다. 다른 실리콘의 공유 결합 전자가 그 결합을 붕괴하여 붕소가
공유 결합하게 된다. 이 전자가 이동한 위치에 ( )이 생기고, 붕소는 전자를 여분으로 한 개 얻어서
[ ( )]한 상태로 된다.

**26** 실리콘의 평면상에 차곡차곡 필름을 인화한 것처럼 쌓아 놓은 것이다. 이것을 '모아서 쌓는다' 즉
[ ( )]한다고 하는 데서 IC라는 이름이 붙게 되었다.

**27** [ ( )]은 열에 강하고 지구 상에서 산소 다음으로 매우 흔한 물질로 모래,
수정 등의 주성분이므로, 우리 주위에서 흔히 볼 수 있는 물질이기 때문에 현재는 반도체를 가공하는 데
가장 많이 쓴다.

**28** ( )는 주기율표상의 III − V족 원소들의 화합물을 이용한 반도체 제품으로서 대표적으로
[ ( )] 반도체가 있다. 실리콘 반도체와는 달리 빛을 내고 동작 속도가
매우 빠르기 때문에, 전광판이나 전자제품의 전원 램프에 사용되는 발광 소자와 정보의 전달 속도가 매우
빠른 ( )로 사용되고 있다.

**29** 전기 신호를 정상적으로 전달하기 위해서는 이동 중에 원상태로 또는 보다 크게 해 주어야 한다. 이처럼
약한 신호를 강한 신호로 키워 주는 것을 ( )이라 하며, 증폭 작용을 하는 반도체로는 ( )가
있다.

**30** 전광판에 쓰이는 반도체는 전기 신호를 빛으로 바꾸어 주는 역할을 하며, 이러한 반도체를
[ ( )]라고 한다. 반대로, 빛을 전기 신호로 바꾸어 줄 수도 있는데,
CCD 반도체는 카메라로 읽어 들이는 ( )로 바꾸어 저장하는 역할을 한다.

**31** 정보는 프로그램화되어 컴퓨터 메모리에 저장할 수 있는데, 이처럼 반도체에 정보를 프로그램화해서 저장
하는 것을 ( )라고 한다.

# 연구문제

**01** 전류 흐름 관점에서 물질을 분류하시오.

**02** 반도체의 종류에 대하여 설명하시오.

**03** 반도체에서 불순물이 필요한 이유는 무엇인가?

**04** 순수 반도체와 분순물 반도체의 성질은 무엇인가?

**05** n형 반도체와 p형 반도체에 대하여 설명하시오.

**06** 실리콘 재료에 대하여 설명하시오.

**07** 전자와 정공에 대하여 설명하시오.

**08** 반도체 재료로 쓰이고 있는 물질에 대하여 설명하시오.

**09** 반도체의 발전 과정에 대하여 간략히 설명하시오.

**10** 반도체의 역할에 대하여 설명하시오.

**11** 집적 회로(IC)가 개발된 동기를 설명하고, 집적 회로를 소자수로 분류하고 설명하시오.

**12** 디지털 시스템을 사용하는 이유는 무엇인가?

Advanced Semiconductor Engineering

# 4

# 반도체의 에너지 준위

Energy level of semiconductor

에너지대energy band 구조는 결정 내 전자의 양자 상태에 대한 에너지 준위를 구조로 나타내는 것이다. 즉, 금지대를 중심으로 전도대의 하단과 가전자대의 상단 두 개만으로 반도체의 band 구조를 설명할 수 있어 전자의 거동을 규명하는 데 많은 기여를 하게 된다. 이러한 기여에 힘입어 현재의 IT Information Technology 산업의 견인차인 반도체 소자가 비약적으로 개발되어 실용화되고 있다.

학습
목표

# 1 고체의 에너지 준위

## 1 에너지대와 전자

모든 원자에는 주변에 1개 이상의 에너지 궤도가 있다. 여기서 궤도란 전자가 운동할 수 있는 에너지길이라고 말한 바 있다. 어떤 원자는 1개의 궤도만을 가지고 있으나, 다른 원자는 여러 개의 궤도를 가지고 있다. 예를 들어 전자가 1개인 수소는 1개의 궤도를 가지고 있고, 전자가 8개인 산소는 2개의 궤도가 필요하다. 또 전자가 14개인 실리콘은 3개의 궤도가 있어야 한다. 궤도의 수가 1개이든, 여러 개이든 그 수에 관계없이 가장 바깥쪽에 위치하고 있는 궤도를 최외 각 궤도라 하였고, 최외각 궤도에서 운동하고 있는 전자를 가전자라고 하였는데, 이 가전자의 수 또한 원소마다 다르다. 예를 들어 수소는 1개의 가전자, 산소는 6개, 실리콘은 4개를 가지고 있다. 가전자는 원자와 원자가 결합하여 물질을 이룰 때, 결합 방식을 결정하는 데 중요한 역할을 하게 된다. 원자가 같은 원자 혹은 다른 원자와 결합하는 데 있어서 이렇게 까다롭게 조건을 따지는 이유는 모두 이 가전자의 수에 따라 결합방식이 다르기 때문이다.

우리가 일상에서 생활을 하기 위해서는 에너지가 필요하다. 우리와 같이 원자들도 결합을 위하여 전자를 얻거나 버리는 등의 과정에서 에너지가 필요하다. 그러므로 에너지를 가지고 있지 않은 전자는 다른 원자와 결합할 수 없다. 궤도 운동을 하고 있는 전자를 떼어 내기 위하여 원자핵이 전자를 끌어당기는 힘보다 더 큰 힘, 즉 에너지를 원자에 가해 주어야 한다. 이 에너지로 인하여 전자가 원자핵으로부터 떨어지면 비로소 자유 전자가 되는 것이다. 실리콘 물질의 각 에너지길에 운동하고 있는 전자의 상태를 그림 4.1에 나타내었다.

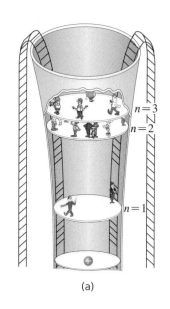

(a)

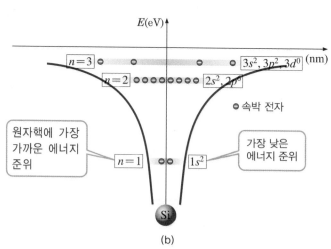

(b)

그림 4.1 **실리콘의 에너지 준위 모형**

원자핵과 거리가 가장 가까운 1층에 있는 전자는 원자핵과의 강한 인력으로 인하여 밖으로 나가기가 매우 어렵다. 2층에 있는 전자를 떼어 내기 위하여 큰 에너지가 필요하다. 이 전자들이 궤도 운동을 하는 특정의 값을 에너지 준위energy level라고 한다. 그런데 원자와 원자 사이의 거리가 가까운 고체 결정의 경우, 원자들의 상호 작용으로 여러 개의 에너지 준위가 모여 에너지띠energy band 혹은 에너지대를 만들게 된다. 그리고 띠와 띠 사이에는 전자가 존재할 수 없는 에너지인 에너지 간격energy gap이 존재한다. 그림 4.2의 각 에너지띠 사이를 말한다. 전자가 존재할 수 없는 영역이다.

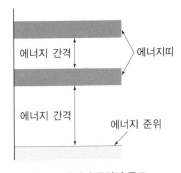

▼ 그림 4.2 **에너지 준위의 구조**

에너지대라는 말을 이해하기가 어려우나, 우주의 태양계를 생각하면 쉽게 이해할 수 있을 것이다. 태양 주위에 수성, 금성, 지구, 화성, …이 궤도 운동을 하고 있다. 지구는 지구의 궤도만의 에너지길을 돌고 있다. 전자도 자기가 운동하는 궤도가 정해져 있다. 지구와 화성 사이에는 행성이 없다. 이것이 에너지 간격 또는 금지대이다.

가전자대에 있는 전자들은 원자에 묶여 있어서 속박되어 있는 상태이므로 자유 전자가 아니다. 그런데 이 전자에 어떤 에너지를 주면 금지대의 에너지 장벽을 뛰어넘어 날아가 다른 에너지대, 즉 전도대에 도달할 수 있다. 이와 같이 금지대벽을 넘게 되면 자유 전자로 되는 것이다. 이 벽이 낮으면, 작은 에너지로도 날아오를 수 있다. 반면에 높으면, 더 높은 에너지를 주어야 자유 전자로 되는 것이다.

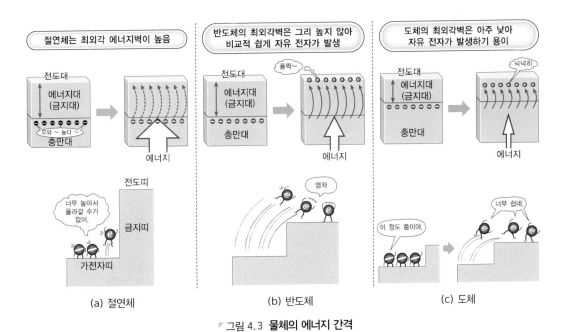

▼ 그림 4.3 **물체의 에너지 간격**

절연체는 전자가 뛰어넘어야 할 금지대의 벽이 매우 높다. 그래서 상당한 에너지를 주지 않으면 가전자대의 전자가 전도대로 뛰어오를 수 없어 자유 전자가 발생하지 않으므로 전류가 흐르지 않는다. 그러나 도체는 금지대의 벽이 낮아 적은 크기의 에너지로도 전도대에 전자를 이동시킬 수 있으므로 전류가 잘 흐를 수 있는 것이다. 한편, 반도체는 금지대의 벽의 높이가 절연체와 도체의 중간 정도여서 어느 정도의 에너지를 주면 전류가 흐를 수 있다.

그림 4.3 (a)에서 금지대 부분이 큰 물질이 절연체인데, 상당히 큰 에너지를 주지 않으면 원자 내 전자가 떨어지지 않으므로 자유 전자가 생기지 않아 전기가 흐르지 않게 되는 것이다. 그림 (b)와 같이 도체는 금지대 부분이 낮아서 바로 자유 전자로 되기 쉬워진다. 한편 반도체는 그 중간 정도 높이의 벽이 있어서 어느 정도의 에너지를 주면 전기가 흐를 수 있다.

지금까지 살펴본 것과 같이 금지대의 높이는 물질에 따라 다르다. 이 금지대의 크기는 저항의 크기라고 보아도 된다. 저항이 클수록 절연체에 가깝고, 작을수록 도체에 가깝다.

## 2 고체의 에너지

### 1. 금속의 자유 전자 근사 모델

금속처럼 자유롭게 움직일 수 있는 전자의 수가 많고, 또한 원자핵에 의한 속박이 무시되는 경우의 대략적인 특성은 위치 에너지potential energy 상자에 구속되어 있는 자유 전자의 움직임과 유사하다. 그림 4.4에서는 원자핵에 의한 속박을 무시할 수 있는 경우의 근사적인 접근 방법을 보여 주고 있다. 그림 (a)는 격자(원자) 사이의 거리가 $a$인 결합 에너지 모형, (b)는 격자 사이를 전자가 이동하는 모형을 보여 주고 있다. 이들을 근사적으로 모델화한 것이 (c)이다.

슈뢰딩거의 파동 방정식을 그림 4.4에서의 조건을 이용하여 풀어보자. 즉,

$$0 < x < l \text{에서} \ E_p = 0, \ x \leq 0 \ \text{및} \ x \geq l \text{에서는} \ E_p = \infty \tag{4.1}$$

이 되는 경계 조건으로 푸는 것이다. 금속 내부에서는 위치 에너지 $E_p$가 0이므로

$$\frac{\hbar^2}{2m} \nabla^2 \Phi + E\Phi = 0 \tag{4.2}$$

으로 쓸 수 있다.

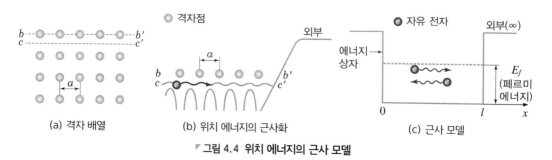

(a) 격자 배열  (b) 위치 에너지의 근사화  (c) 근사 모델

▼ 그림 4.4 위치 에너지의 근사 모델

식 (1.32)를 고려하여 에너지 $E$를 운동량 $P$, 파수 벡터 $k$로 나타내면

$$E = \frac{P^2}{2m} = \frac{\hbar^2 k^2}{2m} = \frac{\hbar^2}{8\pi^2 m} k^2 \qquad (4.3)$$

이 된다.

여기서 $\Phi$의 일반해는

$$\Phi = Ae^{jkx} + Be^{-jkx} \qquad (4.4)$$

로 되지만, 경계 조건에 의하여

$x \leqq 0$ 및 $x \geqq l$에서는 $E_p = \infty$이므로 진행파는 장벽을 침투하지 못하므로

$$x = 0에서 \ \Phi = 0 \ : \ A = -B \qquad (4.5)$$

$$x = l에서 \ \Phi = 0 \ : \ \sin kl = 0$$

$$즉, \ k = \frac{n\pi}{l} \ \ (n = 0, \ \pm 1, \ \pm 2, \ \cdots) \qquad (4.6)$$

이 되고

$$\Phi = A \sin\left(\frac{n\pi x}{l}\right) \qquad (4.7)$$

의 형태가 된다. 그리고 규격화 조건에 따라

$$\int_0^l |\Phi|^2 dx = 1 \qquad (4.8)$$

이 필요하며, 식 (4.7)을 식 (4.8)에 대입하여 상수 $A$를 풀면

$$A = \sqrt{\frac{2}{l}}$$

이다. 결국, 파동함수 $\Phi$는

$$\Phi = \left(\frac{2}{l}\right)^{1/2} \sin\left(\frac{n\pi x}{l}\right) \ \ (n = \pm 1, \ \pm 2, \ \cdots) \qquad (4.9)$$

이 구해진다. 즉

$$k = \frac{n\pi}{l} \ \ (n = \pm 1, \ \pm 2, \ \cdots) \qquad (4.10)$$

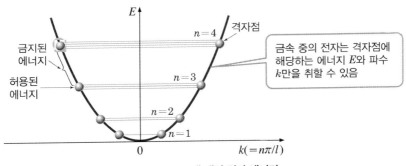

▼ 그림 4.5 고체 내의 전자 에너지

이 성립되어야 한다. 식 (4.3)을 고려해 볼 때 전자가 얻는 에너지는 그림 4.5와 같이 2차 곡선 상에서 불연속적으로 분포하게 된다.

## 2. 주기적 에너지의 파수벡터

이제 고체(반도체) 내부를 생각해 보면 그림 4.4와 같이 원자들이 격자점을 점유하고 있으며, 금속 및 반도체에서는 전자들이 원자 사이를 운동하며 이동하고 있다.

그림 4.4의 $b - b'$와 $c - c'$ 직선 상의 위치 에너지는 격자 간격을 $a$로 하여 주기적으로 변화하는 곡선으로 표시된다.

이와 같이 주기적 위치 에너지 내의 전자의 파동함수를 구하여 보자.

그림 4.4의 격자 간격 $a$로 배열된 결정에서 $x$ 방향의 전자상태를 고려하고, 대단히 긴 결정이라 가정하면 그림 4.6과 같이 나타낼 수 있다.

파동함수 $\Phi(x)$는 $l$의 주기적 함수로서, 양 끝은 고려하지 않은 길이가 $l$인 각각의 구간이 모두 같다고 하면

$$\Phi(x) = \Phi(x + l) \tag{4.11}$$

의 경계 조건이 성립한다. 식 (4.2)의 해로 파수와 거리만 고려하면

$$\Phi(x) = A \cdot e^{jkx}$$
$$\Phi(x + l) = A \cdot e^{jkl} \cdot e^{jkx} = e^{jkl} \cdot \Phi(x) \tag{4.12}$$

이다. 여기서 시간의 항 $e^{j\omega t}$를 추가하여 파동함수를 다시 나타내면

$$\Phi(x) \cdot e^{j\omega t} = Ae^{j(\omega t + kx)} \tag{4.13}$$

로 되고, $k$ 값이 부(負)이면 $x$는 정방향(正方向), 정이면 $x$는 부방향(負方向)으로 전행하는 파wave를 나타낸다. 즉, 좌우로 반대 방향으로 진행하는 전자파의 존재(전자가 존재하고 있음을 나타냄)를 나타낸다. 이 전자파(電子波)의 파장을 $\lambda$라 하면

$$k = \frac{2\pi}{\lambda} = \frac{2\pi}{h} mv = \frac{2\pi P}{h} \tag{4.14}$$

이고, $|k|$는 운동량 $P$에 비례하므로 정(正), 부(負)의 방향을 포함한 벡터vector로 나타내며, 이를 파수 벡터wave number vector라 한다.

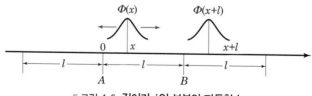

▼ 그림 4.6 **길이가 $l$인 부분의 파동함수**

## 3. 에너지와 파수벡터

이제 전자파도 X–선과 같은 파동으로 보아 X–선을 결정격자면(結晶格子面)에 쪼였을 때 발생하는 Bragg 반사를 생각하여 보자. 그림 4.7에서 격자면에 수직으로 입사하는 경우 Bragg 반사 조건은

$$2a\sin\theta = n\lambda \tag{4.15}$$

이고, $\theta = \dfrac{\pi}{2}$일 때,

$$2a = n\lambda, \ k = \frac{2\pi}{\lambda} = n\frac{\pi}{a} \tag{4.16}$$

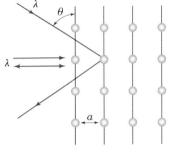

▼ 그림 4.7 X선의 Bragg 반사

이다. 전자파가 반사된다는 것은 결정 내의 이 파장에 상당하는 전자가 존재할 수 없음을 나타내는 것이다. 결정 내 전자의 에너지는 $|k|$가 작을 때는 식 (1.32)에서 근삿값을 구할 수 있으나, $|k|$가 증가하여 $n=1$에서 $\pm\pi/a$에 접근하여 이 값에 도달하면 전자가 존재하지 않는다. 또 일정 범위의 값을 넘으면 전자가 존재할 수 있으므로 $k=\pm\pi/a$에서 에너지의 불연속이 발생하고 있음을 알 수 있다. $n=2$, $n=3$, ⋯ 에서도 에너지의 불연속이 일어난다. $k=0 \sim \pm\pi/a$까지의 구간은 에너지가 연속하여 있다고 생각할 수 있으며, 이 구간을 제1Brillouin 영역이라 하며, $\pm(\pi/a \sim 2\pi/a)$를 제2Brillouin 영역, ⋯ 이라고 한다. 이를 그림 4.8에 나타내었으며, 여기서 $\Delta E$는 금지대폭energy gap을 나타낸다.

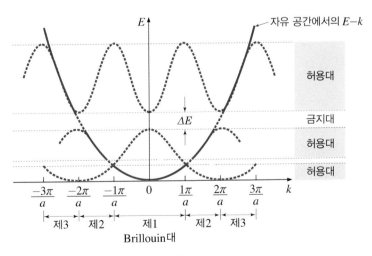

▼ 그림 4.8 에너지와 파수와의 관계

## **2** 결정 중 전자의 운동

### 1. 전자의 질량

앞 절에서 나타냈던 바와 같이 경계의 구속이 없는 전자, 예를 들어 진공 중의 전자는 에너지와 운동량의 사이에 다음과 같은 관계를 갖는다.

$$E = \frac{P^2}{2m} = \frac{\hbar^2}{2m}k^2 \tag{4.17}$$

여기서 $\hbar$는 $\hbar = \frac{h}{2\pi}$이다. 이것을 $k$로 미분하면

$$\frac{dE}{dk} = \frac{\hbar^2}{m}k = \frac{\hbar}{m}P = \hbar v \tag{4.18}$$

가 된다. 이것으로부터 전자의 속도는

$$v = \frac{1}{\hbar}\frac{dE}{dk} \tag{4.19}$$

가 된다. 또 $k$의 2차 미분을 취한다면

$$\frac{d^2 E}{dk^2} = \frac{\hbar^2}{m} \tag{4.20}$$

이 된다. 이것으로부터 전자의 질량은

$$m = \hbar^2 \left(\frac{d^2 E}{dk^2}\right)^{-1} \tag{4.21}$$

이 된다.


### 2. 전자의 속도

전자파의 진동수를 $f$, 에너지를 $E$라 하면 $E = hf$로 되어 광의 파동과 같게 된다. 이 전자파의 위상 속도는 $\omega/k$이고, $v$로 주행하는 전자의 위상 속도는 $c^2/v$로 되어 광속보다 크게 된다. 실제 전자의 운동은 전자파의 파군(波群 wave packet : 파속이라고도 함)의 운동으로 나타내며 파속(波束)이 운동하는 속도는 전자의 속도와 같게 된다. 파속의 속도는 군속도(群速度 group velocity) $v_g$로 나타낸다.

$$\frac{d\omega}{dk} = \frac{2\pi}{h}\frac{dE}{dk} = v_g \tag{4.22}$$

자유 전자의 에너지는 식 (4.3)이므로, 식 (4.22)와 식 (4.14)의 관계에서

$$v_g = \frac{2\pi}{h}\frac{dE}{dk} = \frac{h}{2\pi m}k = \frac{P}{m} \tag{4.23}$$

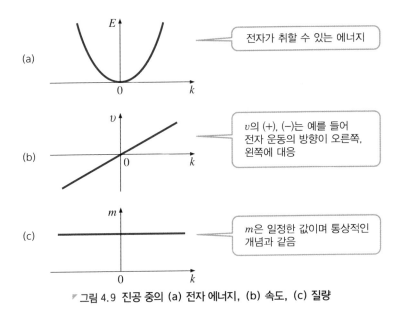

그림 4.9 진공 중의 (a) 전자 에너지, (b) 속도, (c) 질량

로 되며, 이상의 내용을 그림으로 나타내면 그림 4.9와 같이 된다. 속도와 관련하여 그림 4.10 (b)와 비교하면 속도 $v$는 $k$가 $0 \sim \pi/a$ 사이의 A 점의 경사에서 최대이고, $\pi/a$에서 0으로 된다. $-\pi/a \sim 0$ 사이에서는 같은 성질이나, 부의 값을 갖는다.

## 3. 주기적 에너지 내 전자의 특성

자유 전자의 속도와 질량을 구한 그림 4.4의 방법을, 앞 절에서 구한 주기적 에너지 안에서 전자의 $E$와 $k$의 관계(크로니히 – 페니 모델)에 적용하면, 그림 4.10과 같이 결정 내에서 전자의 속도와 질량이 얻어질 수 있다. 여기에서 결정 내에서 전자의 질량은 식 (4.21)에 대응하여 에너지 준위의 곡률 반경에 대응한 것이 되기 때문에, 전자가 가진 운동량과 함께 변화하고 있어서 자유 전자의 경우와 다르다. 그러나

$m^*$은 $E-k$ 곡선의 곡률반경에 거의 비례

$$m^* = \hbar^2 \left( \frac{d^2 E}{dk^2} \right)^{-1} \tag{4.24}$$

이 되는 질량을 가진 입자로서 취급하면, 주기적 퍼텐셜 내에서 전자의 운동 방정식을 자유 공간의 경우와 같이 취급하는 것이 가능하다. 이 $m^*$을 유효 질량 혹은 실효 질량이라 하는데, 이것은 결정 내 전자에 힘이 작용하면 전자의 운동에 대한 관성 질량을 의미한다. 속도는 식 (4.19)에서

$$v = \frac{1}{\hbar} \frac{dE}{dk} \tag{4.25}$$

이므로 결정 중 전자의 가속도 $a$는

$$a = \frac{dv}{dt} = \frac{1}{\hbar}\frac{d}{dt}\left(\frac{dE}{dk}\right)$$

$$= \frac{1}{\hbar}\frac{dk}{dt}\frac{d}{dk}\left(\frac{dE}{dk}\right)$$

$$= \frac{1}{\hbar^2}\frac{d(\hbar k)}{dt}\frac{d}{dk}\left(\frac{dE}{dk}\right)$$

$$= \frac{1}{\hbar^2}F\frac{d^2 E}{dk^2} \qquad\qquad (4.26)$$

$$F = \frac{dp}{dt} = \frac{d(\hbar k)}{dt}$$

이므로

$$F = \hbar^2\left(\frac{d^2 E}{dk^2}\right)^{-1}a \qquad\qquad (4.27)$$

가 된다. 여기에서 $F = ma$이므로 질량 $m$은

$$m^* = \hbar^2\left(\frac{d^2 E}{dk^2}\right)^{-1} \qquad\qquad (4.28)$$

이고, 이것은 질량에 해당하는 차원을 가지므로 이러한 가상 질량을 도입하면, 양자역학적으로 취급해야만 하는 결정 중 전자의 운동을 고전적인 뉴턴 방정식으로도 접근할 수 있다는 것을 알 수 있다. 이 방법을 유효 질량에 의한 자유 전자 근사라고 한다. 그림 4.10은 결정 중에서 전자 가 갖는 에너지, 속도, 질량을 종합하여 나타낸 것이다.

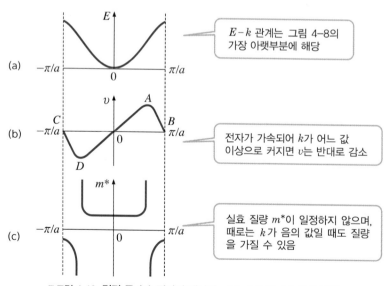

▼ 그림 4.10 결정 중 (a) 전자의 에너지, (b) 속도 및 (c) 유효 질량

## 3 반도체의 에너지

### 1. 원자 결합에 의한 위치 에너지

고립된 원자 내의 전자는 양자 조건에 의한 에너지 상태만 갖는다면 많은 원자로 구성된 고체 내에서 어떤 지정된 에너지 상태를 유지할 수 있을 것이다.

그림 4.11은 어떤 원자가 충분히 떨어져 있어 고립된 상태에 있는 경우, 원자핵을 중심으로

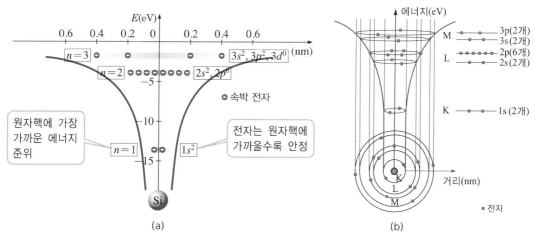

▛ 그림 4.11 **실리콘 원자 내 전자의 위치 에너지**

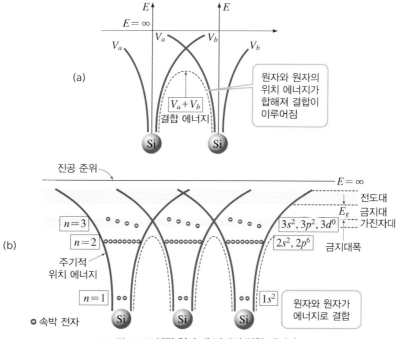

▛ 그림 4.12 **인접 원자 내 전자의 결합 에너지**

$n=1$, $n=2$, $n=3$의 궤도에 전자들이 운동하고 있으며, 그들의 위치 에너지를 나타낸 것이다.

그러나 두 개의 원자가 인접하여 존재하는 경우, 이들 원자 내 전자들은 서로 결합하여 결정 물질을 이루는 결합력으로 작용하게 될 것이다. 이때 두 원자가 결합하여 나타나는 위치 에너지의 합성을 그림 4.12에 나타내었다. 그림 (a)는 위치 에너지 $V_a$와 $V_b$가 합성하여 결합하고 있는 상황을 나타내고 있다. 그림 (b)는 세 개의 실리콘 원자가 $n=1$, $n=2$, $n=3$의 궤도에 각각 전자가 존재하며, 주기적 위치 에너지가 상호 결합하고 있음을 보여 주고 있다.

각 원자당 $n=1$인 궤도에 2개의 전자, $n=2$인 궤도에 8개의 전자, $n=3$인 궤도에 4개의 가전자가 존재하며, 가전자대, 금지대 및 전도대의 에너지대를 보여 주고 있다.

## 2. 에너지대의 구조

그림 4.13 (a)는 원자 사이의 거리가 가까워짐에 따른 에너지 상태의 변화를 나타낸 것이다. $x$축은 원자 사이의 거리, $y$축은 에너지 상태를 표시한 것이다.

원자 사이의 거리가 가까워질수록 각각의 상태state가 두 개의 상태로 쪼개지는데, 하나는 결합하지 않는 상태 또 다른 하나는 결합 상태bonding state가 된다.

10개의 내부 전자는 특정한 원자핵에 단단히 속박되어 있고 4개의 최외각 전자만 궤도를 공유하므로, 이러한 구분은 최외각 전자에 대해서만 이루어진다. 최외각 전자의 상태가 8개인 두 실리콘 원자의 결합은 결국 그림 (b)에서 처럼 $3s^4\,3p^{12}$로 바뀐다.

즉, 각각 $2s^2\,2p^6$라는 2개의 최외각 8개의 상태에서 4개의 상태만을 채우고 있다가 $3s^4\,3p^{12}$라는 새로운 시스템에서는 16개의 상태까지 이를 수 있으나, 8개의 최외각 전자를 채우게 된다.

결정을 이루고 있는 경우도 마찬가지이다. 다만, 두 개의 원자핵에 의한 것이 아니라 무수히 많은, 그러나 주기적인 결정 구조에 대해서 풀면 된다. 그런데 수소 원자 하나에 대한 슈뢰딩거 방정식을 풀기도 어려운데 무수히 많은 결정에 대한 슈뢰딩거 방정식을 푼다는 것은 거의 불가능하다. 컴퓨터로도 그 완벽한 참값을 계산할 수는 없다. 그러나 그 근사치는 계산할 수 있다.

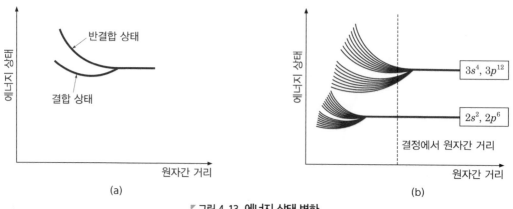

그림 4.13 에너지 상태 변화

그림 4.13 (b)는 최외각 상태가 여덟 개인 2개의 실리콘 원자가 결합하였을 경우, 최외각 상태가 16개가 되었다. 만약 실리콘 원자가 $5 \times 10^{23}$개가 모여 있으면 어떻게 될까? 이 경우는 그림 (b)와 같은 방법으로 그림을 그릴 수 없다. 윗부분은 상태가 $4 \times 5 \times 10^{23}$개가 모이게 되고 아랫부분도 $4 \times 5 \times 10^{23}$개로 구성하게 된다. 즉, 원자의 개수 $5 \times 10^{23}$을 $N$이라고 하면 위의 쪽으로 $4N$개, 아래의 방향으로 $4N$개가 모여 있게 된다. 이 경우를 에너지의 상태가 촘촘히 뭉쳐 있으므로 이것을 에너지 준위라고 부르기로 하고 위의 $4N$개가 전도대, 아래쪽 $4N$개가 가전자대가 된다.

앞서 에너지 준위는 결정을 이루고 있는 원자의 성질에 의해 그 모양이 결정된다. 그림 4.14와 같이 두 개의 원자가 결합하면 최외각 전자는 특정 원자에 소속되는 것이 아니라 새로운 에너지의 결합이 된다. 마찬가지로 결정을 이루고 있는 경우, 최외각 전자가 서로 공유되면 하나의 최외각 전자는 특정한 원자핵에 속한 것이 아니라, 이제는 결정 전체를 하나의 시스템으로 보고 전자 하나하나는 그 결정 시스템의 구성 요소로 보아야 한다.

반도체는 결정으로 이루어져 있으며 결정을 이루는 원자핵에 의한 주기적인 위치 에너지 potential energy로 인하여 에너지대가 생긴다. 따라서 원자의 종류와 그 원자가 이루는 결정 상태에 따라 에너지대의 구조는 다르게 된다.

동일한 탄소 원자라 할지라도 다이아몬드의 결정을 이루고 있으면 절연체가 되지만 흑연의 결정을 이루면 도체가 된다. 컴퓨터로 에너지대를 계산하는 것도 결정을 이루는 원자의 정보(원자 번호, 최외각 전자의 수, 원자간의 거리)와 결정의 정보, 즉 하나의 원자를 중심으로 한 가장 가까이에 존재하는 원자 first neighborhood의 정보(거리, 위치)를 넣어 전자의 상태 state를 다시 계산하고 다시 그 다음 가까이에 존재하는 원자 second neighborhood의 정보를 넣고 계속 반복하여 계산하면 특정 원자의 결정에 대한 에너지대를 계산할 수 있다. 무한히 반복해야 참값을 얻을 수 있지만, 대체로 4, 5번째의 이웃하는 원자까지만 반복하면 근사치를 얻을 수 있다. 한마디로 "원자의 정보와 결정의 정보만으로 에너지대의 구조가 결정된다."는 것이다.

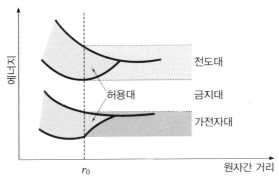

전도대
금지대
가전자대
허용대

에너지

$r_0$

원자간 거리

▼ 그림 4.14 에너지대의 구성

# 2 에너지대의 구조

## 1 에너지대

결정은 에너지대energy band를 갖는데, 에너지대는 전자가 자유로이 움직일 수 있는 전도대(傳導帶)[1], 전자가 속박되어 있어 움직일 수 없는 충만대(充滿帶) 혹은 가전자대, 이 두 에너지대 사이의 전자가 존재할 수 없는 금지대 등 세 개의 에너지대로 구분이 된다. 여기서 금지대폭energy gap[2]에 따라 물질을 절연체, 반도체, 도체로 구분하기도 한다.

에너지대를 이용하면 금속, 반도체, 절연체의 특성을 보다 쉽게 이해할 수 있다. 그림 4.15에서는 구리(Cu), 실리콘, 다이아몬드의 에너지대를 나타낸 것이다. 그림 (a)의 금속은 $3d$의 가전자대는 $4s$의 전도대와 겹쳐있어서 금지대가 존재하지 않는다. 그래서 전계가 금속에 인가하면, 전자는 에너지를 얻어서 보다 높은 에너지대로 천이하여 자유롭게 이동하게 된다. 이것이 자유전자free electron라고 하는 것이다. 이 자유전자가 전기전도를 만들어주므로 금속을 도체conductor라고 하는 것이다. 그림 (b)는 반도체의 에너지대 구조를 보여 주고 있는데, 금지대가 있어서 에너지갭 $E_g$가 존재한다. 외부에서 $E_g$ 이상의 에너지를 공급하면 가전자대의 전자가 금지대를 뛰어넘어 전도대로 천이하여 전도전자를 만든다. 그림 (c)는 절연체인 다이아몬드의 에너지대 구조를 나타낸 것으로 $E_g$가 반도체의 그것보다 크다. 따라서 가전자는 상온 정도의 열에너지를 주어도 전도대로 천이하지 못하기 때문에 전도전자를 생성하지 못하여 전기전도가 일어나기가 어렵다.

따라서 반도체는 최외각 전자가 4개이며 공유 결합을 하는 물질만 반도체가 될 가능성이 있다. 따라서 4족 원소만 반도체가 된다. 경우에 따라서는 GaAs, InP 등 3족과 5족이 결합하여도

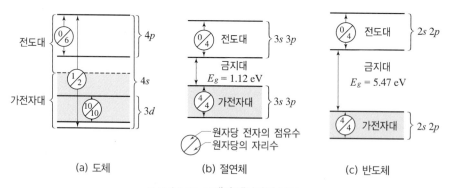

     (a) 도체          (b) 절연체          (c) 반도체

▼ 그림 4.15 고체의 에너지대 구조

---

1. 전도대 결정이 갖는 전자의 에너지 상태를 에너지대 구조로 표시했을 때 가장 에너지 값이 작은, 즉 맨 위에 있는 에너지대로, 수용 가능한 전자가 충만되어 있지 않은 상태에 있다. 이와 같이 충만되어 있지 않은 상태의 에너지대에 있는 전자가 전기 전도에 기여하기 때문에 이름이 붙었다.
2. 금지대폭 전자가 전기 전도에 기여할 수 있는 에너지 준위를 전도대conduction band, 전도대 아래 약간 떨어져 있으며 전기 전도에 기여할 수 없는 대를 충만대full band(존재 가능한 모든 궤도에 전자가 꽉 차 있는 에너지대)라 하는데, 전도대와 충만대 사이의 전자가 존재할 수 없는, 즉 전자의 존재를 허용하지 않는 에너지 영역을 금지대forbidden band라 하며, 이 금지대의 폭을 에너지 갭energy gap이라고 한다.

반도체가 될 수 있으며, CdS와 같은 2족과 5족이 결합하여 평균 최외각 전자가 4개가 되는 경우도 반도체가 될 수 있다. 그러나 1족과 6족의 화합물은 모두 이온 결합을 하며, 이 경우 거의 대부분은 절연체가 된다. 실리콘 1.12[eV], 게르마늄 0.67[eV], 갈륨비소(GaAs)[3]는 1.43[eV], 알루미늄비소(AlAs)는 2.16[eV]의 에너지 폭의 값을 갖는다.

## 2 진성반도체의 캐리어

그림 4.16 (a)에서는 실리콘 결정 내에서 공유결합하고 있는 전자가 이탈하여 움직이는 모양을 보여 주고 있는데, 결정의 양 쪽에 전압을 공급한 상태에 있다. 이 상태에서 외부로부터 빛 혹은 열을 공급하면, 공유결합하고 있는 가전자가 그 에너지를 받아 원자핵과의 인력을 뛰쳐나오면서 원자 사이를 자유롭게 움직이게 된다. 전자가 빠져 나온 위치에 전자의 구멍($\mathcal{L}$)이 남게 된다. 이 구멍은 $-e$[C]의 전하를 갖고 있었던 전자가 빠져 나간 자취, 즉 전자의 부족 상태이기 때문에 $+e$[C]의 전하를 갖게 된 것으로 볼 수 있다. 이런 뜻에서 이 전기적 구멍을 정공(正孔, hole)이라고 명명하였다. 그림에서와 같이 외부의 에너지에 의하여 뛰쳐나온 전자는 양(+)의 방향으로 주행할 것이다. 그러면 그 전자는 남아 있는 정공으로 이동하여 들어가 마치 $+e$[C]의 전하를 갖는 입자가 음(−)의 전극으로 주행한다고 생각할 수 있다.

이 입자는 전도전자와는 독립적으로 이동하여 전하를 운반하기 때문에 독특한 하전입자로 볼 수가 있다. 이와 같이 $-e$[C]와 $+e$[C]의 전하를 운반하는 매개체인 전자와 정공을 캐리어carrier라 부른다.

이제 그림 4.16 (b)에서는 진성반도체의 에너지대에서 정공이 발생하는 과정을 나타내고 있다. 빛 혹은 열에너지를 공급하면, 그림에서와 같이 가전자대의 전자가 금지대를 뛰어넘어서 전도대로 들어가 전도전자로 되는 것이다. 이 전자는 전도대 내에서 양(+)극 쪽으로 이동한다. 한편, 가전자대에서 생긴 정공에는 주변의 전자가 들어와 결국 정공은 음(−)극 쪽으로 이동하게

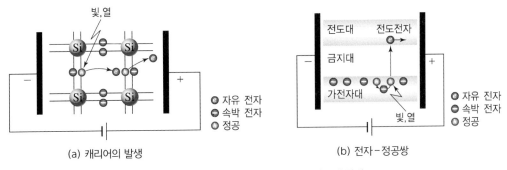

(a) 캐리어의 발생        (b) 전자−정공쌍

▼ 그림 4.16 **진성 반도체의 전자−정공의 발생**

---

3   갈륨비소 원소 주기율표의 Ⅲ족에 속하는 갈륨Gagallium과 Ⅴ족에 속하는 비소Asarsenic의 화합물로 반도체의 성질을 가지고 있어 화합물 반도체의 재료로 이용된다. 고주파대에서의 이득과 대역폭 특성이 양호하며 초고속 특성을 갖는 반도체 소자 제조 시에 실리콘 대신 사용된다.

된다. 이와 같이 정공과 전자라는 캐리어에 의하여 전류가 생성된다. 외부에서 에너지를 공급함에 따라 전자 1개와 정공 1개가 반드시 하나의 쌍pair으로 생기기 때문에 이를 전자－정공쌍electron-hole pair이라 하며, 이 경우는 전자밀도 $n$과 정공밀도 $p$는 같다. 이러한 반도체를 진성 반도체intrinsic semiconductor라 한다.

# 3 불순물 반도체의 캐리어 발생

## 1 n형 반도체의 캐리어

앞에서 살펴본 바와 같이, 순수한 실리콘 결정이 진성 반도체이며, 여기에 불순물을 도핑doping한 것이 외인성 반도체, 즉 불순물 반도체가 된다. 순수한 실리콘 결정은 그 순도가 대체로 99.999999999[%]의 순도를 지니고 있는데, 9가 11개, 그래서 흔히 eleven nine의 순도를 갖고 있다.

그런데 실제 이런 순도를 가진 진성 반도체는 구할 수가 없다. 생산을 하지 않기 때문이다. 대부분의 반도체는 구입할 때부터 불순물이 주입되어 있다. 물론 불순물을 도핑하기 전의 순도는 eleven nine이지만 말이다. 구입할 때부터 도핑을 한다는 것, 즉 불순물을 주입한다는 것은 그만큼 불순물이 중요한 역할을 하고 항상 필요하기 때문이다. 불순물은 반도체를 유용하게 만드는 주역들이다. 그리고 그야말로 필요 없는 "불순물", 예를 들어 탄소 이온, 나트륨 이온, 구리 이온 등과 같은 반도체 관점에서 하등 쓸모없는 불순물과 비교된다. 그래서 요즈음 영어로 된 책에서는 "불순물impurity"보다는 "도핑을 하는 물질"이라는 뜻을 가진 "도펀트dopant"라는 말을 많이 쓰고 있다.

진성 반도체는 절대 온도 0[K]에서는 모든 전자는 가전자대를 채우고 있고 모든 전도대는 비어 있다. 그런데 절대 온도가 올라가면 페르미 분포 함수에서 설명하는 바와 같이, 전도대에도 전자가 점유할 확률이 생기고 전자가 충만한 양만큼 정확하게 같은 양으로 가전자대에 정공이 발생한다고 하였다. 그리고 전자가 충만할 확률이 1/2이 되는 페르미 준위는 진성 반도체에서는 에너지 갭의 중간 정도에 위치하고 있으며, 페르미 준위 아래의 상태로 주입하면 페르미 준위는 내려가고, 위의 상태에 전자를 주입하면 페르미 준위는 올라간다고 하였다.

그림 4.17은 n형 반도체의 도너 모형과 에너지 준위를 나타낸 것인데, 그림 (b)에서는 도너를 주입하여 도너 준위donor level[4]가 발생한 상태를 보여 주고 있다. 이처럼 에너지 밴드를 가진 반도

---

4  도너 준위donor level  불순물이 함유된 반도체의 상태를 에너지대 구조로 나타내면 도너 원자의 나머지 전자들에 의해서 전도대보다 조금 낮은(Si의 경우 0.04[eV], Ge의 경우 0.01[eV]) 위치에 새로운 에너지대가 생기는데, 이것을 도너 준위라고 한다. 이와 같이 도너에 의한 에너지 준위는 전도대 바로 밑에 생기며, 상온 정도의 비교적 낮은 열에너지로 도너 준위의 전자가 전도대로 올라가 전기 전도에 기여할 수 있게 된다.

체에 새로운 "상태를 주입"하면 억셉터라 하고, "상태state와 캐리어를 동시에 제공"하면 도너라 한다. 억셉터는 이해하지만 도너의 정의는 생소할 것이다. 많은 사람들이 "도너는 캐리어를 제공하는 것"이라고만 알고 있지만 사실은 그렇지 않다.

이것을 맨 처음 고체물리학의 초기에 드루드Drude가 고체의 현상을 설명할 때 사용한 방법이었기 때문에 드루드 모델이라고 부른다. 도너란 4족의 실리콘 반도체에 첨가된 5족의 불순물을 말한다. 예를 들어, 원자 번호 14번인 실리콘 원소에 원자 번호 15번인 5족 원소 인(P)을 주입한 경우, 4족 원소인 실리콘은 최외각 전자가 4개이며 이것은 서로 공유결합을 하고 있다. 그런데 최외각 전자가 5개의 인이 들어가면 공유결합에 4개의 최외각 전자가 결합하고 하나의 잉여 전자가 남게 된다. 그런데 여기서 주목할 점은 잉여 전자라고 하여서 없어도 되는 것은 아니다. 예를 들어, 이 잉여 전자를 떼어서 없애 버리면 어떻게 될까?

인은 원자 번호 15번으로 5족 원소이므로 최외각 전자가 5개가 존재해야 중성이 되는 것이다. 즉, 잉여 전자란 결국 결합에 사용되지 않은 전자이지만 이것이 있어야 중성이 되는 것이다. 만약에 이 잉여 전자가 없으면 이 원자는 양의 전기를 띠게 될 것이다. 전자가 14개가 있는데 양성자는 15개이기 때문이다.

여기서 이 잉여 전자가 에너지를 받아서 이 원자로부터 독립된 자유 전자로 되는 상태를 살펴보자. 이것은 수소 원자 모델과 비교할 수 있는데, 수소 원자는 양성자 하나와 전자 하나로 구성되어 있다. 위의 경우는 15개 양성자 중 14개는 이 원자 주위에 있어 서로 중화되고 하나의 양성자와 하나의 전자가 남아 있는 구조가 되는 것이다. 에너지 계산은 수소 원자 모델에서 수소원자의 핵에 속박된 전자가 자유 전자가 되는 에너지의 계산법을 그대로 거치면 된다.

먼저 수소 원자의 궤도 에너지를 계산하는 방법을 설명해 보자. 수소 원자의 궤도 에너지를 계산하는 데 먼저 보어Bohr의 가설을 활용한다. 그러면 이러한 잉여 전자만을 놓고 볼 때, 불순물의 이온화 에너지도 위의 수소 원자 모델에 대응시킬 수 있을 것이다. 즉, 원자핵이 15개이고

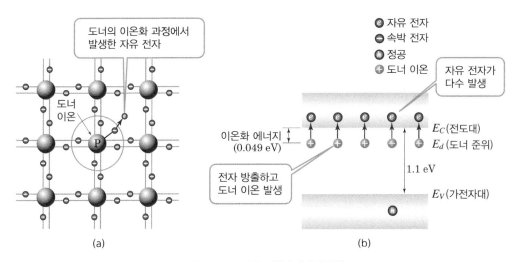

▶ 그림 4.17 도너의 모형과 에너지 준위

14개의 전자는 결합에 사용되어 원자핵에 속박되어 있고 하나는 원자결합에 사용되지 않았다면 결국 원자핵이 1개이고 전자가 한 개인 수소 원자 모델과 다를 것이 없지 않는가?

300[K]에서 전자가 자유 전자가 되는 데 필요한 에너지는 0.026[eV]가 된다. 여기서 주목할 것은 전자의 반경이 아주 커지고 자유 전자가 되는 데 필요한 에너지가 아주 작다는 것이다. 바로 이것이다. 불순물을 주입하는 것이 바로 이 부분, 즉 "자유 전자가 되는 데 필요한 에너지가 아주 작아진다."는 사실 때문이다.

인(P)의 경우, 이 에너지는 약 0.026[eV]가 되고, 이것이 도펀트$_{dopant}$의 이온화 에너지가 된다. 위의 결과는 개념을 이해하기 위한 것이나, 실제 인의 이온화 에너지의 실험 결과는 0.049[eV]이다.

가전자대에 존재하는 전자가 전도대로 뛰어오르려면 에너지 갭, 즉 1.12[eV]가 필요한 데 비하여, 도펀트에 의해 자유 전자가 여기되는 에너지는 0.049[eV]에 불과하다. 상온에서 열에 의해 전자가 받는 에너지만 하여도 이것보다 훨씬 크다. 따라서 상온에서 도핑에 의해 불순물을 주입한 만큼의 자유 전자가 발생되는 것이다.

## 2 p형 반도체의 캐리어

그림 4.18은 p형 반도체의 억셉터 모형과 에너지 준위를 나타낸 것인데, 억셉터를 주입하여 억셉터 준위가 발생한 상태를 보여 주고 있다.

5족 원소가 도핑된 반도체를 n형 반도체, 3족 원소가 도핑된 반도체를 p형 반도체라고 하였다. n은 자유 전자가 많으므로 부$_{negative}$라는 의미이며, p형은 정$_{positive}$의 머리글자에서 비롯되었다. 그렇다고 n형 반도체가 음의 전기를 띤다는 의미는 아니다. 중성인 반도체에 중성인 도펀트를 넣었으므로 자유 전자가 많아도 여전히 중성이다. n형 도펀트는 인, 비소가 주로 쓰인다.

p형 반도체도 마찬가지이다. p형 도펀트는 붕소(B)가 있다. 반도체 소자를 개발할 때 가장 어

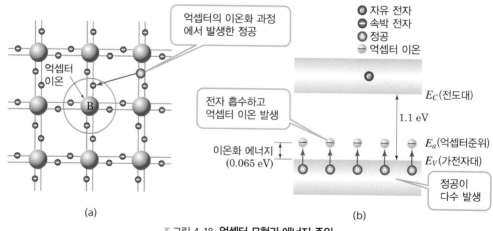

(a)                                                                (b)

▼ 그림 4.18 **억셉터 모형과 에너지 준위**

려운 것이 p형 MOSFET이다. pMOS를 만들기가 어렵다고 하면서 왜 만들기가 어려울 수밖에 없는가는  사람들이 별로 생각하지 않는 것 같다. 그것은 p형 도펀트는 Boron 즉, 붕소밖에 없기 때문이다.

원소 주기율표를 살펴보면 3족 원소는 붕소 말고도 알루미늄(Al), 인듐(In)이 있다. 그런데 이것은 왜 도펀트로 사용하지 않을까? n형 불순물은 인(P), 비소(As), 안티몬(Sb) 모두 불순물로 사용할 수 있다. 알루미늄(Al)과 인듐(In)은 고체 용해도$_{solid\ solubility}$가 낮다. 고체 용해도라는 것은 마치 물에 소금을 녹일 때 소금이 무한히 녹지 않고 어느 정도 녹으면 더 이상 녹지 않게 되는데 그것을 용해도라 한다. 그런데 이런 용해도가 액체에만 존재하는 것이 아니고 고체에도 존재하는데, 알루미늄을 주입하면 이것이 실리콘과 잘 섞이는 것이 아니라 열처리$_{annealing}$ 과정을 거치면 서로 자기들끼리 뭉치게 되어 높은 도핑을 할 수가 없다.

또한 알루미늄은 실리콘 산화막에 작용하면 실리콘 산화막의 절연 파괴$_{breakdown}$ 전압을 떨어뜨리기 때문에 MOSFET에서는 알루미늄이 증착한 후, 절대 온도를 상승시키지 않아야 하므로 도펀트로는 적합하지 않다. 그리고 인듐은 고체 용해도뿐만 아니라 이온화 에너지가 높아 100개를 주입하면 그중 10개 정도만 정공을 발생시켜 활성화 비율이 낮으므로 도펀트로는 적합하지 않는 것이다. 다만, MOS 소자의 임계 전압 $V_T$를 조절하고자 하는 이온 주입의 경우, 낮은 도핑에는 제한적으로 사용되기도 한다.

한편, 붕소는 고체 용해도나 이온화율은 좋으나 원자 번호가 5번으로 입자의 크기가 작고 가볍다는 것이 문제다. 이것은 불순물은 주입할 때 표면에 얕은 주입$_{shallow\ injection}$이 필요한데, 이온 주입기로 가속하면 반도체 내의 깊은 영역까지 침투해 들어가는 특성이 있고, 열을 조금만 공급하여도 확산성$_{diffusivity}$이 높아 깊이 침투해 들어가는 성질이 있다. 여기에 n형 도펀트인 인이나 비소는 실리콘 산화막과 접촉하면 더 이상 확산하지 않는데, 붕소는 그냥 통과해 버린다. 이러한 성질은 뒤에서 살펴볼 MOSFET 제조 공정 중, 게이트$_{gate}$ 물질은 nMOS에서 n형 다결정 실리콘으로, pMOS에서 p형 다결정 실리콘으로 만들면 가장 이상적인데, 붕소의 이런 성질 때문에 p형 다결정으로 게이트를 만들기가 어렵다. p형 도펀트가 붕소뿐인 것은 자연에 존재하는 물질의 한계이므로, 기술 개발을 통하여 이런 단점을 극복하기 위한 저압 이온 주입기, 붕소 대신 BF$_2$로 주입하기, 급속 열처리$_{rapid\ thermal\ process}$ 등의 기술이 개발되어 쓰이고 있다.

## 3 에너지대의 변화

반도체에 전압을 인가하면 에너지 준위가 어떻게 변화하는지를 살펴보자. 그림 4.19에서는 직류전압 $V$를 인가하면 단자 사이에는 $eV$의 에너지 차가 발생하는 것을 보여 주고 있다. 즉, 전위차 $V$만큼의 에너지가 기울게 된다. 어느 쪽으로 에너지 준위가 기울 것인가? 원자핵에 가까운 준위일수록 낮게 된다. 즉, 양(+)의 전극이 아래쪽이고, 음(−)의 전극이 위쪽으로 올라간다. 이것은 전자가 (+)극 방향으로 굴러 내려가고, 정공은 (−)극 방향으로 올라가는 원리로 반도체

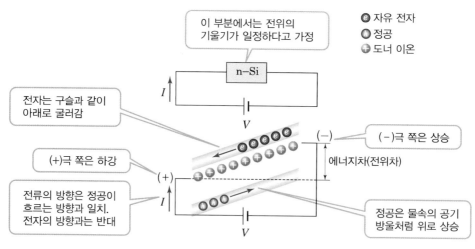

이 부분에서는 전위의 기울기가 일정하다고 가정

● 자유 전자
● 정공
⊕ 도너 이온

n-Si

전자는 구슬과 같이 아래로 굴러감

(+)극 쪽은 하강

전류의 방향은 정공이 흐르는 방향과 일치. 전자의 방향과는 반대

(−)극 쪽은 상승

에너지차(전위차)

정공은 물속의 공기 방울처럼 위로 상승

그림 4.19 **전압에 의한 에너지 밴드 변화**

내에서 캐리어가 이동하여 전류가 형성되는 것이다.

# 4 간접 및 직접 천이형 반도체

## 1 에너지 준위 내의 천이

실제 반도체 결정에 있어서 전자의 에너지 밴드 구조는 앞 절에 나타낸 것과 같이 동일 밴드 내에서도 파수 벡터 $k$의 방향에 따라 물질의 고유한 골짜기valley 형태의 구조를 갖는다. 화합물 반도체인 GaAs의 에너지 구조를 그림 4.20에서 보여 주고 있다.

이와 같은 에너지준위 구조에 있어서는 $A_1$ 영역에 있어서 전자의 유효 질량 $m_1^*$ 은 $A_2$ 영역의 골짜기에 있어서 $m_2^*$ 보다도 훨씬 작다($m_1^* = 0.07m_0$, $m_2^* = 1.2m_0$ 단, $m_0$는 진공 중 전자의

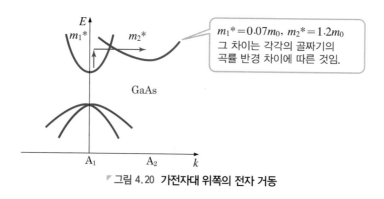

$m_1^* = 0.07m_0$, $m_2^* = 1.2m_0$
그 차이는 각각의 골짜기의 곡률 반경 차이에 따른 것임.

그림 4.20 **가전자대 위쪽의 전자 거동**

질량). 만약 $A_1$ 영역의 전도대 전자가 외부 전계에 의해 가속되면, 운동 에너지의 증가에 따라 $A_2$ 영역의 전도대 골짜기에 천이할 확률은 높아진다. 이와 같이 에너지 준위 내에서 천이가 일어나면 전자의 에너지는 낮은 전계에서는 유효 질량이 가볍지만, 외부전계가 증가할수록 유효 질량이 커지게 된다.

## 2 ■ 재결합과 천이

그림 4.21은 실리콘과 갈륨비소 반도체에 대한 $E-k$ 에너지대 관계를 나타낸 것이다. 두 그림의 차이는 전도대의 최솟값과 가전자대의 최댓값에서 $k$의 값이 일치하는가 혹은 그렇지 않는가에 있다.

전자와 정공이 천이나 재결합을 하기 위해서는 파수 $k$값이 일치해야 한다. 즉, 전자의 파장과 정공의 파장이 일치하는 것들만이 결합을 할 수 있는 것이다. 만약에 전자가 전도대에 존재한다면 당연히 전도대의 최소 에너지부터 차곡차곡 차면서 존재하게 된다. 정공이 존재한다면 또한 가전자대의 최대 에너지에 존재하게 된다.

그림 (a)에서 $y$축은 에너지를 의미하는데, 에너지란 바로 전자의 에너지를 나타내는 것이다. 따라서 에너지대의 에너지도 전자의 에너지를 의미한다. 에너지대의 위의 부분으로 갈수록 전자가 더 많은 에너지를 얻는다는 것을 의미하며, 전자는 에너지가 낮은 부분부터 채울 것이므로 전도대의 최소 에너지부터 점유하게 된다.

에너지대는 전자의 에너지이므로 정공은 반대로 윗부분으로 갈수록 에너지가 작다는 것을 의미한다. 따라서 정공은 위의 부분부터 채우게 된다. 그림 (b)에서 GaAs의 에너지대는 전도대의

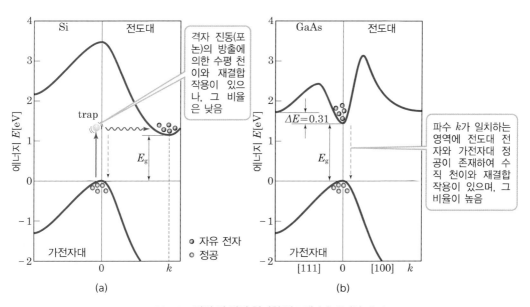

▶ 그림 4.21 **간접 및 직접 천이형 반도체 (a) Si (b) GaAs**

최소 에너지와 가전자대의 최대 에너지가 일치하는 직접천이 방식으로 대부분의 전자와 정공이 바로 결합을 할 수 있으며, 전자와 정공이 결합하여 발생하는 에너지는 빛으로 발산하게 된다. 이것은 마치 수소 원자 모델에서 여기(勵起excited)된 상태의 전자가 낮은 에너지 상태로 천이될 때, 그 차에 해당하는 빛이 발생하는 것과 같다. 이때 발생하는 빛은 에너지 갭의 크기에 해당하는 빛이 된다.

광자 에너지는 크지만 $k$는 작고(빛의 파장은 결정격자의 크기에 비례하여 훨씬 크다), 이것과 상호 작용하는 전자는 에너지 변화량 $\Delta E$가 크고 파수의 변화량 $\Delta k$가 작아지는 쪽으로 수직 천이한다. GaAs와 같은 에너지대 구조의 경우는, 가전자대 상단과 전도대 하단의 파수 $k$가 일치하므로 천이확률이 크고 한 번의 상호 작용만으로도 전자의 이동이 가능하다. 이와 같은 반도체를 직접 천이형 반도체direct semiconductor라고 한다.

그림 (a)에서 보여 주는 바와 같이 실리콘은 $k$값의 변화가 있어야만 전자와 정공이 결합할 수 있다. 실리콘은 전자가 결정과 충돌하여 결정 내부에 있는 트랩trap이라고 하는 곳에 포획, 즉 결정과의 충돌로 $k$값이 변화하며, 그 후 정공과 결합한다. 따라서 이때 충돌 과정에서 결정격자의 진동 상태phonon를 발생시키는데, 결국은 열에너지로 발산되는 것이다. Si과 같은 에너지대 구조에서는 가전자대 꼭대기에서 전도대의 바닥 에너지 준위로 천이하기 위해서는 포톤 외에 $\Delta E$가 작고 $\Delta k$는 큰 제3의 입자와의 상호 작용을 빌려야만 한다. 이와 같은 입자로서 격자 진동(포논)이 있다. 포논은 속도가 매우 작아서 $k$가 커도 에너지 $E$는 작다. 즉 포논과의 상호 작용은 $\Delta E$가 작고 $\Delta k$가 크게 되는 쪽으로 수평 천이를 일으킨다. 천이에 광자와 포논이 함께 작용하는 2단계 상호 작용을 필요로 하는 반도체를 간접 천이형 반도체indircet semiconductor라 하고, 이 경우의 천이 확률은 전술한 직접 천이에 비하여 작다.

LEDlight emitting diode, CD 재생기, 가전제품에 사용되는 레이저 등은 모두 직접 천이 반도체로 만들어진 것이다.

직접 천이 반도체에서도 그 물질의 에너지 갭의 값에 따라 파장이 결정되는데, 다음의 관계를 알고 있으면 에너지 갭과 그 물질에서 나오는 빛의 파장을 계산할 수 있다.

$$E_g = hf = \frac{hc}{\lambda} = \frac{1,240}{\lambda} \tag{4.29}$$

여기서 $f$는 주파수, $c$는 빛의 속도($3 \times 10^{10}$[cm/sec]), $\lambda$는 빛의 파장, $h$는 플랑크 상수 ($4.14 \times 10^{-15}$[eV·s])이다. 위의 식을 계산하여 빛의 파장을 계산하는 간단한 표현식은

$$\lambda = \frac{1.24}{E_g} \tag{4.30}$$

여기서 에너지 갭($E_g$)의 단위는 [eV]이며 파장의 단위는 [$\mu$m]이다. 즉, 1.24[eV]의 에너지 갭을 가진 물질에서는 1[$\mu$m]의 빛이 발생한다. $E$가 $E_g$보다 크면 그 빛은 흡수되고 작으면 투과된다. 표 4.1에 자외선~근적외선 범위의 에너지 갭을 갖는 절연체와 반도체 물질의 에너지 갭과

그 한계 검출 파장을 나타내었다. GaAs는 1.43[eV]이므로 0.867[$\mu$m]의 적외선 영역의 빛이 발생한다. 에너지 갭이 2.26[eV]인 GaP$_\text{gallium phosphorus}$는 0.554[$\mu$m]로서 연두색의 빛을 낸다.

이 GaP는 특이하게 간접 결합 반도체임에도 불구하고 빛을 발생시키는데, 결정 자체는 간접 천이 반도체로 빛을 낼 수 없지만, 여기에 질소를 도핑하면 이 질소가 전자를 포획하여 마치 직접 천이 반도체의 전도대와 같이 동작하는 특성이 있는데, 이것을 이용한 것이다.

**▼ 표 4.1 에너지 갭 및 그에 해당하는 빛의 파장**

| 물질 | $E_g$ (eV) | $\lambda$ (nm) | 물질 | $E_g$ (eV) | $\lambda$ (nm) |
|---|---|---|---|---|---|
| NaCl | 10 | 124 | ZnS | 2.65 | 468 |
| SiO$_2$ | 8 | 155 | ZnTe | 2.26 | 549 |
| GaN | 3.39 | 366 | CdS | 2.24 | 512 |
| GaP | 2.24 | 554 | CdSe | 1.7 | 729 |
| GaAs | 1.43 | 867 | Si | 1.15 | 1,078 |
| InP | 1.35 | 919 | Ge | 0.68 | 1,823 |
| InAs | 0.36 | 3,444 | PbS | 0.39 | 3,179 |
| InSb | 0.18 | 6,889 | PbSe | 0.24 | 5,167 |

### ▨ 연습문제 4-1 ▨

전자를 100[V]로 여기시킬 때, 방사하는 빛의 파장 $\lambda$는 얼마인가? (단, 플랑크 상수는 $h = 6.626 \times 10^{-34}$[J·s], 광속 $c = 3 \times 10^8$[m/s] 이다.)

**풀이** $\lambda = \dfrac{hc}{\text{eV}}$

$\qquad = \dfrac{6.626 \times 10^{-34} \times 3 \times 10^8}{1.6 \times 10^{-19} \times 100} = 12.4 \times 10^{-9}$

$\qquad \therefore \lambda = 124 [\text{Å}]$

### ▨ 연습문제 4-2 ▨

운동 중인 전자가 갖는 파장이 $\lambda = 2.7 \times 10^{-10}$[m]일 때, 이 전자의 속도는 얼마인가? (단, $h = 6.626 \times 10^{-34}$[J·s], 광속 $c = 3 \times 10^8$[m/s], 전자의 질량 $m = 9.109 \times 10^{-31}$[kg]이다.)

**풀이** $\dfrac{mv^2}{2} = \text{eV} = \dfrac{hc}{\lambda}$ 에서 $v = \sqrt{\dfrac{2hc}{m\lambda}}$

$\qquad v = \sqrt{\dfrac{2 \times 6.626 \times 10^{-34} \times 3 \times 10^8}{9.109 \times 10^{-31} \times 2.7 \times 10^{-10}}} = 4 \times 10^7$

$\qquad \therefore v = 4 \times 10^7 \text{[m/s]}$

■ 다음 문장에서 ( ) 혹은 [국문(영문)]에 적절한 용어를 써 넣으시오.

**01** 같은 종류의 원자가 서로 결합하여 분자를 형성하는 경우, 그 구성 원자가 서로 상대편의 전자를 공유하여 결합된 것을 [　　　(　　　)]이라고 한다.

**02** 결정은 모두 에너지대를 갖는데, 에너지대는 전자가 자유로이 움직일 수 있는 (　　　), 전자가 속박되어 있어 움직일 수 없는 (　　　) 혹은 (　　　), 이 두 에너지대 사이의 전자가 존재할 수 없는 (　　　) 등 세 개의 에너지대로 구분이 된다.

**03** [　　　(　　　)] $E_g$에 따라 물질을 절연체, 반도체, 도체로 구분하기도 한다.

**04** 진성 반도체의 경우, 에너지 갭 $E_g$보다 높은 에너지가 되도록 고온으로 하면, 가전자대에 있는 가전자가 (　　　)를 넘어 전도대로 들어가 [　　　(　　　)]로 된다.

**05** 가전자대에서 전도대로 전자가 빠져나가면 구멍이 발생하게 된다. 이것이 [　　　(　　　)]인데, 이와 같은 상태에서는 자유 전자와 (　　　)의 두 종류의 캐리어carrier가 존재하므로 저항이 낮게 되어 전류가 잘 흐르게 되는 것이다.

**06** 에너지대의 위의 부분으로 갈수록 전자가 더 많은 (　　　)를 얻는다는 것을 의미하며, 따라서 전자는 (　　　)가 낮은 부분부터 점유하게 된다.

**07** 정공은 반대로 윗부분으로 갈수록 에너지가 (　　　)는 것을 의미한다. 따라서 정공은 위의 부분부터 채우게 된다.

**08** 순수한 실리콘 결정이 진성 반도체이며, 여기에 (　　　)을 도핑doping한 것이 외인성 반도체, 즉 (　　　)가 된다.

**09** 인(P)은 원자 번호 15번으로 5족 원소이므로 (　　　)가 5개가 존재해야 (　　　)이 되는 것이다. 즉, 잉여 전자란 결국 결합에 사용되지 않은 전자이지만 이것이 있어야 (　　　)이 되는 것이다.

**10** 인(P)이 실리콘에 주입되어 공유 결합한 후, 결합에 사용되지 않은 잉여 전자가 발생하게 되나, 이것이 있어야 (                )이 되는 것이다. 만약에 이 잉여 전자가 없으면 이 부분은 (                )를 띠게 될 것이다. 이것은 전자가 14개가 있는데 (                )는 15개이기 때문이다.

**11** 실리콘 재료에서 가전자대에 존재하는 전자가 전도대로 뛰어오르려면 에너지 갭, 즉 (            )가 필요한 데 비하여 도펀트에 의해 자유 전자가 여기되는 에너지는 (                )에 불과하다. 상온에서 열에 의해 전자가 받는 에너지만 하여도 이것보다 훨씬 크다. 따라서 상온에서 도핑에 의해 불순물을 주입한 만큼의 (                )가 발생되는 것이다.

**12** 실리콘 재료에 5족 원소가 도핑된 반도체를 (            ), (                )가 도핑된 반도체를 p형 반도체라고 한다.

**13** n형 반도체의 n은 자유 전자가 많으므로 부negative라는 의미이며, p형은 정positive의 머리글자에서 비롯되었다. n형 반도체가 음의 전기를 띤다는 의미가 아니다. (                )에 중성인 도펀트를 넣었으므로 자유 전자가 많아도 여전히 (                )이다.

**14** 에너지 밴드 구조에서 가전자대 상단과 전도대 하단의 파수 $k$가 일치하여 천이 확률이 크고 한 번의 상호 작용으로 전자의 이동이 가능한 반도체를 [                (                            )]라 한다.

**15** LED, CD 재생기, 레이저 등은 (                )로 만들어진 것이다.

**01** 물질의 에너지띠에 대하여 설명하시오.

**02** 자유 전자 근사 모델에서 파수 $k = \dfrac{n\pi}{l}$ 임을 증명하시오.

**03** 1차원 격자 구조에서 Brillouin 영역에 대하여 설명하시오.

**04** 도체, 반도체의 에너지대 구조를 그리고 설명하시오.

**05** 고체 재료의 에너지대에 관하여 설명하시오.

**06** 진성 반도체의 전자-정공의 발생 과정을 설명하시오.

**07** 진성 반도체에서 전도대의 준위가 0.7[eV], 가전자대 준위가 0.3[eV]일 때, 페르미 준위 $E_f$는? (단, $T = 0$[K]이다.)

　|힌트|　$E_f = \dfrac{E_C + E_V}{2}$

**08** n형 및 p형 반도체의 에너지 준위에 관하여 설명하시오.

**09** 직접 천이형과 간접 천이형 반도체를 에너지대를 그려 설명하시오.

**10** 에너지 준위에서 파수 $k$와 $E$ 사이의 관계에서 유효 질량을 설명하시오.

**11** 두께 100[Å], 폭 0.2[$\mu$m], 길이 0.2[$\mu$m]인 실리콘 결정에서 $n = 3$인 궤도의 에너지 준위의 수는 얼마인가?

**12** 문제 11과 같은 실리콘 결정에서 $n=3$인 궤도에 최대 몇 개의 전자가 들어갈 수 있는가?

**13** 다음과 같은 에너지 준위를 갖는 반도체 (a), (b), (c)가 있다. (단, 모든 반도체의 가전자대는 곡률 반경이 큰 골짜기와 작은 골짜기 2개가 에너지적으로 겹쳐져 있는데, 이는 유효 질량이 무거운 정공heavy hole과 가벼운 정공light hole이 서로 공존하고 있다는 것을 의미한다.)

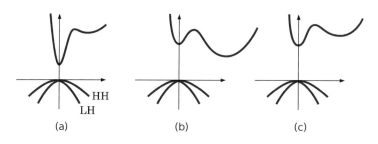

(a)　　　　　　(b)　　　　　　(c)

(1) 에너지 갭의 크기순으로 나열하시오.
(2) 전도대 하단의 유효 질량이 가장 큰 반도체는 어떤 것인가?
(3) 밴드의 가장자리에서의 광흡수 효율이 가장 작은 반도체는 어떤 것인가?

**14** 그림 4.19를 참조하여 p형 반도체에 직류 전압을 인가한 경우 에너지 밴드의 변화를 그림으로 설명하시오.

# 5

# 반도체의 도전 현상

Conduction phenomenon of semiconductor

반도체란 무엇인가?

인류는 일찍이 도체conductor와 절연체insulator의 물질을 구별하여 써 왔다. 그 중간 물질이 있다고 생각한 것은 1930년대 말 Mott의 논문에서 semi-conductor라는 말이 쓰이고부터이다. 그는 에너지대energy band 이론을 바탕으로 이산화동($Cu_2O$)과 금속 사이에서 일어나는 현상을 연구하였다. 1940년대 전계효과(FET)형 구조에 관한 연구가 진행되었으나 모두 실패하였고, 1949년 Shockley에 의해 pn 접합 이론이 발표되면서 bipolar 접합 구조의 트랜지스터가 개발되어 반도체 시대의 개막을 알리게 된 것이다.

학습
목표

**고체의 도전 현상**

금속이 도전성을 갖는 이유는 에너지대의 금지대 폭 $E_g \fallingdotseq 0$이므로 가전자대 전자가 곧바로 전기 전도에 기여하기 때문이다.

금속 도체에 외부 전계가 작용하면 금속 내부의 자유 전자가 쉽게 이동하여 전기 전도 현상이 일어나게 된다. 외부 전계가 작용하지 않을 때는 임의 방향으로 열운동을 하며 전체 자유 전자의 방향과 속도를 평균하면 0이므로 외부 전류는 존재하지 않는다.

길이가 $l$[m]인 금속 도체에 $V$[V]의 전압을 공급하면 도체 내부에는

$$E = V/l \,[\text{V/m}] \tag{5.1}$$

의 전계가 발생하며, 이 전계에 따라 자유 전자는 힘 $F$를 받게 된다. 속도를 $v_d$라 하면

$$F = eE = ma \fallingdotseq mv_d/t \tag{5.2}$$

이고, 이 힘 $F$를 받은 전자들은 결정격자 및 원자 사이를 충돌과 재결합 등의 작용을 하면서 전계의 방향과 반대로 이동하여 어떤 속도를 갖게 되는데, 이 속도를 드리프트 속도drift velocity라 한다.

전자가 결정격자와 충돌하여 다음 충돌 때까지의 평균 거리를 평균 자유 행정(平均自由行程mean free path), 이때의 평균 시간을 평균 자유 시간(平均自由時間mean free time)이라고 한다.

충돌 전후의 속도를 각각 $v_0$, $v_t$라 하고, 이때의 시간을 $t$, 드리프트 속도를 $v_d$, 평균 자유 시간을 $\tau_n$이라 하면, 식 (5.2)에서

$$v_d = \frac{v_0 + v_t}{2} = \frac{eEt}{2m} \,[\text{m/s}] \tag{5.3}$$

$$\tau_n = \frac{t}{2} \,[\text{sec}]$$

이고, 식 (5.3)에서 드리프트 속도 $v_d$를 다시 쓰면

$$v_d = \frac{e\tau_n E}{m} = \mu_n E \,[\text{m/s}] \tag{5.4}$$

$$\mu_n = \frac{e}{m}\tau_n \,[\text{m}^2/\text{V}\cdot\text{s}]$$

로 주어진다. 여기서 $\mu_n$은 자유 전자의 이동도(移動度mobility)이라 하며, 물질 내에서 전자가 얼마나 이동할 수 있는가의 척도이고, $m$은 전자의 질량이다.

그림 5.1과 같이 길이 $l$[m], 단면적 $S$[m$^2$], 전류밀도 $J$[A/m$^2$]인 금속 도체에 흐르는 전류 $I$는

$$I = JS \,[\text{A}] \tag{5.5}$$

이며, 전류 밀도 $J$는

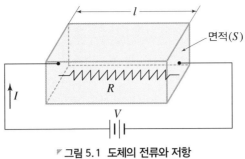

▼ 그림 5.1 도체의 전류와 저항

$$J = nev_d [\text{A/m}^2] \tag{5.6}$$

이다. 따라서 전류 $I$는

$$I = \frac{ne^2\tau_n S}{ml} V[\text{A}] \tag{5.7}$$

이며, 옴Ohm의 법칙에 따른 저항 $R[\Omega]$는

$$R = \frac{V}{I} = \frac{ml}{ne^2\tau_n S}[\Omega] = \rho\frac{l}{S}[\Omega] \tag{5.8}$$

이다.

즉, 금속 도체 내부의 전기적 저항 $R$는 도체의 길이에 비례하고 단면적 $S$에 반비례한다는 것이다. 여기서 $\rho[\Omega\cdot\text{m}]$는 도체의 종류에 따라 결정되는 상수로서 저항률(抵抗率resistivity)이라 하며, 이 저항률의 역수를 도전율(導電率conductivity) $\sigma$라 한다. 저항률이란 면적이 $1[\text{m}^2]$인 두 전극 사이에 길이가 $l[\text{m}]$인 물체의 저항값을 의미한다.

$$\sigma = \frac{1}{\rho}[\Omega\cdot\text{m}]^{-1} \tag{5.9}$$

식 (5.8)에서 저항률 $\rho$는

$$\rho = \frac{1}{\sigma} = \frac{m}{ne^2\tau_n}[\Omega\cdot\text{m}] \tag{5.10}$$

으로 나타낼 수 있다. 금속 내부에 전계가 공급되어 많은 전자들이 다른 자유 전자 또는 결정격자와 충돌하면서 갖고 있던 에너지를 잃게 된다. 이때 자유 전자 1개가 자신이 갖고 있던 전체 에너지를 충돌하는 상대 입자에 전달하였을 경우, 이 에너지는 $v_t = eEt/m$와 식 (5.3)에서

$$\frac{1}{2}mv_t^2 = \frac{2e^2\tau_n^2}{m}E^2 \tag{5.11}$$

이다. 이 전자들의 충돌은 1개 전자가 $\tau_n[\text{s}]$ 동안 1회 충돌하므로 단위 시간당 충돌 횟수는

$$\frac{1}{t} = \frac{1}{2\tau_n} \tag{5.12}$$

이 된다. 따라서 금속 도체의 단위 체적[m$^3$]당 전자수를 $n$이라 하면 1초 동안의 충돌에 의한 전체 에너지 소모량 $W$는

$$W = \frac{2e^2\tau_n^2 E^2}{m} \frac{nSl}{2\tau_n} = \frac{ne^2\tau_n Sl}{m} E^2[\text{J}] \tag{5.13}$$

이고, 식 (5.8)과의 관계에서

$$W = \frac{V^2}{R} = I^2 R[\text{J}] \tag{5.14}$$

로 되며, 이를 줄$_{\text{Joule}}$의 법칙이라고 한다. 식 (5.14)에서 알 수 있는 바와 같이, 전자의 충돌량은 외부에서 공급하는 전압의 제곱에 비례하여 많아지며, 이는 격자의 열진동을 유발하여 도체 내의 온도를 상승시키는 요인이 된다. 온도의 상승은 금속 도체의 저항을 증가시킨다.

## 2 반도체의 드리프트

반도체 중의 캐리어는 주위의 열에너지를 받아서 그림 5.2 (a)와 같이 결정격자와 충돌하고, 지그재그 운동을 하면서 열진동한다(이를 Brown 운동이라 한다). 반면, 그림 (b)와 같이 반도체 양단에 전압을 인가하면 전자와 정공이 전계에 의하여 움직이게 된다.

이와 같이 전계에 기인한 전하의 이동을 드리프트$_{\text{drift}}$라 하고, 이때의 속도를 드리프트 속도$_{\text{drift}}$ $_{\text{velocity}}$ $v_d$[m/sec]라 정의하였다.

캐리어는 결정격자와 충돌하면서 이동하기 때문에 충돌 시간보다 긴 시간 간격으로 이 속도를

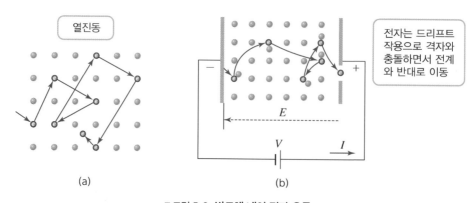

▼ 그림 5.2 반도체 내의 전자 운동

구하면, 그 값은 경과 시간에 관계없이 전계에 비례하게 된다. 이 속도는 외부에서 공급한 전압 $V$, 반도체 양단에 걸린 전계 $E$에 비례하여 증가한다. 이 특성을 그림 5.3에서 보여주고 있다. 속도가 직선적으로 증가하는 부분의 기울기를 $\mu$라 하면

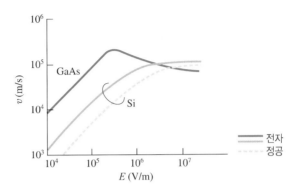

▷ 그림 5.3 **전계에 따른 캐리어의 속도**

$$v_d = \mu E \tag{5.15}$$

로 나타낼 수 있다.

이때 비례상수 $\mu[\text{m}^2/\text{V} \cdot \text{s}]$를 드리프트 이동도drift mobility라 한다. 이 식을 변형하면 $\mu = v_d/E$이기 때문에 $\mu$는 단위 전계 당의 속도를 나타내는 것이다. 이것은 결정 재료에 따라서 결정되는 물체가 갖는 고유의 량이다. 표 5.1에서는 몇 가지 물질의 이동도를 나타내었다. 반도체에 공급한 전계를 높여가면 전자는 결정격자와 격렬하게 충돌하여 격자 진동을 일으키므로 그 만큼의 에너지를 소모하게 된다. 이 때문에 속도는 더 이상 증가하지 않고 포화하게 되는데, 이 속도를 포화속도saturation velocity라고 한다. 대부분의 소자에서는 이 포화속도에서 그 속도 성능이 결정되는 것이 많이 있다. 이와 같이 전계에 의하여 전하가 이동하기 때문에 전류가 만들어진다. 이 전류를 드리프트 전류drift current라 한다.

▷ 표 5.1 **반도체 내의 캐리어 이동도($T = 300[\text{K}]$)**

| 재료 | $\mu_n [\text{m}^2/\text{V} \cdot \text{s}]$ | $\mu_p [\text{m}^2/\text{V} \cdot \text{s}]$ |
|---|---|---|
| Ge | 0.500 | 0.200 |
| Si | 0.15 | 0.050 |
| GaAs | 0.800 | 0.040 |
| GaP | 0.010 | 0.0075 |
| InSb | 7.800 | 0.075 |
| InP | 0.460 | 0.015 |
| CdS | 0.030 | 0.005 |

$\mu_n$: 전자의 이동도, $\mu_p$: 정공의 이동도

다음에는 그림 5.4에서 보여 주고 있는 바와 같이 p형 반도체를 예로 하여 드리프트 전류를 구하여 보자. 먼저 전류가 어떻게 표현되는지를 살펴보자. 정공밀도가 $p[\mathrm{m}^{-3}]$인 반도체 막대기의 중간에 정공의 흐름을 저지하는 가상적인 수문에 있다고 하자. 이제 정공은 $v_p$의 속도로 그 수문을 통과할 것이다.

전류를 구하기 위하여 필요한 요소를 생각하면 다음과 같다.

$$dt\text{시간 동안 정공이 통과한 체적} = v_p dt S$$
$$\text{통과한 캐리어의 량} = p v_p dt S \tag{5.16}$$
$$\text{전체 전하량}(dQ) = e p v_p dt S$$

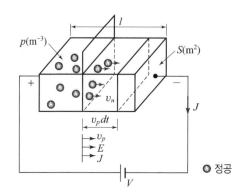

▼ 그림 5.4 반도체의 드리프트 전류

흐르는 전류를 $I$, 전류밀도를 $J$라 하면 이는 단위 시간 당 임의의 단면적 $S$을 통과하는 전류량으로 정할 수 있으므로 전류밀도 $J(J = I/S)$는 식 (5.16)에서 $dQ$와 $v_p = \mu_p E$를 대입하여 다음의 식을 얻을 수 있다.

$$J = \frac{dQ}{dt}\frac{1}{S} = e p v_p = e p \mu_p E \tag{5.17}$$

여기서 $\mu_p$는 정공의 이동도, $E$는 반도체 내의 전계이며 $E = V/l$로 주어진다. 이와 같이 생성된 전류는 전계라고 하는 외부의 힘에 의하여 만들어진 것이기 때문에 앞에서 기술한 바대로 드리프트 전류가 된다. 이 식을 분석하여 보면 캐리어 $p$와 이동도 $\mu_p$가 커지면 많은 량의 전하가 운반되는 것이므로 전류가 증가할 것이고, 또 외부에서 공급된 전계가 증가하면 정공의 속도가 증가하여 결국 많은 량의 전하가 이동하여 큰 전류가 만들어지는 것이다.

연습문제 5-1

길이가 $2 \times 10^{-2}$[m]인 반도체에 15[V]를 인가하고, 한쪽에서 소수 캐리어를 주입하였을 때, 길이 방향으로 $10^{-2}$[m] 떨어진 지점까지 드리프트하기 위하여 74.1[$\mu$s]의 시간이 걸린다. 이때, 캐리어의 이동도 $\mu$를 구하시오.

**풀이** $v_d = \mu E = \dfrac{dx}{dt} \fallingdotseq \dfrac{x}{t}$ 에서

$$v_d \fallingdotseq \frac{10^{-2}}{74.1 \times 10^{-6}} = 0.0135 \times 10^4 \text{[m/s]}$$

$$E = \frac{V}{l} = \frac{15}{2 \times 10^{-2}} = 750 \text{[V/m]}$$

따라서 $\mu = \dfrac{v_d}{E} = \dfrac{0.0135 \times 10^4}{750} = 0.18$

$\therefore \mu = 0.18 \text{[m}^2\text{/V} \cdot \text{s]}$

# 3 반도체의 옴의 법칙

그림 5.5에서는 길이가 $l$, 단면적이 $S$인 반도체 내에서 이동하는 캐리어와 전류의 흐름을 보여 주고 있는데, 이 반도체에 흐르는 전류 $I$를 생각하여 보자.

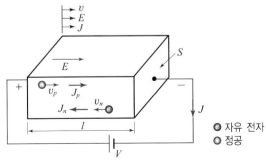

그림 5.5 **반도체의 캐리어와 전류**

반도체 내에는 전류밀도 $n$[m$^{-3}$]과 정공밀도 $p$[m$^{-3}$]을 갖는 전자와 정공이 있다. 이 경우의 전류는 음($-$)의 전하를 운반하여 만들어진 전자전류와 정($+$) 전하를 운반하여 만들어진 정공전류의 합이 된다. 그림에서 나타낸 바와 같이 속도 $v_p$, 전계 $E$, 전류밀도 $J$의 화살표 방향을 기준으로 하고, 정공에 의한 전류밀도를 $J_p$라 하면 식 (5.17)을 참조하여

$$J_p = epv_p = ep\mu_p E \tag{5.18}$$

을 얻을 수 있다. 한편, 전자에 의한 전류밀도 $J_n$은 전자가 음($-$) 전하를 운반한다는 것과 전자의 속도 $v_n$이 정공과는 반대로 이동한다는 것을 고려하여

$$J_n = -en(-v_n) = env_n = en\mu_n E \tag{5.19}$$

을 얻을 수 있다. 전체의 전류 밀도는 이들을 더하여 다음의 식으로 구할 수 있다.

$$J = J_n + J_p = e(nv_n + pv_p) = e(n\mu_n + p\mu_p)E \tag{5.20}$$

$I = JS$, $E = V/l$의 관계에서 식 (5.20)을 $I$, $V$로 표현하면

$$I = JS = e(n\mu_n + p\mu_p)\frac{V}{l}S \tag{5.21}$$

이다. 따라서 식 (5.21)이 반도체의 옴$_{ohm}$의 법칙이 되는 것이다. 이 반도체의 저항을 $R[\Omega]$이라 하면 옴$_{ohm}$의 법칙 $I = V/R$과 식 (5.21)로부터

$$R = \frac{l}{e(n\mu_n + p\mu_p)S} \tag{5.22}$$

을 얻는다. 식 (5.22)를 다르게 표현하면

$$R = \rho\frac{l}{S} = \frac{l}{\sigma S} \tag{5.23}$$

$$\rho = \frac{1}{\sigma} = \frac{1}{e(n\mu_n + p\mu_p)} \tag{5.24}$$

이다. 여기서 $\rho$는 단위가 $[\Omega \cdot m]$인데, 이를 저항률(抵抗率 resistivity), $\sigma$는 그 역수인데, 단위가 $[1/\Omega \cdot m]$ 또는 $[S/m]$이며 이를 도전율(導電率 conductivity)이라 하였다. 보통은 반도체 기판으로 n형 혹은 p형의 저항률은 수 $[\Omega \cdot m]$로 규정하고 있다. 식 (5.24)를 다음과 같이 표현하면 보다 용이하게 계산할 수 있다.

- 진성 반도체($n = p = n_i$)

$$\rho = \frac{1}{en_i(\mu_n + \mu_p)} \tag{5.25}$$

- n형 반도체($n \fallingdotseq N_d \gg p$)

$$\rho \fallingdotseq \frac{1}{en\mu_n} \fallingdotseq \frac{1}{eN_d\mu_n} \tag{5.26}$$

- p형 반도체($p \fallingdotseq N_a \gg n$)

$$\rho \fallingdotseq \frac{1}{ep\mu_p} \fallingdotseq \frac{1}{eN_a\mu_p} \tag{5.27}$$

저항률과 이동도의 값을 알면 전자밀도를 계산할 수 있다. 저항률 $\rho$를 4-탐침법$_{4\ probe\ method}$으로 측정하여 $0.04[\Omega \cdot m]$의 값을 얻었다면 표 5.1에서 $\mu_n = 0.15[m^2/V \cdot s]$이니까 이들을 식 (5.26)에 대입하여 계산하면 전자밀도 $n = 1.04 \times 10^{21}[m^{-3}]$을 구할 수 있다.

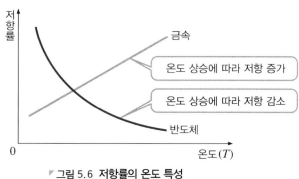

▼ 그림 5.6 저항률의 온도 특성

일반적으로, 온도가 상승하면 물질 내의 원자나 전자는 열에너지를 받아서 그 운동이 왕성해진다. 그런데 금속에서는 온도가 상승하더라도 그다지 자유 전자가 많아지지 않고 원자의 충돌 횟수가 많아지므로 저항값이 증가한다. 그 결과, 저항의 온도 계수가 양(+)이 된다. 한편, 반도체에서는 온도 상승에 따라 캐리어 수가 현저하게 증가하며, 이것이 원자와의 충돌에 의해 생기는 저항의 증가를 능가하므로 저항값은 감소한다. 그래서 저항의 온도계수는 음(-)이 된다. 이와 같은 현상에 대하여 금속과 반도체 저항률의 온도 특성을 비교하면 그림 5.6과 같이 된다.

░▓ 연습문제 5-2 ▒

전자 밀도 $n = 10^{25}$[개/m$^3$]인 도체의 전류 밀도 $J = 10^6$[A/m$^2$]이었다. 이때 드리프트 속도 $v_d$는 얼마인가?

**풀이** $J = \sigma E = ne\mu E = ne v_d$

$$\therefore v_d = \frac{J}{ne} = \frac{10^6}{10^{25} \times 1.602 \times 10^{-19}} = 6.25 \times 10^{-1}$$

$$\therefore v_d = 0.625[\text{m/s}]$$

그림 5.7에서는 불순물 밀도에 대한 이동도의 변화를 보여 주고 있는데, 불순물 밀도가 $10^{22}$[m$^{-3}$] 이하에서는 이동도가 일정하므로 식 (5.25), 식 (5.26), 식 (5.27)에서 $n$과 $p$를 간단하게 구할 수 있으나, 이 이상이 되면 이동도의 불순물 의존성을 고려해야 하는 복잡한 상태에 이른다.

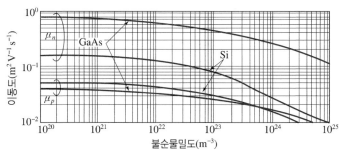

▼ 그림 5.7 불순물 밀도에 따른 이동도 특성

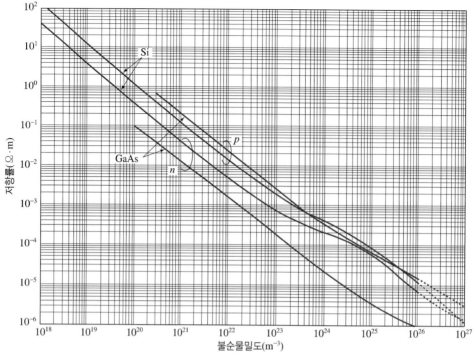

▼ 그림 5.8 저항률과 불순물과의 관계

이와 같이 이동도는 불순물에 의존하게 되는데, 이를 고려한 실험값을 기준으로 저항률과 불순물 밀도와의 관계를 그림 5.8에서 나타내었다. 이 곡선의 자료에서 저항률을 알면 불순물 밀도를 알 수 있고, 그 역으로 불순물 밀도를 알면 저항률을 구할 수 있다.

# 4 격자 산란

결정격자를 구성하는 원자는 열에너지에 의하여 진동한다. 이 격자 진동phonon과의 충돌로 캐리어의 운동 방향은 그림 5.9와 같이 변하여 진행하게 되는데, 결국 캐리어의 이동을 어렵게 한다. 이와 같은 산란은 온도가 올라갈수록 그 진동이 크게 된다.

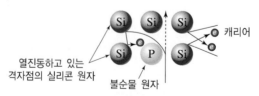

▼ 그림 5.9 격자 산란과 불순물 산란

이동도mobility는 결정 속에서 캐리어의 이동에 대한 용이성으로 정의되지만, 그림 5.9에서 나타낸 바와 같이 첫째, 열에너지, 결정격자점에 있는 원자의 진동, 캐리어의 이동을 어렵게 하는 격자 산란(格子散亂 lattice scattering)에 의한 것, 둘째는 이온화 한 불순물 원자의 쿨롱coulomb의 힘, 캐리어의 이동 경로가 구부러지는 불순물 산란(不純物 散亂 impurity scattering)에 의한 것 등의 두 가지 작용으로 그 값이 결정된다. 이 때문에 온도와 불순물 밀도가 높지 않아도 이동도는 감소하는 경향이 있다.

결정 내 정공은 그림 5.10 (a)와 같이 격자와 충돌하면서 열운동을 하고 있으며, 이때 열운동 에너지는 $\frac{3}{2}kT$로서 전자에 대하여 생각하면

$$\frac{1}{2}m^*v_n^2 = \frac{3}{2}kT, \ v_n = \sqrt{\frac{3kT}{m^*}} \tag{5.28}$$

이며, $m^*$는 전자의 실효 질량이다. 이제 그림 (b)와 같이 전계 $E$를 공급하면 각각의 충돌 시간 $t$ 사이만큼 가속되어 전계 반대 방향으로 $\frac{1}{2}at^2$만큼 이동한다. 충돌 사이의 평균 자유 행정mean free path $l_n$이 전계의 영향을 받지 않는다면 $t = \tau_n$일 때

$$l_n = v_n t = v_n \tau_n \tag{5.29}$$

이다. 여기서 $\tau_n$은 전자의 평균수명시간이다. 전계에 의해서 매초 전자가 이동하는 거리와 이동 속도 $v_d$와의 관계를 구하면

$$v_d = \frac{\frac{1}{2}a\bar{t}^2}{\bar{t}} = -\frac{1}{2}\frac{eE}{m^*}\frac{\bar{t}^2}{\tau_n} \tag{5.30}$$

$$m^*a = -eE$$

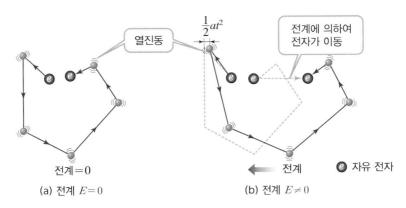

그림 5.10 **반도체에서의 전자의 이동 과정**

이다. $t$의 분포 상태에 의하여 $\overline{t}^{\,2} = 2\tau_n^2$이라고 보면

$$v_d = -\frac{eE}{m^*}\tau_n = \mu_n E \tag{5.31}$$

$$\mu_n = \frac{e}{m^*}\tau_n$$

이다. 식 (5.28), 식 (5.29), 식 (5.31)에서 이동도 $\mu_n$은

$$\mu_n = \frac{e}{m^*}\tau_n = \frac{el_n}{m^* v_n} = \frac{el_n}{\sqrt{3m^* kT}}\,[\mathrm{m}^2/\mathrm{V}\cdot\mathrm{s}] \tag{5.32}$$

이고, 정공에 대해서도 같이 생각하면

$$\mu_p = \frac{el_p}{\sqrt{3m_v kT}} \tag{5.33}$$

이다. $l_p$는 정공의 평균 자유 행정, $m_v$는 정공의 실효 질량이다.

이동도는 여러 가지 산란에 의하여 제어된다. 불순물이 포함되지 않는 고순도의 반도체에서는 격자에 의한 산란만이 기여하게 된다. 그러므로 저온으로 하면 격자 산란이 억제되고 이동도는 증가하게 된다.

한편, 불순물 반도체에서는 불순물에 의한 캐리어의 산란 때문에 농도가 높은 만큼 이동도는 감소한다. 실리콘(Si)과 갈륨비소(GaAs)에 대한 이동도와 불순물 농도와의 관계는, 불순물이 낮은 영역에서는 이동도의 값은 크고 일정하지만, 불순물 농도가 $10^{16}[\mathrm{cm}^{-3}]$보다 커지면 불순물 산란 때문에 이동도는 감소하게 된다. 전자의 이동도가 정공의 그것보다 크다.

### ▓ 연습문제 5-3 ▓

상온(300[K])에서 자유 전자의 평균 속도 $v_n$[m/s]은?

**풀이** 운동 에너지와 열에너지와의 관계는

$\dfrac{1}{2}mv_n^2 = \dfrac{3}{2}kT$이고,

$v_n = \sqrt{\dfrac{3kT}{m}}$

$\quad = \sqrt{\dfrac{3 \times 1.38 \times 10^{-23} \times 300}{9.109 \times 10^{-31}}} = 1.2 \times 10^5$

$\therefore v_n \fallingdotseq 1.2 \times 10^5 [\mathrm{m/s}]$

전계 $E=50$[V/cm]이고, $N_d=0$, $N_a=10^{16}$[cm$^{-3}$]인 실리콘 반도체의 드리프트 전류 밀도 $J$[A/cm$^2$]를 구하시오. (단, $T=300$[K]이며, 정공의 이동도 $\mu_p=450$[cm$^2$/ V·s]이다.)

**풀이** $N_a > N_d$이므로 p형 반도체이며, 다수 캐리어인 정공 농도 $p$는

$$p \fallingdotseq N_a = 1 \times 10^{16}[\text{cm}^{-3}]$$

이고, 소수 캐리어인 전자 농도 $n$은

$$n = \frac{n_i^2}{p} = \frac{(1.5 \times 10^{10})^2}{10^{16}} = 2.25 \times 10^4[\text{cm}^{-3}]$$

이다. 결국 드리프트 전류 밀도 $J$는 식 (5.20)을 이용하여

$$J = e(\mu_n n + \mu_p p)E \fallingdotseq e\mu_p p E$$
$$= (1.6 \times 10^{-19})(450)(10^{16})(50) = 36$$
$$\therefore J = 36[\text{A/cm}^2]$$

전자의 이동도 $\mu_n=5\times10^{-4}$[m$^2$/V·s]인 도체에 전계 $E=1$[V/m]를 공급하였을 경우 전류 밀도 및 도체의 고유 저항을 구하시오. (단, 전자 밀도 $n=8.5\times10^{28}$[개/m$^2$]이다.)

**풀이** 전류 밀도 $J$는

$$J \fallingdotseq en\mu_n E = 1.6 \times 10^{-19} \times 8.5 \times 10^{28} \times 5 \times 10^{-4} \times 1 = 68 \times 10^5[\text{A/m}^2]$$
$$\therefore J = 68 \times 10^5[\text{A/m}^2]$$

고유 저항 $\rho$는

$$\rho = \frac{E}{J} = \frac{1}{68 \times 10^5} = 1.47 \times 10^{-7}$$
$$\therefore \rho = 1.47 \times 10^{-7}[\Omega \cdot \text{m}]$$

# 5 불순물 산란

캐리어의 운동 방향은 불순물 이온의 쿨롱의 힘에 의하여 그림 5.11과 같이 변화하여 진행하는데, 캐리어의 이동경로가 구부러진다. 이런 불순물 산란은 캐리어의 열속도$\left(\frac{1}{2}mv^2 = \frac{3}{2}kT\right)$가 낮은 속도로 되어 이온 주위를 느리게 이동하는 저온에서 활발하다.

불순물 반도체인 경우에는 어느 정도의 저온으로 되면 이동도 $\mu$는 감소한다. 이것은 저온에서 전자와 정공이 불순물에 의해 산란되어 생기는 현상이다. 극히 저온인 경우를 생각해 보자. 극저

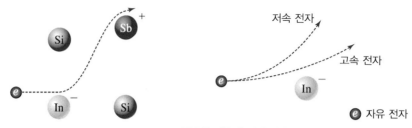

그림 5.11 **불순물 이온에 의한 산란**

온의 경우는 격자 진동이 적어서 거의 정지하고 있다. 전자와 정공은 격자의 주기적 에너지 상자 내를 늦은 속도로 운동한다.

이 주기적 에너지 상자 내에서는 어떠한 방해도 받지 않으므로 평균 이동 거리 $l$이 대단히 길게 되고, 격자 산란에 의한 이동도 $\mu_L$이 크게 될 것이다. 그러나 결정 내의 불순물과 이온, 결정의 불완전성 등에 의하여 산란된다. 이들 양이 많을수록 평균이동거리 $l$이 짧고, 이동도 $\mu$가 작게 된다. 실험 결과 저온에서의 불순물에 의한 이동도 $\mu_I$는

$$\mu_I \propto T^{3/2} \tag{5.34}$$

으로 된다. 이동도 $\mu$와 온도와의 관계를 그림 5.12에 나타내었는데, 그림에서 알 수 있는 바와 같이 저온 영역에서는 $T^{3/2}$, 고온 영역에서는 $T^{-3/2}$에 비례하고 중간 온도 영역에서 최대가 되며, 온도는 재료의 종류와 불순물 함유량에 따라 결정된다. 저온에서는 불순물에 의한 이동도 $\mu_I$가 지배적이고, 고온에서는 결정격자의 산란에 의한 이동도 $\mu_L$이 지배적이다.

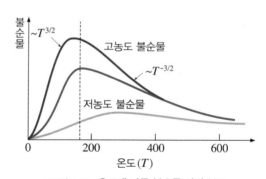

그림 5.12 **온도에 다른 불순물 산란 분포**

## 6 홀 효과

전류가 흐르고 있는 반도체에 자계를 가하면 전자, 정공의 운동 방향이 구부러진다. 자계는 운동 방향에 직각인 힘을 미치므로 원 궤도와 같이 된다.

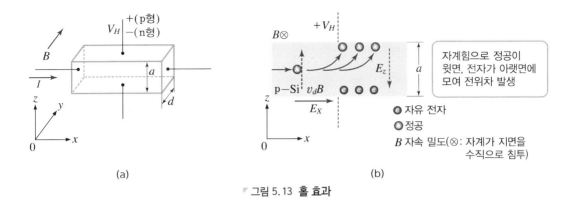

▷ 그림 5.13 **홀 효과**

그림 5.13과 같이 전류를 $x$ 방향으로 공급하고 직각인 $y$축에 자속 밀도 $B$를 가한다. 우선 자계를 가하지 않은 상태에서 $z$축 방향의 상·하의 등전위의 두 지점에 도선을 연결한다. 이제 자계를 가하면 전류가 구부러지므로 등전위가 되지 않고 전압 $V_H$가 발생한다. 이와 같이 자계에 의하여 전압 $V_H$가 발생하는 현상을 홀 효과hall effect[1]라고 한다. 이때 $V_H$는 다음 식으로 나타 낼 수 있다.

$$V_H = R_H \frac{IB}{d} \tag{5.35}$$

여기서 $d$는 자계 방향의 두께, $I$는 전류이다. $R_H$는 홀계수로서, 재료의 종류에 의해 결정되는 상수이다. 그림과 같이 정공이 전계 $E_x$에 의해 이동 속도 $v_d$로 흐를 때 자속 $B$에 의해 발생한 전자력 $ev_dB$의 영향을 받아 위쪽으로 구부러진다. 정공은 윗면으로 향하여 밑면과의 사이에 전 압이 발생한다. 이것이 홀전압hall voltage $V_H$이다.

### ▨ 연습문제 5-6 ▨

그림과 같이 균등 자계 $B$ 내에 수직으로 전자가 속도 $v$로 입사하여 원운동할 때, 반지름 $r$은 얼마인가?

**풀이**

원심력 $mv^2/r$과 구심력 $evB$가 같은 때, 원운동이 발생하므로
$mv^2/r = evB$에서 ∴ $r = mv/eB$

정상 상태에 도달하면 흐르고 있는 정공에 작용하는 $z$ 방향의 힘이 0으로 된다.
이것은 $V_H$에 의한 전계 $E_z$가 전자력 $ev_dB$와 평형상태로 되는 것을 의미하므로

---

1  홀 효과 반도체 막대의 공간에 $x$ 방향으로 전장이 작용하고 $z$ 방향으로 자장이 작용할 때 $x$ 방향의 전장에 의해 드리프트 운동을 하는 전자는 자장의 방향과 직각인 $y$축 방향으로 자장의 힘을 받아 $y$축 방향에 전장이 발생하는 현상이 일어난다. 이러한 현상을 홀 효과라고 한다.

$$e E_z + e v_d B = 0$$
$$E_z = - v_d B \tag{5.36}$$

$z$ 방향의 두께를 $a$라 하면

$$V_H = - a E_z = v_d a B \tag{5.37}$$

이고, 전류 밀도를 $J_p$, 정공 밀도를 $p$라 하면 다음과 같다.

$$J_p = p e v_d, \quad I = J_p a d = p e a d v_d \tag{5.38}$$

이것을 식 (5.29)에 대입하면

$$V_H = \frac{1}{pe} \frac{IB}{d} = R_H \frac{IB}{d} \tag{5.39}$$

로 된다. 여기서 $R_H$는 홀 정수이다.

$$R_H = \frac{1}{pe} [\text{m}^3/\text{C}] \tag{5.40}$$

n형 반도체의 전자는 자계에 의해서 위로 향하므로 $V_H$는 정공과 반대 방향이 된다. 전자 밀도를 $n$이라 하면, 식 (5.40)을 이용하여

$$R_H = - \frac{1}{ne} [\text{m}^3/\text{C}] \tag{5.41}$$

이다. 홀 전압 $V_H$의 측정에 의하여 반도체가 p형 혹은 n형의 구별을 결정할 수 있다. 또 $R_H$값으로부터 캐리어 밀도가 구해진다. 식 (5.40)과 식 (5.41)의 홀 계수는 실질적으로 다음의 값을 갖는다.

$$
\begin{aligned}
R_H &= - \frac{3\pi}{8} \frac{1}{ne} (\text{n형 반도체}) \\
&= \frac{3\pi}{8} \frac{1}{pe} (\text{p형 반도체}) \\
&= 0 (\text{진성 반도체})
\end{aligned} \tag{5.42}
$$

▌ **연습문제 5-7** ▌

두께가 0.1[mm], 자속 밀도 방향의 폭이 1[mm]인 실리콘에 $x$축 방향으로 1[mA]의 전류를 공급하고, $y$ 방향에 1[Wb/m²]인 자계를 가할 때 홀기전력 $V_H$가 $-1$[mV]이었다. 단위 체적당 전자수를 구하시오.

**풀이** 홀 효과의 관계식 $V_H = R_H \dfrac{IB}{d} = \dfrac{3\pi}{8} \dfrac{IB}{ned}$ 에서

$$n = \frac{3\pi}{8} \frac{IB}{V_H e d} = \frac{3\pi}{8} \times \frac{1 \times 10^{-3} \times 1}{10^{-3} \times 10^{-3} \times 1.6 \times 10^{-19}} = 7.4 \times 10^{21}$$

$$\therefore n = 7.4 \times 10^{21} [\text{m}^{-3}]$$

그림 5.14에서는 정육면체 반도체의 확산현상과 그 전류의 흐름을 나타내고 있는데, 정공밀도 $p$가 왼쪽 끝에서 높고, 오른쪽으로 갈수록 낮아지는 상태를 보여 주고 있다. 이 경우에 캐리어는 열운동에 의하여 밀도가 높은 쪽에서 낮은 쪽으로 이동하여 정육면체의 반도체 전체로 보면 평균한 밀도로 존재하게 된다. 이와 같이 밀도의 기울기에 의해서 생기는 캐리어의 이동 현상을 확산(擴散 diffusion)이라 한다. 이 경우, 정( + ) 전하를 갖고 있던 캐리어(정공)가 왼쪽에서 오른쪽으로 이동하여 생긴 전류 $J_{Dp}$가 생성된다. 이것을 정공의 확산전류(擴散電流 diffusion current)라 한다.

우선, 그림 5.15 (a)와 같이 $x$ 방향으로 운동하는 정공을 살펴보자.

캐리어가 $x$방향으로 흐를 때 발생한 전류의 크기는 정공밀도의 기울기($dp/dx$)에 비례한다. 또 그 방향은 밀도가 낮은 쪽으로 흐른다. 정공에 의한 확산전류밀도 $J_{Dp}$는 다음과 같이 나타낼 수 있다.

$$J_{Dp} = e D_p \left( -\frac{dp}{dx} \right) = -e D_p \frac{dp}{dx} \tag{5.43}$$

여기서 $+e$는 정공이 갖는 전하, 비례상수 $D_p$는 정공의 열운동에 의한 퍼짐(확산)의 용이성을 나타내며 이를 정공의 확산정수(擴散定數 diffusion constant)라 부른다. ( ) 내의 음( - )의 부호는

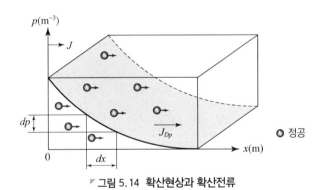

그림 5.14 확산현상과 확산전류

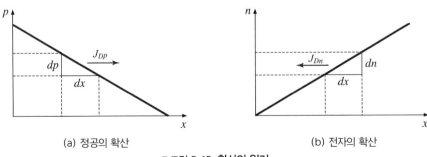

(a) 정공의 확산      (b) 전자의 확산

그림 5.15 확산의 원리

캐리어의 확산 방향이 밀도의 기울기와 반대라는 것을 의미한다. 그림 5.14에서 밀도 분포를 전자의 경우로 바꾸면 전자의 확산 전류밀도 $J_{Dn}$은 다음과 같이 표현할 수 있다.

$$J_{Dn} = -eD_n\left(-\frac{dn}{dx}\right) = eD_n\frac{dn}{dx} \tag{5.44}$$

여기서 $-e$는 전자가 갖는 전하를 의미하며 $D_n$은 전자의 확산정수이다. (   )안의 음($-$)의 부호는 정공의 경우와 같은 이유이다. 그러므로 확산정수는 캐리어의 확산 용이성을 나타내는 척도로 재료에 따라 값이 다르다.

$D_n$, $D_p$는 평균 자유 행정 $l$과 평균 자유 시간 $\tau$로 나타낼 수 있다.

$$\begin{aligned} D_p &= (l_p)^2/\tau_p \\ D_n &= (l_n)^2/\tau_n \end{aligned} \tag{5.45}$$

전자, 정공이 동시에 확산할 때의 확산 전류 밀도 $J_D$는 다음과 같다.

$$J_D = J_{Dn} + J_{Dp} = e\left(D_n\frac{dn}{dx} - D_p\frac{dp}{dx}\right) \tag{5.46}$$

반도체 내에 전계 $E$가 존재할 경우는 드리프트 전류와 확산전류밀도의 합이 전체 전류 밀도가 된다. 즉, 정공의 확산 전류와 드리프트 전류 밀도의 합을 $J_{Ep}$라 하면

$$J_{Ep} = ep\mu_p E - eD_p\frac{dp}{dx} \tag{5.47}$$

이고, 전자에 의한 확산 전류와 드리프트 전류 밀도의 합 $J_{En}$은 다음과 같이 나타낼 수 있다.

$$J_{En} = en\mu_n E + eD_n\frac{dn}{dx} \tag{5.48}$$

따라서 반도체 내에서 흐르는 전체 전류 밀도 $J$는 식 (5.47)과 식 (5.48)의 합으로 된다.

$$J = J_{En} + J_{Ep} = e(n\mu_n + p\mu_p)E + e\left(D_n\frac{dn}{dx} - D_p\frac{dp}{dx}\right) \tag{5.49}$$

이 확산은 캐리어의 이동도 $\mu$가 클수록 커지는 경향이 있다. 또 확산현상은 열에너지에 기인하기 때문에 온도 $T$가 높으면 높을수록 캐리어의 확산이 쉬워지게 된다. 이론적으로 전자와 정공의 확산정수 $D_n$과 $D_p$는 $\mu$와 $T$에 관계하며 다음과 같이 나타낼 수 있다.

$$D_n = \frac{k}{e}\mu_n T \tag{5.50}$$

$$D_p = \frac{k}{e}\mu_p T \tag{5.51}$$

여기서 $k/e$는 볼츠만상수/전자의 전하량인 물리상수이다. 식 (5.50)과 식 (5.51)을 아인슈타인 관계식Einstein's relation이라 한다.

n형, p형 반도체의 소수 캐리어 수명이 200[$\mu$s]일 때, 각 캐리어의 확산 길이를 구하시오. (단, $\mu_n =$ 0.365[$\text{m}^2/\text{V} \cdot \text{s}$], $\mu_p = 0.155$[$\text{m}^2/\text{V} \cdot \text{s}$], $T = 300$[K]이다.)

**풀이** ① n형의 확산 길이를 $l_n$, 확산 계수를 $D_n$이라 하면

$$D_n = \frac{kT}{e}\mu_n = 0.026 \times 0.365 = 0.0095 \text{이고, 확산 길이 } l_n \text{은}$$

$$l_n = \sqrt{D_n \tau_n} = \sqrt{0.0095 \times 200 \times 10^{-6}} = 1.38 \times 10^{-3}$$

$$\therefore l_n = 1.38 \times 10^{-3}[m]$$

② p형의 확산 길이를 $l_p$, 확산 계수를 $D_p$라 하면

$$\frac{kT}{e}\mu_p = 0.026 \times 0.155 = 0.00403 \text{이고, 확산 길이 } l_p \text{는}$$

$$l_p = \sqrt{D_p \tau_p} = \sqrt{0.00403 \times 10^{-6}} = 0.898 \times 10^{-3}$$

$$\therefore l_p = 0.898 \times 10^{-3}[\text{m}]$$

# 8 열생성과 재결합

반도체에 광을 조사(照射)하면 열평형 상태는 무너지고 과잉 캐리어가 발생하여 도전율을 증가시킨다. 전자와 정공의 수가 같은 진성 반도체의 경우를 생각해 보자. 진성 반도체가 열에너지를 받으면 단위 시간당 $g$개의 전자–정공쌍을 만들고, 그 후에 전자–정공은 재결합에 의해 소멸한다. 이와 같이 열에너지를 받아 전자–정공쌍이 발생하는 것이 열생성(熱生成)이고, 단위 체적당 캐리어의 생성 개수를 열생성률(熱生成率)이라고 한다.

반도체 내의 전자, 정공 농도를 각각 $n$, $p$라 하면 열생성률 $G_{th}$[쌍/$\text{cm}^3$·s]는

$$G_{th} = \gamma np = \gamma n_i^2 \tag{5.52}$$

이다. 여기서 $n_i$는 진성 반도체의 캐리어 수, $\gamma$는 비례 상수이다.

한편, 열생성과 반대인 재결합 과정을 살펴보자. 열에너지에 의해 발생한 전자–정공쌍은 불규칙한 열운동(Brown 운동)을 하게 되고, 이 과정에서 전자와 정공이 충돌하여 다시 원래의 상태로 결합을 하게 된다. 이와 같이 전자–정공이 충돌하여 그들이 가지고 있던 에너지를 잃고 소멸하는 과정이 재결합(再結合recombination)이다.

단위 체적당, 단위 시간당 재결합 수를 재결합률이라 하고, 이 재결합률 $R$[쌍/$\text{cm}^3$·sec]는

$$R = \gamma np \tag{5.53}$$

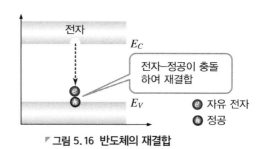

▼ 그림 5.16 반도체의 재결합

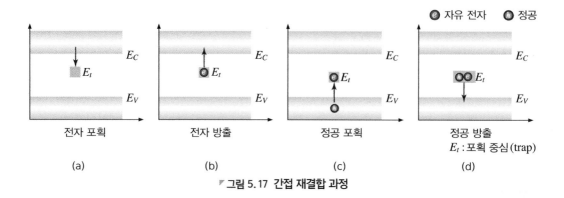

| 전자 포획 | 전자 방출 | 정공 포획 | 정공 방출 |
| :---: | :---: | :---: | :---: |
| (a) | (b) | (c) | (d) |

▼ 그림 5.17 간접 재결합 과정

이다. 재결합에는 직접 재결합, 간접 재결합과 표면 재결합으로 구분되며, 직접 재결합은 그림 5.16에서와 같이 준위와 준위band to band 사이의 재결합을 말한다.

간접 재결합은 금지대 중에 $E_t$ 준위를 고려하여 이것을 재결합 중심 또는 전자의 포획중심trap center이라 명명하여 해석한다.

금지대 내의 포획 중심은 재결합 중심으로 작용하여 거의 같은 확률로 전자와 정공을 포획한다. 이 포획 과정은 그림과 같이 4가지 기본 과정으로 금지대 내의 $E_t$ 준위에서 발생한다. 이 4가지 기본 과정은 다음과 같다.

그림 5.17 (a)는 초기 상태의 비어 있는 포획 중심에 의하여 전도대로부터 전자 포획, 그림 (b)는 (a)의 반대인 전자 방출, (c)는 가전자대에서의 정공 포획, (d)는 (c)의 반대인 정공 방출 과정을 나타낸 것이다.

### ▓ 연습문제 5-9 ▓

도너 농도 $N_d = 10^{22}[\text{m}^{-3}]$인 n형 실리콘이 있다. $T = 300[\text{K}]$에서 다수 캐리어 $n$, 소수 캐리어 $p$ 및 페르미 에너지 $E_f$를 구하시오. (단, $n_i = 2.4 \times 10^{19}[\text{m}^{-3}]$, $m^* = m_o/4$, $N_c = 4.83 \times 10^{21}(m^*/m_o)^{3/2} T^{3/2}[\text{m}^{-3}]$이다.)

**풀이** $m^*$는 전자의 실효 질량, $m_o$는 전자의 정지 질량, $N_c$는 전도대의 유효 상태 밀도이다.
$n \fallingdotseq N_d$에서 $n \fallingdotseq N_d = 10^{22}[\text{m}^{-3}]$

(계속)

$$N_d p = n_i^2 \text{에서} \quad p = n_i^2 / N_d = \frac{(2.4 \times 10^{19})^2}{10^{22}} = 5.76 \times 10^{16} [\text{m}^{-3}]$$

$$E_f = E_c - kT \ln \frac{N_c}{N_d} \text{에서} \quad kT \ln \frac{N_c}{N_d} \text{를 구하면} \quad 0.0149 [\text{eV}]$$

$$\therefore E_f = \text{전도대 바닥}(E_c) \text{에서} \ 0.0149 [\text{eV}] \text{에 위치}$$

---

### 연습문제 5-10

진성 반도체의 전자 수명을 구하시오. (단, $T = 300[\text{K}]$, 생성률 $G_{th} = 2 \times 10^{15}[\text{m}^{-3}/\text{s}]$, $n_i = 1.5 \times 10^{16}[\text{m}^{-3}]$이다.)

**풀이** 생성률 $G_{th} = R n_o p_o = R n_i^2$

수명 시간 $\tau_n = \dfrac{n_i^2}{G_{th}(n_o + p_o)} = \dfrac{n_i^2}{2 n_i G_{th}} = \dfrac{n_i}{2 G_{th}} = \dfrac{1.5 \times 10^{16}}{2 \times 2 \times 10^{15}} = 3.75$

$\therefore \tau_n = 3.75 [\text{sec}]$

---

### 연습문제 5-11

재결합 중심과 포획 중심에 대하여 설명하시오.

**풀이** 재결합 중심과 포획 중심은 전자와 정공을 각각의 중심에 가두어 놓는다는 점에서는 비슷하다. 재결합 중심은 전자와 정공 어느 것이든 한쪽을 먼저 포획하고, 잠깐 그대로의 상태를 유지하므로 같은 장소에 다른 캐리어를 포획한 후, 서로 소멸한다. 즉, 재결합하는 중심이 되는 것이다. 이 상태를 그림 (a)에서 보여 주고 있다.

단, 그림 중 실선으로 나타낸 직사각은 전도대 중의 전자가 재결합 중심에 포획되는 상황과 가전자대 중의 정공이 재결합 중심에 포획되는 상황을 나타낸 것이다. 점선은 가전자대의 정공이 재결합 중심에 포획되는 대신 재결합 중심 내의 전자가 가전자대로 떨어지는 상태를 나타낸 것이다.

한편, 그림 (b)의 포획 중심은 전도대 중의 전자를 전자에 대한 포획 중심 $E_{tn}$에 포획하고, 잠시 후 다시 전도대로 여기하는 중심이다. 그림 중의 $E_{tp}$로 나타낸 정공에 대하여도 같은 방법으로 설명할 수 있다.

그러나 위에서 기술한 두 결합 중심의 구별은 반드시 명확한 것은 아니고, 그림 (c)와 같이 광 혹은 열에너지의 크기에 따라 재결합 중심이 되기도, 포획 중심이 되기도 한다는 이론도 있다. 즉, 그림 (c)의 $A_1$과 $A_2$는 그림 (a)와 같이 전자와 정공이 재결합하는 재결합 중심이 되는 것이다. 그림 (c)에서 나타낸 가운데에서는 전도대 내의 전자가 $B_1$과 $B_2$ 중심에 포획된 후, 가전자대 내의 정공이 이 중심에 포획되기 전에 다시 전도대로 여기되는 상태를 나타낸 것으로, 이 경우 확실히 포획 중심이 된다. 즉, 동일의 중심이 재결합 중심이 되기도 하고 포획 중심이 되기도 하는 것을 의미한다. 역시 포획 중심이 존재하면 전자와 정공의 한쪽이 이것에 포획되어 이 중심에 안정하게 존재하기 때문에, 전자와 정공의 재결합이 일시 감소하여 그 결과 캐리어의 수명 시간이 길어지는 것이 일반적이다.

(계속)

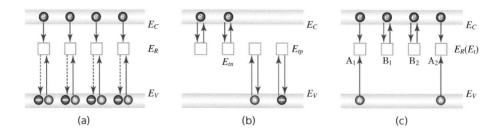

(a)    (b)    (c)

▨ **연습문제 5-12** ▨

반도체의 저항률 $\rho = 100[\Omega \cdot cm]$, $\mu_p = 480[cm^2/V \cdot s]$인 p형 반도체의 정공 밀도를 구하시오.

**풀이** 저항률 $\rho$는 p형이므로

$$\rho \risingdotseq \frac{1}{e\mu_p p} = \frac{1}{e\mu_p N_a}$$

이고, 억셉터 밀도 $N_a$

$$N_a = \frac{1}{e\mu_p \rho} = \frac{1}{1.6 \times 10^{-19} \times 480 \times 100} = 1.3 \times 10^{14}$$

$$\therefore N_a = 1.3 \times 10^{14}[cm^{-3}]$$

▨ **연습문제 5-13** ▨

도너 밀도 $N_d = 10^{21}[개/m^3]$인 n형 실리콘 반도체의 다수 캐리어와 소수 캐리어의 밀도를 구하시오. (단, $T = 300[K]$이고, $n_i = 1.5 \times 10^{16}[m^{-3}]$이다.)

**풀이** $T = 300[K]$에서 $n \risingdotseq N_d$, $pn = n_i^2$에서 다수 캐리어 $n = 10^{21}[개/m^3]$

$$p N_d = n_i^2 \text{에서 소수 캐리어 } p = n_i^2/N_d = \frac{(1.5 \times 10^{16})^2}{10^{22}} = 2.25 \times 10^{10}[m^{-3}]$$

$$\therefore \text{ 다수 캐리어 } n = 10^{21}[m^{-3}]$$

$$\therefore \text{ 소수 캐리어 } p = 2.25 \times 10^{10}[m^{-3}]$$

# ⑨ 캐리어의 연속의 식

열평형 상태에서 정공과 전자밀도가 각각 $p_o$, $n_o$인 p형 반도체에 외부에서 소수 캐리어인 전자와 다수 캐리어인 정공을 주입하여 그림 5.18 (a), (b)와 같이 전자와 정공밀도 분포가 이루어진 경우를 생각하여 보자.

이 때, 다수 캐리어인 정공밀도 분포는 그림 (b)와 같이 전자밀도 분포와 같게 된다. 이것은 주입에 의한 정공의 증가는 원래의 정공밀도가 $p_o$로 높았기 때문에 더 높은 밀도로 증가하지 않는다. 그러나 그림 (a)와 같이 주입에 의한 전자의 증가는 원래 전자밀도가 $n_o$로 낮았기 때문에 그 증가 비율이 높아진다. 따라서 캐리어의 이동 현상을 조사하는 데에는 다수 캐리어보다 소수 캐리어의 움직임을 조사하는 쪽이 이해하기 쉽다. 이것은 1,000명의 남성과 10명의 여성이 모여 모임을 갖는 장소에서 추가로 남성과 여성이 20명씩 추가로 그곳에 들어 왔을 때, 20명의 남성 움직임 보다는 20명의 여성(즉, 소수 캐리어) 움직임이 더 빨리 눈에 들어올 것이다. 이 이치와 같은 것이다. 그래서 소수 캐리어에 주목하여 살펴보는 것이다. 그림 (a)와 같이 단위 체적인 상자 속에 유입하기도, 유출하기도 하고, 또 그 속에서 발생하기도, 소멸하기도 하면서 변화가 생길 것이다. 이 그림 속의 상자 부분만을 확대한 그림 5.19를 살펴보자. 그림을 통하여 다음 4가지의 현상을 알 수 있다.

- 확산현상에 의한 체적 내에서 캐리어 밀도의 시간적 증가율은 $x_o$을 유입, $x_o + dx$를 유출하는 캐리어의 유속(流束flux)의 기울기로 결정되며 다음의 식으로 표현할 수 있다.

$$-\frac{d\left\{ D_n \left( \frac{-dn}{dx} \right) \right\}}{dx} = + D_n \frac{d^2 n}{dx^2} \tag{5.54}$$

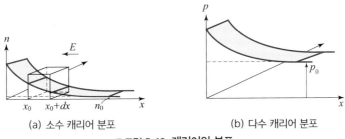

(a) 소수 캐리어 분포  (b) 다수 캐리어 분포

� 그림 5.18 **캐리어의 분포**

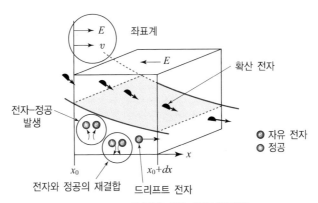

▶ 그림 5.19 **단위체적 내의 캐리어의 변화**

여기서 왼쪽 항의 음(−)을 표현한 것은 체적 중에서 캐리어의 유속의 기울기가 $x$방향으로 진행함에 따라 낮아지기 때문이다.

- 드리프트 현상에 의한 체적 내 캐리어 밀도의 증가 비율은 캐리어 유속의 기울기로 결정되고, 전계 $E$가 그림에 표시된 방향으로 일정하게 공급된다고 가정하면 다음과 같이 표현할 수 있다.

$$-\frac{d\{n\mu_n(-E)\}}{dx} = +\mu_n E \frac{dn}{dx} \tag{5.55}$$

- 빛이 조사되는 경우, 이 상자 속에서 단위 시간에 발생하는 전자−정공 쌍의 수는 $G_n$개가 발생한다.

- 발생한 전자−정공 쌍은 다시 결합하여 캐리어가 소멸하여 가는 재결합(再結合 recomb- ination) 현상이 생긴다. 이 상자 속에서 단위 시간 당 재결합에 의해서 소멸해 가는 캐리어 밀도와 열적으로 생기는 캐리어 밀도의 차, 즉 재결합 비율을 $R$이라 하자. 정상상태에서는 열적인 발생과 재결합에 의한 소멸이 평형을 이루어 $R$은 0이 된다. 열평형 이상에서는 캐리어의 밀도가 높을수록 재결합이 생기기 쉽다. 또 전자가 정공과의 재결합 정도를 나타내는 캐리어 수명시간carrier lifetime $\tau_n$을 고려하자. 이것이 짧을수록 재결합이 높아진다. 이 수명시간을 사용하여 재결합 비율 $R$을 나타내면 다음과 같다.

$$R = \frac{n - n_0}{\tau_n} \tag{5.56}$$

여기서 $\tau_n$은 소수 캐리어인 전자의 수명시간이다. 결국, 이 단위 체적인 상자 속의 소수 캐리어 밀도의 증가 비율인 $dn/dt$은 다음 식으로 표현할 수 있다.

$$\frac{dn}{dt} = D_n \frac{d^2n}{dx^2} + \mu_n E \frac{dn}{dx} + G_n - \frac{n - n_0}{\tau_n} \tag{5.57}$$

또 n형 반도체에서는 정공이 소수 캐리어가 된다. 이 정공 밀도의 증가 비율인 $dp/dt$도 $\tau_p$을 정공의 수명시간으로 하여 다음과 같이 나타낸다.

$$\frac{dp}{dt} = D_p \frac{d^2p}{dx^2} - \mu_p E \frac{dp}{dx} + G_p - \frac{p - p_0}{\tau_p} \tag{5.58}$$

식 (5.57)과 식 (5.58)을 연속의 식(連續 式 continuity equation)이라 한다.

도너 밀도 $N_d = 10^{20}[\text{m}^{-3}]$인 n형 실리콘 반도체의 전자 수명 $\tau_n$을 구하시오. (단, 진성 캐리어 밀도 $n_i = 1.5 \times 10^{16}[\text{m}^{-3}]$, 생성률 $G_n = 2 \times 10^{15}[\text{m}^{-3}]$이다.)

**풀이** $n_o = N_d$, $n_o p_o = n_i^2$이고, $p_o = 2.25 \times 10^{12}$

$$\tau_n = \frac{n_i^2}{G_n(n_o + p_o)} = \frac{(1.5 \times 10^{16})^2}{2 \times 10^{15}(10^{20} + 2.25 \times 10^{12})} = 1.125 \times 10^{-3}$$

$$\therefore \tau_n = 1.125[\text{ms}]$$

# 10 캐리어 밀도와 페르미 준위

## 1 캐리어 밀도

여러 가지 반도체 소자의 동작은 반도체 속의 전류를 외부의 신호로 제어하는 원리에 기인한다. 그 전류의 크기는 반도체 내의 전자와 정공 밀도인 캐리어 밀도에 비례하게 되는데, 여기서 이것을 구하여 보자. 전도대 내의 전자밀도 $n$은 식 (5.59)로 구할 수 있는데, 전도대 내에서 전자가 점유할 수 있는 가능한 개수(자리)의 밀도, 즉 단위 에너지 당, 단위 체적 당 밀도 $g_n(E)$와 전자가 그 자리를 점유할 확률 $f_n(E)$를 곱하고 이들을 모두 더한 값을 전도대 내에서 구하면 된다. 다시 말하면 $g_n(E) \cdot f_n(E)$을 전도대 바닥 $E_c$에서 진공 준위 $E_s$, 즉 $E = \infty$까지 적분하여 구할 수 있다.

$$n = \int_{E=E_c}^{E=\infty} g_n(E) \cdot f_n(E) dE \tag{5.59}$$

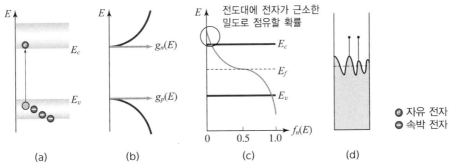

▼ 그림 5.20 에너지의 상태밀도와 페르미 – 디렉 분포함수 (a) 에너지준위와 전자의 천이 (b) 에너지의 상태밀도 함수(전자 또는 정공의 빈자리) (c) 페르미 – 디렉 분포함수(전자가 빈자리를 점유할 확률) (d) 물통의 물결

그림 5.20에서는 에너지의 상태 밀도와 페르미 – 디렉Fermi-Dirac분포함수를 나타낸 것이다. 그림 (a)에서 $g_n(E)$를 살펴보면 위쪽에 선으로 표시한 전도대 내의 단위 에너지의 폭에 포함되어 있는 에너지 준위의 개수인데, 이 $g_n(E)$를 양자역학적 관점에서 다음의 식으로 주어진다.

$$g_n(E) = 4\pi \left( \frac{2m_n^*}{h^2} \right)^{3/2} (E - E_c)^{1/2} \tag{5.60}$$

이 $g_n(E)$는 그림 (b)에서 보여 주고 있는 바와 같이 에너지에 비례하여 증가한다. 여기서 $m_n^*$는 반도체 내에서 전자가 운동하면서 돌아다닐 때, 실효적인 질량을 나타내며, 이를 전자의 유효질량이라 한다.

한편, 전자가 점유할 확률은 통계역학적으로 구할 수 있는데, 이것을 페르미 – 디렉 분포함수 Fermi-Dirac distribution function $f(E)$이고 다음의 식 (5.61)과 같이 표현할 수 있다.

$$f(E) = \frac{1}{1 + \exp(E - E_f)/kT} \tag{5.61}$$

여기서 $E_f$는 페르미 준위Fermi level를 나타낸 것이며 그림 (c)에서 이 분포함수를 나타내었다. 그림에서 보면 큰 에너지를 갖고 있었던 전자의 점유 확률은 극히 작다. 식 (5.61)에서 $E = E_f$로 놓으면 점유확률 $f_n(E_f) = 1/2$로 된다. 따라서 페르미 준위 $E_f$는 전자가 점유할 확률이 1/2이 된다고 말할 수 있다. 그림 (d)에서는 물이 들어 있는 물통에 외부에서 힘을 인가하면 물의 표면에 물결이 일고 있는 상태를 나타낸 것인데, 여기서 페르미 준위란 물의 표면에 물결이 일고 있는 파고를 평균한 에너지 준위의 개념으로 생각할 수 있다.

그림에서 보여 주고 있는 바와 같이 물결이 위쪽 방향까지 올라간다. 결국 이것은 높은 에너지 준위까지 물이 올라갈 수 있다는 것을 보여 주는 것이다. 여기서 물을 전자로 생각하여 높은 에너지까지 약간의 전자가 올라가 존재할 수 있다는 것이다.

식 (5.59)에 식 (5.60)과 식 (5.61)을 대입하여 전자밀도 $n$을 계산할 수 있지만, 조금 복잡하다. 그래서 식 (5.59)에서 적분 범위 $E$는 $E_c$ 이상이므로 식 (5.61)의 $(E - E_f)$는 $[(E - E_f)/kT] \gg 1$인 조건을 만족시키는 경우가 많이 존재한다. 이때 식 (5.61)은 다음과 같이 간소화된 식으로 나타낼 수 있다.

$$f(E) \fallingdotseq \exp[-(E - E_f)/kT] \tag{5.62}$$

결국, 페르미 분포는 볼츠만Boltzmann 분포의 식으로 근사화하여 표시할 수 있다.

앞에서 살펴본 바와 같이 순수한 반도체의 에너지대에서 충만대는 전자 상태를 나타내고, 금지대 폭을 사이에 두고 전자의 허용대인 전도대가 존재한다. 여기에 전도 전자가 있으면 같은 수의 정공이 충만대에서 발생한다. 그림 5.21 (a)에서 전도대 바닥의 에너지를 $E_c$, 전자의 실효 질량을 $m^*$라 하면 전도대 바닥의 미소 영역에서

$$E - E_c = \frac{h^2}{8\pi^2 m^*} k^2 \tag{5.63}$$

이다. 여기서 실효 질량은 결정 내의 전자가 외부의 힘을 받게 될 때, 전자가 운동할 때 발생하는 관성 질량을 말한다.

또한 충만대의 꼭대기 부분의 에너지를 $E_v$, 정공의 실효 질량을 $m_v$라 하면

$$E - E_v = -\frac{h^2}{8\pi^2 m_v} k^2 \tag{5.64}$$

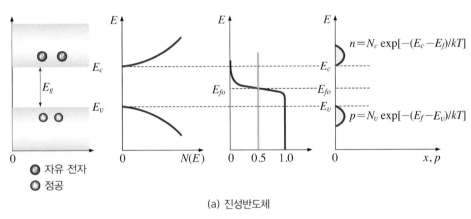

(a) 진성반도체

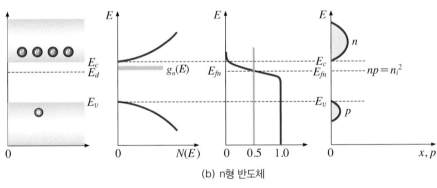

(b) n형 반도체

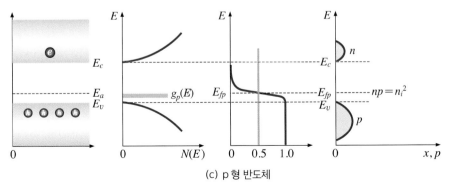

(c) p형 반도체

▼ 그림 5.21 **반도체의 캐리어 분포**

이다. 따라서 전도대에서 에너지 $dE$ 범위의 준위의 수는

$$g_n(E) = 4\pi\left(\frac{2m^*}{h^2}\right)^{3/2}(E - E_c)^{1/2}dE \tag{5.65}$$

이고, 충만대의 준위의 수도

$$g_n(E) = 4\pi\left(\frac{2m_v}{h^2}\right)^{1/2}(E_v - E)^{1/2}dE \tag{5.66}$$

이다. 금지대 폭을 $E_g$라 하면

$$E_g = E_c - E_v \tag{5.67}$$

로 된다. 게르마늄의 경우 0.67[eV], 실리콘은 1.11[eV], 갈륨비소는 1.43[eV]이다.

그림 5.21 (a)와 같이 반도체에서 페르미 준위 $E_f$가 전도대 바닥($E_c$)과 가전자대 꼭대기($E_v$)의 중간에 있는 경우를 살펴보자.

페르미 - 디렉 분포 함수는 전도대에서 $E - E_f \gg kT$, $kT \fallingdotseq 1/40$[eV]이므로

$$f(E) = \frac{1}{1 + \exp\left(\dfrac{E - E_f}{kT}\right)} \fallingdotseq \exp\left(\frac{E - E_f}{kT}\right) \tag{5.68}$$

이다. 전도대에 존재하는 전자 밀도 $n$은

$$\begin{aligned}
n &= 4\pi\left(\frac{2m^*}{h^2}\right)^{3/2}\int_0^\infty f(E)\,E^{1/2}dE \\
&= 4\pi\left(\frac{2m^*}{h^2}\right)^{3/2}\int_{E_c}^\infty f(E)(E - E_c)^{1/2}dE \\
&= 4\pi\left(\frac{2m^*}{h^2}\right)^{3/2}\int_{E_c}^\infty (E - E_c)^{1/2}\exp\left(\frac{E - E_f}{kT}\right)dE \\
&= 4\pi\left(\frac{2m^*}{h^2}\right)^{3/2}\exp\left(\frac{E_f - E_c}{kT}\right)\int_{E_c}^\infty (E - E_c)^{1/2}\exp\left(\frac{E - E_c}{kT}\right)dE
\end{aligned} \tag{5.69}$$

이고, 공식 $\displaystyle\int_0^\infty x^{1/2}e^{-ax}dx = \frac{1}{2a}\sqrt{\frac{\pi}{a}}$ 를 이용하면,

$$\begin{aligned}
n &= 2\left(\frac{2\pi m^* kT}{h^2}\right)^{3/2}\exp\left(\frac{E_f - E_c}{kT}\right) \\
n &= N_c\exp\left(\frac{E_f - E_c}{kT}\right) \\
N_c &= 2\left(\frac{2\pi m^* kT}{h^2}\right)^{3/2}
\end{aligned} \tag{5.70}$$

이다. 여기서 $N_c$는 전도대의 유효 상태 밀도이며, 실리콘의 경우, 300[K]에서 $2.8 \times 10^{19}[\text{cm}^{-2}]$이다.

한편, 충만대 혹은 가전자대에서 생기는 정공은 그림 (c)와 같이 전자가 존재하지 않는 확률 상태이며, $E < E_f$이고 $E_f - E > kT$이므로 앞의 과정을 거쳐 정공 밀도를 구하면

$$1 - f(E) = 1 - \frac{1}{1 + \exp\left(\dfrac{E - E_f}{kT}\right)}$$

$$\fallingdotseq \exp\left(\frac{E - E_f}{kT}\right) \tag{5.71}$$

이고, 위의 식과 식 (5.66)과의 곱으로 하여 정공 밀도 $p$를 구하면

$$p = 4\pi \left(\frac{2m_v}{h^2}\right)^{3/2} \int_0^{E_v} (E_v - E)^{1/2} \exp\left(\frac{E - E_f}{kT}\right) dE$$

$$= 4\pi \left(\frac{2m_v}{h^2}\right)^{3/2} \exp\left(\frac{E_v - E_f}{kT}\right) \int_0^{E_v} (E_v - E)^{1/2} \exp\left(-\frac{E_v - E}{kT}\right) dE \tag{5.72}$$

$\dfrac{E_v - E}{kT} = x$로 하고, $0 \sim E_v$까지 적분은 $0 \sim \infty$로 하여도 큰 문제는 없으므로

$$p = 2\left(\frac{2\pi m_v kT}{h^2}\right)^{3/2} \exp\left(\frac{E_v - E_f}{kT}\right)$$

$$p = N_v \exp\left(\frac{E_v - E_f}{kT}\right) \tag{5.73}$$

$$N_v = 2\left(\frac{2\pi m_v kT}{h^2}\right)^{3/2}$$

이며, $N_v$는 충만대의 유효 상태 밀도이며, 실리콘의 경우, 300[K]에서 $1.04 \times 10^{19}[\text{cm}^{-2}]$이다.

## 2 진성 캐리어 밀도

진성반도체의 캐리어 밀도 $n$, $p$를 진성 캐리어 밀도intrinsic carrier density라 하며, 이 밀도를 $n_i$, $p_i$로 표시한다. 진성반도체의 캐리어는 앞절에서 살펴본 바와 같이 전자 – 정공 쌍으로 발생하므로 다음의 관계가 성립한다.

$$n_i = p_i = \sqrt{np} \tag{5.74}$$

식 (5.70)과 식 (5.73)을 식 (5.74)에 대입하여 정리하면

$$n_i = p_i = \sqrt{np} = \sqrt{N_c N_v} \exp(-E_g/2kT) \tag{5.75}$$

이 된다. 여기서 $E_g$는 $E_g = E_c - E_v$로 금지대의 폭을 나타내는 에너지이다. 실리콘의 경우, $T = 300[K]$에서 진성 캐리어 밀도는 $n_i = p_i = 1.5 \times 10^{16}[cm^{-3}]$이다. 이러한 전자와 정공은 공유결합을 깨면서 발생한 것으로 그 개수는 많아 보이지만, 실리콘의 원자밀도는 $5 \times 10^{28}[cm^{-3}]$이므로 $10^{12}[개]$의 실리콘 원자 당 1개의 비율로 전자와 정공이 존재하고 있는 것이 된다. 일반적으로 반도체는 온도가 올라가면 저항이 떨어지는 현상이 있다. 이것은 그 온도 상승에 의해 식 (5.75)의 지수 항에 의하여 현저히 많은 전자와 정공이 생성되어 캐리어 밀도가 증가하는 것으로 볼 수 있다. 예를 들어 $T = 600[K]$로 하면 $n_i = p_i = 3.4 \times 10^{20}[cm^{-3}]$로 되며 여기에 온도를 1,420[℃]로 올리면 결합하고 있던 전자가 모두 뛰쳐나와 버리기 때문에 원자끼리의 결합이 이루어지지 않아 실리콘 결정은 용해되기 쉽다.

$$E_{fo} = \frac{E_c + E_v}{2} + \frac{kT}{2} ln \frac{N_v}{N_c} = \frac{E_c + E_v}{2} + \frac{3}{4} kT ln \frac{m_p^*}{m_n^*} \tag{5.76}$$

으로 된다. 위의 식에서 우변의 제2항은 $N_c \fallingdotseq N_v$이므로 제1항의 값에 비하여 훨씬 작은 값이다. 진성 반도체의 페르미 준위 $E_{fo}$는 $E_c$와 $E_v$의 한 가운데, 즉 금지대의 거의 중앙에 위치하게 된다.

이 $E_{fo}$와 식 (5.74)의 $n_i$을 사용하여 식 (5.70)의 $n$과 식 (5.73)의 $p$를 나타내면

$$n = n_i \exp\{(E_{fn} - E_{fo})/kT\} \tag{5.77}$$

$$p = n_i \exp\{-(E_{fp} - E_{fo})/kT\} \tag{5.78}$$

으로 된다. 이 식에서 $E_{fn} > E_{fo}$ 즉, 페르미 준위가 금지대의 거의 중앙에 있는 $E_{fo}$보다 위쪽에 있으면 $n > p$가 되어 n형 반도체가 된다. 한편, $E_{fn} < E_{fo}$ 즉, 페르미 준위가 $E_{fo}$보다 아래쪽에 있으면 $n < p$가 되어 p형 반도체가 된다. 이와 같이 n형과 p형 반도체는 페르미 준위의 위치로 결정되는 것이지 단순히 주입하는 불순물만으로 결정되는 것이 아니므로 주의할 필요가 있다.

## 3 ▌ 다수와 소수 캐리어

식 (5.77)과 식 (5.78)의 $E_{fn}$과 $E_{fp}$를 $E_f$로 놓고, 두 식을 곱하여 보자. 그러면

$$pn = n_i^2 \fallingdotseq pn곱\_일정 \tag{5.79}$$

으로 된다. 열평형 상태일 때에는 $pn$곱_일정의 관계가 성립한다는 것이다. 이것은 진성반도체, 불순물 반도체의 구분 없이 적용된다. 이 관계는 전자 $n$과 정공 $p$의 어느 한쪽이 $n_i$보다 많으면 다른 쪽은 반드시 $n_i$보다 작아야 된다는 것을 의미하는 것이다. 여기서 밀도가 높은 쪽을 다수 캐리어majority carrier, 적은 쪽을 소수 캐리어minority carrier라 한다.

## 4. 불순물 반도체의 캐리어

불순물 반도체에서 도너의 원자밀도가 $N_d[\mathrm{cm}^{-3}]$인 n형 반도체와 억셉터 밀도가 $N_a[\mathrm{cm}^{-3}]$인 p형 반도체가 있는데, 우선 n형 반도체의 전하밀도를 살펴보자. 도너 불순물 원자로부터 떨어져 나온 전자와 열적인 여기에 의하여 결합을 깨고 가전자대에서 전도대로 뛰어올라온 전자에 의한 전하 밀도는 $-en$, 전자가 떨어져 나와서 이온화 한 도너 이온에 의한 정(+)의 전하밀도가 $eN_d$, 그리고 열적인 여기로 전도대로 뛰어올라온 후, 남아 있던 가전자대의 정공에 의한 정(+)의 전하밀도 $+ep$가 있다.

반도체는 전체적으로는 중성이므로 결국, 전하의 중성 조건이 성립하므로

$$eN_d + ep - en = 0 \tag{5.80}$$

의 관계가 성립된다. 이것은 앞에서 기술한 바와 같이 식 (5.79)의 $pn$ 곱_일정의 관계가 성립하고 있다. 이제 이 두 개의 식에서 $n$은 다음과 같이 구할 수 있다.

$$n = \frac{1}{2}\left\{ N_d + \sqrt{N_d^2 + 4n_i^2} \right\} \tag{5.81}$$

한편, 식 (5.79)의 관계에 따라서 $p$는 $n$이 결정되면 다음의 식으로 구할 수 있다.

$$p = \frac{n_i^2}{n} \tag{5.82}$$

여기서 보통 n형 반도체에서는 도너밀도 $N_d$는 $N_d \gg n_i$ 조건으로 주입되므로 식 (5.81)과 식 (5.82)의 개념을 이용하여 근사적으로 다음과 같이 구할 수 있다.

$$n \fallingdotseq N_d \tag{5.83}$$

$$p \fallingdotseq \frac{n_i^2}{N_d} \tag{5.84}$$

결국, n형 반도체의 전자밀도 $n$은 도너 불순물 밀도와 같다. 또 p형 반도체의 $p$와 $n$도 다음의 식으로 구할 수 있다.

$$p = \frac{1}{2}\left\{ N_a + \sqrt{N_a^2 + 4n_i^2} \right\} \tag{5.85}$$

$$n = \frac{n_i^2}{p} \tag{5.86}$$

여기서도 p형 반도체에서 성립하고 있는 $N_a \gg n_i$의 조건으로 식 (5.85)와 식 (5.86)을 근사적으로 다음과 같이 나타낼 수 있다.

$$p \fallingdotseq N_a \tag{5.87}$$

$$n \fallingdotseq \frac{n_i^2}{N_a} \tag{5.88}$$

## 11 반도체의 페르미 준위

### 1 진성 반도체

진성 반도체는 전도대 전자의 개수와 가전자대 정공의 개수가 같은 재료이다. 식 (5.70)의 $n$과 식 (5.73)의 $p$가 같은 것이므로

$$N_c \exp\left(\frac{E_f - E_c}{kT}\right) = N_v \exp\left(\frac{E_v - E_f}{kT}\right) \tag{5.89}$$

이다. 여기서 $E_f$를 진성 페르미 준위 $E_{fo}$로 놓고 구하면

$$E_{fo} = \frac{1}{2}(E_c + E_v) + \frac{1}{2}kT \log\frac{N_v}{N_c}$$

$$= \frac{1}{2}(E_c + E_v) + \frac{3}{4}kT \log\frac{m_v}{m^*} \tag{5.90}$$

로 된다. 절대온도 $T$가 낮은 경우, 위의 식의 제2항은 값이 작아 거의 0이므로 페르미 준위 $E_{fo}$는 거의 금지대 폭의 중앙에 위치한다. 또 진성 반도체에서 $n = p$이므로 캐리어 밀도 $n_i$를 계산하면

$$n_i^2 = np \tag{5.91}$$

이고, 진성 캐리어 밀도 $n_i$는 식 (5.70)과 식 (5.73)에서

$$n = p = n_i = (N_c N_v)^{1/2} \exp\left(-\frac{E_g}{2kT}\right), \quad E_g = E_c - E_v \tag{5.92}$$

이다.

#### 연습문제 5-15

실리콘 재료의 전자 농도 $n_i$를 구하시오. (단, 절대 온도 $T = 300[\text{K}]$, $N_c = 9.74 \times 10^{18}[\text{cm}^{-3}]$, $N_v = 3.02 \times 10^{18}[\text{cm}^{-3}]$, $E_g = 1.12[\text{eV}]$이다.)

**풀이** $n_i^2 = p \cdot n = N_c N_v \exp\left(-\frac{E_g}{kT}\right)$에서 $n_i = (N_c N_v)^{1/2} \exp\left(-\frac{E_g}{2kT}\right)$이고,

$k = 1.38 \times 10^{-23}[\text{J/K}]$, $T = 300[\text{K}]$, $E_g = 1.12[\text{eV}]$을 대입하여 계산하면,

$\therefore n_i = 2.4 \times 10^9/\text{cm}^3$

진성 반도체의 페르미 준위 $E_{fo}$를 계산하시오. (단, $T$=300[K], $m^* = 1.08m_o$, $m_v = 0.56m_o$이다.)

**풀이** 진성 반도체의 에너지 갭의 중앙을 $E_{\text{midgap}}$이라 하면

$$E_{fo} - E_{\text{midgap}} = \frac{3}{4}kT\,ln\left(\frac{m_v}{m^*}\right)$$

$$= \frac{3}{4}\times 0.0259\,ln\left(\frac{0.56}{1.08}\right) = -0.0128[\text{eV}] = -12.8[\text{meV}]$$

∴ 진성 반도체의 페르미 준위는 에너지 갭 중앙에서 12.8[meV] 아래에 있다.

## 2 ■ 불순물 반도체

캐리어 밀도의 근사 식 (5.83)과 식 (5.87)을 각각 식 (5.77), 식 (5.78)에 대입하여 n형 반도체의 페르미 준위 $E_{fn}$과 p형 반도체의 페르미 준위 $E_{fp}$를 구하면

$$E_{fn} = E_{fo} + kT\,ln\frac{N_d}{n_i} \tag{5.93}$$

$$E_{fp} = E_{fo} - kT\,ln\frac{N_a}{n_i} \tag{5.94}$$

을 얻을 수 있다. 여기서 $E_{fo}$는 진성반도체의 페르미 준위로 상온에서 금지대의 중앙에 위치한다. 그림 5.22에서는 온도 $T$에 대한 $E_{fn}$과 $E_{fp}$의 변화를 도시적으로 나타낸 것이다. 그림에서 온도가 올라가면 $E_{fn}$과 $E_{fp}$ 모두 $E_{fo}$에 근접한다. 이러한 페르미 준위의 변화는 식 (5.93)과 식 (5.94)의 자연대수 $ln$ 앞에 있는 $T$가 아니고, $n_i$를 구하는 식 (5.92) 속에 있는 온도 $T$에 강하게 의존하고 있다.

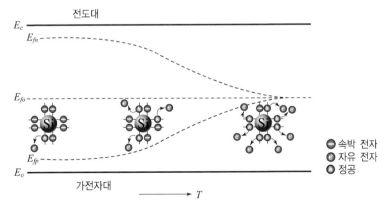

▼ 그림 5.22 온도에 따른 페르미 준위의 변화

여기까지는 n형 반도체는 도너donor 만을, p형 반도체에는 억셉터acceptor 만을 주입한 경우를 살펴보았다. 일반적으로 억셉터 밀도가 $N_a$인 p형 반도체에 도너를 주입하여 도너 밀도가 $N_d > N_a$로 되면 도전형이 p형에서 n형으로 변화하게 되어 도너밀도는 $(N_d - N_a)$로 된다. 이 경우에 식 (5.80)~식 (5.84)과 식 (5.93)의 $N_d$를 $(N_d - N_a)$로 치환하여 계산한다. 마찬가지로 n형을 p형으로 변화하면 억셉터 밀도는 $(N_a - N_d)$로 되어 식 (5.85)~식 (5.88)과 식 (5.94)의 $N_a$을 $(N_a - N_d)$로 치환하여 계산할 필요가 있다.

### 3 █ n형 반도체

n형 반도체는 도너donor가 다수 캐리어인데, 이 n형 반도체의 페르미 준위 $E_{fn}$을 생각해 보자. 그림 5.23에서는 n형 반도체의 불순물 에너지 준위를 보여 주고 있다.

도너 준위를 $E_d$, 도너 농도를 $N_d$라 하고, 이 농도 중에서 $n_d$개가 이온화하여 전도대에 $n_d$개의 전자가 발생한다고 하자. 그러면 도너 준위에 $(N_d - n_d)$개의 도너 원자, 이것만큼의 전자가 남아 있게 된다.

준위의 수가 $N_d$개에서 $(N_d - n_d)$개로 되기 위한 $n_d$의 확률분포함수는

$$N_d - n_d = N_d f(E_d)$$
$$n_d = N_d (1 - f(E_d))$$
$$= \frac{N_d}{1 + \exp\left(\dfrac{E_f - E_d}{kT}\right)} \tag{5.95}$$

이다. 이 $n_d$와 충만대에서 발생하여 전도 전자의 수 $p(n = p$이므로)와의 합이 전체의 전도 전자의 수가 된다. 따라서 그림 5.23에서 전도대의 전도 전자의 수 $n$은 식 (5.70), 식 (5.73), 식

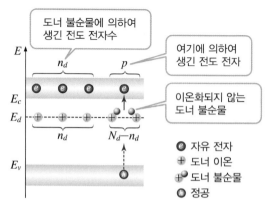

▼ 그림 5.23 n형 반도체의 불순물 준위

(5.95)를 이용하여

$$n = n_d + p$$

$$N_c \exp\left(\frac{E_f - E_c}{kT}\right) = \frac{N_d}{1 + \exp\left(\dfrac{E_f - E_d}{kT}\right)} + N_v \exp\left(\frac{E_v - E_f}{kT}\right) \tag{5.96}$$

이다. 낮은 온도에서는 정공이 여기되는 수가 적으므로 식 (5.96)의 제2항인 $p$를 무시하고 정리하면 다음과 같이 된다.

$$N_c \exp\left(\frac{E_f - E_c}{kT}\right) = \frac{N_d}{1 + \exp\left(\dfrac{E_f - E_d}{kT}\right)}$$

$$\frac{N_d}{N_c} = \exp\left(\frac{E_f - E_c}{kT}\right) + \exp\left(\frac{2E_f - E_d - E_c}{kT}\right) \tag{5.97}$$

페르미 준위가 금지대 중앙에서 전도대 바닥 에너지인 $E_c$에 접근해 있다고 하면 식 (5.97)의 제1항을 무시할 수 있다. 그러므로 $E_f$를 n형 페르미 준위 $E_{fn}$으로 놓으면

$$E_{fn} = \frac{1}{2}(E_d + E_c) + \frac{1}{2}kT \ln \frac{N_d}{N_c} \tag{5.98}$$

이다. $kT$가 0에 근접하는 낮은 온도에서는 식 (5.98)의 제2항은 거의 0이므로 페르미 준위 $E_{fn}$은 $E_d$와 $E_c$의 중간에 위치하게 된다.

온도가 상승하면, 식 (5.98)의 제2항의 $N_c$가 온도 특성을 지배하게 되어 제2항이 음(−)이 되어 페르미 준위는 금지대 중앙으로 향하게 된다. 온도가 더욱 높아지면 정공이 다수 발생하고, 이것에 의한 전도 전자의 수가 도너 불순물에 의한 전자의 수 $N_d$보다 많게 된다.

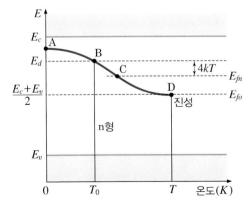

▼ 그림 5.24 **온도에 따른 페르미 준위의 변화**

그림 5.24에 나타낸 바와 같이 도너 불순물에 의한 n형 반도체의 특성은 점차 없어지고 진성 반도체의 특성을 갖게 된다. 이때 페르미 준위 $E_{fn}$은 $E_c$와 $E_v$ 중간의 위치까지 내려가게 된다.

그림에서 ABC 구간까지는 n형 반도체이나, $E_{fn}$이 $E_d$에서 $4kT$ 이상 내려가면 도너는 98% 이상 이온화되어 포화 상태로 된다. 온도가 더욱 증가하여 페르미 준위가 더 내려가면 도너의 전자는 포화되어 증가하지 않고, 충만대에서 발생한 전도 전자가 증가하여 결국 진성 반도체로 되는 것이다.

## 4 p형 반도체

p형 반도체에 관하여도 n형 반도체와 똑같은 과정으로 생각할 수 있다. 억셉터 준위를 $E_a$, 억셉터 농도를 $N_a$개 중 충만에 있는 전자를 받아들여 음(−)으로 이온화한 억셉터 이온 수를 $n_a$라 하고, 이 이온화의 수를 페르미−디렉 분포 함수로 표현하면

$$n_a = \frac{N_a}{1 + \exp\left(\dfrac{E_a - E_f}{kT}\right)} \tag{5.99}$$

이다.

그림 5.25에서는 p형 반도체의 불순물 준위와 온도에 따른 페르미 준위의 변화를 보여 주고 있는데, 충만대에서 발생하는 전체 정공의 수 $p$는 억셉터 이온 수 $n_a$와 전도대에서 발생하는 전자의 수 $n$의 합으로 주어지므로 식 (5.70), 식 (5.73), 식 (5.99)를 이용하여

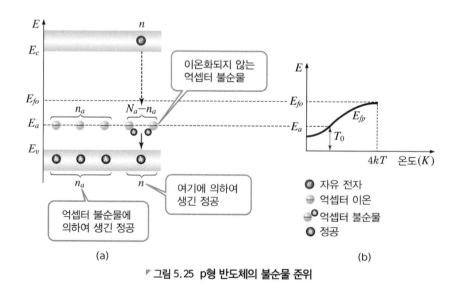

▼ 그림 5.25 p형 반도체의 불순물 준위

$$p = n_a + n$$

$$N_v \exp\left(\frac{E_f - E_v}{kT}\right) = \frac{N_a}{1 + \exp\left(\dfrac{E_a - E_f}{kT}\right)} + N_c \exp\left(\frac{E_c - E_f}{kT}\right) \qquad \rceil \quad (5.100)$$

이고, 저온에서는 전도 전자 농도 $n$을 무시할 수 있으므로 식 (5.100) 우변의 제2항을 없애면

$$N_v \exp\left(-\frac{E_f - E_v}{kT}\right) = \frac{N_a}{1 + \exp\left(\dfrac{E_a - E_f}{kT}\right)} \qquad (5.101)$$

이다. 식 (5.101)에서 $E_f$를 $P$형 페르미 준위 $E_{fp}$로 놓고 구하면 다음과 같다.

$$E_{fp} = \frac{1}{2}(E_a + E_v) + \frac{1}{2}kT\,ln\frac{N_v}{N_a} \qquad (5.102)$$

절대 온도 0[K]에서 페르미 준위 $E_{fp}$는 억셉터 준위 $E_a$와 가전자대 꼭대기 준위 $E_v$의 중앙에 위치하나, 온도가 올라가면 식 (5.102)의 제2항은 $N_v$가 $T^{3/2}$에 비례하므로 정(+)으로 되어 페르미 준위가 상승하게 된다. 온도 가 높아지면 $E_{fp}$는 $E_a$의 위에 있고, 이보다 $4kT$ 이상이면 억셉터는 거의 이온화한다.

결국, p형 반도체에서 온도가 상승하면 전도대로 여기되는 전자가 많아지는 동시에 충만대에 정공이 다수 발생하여 페르미 준위가 금지대 중앙으로 이동하는 효과가 있으므로 진성 반도체가 된다.

■ 다음 문장의 ( ) 혹은 [국문(영문)]에 적절한 용어를 써 넣으시오.

**01** 금속 도체에 외부 전계가 작용하면 금속 내부의 ( )가 쉽게 이동하여 전기 전도 현상이 일어나게 된다.

**02** 금속에 외부의 전계가 작용하지 않을 때는 임의 방향으로 열운동을 하며, 전체 ( )의 방향과 속도를 평균하면 0이므로 외부 전류는 존재하지 않는다.

**03** 반도체에 전계를 공급하면, 반도체 내에 힘을 받은 전자들은 결정격자 및 원자 사이를 충돌과 재결합 등의 작용을 하면서 전계의 방향과 반대로 이동하는 ( )이 일어나며, 이때의 속도를 [ ( )]라 한다.

**04** 전자가 결정격자와 충돌하여 다음 충돌 때까지의 평균 거리를 [ ( )]이라 하고, 이 때의 평균 시간을 [ ( )]이라고 한다.

**05** 전류가 흐르고 있는 반도체에 ( )를 가하면 전자, 정공의 운동 방향이 구부러진다. ( )는 운동 방향에 직각인 힘을 미치므로 원 궤도와 같이 된다.

**06** 전류를 $x$ 방향으로 공급하고 직각인 $y$축에 자속밀도 $B$를 가하면 전류가 구부러지므로 등전위가 되지 않고 전압 $V_H$가 발생한다. 이와 같이 ( )에 의하여 전압 $V_H$가 발생하는 현상을 [ ( )]라고 한다.

**07** 캐리어의 농도차에 의한 기울기가 반도체 내에 존재하면 농도가 높은 쪽에서 낮은 쪽으로 ( )이 생겨 전류가 흐를 수 있다.

**08** 반도체에서 캐리어 농도의 기울기에 의한 입자의 이동 현상을 [ ( )]이라 하며, 확산에 의한 전류를 [ ( )]라고 한다.

**09** 반도체에 광을 조사(照射)하면 열평형 상태는 무너지고 ( )가 발생하여 도전율을 증가시킨다.

**10** 진성 반도체가 열에너지를 받으면 전자-정공쌍을 만들고, 그 후에 전자－정공은 재결합에 의해 소멸한다. 이와 같이 열에너지를 받아 전자－정공쌍이 발생하는 것을 ( )이라고 한다.

**11** 반도체 내에서 전자－정공이 충돌하여 그들이 가지고 있던 에너지를 잃고 소멸하는 과정을
[ ( )]이라고 한다.

**12** 반도체에서 ( )은 전자와 정공 어느 것이든 한쪽을 먼저 포획하고 잠깐 그대로의 상태를 유지하므로, 같은 장소에 다른 캐리어를 포획한 후 서로 소멸하는 과정을 말한다.

**13** 반도체에서 ( )은 전도대 중의 전자를 전자에 대한 포획 중심에 포획하고, 잠시 후 다시 ( )로 여기하는 중심이다.

# 연구문제

**01** 드리프트 이동도에 대하여 설명하시오.

**02** 홀 효과에 대하여 설명하시오.

**03** 확산 현상에 대하여 설명하시오.

**04** 반도체 재료에서 재결합에 대하여 설명하시오.

**05** 캐리어란 무엇이며, 다수 캐리어와 소수 캐리어에 대하여 설명하시오.

**06** 반도체의 길이가 10[mm], 단면적이 5[mm$^2$], 저항이 $R = 4\,[\mathrm{k\Omega}]$일 때, 저항률 $\rho$는 얼마인가?

**07** 폭이 2[mm], 자계 방향의 두께가 0.2[mm]인 실리콘이 있다. $x$ 방향에 10[mA]의 전류를 흘리고, 이에 수직한 $z$ 방향에 0.1[Wb/m$^2$]의 자계를 가하였더니 홀 전압이 $-1.0$[mV]가 되었다. 홀 계수와 단위 체적 당 전자수를 구하시오.

| 힌트 | $\left( n = \dfrac{3\pi}{8} \dfrac{iB}{V_H ed} \right)$

**08** 금속의 도전 현상에 대하여 설명하시오.

**09** 진성 반도체, n형 반도체 및 p형 반도체의 개념을 설명하시오.

**10** 반도체에서 전도 전자와 정공의 의미를 설명하시오.

**11** 전도 전자 밀도가 $10^{28}[cm^{-3}]$인 도체에 $10[V/cm]$의 전계를 인가할 때 전자의 이동도 및 드리프트 속도를 구하시오. (단, $\sigma = 10^7[\Omega \cdot cm]^{-1}$이다.)

| 힌트 | $(v = \mu_n E, \ \sigma \fallingdotseq en\mu_n [\Omega \cdot cm]^{-1})$

$\quad\quad\quad \sigma \fallingdotseq en\mu_n$

**12** 전계 $E = 10[V/m]$이고, $N_d = 0$, $N_a = 10^{15}[m^{-3}]$인 반도체의 드리프트 전류 밀도 $i[A/m^2]$를 구하시오. (단, $T = 300[K]$이다.)

| 힌트 | $i = ep\mu_p E$

**13** 전자의 이동도 $\mu_n = 1 \times 10^{-4}[m^2/V \cdot s]$인 도체에 전계 $E = 10[V/m]$를 공급하였을 경우, 전류밀도 및 도체의 고유 저항을 구하시오. (단, 전자 밀도 $n = 8.5 \times 10^{20}[개/m^2]$이다.)

| 힌트 | $i = ep\mu_p E, \ \rho \fallingdotseq \dfrac{1}{en\mu_n}$

**14** 반도체의 저항률 $\rho = 1,000[\Omega \cdot cm]$, $\mu_n = 120[cm^2/V \cdot s]$인 n형 반도체의 전자 농도를 구하시오.

| 힌트 | $\rho \fallingdotseq \dfrac{1}{en\mu_n}$

**15** 길이 $2.5 \times 10^{-2}[m]$인 n형 반도체에 $10[V]$의 전압을 인가하였을 때 다음을 계산하시오. (단, 전자의 이동도는 $0.14[m^2/V \cdot s]$이다.)
(1) 전자의 드리프트 속도 $v_d$
(2) 전자가 반도체의 한쪽에서 반대쪽 끝에 도달하는 데 걸리는 시간 $t$

**16** 도너 농도가 $N_d = 10^{21}[m^{-3}]$인 n형 실리콘의 전자의 수명 시간은? (단, $T = 300[K]$, 진성 캐리어 밀도 $n_i = 1.5 \times 10^{16}[m^{-3}]$. 생성률 $G_{th} = 1 \times 10^{15}[m^{-3}]$이다.)

**17** 균일한 실리콘 재료에 빛을 조사하였더니, 생성률 $G_{th} = 10^{21}[m^{-3}]$이었다. 캐리어의 수명 시간이 $10[ms]$라면 증가된 캐리어의 수는?

**18** 진성 반도체의 페르미 준위 $E_f$가 다음과 같이 되는 것을 증명하시오.

$$E_f = \frac{E_c + E_v}{2} + \frac{3}{4} kT \, \log \frac{m_v}{m^*}$$

**19** 전자 밀도 $2.5 \times 10^{19} [\mathrm{cm}^{-3}]$, 정공 밀도 $1 \times 10^{12} [\mathrm{cm}^{-3}]$, 전자 이동도 $0.37 [\mathrm{cm}^2/\mathrm{V} \cdot \mathrm{s}]$, 정공 이동도 $0.19 [\mathrm{cm}^2/\mathrm{V} \cdot \mathrm{s}]$인 반도체의 고유 저항 $\rho$는? (단, $T = 300 [\mathrm{K}]$이다.)

| 힌트 |  $\rho = \dfrac{1}{e(n \mu_{n_p} \mu_p)}$

**20** 길이가 $3 \times 10^{-2} [\mathrm{m}]$인 반도체의 한쪽에서 소수 캐리어를 주입하였을 때 길이 방향으로 $2 \times 10^{-2} [\mathrm{m}]$ 떨어진 지점까지 드리프트하기 위하여 $100 [\mu \mathrm{s}]$의 시간이 걸렸다. 이때 캐리어의 이동도 $\mu$는? (단, 인가 전압은 $10 [\mathrm{V}]$이다.)

Advanced Semiconductor Engineering

# 반도체의 pn 접합

pn junction of semiconductor

반도체 소자의 역사는 다음과 같다.

1948년 트랜지스터의 발명으로 거슬러 올라간다. 당시 미국 Bell 연구소에서는 트랜지스터의 원조인 점 접촉 트랜지스터가 Bardeen과 Brattain에 의해서 발명되었다. 이듬해인 1949년 Shockley는 pn 접합 이론을 발표하여 보다 실용적인 접합형 트랜지스터를 만들 수 있는 계기가 되었다. 이를 기초로 1951년 게르마늄 반도체를 이용한 npn형 트랜지스터가 제작되었다. 이러한 공헌으로 Shockley, Bardeen과 Brattain은 공동으로 노벨 물리학상을 수상하였다.

학습
목표

# 1 pn 접합

## 1 공핍층

억셉터 농도가 $N_a$인 p형 반도체와 도너 농도가 $N_d$인 n형 반도체가 결정(結晶)으로서 접촉하여 금속학적 접촉을 이루고 있는 것이 pn 접합pn junction이다.

그림 6.1은 n형과 p형 반도체가 접촉하는 과정을 나타낸 것이다. 그림 (a)는 n형 및 p형 반도체를 나타내었고, 그림 (b)는 에너지 준위를 나타낸 것인데, n형과 p형의 페르미 준위를 각각 $E_{fn}$, $E_{fp}$라 하면 이들 페르미 준위에는 에너지 차가 존재하게 된다.

이제 이 두 물질을 접합하였을 때, 양측의 불순물이 확산하여 열평형 상태에 도달할 때까지 충분한 시간이 지나면, 양측의 페르미 준위는 동일한 높이로 된다. 마치 수위(水位)가 다른 두 개의 물통 $A$, $B$를 연결하면 양쪽 물통의 수위가 같게 되는 것과 유사한 원리이다. 즉, 반도체의 pn 접합부에서는 전자와 정공의 이동이 발생한다. n형 반도체의 n형 불순물인 도너는 확산 현상에 의해 그 농도가 낮은 p형 반도체로 이동하며, 이 도너가 접합부 근처에서 억셉터와 결합하여 (+)의 전기적 성질을 갖는 도너 이온을 발생시키게 된다.

한편, p형 반도체의 p형 불순물인 억셉터도 역시 확산 현상에 의해 그 밀도가 낮은 n형 반도체로 이동한다. 이 정공은 접합부에서 도너와 결합하여 (−)의 전기적 성질을 갖는 억셉터 이온이 발생한다.

그림 (c), (d)에서 나타낸 바와 같이, 접합부 부근에서 부(負)전하인 억셉터 이온과 정(正)전하를 갖는 도너 이온이 존재하게 되며, 이 영역을 공간전하 영역space charge region이라고 한다. 이 이외의 영역은 그림 (c), (d)와 같이 n형 반도체 중에는 전도 전자와 도너 이온이, p형 반도체에서는 정공과 억셉터 이온이 존재하는 중성 영역이다.

공간 전하 영역에서는 정(+)이온에서 부(−)이온으로 향하는 전기력선, 즉 전계가 형성되고 이들 전계에 의하여 전자는 n형 영역으로, 정공은 p형 영역으로 밀어붙여 공간 전하영역 내에서는 캐리어가 존재하지 못하므로 이 영역을 공핍층(空乏層depletion layer)[1]이라고도 한다.

이 전계는 n형 측에서 p형 측으로 전자의 확산, p형 측에서 n형 측으로 정공의 확산을 저지하는 반발력(反撥力)으로서도 작용하게 된다.

이와 같이 캐리어의 확산이 정지하여 전하의 이동이 없어지는 정상 상태(定常狀態steady state)인 열평형 상태thermal equilibrium로 된다. 여기서 이 전계가 존재한다는 것은 그림 (c)에서 나타낸 바와 같이 $\Phi_D$라 하는 전위차가 생기는 것을 의미하며, 이 전위차를 확산 전위(擴散電位diffusion potential) $\Phi_D$ 혹은 내부 전위(內部電位built-in potential) $V_{bi}$라 한다.

---

1 　공핍층 pn 접합의 n 영역에 ⊕이온, p 영역에 ⊖이온이 남게 되어 전기적 2중층을 형성하므로 공간 전하층이라고도 한다. 이 영역에서 형성된 전계에 의하여 캐리어가 결핍되었다는 의미로 공핍층이라고 한다.

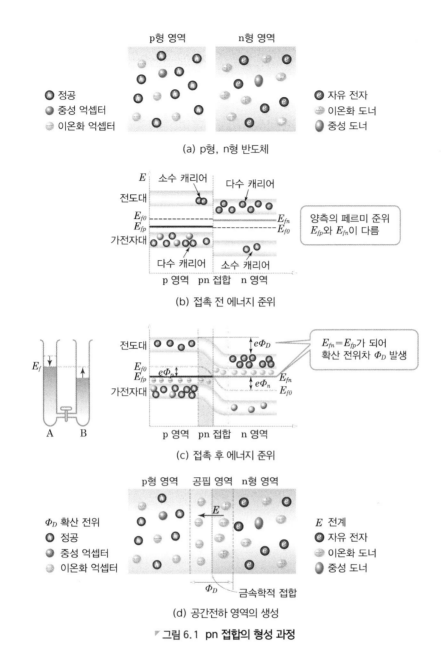

이 전위에 상당하는 에너지 $e\Phi_D$는 n형 반도체에서 p형 반도체로 확산하는 전자를 막고, 또 p형 반도체에서 n형 반도체로 정공의 확산을 가로막는 에너지의 벽(壁)이 되기 때문에 전위 장벽(電位障壁potential barrier)이라고 한다.

이 전위는 그림 (c)에서와 같이

$$\Phi_D = V_{bi} = \Phi_n - \Phi_p = \frac{E_{fn} - E_{fo}}{e} - \left(-\frac{E_{fo} - E_{fp}}{e}\right) \tag{6.1}$$

로 주어진다. 여기서 $E_{fo}$는 진성 페르미 준위이다.

## 2 확산 전위

p형 반도체와 n형 반도체를 접촉하여 생긴 도너 이온과 억셉터 이온에 의한 전위차 $\Phi_D$를 구해 보자. 우선, 열평형 상태의 pn 접합에서 진성 반도체의 캐리어 밀도intrinsic carrier density를 $n_i$, $p_i$라 하면 $np = n_i^2$에서

$$n_i = p_i = \sqrt{np} \tag{6.2}$$

이고, 진성 반도체의 페르미 준위를 $E_{fo}$라 하면

$$n_i = N_c \exp\left(\frac{E_{fo} - E_c}{kT}\right) \tag{6.3}$$

이고, 똑같이 $p_i$는 다음과 같이 나타낼 수 있다.

$$p_i = N_v \exp\left(\frac{E_v - E_{fo}}{kT}\right) \tag{6.4}$$

전도대의 전자 밀도 $n$과 가전자대 정공 밀도는 식 (5.70), 식 (5.73)에서

$$n = N_c \exp\left(\frac{E_{fn} - E_c}{kT}\right), \ p = N_v \exp\left(\frac{E_v - E_{fp}}{kT}\right) \tag{6.5}$$

로 나타냈다. 식 (6.3)과 식 (6.4), 식 (6.5)에서 각각

$$n = n_i \exp\left(\frac{E_{fn} - E_{fo}}{kT}\right) \tag{6.6}$$

$$p = p_i \exp\left(\frac{E_{fo} - E_{fp}}{kT}\right)$$

이고 n형 반도체의 전자 밀도는 대부분 도너 원자 수에 기인된 것으로 $n \fallingdotseq N_d$로 놓으면 식 (6.6)의 $n$은

$$n \fallingdotseq N_d = n_i \exp\left(\frac{E_{fn} - E_{fo}}{kT}\right) \tag{6.7}$$

이다. 식 (6.7)에서 $E_{fn}$을 구하기 위해 양변에 자연대수 $ln$을 취하여 정리하면

$$E_{fn} = E_{fo} + kT \ln\frac{N_d}{n_i} \tag{6.8}$$

이다. 같은 방법으로 $E_{fp}$를 구하면

$$E_{fp} = E_{fo} - kT \ln\frac{N_a}{n_i} \tag{6.9}$$

이다. 식 (6.8)과 식 (6.9)를 식 (6.1)에 대입하여 정리하면

$$\Phi_D = \frac{kT}{e} ln \frac{N_d N_a}{n_i^2} = \frac{kT}{e} ln \frac{p_{po} n_{no}}{p_{po} n_{po}}$$

$$= \frac{kT}{e} ln \frac{p_{po} n_{no}}{p_{no} n_{no}} \tag{6.10}$$

이고, 여기서 $n_{no} = N_d$, $p_{no} = n_i^2 / N_d$, $p_{po} = N_a$, $n_{po} = n_i^2 / N_a$이다. 여기서 $n_{no}$와 $p_{no}$는 열 평형 상태에서 n형 반도체의 전자와 정공 밀도이며, $p_{po}$와 $n_{po}$는 p형 반도체의 정공과 전자 밀도를 각각 나타낸다. 식 (6.10)의 $\Phi_D$가 접촉 전위(接觸電位)차 또는 확산 전위(擴散電位)차이다.

### ▨ 연습문제 6-1 ▨

계단 접합의 실리콘 pn 접합에서 p 영역과 n 영역의 불순물 밀도가 각각 $10^{17}$[개/cm³], $10^{16}$[개/cm³]일 때, 300[K]에서의 접촉 전위차(확산 전위차) $\Phi_D$를 구하시오. (단, 상온에서 진성 캐리어 밀도는 $n_i = 1.5 \times 10^{10}$ [개/cm³]이다.)

**[풀이]** 접촉 전위차 $\Phi_D$는

$$\Phi_D = \frac{kT}{e} ln \frac{N_a N_d}{n_i^2}$$

$$= 0.026 ln \frac{10^{17} \times 10^{16}}{(1.5 \times 10^{10})^2} = 0.026 ln \frac{10^{33}}{2.25 \times 10^{20}}$$

$$= 0.754$$

$$\therefore \Phi_D = 0.754 [\text{V}]$$

### ▨ 연습문제 6-2 ▨

실리콘(Si)의 pn 접합에서 n형 반도체의 다수 캐리어와 p형 반도체의 소수 캐리어 밀도가 각각 $1.75 \times 10^{23}$[개/m³], $1.75 \times 10^{17}$[개/m³]일 때 열평형 상태에서 확산 전위차 $\Phi_D$는 얼마인가? (단, $n_i = 1.5 \times 10^{16}$[m⁻³]이고, 300[K]이다.)

**[풀이]** 열평형 상태의 확산 전위차 $\Phi_D$는

$$\Phi_D = \frac{kT}{e} ln \frac{N_a N_d}{n_i^2} = \frac{kT}{e} ln \frac{p_{po} n_{no}}{p_{po} n_{po}}$$

$$= \frac{kT}{e} ln \frac{n_{no}}{n_{po}}$$

$$= 0.026 ln \frac{1.75 \times 10^{23}}{1.75 \times 10^{17}} = 0.026 ln 10^6$$

$$= 0.359$$

$$\therefore \Phi_D = 0.359 [\text{V}]$$

$N_d = 10^{23}[\mathrm{m}^{-3}]$인 n형 실리콘과 $N_a = 10^{23}[\mathrm{m}^{-3}]$인 p형 실리콘의 페르미 준위 $E_{fn}$, $E_{fp}$는 각각 얼마인가? (단, $n_i = 1.5 \times 10^{16}[\mathrm{m}^{-3}]$, 실리콘의 금지대 폭은 1.12[eV]이다.)

**풀이**
$$E_{fn} = E_{fo} + \frac{kT}{e} \ln \frac{N_d}{n_i} = \frac{1.12}{2} + 0.026 \ln \frac{10^{23}}{1.5 \times 10^{16}}$$

$$\therefore E_{fn} = 0.967[\mathrm{eV}]$$

$$E_{fp} = E_{fo} - \frac{kT}{e} \ln \frac{N_a}{n_i} = \frac{1.12}{2} - 0.026 \ln \frac{10^{23}}{1.5 \times 10^{16}} = 0.153$$

$$\therefore E_{fp} = 0.153[\mathrm{eV}]$$

## 3 공핍층의 전계

공간 전하 영역에서 전하 밀도 $\rho$는 접합면에서 0이며, 접합면을 중심으로 p형 측은 부(負), n형 측은 정(正)의 이온 분포를 갖게 되는데, 이를 그림 6.2에 나타내었다. 이 전하의 밀도에 의한 $x$ 지점의 전계의 세기 $E(x)$는 그림 6.3 (c)와 같다.

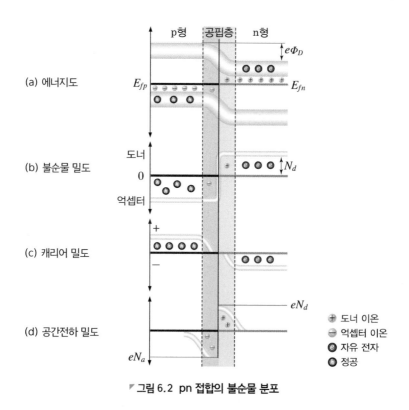

▼ 그림 6.2 pn 접합의 불순물 분포

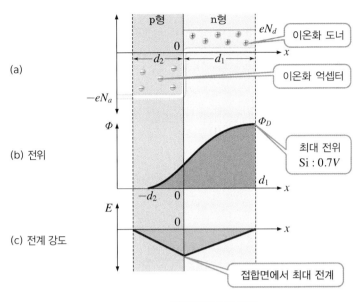

(a)

(b) 전위

(c) 전계 강도

**▶ 그림 6.3 pn 접합의 전계 및 전위**

전계의 분포는 전하 밀도 곡선의 적분값에 비례하여 쿨롱의 법칙을 전하 분포로 변형시킨 정전계(靜電界)의 기본식인 푸아송Poisson 방정식에서 얻을 수 있다.

$$\frac{d^2 V}{dx^2} = - \frac{\rho}{\varepsilon_o \varepsilon_s} \qquad (6.11)$$

여기서 $\varepsilon_o$ : 진공 중의 유전율($8.855 \times 10^{-12}$[F/m])

　　　　$\varepsilon_s$ : 반도체의 비유전율

　　　　$\rho$ : 전하 밀도

　　　　$V$ : 임의의 $x$점의 전위

이다. 공간 전하 영역에서의 전하 밀도 $\rho$는 다음 두 가지 성분으로 되어 있다.

첫째는 정공 밀도 $p(x)$와 전자 밀도 $n(x)$ 즉

$$e(p(x) - n(x)) \qquad (6.12)$$

이고, 둘째는 억셉터 이온 및 도너 이온에 의한 전하로서 p형 측에서는 $-eN_a$, n형 측에서는 $+eN_d$이다. 따라서 식 (6.11)은 다음과 같이 표시된다.

$$\frac{d^2 V}{dx^2} = - \frac{e[p(x) - n(x) - N_a]}{\varepsilon_o \varepsilon_s} \qquad \text{(p형 영역)} \qquad (6.13)$$

$$= - \frac{e[p(x) - n(x) + N_d]}{\varepsilon_o \varepsilon_s} \qquad \text{(n형 영역)}$$

접합면에서 정공 $p(x)$와 전자 $n(x)$가 없다고 가정하면, 식 (6.13)은

$$\frac{d^2 V}{dx^2} = + \frac{e N_a}{\varepsilon_o \varepsilon_s} \quad \text{(p형 영역)} \tag{6.14}$$

$$= - \frac{e N_d}{\varepsilon_o \varepsilon_s} \quad \text{(n형 영역)}$$

이다. 전계의 세기 $E(x)$는 다음과 같이 주어지므로

$$E(x) = - \frac{d V(x)}{dx}$$

식 (6.14)는

$$\frac{dE}{dx} = - \frac{e N_a}{\varepsilon_o \varepsilon_s} \quad \text{(p형 영역)} \tag{6.15}$$

$$= + \frac{e N_d}{\varepsilon_o \varepsilon_s} \quad \text{(n형 영역)}$$

로 나타낼 수 있다. p형 영역의 전계 분포는 식 (6.15)를 적분하면 된다. 즉,

$$E(x) = - \int \frac{e N_a}{\varepsilon_o \varepsilon_s} dx = - \frac{e N_a}{\varepsilon_o \varepsilon_s} x + C \tag{6.16}$$

이고, $C$는 적분상수이다. 지금 p형 영역의 공핍층 폭을 $d_2$라 하면 $x = - d_2$, $E(x = - d_2) = 0$ 인 경계 조건을 적용하여 적분 상수 $C$를 구하면, $C = - \frac{e N_a}{\varepsilon_o \varepsilon_s} d_2$이므로, p형 영역의 전계 분포 식 $E(x)$는

$$E(x) = - \frac{e N_a}{\varepsilon_o \varepsilon_s} (x + d_2) \tag{6.17}$$

이고, $x = 0$인 접합면의 전계의 세기 $E(x)$는

$$E(x)|_{x = 0} = - \frac{e N_a}{\varepsilon_o \varepsilon_s} d_2 \tag{6.18}$$

로 되어 $x = 0$에서 전계 분포가 최대로 된다. 이와 같은 방법으로 n형 측의 공핍층 폭을 $d_1$이라 하면 n형 측의 전계 분포 $E(x)$는

$$E(x) = \frac{e N_d}{\varepsilon_o \varepsilon_s} (x - d_1) \tag{6.19}$$

이고, $x = 0$인 경계면에서 전계의 세기는

$$E(x)|_{x = 0} = - \frac{e N_d}{\varepsilon_o \varepsilon_s} d_1 \tag{6.20}$$

이다. 식 (6.18)과 식 (6.20)을 같다고 놓으면 다음과 같다.

$$N_a d_2 = N_d d_1 \tag{6.21}$$

식 (6.21)은 불순물 밀도와 공핍층 폭과의 관계를 나타낸 것으로, 불순물 밀도가 높으면 폭이 얇아야 하고, 낮으면 폭이 두꺼워야 한다.

## 4 ■ 전위 분포

공간전하 영역의 전위 분포는 전계의 세기 $E(x)$를 적분하여 얻을 수 있다. 식 (6.17)에서 $E(x) = -dV(x)/dx$의 관계를 적용하면

$$\frac{dV(x)}{dx} = \frac{eN_a}{\varepsilon_o \varepsilon_s}(x + d_2) \tag{6.22}$$

이다. $x = -d_2$에서 $V = 0$인 경계 조건을 적용하여 식 (6.22)를 적분하고, 적분 상수 $C$를 구하여 정리하면

$$V(x) = \frac{eN_a}{\varepsilon_o \varepsilon_s}\left(\frac{1}{2}x^2 + d_2 x + \frac{1}{2}d_2{}^2\right) \tag{6.23}$$

이다. 식 (6.23)은 적분 상수 $C = -\dfrac{eN_a d_2}{\varepsilon_o \varepsilon_s}$로 구한 것이다. 따라서 p형 측의 전위 분포에 대한 경계 조건을 이용하여 $x = 0$에서

$$V(x)\big|_{x=0} = \frac{eN_a}{\varepsilon_o \varepsilon_s}\frac{1}{2}d_2{}^2 \tag{6.24}$$

이고, 같은 방법으로 n형 측의 전위 분포는 식 (6.19)와 식 (6.24)로부터

$$V(x) = -\frac{eN_d}{\varepsilon_o \varepsilon_s}\left[\frac{1}{2}x^2 - d_1 x\right] + \frac{eN_a}{\varepsilon_o \varepsilon_s}\frac{d_2{}^2}{2} \tag{6.25}$$

으로 구해진다.

## 5 ■ 공핍층의 폭

공간전하 영역의 폭 $d$를 구해 보자. 식 (6.25)에서 $x = d_1$에서의 접촉 전위차 $\Phi_D$를 구하면

$$\Phi_D = \frac{eN_d}{2\varepsilon_o \varepsilon_s}d_1{}^2 + \frac{eN_a}{2\varepsilon_o \varepsilon_s}d_2{}^2 \tag{6.26}$$

$$= \frac{e}{2\varepsilon_o \varepsilon_s}\left[N_d d_1{}^2 + N_a d_2{}^2\right]$$

이고, 식 (6.21)의 관계를 식 (6.26)에 대입하여 $\Phi_D$에 관하여 정리하면

$$\Phi_D = \frac{eN_a}{2\varepsilon_o \varepsilon_s} d_2^{\ 2} \left[ 1 + \frac{N_a}{N_d} \right] \tag{6.27}$$

$$\Phi_D = \frac{eN_d}{2\varepsilon_o \varepsilon_s} d_1^{\ 2} \left[ 1 + \frac{N_d}{N_a} \right] \tag{6.28}$$

이다. 따라서 식 (6.27)과 식 (6.28)을 $d_1$, $d_2$에 관하여 정리하면

$$d_2 = \sqrt{\frac{2\varepsilon_o \varepsilon_s}{eN_a(1 + N_a/N_d)}} \ \sqrt{\Phi_D} \tag{6.29}$$

$$d_1 = \sqrt{\frac{2\varepsilon_o \varepsilon_s}{eN_d(1 + N_d/N_a)}} \ \sqrt{\Phi_D} \tag{6.30}$$

이다. 식 (6.29)와 식 (6.30)의 합이 전체 공핍층 폭 $d$가 된다.

$$d = d_1 + d_2 = \sqrt{\frac{2\varepsilon_o \varepsilon_s \Phi_D}{e} \left[ \frac{N_a + N_d}{N_a N_d} \right]} \tag{6.31}$$

식 (6.29), 식 (6.30)에서 $d_2$와 $d_1$의 비를 구하면

$$\frac{d_2}{d_1} = \frac{N_d}{N_a} \tag{6.32}$$

이고, 여기서 $d_2/d_1$은 억셉터 및 도너 불순물에 반비례하고 있음을 알 수 있다. 그러므로 p형 억셉터 밀도를 n형의 도너 밀도보다 강하게 도핑한 $p^+n$ 접합의 경우 전체 공간전하 영역의 폭 $d$는

$$d = d_2 + d_1 \fallingdotseq d_1 \tag{6.33}$$

이며, n형 측 공핍층 두께 $d_1$이 거의 전체 공핍층 두께가 되는 것이다.

### ▓ 연습문제 6-4 ▓

pn 접합에서 $N_a = 10^{16}[\text{cm}^{-3}]$, $N_d = 10^{15}[\text{cm}^{-3}]$, $\Phi_D = 0.635[\text{V}]$일 때, 공간전하 영역의 폭 $d$와 최대 전계 $E_{\max}$를 구하시오.

**풀이** 공간전하 영역의 폭에 관한 식 (6.31)에서

$$\begin{aligned} d &= \sqrt{\frac{2\varepsilon_o \varepsilon_s \Phi_D}{e} \left[ \frac{N_a + N_d}{N_a N_d} \right]} \\ &= \sqrt{\frac{2(8.85 \times 10^{-14})(11.9)(0.635)}{1.6 \times 10^{-19}} \left[ \frac{10^{16} + 10^{15}}{(10^{16})(10^{15})} \right]} = 0.951 \times 10^{-4}[\text{cm}] \end{aligned}$$

(계속)

식 (6.30)에서 $d_1$은 $0.864\mu$m이고, 최대 전계는 pn 접합부이므로 식 (6.20)에서

$$E_{max} = -\frac{eN_d}{\varepsilon_o\varepsilon_s}d_1 = -\frac{(1.6\times10^{-19})(10^{15})(0.864\times10^{-4})}{(8.85\times10^{-14})(11.9)}$$

$$= -1.31\times10^4[\text{V/cm}]$$

$$\therefore d = 0.951[\mu m]$$

$$\therefore E_{max} = -1.31\times10^4[\text{V/cm}]$$

# 2 pn 접합 다이오드

## 1 다이오드의 동작

그림 6.4에서 보여 주고 있는 작은 조각이 바로 다이오드diode[2]라는 반도체 소자이다. 검은 띠는 두껍게, 은색 띠는 얇은 표식으로 나타내었다. 그냥 무늬라고 생각할 수 있으나, 여기에는 중요한 의미가 담겨 있다. 모든 다이오드는 이런 표식으로 나타낸다.

(−)                    (+)

▼ 그림 6.4 **다이오드의 모양**

왜 이런 표식이 필요한지를 쥐덫을 이용하여 살펴보자.

지금은 찾아보기 어려운 것이겠으나, 옛날 농사짓던 시골에서 쥐는 곡식을 훔쳐먹거나 병원균을 옮기기 때문에 나쁜 동물로 취급하여 쥐잡기가 하나의 일과처럼 된 적이 있었다. 그래서 여기저기 쥐덫을 놓아 쥐를 잡았다. 쥐덫의 가장 큰 특징은 입구는 있으나, 출구는 없다는 것이다. 출구가 있으면 쥐가 빠져나갈 테니 말이다. 쥐는 쥐덫의 망 속에 있는 먹이를 먹는 순간 입구가 막혀 꼼짝없이 갇히게 되는 것이다.

그런데 쥐덫은 출구가 없으나, 다이오드는 출구가 있는 쥐덫에 비유할 수 있다. 이 말은 입구로 들어갈 수는 있지만, 출구로 들어갈 수는 없다는 것이다. 쥐덫을 전기 회로, 쥐를 전류라고 생각해 보자.

쥐덫의 입구에 양( + )전기, 출구에 음( − )전기를 공급하면 쥐가 입구로 들어갈 테니 전류가 입구에서 출구로 흐를 것이다. 그러나 반대로 전기의 극성을 바꾸면 출구에서 입구로 전류가 흐르

---

2   다이오드(diode)  전류를 한 방향으로만 흐르게 하고, 그 역방향으로 흐르지 못하게 하는 성질을 가진 반도체 소자를 다이오드라고 한다. 2극 진공관의 의미를 표시하는 경우도 있다. 다이오드의 전류를 한 방향만으로 흐르게 하는 작용을 정류라 하며, 교류를 직류로 변환할 때 쓰인다. 다이오드에는 이 정류용 다이오드가 흔히 쓰이지만 그 밖에도 여러 가지 용도가 있다.

▼ 그림 6.5 출구가 있는 쥐덫

지 못할 것이다. 출구로는 쥐가 들어갈 수 없기 때문이다. 그래서 다이오드는 한 방향으로는 전류가 흐르나, 그 반대 방향으로는 전류가 흐르지 못하는 반도체 소자이다. 제품으로 나온 다이오드에는 그림 6.4와 같은 표식이 필요한 것이다. 양(+)전압이 연결될 곳은 두껍게, 음(−)전압이 연결될 곳은 얇은 표식을 하여 사용한다.

이제 다이오드에서 전류가 한 방향으로만 흐르는 원리를 살펴보자. 지금까지 살펴본 다이오드는 p형 반도체와 n형 반도체가 만나서 이루어진 것이다. 두껍게 표식한 부분이 p형 반도체이고 그 반대가 n형 반도체이다. 두 반도체가 만났으니, 이를 pn 접합pn junction이라 하고, 이렇게 두 반도체가 접촉하여 만들어진 소자를 pn 접합 다이오드pn junction diode라고 부르게 되었다.

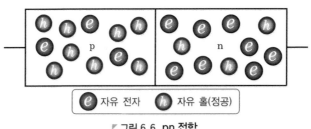

▼ 그림 6.6 pn 접합

p형 반도체에서는 정공, n형 반도체에서는 주로 자유 전자가 이동하여 전류가 만들어지는 것이다. 즉, 그림 6.7 (a)와 같이 p형 반도체에 양(+)전압, n형 반도체에 음(−)전압을 연결하면 자유 전자와 정공이 접합면을 자유롭게 서로 이동하여 전자와 정공을 합한 큰 전류가 흐르게 된다. 이렇게 전압을 공급하는 것을 순방향 바이어스forward bias라고 한다. 바이어스란 반도체 소자가 기본적인 동작을 하기 위하여 일정한 직류 전압을 공급해 주는 것을 말한다. 반대로 그림 6.7 (b)와 같이 p형 반도체에 음(−)전압, n형 반도체에 양(+)전압을 공급하면 p형 반도체에 있는 정공이 음(−)극, n형 반도체에 있던 자유 전자들이 양(+)극으로 옮겨 가는데, 이때 접합면에서는 어떤 강한 힘이 자유 전자와 정공의 이동을 막아 전류를 더 이상 흐르지 못하게 한다. 이를 역방향 바이어스reverse bias라고 한다. 그러니까 순방향 바이어스에서는 전류가 잘 흐르나, 역방향 바이어스에서는 전류가 흐르지 못하는 것이다.

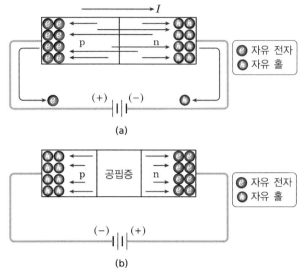

그림 6.7  (a) 순방향 바이어스 전압 (b) 역방향 바이어스 전압

우리가 그동안 많이 사용해 오던 전구와 비교하여 다이오드의 원리를 생각해 보자.

그림 6.8 (a)에서와 같이 전구는 전압을 어느 방향으로나 공급해도 불이 켜지지만, (b)와 같이 다이오드는 순방향 전압일 때만 불이 들어오는 것이 전구의 동작과 다른 점이다. 즉, 전구는 출구와 입구를 반대로 연결하여도 불이 들어오지만, 다이오드는 출구와 입구가 바뀌면 전구에 불이 들어오지 않는다.

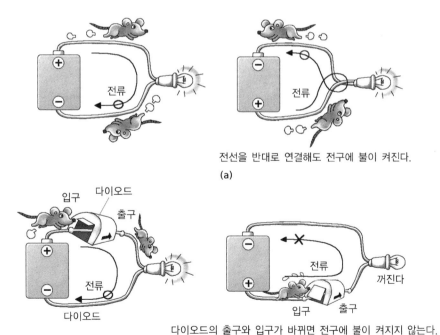

그림 6.8  (a) 전구와 (b) 다이오드 회로

## 2 정류 특성

pn 접합의 전기적 특성은 정류 특성~rectification~ 즉 한 방향으로는 전류가 잘 흐르나 반대 방향으로는 전류가 흐르지 못하는 것이다. 앞 절에서 기술한 pn 접합에 외부에서 전압 $v_D$를 인가한 경우 어떤 전류가 흐르는지 생각해 보자.

그림 6.9 (b)와 같이 p형 반도체에 ( + ), n형 반도체에 ( − ) 전압을 인가한 경우를 순방향(順方向)[3] 바이어스~forward bias~한다고 한다. 이때 이 전압에 의해 $ev_D$만큼의 전위 장벽(電位障壁)이 낮아져 $e(\Phi_D - V_D)$로 된다. 따라서 전도대의 전자와 가전자대의 정공은 전압을 인가하기 전에 비하여 쉽게 장벽을 넘을 수 있다.

결국 전자와 정공은 pn 접합의 공간 전하에 의해 만들어진 전위 장벽에 역행하여 각각 반대 측 영역으로 흐른다. 양측으로 들어간 전자와 정공은 드리프트~drift~ 현상에 의해서 전자는 ( + )전극으로, 정공은 ( − )전극으로 이동하여 외부 회로(外部回路)에는 전자에 의한 전류와 정공에 의한 전류의 합 $I_D$가 흐르게 된다. 인가한 전압 $V_D$를 높여 주면 $I_D$는 급격히 커진다. 이때 $I_D - V_D$ 특성을 순방향 특성(順方向特性~forward characteristics~)이라고 한다. 그림 (a)에서와 같이 역방향으로 전압을 인가한 경우를 역(逆)바이어스~reverse bias~한다고 한다. 이 역방향 전압 $V_D$에 의해 페르미 준위는 $eV_D$만큼 차이가 생기고, 전위 장벽은 $e(\Phi_D + V_D)$만큼 높아지게 된다.

따라서 전자와 정공은 이 장벽을 넘어서 이동하기 어렵게 된다. 이 때 n형 반도체 내에는 도너 (donor) 불순물에서 공급된 다수 캐리어인 전자 이외에 열적으로 여기되어 있는 소수 캐리어인 정공이 존재하고, 또 p형 반도체에서는 억셉터~acceptor~에서 공급된 정공 이외에 전자가 존재한다. 이들 소수 캐리어에 대하여 전위장벽은 장벽으로 작용하지 않기 때문에 이들 소수 캐리어의 이

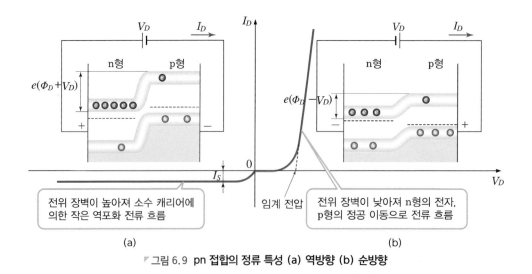

▼ 그림 6.9 **pn 접합의 정류 특성 (a) 역방향 (b) 순방향**

---

3  순방향  pn 접합의 p형 쪽에 +, n형 쪽에 −의 전압을 인가하는 방향을 순방향이라고 하며, 보통의 pn 접합에서는 이 방향이 전류가 잘 흐르는 방향이므로 이와 같이 부른다.

동으로 인한 미세한 전류가 형성된다. 이와 같이 소수 캐리어에 의해서 흐르는 전류를 역방향 전류(逆方向電流reverse saturation current)[4] $I_s$라 하며, 이때의 $I_D - V_D$ 특성을 역방향 특성(逆方向特性reverse characteristics)이라고 한다.

순방향 특성과 역방향 특성을 합한 특성이 pn 접합의 전류-전압 특성($I-V$ 특성)이다. 이와 같이 순바이어스 상태에서는 전류가 흐르고, 역바이어스 상태에서는 전류가 거의 흐르지 않는다. 이 특성을 정류 특성(整流特性)이라 하고, 이 정류 특성을 갖는 소자가 pn 접합 다이오드pn junction diode[5]이다.

## 3 pn 접합 다이오드의 전류

앞 절에서 pn 접합에 순바이어스로 하면 전류가 잘 흐르고, 그 역으로 하면 전류가 흐르지 않는다는 것을 확인하였다.

pn 접합 다이오드에서 전류가 크게 흐르기 시작하는 전압을 임계 전압threshold voltage이라 하며, 이는 금지대 폭 $E_g$가 클수록 큰데 실리콘인 경우 0.7[V], 게르마늄은 0.4[V], 갈륨비소는 0.9[V] 정도이다. 그림 6.10에서는 임계 전압과 다이오드의 기호를 나타내었다.

이번에는 그 전륫값을 정량적(定量的)으로 구해 보자. 일반적으로 열평형 상태(熱平衡狀態)에서 n형 반도체의 전자, 정공 밀도 $n_{no}$, $p_{no}$는

$$n_{no} = n_i \exp\left(\frac{e\Phi_n}{kT}\right) \tag{6.34}$$

$$p_{no} = n_i \exp\left(-\frac{e\Phi_n}{kT}\right)$$

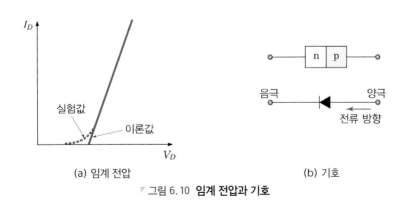

(a) 임계 전압      (b) 기호

그림 6.10 **임계 전압과 기호**

---

4 역방향 전류 pn 접합에서는 p 쪽에 정공, n 쪽에 전자를 다수 캐리어가 있어 역방향 전압을 가했을 때 접합부에 생긴 전기적 2중층이 전위 장벽으로 되어 다수 캐리어의 이동을 막는다. 역방향 전압을 걸었을 때 다수 캐리어에 의한 전류의 흐름은 발생하지 않게 되며, p 쪽의 전자, n 쪽의 정공인 소수 캐리어의 이동만으로 역방향 전류를 형성하게 된다.

5 pn 접합 다이오드 다이 일렉트로드(di-electrode)를 줄인 말로, 일반적으로 반도체의 2극 소자를 가리키는 경우가 많으며, 그중에서도 pn 접합 다이오드가 많으므로 흔히 다이오드라고 하면 pn 접합 다이오드를 의미하기도 한다. 즉, 다이오드는 전류를 한쪽 방향으로만 흐르게 하는 두 단자 소자이다.

으로 된다. 또 p형 반도체 중의 전자, 정공 밀도 $n_{po}$, $p_{po}$는

$$n_{po} = n_i \exp\left(\frac{e\Phi_p}{kT}\right) \tag{6.35}$$

$$p_{po} = n_i \exp\left(-\frac{e\Phi_p}{kT}\right)$$

이다. 식 (6.34), 식 (6.35)와 식 (6.1)과의 관계에서 소수 캐리어는 각각 다음과 같이 얻어진다.

$$n_{po} = n_{no} \exp\left(-\frac{e\Phi_D}{kT}\right) \tag{6.36}$$

$$p_{no} = p_{po} \exp\left(-\frac{e\Phi_D}{kT}\right) \tag{6.37}$$

그림 6.11에 나타낸 것과 같이 pn 접합에 외부 전압 $V_D$을 인가하면 $I_D$ 전류가 흐른다. 이 $I_D$ 전류는 그다지 큰 전류는 아니며, 결국 n 영역에서 접합을 통과하여 p 영역으로 들어간 전자 밀도 및 p 영역에서 n 영역으로 들어온 정공 밀도가 양측의 다수 캐리어 밀도에 비하여 충분히 작은 경우는 근사식으로 밀도를 구할 수 있다.

$x = 0$, $x' = 0$에서 각각의 캐리어 밀도는 $n_p(o)$, $p_n(o)$는 식 (6.36), 식 (6.37)의 $\Phi_D$을 $(\Phi_D - V_D)$로 치환하여 다음과 같이 주어진다.

$$\begin{aligned}
n_p(o) &= n_n(o)\exp\{-e(\Phi_D - V_D)/kT\} \\
&= n_{no}\exp\{-e(\Phi_D - V_D)/kT\} \\
&= n_{po}\exp(eV_D/kT) \tag{6.38} \\
p_n(o) &= p_p(o)\exp\{-e(\Phi_D - V_D)/kT\} \\
&= p_{po}\exp\{-e(\Phi_D - V_D)/kT\} \\
&= p_{no}\exp(eV_D/kT) \tag{6.39}
\end{aligned}$$

p 영역, n 영역에는 각각 $n_{po}, p_{no}$의 소수 캐리어가 존재하고 있으며, 접합을 통하여 캐리어가 주입된다. 이 주입된 캐리어에 의하여 소수 캐리어가 증가하게 되어 결국 과잉 소수 캐리어excess minority carrier $n_p'(o)$, $p_n'(o)$가 된다.

$$n_p'(x = 0) = n_p(o) - n_{po} = n_{po}\{\exp(eV_D/kT) - 1\} \tag{6.40}$$

$$p_n'(x' = 0) = p_n(o) - p_{no} = p_{no}\{\exp(eV_D/kT) - 1\} \tag{6.41}$$

캐리어는 pn 접합에서 생긴 전위 장벽을 통과해 간다. 그것에 의한 확산 전류를 구하기 위하여는 캐리어 공간 밀도를 구하지 않으면 안 된다. 정상 상태에 대하여 구하는 것이므로 $\frac{dn}{dt} = \frac{dp}{dt} = 0$로 하고, $x = 0$ 또는 $x' = 0$을 원점으로 한 각 중성 영역에서 밀도 분포를 구해야

하므로 이 영역 내에서는 중성(中性)에 의해 전계 $E = 0$로 한다.

또 외부에서의 에너지에 의한 캐리어 발생 비율은 없으므로 $G_{thp} = G_{thn} = 0$로 놓고, 이들 조건을 연속의 식에 적용하면 다음과 같은 간단한 연속의 식으로 된다.

$$\frac{d^2 n'}{dx^2} = \frac{n'}{D_n \tau_n} = \frac{n'}{l_n^2} \tag{6.42}$$

$$\frac{d^2 p'}{dx^2} = \frac{p'}{D_p \tau_p} = \frac{p'}{l_p^2} \tag{6.43}$$

여기서 $l_n = \sqrt{D_n \tau_n}$, $l_p = \sqrt{D_p \tau_p}$로 각각 전자, 정공의 확산 거리이다. 이 식의 일반해(一般解)는 $A$, $B$, $C$, $D$를 정수로 하여 정리하면

$$n'(x) = A \exp(-x/l_n) + B \exp(x/l_n) \tag{6.44}$$

$$p'(x) = C \exp(-x/l_p) + D \exp(x'/l_p) \tag{6.45}$$

이고, 여기서 $x \to \infty$, $x' \to \infty$에서 $n'$, $p'$는 $\infty$로 되지 않으므로 $B = D = 0$이다.

$x = 0$, $x' = 0$에서의 $n'(o)$, $p'(o)$의 각각을 식 (6.40)과 식 (6.41)과 같다고 놓으면 $A$, $C$가 구해진다. 그 결과 각 중성 영역(中性領域)에서의 소수 캐리어의 공간 분포는 다음과 같다.

$$n_p(x) = n_{po} \{\exp(eV_D/kT) - 1\} \exp(-x/l_n) \tag{6.46}$$

$$p_n(x') = p_{no} \{\exp(eV_D/kT) - 1\} \exp(-x'/l_p) \tag{6.47}$$

pn 접합을 통과하여 이동한 전자 밀도는 p 영역 중에서 식 (6.46)에 의해 그림 6.11과 같이 감소하고, 정공 밀도는 n 영역 중에서 식 (6.47)에 의해 그림과 같이 감소한다. 이와 같이 캐리어 밀도가 공간적으로 기울기를 가지고 있기 때문에 그 기울기에 비례한 확산 전류가 그림 $J_n(x)$, $J_p(x')$와 같이 흐른다.

식 (6.46), 식 (6.47)의 각각을 다음 식에 대입하면

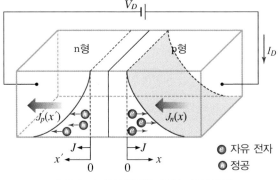

▶ 그림 6.11 중성 영역을 흐르는 확산 전류

$$J_p(x') = -eD_p\frac{dp}{dx}$$

$$J_n(x) = eD_n\frac{dn}{dx}$$

$$J_n(x) = -e\frac{D_n}{l_n}n_{po}\left\{\exp\left(\frac{eV_D}{kT}\right)-1\right\}\exp\left(\frac{x}{l_n}\right) \tag{6.48}$$

$$J_p(x') = -e\frac{D_p}{l_p}p_{no}\left\{\exp\left(\frac{eV_D}{kT}\right)-1\right\}\exp\left(\frac{x}{l_p}\right) \tag{6.49}$$

이다. 전체 전류 밀도 $J_D$는 위 두 식의 합이 된다.

$$J_D = J_n(x)+J_p(x') = J_s\left\{\exp\left(\frac{ev_D}{kT}\right)-1\right\} \tag{6.50}$$

여기서 $J_s$는

$$J_s = -e\left(\frac{D_n}{l_n}n_{po}+\frac{D_p}{l_p}p_{no}\right) \tag{6.51}$$

로서 역포화 전류 밀도(逆飽和電流密度)이다. 전류 밀도 $J_D$을 전류의 형으로 하기 위하여는 $J_D$에 접합 단면적 $S$를 곱해야 한다. 결국 $I_D = J_D S$, $I_s = J_s S$라 하면

$$I_D = I_s\left\{\exp\left(\frac{eV_D}{kT}\right)-1\right\} \tag{6.52}$$

이며, 식 (6.52)가 다이오드의 전류식이다. 여기서 $I_s$는 소수 캐리어에 의하여 흐르는 역포화 전류, $k$는 Boltzmann 상수, $T$는 절대 온도, $V_D$는 외부에서 공급한 전압이다.

### ▓ 연습문제 6-5 ▓

다음과 같은 실리콘 pn 접합의 물리적 변수가 주어진 경우 이상적인 역포화 전류 $I_s$를 구하시오.

$$N_a = N_d = 10^{16}[\text{cm}^{-3}]\ ,\ n_i = 1.5\times10^{10}[\text{cm}^{-3}]$$
$$D_n = 25[\text{cm}^2/\text{sec}],\ \tau_p = \tau_n = 5\times10^{-7}[\text{sec}]$$
$$D_p = 10[\text{cm}^2/\text{sec}],\ \varepsilon_s = 11.9,\ S = 10^{-4}[\text{cm}^2]$$
$$T = 300[\text{K}]$$

**풀이** 역포화 전류 밀도 $J_s$는

$$J_s = \frac{eD_n n_{po}}{l_n}+\frac{eD_p p_{no}}{l_p}$$

이고, 이를 다시 표현하면

$$J_s = en_i^2\left[\frac{1}{N_a}\sqrt{\frac{D_n}{\tau_n}}+\frac{1}{N_d}\sqrt{\frac{D_p}{\tau_p}}\right] = 4.15\times10^{-11}[\text{A}/\text{cm}^2]$$

(계속)

$$\therefore J_s = 4.15 \times 10^{-11} [\text{A/cm}^2]$$

역바이어스의 역포화 전류 밀도는 대단히 적다. pn 접합의 단면적이 $S = 10^{-4} [\text{cm}^2]$인 경우 역포화 전류 $I_s$는

$$\therefore I_s = J_s \times S = 4.15 \times 10^{-15} [\text{A}]$$

---

그림 6.12는 정공 및 전자에 의한 전류의 크기를 나타낸 것이다.

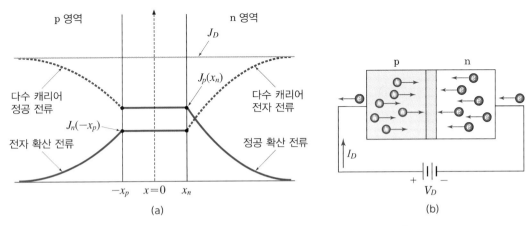

그림 6.12 **(a)** 정공, 전자 전류의 크기 **(b)** 다수 캐리어의 흐름

---

### 연습문제 6-6

연습문제 6-5의 물리적 변수를 갖는 pn 접합에서 전계의 크기를 계산하시오. (단, $T = 300 [\text{K}]$이고 $V_D = 0.65 [\text{V}]$, $\mu_n = 1{,}500 [\text{cm}^2/\text{V} \cdot \text{s}]$이다.)

**풀이** $J_D = I_s \left[ \exp\left( \dfrac{eV_D}{kT} \right) - 1 \right]$에서

$$= (4.15 \times 10^{-15}) \left[ \exp\left( \frac{0.65}{0.025} \right) - 1 \right] = 3.29 [\text{A/cm}^2]$$

$J_D \fallingdotseq e\mu_n N_d E$에서

$$E = \frac{J_D}{e\mu_n N_d} = \frac{3.29}{(1.6 \times 10^{-19})(1500)(10^{16})} = 1.37 [\text{V/cm}]$$

$$\therefore E = 1.37 [\text{V/cm}]$$

300[K]에서 저항률이 $\rho_p = 10^{-3}$[Ω·m]인 p형 실리콘과 $\rho_n = 10^{-2}$[Ω·m]인 n형 실리콘의 pn 접합에서 0.518[V]의 전압을 인가하였다. n 영역에 주입된 정공 밀도 $p$을 구하시오. (단, $\mu_n = 0.1$[m²/V·s]이다.)

**풀이** $p = p_{no}\left[\exp\left(\dfrac{e\,V_D}{kT}\right) - 1\right]$, $n_{no} = \dfrac{1}{e\mu_n\rho_n}$, $p_{no} = \dfrac{n_i^2}{n_{no}}$ 에서

$$n_{no} = \frac{1}{e\mu_n\rho_n} = \frac{1}{1.6\times10^{-19}\times10^{-1}\times10^{-2}} = 6.25\times10^{21}[\mathrm{m}^{-3}]$$

$$p_{no} = \frac{n_i^2}{n_{no}} = \frac{(1.5\times10^{16})^2}{6.25\times10^{21}} = 0.36\times10^{11}[\mathrm{m}^{-3}]$$

$$\therefore p = 1.75\times10^{19}[\mathrm{m}^{-3}]$$

300[K]의 실리콘 pn 접합 다이오드에서 포화 전류 $I_s = 1.48\times10^{-13}$[A], 순방향 전류 $I_D = 4.42\times10^{-1}$[A]일 때, 순방향 전압 $V_D$를 구하시오.

**풀이** $I_D = I_s\left[\exp\left(\dfrac{e\,V_D}{kT}\right) - 1\right]$ 에서

$$ln\left(\frac{I_D}{I_s} + 1\right) = \frac{e\,V_D}{kT}\text{ 이고, } V_D = \frac{kT}{e}ln\left(\frac{I_D}{I_s} + 1\right) = 0.744$$

$$\therefore V_D = 0.744[\mathrm{V}]$$

## 4 ■ pn 접합 다이오드의 정특성

pn 접합 다이오드에 바이어스 전압 $V_D$을 공급한 경우 다이오드에 흐르는 전류 $I_D$는 식 (6.52)에 의하여

$$I_D = I_s\left[\exp\left(\frac{e\,V_D}{kT}\right) - 1\right] \tag{6.53}$$

로 표시된다. 여기서 $I_S$는 역포화 전류로서

$$I_s = eS\left[\frac{D_p p_{no}}{l_p} + \frac{D_n n_{po}}{l_n}\right] = eS\left[\frac{l_p p_{no}}{\tau_p} + \frac{l_n n_{po}}{\tau_n}\right]$$

$$= eS\left[\frac{D_p}{N_a l_p} + \frac{D_n}{N_d l_n}\right]n_i^2 \tag{6.54}$$

이다. 식 (6.54)의 첫째 항은 정공, 둘째 항은 전자에 의하여 형성된 전류의 크기를 나타낸다.

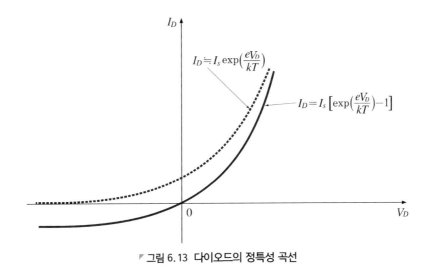

$$I_D = I_s \exp\left(\frac{eV_D}{kT}\right)$$

$$I_D = I_s\left[\exp\left(\frac{eV_D}{kT}\right) - 1\right]$$

� 그림 6.13 다이오드의 정특성 곡선

$V_D > 0$인 순바이어스의 경우 전류 $I_D$는 바이어스 전압 $V_D$의 증가에 따라 증가한다. $V_D \gg \exp(eV_D/kT)$인 범위에서 식 (6.53)의 제2항은 무시할 수 있으므로

$$I_D \fallingdotseq I_s \exp\left(\frac{eV_D}{kT}\right) \tag{6.55}$$

의 근사식을 얻을 수 있다. 식 (6.55)에서 다이오드 전류 $I_D$는 외부의 공급 전압 $V_D$에 따라 지수함수적으로 증대함을 알 수 있다. $V_D < 0$인 역바이어스의 경우는 $V_D \gg (kT/e)$으로 지수함수항이 1보다 훨씬 적으므로 다이오드 전류 $I_D$는

$$I_D \fallingdotseq -I_s \tag{6.56}$$

로 된다. 따라서 큰 역바이어스를 공급한 경우는 바이어스 전압과는 무관한 역포화 전류reverse saturation current $I_S$만 존재하게 된다.

그림 6.13은 다이오드의 정특성 곡선을 나타낸 것이다.

## 5 ■ 공핍층 영역의 변화

pn 접합 다이오드에 외부에서 순바이어스 전압을 공급하면 식 (6.29), 식 (6.30)에서

$$d_2 = \sqrt{\frac{2\varepsilon_o\varepsilon_s}{eN_a(1+N_a/N_d)}}\ \sqrt{\Phi_D - V_D} \tag{6.57}$$

$$d_1 = \sqrt{\frac{2\varepsilon_o\varepsilon_s}{eN_d(1+N_d/N_a)}}\ \sqrt{\Phi_D - V_D} \tag{6.58}$$

로 나타낼 수 있다. 식 (6.57)과 식 (6.58)에서 역바이어스 전압인 경우는 $-V_D$ 대신에 $+V_D$를

대입한다. 또한 $p^+n$ 다이오드($N_a \gg N_d$)인 경우

$$d = d_2 + d_1 \fallingdotseq d_1 = \sqrt{\frac{2\varepsilon_o \varepsilon_s}{e N_d}} \sqrt{\Phi_D - V_D} \tag{6.59}$$

이다. 결국 순바이어스($V_D > 0$)의 경우 공핍층의 폭 $d_2$, $d_1$은 좁아지며, 반대로 역바이어스 ($V_D < 0$)의 경우는 넓어지게 된다.

■ **연습문제 6-9** ■

pn 접합부에 역바이어스 전압 $V_R = -5$[V]를 인가하고, $N_a = 10^{16}$[cm$^{-3}$], $N_d = 10^{15}$[cm$^{-3}$], $\Phi_D = 0.635$[V] 일 때, 공간전하 영역의 폭 $d$를 계산하시오. (단, $\varepsilon_o = 8.85 \times 10^{-14}$[F/cm], $\varepsilon_s = 11.9$이다.)

**풀이** $d = \sqrt{\dfrac{2(8.85 \times 10^{-14})(11.9)(0.635+5)}{1.6 \times 10^{-19}} \left[ \dfrac{10^{16}+10^{15}}{(10^{16})(10^{15})} \right]} = 2.83 \times 10^{-4}$

$\therefore d = 2.83[\mu m]$

■ **연습문제 6-10** ■

Si pn 접합 다이오드의 역방향 전압을 변화시키며 공핍층 용량을 측정하였더니, 40[pF]에서 10[pF]로 변화하였다. 이때 공핍층의 변화 폭은 얼마인가? (단, 접합 면적 $S = 8 \times 10^{-7}$[m$^2$]이다.)

**풀이** $d = \dfrac{\varepsilon S}{C_d} = \dfrac{11.8 \times 8.85 \times 10^{-12} \times 8 \times 10^{-7}}{40 \times 10^{-12}} - \dfrac{11.8 \times 8.85 \times 10^{-12} \times 8 \times 10^{-7}}{10 \times 10^{-12}}$

$= 2.09 \sim 8.35 \times 10^{-6}$

$\therefore d = 2.09 \sim 8.35[\mu m]$

# 3 다이오드의 커패시터

## 1 접합 커패시터

pn 접합에서는 다음에 기술하는 두 종류의 용량이 존재한다. 첫째는 pn 접합부에서 생기는 공간 전하 영역(空間電荷領域)이 고정된 이온의 형태로 전하를 축적하여 생기는 용량으로 공핍층 용량(空乏層容量depletion layer capacitance)이 그것이다. 둘째는 n 영역에서 pn 접합을 통하여 p 영역으로 주입된 전자는 소수 캐리어이므로 정공에 포획되어 재결합하여 결국 소멸하지만 완전하게 소멸하지 않는 시간 범위에서는 어느 정도 전하를 축적할 수 있게 된다. 이와 같이 축적된 전자의 개수에 상당하는 용량이 있다. 이 값은 다이오드에 가해진 순바이어스 전류의 크기에 의해서

변화한다. 이것을 확산 용량(擴散容量diffusion capacitance)이라고 한다. 확산 용량은 $C_{dn}$과 $C_{dp}$로 주어지는데, n형 영역에서 $C_{dn} = dQ_p/dV$, p형 영역에서 $C_{dp} = dQ_n/dV$이다.

## 2 공핍층 커패시터

그림 6.14 (a)는 pn 접합 다이오드를 역바이어스한 때의 공간 전하와 공핍층을 나타낸 것이다. 다이오드에 인가한 전압 $V_D$가 $dV$ 만큼 변화한 때에 공간 전하량이 $dQ$ 만큼 변화한다면, 공핍층 용량 $C_d$는

$$C_d = \frac{dQ}{dV} \tag{6.60}$$

에 의해 구해진다. 이때 이 공간 전하 영역 내의 고정된 이온의 전하밀도는 불순물 밀도에서 미리 결정되기 때문에 전압 $V$만큼 값이 변화되어도 변화하지 않는다. 그러나 $dQ$도 변화하지 않는 것은 아니다. 이는 공간 전하 영역의 폭이 변화하기 때문이다. 결국 이온에 의한 전하를 받아들이는 용기의 체적이 변화하기 때문에 그 영역 내의 총전하량 $dQ$가 변화하게 되어 용량 $C_d$가 생기게 되는 것이다.

다음에는 이 용량을 계산해 보자. 그림 6.14 (b)에 나타낸 것과 같이 공핍층의 n 영역에는 도너 이온에 의한 $eN_d$의 +전하가 생성되고, p 영역 측에는 억셉터 이온에 의한 전하가 생성되어 있다. 이와 같이 전하가 존재하고 있는 영역에서의 전위 $V$는 전하밀도를 $\rho$라 하면, 식 (6.11)과 같이 푸아송 방정식으로 주어지고, n 영역의 공핍층의 폭을 $d_1$이라 하면 식 (6.58)과 같이 $d_1$이 구해진다.

이제 전극 면적을 $S$라 하면 공핍층 내 n 측의 +전하의 전체 전하량 $Q$는

$$Q = eN_d d_1 S$$
$$= \sqrt{\frac{2eN_aN_d}{N_a+N_d}} \sqrt{\Phi_D - V_D} \, S \tag{6.61}$$

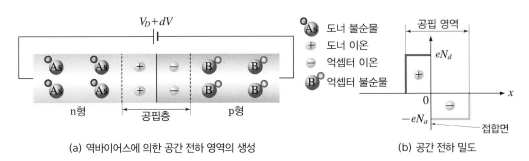

(a) 역바이어스에 의한 공간 전하 영역의 생성     (b) 공간 전하 밀도

그림 6.14 **역바이어스에 의한 공간전하의 생성**

이며, p 영역의 부(負)이온의 전전하(全電荷)도 이와 같다.

외부 전압 $V_D$를 변화시키면 $Q$가 변화하고, 접합부는 이 때문에 공핍층 용량을 갖게 된다. 이때 용량 $C_d$는

$$C_d = \frac{dQ}{d(\Phi_D + V_D)} = \sqrt{\frac{e\varepsilon_o\varepsilon_s N_a N_d}{2(N_a + N_d)}} \ \frac{1}{\sqrt{\Phi_D - V_D}} \ S \tag{6.62}$$

이며, 용량 $C_d$는 $1/\sqrt{V_D}$에 비례하고 있음을 알 수 있다. 식 (6.57), 식 (6.58)에서 전체 공핍층의 폭 $d$는

$$d = d_1 + d_2 = \sqrt{\frac{2\varepsilon_o\varepsilon_s(N_a + N_d)}{eN_aN_d}} \ \sqrt{\Phi_D - V_D}$$

이고 식 (6.62)를 공핍층 폭 $d$로 표현하면

$$C_d = \frac{\varepsilon_o\varepsilon_s S}{d} \tag{6.63}$$

이다. 위의 식과 같이 나타내는 것은 이 용량이 그림 6.15 (a)와 같이 유전율이 $\varepsilon_o\varepsilon_s$이고, 두께가

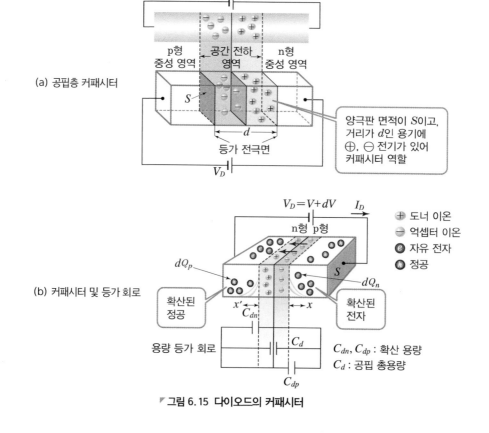

그림 6.15 다이오드의 커패시터

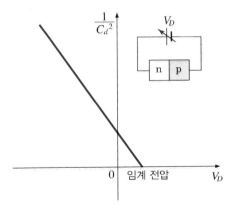

▶ 그림 6.16 **커패시터와 전압 관계**

$d$인 실리콘(Si) 결정 재료를 면적이 $S$인 전극판으로 한 정전 용량과 등가인 것을 의미한다. 이 용량은 식 (6.62)에서와 같이 외부에서 인가한 전압 $V_D$의 증가에 따라 감소한다.

이와 같이 다이오드 양단에 역바이어스를 인가한 경우 외부에서 공급한 전압에 의하여 그 용량값이 변화한다. 즉, 가변 용량(可變容量 variable capacitance)이 얻어진다. 그림 (b)는 확산 및 전체 커패시터의 등가 회로를 보여 주고 있다.

이제 식 (6.62)를 변형하고 역바이어스를 공급한 경우

$$\frac{1}{C_d{}^2} = \frac{2(N_a + N_d)}{S^2 e\, \varepsilon_o\, \varepsilon_s\, N_a N_d}\{\Phi_D - (-V_D)\} \tag{6.64}$$

이고, $1/C_d^2$과 $V_D$의 관계를 그림 6.16에 나타내었다. 그림에서 직선의 기울기는 불순물 밀도와 관계가 있으며 그 직선과 $V_D$축과의 교차점은 임계 전압이다.

■ **연습문제 6-11** ■

계단형 pn 접합에 역방향으로 $-8[\text{V}]$를 인가한 경우 공핍층 용량 $C_d$와 폭 $d$는 얼마인가? (단, n 영역과 p 영역의 불순물 밀도는 각각 $10^{26}[\text{m}^{-3}]$, $10^{23}[\text{m}^{-3}]$이고, 확산 전위차는 0.992[V], 접합 면적은 $10^{-7}[\text{m}^2]$이다.)

**풀이** (1) 용량 : $C_d$

$$C_d = S\sqrt{\frac{e\,\epsilon_o\,\epsilon_s\,N_a N_d}{2(N_a + N_d)}}\,\frac{1}{\sqrt{\Phi_D - (-V_D)}}$$

$$= 10^{-7}\sqrt{\frac{1.6 \times 10^{-19} \times 8.85 \times 10^{-12} \times 11.9 \times 10^{23} \times 10^{26}}{2(10^{23} + 10^{26})}}\sqrt{\frac{1}{0.992 - (-8)}}$$

$$= 30.5 \times 10^{-12}$$

$$\therefore\ C_d = 30.5[\text{pF}]$$

(계속)

(2) 공핍층 폭 : $d$

$$d = \sqrt{\frac{2\,\varepsilon_o \varepsilon_s \left(N_a + N_d\right)}{e\left(N_a N_d\right)}} \; \sqrt{\varPhi_D - \left(-V_D\right)}$$

$$= \sqrt{\frac{2 \times 8.85 \times 10^{-12} \times 11.9 \times \left(10^{23} + 10^{26}\right)}{1.6 \times 10^{-19}\left(10^{23} \times 10^{26}\right)}} \; \sqrt{0.992 - (-8)} = 3.43 \times 10^{-7}[\text{m}]$$

$$\therefore \; d = 0.343[\mu m]$$

---

■ **연습문제 6-12** ■

연습문제 6-11의 다이오드를 평행 평판 커패시터capacitor로 생각하여 공핍층 폭 $d$를 구하시오.

**풀이** $d = \dfrac{\varepsilon_o \varepsilon_s S}{C} = \dfrac{8.855 \times 10^{-12} \times 11.9 \times 10^{-7}}{30.5 \times 10^{-12}} = 0.345 \times 10^{-6}$

$\therefore \; d = 0.345[\mu m]$

---

## ▨4▨ 항복 현상 ■■■

이상적인 pn 접합에서 역바이어스 전압은 소자를 통하여 작은 역포화 전류를 흐르게 한다. 그러나 역바이어스 전압이 서서히 증가하여 어떤 전압에 도달하면 역바이어스 전류는 급격하게 증가하게 된다. 이 점에서의 공급전압을 항복 전압breakdown voltage[6]이라 하며, 그림 6.17에서와 같이 역포화 전류 $I_R = -I_s$는 역방향 전압의 임계 전압 $V_{BR}$까지는 성립하지만, 이 이상이 되면

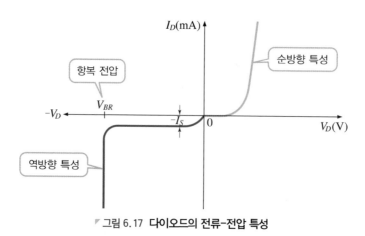

▨ 그림 6.17 **다이오드의 전류-전압 특성**

---

6    항복 전압   pn 접합 다이오드에 과도한 역방향 전압을 가했을 때 어느 한계를 넘으면 역방향 전류가 급격히 증가하게 되는데, 이 현상을 breakdown 또는 접합의 항복이라고 하며, 이 한계 전압을 브레이크다운 전압이라고 한다. 반도체 소자에 이 전압을 초과하는 전압을 가하면 소자가 파괴된다.

전류가 급격히 증가하는 현상이 발생한다. 이 물리적 현상을 항복 현상 혹은 절연 파괴 현상이라
한다. pn 접합에서 역바이어스에 의한 항복 현상은 두 가지 물리적 메커니즘에 의하여 발생한다.
즉, 제너 항복zener breakdown과 애벌란시 항복avalanche breakdown이 그것이다.

## 1 애벌란시 항복

공간 전하 영역에 역바이어스를 인가한 경우 n 영역에서 열생성된 정공이 공핍층 내의 전계에
서 얻은 운동 에너지로 p 영역을 향하여 진행하게 된다. 이때 높은 에너지를 얻은 정공은 결정격
자(結晶格子)와 충돌하여 전자–정공쌍을 만들면서 공유 결합의 전자를 전도대로 올리고 이온화
시킨다. 마찬가지로 p형 중성 영역에서 열생성된 전자가 공간전하 영역을 통하여 n 영역으로 진
행할 때에도 충돌에 의한 전자–정공쌍이 만들어진다. 이를 그림 6.18 (a)에 나타내었다.

이와 같이 원래의 캐리어와 이온화에 의해 생성된 캐리어들이 이동하면서 연쇄 충돌 과정이
일어나 보다 많은 캐리어들이 급속히 증가하여 큰 전류를 형성하게 된다. 이 과정을 그림 (b)에
나타내었다. 이와 같이 충돌에 의하여 캐리어가 증가하는 현상을 애벌란시 항복이라 한다.

역전압이 증가하면 전계가 강해지고 동시에 공간전하 영역의 폭이 넓어지므로 이온화 과정이
발생할 수 있는 비율도 높아진다.

역전류 $I_R$와 $I_s$와의 관계는

$$I_R = \frac{I_s}{1 - \left(\dfrac{V_R}{V_{BR}}\right)^m} = MI_s \tag{6.65}$$

이고, 전자 증가율 $M$은 위의 식에서

$$M = \frac{1}{1 - \left(\dfrac{V_R}{V_{BR}}\right)^m} \tag{6.66}$$

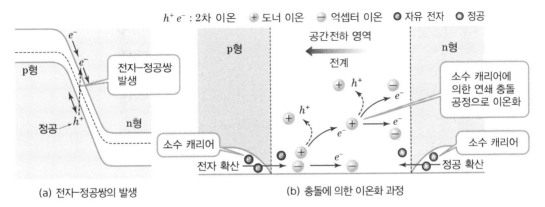

$h^+ e^-$ : 2차 이온    + 도너 이온    − 억셉터 이온    ● 자유 전자    ○ 정공

(a) 전자-정공쌍의 발생            (b) 충돌에 의한 이온화 과정

▶ 그림 6.18 **애벌란시 항복 현상**

이다. 여기서 $V_{BR}$는 항복 전압이고, $V_R$는 역바이어스 전압, $m$은 재료의 종류에 따라 정해지는 정수로서 2.5~6 사이의 값을 갖는다.

## 2 제너 항복

pn 접합 양측에 불순물 함유량이 많은 경우 공핍층의 폭이 대단히 좁아지고, 작은 역전압에 의해서도 $10^6$[V/cm] 정도의 강전계가 생긴다. 이 전계에 의하여 캐리어들이 충돌한 후 이온화되기도 하며, 또 양자역학적 터널 효과에 의하여 p 영역의 공유 결합대의 전자가 n 측의 전도대로 흐르는 양이 많게 된다. 이것을 그림 6.19에 에너지 상태로 나타내었다.

강역전계(强逆電界)에서 공핍층의 중앙부 C, D점에서 최대 전계가 가해져 전자는 C → D로 금지대의 에너지 장벽을 뚫고 이동한다. 이 현상이 제너 항복zener breakdown이다. 전자가 에너지를 얻어 결정격자와 충돌하여 전자 – 정공쌍을 만드는 것은 그림에서 C → D 방향이나 D → C 방향에는 에너지가 필요하지 않고 열전자 방사(熱電子放射)와 같이 통과하여 이동하기 때문에 터널 효과tunnel effect라고도 한다.

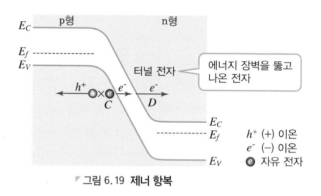

▼ 그림 6.19 **제너 항복**

# 5 다이오드의 응용

## 1 다이오드의 저항

실리콘 반도체 다이오드 회로에 순방향 직류 전압을 인가하면 시간에 따라 변하지 않는 특성 곡선이 만들어지는데, 이를 그림 6.20에 나타내었다. 특성 곡선에서 임계 전압 근처의 만곡부 부근 아래의 저항은 수직 상승 부분에 비하여 크게 된다.

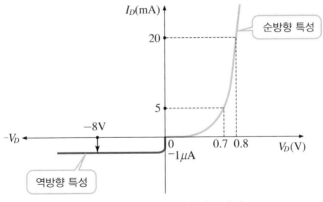

그림 6.20 **다이오드의 특성 곡선 예**

역방향 전압의 경우는 pn 접합의 장벽 높이가 깊어지므로 저항은 매우 크다. 다이오드의 직류 저항 $R_D$는 다음 식으로 구할 수 있다.

$$R_D = \frac{V_D}{I_D} \tag{6.67}$$

### 연습문제 6-13

그림 6.20의 다이오드 특성 곡선에서 (1) $I_D = 5[\text{mA}]$ (2) $I_D = 20[\text{mA}]$ (3) $V_D = -8[\text{V}]$일 때 직류 저항을 구하시오.

**풀이** (1) $I_D = 5[\text{mA}]$일 때, $V_D = 0.7[\text{V}]$이므로

$$R_D = \frac{V_D}{I_D} = \frac{0.7[\text{V}]}{5[\text{mA}]} = 140[\Omega]$$

(2) $I_D = 20[\text{mA}]$일 때, $V_D = 0.8[\text{V}]$이므로

$$R_D = \frac{V_D}{I_D} = \frac{0.8[\text{V}]}{20[\text{mA}]} = 40[\Omega]$$

(3) $V_D = -8[\text{V}]$이고, 이때 $I_D = -1[\mu\text{A}]$이므로

$$R_D = \frac{V_D}{I_D} = \frac{-8[\text{V}]}{-1[\mu\text{A}]} = 8 \times 10^6[\Omega]$$

이제, 교류 전압인 정현파를 다이오드 회로에 인가한 경우를 살펴보자. 입력이 시간에 따라 변하는 교류 신호가 공급되면 특성 곡선의 동작점이 변하게 된다. 지금 그림 6.21 (a)에서와 같이 전류와 전압이 변한다. 변화하지 않는 직류 신호가 인가된 경우 그림 (a)의 Q점(Q-point)에 정지하게 된다.

그러나 교류 신호의 경우, 그림 (b)와 같이 전류와 전압의 변화량이 발생하게 되는데, 이 변화의 비에 해당하는 저항을 교류 저항AC resistance 또는 동적 저항dynamic resistance이라고 한다. 전압과

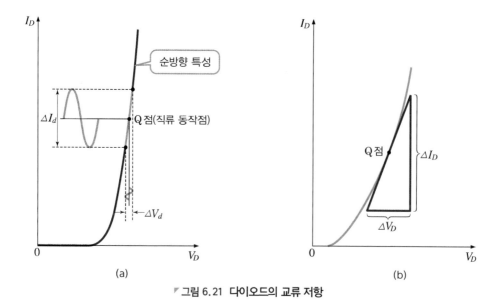

▼ 그림 6.21 다이오드의 교류 저항

전류의 변화량이 Q점을 중심으로 적게 변화하도록 해야 한다. 기울기가 클수록 $\Delta I_D$의 변화에 대하여 $\Delta V_D$의 변화가 적어 저항이 적게 된다. 교류 저항을 $r_d$라 하면

$$r_d = \frac{\Delta V_D}{\Delta I_D} \tag{6.68}$$

$$= \frac{1}{dI_D/dV_D} = \frac{kT/e}{I_s \exp\left(\dfrac{eV_D}{kT}\right)} = \frac{kT/e}{I_D + I_s} = \frac{\eta V_T}{I_D + I_s} \tag{6.69}$$

이 되며, $\eta$는 상수로서 1이다. 이때 $I_D \gg I_s$인 경우는 다음과 같다.

$$r_d \fallingdotseq \frac{kT/e}{I_D} = \frac{\eta V_T}{I_D} \tag{6.70}$$

### ▨ 연습문제 6-14 ▨

실리콘의 pn 접합 다이오드에 교류 신호를 공급한 경우 상온에서 순방향 전류가 26[mV]로 측정되었다. 동저항 $r_d$은 얼마인가?

**[풀이]** $r_d = \dfrac{dV_D}{dI_D} \fallingdotseq \dfrac{\eta V_T}{I_D}$ 이고

300K에서  $V_T = \dfrac{kT}{e} \fallingdotseq 26\,[\text{mV}]$

$\therefore r_d = \dfrac{\eta V_T}{I_D} = \dfrac{1 \times 26\,[\text{mV}]}{26\,[\text{mA}]} = 1\,[\Omega]$

## 2 제너 다이오드 회로

pn 접합에서 비교적 적은 역방향 전압에서는 전류의 변화가 크게 나타나지 않으나, 매우 큰 역방향 전압을 인가하면 그림 6.22와 같이 어느 영역에서 매우 급격한 전류 변화가 나타난다. 이렇게 급격한 전류 변화가 일어나는 역방향 전압이 제너 전압zener voltage이며, $V_Z$로 나타내었다.

이제, 항복 전압 $V_Z$를 p형과 n형 실리콘 재료에 불순물 농도를 증가시켜 특성 곡선을 수직적으로 만들 수 있다. 항복 영역을 −5[V] 정도의 매우 낮은 수준으로 감소하면 제너항복이 전류의 급격한 변화에 관여하게 된다. 이는 원자 내부의 결합력을 깰 수 있는 강한 전계가 접합 영역에서 일어나 캐리어를 발생시키기 때문이다.

제너 항복은 $V_Z$가 낮은 수준에서 전류 변화에 관여하는 것이지만, 어느 수준에서 전류특성의 급격한 변화가 일어나는 영역이 제너 영역이며, 이 부분의 특성을 이용하는 pn 접합이 제너 다이오드zener diode이다.

제너 다이오드는 일반적으로 전압 조정 회로에 사용되고 있다. 가장 단순한 제너 다이오드 회로를 그림 6.22에서 보여 주고 있는데, 이를 해석하여 보자.

제너 다이오드를 제거하여 개방된 상태에서 전압을 인가하여 제너 다이오드 양단의 전압을 구하면 전압 분배 법칙에 의하여

$$V_L = \frac{V_i R_L}{R + R_L} \tag{6.71}$$

이 된다. 여기서 $V \geq V_Z$의 조건에서 제너 다이오드는 도통(ON), $V < V_Z$이면 차단(OFF) 상태가 된다. ON 상태의 경우, 그림 (c)와 같은 등가 회로를 얻을 수 있다. 다이오드와 부하 저항 양단의 전압은 같고, 제너 다이오드 전류는 키르히호프 전류 법칙에 따라

$$I_Z = I_R - I_L \tag{6.72}$$

제너 다이오드에 소모되는 전력은

$$P_Z = V_Z I_Z \tag{6.73}$$

이다.

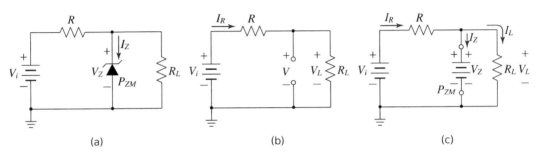

▼ 그림 6.22 제너 다이오드의 전압 조정 회로

다음과 같이 제너 다이오드를 이용한 전압 조정 회로가 도통 상태로 되기 위한 입력 전압의 범위를 구하시오.

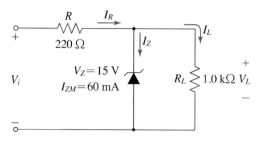

**풀이** (1) 입력 최소 전압 $V_{imin}$

$$V_{imin} = (R_L + R) \times \frac{V_Z}{R_L}$$

$$= 1.0[\text{K}\Omega] + 0.22[\text{K}\Omega] \times \frac{15[\text{V}]}{1.0[\text{K}\Omega]} = 18.3[\text{V}]$$

(2) 저항 R에 흐르는 최대 전류 $I_{Rmax}$

$$I_L = \frac{V_Z}{R_L} = \frac{15[\text{V}]}{1.0[\text{K}\Omega]} = 15.0[\text{mA}]$$

$$I_{Rmax} = I_{ZM} + I_L = 60[\text{mA}] + 15.0[\text{mA}] = 75.0[\text{mA}]$$

(3) 입력 최대 전압 $V_{imax}$

$$V_{imax} = I_{Rmax} R + V_Z$$

$$= (75.0[\text{mA}])(0.22[\text{K}\Omega]) + 15[\text{V}] = 31.5[\text{V}]$$

(4) 따라서 출력 전압에 대한 입력 전압의 범위는 다음과 같다.

$$V_i = 18.3[\text{V}] \sim 31.5[\text{V}]$$

---

## **3** 전파 정류 회로

전파 정류full wave rectification 회로는 정현파 신호를 입력 회로에 공급하여 출력에서 직류에 가까운 전압의 형태를 얻는 회로를 말한다. 가장 일반적인 전파 정류 회로를 그림 6.23에서 보여 주고 있는데, 다이오드 네 개가 브리지 형태로 구성되어 정류하므로 브리지 정류기bridge rectifier라하기도 한다.

그림 (b)에서 나타낸 바와 같이 $D_2$, $D_3$가 도통(ON) 상태로 되어 전류가 이 경로를 통하여입력 전압의 정(+)의 반주기 동안이 출력에 나타난다. 그림 (c)에서는 입력의 부(−)의 반주기동안을 나타낸 것인데, $D_1$, $D_4$가 도통되어 반파가 출력에 나타난다. 결국, 그림 (d)와 같은 전파정류된 출력을 얻을 수 있게 된다.

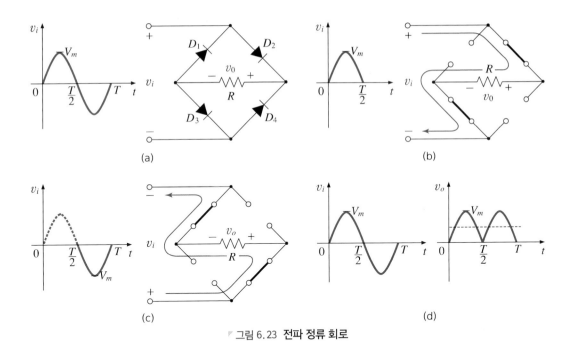

▼ 그림 6.23 **전파 정류 회로**

## 4 클리퍼와 클램퍼

클리퍼clipper는 입력되는 교류 파형의 일정 부분을 제거하고 남은 부분을 출력에 나타나도록 하는 회로를 말하는데, 다이오드를 이용하여 회로를 구성할 수 있다.

그림 6.24 (a)에서는 정현파 입력이 인가되어 일정 부분이 제거되고 나머지가 출력에 나타나

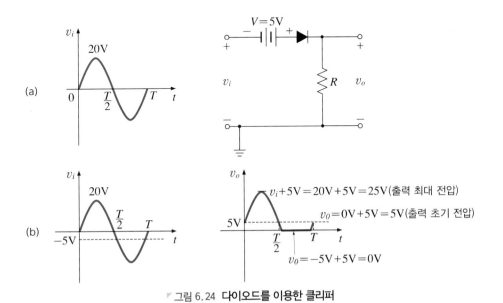

▼ 그림 6.24 **다이오드를 이용한 클리퍼**

는 회로를 보여 주고 있는데, 출력은 저항 $R$ 양단에 나타난다. 이제, 입력 전압 $v_i$가 정(+)의 반주기 동안에 직류 전원이 다이오드를 ON 되도록 하고, 직류 전원이 음(-)이면 다이오드가 OFF 되기 전에 5[V]의 직류 공급 전원이 넘치게 되어 이만큼 상승하는 효과가 있다. -5[V]보다 더 작은 입력 전압에서 다이오드는 개방 회로 상태가 되어 출력은 0[V]가 된다.

■ **연습문제 6-16** ■

그림 6.24에서 다음과 같은 구형파 펄스를 입력한 경우 출력 전압을 구하시오.

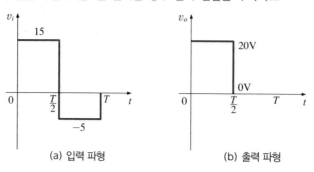

(a) 입력 파형    (b) 출력 파형

**풀이** 입력의 정(+)의 반주기인 입력 전압 $v_i = 15$[V]에서 다이오드는 단락 상태가 되어 출력은 15[V]+5[V]=20[V]로 나타난다. 부(-)의 반주기인 -5[V]에서는 다이오드가 개방 상태이므로 0[V]이다. 결국, 위의 그림 (b)와 같은 파형을 얻게 된다.

한편, 클램퍼clamper는 인가된 신호의 모양을 바꾸지 않고, 파형을 다른 직류값으로 변위(變位) 이동시키는 데 쓰이는 회로이다. 그림 6.25에서 정현파 입력을 갖는 클램퍼의 예를 보여 주고 있다.

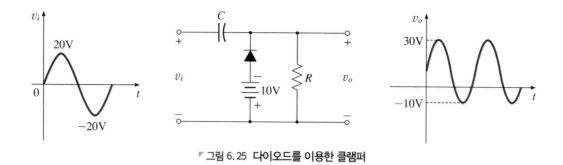

▮ 그림 6.25 **다이오드를 이용한 클램퍼**

■ 다음 문장의 (　　　) 혹은 [국문(영문)]에 적절한 용어를 써 넣으시오.

**01** p형 반도체와 n형 반도체가 결정(結晶)으로서 접촉하여 금속학적 접촉을 이루고 있는 것이
　　　[　　　　　　(　　　　　　　　)]이다.

**02** p형과 n형 반도체의 두 물질을 접합하였을 때, 양측의 (　　　　)하여 열평형 상태에 도달할 때까지 충분한
　　　시간이 지나면, 양측의 (　　　　)는 동일한 높이로 된다.

**03** p형과 n형 반도체가 접합하면 두 영역에서 (　　　　　)의 이동이 발생한다.

**04** n형 반도체의 다수 캐리어인 전자는 확산 현상에 의해 그 밀도가 낮은 (　　　　　)로 이동하며, 이 전자는
　　　접합부에서 억셉터와 결합하여 (－)의 전기적 성질을 갖는 (　　　　　)이 생기게 된다.

**05** p형 반도체의 다수 캐리어인 정공도 역시 확산 현상에 의해 그 밀도가 낮은 (　　　　　)로 이동한다.
　　　이 정공은 접합부에서 전자와 재결합하여 (　　　)을 생성한다.

**06** pn 접합부 부근에서 부(負)전하인 억셉터 이온과 정(正)전하를 갖는 도너 이온이 존재하게 되며, 이 영역을
　　　[　　　(　　　　　　　　　　)]이라 한다.

**07** 공간전하 영역에서는 정(＋)이온에서 부(－)이온으로 향하는 전기력선 즉 (　　　　)가 형성된다.

**08** 공간전하 영역에서 발생한 전계에 의하여 전자는 n형 영역으로, 정공은 p형 영역으로 밀어붙여, 공간 전하
　　　영역 내에서는 캐리어가 존재하지 못하므로 이 영역을 [　　　　(　　　　　　)]이라고도 한다.

**09** pn 접합부에서 발생한 전계는 n형 측에서 p형 측으로 (　　　), p형 측에서 n형 측으로 (　　　　)을
　　　저지하는 반발력으로서도 작용하게 된다.

**10** pn 접합부에서 전계가 존재한다는 것은 전위차가 생기는 것을 의미하며, 이 전위차를
　　　[　　　　　　(　　　　　　)]라 한다.

**11** pn 접합부에서 발생하는 확산전위는 그에 상당하는 에너지가 n형 반도체에서 p형 반도체로 확산하는 (　　)를 막고, 또 p형 반도체에서 (　　　　)로 정공의 확산을 가로막는 에너지의 벽(璧)이 되기 때문에 [　　(　　　　　　　)]이라 한다.

**12** pn 접합의 전기적 특성은 [　　　　(　　　　　　)] 즉 한 방향으로는 전류가 잘 흐르나 (　　　　)으로는 전류가 흐르지 못하는 것이다.

**13** p형 반도체에 (+), n형 반도체에 (−)전압을 인가한 경우를 [　　　　(　　　　　　　　)한다고 한다.

**14** n형 반도체 내에는 소수 캐리어인 (　　)이 존재하고, 또 p형 반도체에서는 소수 캐리어인 (　　)이 있는데, 이들은 전위 장벽이 장벽으로 작용하지 않기 때문에 미세한 전류가 형성된다. 이와 같이 소수 캐리어에 의해서 흐르는 전류를 [　　　　(　　　　　　　　　)]라 한다.

**15** pn 접합부에서 생기는 공간 전하 영역이 고정된 이온의 형태로 전하를 축적하여 생기는 용량으로 [　　　　(　　　　　　　　　　)]이 있다.

**16** pn 접합에서 역바이어스 전압은 소자를 통하여 작은 (　　　　)를 흐르게 한다. 그러나 이 전압이 서서히 증가하여 어떤 전압에 도달하면 역바이어스 전류는 급격하게 증가하게 된다. 이 점에서의 공급 전압을 [　　　(　　　　　)]이라고 한다.

**17** (　　　　)는 역방향 전압의 임계 전압 $V_{BR}$까지는 성립하지만, 이 이상이 되면 전류가 급격히 증가하는 현상이 발생한다. 이 물리적 현상을 (　　　　) 혹은 (　　　　　　)이라고 한다.

**18** pn 접합에서 (　　　　)이 증가하면 전계가 강해지고, 동시에 공간 전하 영역의 폭이 넓어지므로 (　　　　)이 발생할 수 있는 비율이 높아진다.

**19** pn 접합의 역방향전압을 공급하면 캐리어와 이온화에 의해 생성된 캐리어들이 이동하면서 (　　　　)이 일어나 보다 많은 캐리어들이 급속히 증가하여 큰 전류를 형성하게 된다. 이와 같이 충돌에 의하여 캐리어가 증가하는 현상을 [　　　　(　　　　　　　　)]이라 한다.

**20** pn 접합 양측에 불순물 함유량이 많은 경우, 공핍층의 폭이 대단히 좁아지고, (　　) 역전압에 의해서도 $10^6$[V/cm] 정도의 강전계가 생긴다. 이 전계에 의하여 캐리어들이 충돌한 후 (　　)되기도 하며, 또 양자역학적 (　　)이 발생하여 역방향 전류가 급격히 흐르는 현상을 [　　　(　　　　　)]이라고 한다.

**01** pn 접합의 공간 전하 영역(공핍층)이 생기는 과정을 설명하시오.

**02** pn 접합의 공간 전하 영역에서의 전계의 세기, 전하 밀도, 공간 전하 영역 폭을 구하시오.

**03** pn 접합에서 공핍층 내의 접촉 전위차(확산 전위차)를 구하시오.

**04** pn 접합에서 생기는 접합 용량을 공핍층 용량과 확산 용량으로 나누어 설명하시오.

**05** pn 접합 다이오드의 항복 현상을 애벌란시avalanche 항복과 제너zener 항복으로 구분하여 설명하시오.

**06** 터널 효과tunnel effect에 대하여 설명하시오.

**07** 실리콘의 pn 접합 다이오드(계단형 접합)에서 억셉터 농도 $N_a = 10^{15}$[개/cm$^3$], 도너 농도 $N_d = 10^{17}$[개/cm$^3$]일 때 300[K]에서 접촉 전위차는 얼마인가?

| 힌트 | $\left( \Phi_D = \dfrac{kT}{e} ln \dfrac{N_a N_d}{n_i^{\,2}} \right)$

**08** 실리콘 pn 접합 다이오드의 접합 면적이 2[mm$^2$]이고 공핍층 폭이 $10^{-7}$[cm]인 다이오드의 공간 전하 용량은 얼마인가? (단, 실리콘의 비전유율 $\varepsilon_s = 11.9$이다.)

| 힌트 | $\left( C = \dfrac{\varepsilon_0 \varepsilon_s S}{d} \right)$

**09** pn 접합 다이오드의 $C-V$ 특성을 측정하였더니 다음 그림과 같이 $1/C_d^2 - V$ 그래프가 되었다. $S=10^{-7}[\text{m}^2]$, $N_d \gg N_a$인 경우 $N_a$의 값은 얼마인가?

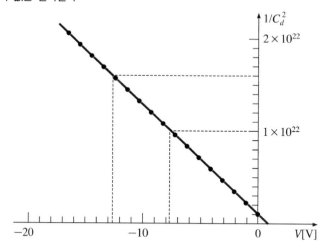

|힌트| $\left[ \dfrac{1}{C_d^{\,2}} = \dfrac{2(N_a + N_d)}{S^2 e\,\varepsilon_0\,\varepsilon_s\,N_a\,N_d}(\Phi_D - V_D), \;\; 기울기\;\; a = \dfrac{\dfrac{1}{c_d^{\,2}}}{(\Phi_D - V_D)} \right]$

**10** pn 접합에서 확산 전위차를 구하시오. (단, $N_a = 1 \times 10^{18}[\text{cm}^{-3}]$, $N_d = 1 \times 10^{15}[\text{cm}^{-3}]$, $n_i = 1.5 \times 10^{10}[\text{cm}^{-3}]$ 이며, $T = 300[\text{K}]$이다.)

|힌트| $\left( \Phi_D = \dfrac{kT}{e} \ln \dfrac{N_a N_d}{n_i^{\,2}} \right)$

**11** 계단형 실리콘 pn 접합에서 $N_a = 10^{15}[\text{cm}^{-3}]$, $N_d = 2 \times 10^{17}[\text{cm}^{-3}]$일 때 확산 전위차 $\Phi_D$, 공핍층 폭 $d_1$, $d_2$, $d$ 및 최대 전계 $E_{\max}$를 구하시오. (단, $T = 300[\text{K}]$이며, 바이어스 공급은 없는 것으로 한다.)

**12** pn 접합 다이오드에서 이상적인 역전류가 역포화 전류 $I_s$의 90%에 도달하기 위해서는 몇 [V]의 역바이어스 전압이 필요한가? (단, $T = 300[\text{K}]$이다.)

|힌트| $\left[ I_D = I_s \left\{ \exp\left( \dfrac{e V_D}{kT} \right) - 1 \right\} \right]$

**13** 다음 표에 주어진 특성을 갖는 실리콘 pn 접합 다이오드에서 다음을 구하시오.
① 확산 계수 $D_n$, $D_p$  ② 확산 길이 $l_n$, $l_p$  ③ 농도 $n_p$, $p_n$  ④ 역포화 전류 $I_s$

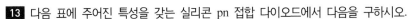

| 특성 | p 영역 | n 영역 |
|------|--------|--------|
| 길이($l$) | $l_p = 1 \times 10^{-4}[\text{m}]$ | $l_n = 3 \times 10^{-4}[\text{m}]$ |
| 불순물 농도($N$) | $N_a = 2 \times 10^{21}[\text{m}^{-3}]$ | $N_d = 2 \times 10^{21}[\text{m}^{-3}]$ |
| 소수 캐리어 수명($\tau$) | $\tau_p = 3 \times 10^{-4}[\text{s}]$ | $\tau_n = 4 \times 10^{-5}[\text{s}]$ |
| 이동도($\mu$) | $\mu_p = 0.134[\text{m}^2/\text{V} \cdot \text{s}]$ | $\mu_n = 0.048[\text{m}^2/\text{V} \cdot \text{s}]$ |
| 진성 캐리어 농도($n_i$) | $n_i = 1.5 \times 10^{16}[\text{m}^{-3}]$ | |
| 접합 면적($S$) | $S = 10^{-6}[\text{m}^2]$ | |
| 온도($T$) | $T = 300[\text{K}]$ | |
| 실리콘의 비유전율($\epsilon_s$) | $\epsilon_s = 11.8$ | |
| 진공 중의 유전율($\epsilon_o$) | $\epsilon_o = 8.85 \times 10^{-12}[\text{F/m}]$ | |

**14** 다음 제너 다이오드 회로에서 $V_{RL}$이 10[V]로 유지되기 위하여 $R_L$과 $I_L$ 값의 범위를 결정하고, 다이오드의 최대 정격을 구하시오.

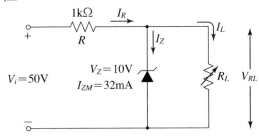

**15** 다음 회로에서 출력전압 $V_o$를 구하여 파형을 그리고, 설명하시오.

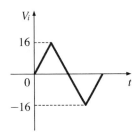
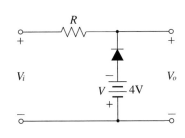
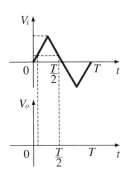

# 트랜지스터

Transistor

MOS 구조의 기원은 산화의 발견에서부터이다.

오늘날 집적 회로의 근간이 되는 소자는 금속metal → 산화물oxide → 반도체semiconductor의 적층 구조인 MOS 구조이다. 실리콘의 산화는 어떻게 발견된 것인가? 이 물음은 1950년대로 거슬러 올라간다. Bell 연구소의 어느 연구원이 우연한 실수로 공기가 확산로 속으로 역류하여 확산로 내에 놓인 웨이퍼 표면을 파랗게 변화시킨 데에서 발견된 것이다. 이러한 산화막의 발견으로 Planar 기술을 이용한 MOS 소자의 개발을 가져오게 되었다.

학습
목표

# 1 전자 소자

기본적으로 전자 회로에 사용하는 소자는 그림 7.1과 같이 다이오드, 트랜지스터 등의 반도체 소자와 저항, 커패시터 등의 수동 소자로 구분된다. 주로 집적 회로에 쓰이는 회로 소자는 저항, 커패시터, 트랜지스터이다. 이들 소자에 주목하여 그 기능과 특성을 살펴보자.

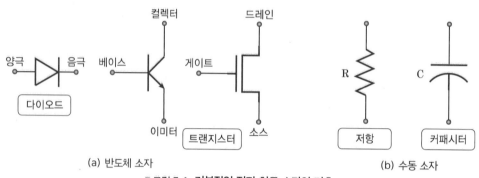

(a) 반도체 소자　　　　　　　　　　　　　　(b) 수동 소자

▛ 그림 7.1 **기본적인 전자 회로 소자의 기호**

## 1 저항

저항이라는 말의 물리적 개념을 살펴보자. 담수호의 댐에서 쏟아지는 물이 수로가 좁은 통로를 통과하려면 물이 잘 흐르지 못하고 흘러넘칠 것이다. 대도시에서 병목 현상이 심한 도로에서는 교통의 흐름이 원활하지 못하다. 지구 상에 존재하는 물체가 움직일 때도 이동 방향의 반대 방향으로 이동을 방해하는 저항resistance 요소가 있을 수 있다. 예를 들어, 비행기가 날아갈 때는 반대 방향으로 공기 저항이 작용한다. 그래서 시간이 더 지체될 수 있다. 이와 같이 저항은 물체의 움직임을 방해하는 요소인데, 물체뿐만 아니라 열이나 전기의 이동에서도 저항이 존재한다. 전기의 흐름에 대한 저항을 전기 저항이라고 한다. 따라서 전기 저항이 크면 전류가 잘 통하지 않아 전기 전도율이 낮아진다.

전기 저항의 크기를 나타내는 단위는 $\Omega$(ohm)이다. 1[$\Omega$]은 1[V]의 전압으로 1[A]의 전류가 흐를 때 그 물질의 저항 요소에 의하여 받는 저항의 값을 말한다. 저항값은 물질의 종류에 따라 다르다. 은과 구리 등은 전기 저항이 가장 작은 금속이기 때문에 전선을 만드는 재료로 많이 사용한다. 또한 전기 저항의 크기는 길이에 비례하고 단면적에 반비례한다. 즉, 도선의 길이가 길면 전자가 지나가야 할 길이 멀기 때문에 저항이 크고, 단면적이 넓으면 전자가 이동하기 쉬우므로 저항이 작다. 도선은 굵게 만들수록 저항이 작아져서 더 효율적이지만 재료가 더 많이 사용되므로 도선의 값이 상승할 것이다. 그러므로 용도에 따라 규격에 맞는 적당한 굵기로 만든다. 도선의 길이와 단면적이 주어진 어떤 물질을 저항의 식으로 나타낼 수 있다. 도선 상의 두 점 사이의 길이를 $L$, 단면적을 $S$라 할 때 두 점 사이의 저항은

$$R = \rho L / S \tag{7.1}$$

이 된다. 여기서 비례 상수 $\rho$는 물질의 고유한 값으로 저항률[1] 또는 비저항이라고 한다. 일반적으로 물질의 저항값은 온도에 따라 변하는데, 도체는 온도가 상승하면 전기 저항이 증가하지만 반도체나 절연체에서는 오히려 작아지는 경향을 보인다.

## 2 커패시터

대청호나 충주호는 담수호로서 인근 주민의 식수원으로 큰 역할을 하고 있는데, 이 담수호의 물은 주변의 수로를 따라 흘러들어 호수에 저장된다. 그림 7.2와 같이 담수호에 저장된 물 분자($H_2O$)를 전기의 성질을 갖는 전하라 비유하고, 담수호를 예로 하여 커패시터capacitor를 생각해 보자. 그러니까 담수호에 저장된 물의 양이 전하량이 되는 것이다.

담수호에 유입되는 물은 담수호의 용량이 허락할 때까지 들어올 것이고 유입되는 물이 많을수록 수위는 높아질 것이다. 반면에 수문을 열어 물을 하천으로 방류하면 물의 양은 줄어들 것이다. 커패시터는 충전electric charge과 방전discharge의 기능을 갖는다. 충전은 담수호에 물이 가득 찰 때까지 유입되는 경우로 비유하며, 방전은 물이 방류하는 것에 비유할 수 있다. 커패시터에 전하가 충전이 될수록 전하가 많아진다. 전하가 많이 쌓일수록 전위도 높아진다. 담수호에 물이 계속 유입되면 물의 양이 많아지고 물의 수위도 높아지는 이치와 같다.

▼ 그림 7.2 **담수호의 물**

그림 7.3은 커패시터의 기호와 구조를 나타낸 것인데, 도체인 두 개의 극, 즉 (+)극과 (−)극의 단자node을 가지고, 그 중간에는 절연체(유전체)를 삽입한 구조이다. 두 극의 의미는 (−)극을 기준하였을 때 (+)극의 전위가 높다는 뜻이다. 그림 7.3 (b)와 같이 두 도체 사이에 절연체를 넣으면 커패시터가 되는데, 일반적으로 도체의 면적이 넓을수록, 두 도체 사이의 거리가 가까울수록, 즉 절연체의 두께가 얇을수록 용량값이 커져 더 많은 전하를 저장할 수 있게 된다. 또 한쪽 단자의 전위를 높일수록 많은 전하를 저장할 수 있다. 담수호에 유입되는 물의 흐름이 빠를수록 물이

---

1  저항률  전선 등의 도체 재료(구리, 알루미늄, 은 등)가 가지고 있는 고유 저항을 저항률 또는 고유 저항이라고 한다. 단위는 일반적으로 [$\Omega \cdot m$]가 사용되고 있으며, 이것의 의미는 도체의 단위 길이, 단면적당 저항이다.

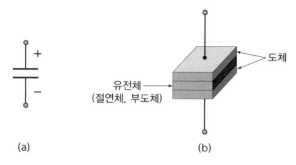

도체

유전체
(절연체, 부도체)

(a)                                      (b)

▼ 그림 7.3 커패시터의 (a) 기호 (b) 구조

빨리 차듯이 커패시터에도 충전시키는 전류의 양, 즉 전하의 양이 많을수록 빠르게 충전이 된다. 마찬가지로 방전 전류가 커질수록 방전은 빠를 것이다. 전류는 전하의 흐름이기 때문이다.

커패시터에 전하가 저장되는 원리는 분극polarization 현상으로 설명할 수 있다. 분극이란 유전체 등에 전계를 공급하면 음(−)과 양(+)의 전하 또는 이온이 서로 반대 방향으로 위치하는 상태를 말한다.

유전체 양단에 전압을 공급하면 전압이 미치는 영역인 두 도체 사이에 전계가 형성된다. 전계는 유전체 속에 있는 분자, 원자 혹은 이온들에게 힘을 주는 동시에 그들이 변위(變位displacement) 할 수 있도록 한다. 분극을 다시 한 번 살펴보면 유전체 등에 전압을 공급하면 전계가 형성되는데, 이 힘이 물체를 구성하는 음(−)과 양(+)의 전하 또는 이온을 서로 반대 방향으로 그 위치를 변화, 즉 변위하도록 하는 작용을 말한다. 그리하여 원자를 구성하는 음(−), 양(+)의 전하 또는 이온이 서로 반대 방향으로 변위하여 어떤 힘에 의해 (−)극과 (+)극이 나누어져 분극이 나타나는데, 이때의 힘을 쌍극자 모멘트dipole moment[2]라고 한다. 그 종류로는 이온 분극, 원자 분극, 전자 분극 등이 있다. 쌍극자 모멘트는 크기가 같은 양(+)과 음(−)의 두 극이 아주 가까운 거리를 두고 마주하고 있을 때, 이 두 극을 쌍극자라고 하며, 이때 두 극의 세기와 거리를 곱한 것을 말한다.

지금까지 살펴본 커패시터와 관련한 내용을 수식으로 나타내 보자. 전하량을 $Q$, 전압을 $V$로 내타내면

$$Q = CV \tag{7.2}$$

여기에서 비례 계수 $C$는 커패시터의 용량을 나타내며, 패럿farad(F)의 단위를 사용한다. 위 식의 의미는 담수호의 크기, 즉 용량의 크기가 정해져 있다면 전위를 높이면 많은 전하를 저장할 수 있다는 것이다. 담수호의 수위가 높을수록 저장되는 물의 양이 많아지는 원리와 같은 이치이다.

전류는 전하의 흐름이므로 커패시터에서 충전되거나 방전되는 순간의 전류는 주어진 짧은 시간 $dt$에서 변화된 전하의 양 $dQ$의 비로 표현할 수 있다. 시간에 따라 변하는 전류 $i$는

---

2   쌍극자 모멘트  쌍극자를 특징짓는 벡터양을 말한다. 전기 쌍극자 모멘트와 자기 쌍극자 모멘트가 있는데, 보통은 전기 쌍극자 모멘트를 가리킨다. 그 크기는 양전하의 크기와 양·음전하 사이의 거리와의 곱과 같으며, 그 방향은 보통 음전하에서 양전하로 향한다.

$$i = dQ/dt \tag{7.3}$$

이다. 결국, 짧은 시간 동안에 변화되는 전하의 미분식이 되었는데, 이것은 커패시터에 처음 충전될 때는 전류가 많이 흐르다가 시간이 지날수록 점점 줄어들 것이므로 시간에 따라 흐르는 전류의 양이 변화하기 때문이다. 식 (7.2)를 식 (7.3)에 대입하여 정리하면

$$i = dQ/dt = C(dv/dt) \tag{7.4}$$

로 나타내며, 이는 용량이 주어질 때, 전류는 전압의 순간 변화량 $dv$에 비례한다는 것이다. 한편, 도체의 면적을 $S$, 유전체의 두께를 $t$라 하면, 커패시터의 용량값을 다음 식으로도 구할 수 있다.

$$C = \varepsilon S/t = Q/V \tag{7.5}$$

여기에서 $\varepsilon$은 유전체 물질에 따른 고유 상수의 값을 나타낸다.

## 3 트랜지스터

트랜지스터의 종류는 그림 7.4와 같이 바이폴러bipolar 트랜지스터와 유니폴러unipolar 트랜지스터로 구분하며, 쇼클리 등이 개발한 것이 바로 바이폴러 트랜지스터이다. 유니폴러 트랜지스터는 우리말로 번역하면 단극성 전계효과 트랜지스터(FETfield effect transistor)인데, 접합형 전계효과 트랜지스터(JjunctionFET)가 먼저 개발되었다. 그 후 모스 전계효과 트랜지스터(MOSmetal oxide semiconductorFET)가 개발되어 오늘에 이르고 있으며, 요즈음 집적 회로에는 거의 대부분 MOSFET를 사용하고 있다.

여기서 모스라는 용어를 살펴보자. 모스란 MOSFET에서 앞의 MOS만을 따서 부르는 것인데, 일반적으로 그렇게 부르고 있다. 트랜지스터를 구성하는 핵심 물질이 '금속(Metal) - 산화물(Oxide) - 반도체(Silicon 혹은 Semiconductor)'의 적층 구조를 하고 있어 붙여진 이름이다. 이를 그림 7.5에서 보여 주고 있다.

모스가 발명된 계기는 1950년대로 거슬러 올라간다. 미국의 벨Bell연구소의 한 연구원이 연구중에 우연한 실수로 확산로 속으로 공기가 주입되면서, 이 공기 속의 산소($O_2$)가 확산로 내에 장착된 실리콘 웨이퍼 물질과 반응하여 그 표면을 파랗게 변화시킨 것이 산화막oxide($SiO_2$)이라고

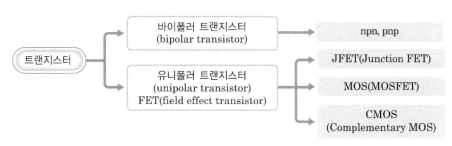

▼ 그림 7.4 트랜지스터의 분류

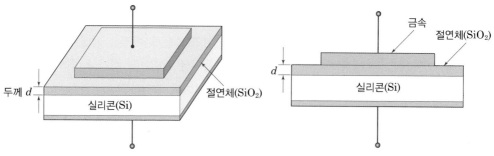

▼ 그림 7.5 **금속(M)-산화물(O)-반도체(S)의 적층 구조**

확인하면서 MOS 트랜지스터를 발명하게 된 계기가 되었다. MOS 트랜지스터는 반드시 산화막이 필요하기 때문이다. 확산로diffusion furnace는 실리콘 원판에 원하는 불순물을 넣어 주는 장치를 말한다. 산화막은 일종의 절연체인데, 집적 회로를 만들 때 여러 가지 용도로 사용하는 물질이다. 게이트 산화막으로 쓰이고, 소자와 소자 사이를 절연하거나 보호막 또는 커패시터의 유전체 등으로 사용하는 중요한 물질로 오늘날 평면형 집적회로 시대를 여는 데 큰 기여를 한 물질 중 하나이다.

그림 7.6은 모스 기술의 변천 과정을 나타낸 것이다. pMOS만으로 회로를 설계하고 제조하는 기술과 nMOS만으로 설계 및 제조를 하는 기술, nMOS와 pMOS 기술 모두를 사용하는 Ccomplimentary MOS 기술로 변천해 왔다. 여기서 n과 p는 전자(n)와 정공(p)을 상징적으로 나타내주는 것이다. 그러니까 nMOS는 전자, pMOS는 정공에 의하여 트랜지스터가 동작하는 것이다. nMOS는 n 채널, pMOS는 p 채널을 의미하기도 한다.

반도체 물질에서 전류를 통하게 하는 매개체에는 전자(n)와 정공(p)이 있는데, 전자만으로 작동하는 것이 nMOS이고, 정공만으로 트랜지스터가 작동하는 것이 pMOS인데 이 둘을 하나의 기판에 만든 소자가 CMOS이다. 이 두 소자는 서로 반대의 특성을 나타내기 때문에 CMOS의 Ccomplimentary를 우리말로 번역하면 상보(相補)의 의미를 갖는다. 상보란 p와 n이 반대의 특성을 가지고 있으나 이를 잘 조합하여 구성하면 서로를 보완하는 특성을 보이는데, 여러 가지 장점이 있어서 그렇게 구성한다. 보완 관계에서 얻을 수 있는 장점은 소모되는 전력을 낮출 수 있고, 디지털 회로의 기본인 부정 회로(NOT gate)를 만들기 쉽다는 것이다. 물론 칩의 면적을 많이 소모하는 단점이 있기는 하지만, 현재 집적회로의 제조에서 CMOS를 가장 많이 사용하고 있다. 그러나 아직도 특수한 분야에 바이폴러 트랜지스터가 사용되고 있다.

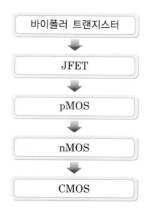

▼ 그림 7.6 **트랜지스터의 변천 과정**

# 2 바이폴러 트랜지스터(Bipolar transistor)

## 1 점 접촉형 트랜지스터

1947년 미국의 Bell 전화연구소의 브래튼W. H Brattain과 바딘J. Bardeen은 게르마늄(Ge) 결정에 두 개의 금속 침을 접촉한 후, 여러 전압을 인가할 때 흐르는 전류를 조사하여 비교해 보았는데, 여기서 재미있는 현상을 우연히 발견하게 된다.

그림 7.7 (a)에 나타낸 것과 같이 게르마늄 전극 B를 접지하고, 금속 침 E에 (+)전압을 인가하고, 또 한쪽의 금속 침 C에 (-)전압을 인가하였다.

이때 금속 침 E와 게르마늄과의 사이에 전압을 인가하지 않으면 금속 침 C와 게르마늄 사이에는 거의 전류가 흐르지 않는 동작이 일어났다. 그러나 금속 침 E에 전압을 인가하여 게르마늄과의 사이에 미소한 전류 $I_E$를 흐르게 하였더니, 금속 침 C와 게르마늄 사이에 흐르는 전류 $I_C$가 크게 증가하는 현상을 발견하게 되었다. 이것은 미소한 전류 $I_E$를 큰 전류 $I_C$로 변화시키는 것, 즉 전류를 증폭할 수 있다는 것을 의미한 것이다. 이렇게 하여 역사상 최초의 바이폴러 트랜지스터bipolar transistor[3]가 발명된 것이다.

그 특성을 그림 (c)에 나타내었다. 이 트랜지스터는 그 형상으로부터 점 접촉형 트랜지스터로 불리게 되었다. transistor라고 하는 명칭은 "transfer+resistor" 즉, "진공관을 대체하는 저항기"라고 하는 의미의 합성어인 것이다. 점 접촉형 트랜지스터의 전류 증폭 현상의 발견에 대하여

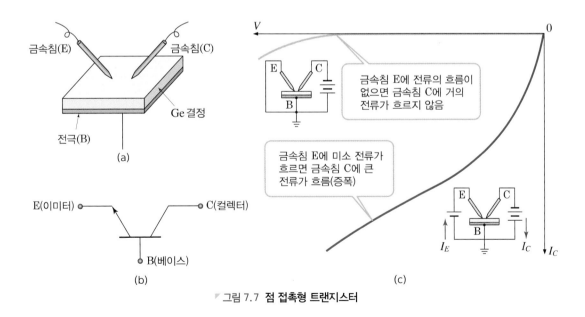

▶ 그림 7.7 **점 접촉형 트랜지스터**

---

3    바이폴러 트랜지스터  트랜지스터의 동작에 전자와 정공을 동시에 이용하는 트랜지스터를 말하며, 이것에 대응하는 말에 유니폴러 트랜지스터unipolar transistor가 있는데, 이것은 전자 또는 정공 중의 어느 한쪽만을 이용하는 트랜지스터로 MOS 트랜지스터가 대표적인 예이다.

실험은 브래튼이 주된 역할을 하였다. 공동 연구자인 바딘은 원리와 메커니즘 면에서 크게 기여하였다. 같은 Bell 연구소의 접합형 트랜지스터의 발명자인 쇼클리W. Shockley와 공동으로 노벨 물리학상을 수상하게 된다.

현재에는 점 접촉형 트랜지스터는 사용하고 있지 않지만, 이 트랜지스터의 발명이 오늘날 반도체 시대의 시발점이 되어 이를 바탕으로 반도체 산업이 급격하게 발전하는 계기가 된 것이다.

그림 (b)에 나타낸 트랜지스터의 회로 기호는 점 접촉형 트랜지스터의 형상을 의미하는 것이다.

## 2 접합형 트랜지스터

그림 7.8에 나타낸 것과 같이 1948년 쇼클리는 npn형 트랜지스터에 관한 특허를 출원하고, 1949년에 pn 접합에 관한 이론적 고찰을 통하여 접합형 트랜지스터의 이론을 발표하게 된다.

1952년경까지 접합형 트랜지스터는 주로 군사용으로 제품화하였다. 그 후, 쇼클리는 트랜지스터 회사를 설립하여 트랜지스터의 연구 개발에 전념하게 되었다.

접합형 트랜지스터는 세 가지 대표적인 제조법이 있는데, 그림 (a)에 나타낸 것과 같이 성장형이 있다. 이것은 결정을 성장하면서 불순물을 첨가하여 npn 접합을 형성하는 것이다.

두 번째의 것은 합금형으로 그림 (b)에서 보여 주는 것과 같이 n형의 게르마늄 반도체와 3족 원소인 인듐(In)을 접촉시켜 500℃ 정도로 가열하면, 합금 반응에 의해 부분적으로 인듐이 첨가된 p형 게르마늄이 형성되는 것을 이용한 것이다. 즉, 게르마늄과 인듐의 합금 반응에 의해 p형 게

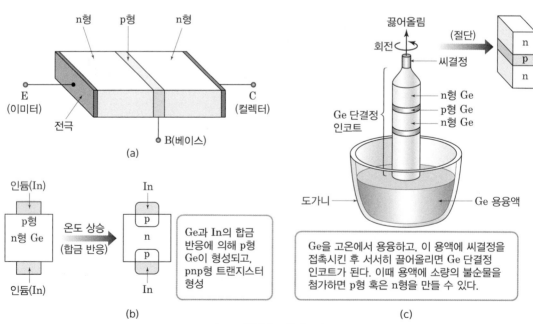

▼ 그림 7.8 접합형 트랜지스터

르마늄이 형성되어 pnp 접합 트랜지스터가 만들어지는 것이다. 그림 (c)에서는 도가니 속에 게르마늄을 고온으로 용융하고, 여기에 씨$_{seed}$ 단결정을 접촉하면서 서서히 끌어올리면 게르마늄 잉곳$_{ingot}$이 되는데, 이때 필요한 불순물을 주입하면 p형 혹은 n형을 만들 수 있다.

### 3 평면형 트랜지스터

먼저, 평면$_{planar}$형 트랜지스터의 기초가 되는 확산형 트랜지스터의 제조에 관하여 살펴보기로 하자.

확산$_{diffusion}$ 현상은 물그릇에 잉크를 떨어뜨리거나 밀폐된 공간에서 담배를 피울 때, 잉크의 농도 또는 담배연기의 농도가 높은 곳에서 낮은 곳으로 퍼져나가는 이치와 같은 현상이다. 반도체 재료를 확산로에 넣고, 온도를 올리면서 불순물을 가스 상태로 흐르게 하면, 불순물이 반도체 속으로 들어가 시간이 흐름에 따라 일정한 분포를 갖게 되는 것이 바로 확산$_{diffusion}$인 것이다.

예를 들어 n형 실리콘에 붕소(B)를 첨가하여 p형 실리콘으로 변화시키고, 그 p형 실리콘의 일부에 높은 농도의 인(P)을 확산하면 npn형 트랜지스터를 만들 수 있다. 이를 그림 7.9 (a)에서 보여 주고 있다.

산화막(SiO$_2$)을 마스크로 해서 붕소를 확산법으로 첨가하여 n형 실리콘 내에 p형 영역을 만드는 것이다. 그 다음 산화막을 마스크로 하여 인(P)을 확산법으로 붕소(B)보다 높은 밀도로 첨가하여 p형 영역 내에 n$^+$ 영역을 형성하여 npn형 트랜지스터가 만들어지는 것이다. 여기서 n$^+$ 라 하는 것은 n형 불순물 밀도가 n 영역보다 더 높다는 의미이다.

이와 같은 확산법에 의해 불순물을 첨가하는 과정과 그 밖의 공정을 거쳐 반도체 표면 근처에 평면적인 구조로 만든 것이 평면형 트랜지스터인 것이다. 이를 그림 (b)에서 보여 주고 있다.

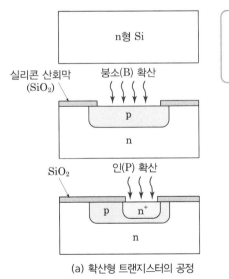

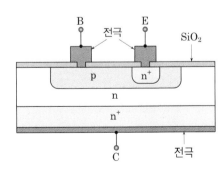

SiO$_2$막을 마스크로 하여 붕소(B)를 확산시켜 주입하면 n형 실리콘 내에 p형 영역이 형성.
SiO$_2$막을 마스크로 하여 인(P)의 농도를 붕소(B)보다 높게 주입하면 n$^+$ 영역이 형성.

(a) 확산형 트랜지스터의 공정

(b) 평면형 트랜지스터의 구조

▼ 그림 7.9 **확산형과 평면형 트랜지스터의 구조**

## 바이폴러 트랜지스터의 특성

## 1. 동작

그림 7.10 (a)에 나타낸 것과 같이 npn형 트랜지스터를 생각해 보자. 그림 (a)는 그림 (b)와 같이 다이오드 등가 회로로 나타낼 수 있으며, p층을 중심으로 좌우에 pn 접합이 구성되어 있다. 그림의 좌측 pn 접합에는 순바이어스 전압 $V_{EB}$, 우측의 pn 접합에는 컬렉터와 베이스 사이의 역바이어스 전압 $V_{CB}$를 인가한다고 하자. 이때 에너지대 구조는 pn 접합 다이오드와 같이 생각하여 그림 (c)와 같이 된다.

좌측의 pn 접합은 순바이어스 전압이 인가되어 있으므로 전위 장벽은 그림과 같이 $e(\Phi_D - V_{EB})$로 되어 확산 전위차 $\Phi_D$보다 이미터와 베이스 사이의 전압 $V_{EB}$만큼 낮은 전위 장벽을 갖게 되어 이미터 전자가 베이스로의 이동이 쉽게 된다.

pn 접합 다이오드에 순바이어스인 때와 같이 n형 내의 다수 캐리어인 자유 전자(전도 전자)들 중 p층의 전위 장벽 높이보다 높은 에너지를 갖는 전자들은 p형 중성층으로 흘러들어간다. p형 중성층의 폭을 $10^{-6}$[m] 정도로 좁게 하면, p형으로 이동한 전자의 대부분은 재결합으로 소멸하지 않고, 확산에 의해서 이 p 영역을 통과하여 우측의 pn 접합의 공간 전하 영역으로 들어간다.

여기에서 그림 (c)에서와 같이 급경사의 에너지 언덕이 있고, 컬렉터에는 강한 (+) 전압이 있기 때문에 이 급경사를 드리프트 현상에 의하여 n형 중성층으로 이동하게 된다. 이와 같은 급경사의 전위 장벽을 생기게 하는 것은 역바이어스 전압 $V_{CB}$이다. 좌측의 n 영역은 p 영역으로 전자를 방출하기 때문에 이 영역을 이미터(E$_{emitter}$)라 하고, p 영역을 베이스(B$_{base}$)라고 한다. 베이스를 통과하여 이동한 전자는 우측의 n 영역으로 모이기 때문에 이 영역을 컬렉터(C$_{collector}$)라고 한다. 이와 같이 전자는 이미터에서 컬렉터로 이동하고, 전류는 그 반대로 흐른다. 이미터 –

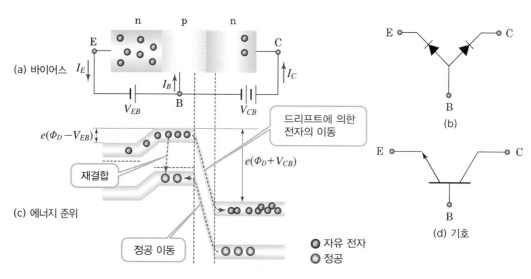

▼ 그림 7.10 **npn형 바이폴러 트랜지스터**

베이스 간 전위 장벽이 낮게 되는 것은 이미터의 전자 에너지에 바이어스를 인가하여 $V_{EB}$만큼 올려놓은 것이며, 이에 필요한 에너지는 $eV_{EB}$이다.

한편, 컬렉터에 도달한 전자는 베이스와의 에너지 차 $e(\Phi_D + V_{CB})$를 얻게 된다. 그러므로 이 트랜지스터의 에너지 증폭률은 다음과 같이 된다.

$$\text{에너지 증폭률} = \frac{\text{출력 에너지}}{\text{입력 에너지}} \risingdotseq \frac{e(\Phi_D + V_{CB})}{eV_{EB}} > 1 \tag{7.6}$$

## 2. 전류 성분

n형의 이미터에서 p형의 베이스로 이동한 전자는 그림 7.11 (a)와 같이 베이스 내의 다수 캐리어인 정공과 재결합하여 중성 상태로 된다. 그러므로 그 전자 밀도의 기울기에 의한 확산 작용으로 전자가 우측으로 흐른다.

예를 들어, 그림 (b)와 같이 이미터에서 베이스로 이동한 100개의 전자 중 99개가 컬렉터에 도달하였다고 하자. 이때 나머지 한 개는 정공과 재결합하여 소멸하게 된다. 이는 전자가 베이스에서 외부로 이동하고 정공이 베이스 내로 이동하여 베이스 전류 $I_B$가 형성된다. $I_C$ 전류가 99개 전자에 의해서 형성되는 것에 비하여 한 개의 전자에 의한 $I_B$는 대단히 작은 크기이다. 만일 $I_B$를 감소시키게 되면, 베이스로의 정공의 공급이 감소하므로 베이스가 부(負)로 대전하여 이미터-베이스 사이의 전위 장벽 $e(\Phi_D - V_{EB})$가 크게 되어 이미터에서 베이스로 전자의 이동이 감소한다. 따라서 컬렉터에 도달하는 전자가 감소하고 $I_C$가 감소한다. 이와 같이 $I_B$로 $I_C$의 크기를 제어할 수 있다.

이것은 트랜지스터 동작의 중요한 파라미터parameter이다. 베이스 내에 전자와 정공이 공존하고 재결합하여 소멸하는 만큼 보충해야 한다는 것이 트랜지스터의 증폭 작용의 본질이다. 그림 (b)

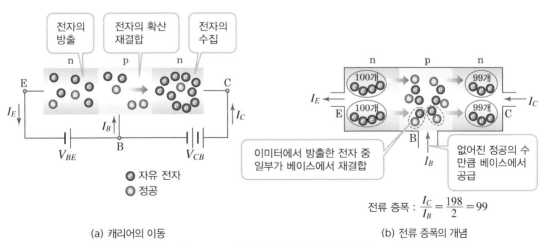

전류 증폭 : $\dfrac{I_C}{I_B} = \dfrac{198}{2} = 99$

(a) 캐리어의 이동  (b) 전류 증폭의 개념

그림 7.11 **npn형 트랜지스터의 캐리어 흐름**

에서와 같이 이미터에서 베이스로 100개의 전자가 방출되어 그 중에서 99개는 컬렉터에 도달하고, 나머지 한 개는 재결합으로 베이스 전류를 형성한다. 다음에 100개의 전자를 더 방출한 경우 베이스로 재결합하는 전자는 한 개에서 두 개로 증가한 반면, 컬렉터에 도달하는 전자는 99개에서 198개로 증가하게 된다. 전류는 전자의 농도에 비례하므로 베이스 전류의 변화분에 대한 컬렉터 전류의 변화를 전류 증폭률(電流增幅率current amplification factor)이라 하며, 이 관계를 다음과 같이 나타낼 수 있다.

$$전류\ 증폭률 = \frac{\Delta I_C}{\Delta I_B} \tag{7.7}$$

이 증폭률은 전류의 변화분, 즉 교류 전류가 몇 배로 증가되는가를 나타내는 것으로 직류의 전류 증폭률을 $\beta$로 나타내면 다음과 같다.

$$\beta = \frac{I_C}{I_B} \tag{7.8}$$

그림 7.12에서는 활성 영역active region으로 바이어스된 이상적인 pnp형 트랜지스터의 전류 성분을 나타내고 있다. 이미터로부터 주입된 정공에 의한 전류를 $I_{Ep}$라 하고, 주입된 정공의 대부분은 컬렉터 접합에 도달하여 $I_{Cp}$ 전류를 형성한다.

베이스 영역에서는 세 가지의 전류 성분 $I_{En}$, $I_{BB}$, $I_{Cn}$이 존재하게 된다. $I_{En}$은 베이스에서 이미터로 주입된 전자에 의한 전류 성분이고, $I_{BB}$는 주입된 정공과 재결합에 의하여 형성되는 전류이다. 즉,

$$I_{BB} = I_{Ep} - I_{Cp} \tag{7.9}$$

이다. $I_{Cn}$은 컬렉터−베이스 접합 근처에서 열적으로 생성된 전자에 의한 전류 성분으로 컬렉터에서 베이스로 드리프트 작용에 의하여 이동한다.

지금까지의 여러 가지 전류 성분에 의한 각각의 단자 전류를 구하면 다음과 같다.

$$I_E = I_{Ep} + I_{En} \tag{7.10}$$

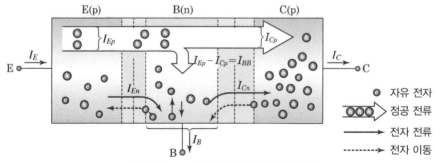

▶ 그림 7.12 pnp형 트랜지스터의 전류 성분

$$I_C = I_{Cp} + I_{Cn} \tag{7.11}$$

$$I_B = I_E - I_C = I_{En} + (I_{Ep} - I_{Cp}) - I_{Cn} \tag{7.12}$$

여기서 베이스 공통 트랜지스터의 이득을 $\alpha_o$라 하면

$$\alpha_o = \frac{I_{Cp}}{I_E} \tag{7.13}$$

이고, 식 (7.10)을 식 (7.13)에 대입하면

$$\alpha_o = \frac{I_{Cp}}{I_{Ep} + I_{En}} = \left[\frac{I_{Ep}}{I_{Ep} + I_{En}}\right]\left[\frac{I_{Cp}}{I_{Ep}}\right] \quad \text{(pnp)} \tag{7.14}$$

$$= \frac{I_{Cn}}{I_{En} + I_{Ep}} + \left[\frac{I_{En}}{I_{En} + I_{Ep}}\right]\left[\frac{I_{Cn}}{I_{En}}\right] \quad \text{(npn)}$$

이다. 식 (7.14)의 우변 제1항은 이미터 효율emitter efficiency 또는 주입률이라 하며, 이를 $\gamma$라 하면 전체 이미터 전류에 대한 주입된 정공 전류의 비로 정의한다.

$$\gamma = \frac{\text{이미터 전류 중 정공 전류 성분}}{\text{이미터 전류}}$$

$$= \frac{I_{Ep}}{I_E} = \frac{I_{Ep}}{I_{Ep} + I_{En}} = \frac{1}{1 + I_{En}/I_{Ep}} \quad \text{(pnp)} \tag{7.15}$$

$$= \frac{I_{En}}{I_E} = \frac{I_{En}}{I_{En} + I_{Ep}} + \frac{1}{1 + I_{Ep}/I_{En}} \quad \text{(npn)}$$

전류성분을 소자의 물리적 성분으로 환산하여 이미터 효율 $\gamma$를 유도하면

$$\gamma = \frac{1}{1 + \dfrac{D_p\, W_B\, N_a}{D_n\, l_p\, N_d}} \text{(npn)} \tag{7.16}$$

이다. 여기서 $D_n$, $D_p$는 전자, 정공의 확산 계수, $W_B$는 베이스 폭, $l_p$, $l_n$은 정공, 전자의 확산 거리, $N_a$, $N_d$는 각각 억셉터, 도너 불순물 농도이다.

식 (7.14)의 우변 제2항은 베이스 전송 계수base transport factor $\alpha_T$로서

$$\alpha_T = \frac{I_{Cp}}{I_{Ep}} \fallingdotseq 1 - \frac{1}{2}\left(\frac{W_B}{l_P}\right)^2 \quad \text{(pnp)} \tag{7.17}$$

$$= \frac{I_{Cn}}{I_{En}} \fallingdotseq 1 - \frac{1}{2}\left(\frac{W_B}{l_n}\right)^2 \quad \text{(npn)}$$

이다. $\alpha_o$와 $\gamma$, $\alpha_T$ 사이의 관계는

$$\alpha_o = \gamma \alpha_T \tag{7.18}$$

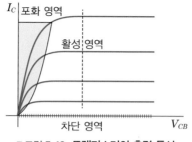

▼ 그림 7.13 **트랜지스터의 출력 특성**

이다. 여기서 $\gamma$, $\alpha_T$는 1 이하이므로 $\alpha_o$는 1 이하의 값을 갖는다.

이제 컬렉터 전류를 $\alpha_o$항으로 나타내 보자. $\gamma$의 식과 식 (7.17)을 식 (7.11)에 대입하여 정리하면

$$I_C = I_{Cp} + I_{Cn} = \alpha_T I_{Ep} + I_{Cn} = \gamma \alpha_T \left( \frac{I_{Ep}}{\gamma} \right) + I_{Cn} \tag{7.19}$$

$$= \alpha_o I_E + I_{Cn}$$

이다. 여기서 $I_{Cn}$은 $I_E = 0$으로 하였을 때 컬렉터 – 베이스($C - B$) 사이의 전류로서 이를 $I_{CBO}$라 하고, 이는 $C - B$ 사이에 역전압을 인가한 때 베이스에서 컬렉터로 흐르는 소수 캐리어에 의한 미소 전류를 말한다. 따라서 컬렉터 전류 $I_C$는

$$I_C = \alpha_o I_E + I_{CBO} \tag{7.20}$$

이다.

그림 7.13에서는 pnp형 트랜지스터의 출력 특성 곡선의 예를 나타내었으며, 여기서는 포화 영역saturation region, 활성 영역active region, 차단 영역cut-off region의 세 영역으로 나뉘어져 있다.

## 3. 전류 증폭률의 결정 요소

트랜지스터의 응용에서 전류 증폭률을 크게 하는 것은 대단히 중요한 것이다. 여기서는 이 전류 증폭률을 결정하는 요인에 대하여 생각하여 보자.

먼저, 이미터 베이스로 100개의 전자가 방출된 경우 99개의 전자가 컬렉터에 도달하였다고 하자. 베이스에서 재결합한 전자는 1개이므로 전류 증폭률은 99/1로 되어 대단히 큰 전류 증폭률을 나타내게 된다.

이와 같이 전류 증폭률을 크게 하기 위하여는 베이스층에 주입된 전자와 베이스 내의 정공과의 재결합을 적게 하고, 전자의 컬렉터 도달률을 높여야 한다.

이를 위하여는 베이스 폭 $W_B$를 좁게 하고 베이스를 횡단하는 시간 $t_B$를 짧게 할 필요가 있다. 그림 7.14 (a)에서는 좌측의 이미터에서 베이스층으로 방출된 공간 전하 밀도를 나타낸 것이다. 여기서 베이스 영역의 $W_B$가 전자의 확산 거리 $l_n$보다 충분히 작은 경우($W_B \ll l_n$) 그림

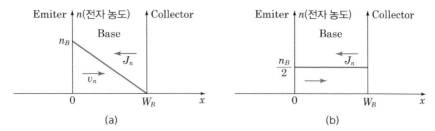

▶ 그림 7.14 베이스층의 (a) 캐리어 밀도 분포 (b) 평균화한 캐리어 밀도 분포

(a)와 같이 전자의 공간전하 밀도는 직선에 가깝다. 따라서 이 밀도 기울기 $dn_B/dx$에 의한 확산 전류밀도 $J_n$은 다음과 같다.

$$J_n = -eD_n\left(\frac{dn_B}{dx}\right) = -eD_n\left(-\frac{n_B}{W_B}\right) = -en_B\left(-\frac{D_n}{W_B}\right) \tag{7.21}$$

다음에는 확산에 의한 베이스층 내에서의 전자의 이동 속도를 구하여 보자. $dn_B/dx$는 베이스 층 내에서 일정하므로, 확산 전류 $J_n$은 베이스층 내에서 일정하다.

따라서, 그림 7.14 (a)에 나타낸 삼각형 모양의 전자밀도를 균일하게 된 것으로 보면 그림 (b) 와 같이 베이스층 내에서 밀도 $n_B/2$를 갖는 전자가 속도 $v_n$으로 이동할 때 전류 밀도 $J_n$은 다음과 같다.

$$J_n = -e\frac{n_B}{2}(-v_n) = -en_B\left(-\frac{v_n}{2}\right) \tag{7.22}$$

식 (7.21)과 식 (7.22)를 비교하면, 베이스층을 확산하는 속도를 드리프트 속도로 변환한 속도 $v_n$은 다음과 같다.

$$v_n = \frac{2D_n}{W_B} \tag{7.23}$$

그러므로 전자가 베이스층을 횡단하는 시간 $t_B$는

$$t_B = \frac{W_B}{v_n} = \frac{W_B{}^2}{2D_n} \tag{7.24}$$

이다. 베이스층을 움직이는 전자의 전하량의 크기를 $Q_B$라 하면 $Q_B$가 $t_B$ 시간에 베이스층을 횡단하는 것이므로 컬렉터 전류 $I_C$는 다음과 같다.

$$I_C = \frac{Q_B}{t_B} \tag{7.25}$$

베이스층 내에서 수명 시간을 $\tau_n$이라 하면 베이스 전류 $I_B$는

$$I_B = \frac{Q_B}{\tau_e} \qquad\qquad (7.26)$$

이고 이를 전류 증폭률($\beta$)로 나타내면

$$\beta = \frac{I_C}{I_B} = \frac{\tau_e}{t_B} = \frac{2l_n{}^2}{W_B{}^2} \qquad\qquad (7.27)$$

이다. 여기서 $l_n = \sqrt{D_n \tau_e}$ 이다.

따라서, $\beta$를 크게 하기 위해서는 전자가 베이스층에서 재결합하지 않고 컬렉터에 도달하도록 수명 시간 $\tau_e$을 크게 하고, 베이스층을 최단 시간으로 횡단할 수 있도록 베이스 주행 시간 $t_B$를 작게 할 필요가 있다. 또한 확산 거리 $l_n$을 길게, 베이스층 폭 $W_B$를 얇게 해야 한다.

# 3 유니폴러 트랜지스터(Unipolar transistor)

## 1 전계효과

그림 7.15는 두 극판 사이에 전압을 공급한 상태를 나타낸 것이다. 두 금속판 사이에 절연체가 삽입되어 있는 구조이다. 공기가 들어가 있는데, 이것도 절연체의 일종이다. 위쪽의 금속판에는 (+)전압, 아래쪽의 금속판에는 ( − )전압을 걸어 주면 정전 유도 현상이 생겨 (+)극과 ( − )극 사이에 전계가 생긴다. 이 전계는 힘과 방향을 가지고 있다.

그러므로 전계가 작용하는 범위에 전기를 만드는 전자나 정공이 있다면 이들은 전계의 힘을 받아 전계가 가리키는 방향으로 이동하게 되는 성질이 있다. 이러한 현상을 정전유도 현상이라고 한다. 이와 같이 전계의 힘에 의해서 전자나 정공이 어느 곳으로 모이는 현상을 전계효과(電界效果electric field effect)라고 한다.

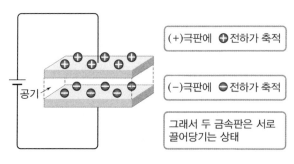

▼ 그림 7.15 커패시터의 역할

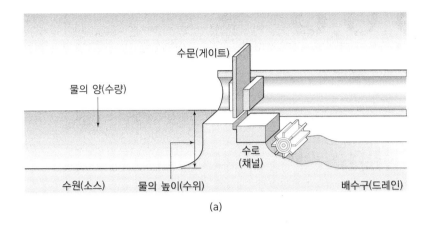

(a)

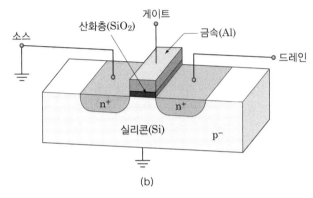

(b)

▼ 그림 7.16  전계효과 트랜지스터

전계효과를 이용하여 구조를 만들면 전계효과 트랜지스터를 만들 수 있다. 그림 7.16은 전계효과 트랜지스터를 나타낸 것이다.

그림의 중앙 부분을 보자. 위층의 금속판이 있는데, 이것이 게이트gate 전극이다. 게이트란 문이라는 뜻이다. 그 밑에 절연체가 있고 그 밑에 p형 반도체가 적층 구조로 되어 있다. 이 부분이 바로 그림 7.15와 같은 커패시터의 구조가 되는 것이다. 이 중앙 부분을 중심으로 왼쪽, 오른쪽이 대칭이 되는 구조를 갖고 있는데, 한쪽을 소스source, 즉 원천 또는 상수원(上水源)이라 하고, 오른쪽을 드레인drain, 즉 하수(下水)라는 뜻의 단자를 붙여 전계효과 트랜지스터가 된 것이다. 그러니까 우리 가정에서 사용하고 있는 상수도와 하수도, 상수와 하수를 제어하는 수도꼭지를 연상하거나 그림 (a)와 같이 담수호의 수원, 수문, 배수로를 연상하는 구조이다.

이제 그림 7.17을 통하여 전계효과가 되는 과정을 살펴보자. 그림 (a)에서는 게이트에 (+)전압을 걸어 주었다. 그러면 금속판에 (+)전하가 생길 것이다. 그러면 정전유도 현상에 의해 전계가 수직 방향으로 형성될 것이고, 이 전계의 힘이 p형 기판에 미치게 되어 p형 반도체에 있던 전자가 그 표면으로 모이게 된다. 그림 (b)와 같이 절연체 밑에 전자들이 모이게 되는데 이것이 전계효과이다. 이 효과로 전자가 지나갈 수 있는 길이 만들어진 것이다. 이 길을 채널channel이라고

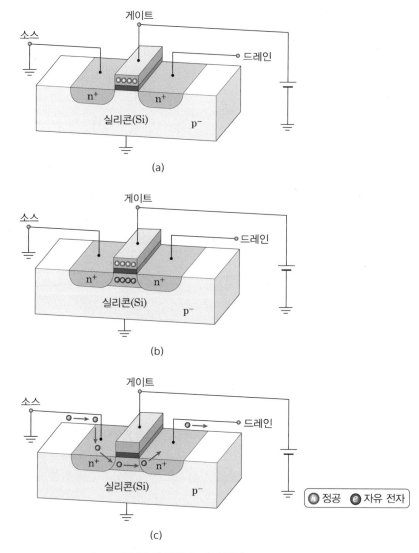

그림 7.17 **전계효과 트랜지스터의 동작**

한다. 그림 (c)에서는 소스에서 채널을 통하여 전자가 이동하여 드레인으로 흐르고 있다. 즉, 게이트 영역의 전계효과로 드레인 전류가 만들어지는 것이다.

라디오 방송에도 채널이라는 말을 쓰고 있다. 각 방송국에서는 특정의 주파수 대역, 즉 채널을 설정하여 놓고, 이 채널을 통하여 특정의 주파수가 통과할 수 있도록 길을 만들어 준 것이다. 마찬가지로 전자가 통과하여 이동할 수 있도록 길을 만든 것이다. 전자가 지나갈 수 있도록 한 것을 n 채널이라고 한다. 물론 정공이 지나갈 수 있게 한 것도 있는데 이것은 p 채널이라고 한다. 앞에서 n은 전자, p는 정공의 의미가 있다고 하였다. 그림 7.18에서는 전계효과 트랜지스터의 분류를 나타낸 것이다.

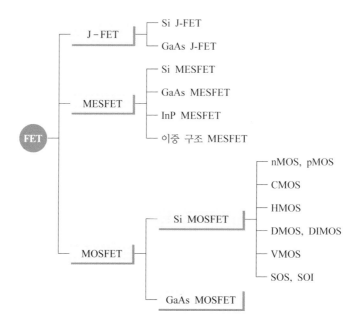

그림 7.18 **전계효과 트랜지스터의 분류**

## 연습문제 7-1

전계효과 트랜지스터의 특징과 응용 분야를 설명하시오.

**풀이** (1) 특징

전계효과 트랜지스터(FET)는 전압 제어 소자이고, 바이폴러 접합 트랜지스터(BJT)는 전류 제어 소자로서 바이폴러 접합 트랜지스터에 대한 전계효과 트랜지스터의 특징은 다음과 같다.

① 고속 스위칭high speed switching이 가능하다.

② 축적 시간storage time이 짧다.

③ 열 폭주thermal runaway가 발생하지 않는다.

④ 온도 계수temperature coefficient를 0으로 할 수 있다.

⑤ 전류성 잡음current noise이 매우 적다.

⑥ 입력 임피던스input impedence가 매우 높다.

(2) 응용 분야

위에서 열거한 여러 가지 특징 때문에 접합형 전계효과 트랜지스터(JFET)는 디지털 스위치, 차동 증폭기의 입력단, 믹서mixer, 발진기 및 증폭기 소자로 이용되고 있다. 금속–산화물–반도체형 전계효과 트랜지스터(MOSFET)는 소요 면적, 스위칭 시간, 소모 전력 등의 장점으로 집적 회로 소자 등에 많이 이용되고 있다. 또 소자의 성능이 보다 정교해짐에 따라 고속 동작, 낮은 전력 손실, 잡음 특성 및 큰 이득 등을 위하여 화합물 반도체 재료를 이용하여 동종 및 이종 접합 구조로 된 소자들이 개발되어 이용되고 있다.

## **2** 접합형 전계효과 트랜지스터

간단한 모델을 사용하여 전계효과 트랜지스터(FET field effect transistor)[4]의 동작을 살펴보자. 그림 7.19는 pnp 접합 구조와 그 단면을 나타내고 있다. 소스(S source)와 드레인(D drain)[5]으로 작용하는 두 개의 옴성 접촉 ohmic contact과 위, 아래의 p형 반도체 사이에 n형 반도체를 접합하였다. 소스 단자는 캐리어의 근원이며, 드레인 단자는 캐리어를 받아들이는 작용을 한다. n 영역 양단에 인가한 $V_{DS}$ 전압에 의하여 좌측의 소스(S) 전극에서 우측의 드레인(D) 전극으로 전도 전자가 드리프트 작용으로 이동하게 된다. 이 전류가 드레인 전류 $I_D$이다.

다음에 상·하의 pn 접합에 각각 역바이어스 전압 $V_{GS}$를 인가한다. 그러면 접합면에서 공핍층이 넓어져 전자가 주행할 수 있는 통로(通路) 즉, 채널 channel[6]이 좁아지므로 드레인 전류가 감소한다. 결국 역바이어스 전압을 가변시키면 드레인 전류량이 변화하게 된다. 즉, 공핍층의 넓이에 의한 다수 캐리어의 통로 제어가 그 기본 원리라 할 수 있다.

여기서 그림 7.19의 위와 아래에서 넓어져 가는 공핍층은 흐르고 있는 전자를 물이라 생각하면 이에 대한 수문(水門 gate) 역할을 하는 것이며 위, 아래의 pn 접합을 접합 게이트 junction gate 또는 게이트(G gate)라 한다. 이 pn 접합에 공급된 전계에 의하여 캐리어의 흐름을 제어하기 때문에 접합형 전계효과 트랜지스터 junction gate type FET라 한다.

pnp 접합 구조에서는 n형의 다수 캐리어인 전자가 그 채널을 주행하기 때문에 n 채널 n channel형, npn 접합 구조에서는 p층 영역의 다수 캐리어인 정공이 주행하기 때문에 p 채널 p channel형으

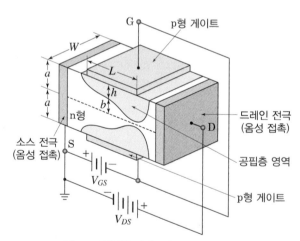

▼ 그림 7.19 **접합형 전계효과 트랜지스터의 구조**

---

4  전계효과 트랜지스터  두 개의 전극(source와 drain) 사이의 전류가 흐르는 통로 channel의 도전율을 제3극인 gate에 의해서 변화시켜 전류를 제어하는 트랜지스터로, 다수 캐리어만이 트랜지스터의 동작에 기여하므로 unipolar 트랜지스터라고도 한다. FET는 gate 전극의 구조에 따라서 접합형 FET(JFET), 절연 게이트형 FET(IGFET 또는 MOS FET), 쇼트키 바리어형 FET(SB FET)로 나누어진다.

5  드레인  영어로 배수구라는 뜻이지만 반도체 용어로는 전계효과 트랜지스터(FET)에서 전극의 하나를 말한다. 드레인은 전류가 흘러들어가는 전극이며, 통상의 사용법인 소스 접지 방식에서는 출력을 내는 전극이 된다. 즉, 바이폴러 트랜지스터의 컬렉터에 해당하는 전극이라고 할 수 있다.

6  채널  전계효과 트랜지스터(FET)의 채널은 게이트 아랫부분인 소스와 드레인 사이에 형성된 다수 캐리어의 통로를 말한다. FET에서는 이 채널의 형태에 따라 전류의 흐름이 달라지는데 이것은 게이트에 가한 전압으로 제어한다.

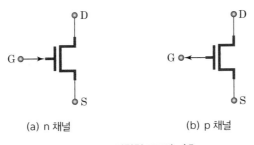

(a) n 채널          (b) p 채널

▼ 그림 7.20 접합형 FET의 기호

로 된다. 입력 신호는 게이트 단자에 전압으로 가하고, 출력 신호는 드레인 전류로 나오게 된다.

게이트는 역바이어스 상태로 사용하기 때문에 전류가 흐르지 않는다. 결국 입력 전력은 극히 작다. 그러므로 드레인 전류가 부하에 흘러 출력 전력을 생기게 하기 때문에 큰 증폭이 가능하게 된다. 이 접합형 전계효과 트랜지스터의 기호를 그림 7.20에 나타내었다.

그림 7.19에서 $L$은 채널 길이(게이트 길이), 채널 폭은 $W$, 채널 깊이는 $a$, 공핍층 폭은 $h$로 나타내었다. 소스 전극은 일반적으로 접지를 하며 게이트와 드레인 전압은 소스를 기준으로 측정한다. $V_{GS} = V_{DS} = 0$일 때, 전계효과 트랜지스터는 평형 상태에 있으며 전류는 흐르지 않는다. 주어진 게이트 전압에 대하여 드레인 전압이 증가할 때 채널 전류가 증가하게 되고, $V_{DS}$가 서서히 증가하여 $V_{Dsat}$에 도달하면 전류는 $I_{Dsat}$ 값에서 포화된다.

접합형 전계효과 트랜지스터의 기본 전류 – 전압 특성을 그림 7.21에 나타내었다. 여기서는 게이트 전압의 변화에 따른 드레인 전류와 드레인 전압과의 관계를 보여 주고 있으며, 세 가지 영역, 즉 선형 영역, 포화 영역 및 항복 영역으로 구분된다.

첫째, 선형 영역linear region으로 드레인 전압은 작으며 $I_D$는 $V_{DS}$에 비례한다. 이 비례 관계에 의하여 저항성 영역이라고도 한다.

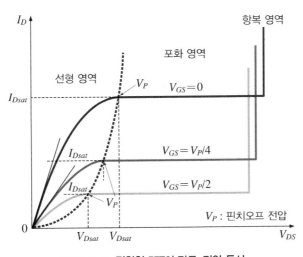

▼ 그림 7.21 접합형 FET의 전류-전압 특성

둘째, 포화 영역saturation region에서는 전류가 $V_{DS}$에 관계없이 일정한 영역이다.

셋째는 항복 영역breakdown region으로 $V_{DS}$의 근소한 증가에 드레인 전류는 급격히 증가하는 영역이다. 핀치-오프pinch-off 현상은 위, 아래의 공핍층이 접촉하여 채널이 막혀 드레인 전류가 포화하는 것이며, 이때의 전압이 핀치-오프 전압 $V_P$이다.

## 3 동 작

전계효과 트랜지스터 중의 한 가지 형태가 접합형 전계효과 트랜지스터인데, 이 소자의 단면을 그림 7.22에 다시 나타내었다. 그림에서 반도체 위, 아래의 p형 사이에 n형 채널이 존재하여 다수 캐리어인 전자가 소스와 드레인 단자 사이를 흐른다.

이 전자의 흐름에 관한 특성을 이해하기 위하여 그림 7.22와 같은 접합형 전계효과 트랜지스터를 살펴보자.

그림 7.23 (a)는 게이트의 바이어스가 0인 경우로 소스를 접지 상태ground potential로 하고, 드레인에 작은 전압을 공급하면 소스와 드레인 사이에 드레인 전류 $I_D$가 발생하게 되는데, 이때는 $I_D - V_{DS}$ 관계가 거의 선형적이어서 n 채널은 저항 성분으로 보아도 좋다. 그림 (b)에서와 같이 게이트에 (-)전압을 인가하면 게이트와 채널 사이의 pn 접합이 역바이어스 상태가 되므로 공간 전하 영역은 넓어지고 채널 영역은 좁아져 채널 저항이 증가하게 된다. 따라서 $I_D - V_{DS}$ 곡선의 기울기가 감소하게 된다. 만일 더 큰 (-)게이트 전압을 인가하면 그림 (c)와 같은 상태로 된다. 역바이어스된 게이트와 채널 사이의 공간 전하 영역이 완전히 접촉하게 된다. 이와 같이 공핍층과 공핍층이 서로 접촉하는 현상을 핀치-오프pinch-off 현상이라고 한다. 이때는 공핍층이 드레인과 소스 사이를 고립시키기 때문에 드레인 전류는 0이다.

이제 $V_{GS} = 0$인 상태에서 드레인 전압을 변화시키는 경우를 살펴보자.

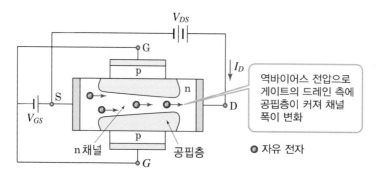

▼ 그림 7.22 **접합형 전계효과 트랜지스터의 동작**

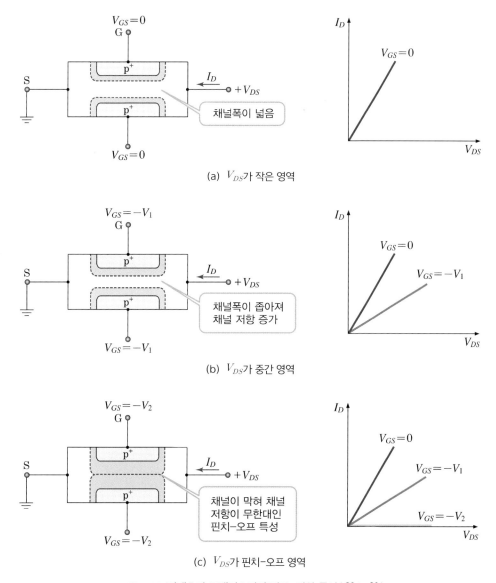

(a) $V_{DS}$가 작은 영역

(b) $V_{DS}$가 중간 영역

(c) $V_{DS}$가 핀치-오프 영역

▶ 그림 7.23 **전계효과 트랜지스터의 전류-전압 특성**( $V_2 > V_1$ )

그림 7.24에서와 같이 드레인 전압이 증가할 때 게이트와 채널 사이의 pn 접합이 드레인 근처에서 역바이어스 되고, 채널은 본질적으로 저항이며, 실효 채널 저항은 공간 전하 영역이 넓어질 때 증가하게 된다. 만일 드레인 전압을 더욱 증가시키면 드레인 단자에서 핀치-오프 특성이 나타나며, 드레인 전압의 변화에 따른 드레인 전류 증가는 기대할 수 없게 된다. 이를 그림 (c)에 나타내었다.

핀치-오프 시점의 전압을 $V_{Dsat}$으로 표시하고, $V_{DS} > V_{Dsat}$일 때 트랜지스터는 포화 영역saturation region에 놓여 있다고 하고, 이때 드레인 전류는 $V_{DS}$와는 무관하게 된다.

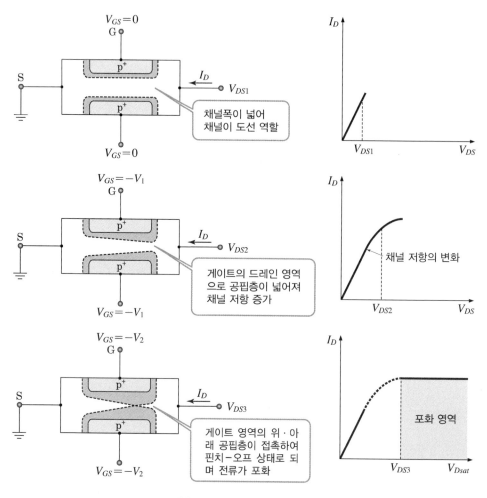

**그림 7.24 전계효과 트랜지스터의 포화 특성($V_2 > V_1$)**

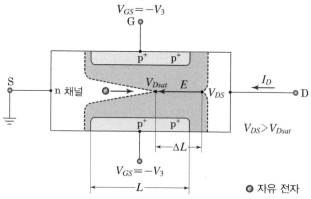

**그림 7.25 $V_{DS} > V_{Dsat}$일 때 채널 공간 전하 영역의 단면($V_3 > V_2$)**

그림 7.25에서는 채널의 핀치 – 오프 영역에 대한 단면을 보여 주고 있다. 채널과 드레인 단자가 공핍층에 의하여 분리되어 있다. 전자들은 소스에서 n 채널을 통하여 전계의 힘으로 공간 전

하 영역으로 주입되어 드레인 접촉 영역으로 휩쓸린다. $\Delta L \ll L$이라 가정하면, n 채널 영역의 전계는 $V_{Dsat}$ 상태로 유지되어 드레인 전류는 $V_{DS}$가 변화하여도 일정하게 유지할 수 있다.

## 4 핀치-오프

앞서 살펴본 핀치-오프pinch-off의 특성을 이해하기 위하여 불순물이 균일하게 도핑된 접합형 전계효과 트랜지스터를 고찰해 보자.

그림 7.26 (a)에서는 채널의 한쪽만 나타낸 간단화된 접합형 전계효과 트랜지스터의 단면을 보여 주고 있다. $p^+$게이트와 기판 사이의 채널 두께를 $a$, $p$·$n$ 접합에 대한 공핍층 폭을 $h$라 하고, 드레인-소스 사이의 전압 공급은 없다고 할 때, 공간 전하 영역 폭 $h$는

$$h = \left\{ \frac{2\varepsilon_o \varepsilon_s (\Phi_D - V_{GS})}{e N_d} \right\}^{1/2} \tag{7.28}$$

이다. 핀치-오프 시점인 $h = a$인 때 $p^+$n 접합 양단의 전체 전위를 내부 핀치-오프pinch-off 전압이라 하며, 이를 $V_{p0}$로 나타내었다.

$$a = \left\{ \frac{2\varepsilon_o \varepsilon_s V_{p0}}{e N_d} \right\}^{1/2} \tag{7.29}$$

혹은

$$V_{p0} = \frac{e a^2 N_d}{2 \varepsilon_o \varepsilon_s} \tag{7.30}$$

이다. 핀치-오프 작용이 되도록 하기 위하여 공급해야 하는 게이트-소스 사이의 전압이 핀치-오프 전압이다. 이 핀치-오프 전압은 $V_p$로 표기하고 식 (7.28)과 식 (7.29)로부터 정의할 수 있다.

$$\Phi_D - V_p = V_{p0}$$
$$V_p = \Phi_D - V_{p0} \tag{7.31}$$

n 채널 접합형 전계효과 트랜지스터에서 핀치-오프 상태를 만들기 위한 게이트-소스 사이

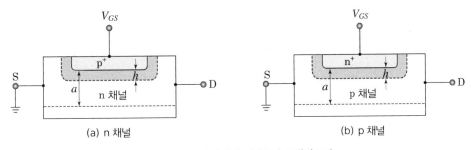

(a) n 채널          (b) p 채널

◤ 그림 7.26 **간단화된 전계효과 트랜지스터**

의 전압은 −(negative) 이어야 한다. 즉, $V_{p0} > \Phi_D$이다.

핀치−오프 전압은 이 소자를 OFF시키기 위해 공급해야 하는 게이트−소스 사이의 전압으로도 정의될 수 있으며, 이 전압의 크기는 접합의 항복 전압 이하이어야 한다. 그림 7.26 (b)에서는 p 채널 접합형 전계효과 트랜지스터를 나타내었다. $n^+p$ 접합에 대한 공간 전하 영역 $h$는 다음과 같이 주어진다.

$$h = \left\{ \frac{2\varepsilon_o \varepsilon_s (\Phi_D + V_{GS})}{e N_a} \right\}^{1/2} \tag{7.32}$$

역바이어스된 $n^+p$ 접합에 대하여 $V_{GS}$는 +(positive) 이어야 한다. $h = a$일 때 핀치−오프 작용이 발생하므로

$$a = \left\{ \frac{2\varepsilon_o \varepsilon_s V_{p0}}{e N_a} \right\}^{1/2} \tag{7.33}$$

혹은

$$V_{p0} = \frac{e a^2 N_a}{2 \varepsilon_o \varepsilon_s} \tag{7.34}$$

이다. p 채널 접합형 소자에 대하여

$$\Phi_D + V_p = V_{p0}$$
$$V_p = V_{p0} - \Phi_D \tag{7.35}$$

이다.

---

### ■ 연습문제 7-2 ■

n 채널 접합형 전계효과 트랜지스터에서 내부 핀치−오프 전압과 핀치−오프 전압을 계산하시오. (단, $N_a = 10^{18}[\text{cm}^{-3}]$, $N_d = 10^{16}[\text{cm}^{-3}]$, $a = 0.75[\mu m]$이며, $T = 300[\text{K}]$, $\varepsilon_s = 11.9$, $n_i = 1.5 \times 10^{10}[\text{cm}^{-3}]$이다.)

**풀이** 내부 핀치−오프 전압 $V_{p0}$는 식 (7.30)에서

$$V_{p0} = \frac{e a^2 N_d}{2 \varepsilon_o \varepsilon_s} = \frac{(1.6 \times 10^{-19})(0.75 \times 10^{-4})^2 (10^{16})}{2(8.85 \times 10^{-14})(11.9)} = 4.35[\text{V}]$$

접촉 전위차 $\Phi_D$는

$$\Phi_D = \frac{kT}{e} ln \frac{N_a N_d}{n_i^2} = 0.0259 \, ln \left[ \frac{(10^{18})(10^{16})}{(1.5 \times 10^{10})^2} \right] = 0.814[\text{V}]$$

핀치−오프pinch-off 전압 $V_p$는

$$V_p = \Phi_D - V_{p0} = 0.814 - 4.35 = -3.54[\text{V}]$$
$$\therefore \ V_{p0} = 4.35[\text{V}], \ V_p = -3.54[\text{V}]$$

# 5 ■ MOSFET의 구조

접합형과 절연 게이트형 전계효과 트랜지스터의 차이점은 게이트와 채널 사이에 얇은 절연막인 산화막(酸化膜 : SiO₂)이 있다는 것이다. 게이트의 금속 전극과 채널 사이의 저항률이 극히 작기 때문에 게이트 전압에 의한 전계는 저항 성분이 큰 산화막층에 강하게 형성된다. 따라서 입력 임피던스가 대단히 커지므로 게이트 전류는 거의 흐르지 않게 된다.

절연 게이트형 전계효과 트랜지스터는 금속 – 절연체 – 반도체metal-insulator-semiconductor 구조를 갖는 트랜지스터로서 MOSFETMetal Oxide Semiconductor FET가 그 대표적 소자이다.

MOS 소자는 금속(또는 ploysilicon) – 산화물 – 반도체 세 개의 층이 적층 구조를 이루어 형성하므로 MOSMetal Oxide Semiconductor 구조라 명명하고 있다. MOSFET의 동작은 MOS 구조에 인가된 전압에 따라 캐리어가 이동할 수 있는 통로가 생성하기도 또는 소멸하기도 하여 전류의 흐름을 도통하기도 하고 차단하기도 하는데, 이것이 전계효과field effect이다. 그리고 이 효과를 이용한 소자가 MOSFET이다. 따라서 MOSFET라 함은 MOS 구조의 전계효과에 의해 소자가 동작하는 트랜지스터의 의미를 갖는다.

그림 7.27에는 MOS 구조를 나타내었다. 그림의 MOS 구조는 위의 층인 금속막을 게이트gate 단자를 형성하며 게이트 전압이 이 단자를 통하여 공급된다. 금속층의 재료로 알루미늄(Al)을 사용해 오고 있으나 다른 재료로 게이트를 형성하는 기술이 개발되고 있다. 금속층 대신에 사용되는 물질로는 다결정 실리콘polysilicon이 있다. 이 물질은 실리콘과 같은 용융점을 가지므로 게이트 형성 후 열처리 과정에서 게이트의 용융점을 따로 고려할 필요가 없으며, n형 및 p형 불순물 주입이 모두 용이하다는 장점이 있다.

중간층인 산화막층은 산화실리콘(SiO₂)을 사용하고 있으며, 이 층의 역할은 금속인 게이트와 기판인 실리콘을 분리하는 절연체로 작용한다. 바닥층인 실리콘층은 단결정single crystal이며, 주입된 불순물의 종류에 따라 n형 또는 p형 실리콘으로 구분된다. 이 불순물 층을 기판substrate 또는 벌크bulk라 하며, 이 영역도 단자가 있다.

MOS 구조의 전기적 특성은 금속과 실리콘 사이의 산화막으로 형성하는 게이트 용량에 의해 결정되는데, 이것은 게이트에 인가된 전압에 의해 발생하는 전계효과가 영향을 미쳐 그 특성을

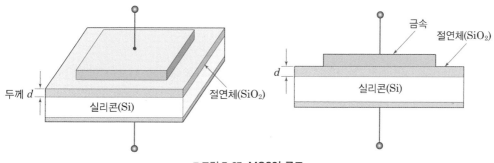

▶ 그림 7.27 **MOS의 구조**

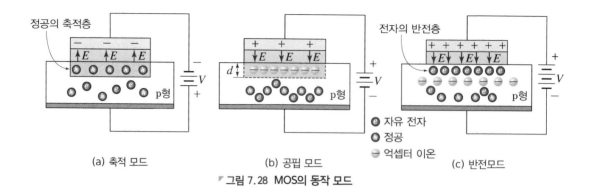

(a) 축적 모드 (b) 공핍 모드 (c) 반전모드

● 자유 전자
◎ 정공
⊖ 억셉터 이온

그림 7.28 MOS의 동작 모드

나타낸다. 게이트 전압 $V_{GS}$가 기판 전압 $V_{BS}$에 대하여 어떤 값을 갖느냐에 따라 축적 모드 accumulation mode, 공핍 모드depletion mode 및 반전 모드inversion mode로 그 동작이 구분된다. 이들을 그림 7.28에 나타내었다.

## 1. 축적 모드accumulation mode

그림 7.28 (a)에서와 같이 p형 기판을 갖는 MOS 용량 구조에서 게이트 금속 극판의 전압 $V_{GS}$가 기판 전압 $V_{BS}$보다 낮은 전위를 갖는 경우 그림 (a)와 같이 산화막층에 나타낸 방향으로 전계 $E$가 형성된다.

이 전계가 반도체 내로 침투될 때 다수 캐리어인 정공이 전계의 힘을 받게 되어 정공이 반도체 표면에 축적되는 것이다. 이 층을 축적층accumulation layer이라고 하며, MOSFET의 동작을 결정하는 데에는 큰 의미가 없다.

## 2. 공핍 모드depletion mode

그림 7.28 (b)와 같이 $V_{GS} > 0$의 게이트 전압을 인가한 경우 ( + )전하가 위의 금속판에 존재할 것이고 전계는 그림 (a)의 반대 방향으로 작용할 것이다. 이 전계가 반도체 내로 침투하면 다수 캐리어인 정공이 표면에서 밀려나고 고정된 억셉터acceptor 이온에 기인하여 ⊖공간 전하 영역이 발생하게 된다.

## 3. 반전 모드inversion mode

공핍 모드에서 전압 $V_{GS}$를 더욱 증가시키면 공핍층이 확대되는 현상이 일어난다. 그림 7.28 (c)에서와 같이 $V_{GS}$가 어느 정도 증가하면 전계의 증가에 따라 산화막과 실리콘 경계면에 전자가 모이게 되는데, 이는 캐리어가 정공에서 전자로 바뀌는 것이므로 반전inversion되었다고 한다.

이 반전층inversion layer을 MOSFET에서 채널channel이라고 부르며, 이 채널을 통하여 전하가 이동하므로 전류가 형성된다. 이와 같이 반전층이 형성되어 전류가 흐르기 시작하는 시점의 게이트 전압을 문턱 전압theshold voltage이라 하고 $V_T$로 표시한다. 특히 기판 전압 $V_{BS} = 0$인 경우의 문턱 전압을 $V_{TO}$로 나타낸다.

## ⑥ MOS 구조의 에너지대

### 1. 에너지대의 기본 구조

MOS 구조의 에너지대 이론은 MOSFET의 특성을 이해하는 데 중요하다. 여기서는 MOS 구조에서 반도체 계면에서의 에너지대와 표면 캐리어 농도에 대하여 살펴보기로 한다.

그림 7.29에서는 금속 – 절연체 – p형 반도체의 접촉하기 전 에너지대 구조를 나타낸 것이다. $e\Phi_M$은 금속의 일함수, 즉 전자를 금속에서 떼어내어 진공 준위까지 옮기는 데 필요한 에너지이며, $E_{fm}$는 금속의 페르미 에너지이다. 한편, 반도체 측의 $e\chi$는 전자 친화력을 나타내는데, 이것은 전도대 바닥 에너지인 $E_C$에서 진공 준위까지의 에너지차를 말한다. $e\Phi_S$는 반도체의 일함수이고, $E_{fp}$는 반도체의 페르미 에너지이다.

일반적으로 금속과 반도체의 일함수 $e\Phi_M$과 $e\Phi_S$의 크기는 같지 않으나, $e\Phi_M = e\Phi_S$라 하고 산화막 중의 전하 분포나 반도체 표면 준위가 없는 이상적인 MOS 구조의 에너지대를 그림 7.30에서 보여 주고 있다. 그림 (a)는 p형 반도체, 그림 (b)는 n형 반도체의 경우를 나타내고 있다.

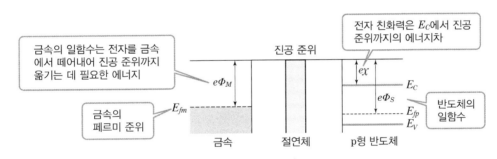

▼ 그림 7.29 접촉 전 MOS의 에너지 구조

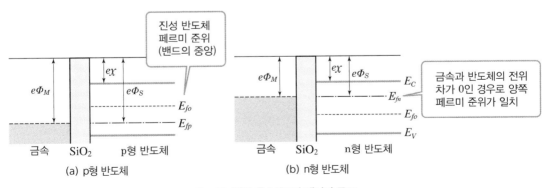

▼ 그림 7.30 접촉 후 MOS의 에너지 구조

## 2. 반도체 계면의 에너지 구조

MOS 구조에서 금속인 게이트와 반도체 기판 사이에 게이트 전압 $V_G$를 인가하면 그 극성과 크기에 따라 캐리어의 축적 상태, 공핍 상태, 반전 상태가 일어난다. 그림 7.30에서는 반도체 기판이 p형일 때의 게이트 전압에 따른 에너지 구조를 나타낸 것이다.

### (1) 축적 상태

금속의 페르미 준위 $E_{fm}$은 반도체의 페르미 준위 $E_{fp}$에 비하여 $eV_G$만큼 높아지며, 반도체의 표면에 정공이 모여 축적층이 만들어진다. 반도체의 표면에서 $E_V$가 $E_{fp}$에 접근하면 정공 농도가 높아져 $p^+$형으로 되고 이 층이 축적층이 된다. n형 기판의 경우 축적층은 $n^+$가 된다. p형 기판의 경우는 $V_G < 0$이고, n형 기판은 $V_G > 0$의 조건이어야 한다. 그림 7.31 (a)에서는 금속 측에 ( $-$ )전압을 인가하여 발생한 축적 상태의 에너지대 변화를 나타내었다.

### (2) 공핍 상태

그림 7.31 (b)에서 보여 주는 것과 같이 반도체에 ( $+$ )전압을 인가하면 금속의 페르미 준위 $E_{fm}$은 반도체의 페르미 준위 $E_{fp}$에서 $eV_G$만큼 낮게 된다. 반도체 표면에서 $E_C$, $E_V$, $E_{fo}$는 아래쪽으로 구부러지며 표면의 정공은 정전 유도에 의하여 표면에서 반도체 안쪽으로 밀려난다. 그래서 표면에서는 억셉터 이온만이 남아 공간 전하층 즉, 공핍층이 만들어진다. 이때의 조건은 p형 기판의 경우는 $V_G > 0$이고, n형 기판은 $V_G < 0$이어야 한다.

p형 기판의 불순물 밀도를 $N_a$라 하고, 표면에서 충분히 떨어진 위치의 $E_{fo}$ 준위를 기준 전위 0이라 하면 반도체 표면에서의 깊이가 $y$인 곳의 전위 $\Phi(y)$는 푸아송 방정식의 해에서 얻을 수 있다.

$$\frac{d^2\Phi(y)}{dy^2} = -\frac{\rho}{\varepsilon_o \varepsilon_s} \tag{7.36}$$

여기서 $\varepsilon_s$는 반도체의 유전율, $\rho$는 전하 밀도이다. 단위 면적당 공간 전하 밀도는 $\rho = -eN_a$로 주어진다.

그림 (b)에서 경계 조건을 적용하여 $y = d_1$에서 $d\Phi(y)/dy = 0$, $\Phi(y_d) = 0$, $y = 0$에서 $\Phi(0) = \Phi_s$ 즉, 반도체 표면의 정전 위치 에너지로 하여 $\Phi(y)$는 다음과 같이 표현할 수 있다.

$$\Phi(y) = \Phi_s \left(1 - \frac{y}{d_1}\right)^2 \tag{7.37}$$

여기서 반도체의 위치 에너지 $\Phi_s$는

$$\Phi_s = \frac{eN_a}{2\varepsilon_o \varepsilon_s} d_1^2 \tag{7.38}$$

이다. 따라서 공핍층의 억셉터 이온에 의한 단위 면적당 공간 전하 밀도 $Q_d$는

$$Q_d = eN_a d_1 = -\sqrt{2\varepsilon_o \varepsilon_s e N_a \Phi_s}\tag{7.39}$$

로 된다.

## (3) 반전 상태

그림 7.31 (c)에서 보여 주는 것과 같이, 금속의 페르미 준위 $E_{fm}$은 반도체의 페르미 준위 $E_{fp}$보다 훨씬 커서 $eV_G$만큼 낮아지고 반도체 표면에서 에너지대가 급격히 구부러진다. 이때 표면에서는 진성 페르미 준위 $E_{fo}$와 $E_{fp}$의 위치가 바뀌어 $E_{fp}$는 $E_c$에 접근한다. 이것은 반도체 표면이 p형에서 n형으로 바뀐 것을 의미한다.

따라서 반도체 표면에 전도 전자가 모여 전자층이 형성되며, 이 층은 p형 반도체의 다수 캐리어인 정공과 다르기 때문에 반전층이라 하는 것이다.

## 3. 반도체 계면의 캐리어 농도

그림 7.31 (c)에서 반도체 표면의 캐리어 농도를 구하여 보자. 에너지 준위의 파라미터로 진성 페르미 준위를 $E_{fo}$, 표면에서 깊이가 $y$인 지점의 진성 페르미 준위를 $E_{fo}(y)$라 할 때, 반도체 표면과 내부의 정전 위치 에너지 $\Phi(y)$, $\Phi_F$는

$$E_{fo} - E_{fo}(y) = e\Phi(y)\tag{7.40}$$
$$E_{fo} - E_{fp} = e\Phi_F$$

로 주어진다.

반도체의 캐리어 밀도 $p$와 $n$은 $E_{fo}$와 진성 캐리어 밀도 $n_i$ 요소로 다음과 같이 표현할 수 있다.

$$p = n_i \exp\left(\frac{E_{fo} - E_{fp}}{kT}\right)\tag{7.41}$$
$$n = n_i \exp\left(\frac{E_{fp} - E_{fo}}{kT}\right)$$

여기서 포화 영역에서

$$p = N_a, \ n = N_d\tag{7.42}$$

로 놓을 수 있다. 식 (7.40), 식 (7.41), 식 (7.42)에서 반도체 내부의 정전 위치 에너지 $\Phi_F$는

$$\Phi_F = \frac{kT}{e} ln \frac{N_a}{n_i} \ \text{(p형 반도체)}\tag{7.43}$$
$$\Phi_F = -\frac{kT}{e} ln \frac{N_d}{n_i} \ \text{(n형 반도체)}$$

로 되어 반도체 내부의 정전 위치 에너지는 불순물 밀도에 의하여 결정된다.

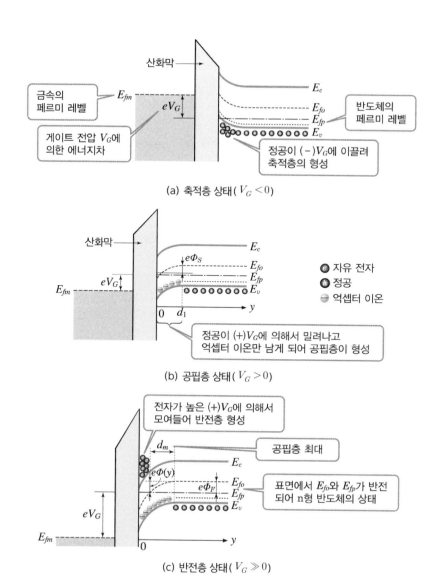

(a) 축적층 상태($V_G < 0$)

(b) 공핍층 상태($V_G > 0$)

(c) 반전층 상태($V_G \gg 0$)

▶ 그림 7.31 게이트 전압에 따른 에너지대의 변화(p형 반도체)

반도체 표면의 $y$ 방향의 임의의 깊이에서 캐리어 밀도 $n(y)$, $p(y)$는 식 (7.40)과 식 (7.41)로부터

$$n(y) = n_i \exp\left[\frac{e(\Phi(y) - \Phi_F)}{kT}\right]$$

$$p(y) = n_i \exp\left[\frac{e(\Phi_F - \Phi(y))}{kT}\right] \tag{7.44}$$

로 된다. 따라서 $y = 0$에서 표면 캐리어 밀도를 각각 $n(0) = n_s$, $p(0) = p_s$라 하면

$$n_s = n_i \exp\left[\frac{e(\Phi_S - \Phi_F)}{kT}\right]$$

$$p_s = n_i \exp\left[\frac{e(\Phi_F - \Phi_S)}{kT}\right] \tag{7.45}$$

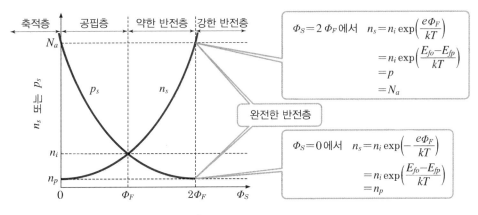

**그림 7.32** $\Phi_S$에 대한 표면 캐리어 밀도 변화

로 주어진다.

식 (7.45)를 이용하여 p형 반도체 표면의 캐리어 밀도를 표면 전위 $\Phi_S$의 함수로 나타낸 것이 그림 7.32이다. 그림에서 $\Phi_S = \Phi_F$의 경우, 표면 캐리어 밀도는 진성 반도체의 것과 같게 된다. $\Phi_S > \Phi_F$의 조건에서 표면의 캐리어 밀도는 $n_s > p_s$가 되어 p형에서 n형으로 반전하게 되는 것이다.

이제, $\Phi_S = 2\Phi_F$ 되는 경우를 살펴보자. 이 경우는 $n_s = N_a$가 되는데, 이것은 표면의 전자 밀도가 p형 기판의 정공 밀도와 같게 되어 완전한 반전층이 형성된다. $\Phi_S = 2\Phi_F$를 반전층의 형성 조건이며, 이때 공핍층의 두께 $d_1$은 최댓값 $d_m$이다.

## 6  MOSFET의 동작

MOSFET는 앞서의 설명과 같이 MOS 구조의 원리가 적용되는데, 게이트 전압에 의하여 생성되는 채널 양쪽에 고밀도 불순물 영역, 즉 소스와 드레인 단자를 만들면 두 단자 사이에서 채널은 전하의 이동통로 역할을 하게 된다. 이 채널을 통하여 흐르는 전류의 양은 두 단자 사이의 전압에 의해서 변화하도록 하는 것이 MOSFET의 동작 원리이나 3차원의 영향으로 두 단자 사이의 전압뿐만 아니라 게이트 전압에도 영향을 받게 된다.

MOSFET의 종류에는 게이트에 인가된 전압이 채널을 형성하는가 또는 이미 만들어진 채널을 소멸시키는가에 따라 **증가형**enhancement type 과 **공핍형**depletion type MOSFET로 구분된다. 형성된 채널에서 이동하는 캐리어의 종류에 따라 전자에 의해 동작되는 nMOS와 정공에 의해 동작되는 pMOS가 있다.

MOS 소자의 동작을 이해하기 위한 개념도를 그림 7.33에 나타내었는데, 그림 7.34와 비교하여 수원은 소스, 배수구는 드레인, 수로는 게이트를 각각 대응하여 생각할 수 있다.

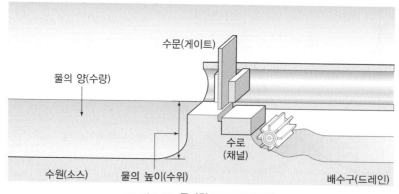

▼ 그림 7.33 **증가형 MOSFET 개념**

## 1. 증가형 MOSFET의 구조

그림 7.34에서는 증가형 MOSFET와 그 기호를 나타내었다.

그림 (a)에서와 같이 MOSFET의 구조는 게이트 영역을 중심으로 좌우에 기판보다 높은 농도의 영역 즉 nMOS는 $n^+$, pMOS는 $p^+$를 정의하고 두 영역 사이의 전위차에 의해서 전류가 흐를 때 캐리어의 주입구를 소스$_{source}$, 출구를 드레인$_{drain}$으로 정한다.

그림 (b)는 MOSFET의 평면도를 나타내고 있는데, MOS의 동작에 가장 큰 영향을 주는 요소 중 채널길이($L$)와 채널 폭($W$)은 MOS 소자를 설계하는 데 중요한 요소로 작용하며, 특히 종횡비$_{aspect\ ratio}$라고 하는 $W/L$은 MOS의 채널 영역의 저항 성분을 결정하는 것으로서 MOS의 동작에 큰 영향을 미친다.

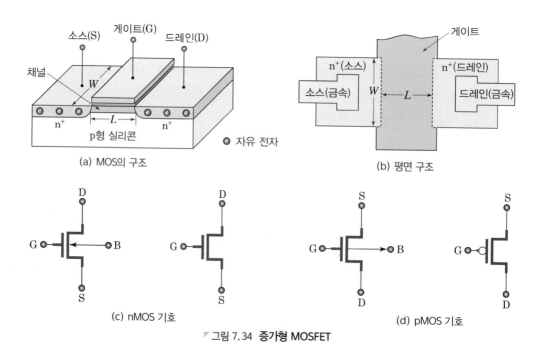

(a) MOS의 구조

(b) 평면 구조

(c) nMOS 기호

(d) pMOS 기호

▼ 그림 7.34 **증가형 MOSFET**

그림 (c), (d)에서는 n형, p형 MOS의 기호를 나타낸 것인데, 벌크bulk 단자를 표시하는 경우와 그렇지 않은 경우를 보여 주고 있다. 게이트 영역의 산화막은 저항률이 상당히 크기 때문에 게이트 전압에 의한 전계는 대부분 산화막에 걸린다. 그러므로 게이트에 (+)전압을 인가한 경우 산화막층에 존재하는 전계 $E$가 기판 내에 존재하는 전자를 끌어당겨 기판 표면에 모이게 한다. 이것은 원래 p형이었던 표면이 n형으로 변화된 반전층의 형성을 의미한다. 이와 같이 게이트의 (+)전압에 의하여 기판 표면에 n 채널이 형성되어 FET가 동작하도록 하는 방식의 소자를 증가형 MOSenhancement type MOS라 한다.

## 2. nMOS의 동작

전계효과 트랜지스터는 pMOS가 먼저 개발되어 사용되었고, 그 다음 nMOS, CMOS의 순으로 개발되었다. 먼저 nMOS의 동작에 관하여 살펴보자.

그림 7.35에서 nMOS의 단면을 보여 주고 있는데, 외부의 단자에 전압이 공급되지 않은 상태이며, 기판은 p형 반도체이다. 그러므로 정공이 많이 있고, 전자가 적은 물질의 특성을 갖는다. p형 반도체이므로 기판에는 정공이 전자보다 많이 분포하고 있다. 전압은 전위차와 같은 것이므로 전압을 표시할 때는 항상 기준 전압이 있어야 한다. 기준 전압은 소스 전압이다.

지금 그림 7.36에서는 FET의 세 단자, 즉 소스, 게이트, 드레인이 표시되어 있고, 소스와 기판(이것을 영어로 bulk라고도 한다)이 접지와 연결되어 있다. 여기서 먼저 게이트 전압이 음(−)의 전압이라고 하자. 게이트−소스 사이의 전압 $V_{GS}$가 0[V]이다. 게이트에 음(−)전압이 공급되면, 게이트 밑에 있는 MOS 커패시터의 산화막에 강한 전계가 만들어지는데, 이 전계의 힘

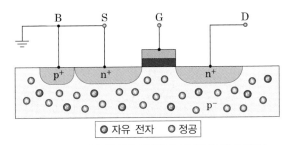

그림 7.35 nMOS의 구조(전압을 공급하지 않은 경우)

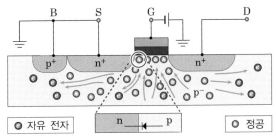

그림 7.36 nMOS의 전자와 정공의 이동($V_{GS} < 0$)

방향이 위쪽으로 걸리니까 산화막 밑의 반도체 표면에 정공이 많이 모이는 정공의 축적 효과가 나타난다.

축적 효과란 기판이 p형 반도체이어서 원래 정공이 많이 있는 물질인데, 정전 유도 현상에 의해서 기판 표면에 더욱 많은 정공이 쌓이는 현상을 말한다. 소스 영역과 기판 표면 사이에는 pn 접합 다이오드가 있는 것으로 생각할 수 있다. n형에 비하여 p형의 전압이 높지 않으므로 전류가 흐를 수 없는 상태이다. 소스에서 드레인으로 전류가 흐르지 못하는 스위치 – 차단(SW-OFF) 상태가 된다.

이제 그림 7.37 (a)와 같이 게이트 전압이 낮은 양(+)의 전압으로 바뀌게 되면 산화막에 걸렸던 전계의 힘이 점차 반대로 걸리게 된다. 그러면 게이트 밑에 몰렸던 정공들이 기판의 밑부분으로 밀려나고 대신 음(–)전하인 자유 전자들이 게이트 밑으로 몰려오기 시작한다. 게이트의 전압이 양(+)전압으로 더욱 커지게 되면 그림 (b)와 같이 되어 기판의 표면이 n형의 성질을 띠게 된다. 게이트의 전압에 의해서 산화막에 전계가 생겨 반도체의 표면이 반대의 성질로 바뀌게 된다. 그러면 소스의 $n^+$ 영역의 소스 영역과 역시 $n^+$ 영역의 드레인이 서로 연결되는 효과를 가져온 것이다. 즉, 두 영역으로 전자가 이동할 수 있는 길이 만들어진 것이다. 이와 같이 전하가 이동할 수 있는 길인 통로를 채널이라고 하였다. 전자가 이동할 수 있는 통로이므로 n 채널이라고 이름을 붙여 사용하고 있다. 전자가 소스에서 드레인으로 이동하였으니 전류는 드레인에서 소스로 흐른 것이다. 이 상태가 스위치 – 접속(SW-ON) 상태이다.

여기서 결론을 내 보자. nMOS는 게이트 전압이 0[V] 이하이면 SW-OFF 상태가 되고, 문턱 전압 이상이 되면 스위치 – 접속(SW-ON) 상태가 된다. 문턱 전압은 대략 0.6~0.7[V]이다.

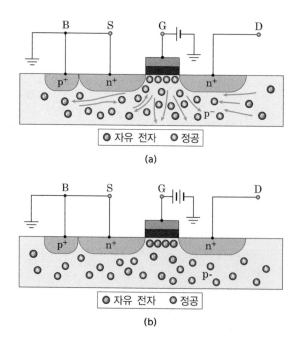

그림 7.37 nMOS의 (a) 게이트 전압이 낮을 때와 (b) 높을 때의 상태

nMOS에서 게이트를 중심으로 왼쪽, 오른쪽에 있는 소스와 드레인 영역은 물성적 특성이 동일하다. 다만, 전압이 높은 쪽이 드레인이 되고 낮은 쪽이 소스 단자가 된다.

## 3. pMOS의 동작

그림 7.38은 pMOS의 구조를 나타낸 것이다. 기본적으로 nMOS와 다를 것이 없다. 다만, n-well 영역이 존재하고, 그 속에 게이트를 중심으로 왼쪽과 오른쪽에 $p^+$ 영역이 있는 점이 다르다.

well이란 우리말로 우물이라는 뜻이다. n-well은 전자가 많이 있는 우물이라는 말이다. n-well 이 필요한 이유는 MOS 소자를 만들 때는 기판의 물질과는 반대의 물질로 만들어야 하기 때문이다. 즉, nMOS에는 p형, pMOS를 만들 때는 n형 기판이 필요한 것이다. p형 기판 위에 pMOS를 만들어야 하니 n형 기판이 필요한 것이다. 그래서 n-well 영역을 만든 것이다. 이것은 CMOS를 전제하여 한 것이다. CMOS는 하나의 기판 위에 두 개의 소자를 제작해야 하기 때문이다.

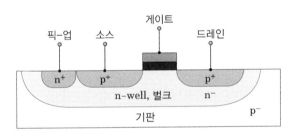

▼ 그림 7.38 n-well pMOS의 구조

이제 pMOS의 동작을 살펴보자. pMOS는 nMOS와 반대로 생각하면 된다. 그림 7.39에서는 전압이 공급되지 않은 pMOS의 상태를 보여 주고 있다.

기판으로 쓰이는 n-well은 전자가 많이 있고, 상대적으로 정공이 적게 분포하는 것이다. 그런데 $n^-$ 표시가 있다. 이것은 무엇인가? 반도체 소자를 만들 때 불순물을 넣어 주어야 하는 것은 이미 알고 있다. $n^-$, $n^+$, $p^+$ 등의 표시는 불순물의 양을 나타낸다. 그러니까 $n^+$는 $n^-$보다 불순물의 양이 많다는 것을 의미한다. 그 차이는 대략 1,000배 정도이다.

그림 7.40 (a)를 보자. 기판bulk과 소스에 전원 전압 $V_{DD}$가 공급되었고, $V_{GS} > 0$, 즉 게이트

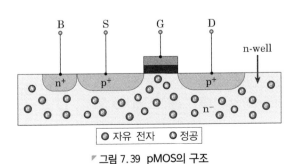

▼ 그림 7.39 pMOS의 구조

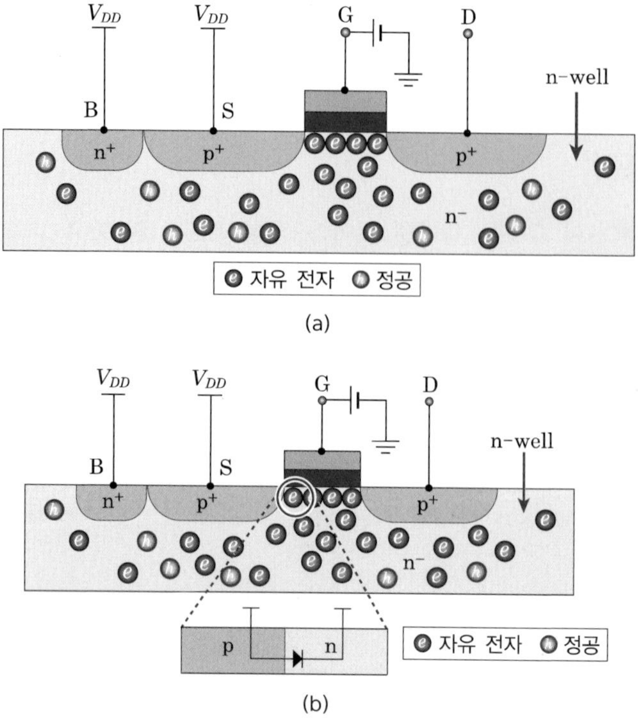


그림 7.40 **(a) pMOS의 상태 (b) p 채널이 없는 상태($V_{GS}>0$)**

전압이 소스 전압보다 높을 때, 산화막에 걸리는 전계가 게이트 밑의 n형 표면에 전자들이 몰려들게 하면서 정공을 밀쳐 내는 작용을 하게 된다. 그림 (b)와 같은 방향의 pn 접합 다이오드가 생기는 것으로 볼 수 있다.

이 상태에서는 p형과 n형 사이의 전압이 같으므로 전류가 흐르지 못한다. 이제 그림 7.41과 같이 게이트 전압이 계속 떨어져서 음(−)의 값에 도달, 즉 $V_{GS}<0$이면 정공이 게이트 밑으로 모이고 전자들은 기판으로 밀려날 것이다. 정공이 게이트 밑으로 몰려와 정공이 지나갈 수 있는 길이 만들어졌다. 즉, p 채널이 생겨 소스에서 드레인으로 정공이 이동할 수 있는 것이다. pMOS에서도 문턱 전압이 있는데, 보통 −0.6∼−0.7[V] 정도이다.

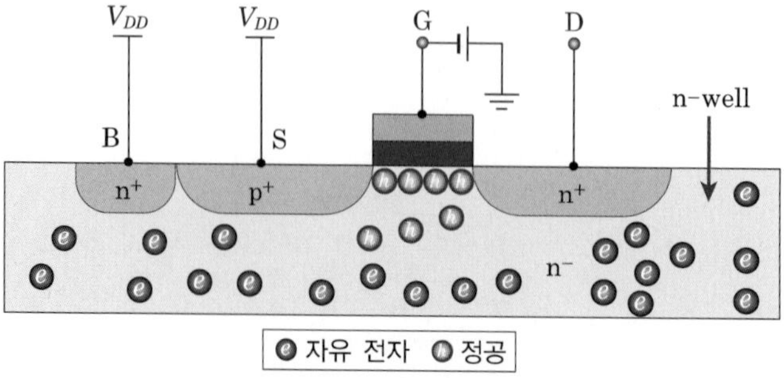


그림 7.41 **pMOS의 p 채널의 형성**

## 7 MOSFET의 특성

MOS의 전류는 산화물–반도체 경계 근처의 채널 영역 혹은 반전층에서의 전하의 흐름에 기인한다. MOS의 동작은 크게 증가형 MOS~enhancement type MOS~와 공핍형 MOS~depletion type MOS~로 나누어진다. 전자는 반전층 전하의 생성에 의하여 동작되며, 후자는 게이트 전압이 없는 경우에도 이미 채널이 형성되어 동작하는 것이다.

### 1. 증가형 MOSFET

n 채널 MOSFET를 예로 하여 동작 원리를 살펴보기 위하여 MOS 구조를 그림 7.42에 다시 나타내었다. 그림 (a)에서는 게이트 전압 $V_{GS}=0$의 경우를 보여 주고 있는데, 이때 nMOS 트랜지스터는 동작하지 않는 차단 상태(cut-off)가 된다. $V_{GS}$를 약간씩 증가시킴에 따라 드레인과 소스 영역의 pn 접합에 공핍 영역이 생기기 시작한다. $V_{GS}$를 더욱 증가시키면 많은 전자가 게이트 밑의 기판 표면에 모여 이 부분을 n형으로 바꾸는 반전층~inversion layer~이 생성되어 채널이 만들어진다. 이때의 전압이 바로 문턱 전압~threshold voltage~ $V_{TO}$인 것이다.

$V_{GS} > V_{TO}$, $V_{DS} < (V_{GS} - V_{TO})$인 경우 미세한 전류가 채널을 흐르기 시작하는데, 이때 채널에서 전류에 의한 전압 강하가 일어나기 때문에 이 전압 범위를 저항성 영역 혹은 선형 영역~liner region~이라고 한다. 이를 그림 (b)에 나타내었다.

여기서 한 가지 유의할 점은 공핍 영역의 형성이다. $V_{DS}$가 (+)전압을 가질 경우 드레인 영역에서 공핍층이 크게 형성되는데, 이 경우 드레인 영역의 pn 접합은 소스보다 상대적으로 큰 역바이어스 상태가 되기 때문이다. 이 문제는 소자의 크기가 작아짐에 따라 고온 전자~hot carrier~ 발생의 원인으로 소자의 특성을 열화시킨다.

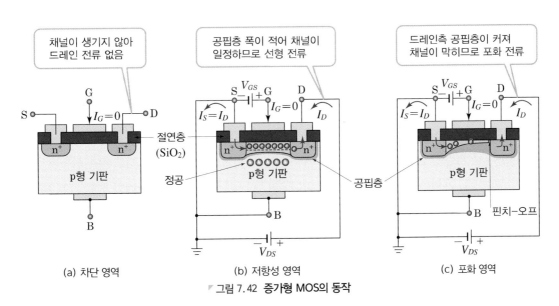

(a) 차단 영역　　(b) 저항성 영역　　(c) 포화 영역

▼ 그림 7.42 **증가형 MOS의 동작**

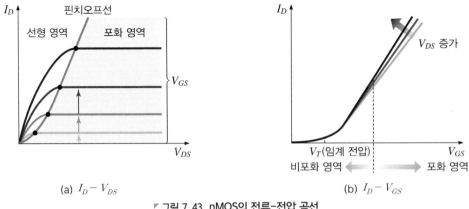

(a) $I_D - V_{DS}$　　　　　　　　　(b) $I_D - V_{GS}$

▶ 그림 7.43 nMOS의 전류-전압 곡선

그림 7.43 (a)에서는 $V_{GS}$를 변수로 하여 $I_D - V_{DS}$의 관계를 나타낸 것이며, 그림 (b)는 $V_{DS}$를 변수로 한 $I_D - V_{GS}$ 관계의 특성 곡선이다. 일반적으로 MOS의 특성상 $V_{GS}$를 입력 전압input voltage, $V_{DS}$를 출력 전압output voltage, $I_D$를 출력 전류output current로 나타낸다. 그러므로 그림 (a)는 출력의 전압-전류의 관계이므로 출력 특성output characteristics, 그림 (b)는 입력 전압에 대한 출력 전류의 관계이므로 전달 특성transconductance characteristics이라고 한다.

한편, pMOS의 출력 및 전달 특성은 nMOS와 같으나 모든 바이어스 전압의 극성을 반대로 하면 된다.

## 2. 공핍형 MOSFET

공핍형 MOS는 공정 단계에서 미리 채널을 형성하고, 게이트 전압에 의하여 채널을 소멸시키는 형태로 동작한다.

그림 7.44에서는 공핍형 MOS의 구조와 기호를 나타내고 있는데, 채널이 이미 생성되어 있음을 보여 주고 있다. p형 기판을 갖는 MOS의 문턱 전압은 (−)값을 갖는데, 이는 게이트 전압이 인가되지 않은 경우에도 이미 전자의 반전층이 형성되어 있으므로 게이트 전압 $V_{GS} = 0$에서도 n 채널이 존재하여 드레인 전류가 흐르게 된다. 이러한 현상이 공핍형 MOSdepletion type MOS의 중요한 특성이다. (−)게이트 전압을 인가하면 (+)전하들이 채널에 유기되어 채널의 전자 농도를 감소시키므로 도전율을 감소시켜 드레인 전류 $I_D$도 역시 감소된다. n 채널의 경우 $V_{GS} <$ 0이면 채널 저항이 증가하여 전류는 감소하고, $V_{GS} > 0$이면 채널 저항이 감소하여 전류는 증가하게 된다. 즉, 게이트 전압에 의하여 채널의 유동 전하밀도를 변화시켜 드레인 전류를 제어하는 것이다.

그림 (b)의 기호 표현에서 채널 부분을 굵은 선으로 표시하여 증가형 MOS의 기호와 구별하고 있다. 공핍형 MOS는 미리 생성된 채널의 캐리어가 전자이므로 기판에 대하여 게이트에 (−)의 전압을 인가하면 채널이 소멸하게 되는데, 이 경우 문턱 전압은 채널을 완전히 소멸하게 하는

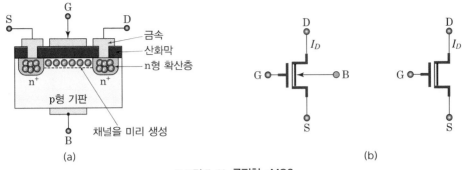

▼ 그림 7.44 공핍형 nMOS

게이트 전압으로 정의된다. 따라서 문턱 전압은 음의 값을 가지며 보통 $0.6\,V_{DD}$ 정도의 값을 갖는다. 공핍형 MOS에서의 선형 영역은 $V_{GS} > V_{TO}(V_{TO} < 0)$이고, $V_{DS} < (V_{GS} - V_{TO})$일 때를 말한다.

## 3. 입 - 출력 특성

그림 7.45에서는 $I_D - V_{DS}$ 특성을 살펴보기 위한 MOS 구조를 보여 주고 있다. 그림 (a)에서는 $V_{GS} > V_{TO}$이고, $V_{DS}$가 작은 경우로 반전 채널층 두께는 일정하다. 그림 (b)는 $V_{DS}$값이 증가할 때의 작용을 보여 주고 있는데, 드레인 전압이 증가할 때 드레인 단자 근처의 산화막 양단의 전압강하는 감소한다. 이것은 드레인 근처의 유기된 반전층 전하밀도가 감소함을 의미한다.

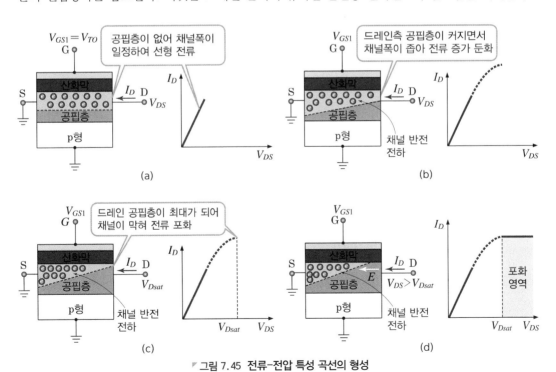

▼ 그림 7.45 전류-전압 특성 곡선의 형성

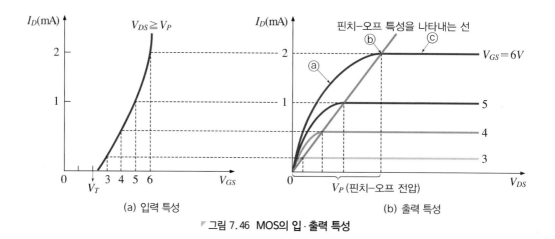

그림 7.46 MOS의 입·출력 특성

드레인 근처 산화막 양단 전위가 $V_{TO}$와 같은 위치까지 $V_{DS}$가 증가할 때 유기된 반전 전하밀도는 드레인 단자에서 0이다. 이 작용을 그림 (c)에 나타내었다. 이 점에서는 드레인 컨덕턴스의 증가는 없으며 이는 $I_D - V_{DS}$ 곡선의 기울기가 0이라는 것을 의미한다. 즉,

$$V_{GS} - V_{Dsat} = V_{TO} \tag{7.46}$$
$$V_{Dsat} = V_{GS} - V_{TO}$$

여기서 $V_{Dsat}$는 드레인 단자에서 반전층 전하 밀도를 0으로 하는 드레인–소스 사이의 전압을 나타낸다. $V_{DS}$가 $V_{Dsat}$값 이상으로 증가하면 전자들이 소스에서 채널로 들어가 채널을 통하여 드레인으로 향한다. 전하가 0으로 되는 지점에서 공간 전하 영역으로 주입된다. 그 후 전계 $E$에 의하여 드레인 접촉 영역으로 모이게 된다. 여기서 채널 길이의 변화량 $\Delta L$이 원래의 채널 길이 $L$에 비하여 작으면 드레인 전류는 $V_{DS} > V_{Dsat}$의 조건에서 일정하게 유지할 것이다. 이때의 $I_D - V_{DS}$ 특성 영역은 포화 영역saturation region이다. 이를 그림 7.45 (d)에 나타내었다.

MOS의 $I_D - V_{DS}$ 특성 곡선을 그림 7.46에 나타내었다. 게이트 전압의 크기에 따라 드레인 전류가 흐르고 있다. $I_D$의 포화점 ⓑ를 경계로 하여 $I_D$가 $V_{DS}$에 따라 증가하는 선형 영역linear region ⓐ와 포화 영역 ⓒ로 나누어 생각할 수 있다.

## (1) 선형 영역

이제 MOS의 드레인 전류 $I_D$를 유도하여 보자. 그림 7.47에서 좌표를 고려한 MOS 구조를 보여 주고 있는데, 게이트에 (+) $V_{GS}$을 공급하고, 드레인에 (+)전압에 의하여 드레인 영역에 공핍층이 커진 상태를 나타내었다. (+)의 드레인 전압 $V_{DS}$을 공급하면 n채널을 통한 전자의 이동으로 드레인 전류 $I_D$가 만들어진다.

그림 7.47에서 소스의 오른쪽 끝을 $x = 0$, 드레인 왼쪽 끝을 $x = L$이라 하고, 임의의 $x$지점에서 전류 $I_D$는 채널의 표면 전하 $Q_n(x)$와 전계 $E_x$의 성분으로

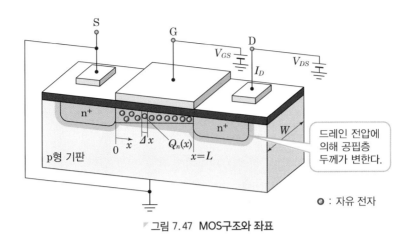

그림 7.47 MOS구조와 좌표

$$I_D = Q_n(x)\,\mu_n\,E_x\,W \tag{7.47}$$

이다. 여기서 $x$지점의 전위를 $V(x)$, $E_x = -dV(x)/dx$이다. 그러므로 식 (7.47)은 다음과 같이 나타낼 수 있다.

$$I_D = -WQ_n(x)\,\mu_n\,\frac{dV(x)}{dx} \tag{7.48}$$

반전층은 도전막으로 볼 수 있으며, 이 층의 전하량 $Q_n(x)$는 산화막 용량 $C_{ox}$에 반전층을 생기게 하는 게이트 전압인 문턱 전압 $V_T$ 이상으로 충전되어야 하기 때문에 다음과 같이 나타낼 수 있다.

$$Q_n(x) = -C_{ox}(V_{GS} - V_{TO}) \tag{7.49}$$

그림과 같이 드레인에 $V_{DS}$을 공급하면 $x$지점의 전위가 $V(x)$이므로 $x$지점의 표면에 반전층을 만들기 위한 전위는 $V_{TO} + V(x)$이어야 한다. 따라서 식 (7.49)는

$$Q_n(x) = -C_{ox}[V_{GS} - V_{TO} - V(x)] \tag{7.50}$$

이다. 식 (7.48)에 대입하고, 양변을 적분하면 다음 식이 얻어진다.

$$I_D \int_0^L dx = W\mu_n C_{ox} \int_{0,0}^{L,V_{DS}} [V_{GS} - V_{TO} - V(x)]\frac{dV(x)}{dx}dx \tag{7.51}$$

채널이 균일하게 형성된다고 가정하면 $x$지점의 전위 $V(x)$는

$$V(x) = \frac{V_{DS}}{L}x \tag{7.52}$$

이며, 이때 $I_D$는 다음과 같다.

$$I_D = \frac{W}{L}\mu_n C_{ox}\left[(V_{GS} - V_{TO})V_{DS} - \frac{1}{2}V_{DS}^2\right] \tag{7.53}$$

이것이 MOS 소자의 선형 영역의 드레인 전류식이다. 드레인 전류는 채널폭 $W$, 채널 길이 $L$, 산화막 용량 $C_{ox}$의 물리적 요소에 영향을 받으며, 게이트 전압 $V_{GS}$, 드레인 전압 $V_{DS}$, 문턱전압 $V_T$와 관계가 있음을 알 수 있다.

### (2) 포화 영역

$V_{DS}$를 증가시키면 채널 근처의 공핍층이 드레인 영역에서 넓어지고 $V(x) = V_{DS}$에서 드레인 영역의 반전채널이 없어지게 된다. 이때는 채널에 높은 저항이 직렬로 연결된 것과 같이 생각할 수 있으므로 전류가 포화하기 시작한다. 이 조건은 $V(x) = V_{DS}$에서 $Q_n(x) = 0$이다. 이를 식 (7.50)에 대입하면

$$V_{Dsat} = V_{GS} - V_{TO} \tag{7.54}$$

로 된다. 이것이 포화점의 전압, 즉 핀치-오프pinch-off 전압이다.

식 (7.54)를 식 (7.53)에 대입하여 정리하면

$$I_{Dsat} = \frac{\mu_n C_{ox} W}{2L}(V_{GS} - V_{TO})^2 \tag{7.55}$$

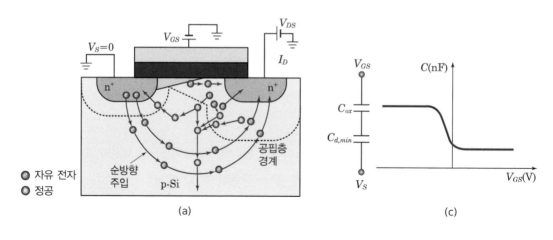

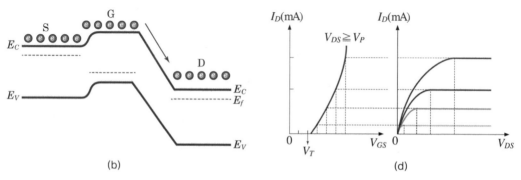

그림 7.48 MOSFET의 (a) 핀치-오프 상태 (b) 에너지대 구조 (c) 커패시터 (d) 전류 특성

이고, 포화점의 전류식이 얻어진다.

여기서 포화 영역에서의 동작을 자세히 살펴보기 위하여 포화 상태의 MOS를 그림 7.48 (a)에 나타내었다. 드레인 전압 $V_{DS}$가 드레인 영역의 반전 전하 밀도가 0인 상태가 될 때까지 충분히 높을 때, 핀치 – 오프pinch-off 상태가 되는 것이며, 이때의 드레인 전압이 핀치 – 오프 전압이다. 이 조건은 충분히 긴 채널 길이를 갖는 소자라고 가정하였을 때, 식 (7.46)을 만족할 때이다.

그러므로 $V_{DS}$가 더욱 증가하게 되면 채널이 드레인과 접촉해 있던 점이 소스 방향으로 이동, 즉 채널 영역의 길이가 짧아지는 것이다. 핀치 – 오프 전압 이상에서 소스 – 드레인 사이의 채널은 없어지나, 그림 (b)의 에너지대와 같이 채널 영역의 밑 부분에서의 높은 에너지에서 낮은 에너지로 전자가 이동하면서 전류가 만들어지는 것이다. 이것은 마치 그림 (b)와 같이 npn형 트랜지스터가 동작하는 것과 같은 원리로 전류가 흐르는 것이다. 그림 (c)는 산화막과 공핍층 용량이 직렬 연결구조, 그림 (d)는 입·출력 특성을 각각 보여주고 있다.

채널의 끝 부분과 드레인 영역 사이가 핀치 – 오프 영역이며 이 영역의 전자들은 전계에 의하여 빠르게 이 영역을 통과하여 드레인으로 흐른다. 핀치 – 오프 영역에서는 두 개의 전계 성분이 있는데, 하나는 드레인에서 채널로 향하는 전계인데, 이 전계의 힘으로 채널에서 드레인으로 전자를 매우 빠르게 흐르게 한다. 또 하나의 성분은 드레인 전류를 일정하게 하는 것이다. 즉, 빠르게 이동하는 전자의 양을 일정하게 유지하는 것이다. 이것이 MOS의 포화 상태 동작이다.

## 4. 기판 바이어스 효과

지금까지 MOS에서 기판은 소스와 같이 접지에 연결된 것으로 하였다. 그러나 기판은 소스와 같은 전위가 되지 않아야 한다. 그림 7.49에서는 nMOS를 보여 주고 있는데, 소스 – 기판 사이의 pn 접합은 항상 0이거나 역바이어스이어야 한다. 왜냐하면 기판 전압 $V_B$는 항상 0이거나 그 이상의 값을 가져야 하기 때문이다.

이제 MOS의 동작 특성에서 기판 전압 $V_B$에 대한 효과를 살펴보자. 그림 7.50 (a)에서는 기판 전압이 없는 경우이고, 그림 (b)는 기판 전압을 공급한 경우를 보여 주고 있다. 그림 (b)와

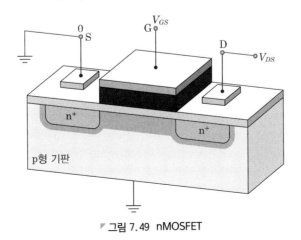

그림 7.49  nMOSFET

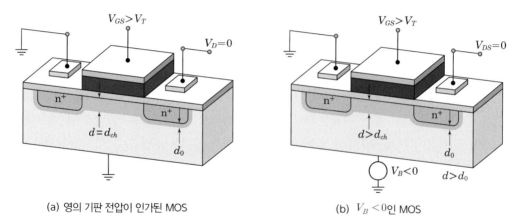

|  | |
|---|---|
| (a) 영의 기판 전압이 인가된 MOS | (b) $V_B < 0$인 MOS |

▼ 그림 7.50 nMOS의 기판 바이어스 효과

같이 음(−)의 기판 전압이 인가되면 소스−기판, 기판−드레인 사이의 pn 접합에 역방향 전압이 인가된 것과 같은 작용을 하여 최초의 공핍층 두께인 $d_0$보다 그 두께가 증가하여 채널 영역의 공핍층 두께인 $d_{ch}$보다 큰 값이 된다. 여기서 게이트의 양(+)의 전압에 의한 전하는 음(−)인 공핍층 전하와 반전층 전하의 합에 의하여 균형을 이루게 된다. 이때 인가되는 기판 전압 $V_B$가 0[V] 이하일 때, 전하의 균형을 이루기 위하여 공핍층 전하가 증가하게 되며 증가한 만큼 반전층 전하를 감소시킨다. 음(−)의 기판 전압이 반전층 전하를 감소시키므로 이것으로 인하여 문턱 전압을 증가시키는 결과를 초래한다. 이와 같이 기판 전압에 의하여 임계 전압이 변화되는 작용을 기판 바이어스 효과body bias effect라고 한다.

### ▓ 연습문제 7-3 ▓

n 채널 MOSFET의 포화 전류 $I_{Dsat}$를 계산하시오. (단, $L = 2[\mu m]$, $W = 20[\mu m]$, $\mu_n = 650[cm^2/V \cdot s]$, $V_{GS} = 5[V]$, $V_{TO} = 0.642[V]$, $C_{ox} = 6.9 \times 10^{-8}[F/cm^2]$이다.)

**풀이** $I_{Dsat} = \dfrac{\mu_n W C_{ox}}{2L}(V_{GS} - V_{TO})^2 = \dfrac{650 \times 20 \times 10^{-4} \times 6.9 \times 10^{-8}}{2 \times 2 \times 10^{-4}}(V_{GS} - V_{TO})^2$

$\qquad = 2.24 \times 10^{-4}(V_{GS} - V_T)^2[A]$

$V_{GS} = 5[V]$, $V_{TO} = 0.642[V]$인 경우

$I_{Dsat} = 2.24 \times 10^{-4}(5 - 0.642)^2 = 4.25 \times 10^{-3}$

$\therefore I_{Dsat} = 4.25[mA]$

## 5. 전달 특성

MOSFET의 트랜스컨덕턴스는 게이트 전압의 변화에 대한 드레인 전류의 변화로 정의되며, 전달 이득transfer gain이라고도 한다.

$$g_m = \frac{\partial I_D}{\partial V_{GS}} \tag{7.56}$$

선형 영역에서 동작하는 n 채널 MOS인 경우, 선형 영역의 전달 이득 $g_{ml}$은 식 (7.53)을 이용하여 풀면

$$g_{ml} = \frac{\partial I_D}{\partial V_{GS}} = \frac{W \mu_n C_{ox}}{L} V_{DS} \tag{7.57}$$

이다. 트랜스컨덕턴스는 $V_{DS}$에 따라 선형적으로 증가하나 $V_{GS}$와는 무관하다. 포화 영역에서의 전달 이득 $g_{ms}$는 식 (7.55)에서

$$g_{ms} = \frac{\partial I_{Dsat}}{\partial V_{GS}} = \frac{W \mu_n C_{ox}}{L}(V_{GS} - V_{TO}) \tag{7.58}$$

의 전달 특성을 얻을 수 있다. 포화 영역에서는 $V_{GS}$의 선형적 함수이나 $V_{DS}$와는 무관하다.

### ▨ 연습문제 7-4 ▨

n 채널 MOSFET의 게이트에 3[V]를 공급하였을 때, 포화 영역에서의 전달 컨덕턴스 $g_{ms}$를 구하시오. (단, $L = 1.15[\mu m]$, $\mu_n = 645[cm^2/V \cdot s]$, $W = 11[\mu m]$, $C_{ox} = 6.4 \times 10^{-8}[F/cm^2]$, $V_{TO} = 0.55[V]$이다.)

**풀이** 식 (7.58)에서

$$g_{ms} = \frac{\mu_n W C_{ox}}{L}(V_{GS} - V_{TO}) = \frac{(645)(11 \times 10^{-4})(6.4 \times 10^{-8})}{(1.15 \times 10^{-4})}(3 - 0.55)$$

$$= 0.97 \times 10^{-3}$$

$$\therefore g_{ms} = 0.97 \times 10^{-3}[S]$$

## 6. MOS 커패시턴스

그림 7.51에 나타낸 p형 실리콘(Si) 기판을 이용한 MOS 구조에서 게이트에 부(負)전위를 인가하면 정공이 실리콘 기판 표면에 축적한다.

게이트 전극의 단면적을 $S$, 산화막 두께를 $t_{ox}$, 그 유전율을 $\varepsilon_s$라 하면 산화막의 용량은

$$C_{ox} = \frac{\varepsilon_o \varepsilon_s}{t_{ox}} S \tag{7.59}$$

로 되며, 이를 MOS의 축적용량(蓄積容量)이라 한다. MOS 커패시터의 용량값은 보통의 커패

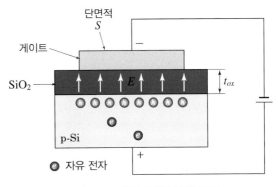

▛ 그림 7.51 **축적 상태의 MOS 구조**

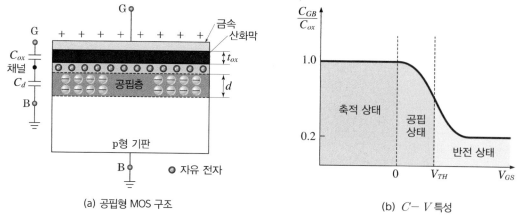

(a) 공핍형 MOS 구조        (b) $C-V$ 특성

▼ 그림 7.52 **공핍 상태의 MOS 커패시터**

시터와는 다르며 게이트 바이어스 전압에 의하여 변화하는 특징을 가지고 있다.

그림 7.52 (a)에서는 게이트에 전압을 인가하면 채널 밑에 실리콘 기판 표면이 공핍 상태로 되어 부(負)의 억셉터 이온에 의한 공간 전하 영역이 생기는 모양을 보여 주고 있다. 이와 같이 공간 전하의 형태로 전하를 축적하여 공핍층에 기인되는 정전 용량이 존재하게 된다. 그림 (b)에는 게이트 전압에 따른 게이트 영역의 MOS 커패시턴스의 변화를 나타내었다. 외부에서 본 커패시턴스는 공핍층에 기인되는 정전 용량과 직렬로 접속하여 있는 산화막에 기인되는 정전 용량을 포함하므로 MOS 커패시터의 전체 정전 용량은

$$C = \frac{C_d \, C_{ox}}{C_d + C_{ox}} \tag{7.60}$$

로 된다. 이는 $V_{GS} \gg 0$인 경우이다. 한편, 게이트 전압 $V_G < 0$인 때는 p형 반도체의 기판 표면은 n형으로 강하게 반전되므로 전자가 반전층에 유기되는 만큼의 충분한 시간이 지나면 이때의 MOS 커패시터의 용량 $C$는 다음과 같다.

$$C = C_{ox} \tag{7.61}$$

이제 MOS 소자의 게이트 영역에서 발생하는 기생 용량parasitic capacitance에 관하여 생각해 보자. 그림 7.53에서는 MOS 트랜지스터의 기생 커패시턴스의 존재를 나타낸 것이다. 여기서는

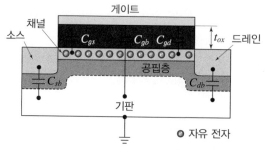

▼ 그림 7.53 **MOS 구조의 기생 커패시터**

게이트 영역이 소스/드레인 영역과 중첩overlap되지 않는다고 가정하였다. 여기서 나타낸 용량 성분을 기술하면,

---

$C_{gs}$, $C_{gd}$ : 채널의 소스/드레인 영역에서 하나의 용량으로 취급한 게이트−채널 사이의 커패시턴스
$C_{sb}$, $C_{db}$ : 기판[또는 벌크(bulk)]−소스/드레인 사이의 확산 커패시턴스
$C_{gb}$ : 게이트−기판 사이의 커패시턴스

---

이다. 이것을 그림 7.54와 같은 용량 회로의 모델로 나타낼 수 있다. MOS 트랜지스터의 전체 게이트 용량 $C_g$는 다음과 같다.

$$C_g = C_{gb} + C_{gs} + C_{gd} \tag{7.62}$$

여기서 $C_{gb}$는 트랜지스터가 선형linear 또는 포화saturation 작용에 있을 때는 무시해도 좋다.

그림 7.55는 nMOS와 pMOS의 특성을 비교한 것이다.

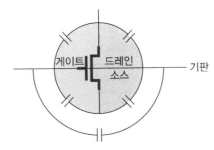

▼ 그림 7.54 MOS 용량 모델

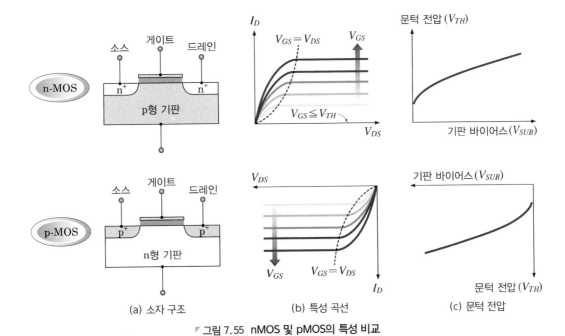

(a) 소자 구조 　　 (b) 특성 곡선 　　 (c) 문턱 전압

▼ 그림 7.55 nMOS 및 pMOS의 특성 비교

## **8** MOSFET의 접지 방식

MOS 소자는 증폭기로 사용할 수 있는데, 소스 공통<sub>common source</sub>, 드레인 공통<sub>common drain</sub>, 게이트 공통<sub>common gate</sub> 방식이 있으며, 그림 7.56에서 보여 주고 있다.

### 1. 소스<sub>Source</sub> 공통

소스 공통 회로는 입력 임피던스가 크기 때문에 많은 회로의 설계에 사용하고 있다. 그림 7.56 (a)에서는 접지 회로를 보여 주고 있는데, 이 회로의 특징은 입력 임피던스가 높은 특성 외에 출력 임피던스가 중간 정도의 값을 가지며, 전압 이득이 1보다 큰 특징이 있다.

그림 7.57 (a)는 소스 공통의 등가 회로를 나타내었다. 귀환이 없는 경우, 전압 이득 $A$를 구해 보자. 먼저, 회로에 키르히호프의 법칙을 적용하면

$$I_d R_L + (I_d - g_m V_{gs})r_d = 0 \tag{7.63}$$

이고, 입력 전압 $V_i$와 출력 전압 $V_o$는

$$V_i = V_{gs} \tag{7.64}$$
$$V_o = -I_d R_L$$

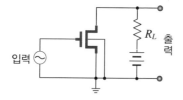

- 입력 임피던스가 높음
- 출력 임피던스가 중간 정도에서 높은 값까지 가질 수 있음
- 전압 이득은 1보다 큼

(a) 소스 공통

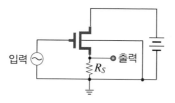

- 소스 접지보다 입력 임피던스가 높음
- 출력 임피던스는 낮고 입력과 출력 사이에 극성 반전이 없음
- 전압 이득은 1보다 적음

(b) 드레인 공통

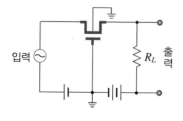

- 저입력 임피던스로부터 고출력 임피던스로 변환이 가능
- 전압 이득은 소스 접지보다 적음

(c) 게이트 공통

▶ 그림 7.56 **MOS의 공통 회로**

이다. 따라서 전압 이득 $A$는

$$A=\frac{V_o}{V_i}=\frac{-g_m r_d R_L}{(r_d+R_L)} \tag{7.65}$$

이다. 전압 이득에서 (－)는 출력이 반전되는 것을 의미한다.

## 2. 드레인Drain 공통

이제 그림 7.57 (b)에 나타낸 드레인 공통 회로의 등가 회로에서 전압 이득을 구해 보자. 드레인을 공통으로 한 동작은 소스 폴로어source follower라고도 하는데, 회로에 키르히호프 법칙을 적용하면

$$I_d R_s+(I_d-g_m V_{gs})r_d=0 \tag{7.66}$$

이고, 입력 전압 $V_i$와 출력 전압 $V_o$는

$$V_i=V_{gs}+I_d R_s \tag{7.67}$$
$$V_o=I_d R_s$$

이다. 따라서 전압이득 $A$는

$$A=\frac{V_o}{V_i}=\frac{-g_m R_s}{1+g_m R_s} \tag{7.68}$$

이다. 따라서 전압 이득은 항상 1보다 작은 값을 갖는다.

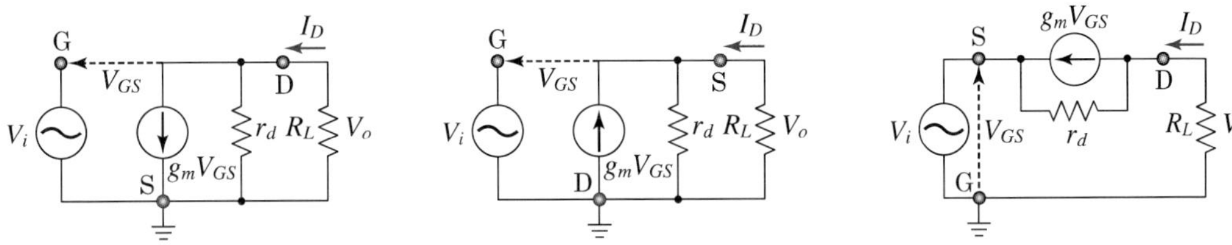


(a) 소스 공통 등가 회로 (b) 드레인 공통 등가 회로 (c) 게이트 공통 등가 회로

그림 7.57 MOSFET의 등가 회로

## 3. 게이트 공통

입력 임피던스가 낮고, 높은 출력 임피던스로의 변환이 가능하며, 전압 이득은 소스 공통보다 적은 게이트 공통 회로를 그림 7.56 (c)에 나타내었으며, 그 등가 회로를 그림 7.57 (c)에서 보여

주고 있다. 마찬가지로 전압 이득을 구해 보자.

회로에 키르히호프 법칙을 적용하면

$$I_d R_L + (I_d - g_m V_{gs}) r_d - V_i = 0 \tag{7.69}$$

이고, 입력 전압 $V_i$와 출력 전압 $V_o$는

$$V_i = V_{gs} \tag{7.70}$$
$$V_o = I_d R_L$$

이다. 따라서 전압 이득 $A$는

$$A = \frac{V_o}{V_i} = \frac{(1 + g_m r_d) R_L}{r_d + R_L} \tag{7.71}$$

이다.

▓ 연습문제 7-5 ▓

다음 FET 회로에서 $V_{DS}$를 구하시오.

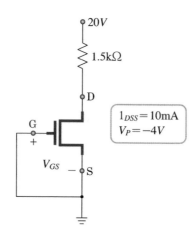

**풀이** 게이트와 소스가 연결되어 있어서 $V_{GS} = 0[\text{V}]$이므로

$I_D = I_{DSS}(1 - V_{GS}/V_P)^2$에서 $I_D = I_{DSS}$이다.

$I_D = 10[\text{mA}]$

따라서

$V_{DS} = V_{DD} - I_D R_D = 20[\text{V}] - (10[\text{mA}])(1.5[\text{k}\Omega]) = 5[\text{V}]$

$\therefore V_{DS} = 5[\text{V}]$

# 4 디지털 회로의 설계

## 1 디지털 신호

사람의 목소리를 전기 신호로 바꾸면 그림 7.58 (a)와 같이 교류 신호로 나타낼 수 있다. 이것을 그림 (b)와 같이 어떤 양으로 자른 후, 높은 값을 '1' 상태, 낮은 값을 '0' 상태로 하는 두 가지 상태로 나타낼 수 있다. 그림 (c)와 같이 두 가지 상태의 신호를 디지털 신호digital signal라고 부른다.

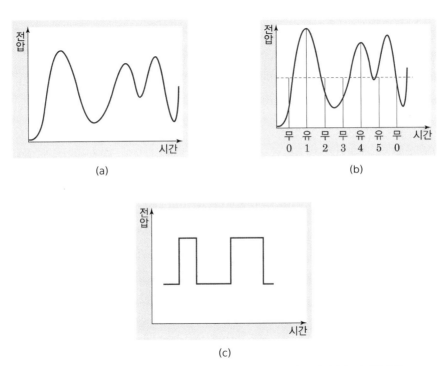

▼ 그림 7.58 디지털 신호 (a) 아날로그 신호 (b) 디지털 신호 처리 (c) 디지털 신호

## 2 스위칭

디지털 작용이란 무엇일까? 그림 7.59와 같이 게이트에 디지털 신호를 보내 주면 드레인에 디지털 신호를 얻는 것을 스위칭switching이라고 한다.

디지털 회로는 2진수를 기본으로 동작하는 회로이다. 2진수 비트 '0', '1' 두 가지 수만을 사용하도록 한 것이다. 두 가지만 사용하여 일이 끝나는 것은 무엇이 있을까?

우리의 가정에서 빈번히 일어나고 있는 일 중에서 찾아보자. 창문을 열고, 닫는 일이 있을 것

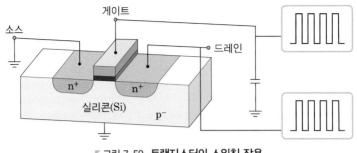

소스　　　　게이트　　　　드레인

실리콘(Si)　　p⁻

▼ 그림 7.59 트랜지스터의 스위칭 작용

이고, 또 LED등을 켜고 끌 때의 일이 있을 것이다. LED등을 켜고 끌 때 사용하는 장치를 스위치switch라고 부른다. 이 스위치는 두 가지의 행위로 일이 끝난다. 그러니까 디지털 회로가 동작할 때의 특성과 유사하다. 그래서 디지털 회로를 스위치 회로라고 부르기도 한다. 이런 연유로 앞으로 디지털 회로와 스위치 회로는 같은 말이라고 이해하기 바란다.

우리는 CMOS가 nMOS와 pMOS를 하나의 기판에 제작된 소자라는 것을 알았다. n(전자), p(정공)은 서로 반대의 특성이 있고, 이들을 조합하여 만든 CMOS는 서로 보완하는 구조라고 하였다. 그러므로 nMOS가 ON 상태일 때, pMOS는 OFF 상태가 된다. 그 반대의 상태도 성립한다. "ON 상태"는 스위치가 연결되어 전류가 통하므로 LED등에 불이 들어오는 상태, 즉 2진수 '1' 상태를 말하고, OFF 상태는 불이 꺼지는 상태, 즉 2진수 '0'를 의미한다.

이 CMOS가 동작하기 위해서는 전원 전압을 공급해 주어야 한다. 보통 이 전압을 $V_{DD}$라고 표기한다. IC에 전원을 공급하면 이것이 빠져나갈 접지 단자ground terminal가 필요하다. 이것을 $V_{SS}$라 하자. 요즈음에 만들어지는 IC는 성능이 우수하면서도 크기는 작게 만들고 있다. 그 덕분에 IC를 동작시키는 데 필요한 전압의 크기가 자꾸 내려간다. 얼마 전까지 5[V]가 사용되었는데, 3.3[V], 2.5[V]까지 내려가더니, 급기야 1.8[V]까지 내려갔다.

전원 전압이 내려가면 소비 전력이 그만큼 떨어지므로 좋은 일이다. MOS 소자의 단자는 소스 (S), 게이트(G), 드레인(D)이다. 소스 전압을 $V_S$, 게이트 전압을 $V_G$, 드레인 전압을 $V_D$라 하자. 그리고 $V_{GS}$는 소스 전압을 기준하였을 때의 게이트 전압으로 규정한다.

또 하나의 중요한 전압이 있다. MOS 소자의 문턱 전압이다. 문턱 전압threshold voltage은 nMOS, pMOS의 게이트 밑의 채널에서 전류가 흐르기 시작하는 순간의 게이트 전압이다. 일반적으로 $V_T$로 표기하며, nMOS의 문턱 전압은 $V_{TN}$, pMOS의 문턱 전압은 $V_{TP}$로 표기하기로 한다. 보통 nMOS의 문턱 전압은 0.6[V], pMOS는 −0.6[V]이다. n과 p는 서로 반대의 특성을 갖기 때문이다.

디지털 회로를 구성하는 기본 회로에는 인버터, NAND, NOR 등이 있는데 이들을 설계하여 보자.

## 3 pMOS 스위치

디지털 회로의 기본 소자는 pMOS, nMOS이다. 물론 이 둘을 합치면 CMOS가 된다. 먼저 이들에 대한 동작을 살펴보자.

그림 7.60 (a)에 pMOS의 구조를 나타내었는데, 게이트에 ( − )전압을 공급하면 소스 − 드레인 사이에 정공이 흘러 전류가 흐른다. 반대로 (+)게이트 전압에서는 전류가 흐르지 않는다.

그림 (b)는 pMOS 스위치 회로를 나타낸 것이다. pMOS는 게이트를 중심으로 왼쪽, 오른쪽이 대칭을 이루고 있는데, 똑같은 $p^+$ 불순물이 있는 영역으로 단자를 구별하는 방법은 높은 전압의 쪽이 소스 단자이고, 낮은 전압의 쪽이 드레인이 된다. 그리고 게이트 − 소스 사이의 전압, 즉 $V_{GS}$가 문턱 전압 $V_T$보다 낮아야 채널이 형성되어 전류가 흘러 SW-ON 상태가 된다. 그림에서는 왼쪽에 2.5[V]가 공급되었으므로 이곳이 소스 단자이고, 오른쪽이 드레인이 된다. 드레인에 접속되어 있는 커패시터는 pMOS 스위치가 동작을 시켜 주어야 하는 짐, 즉 부하(負荷_load)[7]이다. 부하란 디지털 회로에 공급되고 있는 전력을 소모하는 소자를 말하는데, 여기서는 커패시터를 뜻한다. 동작을 시켜 주어야 한다는 것은 커패시터가 충전의 기능을 갖도록 해 주는 것이다. 충전을 하려면 공급해 준 전력을 소모해야 하는 것이므로 부하의 역할을 한 것이다. 충전은 담수호에 물이 차는 것이고, 방전은 물을 방류하는 것이라 하였다.

입력 단자의 전압($V_{IN}$)으로 2.5[V], 즉 논리 '1' 상태가 공급되고 드레인에는 0[V]라고 가정하고 시작한다. 이제 그림 7.61 (a)에서 보여 주는 pMOS 회로의 게이트에 2.5[V]를 공급하여 보자. 그러면

$$V_{GS} = V_G - V_S = 2.5[\text{V}] - 2.5[\text{V}] = 0.0[\text{V}] \tag{7.72}$$

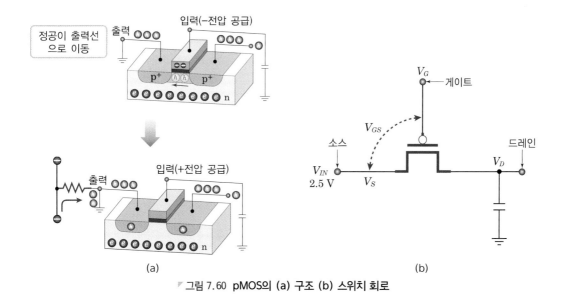

(a)　　　　　　　　　　　　　　　(b)

▼ 그림 7.60 pMOS의 (a) 구조 (b) 스위치 회로

---

7 　부하　전기적·기계적 에너지를 발생하는 장치의 출력 에너지를 소비하는 것 또는 소비하는 동력의 크기를 말한다.

이므로 pMOS의 문턱 전압 $V_{TP} = -0.6[\text{V}]$보다 크므로 스위치가 닫히니까 전류가 흐르지 못하여 스위치 – 차단(SW – OFF) 상태가 된다. 다시 입력에 0[V], 즉 논리 '0' 상태를 인가하면

$$V_{GS} = V_G - V_S = 2.5[\text{V}] - 0.0[\text{V}] = 2.5[\text{V}] \tag{7.73}$$

이므로 여전히 $V_{TP} = -0.6[\text{V}]$ 보다 크므로 SW – OFF 상태가 된다. 즉, 입력이 논리 '1' 상태이든 '0' 상태이든 소스에서 드레인으로 전류가 흐르지 않아 신호가 전달되지 않는다.

이번에는 pMOS가 스위치 – 접속(SW – ON) 상태가 되는 경우를 살펴보자.

그림 7.61 (b)에서와 같이 게이트에 전압 $V_G = 0[\text{V}]$를 공급한다. 그러면

$$V_{GS} = V_G - V_S = 0.0[\text{V}] - 2.5[\text{V}] = -2.5[\text{V}] \tag{7.74}$$

이므로 문턱 전압 $V_{TP} = -0.6[\text{V}]$보다 작아 SW – ON 상태가 되어 전류가 흐를 수 있으므로, 담수호인 커패시터에 전하가 쌓이기 시작하여 결국은 2.5[V]까지 오르게 된다. 입력의 값이 전달된 것이다. 여기서 pMOS에 대하여 꼭 알아 두어야 할 다음의 사항을 기억해 두자.

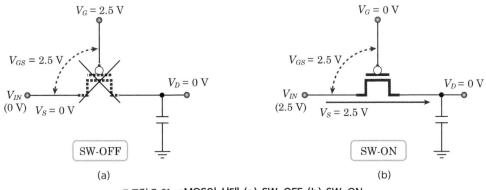

▼ 그림 7.61 pMOS의 상태 (a) SW-OFF (b) SW-ON

pMOS는
게이트에 높은 전압, 즉 논리 '1' 상태이면 SW-OFF 상태가 되고, 게이트에 낮은 전압, 즉 논리 '0' 상태이면 SW-ON 상태가 된다.

이번에는 커패시터가 $V_{DD}$, 즉 2.5[V]까지 충전된 상태에서 입력값이 0[V], 즉 논리 '0' 상태가 공급된다고 생각하자. 또 한 번 기억하자. pMOS에는 전압이 높은 쪽의 단자가 소스라고 하였다. 그러므로 커패시터가 있는 쪽이 2.5[V]까지 충전되었으므로 소스의 역할을 하는 단자가 되는 것이다. 이때

$$V_{GS} = V_G - V_S = 0.0[\text{V}] - 2.5[\text{V}] = -2.5[\text{V}] \tag{7.75}$$

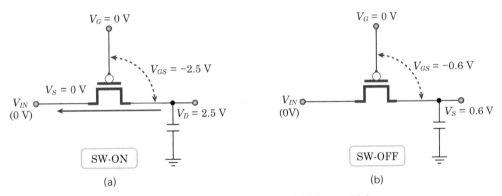

▼ 그림 7.62 pMOS의 전달 (a) 논리 '1' (b) 논리 '0'

가 되어 문턱 전압보다 낮으므로 pMOS는 SW-ON 상태가 된다. 그러면 담수호의 수문이 열리는 것이 되므로 물이 방류하듯이 커패시터의 방전 작용이 되는 것이다. 그러므로 그림 7.62 (a)에서와 같이 커패시터에 있던 전하들이 드레인 쪽으로 흘러 방전이 되는 것이다. 이제 (b)와 같이 커패시터가 있는 소스 전압이 방전이 되어 0.6[V]까지 떨어진 경우를 살펴보자.

$$V_{GS} = V_G - V_S = 0.0[V] - 0.6[V] = -0.6[V] \tag{7.76}$$

가 되어 pMOS의 문턱 전압까지 내려가니까 pMOS가 SW-OFF 상태로 되기 시작하는 것이다. 커패시터에 0.6[V]를 남겨 놓고 나머지만을 방전하는 것이어서 완전한 0[V]를 전달하지 못하고 0[V] 부근까지만 전달하는 것이다. 이것이 pMOS가 논리 '0' 상태를 전달하는 데 취약한 것이다. 이를 (b)에서 보여 주고 있다.

## 4 nMOS 스위치

그림 7.63은 nMOS 스위치 회로를 나타낸 것이다. nMOS에서는 게이트를 중심으로 왼쪽과 오른쪽에 똑같은 $n^+$ 영역이 있는데, 전압이 높은 쪽이 드레인 단자이다.

그러므로 입력에 2.5[V]가 공급되었다면 입력이 드레인 단자가 되는 것이고 커패시터가 접속되어 있는 곳이 소스가 된다.

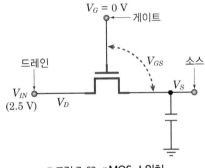

▼ 그림 7.63 nMOS 스위치

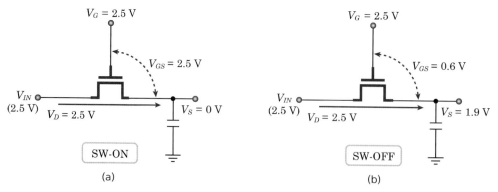

▼ 그림 7.64 nMOS의 상태 (a) SW-ON (b) SW-OFF

이때 소스가 0[V] 상태에서 게이트 단자에 2.5[V]가 공급되면

$$V_{GS} = V_G - V_S = 2.5[V] - 0.0[V] = 2.5[V] \tag{7.77}$$

가 되니 nMOS의 문턱 전압 $V_{TN} = 0.6$보다 높아 SW-ON 상태가 된다. 이를 그림 7.64 (a)에서 보여 주고 있다. (b)와 같이 ON 상태에서 2.5[V]의 입력 전압이 계속 커패시터에 전달되면 커패시터의 전압이 올라갈 것이다. 계속 충전이 되어 1.9[V]까지 상승하였다면

$$V_{GS} = V_G - V_S = 2.5[V] - 1.9[V] = 0.6[V] \tag{7.78}$$

가 되니 OFF 하기 시작할 것이다. 왜냐하면 nMOS 소자는 문턱 전압 이하로 떨어지면 형성되었던 채널이 소멸되어 전류가 흐르지 못하기 때문이다. 이것은 nMOS가 1.9[V]보다 높은 전압의 전달 특성이 좋지 않다는 뜻이 된다. 완전한 2.5[V]를 전달하지 못하고 1.9[V]만 전달하기 때문이다.

이제 그림 7.65 (a)와 같이 입력이 0[V]가 공급된 경우를 살펴보자. 이 경우는 커패시터가 있는 쪽이 2.5[V]이므로 드레인 단자가 되고, 입력이 소스가 된다. 게이트 – 소스 사이의 전압 $V_{GS}$는

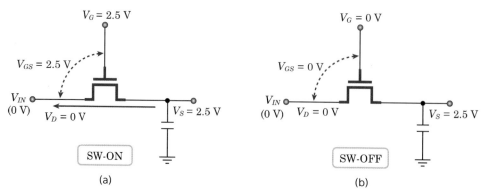

▼ 그림 7.65 nMOS의 상태 (a) SW-ON (b) SW-OFF

$$V_{GS} = V_G - V_S = 2.5\,[\mathrm{V}] - 0.0\,[\mathrm{V}] = 2.5\,[\mathrm{V}] \qquad (7.79)$$

가 되어 문턱 전압 $V_{TN} = 0.6\,[\mathrm{V}]$ 보다 높으므로 ON 상태가 될 것이다. 그러면 커패시터에 있는 전하들이 입력 방향으로 흘러 방전하게 될 것이다. 입력의 논리 '0' 상태가 전달된 것이다. 게이트 전압이 여전히 $2.5\,[\mathrm{V}]$를 유지하고 있어 커패시터의 전하를 $0\,[\mathrm{V}]$까지 모두 방전시킬 수 있어서 논리 '0' 상태를 확실히 전달할 수 있는 것이다. 그래서 nMOS는 논리 '1' 상태의 전달은 취약하나, 논리 '0' 상태는 확실하게 전달이 되는 특성을 가지고 있다.

nMOS의 동작 특성에 대하여 다음의 사항을 기억해 두자.

> nMOS는
> 게이트에 논리 '1' 상태에 있으면 SW-ON 상태이고, 게이트에 논리 '0' 상태에 있으면 SW-OFF 상태가 된다.

## 5 전달<sub>transmission</sub> 게이트

영어의 'transmission'은 '전송 또는 변속기'의 뜻이 있다. 'KBS에서 전파를 전송한다.'고 할 때, 이것은 KBS에서 할당된 주파수 통로, 즉 채널을 통하여 전파를 각 가정에 전송하는 것이다.

앞에서 잠시 살펴본 스위치는 입력에서 출력으로 신호를 전송하는 기능을 갖는 것인데, 스위치가 ON 상태이면 전송이 될 것이고, 그렇지 않으면 전송하지 못할 것이다. 스위치란 신호를 전달하거나 전달하지 않는 기능을 갖는 것이므로 디지털 회로를 설계할 때 전달<sub>transmission</sub> 게이트가 효율적으로 사용될 수 있다.

그림 7.66 (a)는 전달 게이트 회로를 나타낸 것인데, 이것은 nMOS와 pMOS를 병렬로 연결한 구조를 갖는다. nMOS와 pMOS가 조합되어 있으면 이것을 CMOS라고 하였다. 그러니까 CMOS 전달 게이트<sub>CMOS transmission Gate</sub>가 되는 것이다. 특별히 입력과 출력으로 신호를 전달하는 것이어서 전달 게이트라는 말이 붙었다.

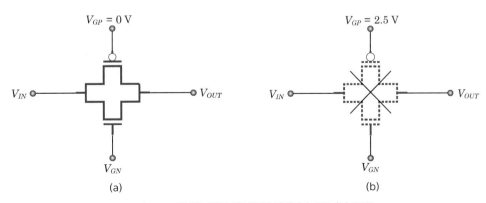

그림 7.66 CMOS 전달 게이트의 상태 (a) ON (b) OFF

앞에서 nMOS는 논리 '1' 상태를 전달하는 데 취약하고, pMOS는 논리 '0' 상태의 전달에 취약하다고 하였다. 이제 두 소자의 보완 관계에 있는 CMOS 전달 게이트를 사용하면 이러한 취약점을 해결할 수 있을 것이다.

이제 그림 (b)와 같이 CMOS 전달 게이트의 pMOS에 2.5[V], nMOS에 VSS, 즉 0[V]를 공급한 경우를 보자. 이 경우, nMOS, pMOS 모두 동작하지 않아 OFF 상태에 있다. 그러므로 입력의 값이 출력으로 전달되지 않는다.

그림 7.67 (a)에서 pMOS에 0[V], nMOS에 2.5[V]를 공급하고, 출력에 있는 커패시터에 2.5[V]가 미리 걸려 있었다고 가정하자. 그러면 pMOS는 출력단이 소스가 될 것이고, nMOS는 입력 쪽이 소스가 된다. 그리고 두 소자 모두 ON 상태에 이를 것이기 때문에 커패시터에 걸려 있는 2.5[V]는 pMOS와 nMOS를 통하여 방전될 것이다. 방전이 되다가 커패시터의 전압이 0.6[V]가 되면 pMOS는

$$V_{GS} = V_G - V_S = 0.0[V] - 0.6[V] = -0.6[V] \tag{7.80}$$

가 되어 OFF 상태가 될 것이다. 그러나 nMOS는

$$V_{GS} = V_G - V_S = 2.5[V] - 0.0[V] = 2.5[V] \tag{7.81}$$

이므로 계속해서 ON 상태를 유지하게 되면서 nMOS를 통하여 커패시터의 방전은 계속 이루어

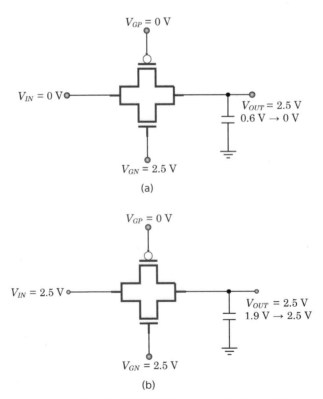

그림 7.67 CMOS 전달 게이트의 전달 (a) 논리 '0' (b) 논리 '1'

질 것이므로, 커패시터의 전압이 0[V]가 될 때까지 완벽하게 방전이 이루어진다. 그래서 확실한 논리 '0' 상태를 전달할 수 있는 것이다.

그림 (b)에는 논리 '1' 상태를 전달하기 위한 회로를 나타낸 것이다. 출력 전압이 0[V]에서 1.9[V]가 될 때까지는 두 소자가 모두 ON 상태이어서 전달할 수 있으나, 출력 전압이 1.9[V]가 되면 nMOS의 게이트−소스 사이의 전압 $V_{GS}$는

$$V_{GS} = V_G - V_S = 2.5[V] - 1.9[V] = 0.6[V] \qquad (7.82)$$

가 되어 nMOS는 OFF 상태에 이르게 되므로 pMOS만이 동작되어 2.5[V]까지 상승하게 된다. 그러므로 pMOS를 통하여 확실한 논리 '1' 상태를 전달할 수 있는 것이다.


## 6 CMOS 회로의 설계

앞에서 살펴본 바대로 디지털 논리는 스위치 작용으로 설명할 수 있다. 스위치를 올렸을 때, 논리 '1' 상태, 즉 참true이고, 스위치를 내렸을 때 논리 '0' 상태, 즉 거짓false이다. 2진수의 논리이다. 2진수의 논리로 수학적 계산을 하는 것이 논리 연산(論理演算, logical operation)이다. 이것은 연산의 대상 및 결과가 참과 거짓 두 개의 값 중 어느 하나를 취하는 계산을 말한다. 논리 연산의 종류는 기본적으로 '논리곱AND operation', '논리합OR operation' 그리고 '논리 부정NOT'이 있다.


### 1. 논리합OR operation

논리합OR operation은 우리말로 '혹은' 또는 '이것 아니면 저것'의 의미가 있다. A와 B라는 입력 변수가 있고 Z라는 출력 변수가 있을 때, A와 B 중 어느 하나라도 참이면 참인 것이다. 마치 산수의 더하기와 유사한 연산이다. 변수가 2개이므로 결합하기 위한 경우의 수는 4가지가 있을 것이다. 즉, '거짓(0)+거짓(0)'은 역시 거짓(0), '거짓(0)+참(1)'은 참(1), '참(1)+거짓(0)'은 참(1), 그런데 마지막 경우의 수는 산수에서의 경우와 다르다. 예외가 있다. '참(1)+참(1)'은 참(1)인 것이다. 산수에서는 '1+1=2'가 아닌가. 그러나 2진수의 세계에서는 2개의 수만 있기 때문에 2의 숫자는 배제되는 것이다. '1+1=1'이 되어야 한다. 이것만 기억하면 된다. 논리합에서의 연산자는 '+' 기호를 사용한다. 그리고 연산식은

$$Z = A + B \qquad (7.83)$$

로 약속하여 쓰고 있다. 여기서 A, B는 입력 단자 이름이고, Z는 출력 단자 이름이다.

이런 논리 연산을 정리한 것을 표 7.1에 나타내었는데, 이런 표를 진리표truth table라고 부른다.

표 7.1 **논리합의 진리표**

| 논리 입력 | | 논리 출력 |
|---|---|---|
| A | B | Z |
| 거짓(0) | 거짓(0) | 거짓(0) |
| 거짓(0) | 참(1) | 참(1) |
| 참(1) | 거짓(0) | 참(1) |
| 참(1) | 참(1) | 참(1) |

## 2. 논리곱AND operation

논리곱AND operation은 우리말로 '그리고' 또는 '이것과 저것이 반드시'의 의미가 있다. A와 B라는 입력 변수가 있고 Z라는 출력 변수가 있을 때, A와 B 중 모두 참일 때만 참인 것이다. 마치 산수의 곱하기와 유사한 연산이다. 4가지의 경우 수를 살펴보자. 즉, '거짓(0)×거짓(0)'은 거짓(0), '거짓(0)×참(1)'은 거짓(0), '참(1)×거짓(0)'은 거짓(0), 그런데 마지막 경우의 수도 산수에서의 경우와 같다. '참(1)×참(1)'은 참(1)인 것이다. 논리곱에서의 연산자는 '×' 혹은 '·' 기호를 사용하던가 아니면 아예 기호를 사용하지 않기도 한다. 연산식은

$$Z = A \times B = A \cdot B = AB \tag{7.84}$$

로 약속하여 쓰고 있다. 이런 논리 연산을 표 7.2에 나타내었다.

표 7.2 **논리곱의 진리표**

| 논리 입력 | | 논리 출력 |
|---|---|---|
| A | B | Z |
| 거짓(0) | 거짓(0) | 거짓(0) |
| 거짓(0) | 참(1) | 거짓(0) |
| 참(1) | 거짓(0) | 거짓(0) |
| 참(1) | 참(1) | 참(1) |

## 3. 논리 부정NOT operation

논리 부정NOT operation은 입력값을 부정하여 출력에 내는 논리 기능이다. 즉, 입력값에 반대되는 값을 출력으로 내는 것이다. 기본적으로 입력과 출력 변수를 각각 1개씩 갖는다. '거짓(0)'이면 참(1)이고, '참(1)'이면 거짓(0)인 것이다. 입력 변수를 A, 출력 변수를 Z라 하면 연산식은 다음과 같고, $\overline{A}$는 A의 부정을 나타낸 것이다. 이것의 진리표는 표 7.3과 같다.

표 7.3 **논리 부정의 진리표**

| 논리 입력 | 논리 출력 |
|---|---|
| A | Z |
| 참(1) | 거짓(0) |
| 거짓(0) | 참(1) |

$$Z = \overline{A} \tag{7.85}$$

## 4. 논리 부정 게이트

부정의 연산을 수행하는 논리 회로를 NOT 게이트 또는 인버터<sub>inverter</sub>라고 하였다. 앞에서 살펴본 CMOS는 NOT 게이트를 아주 쉽게 만들 수 있으므로 반도체 설계자는 이 NOT 게이트를 기본으로 하여 집적 회로를 설계한다.

그림 7.68에서 인버터 회로를 나타내었다. 입력 단자를 A, 출력 단자를 Z라 하고 전원 전압을 $V_{DD}$, 접지 단자를 $V_{SS}$라고 정하였다. 그림 (a)에서 위의 소자가 pMOS, 아래 소자가 nMOS인데, 두 소자의 게이트를 묶어 입력 단자 A와 연결하고, 두 소자의 드레인을 묶어 출력 단자 Z에 연결하였다.

그림 7.68의 인버터의 기능을 살펴보기 위하여 그림 7.69에 다시 나타내었다. 그런데 여기서는 출력단에 커패시터가 하나씩 붙어 있다. 커패시터는 충전과 방전의 기능이 있다고 하였다.

그림 4.69 (a)와 같이 입력 단자에 논리 '0'이 공급된다고 하자. 그러면 nMOS는 동작하지 못하고, pMOS만 동작하게 될 것이다. 왜냐하면 pMOS의 게이트 전압이 0[V], 즉 논리 '0'일 때 채널이 형성되어 소스에 있는 전원 전압 $V_{DD}$에서 만들어진 전류가 채널을 통하여 출력단에 있는 커패시터에 2.5[V]까지 충전되므로 논리 '1'이 출력에 형성된 것이므로 '1'상태가 전달된

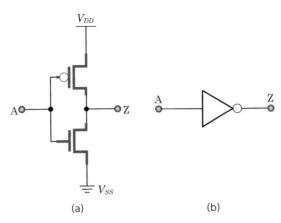

그림 7.68 **CMOS NOT 게이트의 (a) 회로 (b) 기호**

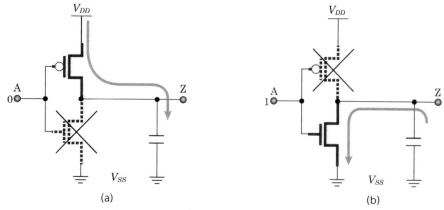

그림 7.69 CMOS NOT 게이트의 동작 (a) A='0' (b) A='1'

것이다. 그러므로 입력의 논리 '0'이 출력에서 논리 '1'로 반전된 것이다.

그림 4.69 (b)를 보자. 입력에 논리 '1'을 공급하였다. 논리 '1'을 공급하였다는 것은 2.5[V]를 공급하여 주면 된다. 게이트 전압이 2.5[V]이므로 pMOS는 동작하지 못할 것이다. 그러므로 전원 전압 $V_{DD}$에서 생긴 전류는 pMOS를 경유하여 더 이상 커패시터로 흐를 수 없어 충전 작용은 없어진 것이다. 반면에 nMOS는 살아 있다. 그래서 이미 출력단의 커패시터에 충전되어 있던 2.5[V]가 살아 있는 nMOS를 통하여 접지로 방전하는 것이다. 이러면 출력단의 커패시터에는 전하가 텅 비어 있어 거의 0[V]로 되니까 논리 '0'상태가 되므로 입력의 논리 '1'이 출력의 논리 '0'으로 반전되는 것이다.

## 5. NAND 게이트의 동작

NAND 게이트란 AND 게이트와 NOT 게이트를 합한 게이트이다. 그러니까 논리곱을 부정하는 기능을 갖는 논리 회로이다. 그림 7.70에서는 두 개의 입력을 갖는 NAND 게이트 회로와 기호를 보여 주고 있다. 그림 (a)에서 보면 nMOS와 pMOS 각 한 쌍을 사용하여 CMOS 두 개를

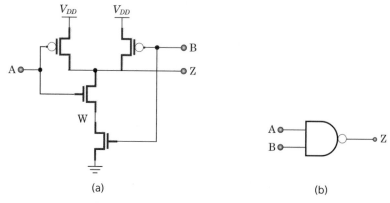

그림 7.70 CMOS NAND 게이트의 (a) 회로도 (b) 기호

배선하고 입력 단자 A와 B, 출력 단자 Z, 전원 전압 $V_{DD}$, 접지 $V_{SS}$로 구성하였다. 이렇게 하면 논리곱인 AND의 출력을 반전시키는 출력을 얻을 수 있다.

그림 7.71에서는 2-입력 NAND 게이트에 대한 동작을 나타낸 것이다. 입력이 2개이므로 결합 가능한 경우의 수는 4개일 것이다. 앞에서 살펴보았던 인버터의 동작을 기억하면서 살펴보면 표 7.4의 진리표에서 보여 주는 논리적 기능을 이해할 것이다. 회로에서 Mp는 pMOS, Mn은 nMOS를 각각 나타낸다.

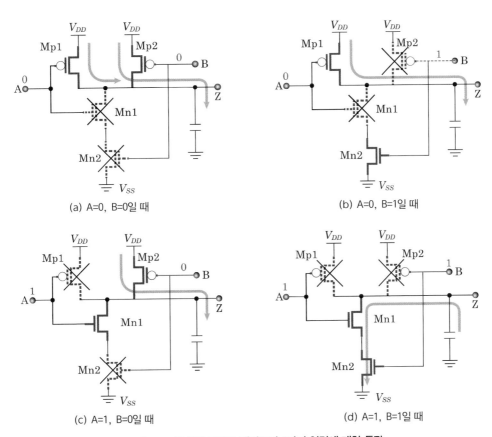

(a) A=0, B=0일 때

(b) A=0, B=1일 때

(c) A=1, B=0일 때

(d) A=1, B=1일 때

▶ 그림 7.71 **CMOS NAND 게이트의 4가지 입력에 대한 동작**

▶ 표 7.4 **NAND 게이트의 진리표**

| 논리 입력 | | AND 출력 | NAND 출력 |
|---|---|---|---|
| A | B | | Z |
| 거짓(0) | 거짓(0) | 거짓(0) | 참(1) |
| 거짓(0) | 참(1) | 거짓(0) | 참(1) |
| 참(1) | 거짓(0) | 거짓(0) | 참(1) |
| 참(1) | 참(1) | 참(1) | 거짓(0) |

## 6. NOR 게이트의 동작

NOR 게이트란 OR 게이트와 NOT 게이트를 합한 게이트이다. 그러니까 논리합을 부정하는
기능의 논리 회로이다. 그림 7.72에서는 두 개의 입력을 갖는 NOR 게이트 회로와 기호를 보여
주고 있다. 그림 (a)에서 보면 nMOS와 pMOS 각 한 쌍을 사용하여 CMOS 두 개를 배선하고
입력 단자 A와 B, 출력 단자 Z, 전원 전압 $V_{DD}$, 접지 $V_{SS}$로 구성하였다. 이렇게 하면 논리합
인 OR의 출력을 반전시키는 출력을 얻을 수 있다.

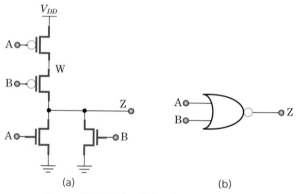

▼ 그림 7.72 CMOS NOR 게이트의 (a) 회로도 (b) 기호

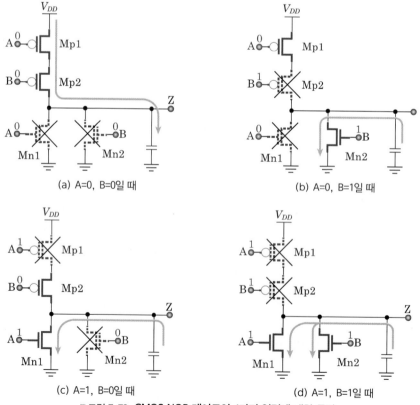

▼ 그림 7.73 CMOS NOR 게이트의 4가지 입력에 대한 동작

표 7.5 NOR 게이트의 진리표

| 논리 입력 | | OR 출력 | NOR 출력 |
|---|---|---|---|
| A | B | | Z |
| 거짓(0) | 거짓(0) | 거짓(0) | 참(1) |
| 거짓(0) | 참(1) | 참(1) | 거짓(0) |
| 참(1) | 거짓(0) | 참(1) | 거짓(0) |
| 참(1) | 참(1) | 참(1) | 거짓(0) |

그림 7.73에서는 2 입력 NOR 게이트에 대한 동작을 나타낸 것이다. 입력이 2개이므로 결합 가능한 경우의 수는 4개일 것이다. 앞서 살펴보았던 인버터의 동작을 기억하면서 살펴보면 표 7.5의 진리표에서 보여 주는 논리적 기능을 이해할 것이다. 회로에서 Mp는 pMOS, Mn은 nMOS를 각각 나타낸다.

# 5 레이아웃layout 설계

## 1 건물 짓기

지금은 50층 이상의 초고층 건물들이 즐비하게 지어지고 있다. 그러나 1960년대만 하더라도 5층 건물도 높은 건축물에 속해 있던 시절이었다.

필자의 어린 시절에 우연히 건축 공사장에 갔는데, 공사 감독관인 듯한 사람이 파란색의 커다란 종이에 그려져 있는 복잡한 도면과 깨알같이 써 놓은 수치를 꼼꼼히 들여다보는 모습을 본 일이 있다. 지금 와서 생각하면 건축물의 청사진 도면이라 생각했을 텐데 ……. 그 청사진 도면에는 각 층에 설치해야 할 여러 가지 요소들이 적혀 있었을 것이다. 요즈음에도 그렇게 하는지 모르겠으나, 여하튼 건물을 짓기 위해서는 설계 도면이 반드시 있어야 할 것이다.

설계 도면을 만들 때는 오차 범위도 감안하여 설계해야 할 것이다. 그리고 각각의 층은 용도도 다를 수 있고, 설치 요소도 다를 수 있다.

마찬가지로 반도체를 만든다는 것도 결국은 여러 개의 층을 쌓아올리는 것과 유사하다. 물론 각각의 층은 용도도 다르고 성질도 다르다. 반도체 설계에서 최종 결과는 설계 도면이다.

설계 도면을 레이아웃layout이라고도 한다. 레이아웃이란 반도체를 만드는 데 필요한 모든 정보가 담겨져 있는 일종의 반도체의 데이터베이스data base이다.

## 2 레이아웃 설계 규칙

반도체의 레이아웃은 여러 층으로 구분된 기하학적 도면으로 표현하는데, 각 층의 패턴은 각 공정 단계에서의 공정 영역을 의미한다. 보통 CAD 프로그램을 이용하여 각 층을 색깔 또는 다각형의 형태로 구별하여 도면을 그리게 된다.

여기서 반도체를 잘 만들기 위해서 일련의 규칙을 만들어 놓고 그 규칙대로 설계하여 공정을 진행해야 오류를 범하지 않으면서 동작이 잘 되는 좋은 제품을 만들 수 있을 것이다. 이것을 레이아웃 설계 규칙layout design rule이라고 하는데, 이는 제조 공정 과정에서 회로를 구성하는 요소들의 기하학적 형태를 규정하는 일련의 규칙이다. 집적 회로 공정에 쓰일 마스크 패턴을 만들기 위한 규칙인 것이다. 이 규칙들은 집적 회로의 설계자와 공정 진행자와의 교량적 역할을 하기 때문에 설계자는 설계 규칙을 철저히 준수하여야 한다. 설계 규칙의 주요 목적은 제작할 집적 회로의 신뢰도를 손상시키지 않고, 수율을 극대화할 수 있는 칩을 만들기 위함이다.

레이아웃 도면은 마스크 패턴으로 변환되는데, 한 장의 도면은 하나의 마스크 패턴으로 된다. 집적 회로를 만든다는 것은 빛과 마스크를 이용하여 설계된 패턴을 광사진 식각 공정photolithography에 의하여 웨이퍼 위에 있는 감광막PR에 전달하는 것이다.

여기서 빛을 사용한다는 것에 주목해 보자. 마스크 패턴의 크기와 형태가 완벽하게 감광막으로 옮겨지지 않는다. 왜 그럴까? 빛의 회절 현상 때문이다. 설계자는 광의 회절 현상을 고려하여 어느 정도 여유를 두고 설계해야 한다. 그렇다고 마냥 여유를 부리면 어떻게 될까? 이윤이 남지 않을 것이다. 충분한 여유를 두다 보면 면적이 많이 소요될 것이다. 요즈음의 집적 회로는 고집적이 생명이다. 수율을 높여야 하기 때문이다. 또한 광사진 식각 공정을 수행하면서 마스크 패턴과 웨이퍼가 정교하게 정렬되어야 하는데, 정렬오차가 발생하면 큰일이다.

이러한 여러 가지 변동 상황에서도 집적 회로가 동작할 수 있도록 선의 폭line width, 간격line space, 공정에서 생길 수 있는 오차, 정렬오차 등을 고려하여 설계 규칙을 규정하고 이 규칙에 따라 레이아웃을 하도록 하는 것이다.

최우선적으로 고려해야 할 설계 규칙은 최소 선폭minimum line width과 최소 간격minimum space이다. 선의 폭이 너무 좁게 되면 도선이 끊어질 가능성이 있고, 도선과 도선이 너무 접근하면 두 도선이 접촉하여 원하지 않는 전기적 작용이나 차단 현상이 일어나 회로의 기능이 손상될 가능성이 있다. 그러므로 이 규칙을 우선적으로 고려해야 한다.

디자인 설계 규칙은 수백 개가 있다. 설계 규칙의 구체적인 수치는 회사마다 다르다. 또 공정 방식에 따라서도 다르며 이것은 회사의 기밀 사항에 속한다.

제9장에서 쌍우물 CMOS를 제작해 보았다. 그림 9.95를 미리 보면서 그림 7.74를 살펴보자. 이때는 쌍우물층(n-well/p-well), 2개의 금속층(metal-1, metal-2), 액티브층, 폴리층, 컨택층, 비아층 등이 있다. 각 층의 선폭, 선과 선 사이의 간격, 영역과 영역 사이의 간격 등을 규정해야 한다. 이해의 폭을 넓히기 위하여 각각의 층을 색깔로 구분하였다.

그림 7.75에서는 하나의 예로 설계 규칙을 나타낸 것이다. 액티브의 폭, 금속-1의 폭, 이것과 컨택과의 겹치는 영역의 크기 등을 최소로 해야 하는 것은 최소 간격, 최대로 해도 되는 경우는 최대 간격으로 규정하여 놓고, 이 규정을 지키면서 레이아웃을 하는 것이다. 그림에서는 극히 일부분만을 예로 나타낸 것이다.

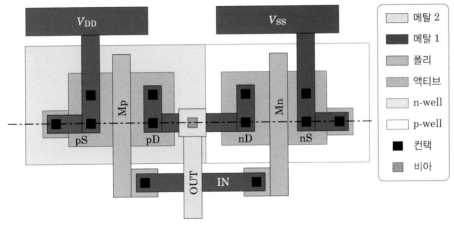

▼ 그림 7.74 레이아웃 설계 도면

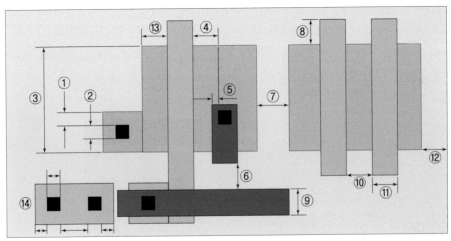

▼ 그림 7.75 n-well CMOS의 설계 도면의 예

▼ 표 7.6 **설계 규칙의 예**

| 번호 | 마스크 | 규칙의 내용 | 최소 간격 | 최대 간격 |
|---|---|---|---|---|
| ① | Active | Active overlap to contact, Diffusion Size, Spacing | O | |
| ② | Contact | Contact size, Contact-Diffusion spacing, Overlap in Poly | O | O |
| ③ | Active | Active width | O | O |
| ④ | Poly | Poly to contact space, Poly Size | O | |
| ⑤ | Metal 1 | Metal 1 overlap to contact, Minimum Size | O | |
| ⑥ | Metal 1 | Metal 1 to metal 1 space, Minimum Spacing | O | |
| ⑦ | Active | Active to active space | O | |
| ⑧ | Poly | Poly extension to active | O | |
| ⑨ | Metal 1 | Metal 1 width | O | O |

(계속)

| 번호 | 마스크 | 규칙의 내용 | 최소 간격 | 최대 간격 |
|:---:|:---:|---|:---:|:---:|
| ⑩ | Poly | Poly to poly space | O | |
| ⑪ | Poly | Poly width | O | O |
| ⑫ | n-well | n-well overlap to active | O | |
| ⑬ | $n^+/p^+$ | Source/Drain width | O | |
| ⑭ | Via | Metal 1/Via overlap, Metal 2/Via overlap | O | |

## 3 NOT 게이트의 레이아웃

그림 7.76에서는 n-well CMOS 인버터의 회로와 그 레이아웃 도면을 보여 주고 있다. 노란색 부분이 n-well 영역이고, n-well 속에 있는 것이 pMOS이므로 아래쪽의 것이 nMOS이다. 인버터의 입력 A가 금속 1과 컨택을 통하여 두 소자의 게이트 물질인 폴리실리콘과 접촉하고 있다. 두 소자의 드레인은 금속 1과 컨택을 통하여 출력 단자 Z에 연결되어 있다. pMOS의 소스는 전원 전압 $V_{DD}$, nMOS의 소스는 접지 $V_{SS}$에 각각 접속하고 있다.

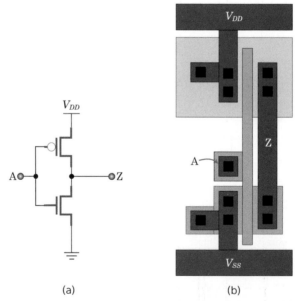

(a)  (b)

▷ 그림 7.76 n-well CMOS NOT 게이트의 (a) 회로 (b) 레이아웃

## 4 NAND 게이트의 레이아웃

그림 7.77은 n-well CMOS NAND 게이트의 회로도와 레이아웃이다.

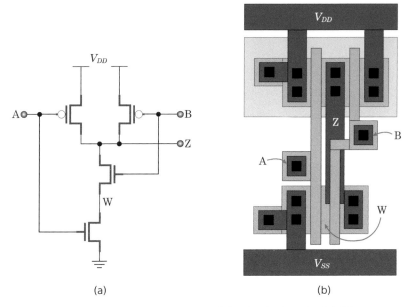

(a)          (b)

『 그림 7.77 n-well CMOS NAND 게이트의 (a) 회로 (b) 레이아웃

## 5 NOR 게이트의 레이아웃

그림 7.78에 3-입력의 n-well CMOS NOR 게이트의 회로와 레이아웃을 나타내었다.

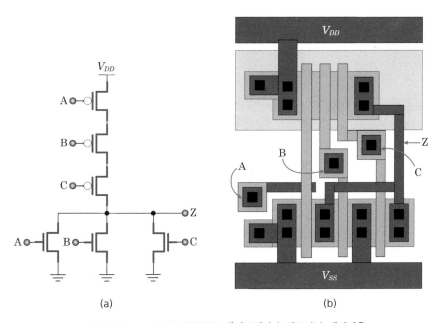

(a)          (b)

『 그림 7.78 n-well CMOS NOR 게이트의 (a) 회로 (b) 레이아웃

■ 다음 문장에서 ( ) 혹은 [국문(영문)]에 적절한 용어를 써 넣으시오.

**01** 1947년 미국 Bell 전화연구소의 브래튼W. H Brattain과 바딘J. Bardeen은 게르마늄(Ge) 결정에 두 개의 금속 침을 장착한 후, 여러 전압을 인가할 때 흐르는 전류를 조사하여 비교하여 게르마늄 B를 접지하고, 금속침 E에 (＋)전압을 인가하고, 또 한쪽의 금속침 C에 (－)전압을 인가하여 나타나는 전류 흐름으로 최초의 트랜지스터인 ( ) 트랜지스터를 발견하였다.

**02** ( ) 트랜지스터의 발명이 오늘날 반도체 시대의 시발점이 되어 이를 바탕으로 반도체 산업이 급격하게 발전하는 계기가 된 것이다.

**03** 반도체 재료를 확산로에 넣고, 온도를 올리면서 불순물을 가스 상태로 흐르게 하면, 불순물이 반도체 속으로 들어가 시간이 흐름에 따라 일정한 분포를 갖게 되는 것이 바로 [ ( )]인 것이다.

**04** n형 실리콘에 붕소(B)를 첨가하여 p형 실리콘으로 변화시키고, 그 p형 실리콘의 일부에 높은 밀도의 인(P)을 확산하면 ( )를 만들 수 있다.

**05** npn형 트랜지스터에서 p층을 중심으로 좌우에 pn 접합이 구성되어 있고 좌측 pn 접합에는 ( ) 전압, 우측의 pn 접합에는 ( ) 전압 $V_{CB}$를 인가하면 증폭 기능을 갖게 된다.

**06** npn형 트랜지스터에서 좌측의 pn 접합은 순바이어스 전압이 인가되어 있으므로 ( )은 낮아지게 되어 n형 내의 다수 캐리어인 ( )들 중 p층의 전위 장벽 높이보다 높은 에너지를 갖는 전자들은 p형 중성 영역으로 [ ( )]하여 흘러 들어간다.

**07** npn형 트랜지스터에서 p형으로 이동한 ( )의 대부분은 ( )으로 소멸하지 않고, ( )에 의해서 이 p 영역을 통과하여 우측 pn 접합의 공간 전하 영역으로 들어간다.

**08** npn형 트랜지스터에서 p형으로 이동한 ( )의 대부분은 급경사의 에너지 언덕이 있기 때문에 이 급경사를 [ ( )] 현상에 의하여 ( )으로 이동하게 된다.

**09** npn형 트랜지스터에서 좌측의 n 영역은 p측으로 전자를 방출하기 때문에 이 영역을 [          (               )]라 하고 p층 영역을 [          (                )]라 한다. 베이스를 통과하여 이동한 전자는 우측의 n 영역으로 모이기 때문에 이 영역을 [          (               )]라 한다.

**10** 베이스 내에 전자와 정공이 공존하고 (          )하여 소멸하는 만큼 보충해야 한다는 것이 트랜지스터 (          )의 본질이다.

**11** 전류는 전자의 밀도에 비례하므로 (          )의 변화분에 대한 컬렉터 전류의 변화를 [          (               )]이라고 한다.

**12** pnp형 트랜지스터의 전체 이미터 전류 중에서 주입된 정공 전류의 비로 정의하는 것이 [          (               )] 또는 (          )이라고 한다.

**13** pnp형 트랜지스터에서 [          (               )]는 이미터에서 방출한 정공 전류 중에서 컬렉터에 도달한 정공 전류의 비로 정의한다.

**14** pnp형 트랜지스터의 출력 특성 곡선에서 [          (               )], [          (               )], [          (               )]의 세 가지로 나뉘어져 있다.

**15** 소스(S$_{source}$)와 드레인(D$_{drain}$)으로 작용하는 두 개의 [          (               )]과 그 사이 게이트(G$_{gate}$) 단자로 구성되는 소자가 [          (               )]이다.

**16** 접합형 전계효과 트랜지스터의 기본적인 전류–전압 특성은 (          )의 변화에 따른 드레인 전류와 전압과의 관계를 나타내는 것이며, 세 가지 영역, 즉 (          ), (          ) 및 항복 영역으로 구분된다.

**17** 전계효과 트랜지스터의 특성 곡선에서 [          (               )]은 드레인 전압이 작은 영역으로 $I_D$는 $V_{DS}$에 비례한다. 이 비례 관계에 의하여 저항성 영역이라고도 한다.

**18** 전계효과 트랜지스터의 특성 곡선에서 [          (              )]은 (        )가 $V_{DS}$에 관계없이 일정한 영역이다. 항복 영역breakdown region은 $V_{DS}$의 근소한 증가에 드레인 전류가 (              )하는 영역이다.

**19** 접합형 전계효과 트랜지스터에서 역바이어스된 게이트와 채널 사이의 공간전하 영역이 완전히 접촉하게 된다. 이와 같이 공핍층과 공핍층이 서로 접촉하는 현상을 [            (              )] 현상이라고 한다.

**20** 절연 게이트형 전계효과 트랜지스터는 [                (                  )] 구조를 갖는 트랜지스터로서 MOSFET Metal Oxide Semiconductor FET가 그 대표적 소자이다.

**21** MOS 소자는 (                  )가 적층 구조를 이루어 형성하므로 MOS 구조라 명명하고 있다.

**22** MOSFET에서 게이트의 금속 전극과 채널 사이의 저항률은 극히 작기 때문에 게이트 전압에 의한 전계는 저항성분이 큰 (      ) 층에 강하게 형성된다. 따라서 (              )가 대단히 커지므로 (            )는 거의 흐르지 않게 된다.

**23** MOSFET의 동작은 MOS 구조에 인가된 (      )에 따라 캐리어가 이동할 수 있는 통로가 생성되기도 또는 소멸하기도 하여 전류의 흐름을 (      )하기도 또는 (      )하기도 하는데, 이것을 [          (            )]라 하고, 이 효과를 이용한 소자가 MOSFET이다.

**24** MOS 구조에서 게이트 전압 $V_{GS}$가 기판전압 $V_{BS}$에 대하여 어떤 값을 갖느냐에 따라 [          (              )], [          (                )] 및 [              (                  )]로 그 동작이 구분된다.

**25** p형 기판을 이용한 MOS 구조에서 게이트 금속 극판의 전압 $V_{GS}$가 기판 전압 $V_{BS}$보다 낮은 전위를 갖는 경우 게이트에서 반도체 방향으로 전계 $E$가 침투될 때 다수 캐리어인(              )이 전계의 힘을 받게 되어 반도체 표면에 (      )되는 것이 [                (                  )]이다.

**26** p형 기판을 이용한 MOS 구조에서 $V_{GS} > 0$의 게이트 전압을 인가한 경우 (+)전하가 위의 금속판에 존재할 것이고, 이때 전계가 반도체 내로 침투하면 다수 캐리어인 (              )이 표면에서 밀려나고 고정된 억셉터 이온에 기인하여 (                )이 발생하게 되는 것이 [          (              )]이다.

**27** 공핍 모드에서 전압 $V_{GS}$를 더욱 증가시키면 공핍층이 확대되는 현상이 일어난다. $V_{GS}$가 어느 정도 증가하면 전계의 증가에 따라 산화막과 실리콘 경계면에 (          )가 모이게 되는데, 이는 캐리어가 정공에서 (       )로 바뀌는 것이므로 [              (              )]되었다고 하며, 이때가 [              (              )]이다.

**28** 반전 모드에서 발생한 [       (              )]을 MOSFET에서 [       (                  )]이라 부르며 이 채널을 통하여 전하가 이동하여 전류가 형성된다.

**29** 반전 모드에서 (          )이 형성되어 전류가 흐르기 시작하는 시점의 게이트 전압을 [              (                  )]이라 한다.

**30** MOSFET의 종류에는 게이트에 인가된 전압에 의하여 (          )이 형성 또는 소멸되는가에 의하여 동작되는 소자를 [          (                  )] MOSFET라고 한다.

**31** MOSFET에서 이미 만들어진 (       )을 소멸시키는가에 따라 동작하는 것이 [                  (              )] MOSFET이다.

**32** MOSFET에서 형성된 채널에서 이동하는 캐리어의 종류에 따라 (          )에 의해 동작되는 nMOSFET와 정공에 의해 동작되는 (              )가 있다.

**33** 증가형 MOSFET에서 드레인 근처의 채널이 (                      )과 차단되어 채널이 막히는 현상이 [          (              )] 상태이다.

**34** MOS에서 트랜스컨덕턴스는 게이트 전압의 변화에 대한 (              )로 정의되며 [              (              )]이라고도 한다.

**35** nMOS에서 어떤 게이트 전압을 인가하면 채널 밑에 실리콘 기판 표면이 (          )로 되어 부(負)의 억셉터 이온에 의한 공간전하 영역이 생기는 모양을 보여 주고 있다. 이와 같이 공간전하의 형태로 전하를 축적하여 공핍층에 기인되는 [          (              )]가 존재하게 된다.

## 연 구 문 제

**01** 다음의 트랜지스터가 정상적인 동작을 위한 바이어스 전원을 그려 넣으시오.

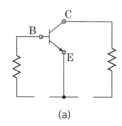
(a)

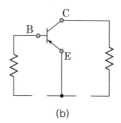
(b)

**02** 베이스 전류를 변화시키면 걸렉터 전류가 변화되는데, 그 이유는 무엇인가?

**03** 베이스층에서 전자의 확산 거리 $l_n = 7 \times 10^6$[m]인 바이폴러 트랜지스터에서 $\beta = 100$일 때, 베이스폭 $W_B$를 계산하시오.

|힌트| $\beta = 2l_n{}^2 / W_B$

**04** 베이스폭 $W_B = 1[\mu\text{m}]$인 트랜지스터에서 전자가 이 영역을 횡단하는 데 소요되는 시간 $t_B$는 얼마인가? (단, $D_n = 5 \times 10^{-3}$ [m²/s]이다.)

|힌트| $t_B = W_B{}^2 / 2D_n$

**05** 바이폴러 트랜지스터와 전계효과 트랜지스터의 특성을 비교하시오.

**06** 접합형 FET와 MOSFET의 동작을 비교하시오.

**07** 증가형 MOSFET와 공핍형 MOSFET의 특성을 비교 검토하시오.

**08** 채널폭이 $3 \times 10^{-4}$[cm], 핀치-오프 전압 $V_p = 9$[V]인 n 채널 접합형 전계효과 트랜지스터가 채널폭이 $4 \times 10^{-4}$[cm]로 변화한 경우 핀치-오프 전압 $V_p$는 얼마인가? (단, $a =$ 채널폭, $\Phi_D = 0.6$[V]이다.)

|힌트| $V_{p0} = \dfrac{e N_d a^2}{2 \varepsilon_o \varepsilon_s}$

**09** 다음 그림과 같은 산화막 두께를 축적 상태의 MOS 용량을 측정하여 구하고자 한다. 게이트 전극 지름이 500[$\mu$m]인 경우, 아래 물음에 답하시오.

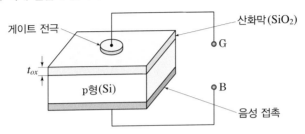

(1) 전원의 극성을 어떻게 연결하는지 그림을 그려 설명하시오.

(2) MOS 용량을 측정하였더니 132[pF]이었다면 SiO$_2$ 막 두께 $t_{ox}$는 얼마인가? (단, SiO$_2$의 비유전율 $\varepsilon_s = 3.9$이다.)

| 힌트 |  $\left( C = \dfrac{\varepsilon_o \varepsilon_s S}{t_{ox}} \quad \therefore t_{ox} = \dfrac{\varepsilon_o \varepsilon_s S}{C} \right)$

**10** 다음과 같은 값을 갖는 접합형 전계효과 트랜지스터의 $g_m$의 값을 구하시오. (단, $N_d = 10^{22}$[m$^{-3}$], $\mu_n = 0.13$[m$^2$/V·s], $a = 10^{-6}$[m], $W = 100$[$\mu$m], $L = 5$[$\mu$m]이다.)

| 힌트 |  $\left( g_m = \dfrac{2eaW\mu_n N_d}{L} \right)$

**11** 접합형 FET가 열폭주thermal runaway가 일어나기 어려운 이유는 무엇인가?

**12** 폭 $W = 30$[$\mu$m], 채널길이 $L = 1$[$\mu$m], 전자 이동도 $\mu_n = 750$[cm$^2$/V·s], $C_{ox} = 1.5 \times 10^{-7}$[F/cm$^2$], $V_T = 1$[V]인 $n$MOSFET에서 게이트 전압 $V_G = 5$[V]일 때 포화 상태의 드레인 전류 $I_{Dsat}$와 상호 컨덕턴스 $g_{ms}$를 구하시오.

| 힌트 |  $\left[ I_{Dsat} = \mu_n C_{ox} \dfrac{W}{2L}(V_G - V_{TO})^2 \right]$, $\left[ g_{ms} = \mu_n C_{ox} \dfrac{W}{L}(V_G - V_{TO}) \right]$

**13** FET의 종류 및 그 응용 분야에 관하여 기술하시오.

**14** 다음과 같은 변수를 갖는 이상적인 n 채널 MOSFET가 있다.

(단, $\mu_n = 450[\text{cm}^2/\text{V} \cdot \text{s}]$, $V_{TO} = 0.8[\text{V}]$, $C_{ox} = 6.4 \times 10^{-8}[\text{F/cm}^2]$, $L = 1.15[\mu\text{m}]$, $W = 11[\mu\text{m}]$이다.)

(1) $V_{DS} = 0.5[\text{V}]$일 때 $g_{ml}$을 계산하시오.

(2) $V_{GS} = 4[\text{V}]$일 때 $g_{ms}$를 계산하시오.

**15** 다음의 물리적 요소를 갖는 n 채널 MOSFET가 있다.

(단, $W = 30[\mu\text{m}]$, $L = 2[\mu\text{m}]$, $\mu_n = 450[\text{cm}^2/\text{V} \cdot \text{sec}]$, $C_{ox} = 6.4 \times 10^{-8}[\text{F/cm}^2]$, $V_{TO} = 0.8[\text{V}]$이다.)

(1) $0 \leq V_{DS} \leq 5[\text{V}]$이고 $V_{GS} = 0, 1, 2, 3, 4, 5[\text{V}]$일 때 $I_D - V_{DS}$ 곡선을 그리시오. 각 곡선의 $V_{Dsat}$ 지점을 나타내시오.

(2) $V_{DS} = 0.1[\text{V}]$이고 $0 \leq V_{GS} \leq 5[\text{V}]$일 때 $I_D - V_{GS}$ 곡선을 그리시오.

**16** CMOS 소자에 대하여 설명하시오.

**17** nMOS와 pMOS 스위치 동작을 설명하시오.

**18** 전달 게이트의 동작을 설명하시오.

**19** CMOS 기술을 이용하여 인버터, NOR 게이트, NAND 게이트 회로를 그리고, 동작 원리를 설명하시오.

**20** CMOS 기술을 이용하여 AOI_And-Or-Inverter 게이트 회로를 구성하고 동작 원리를 설명하시오.

**21** CMOS 기술을 이용하여 반가산기(HA) 회로를 구성하고 동작을 설명하시오.

**22** CMOS 기술을 이용하여 전가산기(FA) 회로를 구성하고 동작을 설명하시오.,

**23** 레이아웃_layout 설계 규칙은 무엇인가? 그리고 레이아웃 설계 규칙이 필요한 이유는 무엇인지 설명하시오.

Advanced Semiconductor Engineering

# 8

# 금속과 반도체의 접촉

Contact of metal and semiconductor

반도체와 금속을 접합시키면 금속과 반도체 양측의 페르미 준위가 같아지도록 전하의 배열
이 변화하므로 n형 혹은 p형 반도체와 일함수가 다른 금속을 접합하면 접촉 부분에서의 전류
의 흐름이 다르게 된다. 즉 옴성ohmic과 정류성 특성의 두 가지 방법이 그것이다. 후자는
Schottky 장벽 접촉이라 하며, Schottky 다이오드의 원리가 된다.

학습
목표

집적 회로, 트랜지스터 등 반도체 소자의 대부분이 금속과 반도체의 접촉, 특성이 다른 반도체끼리의 접촉인 pn 접합, 금속–산화물–반도체의 적층 구조 등 서로 다른 물질과의 접촉이 주요한 구성 요소로 이루어진다.

여기서는 반도체에 금속을 접촉한 경우를 고찰해 보자. 반도체와 금속을 접촉하면 금속의 일함수 크기와 반도체가 n형 혹은 p형에 따라 전류가 흐르는 방향이 다르게 된다. 이것은 일함수가 다른 금속과 반도체의 페르미fermi 준위가 같아야 한다는 원리 때문에 에너지대energy band 구조에 의하여 전하의 재배열이 이루어지기 때문이다. 그림 8.1은 금속과 n형 반도체를 접촉하기 전과 후의 에너지 준위를 나타낸 것이다.

진공 준위 $E_s$와 페르미 준위 $E_f$와의 에너지차가 일함수work function이고 $e\Phi$로 표시한다. 예를 들어, 그림 8.1 (a)에 나타낸 것과 같이, 진공 중에 놓인 금속에 광을 조사(照射)하여 금속 표면에서 진공 중으로 전자를 내보낸다고 하자. 이때 전자는 광이 일함수 $e\Phi_M$ 이상의 에너지를 받아 진공 준위로 튀어나가게 된다. 반도체의 일함수 $e\Phi_S$는 페르미 준위가 불순물의 종류와 그 밀도로 변하기 때문에 일함수도 그것에 의해서 변화한다. 전도대의 바닥 $E_c$와 진공준위 $E_s$와의 차 $e\chi_s$를 전자 친화력(電子親和力electron affinity)이라고 한다. 이 값은 반도체의 일함수와 같이 불순물에 의하

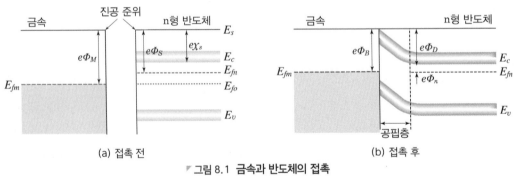

(a) 접촉 전           (b) 접촉 후

▼ 그림 8.1 **금속과 반도체의 접촉**

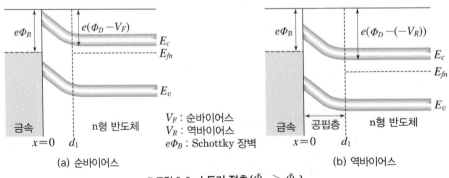

(a) 순바이어스           (b) 역바이어스

$V_F$ : 순바이어스
$V_R$ : 역바이어스
$e\Phi_B$ : Schottky 장벽

▼ 그림 8.2 **쇼트키 접촉**($\Phi_M > \Phi_S$)

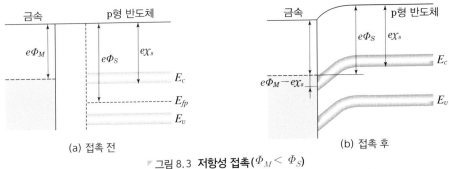

(a) 접촉 전         (b) 접촉 후

▶ 그림 8.3 저항성 접촉($\Phi_M < \Phi_S$)

여 변하지 않고, 재료의 종류에 따라 정해지는 정수이다.

그림 8.2는 금속과 n형 반도체의 쇼트키 접촉에서 순바이어스와 역바이어스를 공급한 경우 에너지 준위를 나타낸 것이다. 순바이어스의 경우 반도체의 에너지 장벽이 낮아지고, 역바이어스는 장벽이 높아진다. $e\Phi_B$는 쇼트키 장벽이다. 이들은 정류성 혹은 저항성 접촉을 제작할 때 중요한 요소이다.

그림 8.3은 금속과 p형 반도체의 저항성 접촉의 경우 그 에너지 준위를 나타낸 것이다.

표 8.1과 표 8.2에 몇 가지 금속 원소의 일함수와 전자 친화력의 값을 나타내었다.

그림 8.2와 같이 금속과 n형 반도체를 접촉한 경우를 살펴보기 위하여 그림 8.4에 다시 나타내었다. 반도체의 전자는 전도대에 있고, 금속의 페르미 준위 $E_{fn}$보다 높은 에너지 준위에 있기 때문에 에너지가 보다 낮은 금속 측으로 이동한다. 이 이동은 금속과 반도체의 페르미 준위가 일치할 때까지 계속되며 결국 에너지 준위는 그림 8.4와 같이 된다. 반도체 표면 부근에서 공핍층이 생기고 정(+)의 공간 전하층이 생성된다. 에너지 준위가 이와 같이 되면 반도체의 전도대에 있는 전자가 금속 측으로 넘어가기 위해서는 $e\Phi_D$만큼의 에너지 장벽을 넘어야 하며, 그 장벽이 접촉 전위(接觸電位contact potential)차이다. 이 접촉 전위차는

$$e\Phi_D = e\Phi_M - e\Phi_S \tag{8.1}$$

이다.

▶ 표 8.1 **금속 원소의 일함수**

| 금속 원소명 | 일함수[eV] |
|---|---|
| 은(Ag) | 4.26 |
| 알루미늄(Al) | 4.28 |
| 금(Au) | 5.10 |
| 크롬(Cr) | 4.50 |
| 몰리브덴(Mo) | 4.60 |
| 니켈(Ni) | 5.15 |
| 팔라듐(Pd) | 5.12 |
| 백금(Pt) | 5.65 |
| 티탄(Ti) | 4.33 |
| 텅스텐(W) | 4.55 |

표 8.2 반도체의 전자 친화력

| 반도체 재료 | 전자 친화력 [eV] |
|---|---|
| 게르마늄(Ge) | 4.13 |
| 실리콘(Si) | 4.01 |
| 갈륨비소(GaAs) | 4.07 |
| 알루미늄비소(AlAs) | 3.50 |

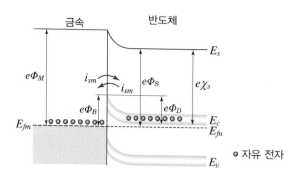

그림 8.4 **금속과 n형 반도체의 접촉**

한편, 금속 내의 전자가 반도체 측으로 이동하는 데에는 $e\Phi_B$만큼의 에너지 장벽을 넘어야 한다. 이 $e\Phi_B$를 쇼트키 장벽schottky barrier이라 하며, 다음과 같이 주어진다.

$$e\Phi_B = e\Phi_M - e\chi_s = e\Phi_D + (E_c - E_{fn}) \tag{8.2}$$

금속보다 일함수가 작은 n형 반도체의 접촉과 바이어스bias와의 관계를 살펴보자. 양(+)의 전압을 금속측에 인가하는 순바이어스의 경우, 반도체측의 장벽 높이가 감소하기 때문에 반도체에서 금속으로 향하는 전자의 수는 지수함수적으로 증가하고, 금속에 음(−)의 전압을 인가하는 역바이어스에서는 반도체 측의 장벽 높이가 증가하므로 반도체로 이동하는 전자는 거의 존재하지 않는다.

그림 8.5에서는 금속−반도체를 접촉한 경우, 반도체의 종류와 에너지의 크기에 따른 전류−전압 특성을 나타내었다. 순바이어스에서는 에너지 밴드energy band가 올라가므로 전류가 많이 흐

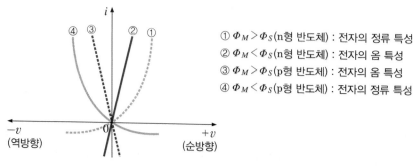

① $\Phi_M > \Phi_S$(n형 반도체) : 전자의 정류 특성
② $\Phi_M < \Phi_S$(n형 반도체) : 전자의 옴 특성
③ $\Phi_M > \Phi_S$(p형 반도체) : 전자의 옴 특성
④ $\Phi_M < \Phi_S$(p형 반도체) : 전자의 정류 특성

그림 8.5 **금속-반도체 접촉과 전류 특성**

르지만, 역바이어스에는 전류가 거의 흐르지 않는 정류 특성rectifying을 보이게 되며, 이때의 에너지 장벽이 전자에 대한 쇼트키 장벽인 것이다.

또한 금속보다 일함수가 큰 p형 반도체를 금속과 접촉하면 금속 측의 페르미 준위가 높기 때문에 전자가 금속으로부터 반도체로 이동한다. 반도체 측의 가전자대에 있는 정공이 중화되어 반도체 표면에는 억셉터acceptor 이온만 남고, 금속 표면에는 전자가 부족하여 양으로 대전되기 때문에 반도체 측의 에너지대가 아래로 구부러져 정공에 대한 장벽으로 작용한다. 바이어스 전압은 이 장벽에만 공급되기 때문에 n형 반도체의 경우와 반대로 된다. 금속에 (−), p형 반도체에 (+)전압이 순바이어스가 된다. 이 접촉도 정공에 대한 정류성 접촉이 된다.

## 2 쇼트키 장벽 다이오드

### 1 접합의 성질

금속−반도체 접합에서도 pn 접합과 똑같이 접합의 전기적 성질을 생각할 수 있다. 공간 전하 영역의 전계 $E$는 푸아송 방정식으로부터

$$\frac{dE}{dx} = \frac{\rho(x)}{\varepsilon_o \varepsilon_s} \tag{8.3}$$

이다. 여기서 $\rho(x)$는 공간 전하 밀도, $\varepsilon_s$는 반도체의 유전율이다. 반도체 내의 농도가 균일하다고 하면 식 (8.3)을 적분하여 전계 $E$를 구할 수 있다.

$$E = \int \frac{eN_d}{\varepsilon_o \varepsilon_s} dx = \frac{eN_d}{\varepsilon_o \varepsilon_s} x + C_1 \tag{8.4}$$

여기서 $C_1$은 적분 상수로서, $x = d_1$에서의 전계는 0이라는 경계 조건에서

$$C_1 = -\frac{eN_d}{\varepsilon_o \varepsilon_s} d_1 \tag{8.5}$$

으로 된다. 식 (8.5)를 식 (8.4)에 대입하여 정리하면

$$E = -\frac{eN_d}{\varepsilon_o \varepsilon_s}(d_1 - x) \tag{8.6}$$

이다. 균일한 농도의 반도체에서 전계 $E$는 거리의 선형함수이며, 금속−반도체 경계에서 최대 전계를 나타낸다. 금속 내부의 전계가 0이므로 금속 측에 부전하(負電荷)가 존재하게 된다. 공간 전하 영역의 폭 $d_1$은 pn 접합에서와 같이

$$d_1 = \sqrt{\frac{2\varepsilon_o \varepsilon_s (\Phi_D + V_R)}{eN_d}}$$

(8.7)

이다. $V_R$는 역바이어스 전압의 크기이다.

### ■ 연습문제 8-1 ■

텅스텐과 반도체의 접촉에서 쇼트키 장벽 높이 $\Phi_B$, 접촉 전위차 $\Phi_D$ 및 최대 전계 $E_{max}$를 구하시오. (단, n형 실리콘의 불순물 농도 $N_d = 10^{16}[\text{cm}^{-3}]$, $T=300[\text{K}]$, $\Phi_M = 4.55[\text{V}]$, $\chi_s = 4.01[\text{V}]$, $\varepsilon_s = 11.9$, $N_c = 2.8 \times 10^{19}[\text{cm}^{-3}]$이며, 접촉 바이어스는 0[V]이다.)

**풀이** $\Phi_B = 4.55 - 4.01 = 0.54[\text{V}]$

$$\Phi_n = \frac{kT}{e} \ln\left(\frac{N_c}{N_d}\right) = 0.0259 \ln\left(\frac{2.8 \times 10^{19}}{10^{16}}\right) = 0.206[\text{V}]$$

$$\therefore \Phi_D = \Phi_B - \Phi_n = 0.54 - 0.206 = 0.33[\text{V}]$$

공간 전하 영역의 폭 $d_1$은 바이어스가 0이므로

$$d_1 = \sqrt{\frac{2\varepsilon_o \varepsilon_s \Phi_D}{eN_d}} = \sqrt{\frac{2(8.85 \times 10^{-14})(11.9)(0.33)}{(1.6 \times 10^{-19})(10^{16})}} = 0.208 \times 10^{-4}[\text{cm}]$$

최대 전계 $E_{max}$는

$$|E_{max}| = \frac{eN_d d_1}{\varepsilon_o \varepsilon_s} = \frac{(1.6 \times 10^{-19})(10^{16})(0.208 \times 10^{-4})}{(8.85 \times 10^{-14})(11.9)} = 3.2 \times 10^4 [\text{V/cm}]$$

$$\therefore \Phi_B = 0.54[\text{V}], \ \Phi_D = 0.33[\text{V}]$$

$$|E_{max}| = 3.2 \times 10^4 [\text{V/cm}]$$

한편, 접합 용량도 pn 접합과 같이 생각할 수 있다.

$$C = eN_d \frac{dd_1}{dV_R} = \sqrt{\frac{e\varepsilon_o \varepsilon_s N_d}{2(\Phi_D + V_R)}}$$

(8.8)

이며, $C$는 단위면적당 용량을 나타낸다. 식 (8-8)을 다시 쓰면

$$\left(\frac{1}{C}\right)^2 = \frac{2(\Phi_D + V_R)}{e\varepsilon_o \varepsilon_s N_d}$$

(8.9)

이다.

## 2 ▌쇼트키 효과

금속 – 절연체 경계에서 금속 표면의 전계 공급과 영상 전하image charge의 효과에 관하여 생각해 보자.

그림 8.6 (a)에 나타낸 것과 같이, 금속에서 $x$만큼 떨어진 거리의 유전체 내 전자는 전계를 생성시킨다. 이 전기력선은 금속 표면에 수직 방향으로 형성되며, 마치 영상전하 $+e$가 금속 표면에서 똑같은 거리에 위치하는 것으로 볼 수 있다. 이 전자에 미치는 힘은 영상전하와의 쿨롱인력에 의하여

$$F = \frac{-e^2}{4\pi\varepsilon_o\varepsilon_s(2x)^2} = -eE \tag{8.10}$$

이고, 퍼텐셜은 다음과 같다.

$$-\Phi(x) = +\int_x^\infty E\,dx = \int_x^\infty \frac{e}{4\pi\varepsilon_o\varepsilon_s 4(x)^2}\,dx = \frac{-e}{16\pi\varepsilon_o\varepsilon_s x} \tag{8.11}$$

그림 (b)는 전계가 존재하지 않는 경우의 퍼텐셜 에너지를 나타낸 것이다. 전자의 퍼텐셜 에너지는 $-e\Phi(x)$이다. 그러나 유전체에 전계가 존재하는 경우는 퍼텐셜값이 변화되므로

$$-\Phi(x) = \frac{-e}{16\pi\varepsilon_o\varepsilon_s x} - Ex \tag{8.12}$$

로 된다. 일정한 전계의 효과에 의한 전자의 퍼텐셜 에너지를 그림 (c)에서 보여 주고 있다. 최대 퍼텐셜 장벽이 낮아져 있으며, 이와 같이 퍼텐셜 장벽이 낮아지는 현상을 쇼트키 효과Schottky effect라고 한다. 쇼트키 장벽의 저하 $\Delta\Phi$와 최대 장벽 위치 $x_m$은 다음 조건에서 구해진다.

$$\frac{d(e\Phi(x))}{dx} = 0 \tag{8.13}$$

따라서

$$x_m = \sqrt{\frac{e}{16\pi\varepsilon_o\varepsilon_s E}} \tag{8.14}$$

$$\Delta\Phi = \sqrt{\frac{eE}{4\pi\varepsilon_o\varepsilon_s}}$$

이다.

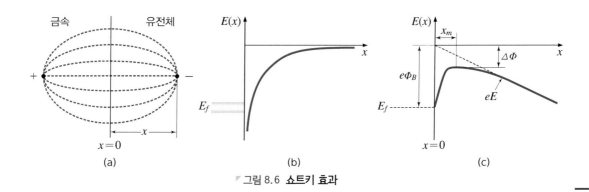

▼ 그림 8.6 **쇼트키 효과**

■ **연습문제 8-2** ■

갈륨비소(GaAs)－금속 접합에서 쇼트키 장벽 저하 $\Delta\Phi$와 최대 장벽 위치 $x_m$을 계산하시오. (단, 반도체의 전계는 $E = 6.8 \times 10^4 [\text{V/cm}]$를 공급하였다.)

**풀이** $\Delta\Phi = \sqrt{\dfrac{eE}{4\pi\varepsilon_o\varepsilon_s}} = \sqrt{\dfrac{(1.6\times10^{-19})(6.8\times10^4)}{4\pi(8.85\times10^{-14})(13.1)}} = 0.0273[\text{V}]$

최대 장벽 위치 $x_m$은

$$x_m = \sqrt{\dfrac{e}{16\pi\varepsilon_o\varepsilon_s E}} = \sqrt{\dfrac{(1.6\times10^{-19})}{16\pi(8.85\times10^{-14})(13.1)(6.8\times10^4)}} = 2\times10^{-7}[\text{cm}]$$

$$\therefore \Delta\Phi = 0.0273[\text{V}]$$
$$\therefore x_m = 20[\text{Å}]$$

---

## ③ 쇼트키 다이오드의 전류

금속 내에 있는 전자들 중, $e\Phi_B$ 이상의 에너지 준위에 열적으로 여기(勵起excitation)된 전자는 $e\Phi_B$ 장벽을 넘어서 반도체 측으로 흘러 들어간다. 이때의 전류를 $i_{sm}$이라 하면 열전자 방출 현상에 기인하여 $\exp(-e\Phi_B/kT)$에 비례하므로

$$i_{sm} = I_{sm}\exp(-e\Phi_B/kT) \tag{8.15}$$

로 된다. 여기서 전류의 방향은 전자의 운동 방향과 반대이다. 한편, 반도체 내에 있는 전자들 중, $e\Phi_D$ 이상의 에너지 준위에서 열적으로 여기된 전자는 $e\Phi_D$ 장벽을 넘어 금속 측으로 흘러들어간다. 이 때 흐르는 전류를 $i_{ms}$라 하면 $\exp(-e\Phi_D/kT)$에 비례하며, 또한 전도대 중의 전자 밀도식에 비례하게 된다.

$$i_{ms} = I_{ms}\exp(-e\Phi_D/kT)\exp\{-(E_c-E_f)/kT\} \tag{8.16}$$
$$= I_{ms}\exp(-e\Phi_B/kT)$$

외부에서 전압을 공급하지 않는 열평형 상태에서는 실질적인 전류는 흐르지 않으므로

$$i_{sm} = i_{ms} \tag{8.17}$$
$$I_{sm} = I_{ms}$$

의 관계가 있다.

그림 8.7에서와 같이 금속에 대하여 반도체가 부(負)로 되도록 순바이어스 $v$를 인가하면 $e\Phi_B$는 변하지 않고 반도체의 페르미 준위가 $ev$만큼 올라가고, 반도체측의 장벽은 $(e\Phi_D - ev)$로 감소한다. 따라서 반도체에서 금속 측으로 전자가 흐르기 쉽게 된다. 반대로, 반도체에 정(+)이

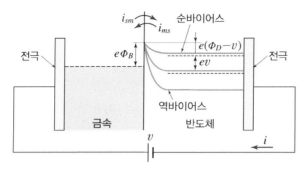

▼ 그림 8.7 바이어스 공급 후 에너지 준위의 변화

되도록 전압 역바이어스 $-v$를 인가하면 반도체의 페르미 준위가 $ev$만큼 내려가므로 반도체측의 장벽은 $[e\Phi_D - e(-v)]$로 증가하여 반도체 측에서 금속 측으로 전자가 이동하기 어렵게 된다. 이때 반도체 측에서 금속 측으로 이동하여 흐르는 전류는 식 (8.16)의 $\Phi_D$ 대신에 $(\Phi_D - v)$로 치환한 전류가 된다. 이때 실질적인 전류 $i$는 $I_{sm} = I_{ms}$를 고려하여

$$i = I_{ms}\exp\{-e(\Phi_B - v)/kT\} - I_{sm}\exp(-e\Phi_B/kT) \qquad (8.18)$$
$$= I_{sm}\exp(-e\Phi_B/kT)\left\{\exp\left(\frac{ev}{kT}\right) - 1\right\}$$

로 된다. 식 (8.18)에서 첫 지수함수항을 $I_o$로 놓으면

$$i = I_o\left\{\exp\left(\frac{ev}{kT}\right) - 1\right\} \qquad (8.19)$$

로 된다. 이는 금속–반도체 접촉이 pn 접합 다이오드와 같은 특성을 가지고 있음을 나타내는 것이다. 이 다이오드를 쇼트키 베리어 다이오드(SBD Schottky Barrier Diode)라고 한다.

그림 8.8에는 pn 접합 다이오드와 금속(Al)과 n형 반도체를 접촉한 쇼트키 베리어 다이오드의 전류–전압 특성과 기호를 나타내었다.

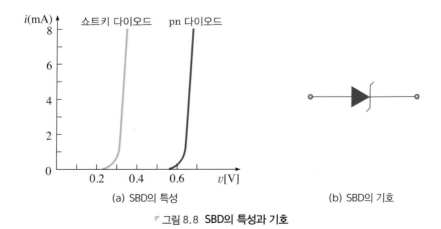

(a) SBD의 특성 (b) SBD의 기호

▼ 그림 8.8 **SBD의 특성과 기호**

# 4 옴Ohm성 접촉

앞 절에서는 금속과 반도체의 일함수가 $\Phi_M > \Phi_S$인 경우를 고찰하였다. 이번에는 $\Phi_M < \Phi_S$인 경우, 즉 금속의 일함수가 반도체의 일함수보다 작은 재료의 접촉을 살펴보자.

$e\Phi_M < e\Phi_S$인 금속과 반도체를 접촉하면 그림 8.9 (a)와 같은 에너지 준위로 된다. 그림에서 반도체와 금속에서 큰 에너지 장벽이 존재하지 않는다. 그러므로 외부에서 그림 (a)와 같이 순바이어스 전압을 공급하면 공급한 크기만큼 반도체 끝의 에너지가 높아지고, n형 반도체 내의 전자는 산기슭 모양의 전도대에서 금속으로 이동하여 외부 전류 $i$가 형성된다. 이때 $i-v$ 특성은 그림 (c)의 $a$ 부분과 같이 된다.

한편, 역바이어스인 경우는 그림 (b)와 같이 반도체 끝의 에너지 준위가 $-v$만큼 낮게 된다. 금속과 반도체의 접촉부에는 전자에 대한 장벽이 거의 없기 때문에 금속 내의 전자들은 쉽게 반도체로 이동할 수 있으며, 이 흐름에 의하여 외부 전류가 형성된다. 이때의 $i-v$ 특성은 그림 (c)의 $b$ 부분이다. 전체적인 $i-v$ 특성은 직선 관계이며 다이오드 특성은 존재하지 않는다. 이와 같은 특성이 옴성 특성이며, 이때의 금속-반도체 접촉을 옴성 접촉ohmic contact이라고 한다. p형 반도체와 금속을 접촉한 경우는 n형 반도체와 금속을 접촉한 경우와 반대로 생각하면 된다.

금속보다 일함수가 작은 p형 반도체를 금속과 접촉하면 반도체 측의 페르미fermi 준위가 높기 때문에 반도체의 가전자대의 전자가 금속 측으로 이동하여 반도체 표면은 정공이 남고, 금속 표면은 음(−)으로 대전하므로 반도체 측의 에너지대가 위쪽으로 구부러진다. 이것은 움직이기 쉬운 정공에는 그리 크지 않은 장벽이지만 금속에 (+)전압을 인가하면 금속 측의 정공은 이 장벽을 넘어 반도체 측으로 이동하며, 반대로 금속에 (−)전압을 인가하면 정공은 자유롭게 금속 측으로 이동할 수 있으므로 전류가 흐를 수 있게 된다. 이러한 접합은 정공에 대한 옴성 접촉으로 작용한다.

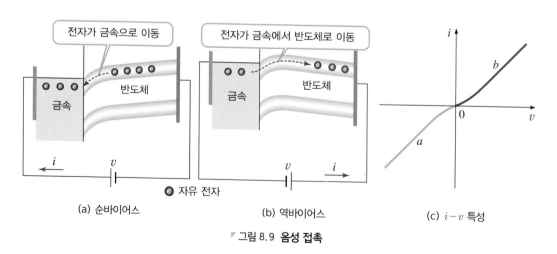

(a) 순바이어스      (b) 역바이어스      (c) $i-v$ 특성

� 그림 8.9 **옴성 접촉**

■ 다음 문장에서 (　　　) 혹은 [국문(영문)]에 적절한 용어를 써 넣으시오.

**01** 반도체와 금속을 접촉하면 금속의 (　　　) 및 반도체가 n형 혹은 p형에 따라 (　　　)가 흐르는 방향이 다르게 된다.

**02** 금속과 반도체를 접촉한 경우, 에너지 준위에서 진공준위와 페르미 준위와의 에너지 차를 [　　　(　　　　　)]라고 한다.

**03** 금속과 반도체를 접촉한 경우, 에너지 준위에서 전도대의 바닥과 진공준위 와의 차를 [　　　(　　　　　)]이라고 한다.

**04** 우리 주변에 존재하는 금속 원소 중 텅스텐의 일함수는 (　　　), 백금은 (　　　　), 알루미늄은 (　　　)의 값을 갖는다.

**05** 금속과 n형 반도체를 접촉한 경우, 반도체의 전자는 (　　　)에 있고, 금속의 페르미 준위 $E_{fm}$보다 높은 에너지 준위에 있기 때문에 에너지가 보다 낮은 (　　) 영역으로 이동하는데, 이 이동은 금속과 반도체의 [　　　(　　　　)]가 일치할 때까지 계속되며, 결국 반도체 표면 부근에서 (　　　)이 생겨 정(+)의 (　　　)이 생성된다.

**06** 금속과 n형 반도체를 접촉한 경우, 금속 내의 전자가 반도체 측으로 이동하는 데에는 $e\Phi_B$만큼의 에너지 장벽을 넘어야 하는데, 이 $e\Phi_B$를 [　　　(　　　　　　)]이라고 한다.

**07** 금속과 금속보다 일함수가 작은 n형 반도체의 접촉에서 금속 영역에 순바이어스를 인가하는 경우, 반도체 측의 장벽 높이가 (　　)하기 때문에 반도체에서 금속으로 향하는 전자의 수는 지수함수적으로 (　　)한다.

**08** 금속과 금속보다 일함수가 작은 n형 반도체의 접촉에서 금속에 음(−)의 전압을 인가하는 역바이어스에서는 반도체 측의 장벽높이가 (　　)하므로 반도체로 이동하는 전자는 거의 존재하지 (　　　).

**09** 금속-반도체 접촉의 전류 특성에서 순바이어스에서는 [　　（　　）]가 올라가므로 전류가 많이 흐르지만, 역바이어스에는 전류가 거의 흐르지 않는 （　　）을 보이게 되며, 이 때의 에너지 장벽이 전자에 대한 （　　）이다.

**10** 금속보다 일함수가 큰 p형 반도체를 금속과 접촉하면 （　）영역의 페르미 준위가 높기 때문에 전자가 （　）에서 （　）로 이동한다.

**11** $e\Phi_M < e\Phi_S$인 금속과 반도체를 접촉하면, 반도체와 금속에서 큰 에너지 장벽이 존재하지 （　）. 그러므로 순바이어스 전압을 공급하면 공급한 크기만큼 반도체 끝의 에너지가 （　）, n형 반도체 내의 전자는 산기슭 모양의 （　）에서 （　）으로 이동하여 외부 전류 $i$가 형성된다.

**12** $e\Phi_M < e\Phi_S$인 금속과 반도체를 접촉하여 역바이어스를 공급하면, 반도체 끝의 에너지 준위가 $-v$만큼 （　）된다. 금속과 반도체의 접촉부에는 전자에 대한 장벽이 거의 없기 때문에 （　）내의 전자들은 쉽게 （　）로 이동할 수 있으며, 이 흐름에 의하여 외부 전류가 형성된다.

**13** 금속과 반도체를 접촉하여 외부 바이어스를 인가한 경우, 전체적인 $i-v$ 특성이 직선 관계로 되어 다이오드 특성이 나타나지 않는 금속-반도체 접촉을 [　　（　　）]이라고 한다.

**14** 금속보다 일함수가 작은 p형 반도체를 금속과 접촉하면 반도체 측의 페르미fermi 준위가 （　） 때문에 반도체의 가전자대 전자가 （　） 영역으로 이동하여 반도체 표면은 （　）이 남고, 금속 표면은 음(-)으로 대전하므로 반도체 측의 에너지대가 （　）으로 구부러진다.

**15** 금속보다 일함수가 작은 p형 반도체를 금속과 접촉하고 금속에 (+)전압을 인가하면 금속 영역의 （　）은 이 장벽을 넘어 （　） 영역으로 이동하며, 반대로 금속에 (-)전압을 인가하면 （　）은 자유롭게 （　） 영역으로 이동할 수 있으므로 전류가 흐를 수 있게 된다. 이러한 접합은 정공에 대한 （　）으로 작용한다.

**01** 쇼트키 장벽Schottky barrier에 대하여 설명하시오.

**02** 쇼트키 장벽 다이오드의 동작 원리를 에너지대의 그림을 중심으로 설명하시오.

**03** n형 반도체와 p형 반도체의 일함수 $e\Phi_S$가 어느 쪽이 큰지를 에너지대 그림을 통하여 설명하시오.

**04** n형 반도체와 진성 반도체를 각각 동일한 금속으로 접촉한 경우 쇼트키 장벽 높이는 어느 쪽이 높은지를 설명하시오.

**05** n형 반도체-금속 접촉, p형 반도체-금속 접촉을 구분하여 옴성 접촉을 설명하시오.

**06** 알루미늄(Al)과 n형 실리콘(Si) 사이에 금속-반도체 접촉을 하였다. 두 재료의 접합 전과 후의 이상적인 에너지 준위도를 그리시오.

**07** $\Phi_M = 4.95$[eV]의 일함수를 갖는 금속과 $N_d = 5 \times 10^{15}$[cm$^{-3}$]의 농도를 갖는 n형 갈륨비소(GaAs)와 접합할 경우 다음을 구하시오. (단, $T = 300$[K]이다.)
(1) 이론적인 장벽 높이 $\Phi_B$
(2) $\Phi_n$, $\Phi_D$ 및 공간 전하 영역의 폭 $d_1$(바이어스$=0$)

# 반도체의 제조 공정

Fabrication process of semiconductor

한국은 2000년 512 Mb, 2001년 1G$_{Gigabit}$를 개발한 후, 드디어 2002년 2 G 낸드 플래시 메모리$_{NAND\ flash\ memory}$를 개발하게 되었고, 이어 2005년 16 Gb, 2006년 32 Gb 메모리 개발에 성공함으로써 7년 연속으로 1년에 집적도 2배를 달성하는 쾌거를 이루게 되었다. 이것은 소위 "황의 법칙"이 입증되는 결과이기도 하다. 반도체 강국인 미국의 "무어의 법칙"을 대체하는 놀라운 결과인데, "무어의 법칙"은 1965년 인텔의 창업자인 고든 무어가 주장한 것으로, "반도체의 집적도가 18개월마다 2배씩 증가한다."는 것이다. "황의 법칙"은 "무어의 법칙"보다 6개월을 단축한 것이니 놀라운 일이 아닐 수 없다. 2006년 이후에도 반도체 고집적 고용량화는 계속 이어지고 있다.

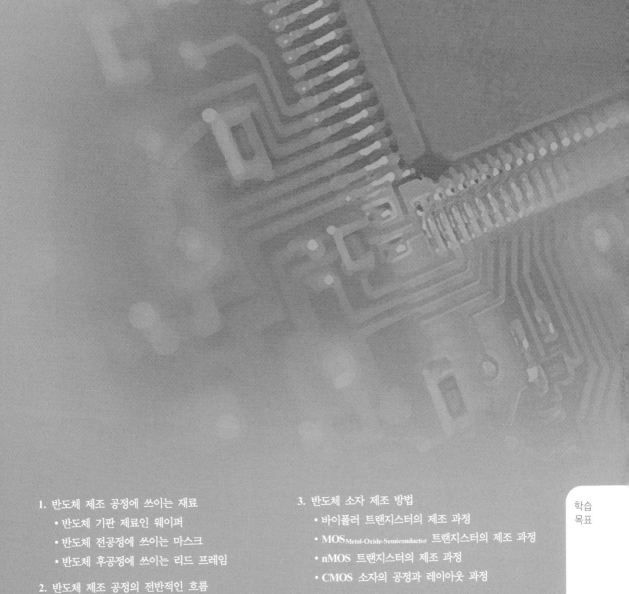

학습
목표

# 1 반도체의 재료

반도체 소자는 무엇으로 만드는가? 원재료, 장비(설비), 유틸리티(초순수, 케미컬, 가스, 전기) 등이 있다. 그림 9.1에서 보여 주는 바와 같이 원재료인 웨이퍼, 공정을 위한 마스크mask, 리드 프레임lead frame 등의 재료와 전 공정인 집적회로 제조의 단위 공정 기술을 이용하여 가공한 후, 후 공정인 패키지package 과정을 거쳐 출하하게 되는 것이다.

반도체 소자를 제조할 때, 주요 재료인 웨이퍼wafer는 반도체 물질로 만들어진 얇고 둥근 원판을 말하는데, 이 원판 위에 집적 회로를 만들어 넣게 된다. 이 원판의 지름에 따라 웨이퍼는 150 mm, 200 mm, 300 mm, 450 mm의 것을 제작하여 사용하고 있는데, 지름이 클수록 반도체 제조의 수율이 높다.

▼ 그림 9.1 반도체 IC의 제조 공정

## 1 웨이퍼

현재 반도체 소자 제조용으로 광범위하게 사용되고 있는 실리콘 웨이퍼silicon wafer는 다결정의 실리콘을 원재료로 하여 만들어진 결정 실리콘 박판thin film을 말한다.

실리콘은 일반적으로 산화물인 산화규소($SiO_2$)로 모래, 암석, 광물 등에 함유되어 있으며, 이들은 지각의 1/3 정도로 분포하고 있어 지구 상에서 매우 풍부하게 존재하고 있다. 따라서 반도체 산업에 매우 안정적으로 공급될 수 있는 재료일 뿐 아니라 독성이 전혀 없어 환경적으로 매우 우수한 재료이다. 또한, 실리콘으로 만들어진 웨이퍼는 기존의 게르마늄 소재보다 비교적 넓은 에너지 갭을 가지고 있기 때문에 보다 높은 온도에서도 소자가 동작할 수 있는 장점이 있다.

이러한 장점 때문에 실리콘 웨이퍼는 반도체 산업에서 DRAM, ASIC, 트랜지스터, CMOS, ROM, EPROM 등 다양한 종류의 반도체 소자를 만드는 데 이용되며, 이들 소자들은 컴퓨터, 가전제품, 산업용 기계, 인공위성 등 모든 산업 분야에서 없어서는 안 될 매우 중요한 부품이 되고 있다. 따라서 산업 발전이 고도화되어 감에 따라 실리콘 웨이퍼의 수요는 앞으로 더욱 증가될 것으로 전망된다. 그림 9.2는 웨이퍼 제조를 위한 공정 순서를 나타낸 것이다.

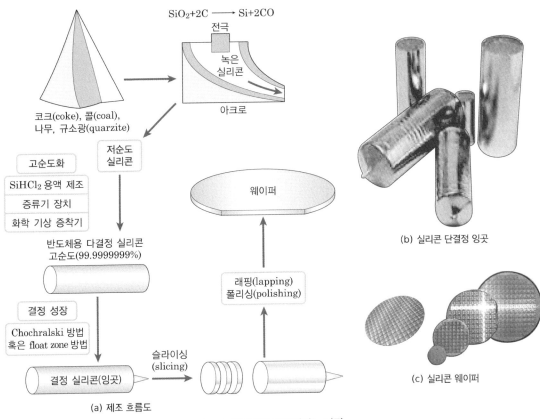

$$SiO_2 + 2C \longrightarrow Si + 2CO$$

(a) 제조 흐름도

(b) 실리콘 단결정 잉곳

(c) 실리콘 웨이퍼

▼ 그림 9.2 웨이퍼가 만들어지는 과정

## 1. 웨이퍼 제조 공정

### (1) 단결정 성장crystal growing

단결정 성장은 실리콘 웨이퍼 제조를 위한 첫 번째 공정으로 고순도의 일정한 모양이 없는 다결정 실리콘polysilicon이 고도로 자동화된 단결정 성장로growth furnace 속에서 단결정봉으로 변형된다. 고진공 상태에서 1,400[℃] 이상의 고온에 녹은 다결정 실리콘은 정밀하게 조절되는 조건 하에서 큰 직경을 가진 단결정봉으로 성장한다. 이와 같은 성장 과정이 끝나면, 단결정봉은 실온으로 내린 후, 각각의 단결정봉이 제조 목적의 특성에 부합되는지를 평가하게 되며, 단결정봉은 용도별로 가공되어 정확한 지름을 갖게 된다.

### (2) 절 단slicing

절단에서는 실리콘 단결정봉을 웨이퍼, 즉 얇은 판으로 변형시키는 공정으로 단결정 조직이 정확하게 정렬되도록 단결정봉을 흑연빔에 놓은 다음 고도의 절삭 기술을 사용하여 실리콘 단결정봉을 웨이퍼로 가공하게 된다. 절삭 작업을 거치는 동안 웨이퍼의 가장자리 부분은 매우 날카롭고 깨지기 쉬우므로 세척 과정을 거친 후 정확한 모양과 규격으로 가공해 손상에 영향을 덜 반도록 한다. 그 후, 이 웨이퍼들은 연마 과정을 거쳐 표면이 평탄하고 두께가 일정하게 하여 표면의 질을 높인다.

## (3) 경면 연마<sub>polishing</sub>

웨이퍼를 평탄하고 결함이 없도록 하는 것은 집적 회로 성능에서 대단히 중요하다. 이 목적을 이루기 위해 경면 연마 공정에서 여러 가지 단계를 거치게 되며, 이 과정을 거친 웨이퍼는 식각 공정을 거치면서 추가적인 표면 손상을 제거한 후, 공정을 정밀하게 통제하는 완전 자동화된 장비를 통하여 가장자리 부분과 표면이 경면 연마된다. 그 결과 웨이퍼들은 평탄성이 우수하고 결함이 없는 상태가 된다.

## (4) 세척과 검사<sub>cleaning & inspection</sub>

세척 부문에서는 경면 연마 과정을 거친 웨이퍼의 표면에 있는 미립자 오염물, 금속, 유기 오염 등을 제거하며, 이 공정은 미립자, 금속, 유기물에 대하여 엄격한 규칙을 적용하는 청정실 환경에서 이루어진다. 마지막 세척 공정을 거친 웨이퍼들은 $0.1[\mu m]$ 크기의 미립자까지 검출할 수 있는 레이저 검사 장치로 검사를 받은 후, 최종 검사가 끝나면 웨이퍼 가공이 종료되어 출하하게 된다. 그림 9.3에서는 잉곳과 가공한 웨이퍼를 보여 주고 있다.

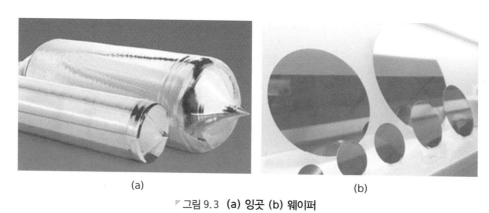

(a)          (b)

▼ 그림 9.3 **(a) 잉곳 (b) 웨이퍼**

## 2. 웨이퍼의 종류 및 특성

반도체 기판의 종류에는 실리콘, 게르마늄 등의 단일원소 반도체와 갈륨비소(GaAs) 등의 화합물 반도체가 있으며 상업적으로 실리콘이 가장 널리 쓰이고 있다. 그림 9.4에서는 주요 실리콘 웨이퍼를 보여 주고 있다.

## (1) 웨이퍼의 종류

① 불순물<sub>dopant</sub>의 종류에 따라 다음과 같이 나눈다.
- n형 반도체 : 5가 원소(P, As)를 불순물로 사용하며, 도너 불순물(전자)이 발생한다.

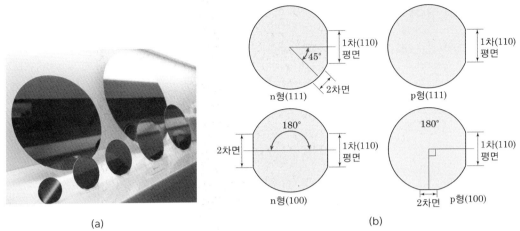

(a)             (b)

**▼ 그림 9.4 (a) 웨이퍼 (b) 웨이퍼의 종류**

- p형 반도체 : 3가 원소(B)를 불순물로 사용하며, 억셉터 불순물(정공)이 발생한다.

② 결정 성장 방향에 따라 (100), (111) 등의 웨이퍼를 사용한다.

③ 웨이퍼의 직경에 따라 5인치, 6인치(150 mm), 8인치(200 mm), 12인치(300 mm) 18인치 (450 mm)의 것을 사용하여 집적 회로를 제작한다.

## (2) 전기적 특성

단결정으로 성장시킨 실리콘 결정에는 전기 전도도를 위해 의도적으로 첨가한 불순물(B, P, As) 이외에는 가능한 한 불순물을 억제시켜야 하며, 결정 성장crystal growing 시 인위적으로 주입되는 불순물dopant에 의해 도체conductor와 절연체insulator 사이의 전기 전도도를 가지며, 이것이 반도체semiconductor가 되는 것이다.

## (5) 결정 특성

실리콘 웨이퍼는 고순도의 다결정 실리콘을 용융시켜 특정 방향으로 성장시킨 단결정 실리콘으로 성장 방향은 소자 제조 공정에 기계적 성질, 확산, 식각 등에 있어서 영향을 준다.

## (6) 가공 특성

실리콘 웨이퍼의 표면은 소자의 제조 공정의 원활함과 고품질 회로를 구성하기 위해 회로를 설계하여 제조할 때, 치명적인 영향을 주는 표면 손상surface scratch 또는 미량의 화학적 성분이 표면에 남아 있어도 안되며, 고도의 평탄도flatness가 요구된다. 따라서 절단slicing, 연마lapping, 광택polishing 등의 작업을 할 때, 미세한 진동도 억제되어야 하며, 웨이퍼를 운반할 때에는 손으로 만져서도 안 된다. 또한 전기적 극성이 없는 물deionized water로 세척하여 표면 정전기를 방지하고, 청정실clean room에서의 작업으로 고도의 청결을 유지해야 한다.

## 3. 웨이퍼 용어

그림 9.5에서는 웨이퍼의 모형을 보여 주고 있다.

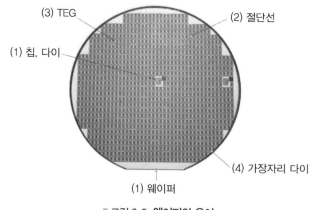

(3) TEG
(2) 절단선
(1) 칩, 다이
(4) 가장자리 다이
(1) 웨이퍼

▼ 그림 9.5 웨이퍼의 용어

### (1) 칩[1], 다이[2]

칩chip 혹은 다이die는 전기로 속에서 가공된 전자 회로가 들어 있는 아주 작은 얇고 네모난 반도체 조각으로 수동 소자, 능동 소자 또는 집적 회로가 만들어진 반도체이다.

### (2) 절단선

절단선scribe line은 웨이퍼 내에 제작된 칩 또는 다이를 절단하여 개별 칩으로 나누기 위해 절단하는 영역이다.

### (3) TEG

각 웨이퍼는 특이한 패턴의 칩 혹은 다이가 몇 개 있는데, 이들을 현미경으로 보면 다르다는 것을 확실히 알 수 있다. 이는 정상적인 다이와 같은 공정으로 형성된 특별한 테스트 소자를 만들어 넣는데, 이것이 TEGTest Element Group이다. IC의 트랜지스터, 다이오드, 저항 및 커패시터는 너무 작아서 공정 중에 테스트하기가 어려우므로 테스트 다이는 공정 중의 품질 관리를 위해서 만들어진다. 또한 테스트 다이는 수율을 높이는 데도 기여하는데, 이는 완성된 웨이퍼의 패턴이 여러 공정의 질을 보여주기 때문이다. 그러나 요즘에는 별도의 TEG 다이를 만들지 않고 절단 scribe선에 바로 만들어 주기도 한다.

### (4) 가장자리 다이

웨이퍼는 가장자리 부분에 미완성의 다이를 갖는데, 이것이 가장자리 다이edge die이다. 이들은

---

1  칩  웨이퍼상에 소자 가공이 끝난 상태에서 개개의 집적 회로를 이루는 작은 조각을 말하며, die 또는 pellet 등과 같은 의미로 쓰인다. 소자 가공이 끝난 웨이퍼상에는 이러한 칩이 수백, 수천 개기 포함된다.
2  다이  소자 가공이 완성된 웨이퍼상에서 각각의 집적회로 칩을 말한다. chip, pellet과 같은 의미의 용어이다.

미완성이기 때문에 결국 웨이퍼의 손실이 된다. 작은 웨이퍼에 큰 다이를 만든다면 웨이퍼의 손실률도 그 만큼 커지게 된다. 그러므로 보다 큰 지름을 갖는 웨이퍼를 생산하는 요인이 되는 것이다.

### (5) 평탄 영역

웨이퍼의 결정 구조는 육안으로는 식별 불가능하다. 따라서 웨이퍼의 구조를 구별하기 위해 결정에 기본을 둔 평탄 영역flat zone을 만들어 준다. 절단선 중의 하나는 평탄 영역에 수직이 되고 다른 하나는 수평하게 된다.

## 4. 웨이퍼 개발 방향

### (1) 웨이퍼로 대구경화

450 mm 웨이퍼는 단결정 제조 방법, 웨이퍼 모양 및 특성 면에서 현재 제조되고 있는 200 mm, 300 mm 웨이퍼와 유사하나 웨이퍼의 크기가 기존의 웨이퍼에 비해 매우 크기 때문에 수율은 높으나 장비의 발전이 뒷받침되어야 한다. 그러나 소자의 생산성 증대에 따른 생산 비용 저하라는 측면에서 16 G DRAM, 32 G DRAM, … 시대에 주력 웨이퍼로 자리 잡고 있다.

### (2) SOI 웨이퍼

SOISlicon On Insulator는 기존 웨이퍼와는 달리 산화막으로 2장의 웨이퍼를 접합시킨 웨이퍼이다. 실리콘 웨이퍼 속에 절연박막을 삽입시킨 개념으로 실리콘 웨이퍼 기판 위에 절연막이 있고 다시 그 위에 집적 회로가 제작될 단결정 실리콘이 있는 상태에 고온 특성, 저소비 전력 특성, 고속 특성을 이용한 응용 분야인 TFT-LCD, CMOS, BIPOLAR, CCDCharge Coupled Device, HDTV, Photodetector 등을 제조하는 데 사용된다.

### (3) 에피택셜 웨이퍼

에피택셜 웨이퍼epitaxial wafer는 기존의 실리콘 웨이퍼 표면에 또 다른 단결정층을 성장시킨 웨이퍼를 말하며, 기존의 실리콘 웨이퍼보다 표면 결함이 적고 불순물의 농도나 종류의 제어가 가능한 특성을 지니게 된다. 에피택셜 공정은 현재 반도체 제조에서 가장 기본이면서도 핵심이 되는 공정이며 실리콘 웨이퍼 제조에 이용되어 고품질, 고부가가치화가 가능하게 되었다. 에피택셜 층의 성장은 다양한 방법으로 가능하며, 그중에서도 CVDChemical Vapor Deposition법을 가장 일반적으로 사용하고 있다

## 2 마스크

마스크mask는 웨이퍼 위에 만들어질 회로 패턴의 모양을 각 층layer별로 유리판 위에 그려 놓은

것으로, 사진 식각 공정을 할 때 반도체 가공용 카메라 장착 시스템인 스테퍼stepper의 사진 건판으로 사용된다.

### 3 리드 프레임

리드 프레임lead frame은 보통 구리로 만들어진 구조물로서, 조립 공정을 할 때 칩이 이 위에 놓여지게 되며 가는 금선(金線)으로 칩과 연결된다. 이렇게 이 리드 프레임을 통하여 집적 회로 내부의 기능과 외부와의 전기 신호를 주고받게 되는 것이다.

# 2 반도체의 전(前)공정

각종 소자를 집적시킨 수십억 개의 회로를 어떻게 손톱만한 반도체에 넣을 수 있을까? 지금부터는 반도체 제조 공정에 대하여 살펴보자.

그림 9.6에서는 반도체를 만드는 전체 흐름을 보여 주고 있는데, 그림에서는 반도체의 설계 단계, 전(前)공정의 단계, 후(後)공정의 단계를 거친 후, IC로 출하하는 것이다. 설계의 최종 결과는 레이아웃 도면이다. 전 공정은 웨이퍼를 가공하여 칩으로 만드는 공정이고, 후공정은 칩을 보호하기 위하여 패키지하는 공정이다.

그림에서와 같이 반도체 공정은 크게 전공정과 후공정으로 나누어진다. 영어로 전공정을 프론트 앤드front end, 후공정을 백 앤드back end라고 부르기도 한다. 그리고 다음 절에서 살펴볼 후공정은 패키징packaging 공정이라고도 부르고 있다.

그림 9.7에서 전공정과 후공정의 사진을 보여 주고 있는데, 그림 (a)와 같이 전공정은 모래 등에서 채취한 실리콘을 고순도화하여 원통형 실리콘 덩어리 즉, 잉곳ingot을 만들고, 그림 (b)와 같이 잉곳을 절단하여 둥근 원판으로 가공한 것을 웨이퍼wafer라고 한다. 이 웨이퍼 위에 앞 절에서 살펴본 CMOS를 수십억 개로 배치하여 제작한 것을 다이die라고 한다. 여기까지를 일반적으로 전공정이라고 한다.

### 1 반도체 제조의 기초

#### 1. 다이die 제작

이 단계에서는 집적 회로 설계에서 기술한 레이아웃에 따라 여러 가지 물질의 층을 웨이퍼 내부와 표면에 형성시킨다. 반도체 웨이퍼에 대한 공정은 크게 웨이퍼 표면에 가공하고자 하는

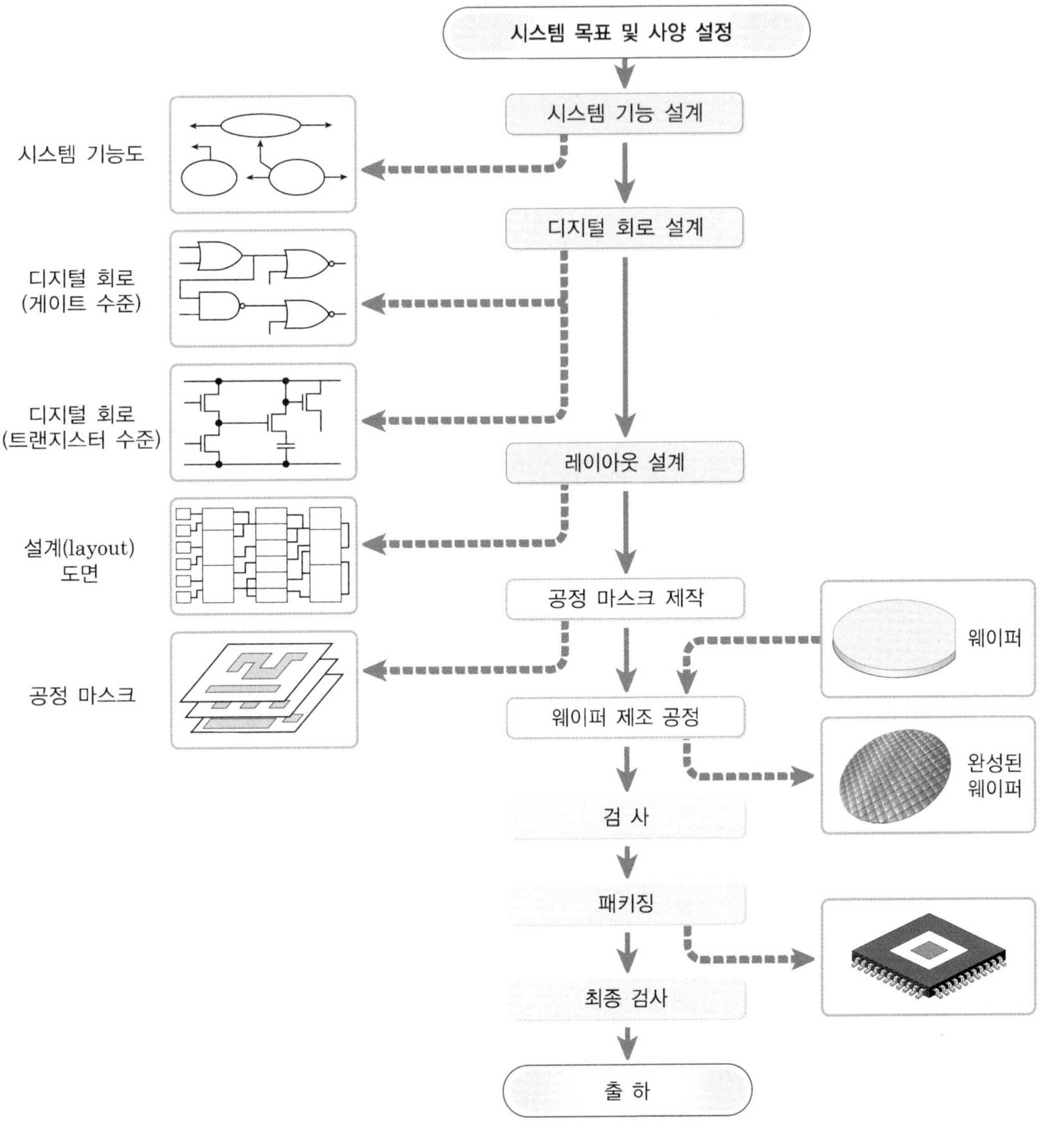
시스템 목표 및 사양 설정
시스템 기능 설계
시스템 기능도
디지털 회로 설계
디지털 회로
(게이트 수준)
디지털 회로
(트랜지스터 수준)
레이아웃 설계
설계(layout)
도면
공정 마스크 제작
웨이퍼
공정 마스크
웨이퍼 제조 공정
완성된
웨이퍼
검 사
패키징
최종 검사
출 하

그림 9.6 **반도체 제조 과정의 흐름도**

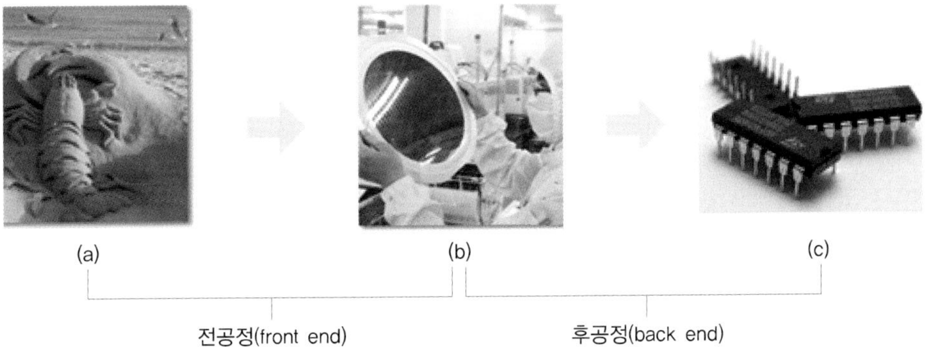
(a)
(b)
(c)
전공정(front end)
후공정(back end)

그림 9.7 **반도체 전공정과 후공정**

패턴pattern을 인화시키는 현상development, 불순물(P, As, B 등)을 도핑doping하는 확산diffusion, 금속이나 폴리실리콘polysilicon 등을 웨이퍼 표면에 부착시키는 박막thin film 및 선택된 패턴을 부식하는 식각etching 공정 등으로 나누어진다. 이들 단위 공정들은 완전한 집적 회로가 완성될 때까지 정해진 순서에 따라서 반복적으로 처리되며, 보통 수십 일(20~40일)의 기간을 필요로 한다.

## 2. 웨이퍼 검사 및 선별

집적 회로 제작의 두 번째 단계에서는 제조된 웨이퍼상의 각 다이에 대한 기능적 검사를 수행하는데, 공정이 잘못된 다이는 잉크 반점을 찍어 결함이 있는 집적 회로로 표시한다. 검사가 완료된 웨이퍼는 다이들 사이에 있는 절단 선scribe line을 따라 쪼개서 칩chip 단위로 구분된다. 이때 잉크 반점으로 표시된 잘못된 칩을 제거한 나머지의 양호한 집적 회로 다이들은 다음의 조립 단계로 보내진다.

그림 9.8은 웨이퍼 테스트의 결과로부터 수율yield과 집적 회로의 크기와의 관계를 나타낸 것으로, 집적 회로의 크기가 작을수록 하나의 웨이퍼로부터 생산할 수 있는 다이의 수를 증가시키며, 한 웨이퍼에서 동작하는 다이의 비율인 수율을 높인다. 이 두 가지 기준은 웨이퍼 제조 과정의 생산 단가를 감소시키는 효과를 가져 오기 때문에 집적 회로의 설계 및 제작 과정에서 매우 중요한 평가 항목으로 이용된다.

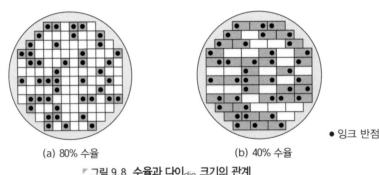

(a) 80% 수율          (b) 40% 수율          ● 잉크 반점

▼ 그림 9.8 **수율과 다이die 크기의 관계**

## 3. 조립assembly

이 단계에서는 제조 및 검사된 칩 다이가 집적 회로 제품으로 조립된다. 보통 수 일에서 수 주일이 소요되는 조립 단계는 각 칩을 리드 프레임lead frame에 탑재하고, 칩과 프레임을 전기적으로 연결하는 접속선 접착wire bonding을 한 후, 조립된 칩을 보호관 속에 밀봉하는 과정으로 이루어진다. 분리된 각각의 칩 다이는 인쇄 기판에 연결될 다양한 형태의 패키지package로서 조립하는데, 연결된 수와 패키지의 크기, 열방사 능력 등의 문제를 고려한다. 각 칩에 대한 조립은 노동 집약적이고 재료 원가가 높아서 웨이퍼 제조 단계에서 칩 다이의 생산 과정보다 몇 배의 경비를 요구

한다. 또한 이 단계는 집적 회로 제품의 신뢰성에 많은 영향을 미칠 수 있으므로 세밀한 검토가 요구된다.

## 4. 칩 검사 및 번-인

마지막 단계로서 집적 회로 제품의 특성을 구분하고 안정화시키는 과정이 이루어진다. 수 일이 요구되는 칩 검사에서는 일련의 전기적 검사를 통하여 집적 회로의 동작을 확인하고, 속도 및 전력 소모 등을 특성별로 구분해서 서로 다른 저장 장소에 저장한다. 또한 고온에서 수 시간 동안 집적 회로를 동작시키는 번-인burn-in[3] 과정이 제품의 신뢰성을 높이기 위하여 이루어진다. 그림 9.9에서 제조 공정의 개요를 다시 나타내었다.

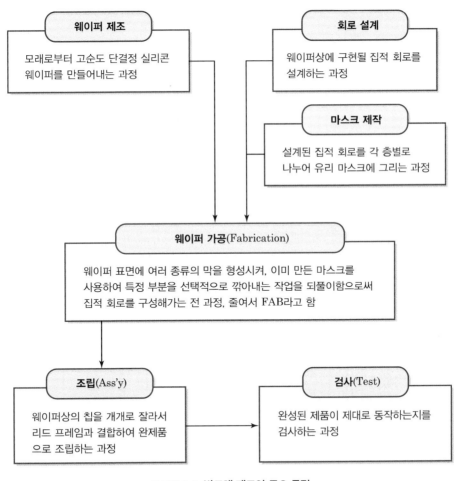

▼ 그림 9.9 **반도체 제조의 주요 공정**

---

3 번-인burn-in 반도체 제품 속에 일부 혼합되어 있는 불량품을 제거하기 위해 고온 보관, 전력 에이징, 온도 사이클링 등을 하는 작업을 말하는 것으로 debugging이나 screening과 비슷한 의미의 용어이다.

##  **2** 웨이퍼 제조 및 회로 설계

### 1. 단결정 성장법

고순도로 정제된 실리콘 융액에 씨seed결정을 접촉하면서 회전시켜 단결정 규소봉인 잉곳ingot을 성장시킨다.

실리콘 재료는 지구 상에 주로 산화물이나 규산염의 형태로 존재하며 석영silica이 주성분인 규석을 전기로에 넣어서 고온에서 용융시켜 화학처리하면 비금속 실리콘이 얻어지고 이를 열처리하면 고순도(99.999999999%)의 다결정 실리콘polysilicon이 얻어진다. 다결정 실리콘을 다음에서 기술하는 결정 성장 방법을 이용하여 결정을 성장시키면 결정봉인 잉곳ingot을 얻게 된다. 이 잉곳을 다이아몬드칼로 얇게 잘라 그 표면을 깨끗하고 매끈하게 가공lapping+polishing하여 웨이퍼wafer라고 하는 단결정single crystal 기판substrate이 만들어지는 것이다.

### (1) 플로팅존(FZ)법

그림 9.10 (a)는 플로팅존법floating zone method을 이용한 반도체 정제 장치를 나타내고 있다. 다결정 실리콘 막대의 상·하를 척chuck으로 지지하여 고정시키고 그 밑에 씨단결정seed crystal을 접촉시킨다. 그 접촉부를 고주파 유도 가열하여 용융 부분을 다결정 실리콘 방향으로 서서히 이동하면 씨단결정 위에 새로운 단결정이 성장하게 되는 것이다. 이렇게 정제된 결정이 플로팅존 결정floating zone crystal이다.

### (2) 인상(CZ)법pulling method

실리콘 단결정 제조에 가장 많이 이용하는 것으로 CZCzochralski 방법이 있다. 그림 9.10 (b)와 같이 다결정 실리콘을 석영 도가니 속에서 서서히 고주파 유도 가열하여 고온(1,500℃)에서 용융한다. 그 다음 씨단결정을 용융액에 담가 융합시킨 뒤 서서히 회전시켜 끌어올리면 씨단결정 끝

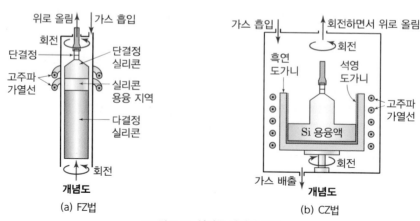

▼ 그림 9.10 **실리콘 단결정 성장**

에서 씨단결정과 동일한 단결정이 성장하게 된다. 이를 인상법 혹은 CZ법이라고 한다. 이와 같이 성장된 덩어리가 바로 잉곳ingot인 것이다. 이 잉곳을 디스크 모양으로 얇게 절단하고 표면을 기계적, 화학적 방법으로 연마하여 얇은 웨이퍼를 만든다.

집적 회로 공정에 사용되는 웨이퍼의 지름은 계속 커져 현재 300 mm, 450 mm의 것을 제조하고 있다. 웨이퍼의 종류로는 첨가된 불순물의 종류와 그 양에 의하여 결정되는데, 5가 원소(P, As)를 주입하면 n형 웨이퍼, 3가 원소(B, In)를 주입하면 p형 웨이퍼가 된다. 주입된 불순물 농도에 따라 기판의 저항값이 정해진다.

## 2. 규소봉 절단

성장된 규소봉을 균일한 두께의 얇은 웨이퍼로 잘라낸다.

## 3. 웨이퍼 표면 연마

웨이퍼의 한쪽 면을 연마하여 거울면처럼 만들어 주며, 이 연마된 면에 회로 패턴을 그려 넣게 된다.

## 4. 회로 설계

CADComputer Aided Design 시스템을 사용하여 전자 회로와 실제 웨이퍼 위에 그려질 회로 패턴을 설계한다.

## 5. 마스크 제작

(1) 마스크

광사진 식각 공정을 하기 위해서는 마스크mask가 필요한데, 이 마스크는 투명 영역clear field 마스크와 불투명 영역opaque field 마스크로 구분된다.

투명 영역 마스크는 회로 패턴이 있는 부분이 어둡고 나머지 부분이 밝은 것이다. 불투명 영역 마스크는 반대로 대부분이 어두운 반면 회로 패턴이 있는 부분이 밝은 것이다. 투명 영역 마스크는 마스크 대부분이 밝아 정의된 패턴 부분을 정확히 식별할 수 있으므로 연속적인 마스크 사이의 정렬alignment이 용이하여 많이 이용되고 있다.

마스크는 크롬이나 산화철 같은 물질이 박막으로 도포한 얇은 유리판으로 만들어진다. 컴퓨터를 이용하여 설계된 데이터를 전자선 패턴 형성기e-beam pattern generator에 입력하고 이 데이터에 따라 전자선을 감광막이 도포된 크롬 유리판에 주사한다.

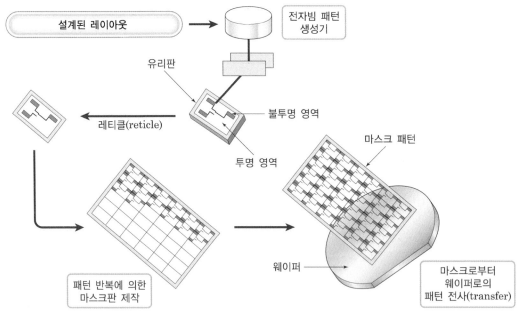

▼ 그림 9.11 마스크의 제조 과정

그림 9.11에 나타낸 것과 같이 투명 혹은 불투명 패턴이 유리판에 형성되는데, 이것을 레티클 reticle이라고 한다. 이 레티클로 반복적인 패턴 형성을 하여 광 사진 식각에 사용될 마스크판을 얻게 된다. 이 마스크판을 이용하여 웨이퍼에 패턴을 전사한다.

설계된 회로 패턴을 전자 빔E-beam 설비로 유리판 위에 그려 마스크reticle를 만든다.

그림 9.12에서는 단결정 성장에서부터 마스크 제작까지의 집적 회로의 제조 공정 순서를 사진으로 보여 주고 있다. 그림 (a)의 다결정 성장에서 잉곳을 만들고, 그림 (b)와 같이 얇은 실리콘 원판인 웨이퍼로 절단한 후, (c)와 같이 연마하여 표면을 매끄럽게 한다. 그리고 설계된 회로(d)를 마스크에 옮기는 사진 현상 과정(e)을 거치게 된다.

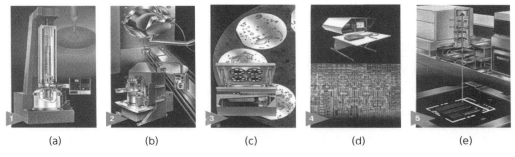

|       |       |       |       |       |
|-------|-------|-------|-------|-------|
| (a)   | (b)   | (c)   | (d)   | (e)   |

▼ 그림 9.12 웨이퍼 제조 및 회로 설계

## **3** 웨이퍼 가공

그림 9.13에서는 집적 회로 제작의 전공정으로 산화 공정에서부터 금속 배선 과정까지의 과정을 보여 주고 있다. 그림 (a)에서는 가공된 웨이퍼 위에 산화막을 성장시키기 위하여 산화로에 장착하는 과정이고, 사진 현상 및 식각 과정인 (c) 노광, (d) 현상, (e) 식각을 거쳐 불순물 주입 과정인 (f) 이온 주입, 회로의 금속 배선 과정인 (h) 금속 증착을 통하여 집적 회로의 전 공정을 완성하는 것이다.

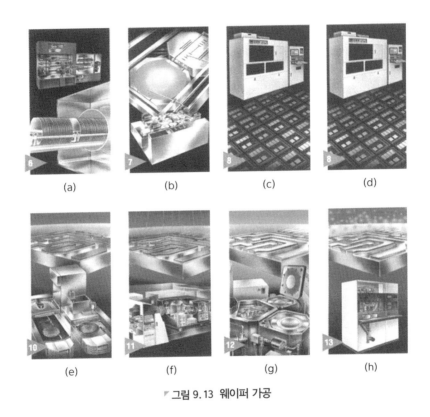

(a)　　　(b)　　　(c)　　　(d)

(e)　　　(f)　　　(g)　　　(h)

▶ 그림 9.13 웨이퍼 가공

## 1. 산화oxidation 공정

고온(800~1,200℃)에서 산소나 수증기를 실리콘 웨이퍼 표면과 화학 반응시켜 얇고 균일한 실리콘 산화막($SiO_2$)을 형성시킨다. 실리콘 웨이퍼 표면을 산화시키는 공정을 산화oxidation라 하며, 실리콘 웨이퍼 표면에 형성된 산화실리콘($SiO_2$)층을 산화막oxide이라고 부르는데, 이것은 집적 회로의 제작에서 가장 기본적인 절연층의 제조 과정으로 집적 회로 내에서 전기적인 상호 배선 사이의 절연과 불순물 확산에 대한 보호층으로 사용되는 필수적인 공정이다. 산화막의 역할을 다음과 같다.

① 불순물 확산에 대한 보호막 역할

② 표면의 보호 및 안정화 역할

③ 전기적인 절연과 유전체 역할

④ 소자 사이의 격리 역할

산화막 제조 방법으로 열산화막thermal oxide이 가장 많이 이용된다. 이것은 900~1,200[℃] 사이의 온도로 대기압에서 이루어지는 개관open-tube 반응 방식으로 건식 산화dry oxidation와 습식 산화wet oxidation로 나눈다.

건식 산화는 열에 의한 산화막 형성 공정 중에서 가장 간단한 것으로, Si와 $O_2$ 두 종류의 원소만으로 제작한다. 습식 산화는 $O_2$ 가스에 적절한 양의 수증기를 혼합하여 이루어지며 건식 산화보다 산화막 성장 속도가 빠르다.

산화막 형성 과정에서 접촉 영역이 이동하는 과정을 그림 9.14에서 보여 주고 있는데, 결과적으로 최종 산화막 두께의 약 45%가 원래의 실리콘 영역을 열분해에 의하여 잠식한 부분이고, 나머지 55%가 성장된 산화막 영역이다. 일반적으로 산화 실리콘은 다음과 같은 화학적 개념으로 이루어진다.

$$Si + O_2 \rightarrow SiO_2 \tag{9.1}$$

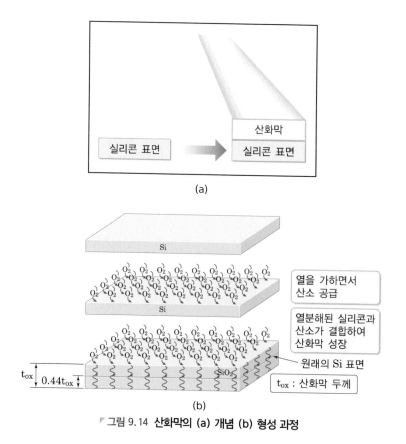

그림 9.14 산화막의 (a) 개념 (b) 형성 과정

## 2. 광사진 식각 공정

### (1) 마스크 패턴

　　마스크 상의 패턴을 웨이퍼 위에 옮기는 공정을 광사진 식각photolithography이라 하며, 이 광사진 식각 공정을 여러 번 반복함으로써 집적 회로 칩을 완성하게 된다. 사진 식각lithography 공정은 실리콘 웨이퍼 표면 위에 원하는 패턴(전자 회로)을 그대로 옮겨 집적하는 기술로, 형성 방법에 따라 광사진 식각, 전자빔 사진 식각electron beam lithography 및 X – 선 사진 식각X-ray lithography 등으로 나눈다.

　　광사진 식각 방법은 광을 이용하여 회로 패턴을 웨이퍼 표면에 전달하여 형성하는 것이고, 전자빔 사진 식각은 전자가 갖는 파장을 이용하므로 높은 해상도의 회로 패턴을 얻을 수 있으나 패턴 형성에서 소요되는 시간이 길고 장비가 비싸다.

　　X – 선 사진 식각은 X – 선을 이용하는 것으로 마스크 제작의 어려움 때문에 현재 실용화가 어려운 실정에 있다. 따라서 현재 많이 이용되고 있는 광사진 식각 기술을 중심으로 기술하고자 한다. 사진 식각에 필요한 네 가지 주요 요소는 다음과 같다.

① 마스크(mask)　　　　② 감광막(photoresist)
③ 자외선(UV)　　　　　④ 식각(etching)

　　실리콘 웨이퍼 위에 불순물을 선택 확산 또는 선택적인 이온 주입을 위하여 감광 물질photoresist을 웨이퍼 위에 도포하고, 자외선을 이용한 노광 기술로 마스크mask에 설계된 패턴을 부착한 후, 현상 공정으로 도포된 감광 물질을 처리하면 패턴 주위에 마스크 모양이 형성된다.

　　실리콘 웨이퍼 표면은 산화막($SiO_2$)이 형성되어 있으므로 불산(HF) 등의 용액에 의해 감광막이 없는 부분의 $SiO_2$가 용해되어 창window이 만들어진다. 감광 물질을 용해시키면 $SiO_2$가 마스크 역할을 하여 선택적인 불순물 주입이 가능하게 되는 것이다.

　　그림 9.15에서는 광 사진 식각 공정의 마스크 패턴을 보여 주고 있다.

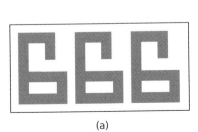

(a)

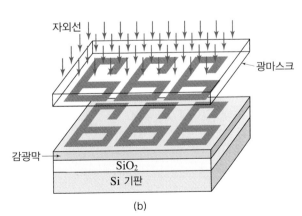

(b)

그림 9.15 **광 사진 식각의 개념**

광 사진 식각에 의해 회로 패턴을 옮기는 것은 **감광막**photoresist이라 하는 감광 물질의 얇은 막을 웨이퍼에 도포coating함으로써 시작된다. 그 위에 마스크를 정렬하고 자외선(UVultraviolet)을 쪼이면 패턴이 옮겨진다.

## (2) 감광막

감광액은 점착성의 유기 용액으로 이를 웨이퍼 기판 위에 필요한 양만큼 떨어드린 후 스피너spinner로 기판을 수천 rpmrevolutions per minute의 속도로 회전시키면 기판 표면 위에 1[$\mu$m] 두께의 얇은 막이 균일하게 형성된다. 이 막이 감광막인데, 이 막은 빛에 노출되면 그 물리적 특성이 변화되는 성질을 이용하여 마스크 패턴을 실리콘 웨이퍼 위에 옮길 수 있는 것이다.

감광막은 **음성형 감광막**negative type photoresist과 **양성형 감광막**positive photoresist으로 구분된다. 음성형 감광막은 현상액developer 용매에 빛이 쪼여진 부분이 용해되지 않고, 나머지 부분이 용해되는 성질이 있다. 양성형 감광막은 빛이 쪼여진 부분이 용해되고 나머지 부분이 용해되지 않는 성질이 있다. 음성형 감광막은 양성형 감광막보다 감도가 높고 산화막에 대한 밀착성이 우수하고 화학약품에 대한 내식성도 강하지만 해상도가 낮은 것이 큰 단점으로 지적되고 있다. 음성형 감광막의 해상도 한계는 4[$\mu$m] 정도이므로 3[$\mu$m] 이하의 해상도를 필요로 하는 초고집적 회로 제작에는 해상도가 우수한 양성형 감광막을 사용하고 있으나, 산화막의 밀착성이 나쁘고 기계적 충격에 약한 단점이 있다.

그림 9.16과 그림 9.17에서는 각각 양성형 감광막과 음성형 감광막을 이용한 광사진 식각 공정의 예를 보여 주고 있다.

양성형 감광 물질은 현상 용액에 처음에는 용해되지 않으나, UV에 노출된 후 용해된다. 따라서 현상 후 감광 물질은 마스크의 불투명한 부분이 웨이퍼 위에 남은 반면 나머지 부분이 제거된다. 이를 그림 9.16 (a)에서 보여 주고 있다. 다음 공정은 식각etching에 의해 산화막(SiO$_2$)을 제거하면 감광 물질로 덮여져 있는 부분의 산화막이 웨이퍼 표면에 남는다. 마지막으로 감광 물질을

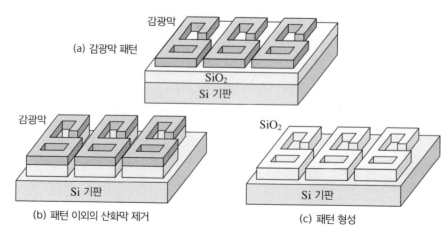

**▼ 그림 9.16 광사진 식각 공정(양성형 감광막)**

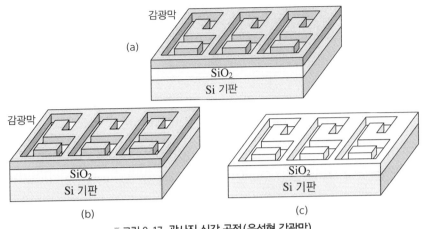

▸ 그림 9.17 광사진 식각 공정(음성형 감광막)

제거하면 된다. 이를 그림 9.16 (b), (c)에서 보여 주고 있다. 음성형 감광 물질은 이와 반대의 원리로 설명할 수 있다.

## (3) 식각의 종류

실리콘 웨이퍼 표면에 선택 확산으로 불순물 원자가 실리콘 결정 안으로 주입될 수 있도록 산화막을 부분적으로 제거하는 기술을 식각etching[4]이라고 한다.

식각 기술에는 앞에서 기술한 바와 같이 화학 약품에 의한 습식 식각wet etching법과 가스에 의한 건식 식각dry etching법이 있으나, 1[$\mu$m] 이하의 고정도 미세 가공의 식각에는 주로 건식 식각법을 이용하고 있다.

건식 식각은 가공 재료 표면에 활성화된 가스를 공급하고 여기서 반응이 일어나도록 하여 식각이 되도록 하는 방법으로 플라스마 식각plasma etching, 스퍼터링 식각sputtering etching 및 반응성 이온빔 식각reactive ion beam etching 등 세 가지로 나누어진다.

플라스마 식각은 원통형 챔버chamber에 고주파를 인가하여 플라스마를 발생시켜 식각하는 것이다.

스퍼터링 식각은 평행 평판형의 전극에 고주파를 인가하여 플라스마를 발생시켜 식각하는 것이다. 스퍼터링 식각은 평행 평판형의 전극에 고주파를 가하여 방전으로 얻어진 불황성 가스inert gas인 Ar$^+$ 이온을 기판에 충돌하여 물리적으로 기판 원자를 떼어 내어 식각하는 방법이다. 이두 방법 모두를 이용하는 것이 반응성 이온 식각 방법이다. 지금까지의 식각 기술을 순서대로 기술하면 다음과 같다.

- 감광 물질을 웨이퍼 표면에 도포하여 건조시킨다.
- 도포된 웨이퍼 위에 마스크를 올려놓고 선택 확산하고자 하는 부분을 검게 칠한 다음 자외선을 쪼인다.
- 현상액developer에 넣어 흔들면 자외선이 쪼여지지 않는 부분이 용해되어 제거된다.

---

4  식각 웨이퍼상의 특정 지역의 물질을 화학 반응을 통해 제거해 내는 공정으로 이때 사용되는 물질을 etchant라고 한다. 식각 방법에는 화학 용액을 사용하는 습식 식각과 가스나 플라스마, 이온빔 등을 이용하는 건식 식각이 있다.

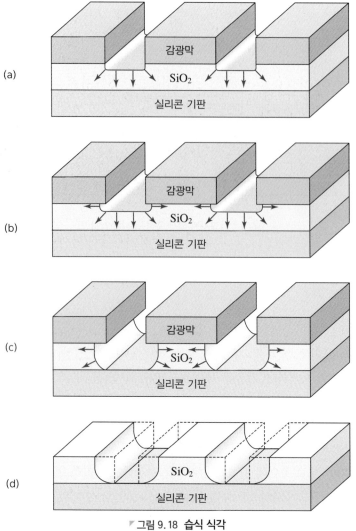

(a)

(b)

(c)

(d)

그림 9.18 **습식 식각**

- 이것을 HF용액(HF : H₂O = 1 : 10)에 넣으면 용해된 부분의 산화막이 제거되어 식각 공정이 완료되고 확산 공정으로 들어간다.

① **습식 식각**wet etching

습식 식각 기술은 화학 용액에 웨이퍼를 노출시킴으로써 이루어진다. 이것은 식각 패턴이 측면으로 퍼지는 결과를 초래하는 특성 때문에 등방성 공정isotropic process이라고도 한다. 습식 식각의 과정을 그림 9.18에 나타내었다.

② **건식 식각**dry etching

감소된 압력 하에서 가스의 형태로 식각하는 기술을 건식 식각이라 한다. 이것은 화학적 식각과 물리적 식각의 장점을 채택한 것으로 비등방성 공정anisotropic process이기도 하다. 그림 9.19에서는 건식 식각 과정을 보여 주고 있다.

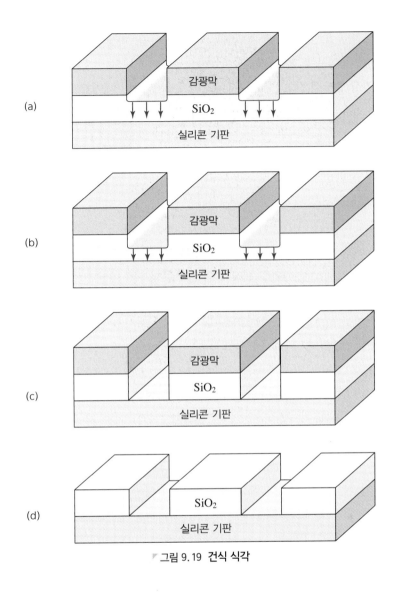

(a)

감광막

$SiO_2$

실리콘 기판

(b)

감광막

$SiO_2$

실리콘 기판

(c)

감광막

$SiO_2$

실리콘 기판

(d)

$SiO_2$

실리콘 기판

▼ 그림 9.19 **건식 식각**

## 3. 불순물 주입

### (1) 이온 주입 공정

회로 패턴과 연결된 부분에 불순물을 미세한 가스gas 입자 형태로 가속하여 웨이퍼의 내부에 침투시킴으로써 전자 소자의 특성을 만들어 주는 이러한 불순물 주입은, 고온의 전기로 속에서 불순물 입자를 웨이퍼 내부로 확산시켜 주입하는 확산diffusion 공정에 의해서도 이루어진다.

이온 주입ion implantation[5]이란 원자 이온에 목표물target인 고체 표면을 뚫고 들어갈 만큼의 큰 에

---

5  이온 주입  반도체 물질 내에 불순물을 첨가하여 전도 형태를 바꾸어 주는 방법의 하나로, 침투시킬 불순물 원자를 이온화하여 이것에 고전계(50~500 KeV)를 걸어서 고체 속에 주입하는 방법을 말한다. 불순물 첨가 방법에 있어서 확산diffusion법은 1,000~1,200[℃]의 고온에서 장시간 침투시키는 데 대해서 이온 주입법은 저온에서 조작되고 또한 불순물 분포의 제어가 용이하므로 확산법의 단점을 보완하는 방법으로 활성화되어 있다.

너지를 공급하여 이온을 고체 내에 주입하는 것을 말한다. 가장 많이 이용되는 경우는 반도체 소자를 제작할 때 실리콘에 불순물을 넣어 주는 공정이다.

이온 주입의 가장 중요한 장점은 불순물 원자의 수를 정확히 제어할 수 있고 접합 깊이를 조절할 수 있다는 것이다. 또 주입 후 600~1,000[℃] 온도에서 열처리annealing[6]함으로써 이온 주입 과정에서 발생할 수 있는 방사능 손상radiation damage의 제거와 주입된 불순물의 활성화를 꾀할 수 있으며, 분포 모양의 조절, 측면 퍼짐의 감소 및 균일성을 보장할 수 있게 된다. 실리콘 웨이퍼인 경우 3가인 붕소(B), 5가인 인(P) 및 비소(As)의 이온을 이용하는데, 이들은 상온에서 기체가 아니므로 분자 화합물의 기체를 사용해야 한다. 붕소를 만들기 위해서는 $BF_3$, $BCl_3$을 사용하고, P를 만들기 위하여 $PH_3$, 비소는 $AsH_3$ 등을 사용한다. 붕소의 경우를 보자. $BH_3$ 가스 분자들이 이온 주입 장치의 가스실 내로 들어가면 가열된 필라멘트에서 방출되는 열전자와 충돌하며, 이때 $BH_3$ 가스 분자들의 이온화율을 높이기 위하여 열전자를 100[V] 정도의 전위차로 가속시키는 동시에 자계를 인가하여 충돌 확률을 높인다. 방출된 열전자와 $BH_3$ 분자가 충돌하면 $_{10}B^+$, $F_2^+$, $_{10}BF^+$, $_{11}B^+$ 등의 이온으로 분해되며 분류기 내의 적당한 자장에 의해 원하는 $_{11}B^+$ 이온만이 선택되어 가속된다. 이온 주입 장치의 모형도를 그림 9.20에 나타내었다.

이온 주입에 관한 과정은 플라스마 상태에서 이온을 추출한 후, 이온 질량 분석기에서 필요한 이온만을 분류하게 된다. 이 이온은 높은 전압으로 큰 에너지를 받아 가속되어 웨이퍼 표면을 주사하면서 충돌하게 된다. 이 때 이온이 얻은 에너지 크기는 가속 전압의 크기에 따라 결정되므로 이에 따라 접합 깊이junction depth가 형성된다. 이온 주입 공정에서 불순물 농도를 조절하기 위해서는 주입되는 이온 단위 면적($cm^2$)당 양, 즉 도즈dose를 조절해야 한다. 불순물 깊이를 조절하기 위해서는 주입되는 이온의 가속 에너지(eV)를 조절해야 한다.

그림 9.21에서는 $SiO_2$의 얇은 막을 통하여 높은 에너지를 얻은 이온들이 주입된 상태를 보여주고 있는데, 이 이온들은 기판에 있는 원자들과의 충돌로 그들이 가지고 있던 에너지를 잃게 된다. 결국 이온들은 표면에서 기판 속으로 어떤 거리만큼 진행한 후 정지하게 된다. 이러한 연

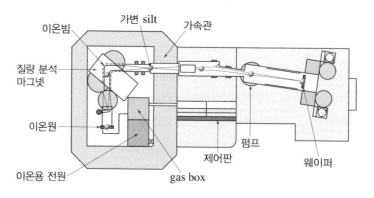

▼ 그림 9.20 이온 주입 장치의 개요도

---

6　열처리　고온에서 진행되는 공정으로, 웨이퍼의 용력을 풀거나 결정 구조를 균일하게 정렬시켜 소자 표면의 영향력을 줄이기 위한 과정이다.

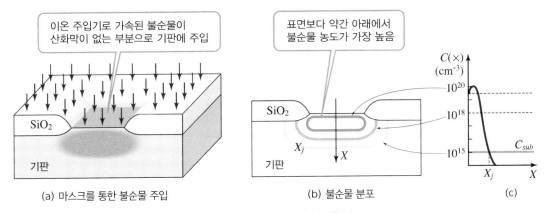

(a) 마스크를 통한 불순물 주입   (b) 불순물 분포   (c)

그림 9.21  이온 주입 공정의 불순물 분포

유로 주입된 불순물의 가장 높은 농도는 확산 공정에서와 같이 표면이 아니라 조금 더 깊은 영역에서 형성하게 된다. 기판 원자와 이온과의 충돌 횟수와 충돌에 의한 에너지 손실이 불규칙하게 변화하므로 주입된 불순물은 그림 (b)와 같이 기판에 공간적spatial인 분포가 된다.

이온 주입 공정의 중요한 결점은 높은 에너지 이온에 의한 충돌의 결과로 단결정 실리콘 기판의 결정격자(結晶格子)가 손상damage을 받는 것이다. 이러한 손상의 제거를 위하여 이온 주입 후 적절한 온도(900~1,000℃)로 어닐링annealing 과정을 거쳐야 한다.

## (2) 확산에 의한 이온 주입

웨이퍼 표면에 열에너지를 이용하여 불순물 원자를 표면 내로 주입시켜서 불순물층이 형성되도록 하는 공정을 확산diffusion이라고 한다. 확산 공정에서 가장 많이 사용하는 확산반응 시스템을 그림 9.22에 나타내었다.

### ① 불순물 확산

실리콘 소자 제조에 사용되는 불순물, 즉, 도펀트dopant는 p형 영역을 만들기 위하여 붕소(B), n형 영역을 만들기 위하여 인(P), 비소(As) 등을 사용하고 있다. 이들 원소들이 확산되는 개념도를 그림 9.23에 나타내었다. 충분한 온도(900~1,100℃)로 가열을 하면 그림과 같이 불순물 원자들이 창window을 통하여 실리콘 속으로 확산에 의해 이동하여 수직 또는 측면으로 퍼져 분포하게

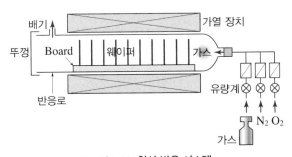

그림 9.22  확산 반응 시스템

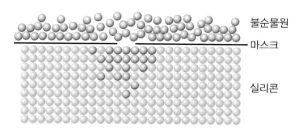

그림 9.23 **확산의 원리도**

불순물원
마스크
실리콘

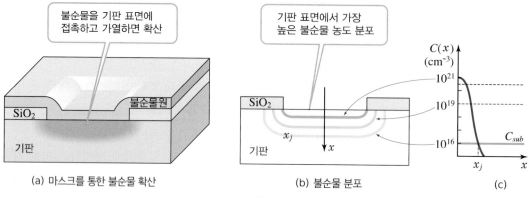

불순물을 기판 표면에
접촉하고 가열하면 확산

기판 표면에서 가장
높은 불순물 농도 분포

(a) 마스크를 통한 불순물 확산

(b) 불순물 분포

(c)

그림 9.24 **산화막을 통한 불순물 확산**

된다. 이와 같이 수직 확산뿐만 아니라 측면 확산이 일어나므로 집적 회로를 설계할 때 이 현상을 반드시 고려해야 한다. 기체, 액체, 고체 상태의 불순물 화합물로부터 고온에서 기체 상태로 웨이퍼 표면에 도착하여 $P_2O_5$, $B_2O_3$와 같은 화합물을 형성하여 막을 이룬다. 고온에서도 산화막에서 불순물 확산은 매우 느리기 때문에 산화막이 마스크의 역할을 하게 된다. 산화막(또는 마스크)이 없는 영역에서는 불순물이 실리콘 격자 속으로 들어가 확산하는 것이다.

확산은 표면에서부터 이루어지므로 불순물 농도가 표면 근처에서 가장 높고 확산 깊이에 따라 급격히 감소하게 된다. 그림 9.24에는 산화막을 마스크로 하여 불순물을 확산한 결과와 농도분포를 나타내었다. 그림 (b)에서는 실리콘에서의 불순물 분포를 도식적으로 보여 주고 있다. p형 실리콘 기판에 n형 불순물이 확산한 경우 기판 농도 $C_{sub}$와 불순물 농도 $C$가 만나는 점에서 pn 접합점 $x_j$가 결정된다.

② **두 단계 확산**two step diffusion

집적 회로 제조 공정에서 확산은 선확산인 전치 증착pre deposition과 후확산drive-in[7]의 두 단계로 이루어진다. 전치증착은 실리콘 웨이퍼 표면에 n형 또는 p형 불순물을 주입하는 단계이고, 후확산은 전치 증착된 불순물을 온도와 시간을 조절하여 최종 접합 깊이와 농도 분포를 얻는 단계를 말한다. 그림 9.25에서 확산의 두 단계를 접합깊이와 농도의 함수로 나타내었다. 그림 (a)는 전치

---

7  후확산  $B_{Boron}$이나 $P_{Phosphorus}$ 등의 불순물을 웨이퍼 내부로 더 깊이 침투시키는 것을 말하며, 확산과 같은 의미의 용어이다.

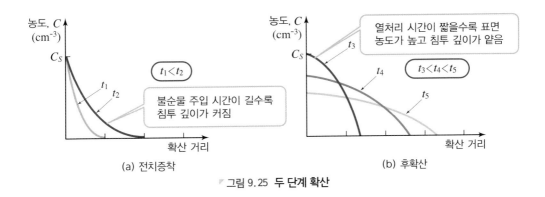

(a) 전치증착      (b) 후확산

그림 9.25 **두 단계 확산**

증착 후 $t_1$과 $t_2$ 시간 경과 후의 분포를 나타내고, 그림 (b)는 후확산 단계 후의 농도 분포의 변화를 나타내었다.

## 4. 화학 기상 증착

집적 회로는 불순물 도핑doping에 의하여 웨이퍼 표면에 형성된 n형 또는 p형 영역과 그 위에 형성된 여러 박막thin film층들의 조합으로 구성된다. 그림 9.26 (c)에서는 단결정 위에 단결정을 증착하는 것으로 기판의 결정 구조가 증착 층에 정확히 재현되는데, 이런 형태의 증착이 에피택시epitaxy 공정인 것이다. 그림 (a), (b)는 기판의 결정 구조와는 다른 구조의 층을 성장시킨 것이다.

화학 기상 증착(CVDChemical Vapor Deposition)은 유전체나 도체로 작용하는 층을 기체 상태의 화합물로 분해한 후 화학적 반응에 의하여 기판 위에 적층하는 기술이다. CVD 공정은 증착evaporation[8]될 물질 원자를 포함한 화학물질이 반응실로 들어간다. 반응실에서 가스gas 상태의 화학 물질이 다른 가스와 반응하여 원하는 물질이 만들어져 기판에 적층된다. 그 반응 원리를 그림 9.27에 나타내었다.

화학적 증착 방법은 내부 기압이 1기압인 경우 상압 CVD(APCVDAt Mospheric Pressure CVD), 1기

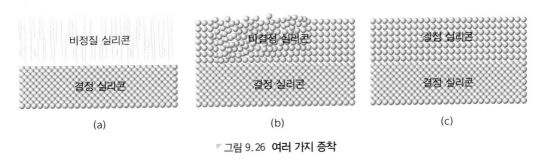

(a)      (b)      (c)

그림 9.26 **여러 가지 증착**

---

8    증착  고온의 열을 이용하여 source의 물질을 증발시켜 웨이퍼에 증착시키는 공정으로, 금속을 단시간에 고온으로 가열하여 증발시키면 증발한 금속이 사방으로 튀어나가서 가까이에 있는 온도가 낮은 물체wafer의 표면에 부착하여 얇은 금속막이 형성되는 원리를 이용한 것이다. 반도체 제조 공정에서는 e-beam이나 필라멘트 증착을 쓰는 것이 보통이며, 이 작은 금속이 고온으로 산화해 버리기 때문에 진공 속에서 이루어지며, 이것을 진공 증착vacuum evaporation이라고 한다.

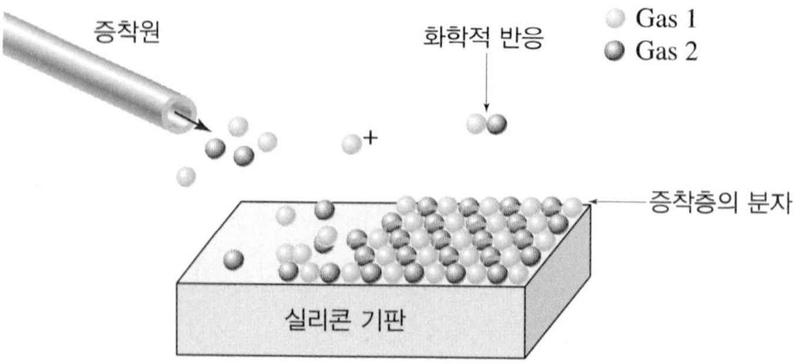
증착원
화학적 반응
Gas 1
Gas 2
증착층의 분자
실리콘 기판

그림 9.27 화학 기상 증착의 원리

압 이하의 경우는 저압 CVD(LPCVD$_{\text{Low Pressure CVD}}$)로 나누어지며, 낮은 온도에서 반응 속도를 높이기 위해 플라스마$_{\text{plasma}}$를 이용한 PECVD$_{\text{plasma enhanced CVD}}$가 있다. 가스의 종류와 온도에 따라 다양한 박막($SiO_2$, polysilicon)을 얻을 수 있다.

## 5. 금속 배선

집적 회로 공정의 마지막 과정으로 금속 공정이 있는데, 이것은 개별 소자의 제작이 끝나면 이들을 상호 접속하여 원하는 회로 기능을 갖도록 배선하는 기술이 **금속화**$_{\text{metalization}}$ **공정**인데, 금속 배선을 위한 방법은 진공 증착 방법인 PVD$_{\text{Physical Vapor Deposition}}$ 공정이 주로 사용된다. PVD 공정은 기판 온도를 자유롭게 조절할 수 있고, 화학 반응보다는 물리적인 제어만으로 증착하는 것이다. 그림 9.28에는 PVD 증착의 원리를 나타내었다.

금속이 실리콘에 증착되는 것은 컵의 물이 공기 중으로 증발하는 것과 유사하다. 온도를 높여주는 물과 공기의 경계면에서 어떤 물 분자는 대기로 증발한다. 금속 배선을 위한 방법은 전자선 진공 증착$_{\text{electron beam evaporation deposition}}$, 스퍼터링 증착$_{\text{sputtering evaporation deposition}}$ 방법이 이용되고 있다. 여기서 전자선 진공 증착은 진공 중에서 재료의 온도를 높여 증발시키는 방법이며 스퍼터링증착은 플라스마 내의 이온이 증착 재료인 목표물$_{\text{target}}$을 때려 목표물 재료가 떨어져 나와 증착되는 것을 말한다.

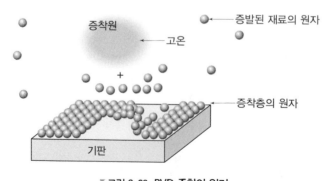

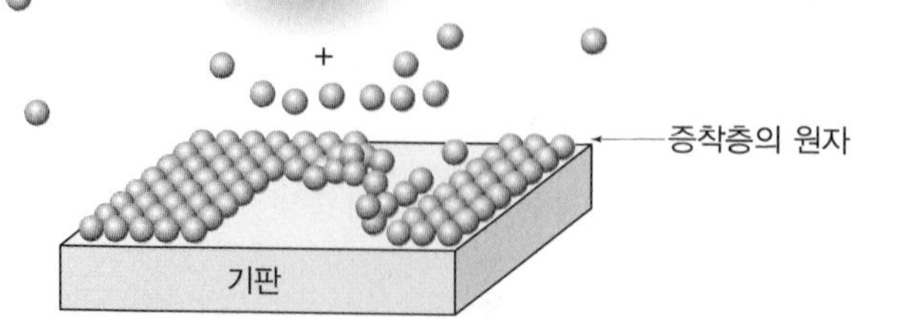
증착원
고온
증발된 재료의 원자
증착층의 원자
기판

그림 9.28 PVD 증착의 원리

# 3 반도체의 후(後)공정

웨이퍼 한 장에는 동일한 전기 회로가 인쇄된 무수한 칩이 담겨 있다. 칩 자체만으로는 외부로부터 전기를 공급받을 수 없으며, 또한 칩은 미세한 회로를 담고 있어 외부 충격에 쉽게 손상될 수도 있다. 따라서 칩에 전기적인 연결을 해 주거나 외부의 충격에 견딜 수 있도록 보호막이 필요한데 이 과정을 후공정back-end이라고 한다. 이러한 일련의 과정이 칩을 마치 포장하는 것과 같다 하여 패키징packaging 공정이라고도 부른다.

그림 9.29에서 보여 주는 바와 같이 반도체의 후공정을 순서대로 살펴보자.

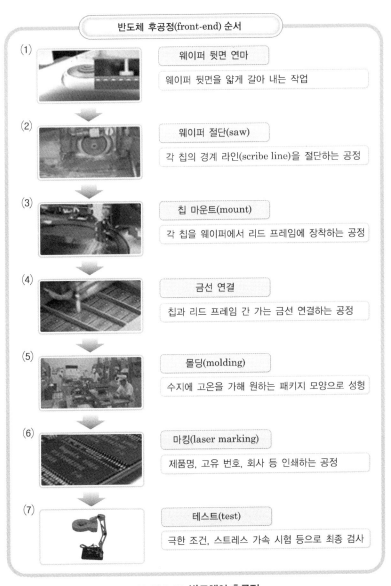

반도체 후공정(front-end) 순서

(1) 웨이퍼 뒷면 연마
웨이퍼 뒷면을 얇게 갈아 내는 작업

(2) 웨이퍼 절단(saw)
각 칩의 경계 라인(scribe line)을 절단하는 공정

(3) 칩 마운트(mount)
각 칩을 웨이퍼에서 리드 프레임에 장착하는 공정

(4) 금선 연결
칩과 리드 프레임 간 가는 금선 연결하는 공정

(5) 몰딩(molding)
수지에 고온을 가해 원하는 패키지 모양으로 성형

(6) 마킹(laser marking)
제품명, 고유 번호, 회사 등 인쇄하는 공정

(7) 테스트(test)
극한 조건, 스트레스 가속 시험 등으로 최종 검사

그림 9.29 반도체의 후공정

## 1️⃣ 웨이퍼 뒷면 연마 공정

연마back-side grinding란 갈아 낸다는 뜻이다. 입고된 웨이퍼는 간단한 검사를 마치고 웨이퍼 뒷면을 얇게 갈아내는 작업을 하게 되는데 이를 BSGBack-Side Grinding라고 한다.

갈아 내는 기술은 중요한 후공정 중의 하나인데, 신문보다 얇은 두께로 웨이퍼의 균열crack이나 깨지지 않게 갈아 내는 것은 수많은 경험과 오랜 숙련에 의하여 이루어질 수 있다. 높은 수율도 유지하며 더 얇게 갈아 낼 수 있느냐에 따라 고용량 제품을 생산할 수도 있다.

## 2️⃣ 웨이퍼 절단sawing 공정

가공된 웨이퍼를 절단하는 작업이다. 웨이퍼에는 수많은 칩들이 바둑판 모양으로 촘촘히 들어 있고 각 칩은 경계선이라는 절단선scribe line을 통하여 개별 칩으로 분리하게 되는데, 이 과정이 절단, 즉 sawing 작업이다. 절단 공정에 사용하는 톱은 다이아몬드 재질로 매우 강도가 강하다. 절단 과정 중에 칩에 균열이나 깨지는 것을 방지하기 위하여 물을 뿌려 주며 진행한다.

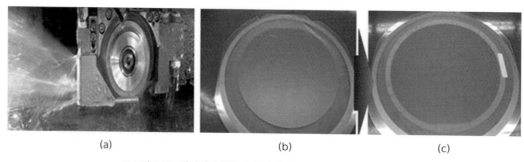

(a)                    (b)                    (c)

▼ 그림 9.30 웨이퍼의 절단 (a) 절단기 (b) 공정 전 (c) 공정 후

## 3️⃣ 칩 마운트 공정

절단된 칩들은 매우 얇고, 깨지기 쉬운 상태로 되어 있어서 이를 지지할 받침대 역할을 하는 프레임이 필요하다. 또한 칩들을 작동시키기 위하여 외부와의 전기적 연결도 필요하다. 칩 마운트

(a)                    (b)

▼ 그림 9.31 칩 마운트 공정

chip mount 공정은 각각의 칩들을 웨이퍼에서 떼어 내어 리드 프레임lead frame 또는 PCBPrinted Circuit Board 위에 옮겨 붙이는 작업을 말한다.

## 4 선 접합 공정

선 접합wire bonding 공정은 앞서의 칩 마운트 공정으로 옮겨진 반도체 칩의 접착점과 리드 프레임의 접착점 간의 전기적 연결을 위하여 가는 금선을 연결하는 공정이다. 선 접합 공정은 그림 9.32 (b)의 확대된 선 접합과 같이 수 마이크로미터($\mu$m)의 미세한 공정으로 오차가 조금만 있어도 칩 불량의 원인이 된다. 칩의 용도 및 실장 면적을 감소하기 위하여 칩과 리드 프레임, 각 전극을 전선이 아닌 작은 구슬solder ball을 이용하여 연결하는 방식도 있다. 그림 9.32 (a)는 와이어 본딩 작업 과정, (b)는 완성된 본딩, (c)는 솔더 볼을 이용한 완성한 본딩을 각각 보여 주고 있다.

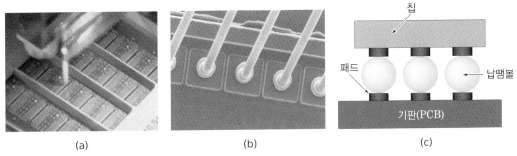

(a)　　　　　　　　　(b)　　　　　　　　　(c)

▼ 그림 9.32 선 접합 (a) 접합 공정 (b) 완성된 접합 (c) 솔더 볼 공정

## 5 몰딩 공정

반도체가 드디어 옷을 입었다. 가공된 웨이퍼는 후면을 연마하고, 각각의 칩을 잘라 내서, 받침대인 리드 프레임에 올리고, 금선으로 연결하였다. 이제는 외형 만들기이다. 그야말로 손톱만한 플라스틱 조각이 만들어진 것이다. 이 공정을 몰딩encapsulation 공정이라 하며, 수지에 고온의 열을 가해 원하는 모양을 만든다. 그림 9.33에 몰딩될 부분을 표시하였다.

## 6 레이저 마킹 공정

레이저 마킹laser marking 공정은 몰딩된 표면에 제품명이나 고유 번호, 제조 회사의 마크 등을 인쇄함으로써 일상에서 만나는 반도체의 모습이 완성된 것이다. 이때 마킹은 인쇄가 아니라 CAD 프로그램 등을 통하여 만들어진 데이터를 레이저로 각인하여 인쇄하는 것이다.

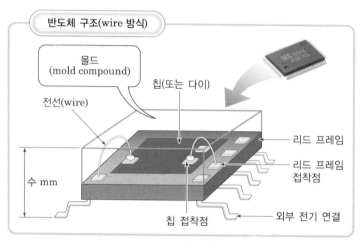

그림 9.33 **몰딩의 요소**

그림 9.34 **마킹의 결과**

## 7 패키지 테스트 공정

패키징 공정이 완료되면, 최종 관문이라 불리는 패키지 테스트_package test_를 하게 된다. 이 테스트는 완제품 형태를 갖춘 후, 검사가 진행되기 때문에 최종 검사_final test_라고도 한다.

패키지 테스트는 직접 소비자에게 판매되거나 정보 기기의 부품으로 장착되기 전의 마지막 점검 단계로 보다 엄격한 조건에서의 테스트가 이루어진다. 특히 극한 조건, 고전압, 고온, 강한 신호 등의 강한 스트레스 환경에 노출하여 제품의 내구성을 판단하는 번 – 인_burn-in_ 테스트를 필수로 진행하게 된다. 또한 테스트 중 발생하는 데이터를 수집·분석하여 그 결과를 제조 공정이나 조립 공정에 반영하여 제품의 질을 개선하는 중요한 역할을 하기도 한다.

그림 9.35 **패키지 테스트 장비**

**4** **반도체의 패키징 공정**

## **1** 패키지의 기본 구조

그림 9.33에서는 반도체 몰딩 구조를 보았는데, 기판에 장착된 단면 구조를 그림 9.36에서 다시 나타내었다. 리드 프레임lead frame의 형태에 따라 패키지를 분류할 수 있는데, 여기서 리드 프레임은 반도체 칩과 외부 회로를 연결하는 전선과 패키지를 PCB 기판에 고정시키는 버팀대 역할을 하는 금속선을 말한다. 가는 전선으로 칩과 기판 사이에 전기 신호를 전달하고 외부의 습기, 충격으로부터 칩을 보호하면서 고정시키는 골격의 역할도 하고 있다.

패키지의 종류로는 핀pin의 장착 형태에 따라 삽입 장착형through-hole mounted package과 표면 장착형surface mounted package으로 구분된다.

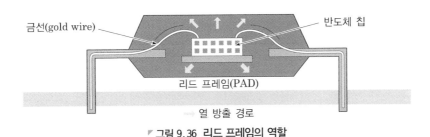

▼ 그림 9.36 리드 프레임의 역할

### 1. 삽입 장착 패키지through-hole mounted package

**(1) DIP**

DIP Dual In Package는 그림 9.37에서 보여 주는 바와 같이 패키지의 두 면에 리드선을 내어 사용하는 패키지형으로, 핀 수의 증가에 따라 패키지의 크기도 커진다. DIP형은 주로 40개 이하의 핀을 사용하는 패키지에 이용되고 있다.

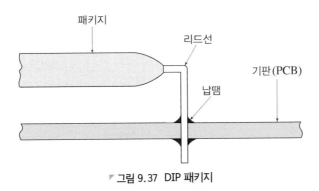

▼ 그림 9.37 DIP 패키지

## (2) PGA

많은 수의 핀을 필요로 하는 패키지로, PGA~Pin Grid Array~가 널리 이용된다. 이것은 64개 이상의 리드선을 갖는 삽입 패키지~through-hole package~ 방식이다. 그림 9.38은 PGA 방식의 패키지를 보여주고 있다.

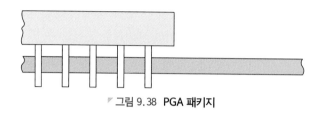

▛ 그림 9.38 **PGA 패키지**

## 2. 표면 장착 패키지~surface mounted package~

현재 패키징 기술은 생산성의 차이점으로 삽입 장착 기술에서 표면 장착 패키지~surface mounted package~ 방식으로 바뀌고 있다. DIP와 PGA 패키지의 중간 개수의 핀을 필요로 하는 용도에서는 표면 장착 패키지를 사용하는 것이 일반적이다. 이 방식의 패키지는 리드가 패키지 네 개면 모두에 있고 보드~board~에 구멍을 뚫을 필요가 없으며, 보드의 양면에 장착할 수 있으므로 PCB~Printed Circuit Board~ 공간을 줄일 수 있는 장점이 있다.

### (1) PLCC

가장 보편적인 패키지의 하나인 PLCC~Plastic Leaded Chip Carrier~는 크기가 작고 경제적이다. 그림 9.39 (a)에 J형 PLCC 패키지를 나타내었다.

### (2) QFP

QFP~Quad Flat Package~는 PLCC보다 더 많은 수의 핀이 요구되는 경우에 주로 이용하는데, PQFP~Plastic QFP~는 갈매기 날개 모양의 형으로 된 리드가 표면에 장착되며 200여 개의 핀을 사용할 수 있는 특징이 있다. 그림 9.39 (b)에서 이를 나타내었다.

### (3) BGA

BGA~Ball Grid Array~ 패키지는 PGA에 대응되는 개념으로, 리드 핀 대신에 납땜 볼~solder ball~을 사용

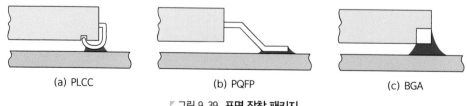

(a) PLCC    (b) PQFP    (c) BGA

▛ 그림 9.39 **표면 장착 패키지**

하는 것이며 주기판 상에 모든 부품을 장착한 후에도 납땜 볼을 붙이는 작업을 하여 장착이 가능한 특징을 갖는다. 그림 9.39 (c)에서 BGA 패키지를 보여 주고 있다.

지금까지 살펴본 집적 회로 패키지를 실장 방법에 따라 분류하여 정리한 것을 그림 9.40에 나타내었다.

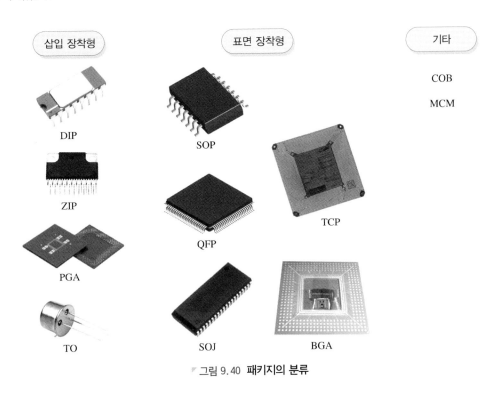

▶ 그림 9.40 **패키지의 분류**

## 2 ▮ 패키지의 특성

### 1. DIP

DIP<sub>Dual Inline Package</sub>는 그림 9.41에 나타낸 것과 같이 패키지의 양편으로 리드<sub>lead</sub>가 배치된 것으로, 가장 기본적인 형태의 구조를 갖는다. PCB의 홀을 통하여 실장되는 삽입 장착형의 패키지로 리드의 간격은 2.54[mm]이고, 비교적 적은 수의 핀이 있는 형태이다.

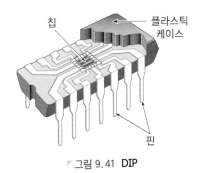

▶ 그림 9.41 **DIP**

## 2. ZIP

ZIP<sub>Zigzag Inline Package</sub>는 리드가 패키지의 한쪽 방향으로만 배치된 형태로, 리드의 간격을 1.27[mm]로 하여 패키지면에서 교대로 구부려 리드 간격이 2.54[mm]가 되도록 하는 패키지이다.

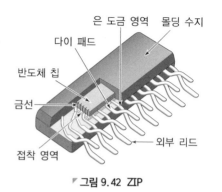

▼ 그림 9.42 ZIP

## 3. SOP와 TSOP

SOP<sub>Small Outline Package</sub>는 패키지의 양쪽으로 리드가 배치되어 있으며 갈매기 날개 모양으로 성형한 표면 장착형 패키지로, 리드 간격은 1.27[mm]이다. 이를 그림 9.43 (a)에서 보여 주고 있다. TSOP<sub>Thin SOP</sub>는 그림 (b)에 나타내었는데, 장착 면적을 줄이기 위하여 SOP의 두께를 1[mm]로 하고 리드 간격을 줄인 형태이다.

이 방식은 TSOP_I과 TSOP_II 방식으로 나뉘는데, TSOP_I 방식은 패키지의 짧은 모서리로 리드를 배치한 것으로, 리드 간격은 1.27[mm], 0.8[mm], 0.65[mm] 등이 있으며 노트북 등에 사용되고 있다. TSOP_II 방식은 패키지의 긴 모서리로 갈매기 날개 모양의 리드를 0.5[mm] 간격으로 배치한 모양의 패키지로 표면 장착형이다.

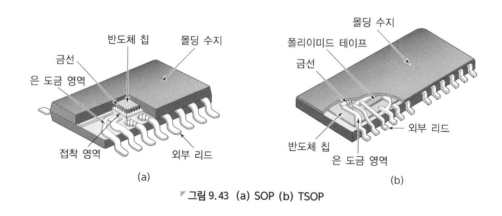

▼ 그림 9.43  (a) SOP (b) TSOP

## 4. SOJ

SOJ<sub>Small Outline J-leaded package</sub>는 리드의 모양이 영문자 'J'와 유사하다고 하여 붙여진 이름의 패키지로, 리드 간격은 1.27[mm]이며 주로 DRAM에 적용한다.

그림 9.44에서 보여 주고 있다.

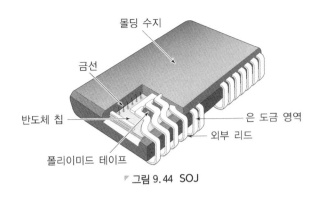

그림 9.44 SOJ

## 5. LOC

LOC<sub>Lead On Chip</sub>는 고집적화에 따라 집적 회로 칩의 면적이 늘어나는 추세에 있는데, 칩의 크기가 커져도 패키지의 크기를 키우지 않은 형태를 말한다. 패키지 안쪽이 있는 리드에 양면 접착테이프을 이용하여 내부 리드의 밑면에 칩을 붙이는 구조의 패키지이다. 그림 9.45에서 보여 주고 있다.

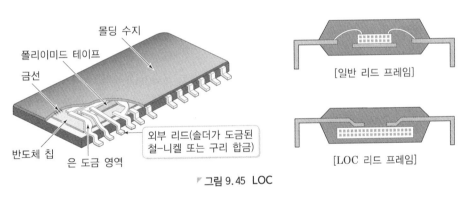

그림 9.45 LOC

## 6. QFP와 TQFP

그림 9.46에 나타낸 것처럼 QFP<sub>Quad Flat Package</sub>는 패키지의 네 모서리에 갈매기 날개 모양의 리드를 배치한 것으로, 사방형 패키지로 많은 리드의 수가 필요한 집적 회로에 적용하는 것이다. 리드 간격은 1.0 ~ 0.3[mm]까지 다양하며, 핀의 수는 0.65[mm]의 경우 232핀, 0.5[mm]는 304핀까지 제작되고 있다. 한편, 패키지의 두께에 따라 여러 종류가 있는데, TQFP<sub>Thin QFP</sub>는 패키지를 PCB에 장착할 경우 장착의 높이가 1.27[mm] 이하이고 패키지의 두께가 1.0[mm] 이하로 얇게 만든 QFP를 말한다. 리드 간격은 0.8[mm]에서 0.5[mm]까지 있으며, 핀의 수는 44~256[개]가 있다.

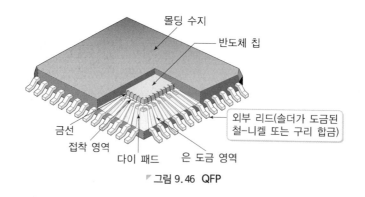

그림 9.46 QFP

## 7. LGA

LGA<sub>Land Grid Array</sub>는 PCB에 패키지를 장착할 때 공간을 줄이기 위하여 개발된 것으로, 적층된 반도체 기판을 사용하고 솔더 볼<sub>solder ball</sub>이 없으며 반도체 기판의 패드<sub>pad</sub>를 외부로 노출시킨 형태의 패키지이다.

## 8. BGA와 FBGA

BGA<sub>Ball Grid Array</sub>는 리드가 핀의 형태가 아니고 솔더 볼을 사용하는 것으로, PCB 위에 모든 부품을 장착한 후 솔더 볼을 붙일 수 있다. 한편, FBGA<sub>Fine Pitch Ball Grid Array</sub>는 솔더 볼의 간격을 1[mm] 이하로 기존의 TSOP보다 짧게 한 것으로, 기존 대비 제조 공정이 간단하여 제조비용을 낮출 수 있고, 열과 전기적 특성이 우수하며 얇고 가벼운 특징이 있다.

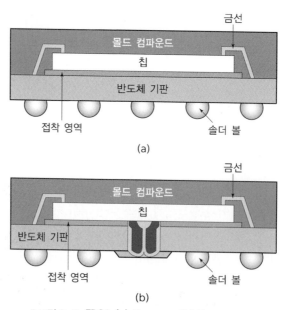

그림 9.47 FBGA (a) Face-up (b) Face-down

## 9. 다이 적층 BGA

다이 적층 BGA_Die Stack BGA는 기존 BGA 구조와 제조 공정을 이용하여 하나의 다이 위에 동종 (同種) 또는 이종(異種)의 다이를 추가로 장착할 수 있는 패키지이다. 이 기술은 PCB의 면적을 효율적으로 사용할 수 있고, 크기와 무게 등을 함께 줄일 수 있어서 비용 절감을 할 수 있으며, 메모리에 사용하는 경우 저장 용량을 증가시키고 크기도 줄일 수 있는 장점을 가지고 있다. 대표적인 다이 적층 BGA로는 MCP_Multi Chip Package를 들 수 있는데, 이것은 동일 칩 또는 다른 칩을 2개 이상 적층하는 패키지의 형태이다.

그림 9.48에서 보여 주는 패키지와 같이 NAND 플래시 위에 컨트롤러_controller를 MCP의 형태로 적층하면 NAND 플래시의 기능을 수행하면서 다른 기능의 작용도 수행할 수 있도록 하는 패키지이다. 이것은 겉으로 보기에는 한 개의 반도체처럼 보이지만 그 안에는 여러 개의 칩이 들어 있다. 개별 반도체를 평면적으로 여러 개 장착하는 것과는 달리 모두 위로 쌓아올려 칩의 탑재 공간을 줄이는 형태로 주어진 공간에 많은 기능의 칩을 탑재할 수 있으므로 스마트 폰, 태블릿 PC 등의 정보 기기에 사용된다.

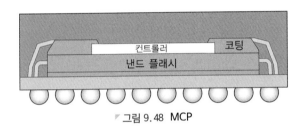

▛ 그림 9.48 MCP

## 3 선행 패키지 기술

### 1. 플립 칩 패키지

플립 칩_flip chip 패키지 기술은 1960년대에 미국 IBM이 개발한 것으로, 반도체 칩에 범프_bump를 붙인 후 패키징하는 것이 아니라, PCB기판에 바로 장착하는 형태의 것을 말하는데, 밀도를 높일 수 있는 방식이다. 칩에 형성된 범프가 뒤집혀 장착되기 때문에 플립 칩이라고 명명하고 있다. flip이란 '뒤집다'라는 의미이다. 다시 말하면, 반도체 칩을 회로 기판에 장착할 때 리드_lead와 같은 연결 구조나 BGA와 같은 중간 연결체를 사용하지 않고, 칩 아래에 있는 전극 패턴을 이용하여 그대로 접착하는 방식으로 선이 없는 패키지 기술이다.

소형, 경량화에 유리하고 전극 간 간격을 더욱 미세하게 만들 수 있다. LED의 경우에는 발광 효율을 향상시키기 위하여 이 방식을 채택하고 있다. 이것은 장착 방법에 따라 FCIP_Flip Chip In Package와 FCOB_Flip Chip On Board로 나누어진다. 그림 9.49에서는 이들을 보여 주고 있는데, (a)는 기판 위에 칩을 붙여서 보드에 장착하는 방식이다. 불량이 발생할 경우 수선이 용이한 반면, 전

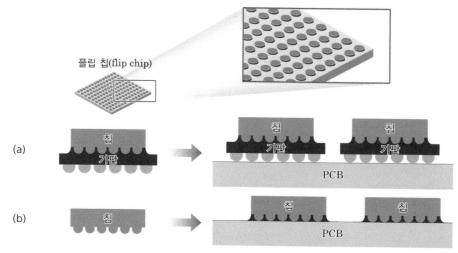

플립 칩(flip chip)

칩

기판

PCB

(a)

(b)

칩

PCB

▼ 그림 9.49  flip chip (a) FCIP (b) FCOB

기적 특성이 다소 떨어지는 단점이 있다. (b)는 FCOB를 나타낸 것인데, 고밀도 경량화 장착이 가능하고, 전기적 특성이 우수하다. 불량이 발생할 경우 수선이 어렵다는 단점이 있다.

## 2. WLCSP

기존의 패키지 방식은 웨이퍼의 전공정이 끝난 후, 칩을 다이아몬드 톱으로 잘라 개개의 칩으로 분리하여 패키지 공정을 진행한다. 그러나 WLCSP\ :sub:`Wafer Level Chip Scale Package` 방식은 전공정이

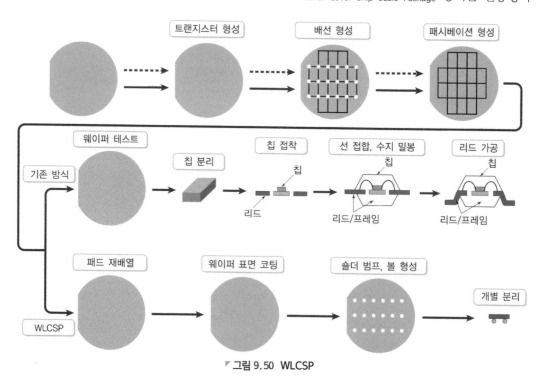

▼ 그림 9.50  WLCSP

끝나는 대로 바로 웨이퍼 상태에서 일괄 공정으로 패키지 공정을 수행하는 방식으로, 신뢰성을 높일 수 있고 제조비용을 줄일 수 있다.

그림 9.50은 전공정과 후공정의 경로를 나타낸 것인데, (a)는 기존 방식이고, (b)는 WLCSP 방식의 경로이다. 요즈음의 반도체는 웨이퍼의 크기가 커지고 칩 크기를 작게 하여 수율을 높이는 추세에 있다. WLCSP 방식은 반도체 칩의 크기가 패키지와 같기 때문에 기존 패키지 형태보다 전체의 크기가 작아지는 장점이 있다.

### 3. TSV

TSV<sub>Through Si Via</sub>는 웨이퍼에 관통할 수 있는 구멍을 내어 반도체 칩과 칩 또는 웨이퍼와 웨이퍼를 접합하여 3차원으로 적층하는 구조를 갖는 패키지로, 고용량의 작은 패키지를 구현할 수 있다. 다시 말하면 칩을 일반 종이 두께의 절반보다 얇게 깎은 다음, 수백 개의 미세 구멍을 뚫어 상단과 하단의 칩을 연결하는 기술로 동작 속도가 빠르면서 소비 전력을 줄일 수 있는 방식이다. 또한 전기적 신호 전달 경로가 짧아져 속도가 빠른 반도체에 유리한 기술이다. 그림 9.51에 그 구조를 나타내었다.

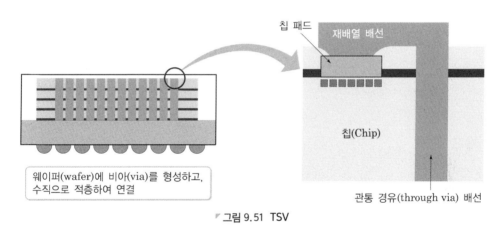

칩 패드 재배열 배선

칩(Chip)

웨이퍼(wafer)에 비아(via)를 형성하고, 수직으로 적층하여 연결

관통 경유(through via) 배선

그림 9.51  TSV

## 4 ▪ 패키지의 공정

### 1. 라미네이션 공정

"lamination"의 의미는 얇은 판으로 하는 일 혹은 적층이다. 이 공정은 전 공정을 마친 웨이퍼는 그 뒷면을 갈아 원하는 두께로 만들어야 한다. 이때 웨이퍼의 윗면, 즉 반도체 회로의 패턴이 형성된 면에 물리적, 화학적 손상이 있을 수 있는데, 이를 방지하기 위하여 보호 테이프를 붙이는 공정을 라미네이션<sub>lamination</sub> 공정이라 한다.

## 2. 백 그라인딩 공정

백 그라인딩back grinding 공정에서 "back grinding"은 "뒷면 갈기"의 뜻이다. 이 공정은 제품별로 주어진 규격에 따라 패키지의 높이를 맞추기 위해 웨이퍼의 뒷면을 원하는 목표만큼의 두께로 갈아 내어야 한다. 가는 순서는 먼저, 거친 갈기rough grinding를 한 다음, 미세 갈기fine grinding, 초미세 갈기super fine grinding의 순서로 진행한다. 이 공정으로 웨이퍼의 거칠기를 제거하여 평탄성을 좋게 하고, 스트레스 층을 없애 웨이퍼의 강도를 높일 수 있다.

## 3. 웨이퍼 절단 공정

웨이퍼 절단wafer saw 공정은 전공정이 완료된 후, 절단선scribe line을 따라서 다이아몬드 톱diamond blade으로 절삭하면서 개별 반도체의 칩으로 분리하는 공정이다.

## 4. 다이 접착 공정

반도체 칩을 기판에 접착시키는 공정이다.

## 5. 선 접촉 공정

선 접촉wire bonding 공정은 다이 접촉 공정 후, 반도체 칩의 전극과 리드 프레임 전극을 미세한 금속선으로 연결하는 공정이다.

## 6. 몰드 공정

몰드mold 공정에서 "mold"란 "형태를 만들다"의 뜻이 있는데, 다른 영어로 "캡슐에 싸다"의 뜻인 "encapsulation"을 쓰기도 하고, 한자로는 "물건을 담는다"의 뜻을 가진 봉지(封脂)라고도 한다. 완성된 제품을 몰드 수지(EMCEpoxy Mold Compound)를 녹여 바깥 부분을 덮어 주는 공정이다.

## 7. 마킹 공정

마킹marking 공정은 제품의 표면에 칩의 고유 명칭, 제조일, 특성, 일련번호 등을 인쇄하는 공정이다.

## 5 반도체 소자의 제조

구성 트랜지스터의 종류에 따라 집적 회로를 분류하면 바이폴러bipolar 형과 MOSMetal-Oxide-

<sup>Semiconductor</sup>형으로 나누어진다. 바로 이런 트랜지스터, 저항, 커패시터가 웨이퍼 위에 만들어지며 서로 연결되어 반도체 소자로서의 기능을 발휘하게 된다.

## 1 바이폴러 트랜지스터

바이폴러(<sub>bipolar</sub> : bi(두 개)+polar(극성)) 트랜지스터는 두 개의 극성(極性)을 가진 전하(전자와 정공)가 그 기능에 기여하는 트랜지스터이다. 바이폴러 트랜지스터는 원리적으로는 보통의 개별 트랜지스터를 그대로 집적한 것이라고 생각하면 된다. 이미터, 베이스, 컬렉터의 세 영역이 서로 접촉하고 있는 형태로 되어 있으며 이미터 – 베이스, 베이스 – 컬렉터 사이에 두 개의 pn 접합을 가지고 있다. 일반적으로 바이폴러 트랜지스터는 고속이기는 해도 전력 소비가 많고 제조 공정이 복잡하기 때문에 VLSI급 이상에서는 주류를 이루지 못한다.

그림 9.52에서는 바이폴러 트랜지스터의 기본 구조를 보여 주고 있다.

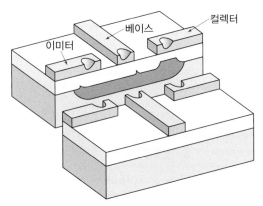

▼ 그림 9.52 **바이폴러 트랜지스터의 구조**

## 2 MOS 트랜지스터

MOS<sub>Metal Oxide Semiconductor</sub> 트랜지스터는 산화막에 의하여 전기적으로 절연된 게이트에 전압을 걸어 전류의 통로를 제어하는 전계효과 트랜지스터(FET<sub>Field Effect Transistor</sub>)이다. 제조 공정이 비교적 간단하고 전력 소비가 적어서 대규모 집적 회로에 적합하다. 처음에는 제조하기가 쉽다는 점에서 n형 실리콘을 기판으로 사용하는 pMOS형이 사용되었으나 동작 속도가 느리기 때문에, 보다 고속인 nMOS형이 채용되기 시작하였다. 이것은 p형 실리콘을 기판으로 사용한다.

그러나 VLSI급 이상에서는 nMOS형이라 해도 전력 소비가 많으므로, 이들을 조합한 형태의 보다 고속이고 전력 소비가 적은 CMOS<sub>Complementary MOS</sub>형이 주류를 이루고 있다

그림 9.53에서는 전계효과 트랜지스터의 기본 구조를 보여 주고 있다.

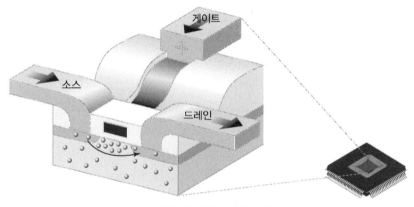

▼ 그림 9.53 MOS 트랜지스터

## ③ ■ nMOS 트랜지스터의 제조 공정

### 1. nMOS 소자의 공정과 레이아웃

MOS 공정은 디지털 논리 회로의 응용에 광범위하게 이용되고 있으며, 바이폴러bipolar 공정에 비하여 높은 집적도를 갖는 장점이 있다. 바이폴러 트랜지스터는 소자와 소자 사이의 분리에 많은 면적을 필요로 하는 반면 MOS 소자는 소자 간 격리isolation를 위한 특별한 공정이 필요하지 않고 단지 활성화 영역active region은 역방향 pn 접합에 의해 소자를 격리시키면 된다.

이와 같이 MOS 소자는 작은 면적을 소모하므로 고밀도 집적 회로를 구성할 수 있으며, 높은 입력 임피던스를 이용하여 신호를 저장하는 기억소자로서 응용되고 있다.

MOS 공정에는 nMOS, pMOS와 이 둘을 합친 상보적으로 조합하여 구성한 CMOSComplementary MOS 공정이 있다. pMOS는 이동도가 낮은 정공을 캐리어로 사용하므로 속도가 늦어 집적회로에는 거의 사용하지 않는다. nMOS는 이동도가 높은 전자(정공의 약 3배)를 캐리어로 사용하기 때문에 속도가 빠르고 레이아웃layout도 간단하다.

그림 9.54에는 nMOS 트랜지스터의 제작과 레이아웃 과정을 단계별로 나타내었다.

① 첫 단계는 p형 실리콘 기판 위에 초기 산화막initial oxide과 질화막silicon nitride($Si_3N_4$)을 성장시킨다.

② 마스크 1을 사용하여 활성화 영역active region을 설정한 후, 필드 산화막(FOXField OXide)을 성장시킨다.

③ 활성화 영역의 설정에 사용한 초기 산화막과 질화막을 제거한다.

④ 게이트 영역을 정의할 게이트 산화막을 형성한다.

⑤ 다결정 실리콘polysilicon막을 형성한 후 마스크 2를 사용하여 게이트 영역을 제외한 부분을 제거한다.

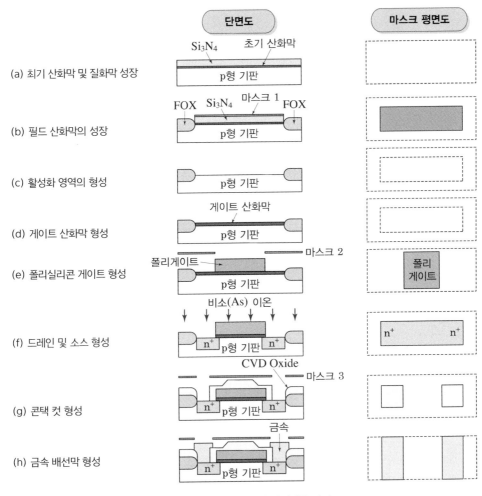

▼ 그림 9.54 nMOS 공정과 레이아웃 단면도

⑥ 이온 주입ion implantation 기술로 n형 불순물(P, As)을 주입하여 소스/드레인 영역을 정의한다. 이때 게이트 영역의 다결정 실리콘은 n형 불순물의 주입에 대한 마스크 역할을 하여 소스와 드레인으로 하여금 자기 정렬self alignment하도록 한다.

⑦ 내부 소자의 보호를 위해 CVD 산화막을 형성한 후, 소스와 드레인 영역을 금속 배선층과 접속할 수 있도록 산화막에 마스크 3을 이용하여 접촉 영역contact region을 형성한다.

⑧ 소도스/드레인 영역과 외부 단자와의 상호 연결이 가능하도록 마스크 4를 이용하여 금속배선을 한다.

그림 9.55는 nMOS 트랜지스터의 제조 공정을 3차원적으로 묘사하여 나타낸 것이다.

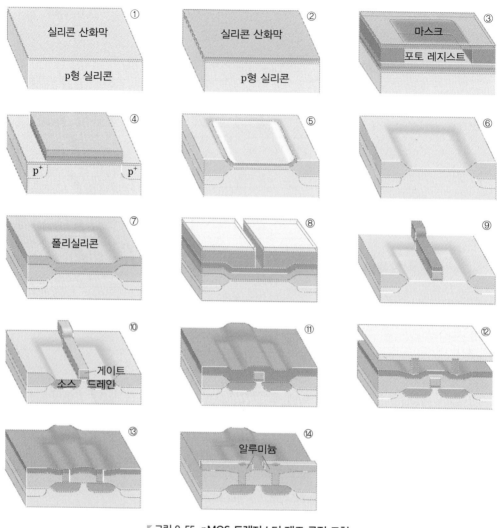

그림 9.55 nMOS 트랜지스터 제조 공정 모형

## 4 CMOS 소자의 공정

### 1. CMOS 공정의 종류

CMOS 공정은nMOS 트랜지스터와 pMOS 트랜지스터를 모두 사용하는 것으로 nMOS 공정에 비하여 안정된 출력, 안정된 스위칭switching 특성, 저전력 소비 등의 장점을 가지고 있으나, 집적도에서는 nMOS 공정보다 떨어진다. 또한 nMOS 트랜지스터는 DC 전력 소모가 있는 반면, CMOS 회로는 DC 전력 소모가 거의 없다. 이것은 CMOS 회로 내의 nMOS와 pMOS가 동시에 동작(ON) 상태가 되지 않으므로 전원과 접지 사이에 직류 흐름 경로DC conduction path가 생기지 않아 직류 전력 소모가 거의 없으며 열 발생량도 줄어든다.

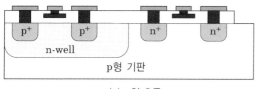

(a) n형 우물

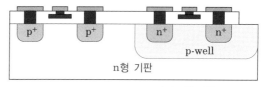

(b) p형 우물

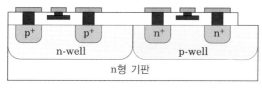

(c) 쌍우물

▼ 그림 9.56 CMOS 공정 기술

이 밖에도 nMOS 공정에 비해 균등한 상승 및 하강 지연 시간rise/fall delay time, 잡음 방지, 용량이 큰 커패시터로 부하를 구동할 수 있는 능력 및 우수한 게이트 전송 능력 등의 장점이 있다. CMOS 회로에는 nMOS와 pMOS가 한 쌍으로 설계와 제작이 되므로 공정이 복잡한 단점이 있으나, 현재 집적 회로의 공정에 가장 적합한 기술로 널리 이용되고 있다.

CMOS 공정에는 n형 우물n-well CMOS 공정, p형 우물p-well CMOS 공정, 쌍우물twin-well/twin-tub CMOS 공정 및 SOISilicon On Insulator CMOS 공정 기술 등으로 구분된다.

한 기판 위에 두 개의 트랜지스터를 형성하기 위해서는 기판과는 반대의 성질을 갖는 우물well/tub이라 하는 불순물 영역이 필요하게 된다.

그림 9.56에서는 세 가지 기본 CMOS 공정의 단면도를 보여 주고 있다. 그림 (a)에서는 n형 우물n-well CMOS 공정을 보여 주고 있는데, p형 기판 위에 n형 우물 영역을 형성하여 pMOS를 구성하고 p형 기판에는 nMOS 공정과 같은 공정으로 nMOS를 구성한다. 그림 (b)의 pMOS 공정은 n형 기판에 p형 우물 영역을 형성하여 nMOS를 구성하고, n형 기판에는 pMOS를 구성하여 CMOS 구조를 제작한다. 한편, 그림 (c)에서 나타낸 쌍우물twin-well CMOS 공정은 n형 우물과 p형 우물을 형성하여 pMOS와 nMOS를 각각 구성한다.

이 공정 기술은 공정 과정이 복잡하나 nMOS 및 pMOS의 임계 전압, 바디 바이어스 효과 및 이득 등을 독립적으로 조절할 수 있으며 특히 pnpn 구조인 SCR이 구성되어 기생 npn과 pnp형 트랜지스터 작용으로 CMOS의 전류 - 전압 특성에 악영향을 미치는 래치-업latch-up 현상을 줄일 수 있는 장점을 가지고 있다.

SOI-CMOS 공정은 절연체 위에 단결정 박막thin film을 성장시키고 여기에 pMOS와 nMOS를 구성하는 것이다. 집적도를 높일 수 있고 래치 - 업 문제를 최소화할 수 있으며, 기생 용량이 작은 장점을 갖는다.

## 2. 쌍우물twin-well CMOS 공정

앞에서 CMOS의 제조 공정에는 n-well, p-well, twin-well 등의 공정이 있음을 알았다. 반도체의 제조 공정은 회사마다 사용하는 기술이 다르다. 공정 단계도 세밀하게 나누면 백여 단계가 넘는다.

여기에서는 그림 9.57에 나타낸 것과 같은 평면도와 단면도를 갖는 CMOS 공정을 진행하기로 한다. 공정의 과정을 대폭 줄여 중요한 단계만을 기술하여 제조 공정을 살펴본다. 사용하는 기술은 2층 금속double metal에 twin-well CMOS 공정으로 하였다.

그림 9.57 (a)에서 보면 다각형의 형태로 여러 층들이 포개져 있다. 그림 (b)에서와 같이 밑에서부터 기판, well층, 액티브($n^+$ 및 $p^+$)층, 폴리층, 메탈 1, 메탈 2층 등으로 층들이 겹겹이 쌓여 있는 것을 볼 수 있다. 이와 같이 반도체를 만들 때는 여러 종류의 층들을 쌓아올려 만든다는 것이 반도체 소자의 공정 과정을 이해하는 데 도움을 줄 것이다. 그림 (a)의 레이아웃 도면과 비교하여 보면 형태가 다른 직사각형이 7개의 층으로 쌓여 있는데, 이 각각의 층은 공정에서 하나하나의 마스크로 제작하고 이 마스크들을 이용하여 공정이 진행된다. 액티브active 영역은 nMOS, pMOS가 만들어질 영역을 말한다. 액티브 영역은 우리말로 활성 영역이라고도 한다.

이제 그림 9.57에 나타낸 CMOS 소자를 만드는 과정을 살펴보자.

그림 (a)는 (b)를 위에서 본 평면도이다. 밑에서부터 순서대로 차곡차곡 쌓아올라온 것이다.

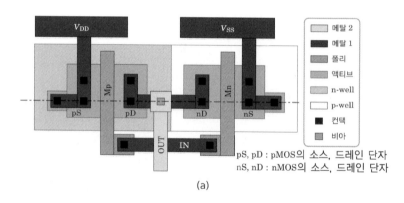

(a)

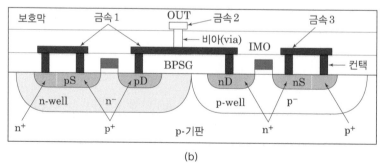

(b)

◤ 그림 9.57 CMOS의 (a) 평면도(layout) (b) 단면도

여러 층으로 구성된 것이다. (a) 옆에 있는 각 층의 명칭을 (b)와 비교하여 보기 바란다. 메탈은 metal, 폴리는 poly silicon, 액티브는 active, 컨택은 contact, 비아는 via를 각각 나타낸다.

## (1) 초기 산화initial oxidation

먼저 아주 얇은 초기 산화막을 성장한다. 산화막은 반도체 제조에서 중요한 공정의 하나로, $800 \sim 1,200℃$ 사이의 온도에서 마른 산소나 수증기를 실리콘 표면에 반응시키면 얇고 균일한 산화막을 얻을 수 있다. 산화막은 다음의 화학 반응을 통하여 얻을 수 있다.

$$SiH_4 + 2\ O_2 \rightarrow SiO_2 + 2\ H_2O \qquad\qquad (9.1)$$

$SiH_4$ 가스와 산소를 혼합하여 적절한 온도로 반응하여 성장하고 부수적으로 발생하는 $H_2O$는 배출된다. 산화란 산소와 결합하여 산소 화합물을 만드는 것이다. 우리 생활에서 볼 수 있는 철의 빨간 녹을 비유해 볼 수 있다. 철이 공기 중의 산소와 결합하여 산화철이 되듯이 실리콘이 산소와 결합하여 산화가 되는 것이다. 산화막이 형성되는 과정은 9–2절에서 살펴본 제조 공정을 참고하기 바란다.

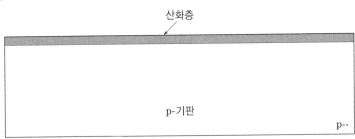

▼ 그림 9.58 초기의 산화막의 성장

## (2) 질화막의 증착과 감광액 도포

다음으로 이어지는 단계로 질화막nitride($Si_3N_4$) 증착이 있다. p형 실리콘 위에 질화막을 증착[9]한다. 이 질화막 증착은 제조 과정에서 필요한 다른 목적의 공정을 수행할 수 있도록 도와주고 그 목적이 이루어지면 없애는 과정이다. 질화막은 다음 화학 반응을 통하여 얻을 수 있다.

$$3\ SiH_4 + 4\ NH_3 \rightarrow Si_3N_4 + 12\ H_2 \qquad\qquad (9.2)$$

$SiH_4$ 가스와 암모니아 가스인 $NH_3$를 혼합하여 적절한 온도와 시간을 변수로 하여 반응시키면 질화막이 증착된다.

그 다음 질화막 위에 감광 물질(感光物質, $PR$photo resist)[10]을 도포coating한다. 이 감광 물질은 유기 용액으로 질화막 위에 필요한 만큼 떨어뜨린 후, 스피너로 기판을 회전시키면 표면에 얇고

---

9  증착 금속을 고온으로 가열하여 증발시켜 그 증기로 금속을 박막상(薄膜狀)으로 밀착시키는 방법을 말하는데, 진공 속에서 이루어지는 진공 증착이라고도 한다. 응용 예로서 실리콘 트랜지스터에서는 실리콘에 직접 리드선을 달기가 어려우므로 기판의 베이스 및 이미터 부분에 알루미늄을 증착한다.

10 감광 물질 빛이나 X선, γ선, 중성자선과 같은 방사선의 작용을 받아서 화학적·물리적 변화를 일으키는 화학 물질을 말하는데, 감광제라고도 한다.

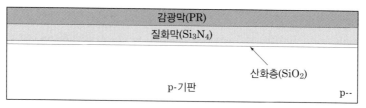

그림 9.59 **질화막의 증착과 감광액의 도포**

균일한 막이 형성된다. 감광액은 말 그대로 어떤 물질이 빛을 받으면 그 특성이 변하는 물질이다. 감광액은 빛에 노출된 부분이 제거되느냐, 노출되지 않는 부분이 제거되느냐에 따라 양성형positive PR과 음성형negative PR로 분류된다. 즉, 양성형은 빛에 노출된 부분이 현상 용액에 녹고, 음성형은 그 반대의 성질을 갖는다.

## (3) n-well 마스킹

우리는 앞서 twin-well CMOS 공정으로 진행하기로 하였다. 그것의 하나로 먼저 n-well을 형성하기 위하여 n-well 마스킹masking[11] 작업을 해야 한다. 마스크란 겨울에 날씨가 추우면 코와 입을 막아 주기 위하여 착용하는 것이다.

반도체를 만들 때 마스크mask는 어떤 역할을 할까? 마스크란 코와 입에만 찬바람이 들어가지 못하게 막아 주는 역할을 하지 않는가? 그렇다. 반도체 제조 공정에서도 특정 영역에만 무엇을

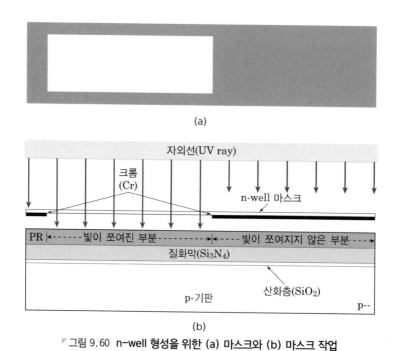

그림 9.60 **n-well 형성을 위한 (a) 마스크와 (b) 마스크 작업**

---

11  마스킹masking 물리적 현상이나 효과가 내부 또는 외부의 방해를 받아 가려져 나타나지 않거나 약화되는 일을 말한다. 전파 등의 잡음이나 방해 전파로 인하여 검출되지 않는 현상을 이른다. 목적 성분의 검출 또는 정량을 방해하는 공존 성분을 계(系) 외로 제거하는 일이 없이 적당하게 화학 처리하여 그 방해를 없애는 일이다.

넣어 주어야 하는 과정이 있다. 그래서 그 영역만을 규정하기 위하여 마스크가 필요하다. 또 반도체를 만들 때는 빛이 필요하다. 빛을 이용하여 감광액의 성질을 변화시켜야 하기 때문이다. 그래서 마스크의 형태는 얇은 유리판 위에 크롬으로 투명 영역과 불투명 영역으로 구분하여 제작한다. 투명 영역은 빛이 통과할 것이고, 불투명 영역은 빛이 통과하지 못할 것이다. 요즈음은 디지털카메라를 사용하니 잘 모를 수 있으나, 옛날 사진기는 필름이 꼭 필요하였다. 이 필름의 역할이 바로 마스크이다.

지금 우리는 n-well 영역을 만들기 위해서 마스크 작업을 하고 있는 것이다. 이 영역에만 $n^-$ 불순물을 넣어 주어야 하는 것이다. $n^-$ 불순물의 기판 속에는 pMOS가 만들어진다는 것을 앞에서 살펴보았다. 그림 9.60에서 n-well 영역을 규정하기 위한 (a) 마스크와 (b) 마스크를 이용하여 빛(자외선)을 쪼여 감광액의 성질을 변화시키고 있는 과정을 보여 주고 있다.

## (4) 질화막의 식각

그림 9.61에서는 n-well 영역의 빛에 노출된 감광막이 (a) 제거된 후, (b) 질화막이 식각된 과정을 보여 주고 있다. 이 영역으로 n형 불순물을 넣어 주는 공정이 이어지는 것이다.

식각etching[12]은 웨이퍼 상의 특정 영역의 물질을 화학 반응을 통하여 제거하는 공정이다. 다시 말하면 자외선과 감광액을 이용하여 현상과 인화 과정 후 필요한 부분을 제거하는 공정인데, 반도체 집적 회로 제작에 중요한 공정이다. 질화막이나 산화막 등의 매질을 화학 용액을 이용하여 없애는 습식 식각wet etching과 가스, 플라스마, 이온빔 등을 이용하여 제거해야 할 부분을 깎아 내는 건식 식각dry etching이 있다.

습식 식각은 식각시킬 매질을 녹일 수 있는 화학 용액을 이용하여 필요한 부분을 녹여 내는

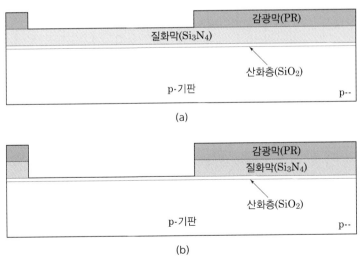

▼ 그림 9.61 n-well 영역을 위한 (a) 감광막과 (b) 질화막의 식각

---

12 식각 화학 용액이나 가스를 이용해 실리콘 웨이퍼 상의 필요한 부분만을 남겨 놓고 나머지 물질을 제거하는 것으로, 식각 방식은 가스나 플라스마, 이온빔을 이용하는 건식 식각과 화학 약품을 사용하는 습식 식각이 있다.

방법인데, 마치 마당에 쌓여 있는 눈을 필요한 만큼 부분적으로 없애고자 하는 경우와 같은 이치이다. 예를 들어 가로×세로가 500[mm]×500[mm]인 면적을 더운 물을 부어 녹여 내는 것과 같은 것으로 보면 될 것이다. 이 방법은 제거해야 할 부분을 정확히 제거할 수 없는 단점을 가지고 있다. 한편, 건식 식각은 어떤 분자나 이온에 에너지를 주어 빠르게 가속시켜 제거해야 할 부분의 분자나 원자에 충돌시켜 깎아 내는 방법으로 주로 정밀한 식각을 요하는 공정에 사용된다.

## (5) n-well 형성

이제 n-well이 형성될 영역, 즉 창window이 만들어졌으므로 이 창 영역으로 n형 불순물을 넣어 주면 된다. 그렇다면 n형 불순물을 어떻게 넣어 주면 될까?

식목일에 나무를 심어 보거나, 치과에서 임플란트implant라는 방법으로 치아를 이식한 경험이 있거나 들어 본 적이 있을 것이다. 임플란트란 '심는다.'라는 뜻이다. 무엇을 심을 것인가? 나무 혹은 치아를 심을 것인가? 불순물도 심을 수 있다.

이와 같이 반도체 공정에서도 불순물을 필요한 영역에 심을 수 있다. 이것을 이온 주입ion implantation이라고 하는데, 필요한 불순물 원자들을 매우 빠른 속도로 가속하여 웨이퍼 표면에 침투시키면 이 이온들이 웨이퍼 표면에 박힌다. 에너지가 충분하여 더 빠른 속도로 가속한다면 표면을 파고들어 갈 것이다. 다시 말하면, 반도체 결정 표면에 이온화된 불순물 원자를 고전압에 의한 고속 가속기를 이용하여 주입하여 필요한 만큼의 불순물을 침투시켜 심는 것이다. 두꺼운 감광막이나 질화막으로는 불순물이 파고들지 못하여 원하는 영역으로만 불순물을 넣어 줄 수 있는 것이다. 그림 9.62와 그림 9.63에서는 불순물이 주입되는 과정을 보여 주고 있다.

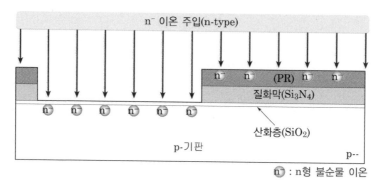

▼ 그림 9.62 n-well 영역의 불순물 주입

## (6) 감광 물질(PR) 제거

질화막 위에 덮여 있던 감광막을 벗겨 낸다. 벗겨 내어 없애는 과정을 스트립strip한다고 한다. 이것은 어떤 막 위에 코팅되어 있는 물질을 벗겨내기 위한 공정을 말한다.

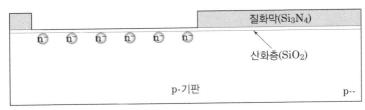

▼ 그림 9.63 **감광막의 제거**

## (7) n-well 드라이브-인

이제 이온 주입 공정으로 이온들이 웨이퍼 표면에 들어가 있는데, 이것을 더 깊게 들어가도록 해야 한다. 원하는 깊이로 들어가게 하려면 적당한 온도와 시간 동안 웨이퍼를 가열해 주어야 하는데, 이 공정을 드라이브-인drive-in이라고 한다. 드라이브-인은 일종의 열처리를 뜻한다. 그러면 불순물 이온들이 실리콘 속으로 확산하여 수직 혹은 측면으로 퍼져 분포하게 되는데, 이를 그림 9.64에서 보여 주고 있다.

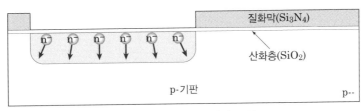

▼ 그림 9.64 **n-well 드라이브-인**

## (8) n-well 산화

이제 p-well 영역을 만들기 위한 전 단계로 n-well 산화막을 다시 형성한다. 초기 산화막을 만들 때와 같이 하면 된다. 그림 9.65와 같이 n-well 영역에 있던 초기 산화막 위에 더 두껍게 성장시키는 것이다. 이것은 n-well 영역으로 p형 불순물의 침투를 막기 위한 것이다. 물론 질화막이 있는 영역은 산화막이 성장하지 못하고 얇은 상태 그대로 있어서 다음 공정에서 이 영역으로 p형 불순물을 침투시킬 수 있을 것이다.

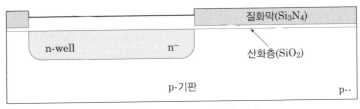

▼ 그림 9.65 **n-well 산화막의 성장**

## (9) 질화막 제거

p-well을 만들기 위해 질화막을 스트립하여 제거하면 그림 9.66과 같이 얇은 산화막이 남게 되어 p형 불순물을 이온 주입할 수 있는 준비가 완료된다.

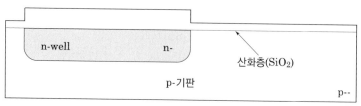

▛ 그림 9.66 질화막의 제거

## (10) p-well 형성

그림 9.62에서와 같은 이온 주입 방법으로 p형 불순물(B, 붕소)을 주입한다. 그림 9.67에서 p형 불순물 이온 주입 과정을 보여 주고 있는데, 두껍게 성장한 산화막으로는 불순물들이 침투하지 못하고, 얇은 산화막으로만 불순물들이 침투하여 실리콘층까지 주입된다.

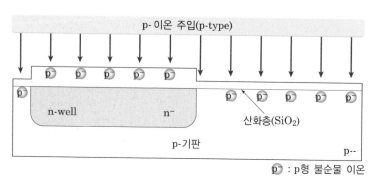

▛ 그림 9.67 p-well 영역의 불순물 주입

## (11) p-well 드라이브-인

그림 9.68과 같이 n-well에서와 같은 방법으로 p-well 영역으로 주입된 불순물을 드라이브-인 drive-in 공정으로, 적절한 불순물 분포를 만들어 p-well 영역을 형성한 후, 추가된 산화막을 식각한다.

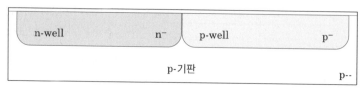

▛ 그림 9.68 p-well 드라이브-인

## (12) 질화막 증착과 감광액 도포

이제 n-well 영역에 pMOS, p-well 영역에 nMOS를 만들어 넣어야 한다. 그림 9.69와 같이 질화막을 증착한 후, 그 위에 감광액을 도포한다. 이것은 액티브active 영역을 만들기 위한 전 단계

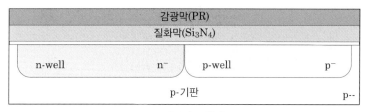

図 그림 9.69 **질화막 증착과 PR 도포**

과정이다. 액티브 영역이란 그림의 p-well 부분에 들어설 소스($n^+$), 게이트, 드레인($n^+$)이 있는 nMOS와 n-well 부분에 들어설 소스($p^+$), 게이트, 드레인($p^+$)을 갖는 pMOS가 만들어질 부분을 말한다.

## (13) 액티브 마스킹

이제 그림 9.70 (a)와 같이 액티브 영역을 만들기 위해 n-well 마스크를 사용하여 (b)의 마스킹 작업을 수행한다. (a)에서 검은색 부분은 크롬이 있는 영역, 즉 불투명 영역으로 빛이 차단되는 부분이고, 흰색 부분은 투명 영역으로, 빛이 통과하여 감광막에 전달되어 그 막의 성질이 변하는 부분이다. 이 과정은 액티브$_{active}$ 영역을 만들기 위한 것이나, nMOS와 pMOS를 분리하는 공정의 전 단계이기도 하다.

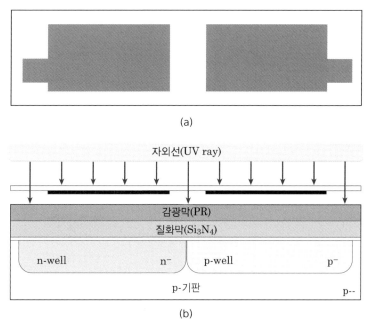

図 그림 9.70 **액티브 영역을 만들기 위한 (a) 마스크와 (b) 마스킹 작업**

## (14) 질화막 식각

그림 9.71에 나타낸 것과 같이 nMOS와 pMOS를 분리하는 공정을 위하여 이 공정이 수행된다.

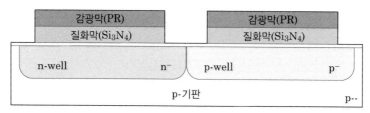

▼ 그림 9.71 **질화막의 식각**

## (15) 감광막 제거와 필드 신화

이제 감광막을 벗겨 내고, 산화 과정으로 산화막을 성장시키면 질화막($Si_3N_4$) 밑의 부분은 산화되지 않고, 질화막이 없는 부분만 산화가 진행되어 두꺼운 산화막이 만들어진다. 필드field란 액티브 영역을 제외한 부분을 말한다. 일종의 소자와 소자를 분리하는 기능을 가지고 있는데, 이를 그림 9.72에 나타내었다.

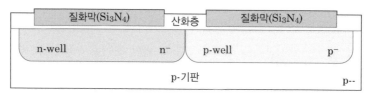

▼ 그림 9.72 **감광막의 제거와 필드 산화막 성장**

## (16) 질화막 제거

그림 9.73과 같이 질화막을 제거하면 액티브 영역이 만들어져 nMOS와 pMOS가 들어설 준비가 완료된다.

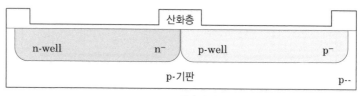

▼ 그림 9.73 **질화막의 제거**

## (17) 폴리 증착과 도핑

웨이퍼의 전 표면에 폴리실리콘을 증착시킨다. 이 폴리실리콘의 용도는 nMOS와 pMOS의 게이트 영역의 단자로 사용될 부분이다. 금속 대신 사용하는 것이다. 이 폴리실리콘은 전도성이 미약하기 때문에 인(P)과 같은 n형 불순물을 적당한 양으로 주입해 주어야 한다. 그림 9.74에서는 폴리실리콘에 n형 불순물을 주입하는 과정을 보여 주고 있다. 도핑doping은 불순물을 주입한다는 말이다.

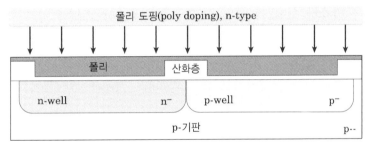

▼ 그림 9.74 폴리실리콘 증착과 도핑

도핑의 이해를 돕기 위해 잠시 쉬어 가자. 운동선수는 우승의 꿈을 이루기 위하여 순간 근육의 힘을 증진시키는 스테로이드계 약물을 복용하는 경우가 있다. 이때 약물의 복용 여부를 확인하는 과정을 '도핑 테스트한다.'고 하는데, 이때 금지 약물의 복용을 도핑이라고 한다. 마찬가지로 고유 반도체에 불순물을 주입하여 전자나 정공의 수를 조절할 때에도 쓰이는 용어이다.

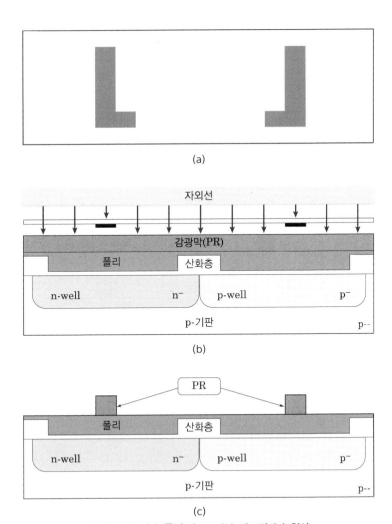

▼ 그림 9.75  (a) 폴리 마스크 (b) 마스킹 (c) 현상

## (18) 폴리실리콘 마스킹

이제 그림 9.75와 같이 폴리실리콘을 웨이퍼 전 표면에 증착하고 도핑한 다음, 이 영역에 다시 감광액을 도포한다. 이 과정은 웨이퍼 전 표면에 형성된 폴리실리콘 중에 게이트 영역이 될 부분만을 남기고 나머지 모두는 제거하기 위한 공정이다. 그래서 그림 (a)와 같은 마스크를 사용하여 (b)와 같이 빛을 쬐어 주고 현상$_{development}$하면 (c)와 같이 게이트 영역의 폭만큼만 감광막이 남는다.

앞에서와 마찬가지로 감광 물질은 빛이 쬐어진 부분이 그 성질이 변하는 특성이 있는데 이것을 이용하는 것이다. 물론 그 반대의 특성을 갖는 감광 물질(PR)도 있다. 여기서 현상이란 사진 현상과 유사한 말인데, 반도체 공정에서 마스크 작업을 한 후, 빛이 쬐어진 부분이 어떤 용액에 용해되어 없어지고, 쬐어지지 않은 부분을 남게 하는 작업을 말한다. 폴리실리콘을 줄여서 그냥 폴리라고 부른다고 하였다.

## (19) 폴리 식각과 감광막 제거

그림 9.76 (a)와 같이 폴리를 식각한 후, (b)처럼 감광막을 제거하고, (c)와 같이 다시 감광액을 도포한다.

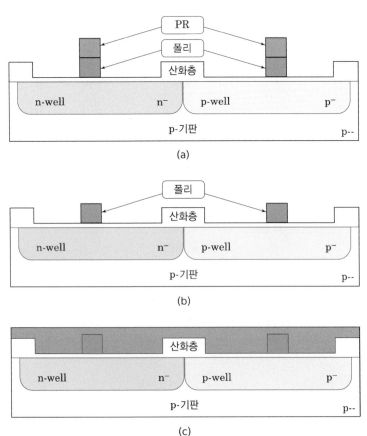

▼ 그림 9.76  **(a) 폴리 식각 (b) 감광막 제거 (c) 감광액 재도포**

## (20) n⁺ 이온 주입 마스킹(nMOS의 소스/드레인 형성)

이제 p-well 영역에 들어설 nMOS의 소스와 드레인 영역을 만드는 과정이 진행된다. 우선 마스크 작업을 수행하기 위하여 그림 9.77 (a)와 같은 마스크로 (b)처럼 빛을 쪼여 주어 마스킹 작업을 수행한다.

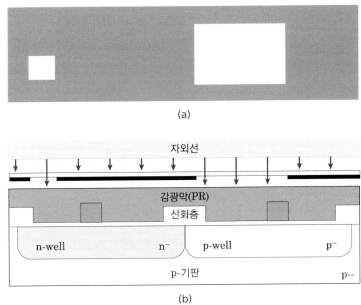

그림 9.77 n⁺ 이온 주입의 (a) 마스크 (b) 마스크 작업

## (21) n⁺ 이온 주입(nMOS의 소스/드레인 형성)

현상 과정을 거치면 그림 9.78과 같이 n형 불순물이 주입될 창window이 만들어지는데, 이 영역으로 이온을 주입한다. 이 과정은 p-well 속에 만들어질 nMOS의 소스와 드레인 영역을 형성하는 공정이다. 그림에서 감광막이 있는 부분으로는 불순물이 주입되지 못하고 없는 부분으로만 불순물이 침투한다.

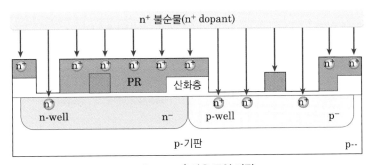

그림 9.78 n⁺ 이온 주입 과정

## (22) 감광막 제거와 재도포

그림 9.79 (a)와 같이 PR을 스트립한 후, (b)와 같이 PR 코팅을 다시 한다. 이때의 PR은 n-well 영역에 들어설 pMOS의 소스와 드레인 영역을 만들기 위한 첫 과정으로 PR 도포가 필요하다.

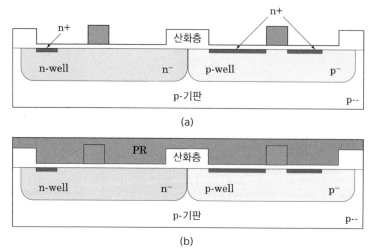

(a)

(b)

▛ 그림 9.79 (a) 감광막 제거 (b) 감광막 재도포

## (23) p⁺ 이온 주입 마스킹

앞에서의 $n^+$ 이온 주입 마스킹과 마찬가지로 이제 n-well 영역에 들어설 pMOS의 소스와 드레인 영역을 만드는 과정이 진행된다. 우선 마스크 작업을 수행하기 위하여 그림 9.80 (a)와 같은 마스크로 (b)처럼 빛을 쪼여 주어 마스킹 작업을 수행한다.

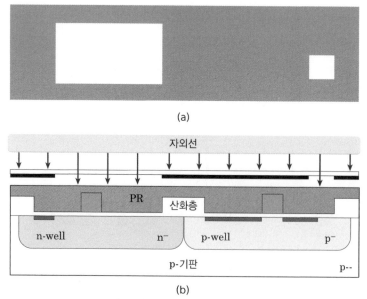

(a)

(b)

▛ 그림 9.80 p⁺ 이온 주입의 (a) 마스크와 (b) 마스킹 작업

## (24) p⁺ 이온 주입(nMOS의 소스/드레인 형성)

현상 과정을 거치면 그림 9.81과 같이 p형 불순물이 주입될 창window이 만들어지는데, 이 영역으로 이온을 주입한다. 이 과정은 n-well 속에 만들어질 pMOS의 소스와 드레인 영역을 형성하는 공정이다. 그림에서와 같이 감광막이 있는 부분으로는 불순물이 주입되지 못하고 없는 부분으로만 불순물이 침투한다.

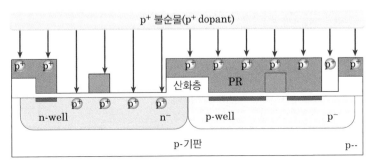

그림 9.81  p⁺ 이온 주입

## (25) 감광막 제거와 소스, 드레인 재산화

p⁺ 이온 주입이 끝난 후, 사용했던 감광막을 벗겨 낸다. 그러면 그림 9.82 (a)와 같이 두 MOS의 소스, 드레인 부분과 픽 – 업pick-up 부분에 불순물이 주입되어 있다.

앞에서 살펴본 바와 같이 이온 주입은 주입될 불순물 이온에 강한 에너지를 주어 가속시켜 웨이퍼 표면에 이온을 침투시키는 것이므로, 웨이퍼 표면의 손상과 불순물의 재분포를 위하여 적당한 온도와 시간을 주어 열처리annealing 과정을 수행해야 한다. 불순물의 재분포는 주입된 이온이 수직과 측면으로 적당히 퍼져나가서 분포해야 소스와 드레인의 특성을 나타낼 수 있기 때문에 필요하다.

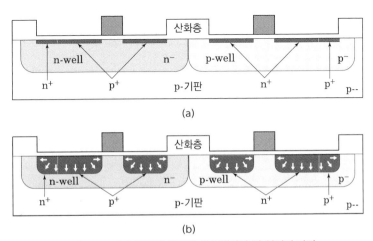

그림 9.82  (a) 감광막 제거와 (b) 재산화 및 열처리 과정

이온 주입 과정에서 나타날 수 있는 또 하나의 손상이 산화막 표면의 손상이다. 산화막 표면을 통하여 불순물이 주입됨에 따라 산화막 표면도 손상을 입었을 것이다. 그래서 재산화가 필요한 것이다. 재산화 과정에서는 적당한 열을 가해 주어야 하므로 재산화와 열처리가 동시에 수행되는 것이다. 이를 그림 (b)에서 보여 주고 있다.

## (26) BPSG 증착

그림 9.83에서는 BPSG<sub>Boro Phospho Silicate Glass</sub>라는 일종의 절연체를 증착한 결과를 보여 주고 있는데, 이 절연막은 폴리실리콘 재료를 사용하여 형성한 게이트 단자와 앞으로 제작할 소스와 드레인 단자의 금속과 겹치지 않아 전기적으로 절연이 되도록 하기 위한 공정이다.

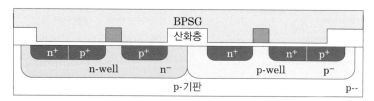

▶ 그림 9.83 BPSG막의 증착

## (27) 컨택 마스킹

이제 p-well과 n-well 속에 있는 nMOS, pMOS의 소스와 드레인 단자를 만들기 위하여 BPSG막을 뚫어야 한다. 이 과정이 컨택<sub>contact</sub> 공정이다. 소스와 드레인 단자가 옆에 있는 다른 소자의 단자와 연결되어야 집적 회로의 기능을 나타낼 수 있기 때문이다.

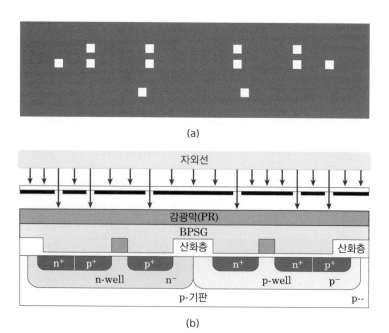

(계속)

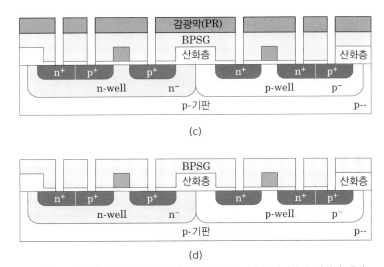

(c)

(d)

▼ 그림 9.84  컨택 공정 (a) 마스크 (b) 마스킹 작업 (c) 식각 (d) 감광막 제거

그래서 그림 9.84 (a)와 같은 마스크를 이용하여 (b)와 같이 마스킹 작업을 한 후, (c)와 같이 현상 과정을 거쳐 컨택 식각을 통하여 BPSG에 구멍을 뚫어 메탈 1의 금속이 들어갈 수 있도록 한다. 그리고 마지막으로 감광막을 제거하면 (d)의 결과를 얻을 수 있다.

## (28) 금속-1(Metal-1) 증착

그림 9.85에서와 같이 금속을 웨이퍼 전 표면에 증착시킨다. 이때 금속은 컨택 공정으로 만들어진 구멍을 통하여 채워져 소스, 드레인, 픽-업과 접촉하게 된다. 보통 금속은 알루미늄(Al)을 사용하나, 텅스텐, 티타늄 등의 합금을 사용하기도 한다.

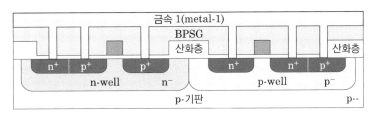

▼ 그림 9.85  금속-1 증착

## (29) 금속-1(Metal-1) 마스킹

웨이퍼 위의 전 영역에 금속-1$_{metal-1}$을 증착하였는데, 꼭 필요한 부분만을 남겨 두고 나머지는 없애야 한다. 이것을 수행하기 위하여 금속-1 마스킹 공정이 필요하다. 그림 9.86 (a)의 마스크를 이용하여 (b)와 같이 마스킹 작업을 하고, (c)와 같이 현상을 거친다.

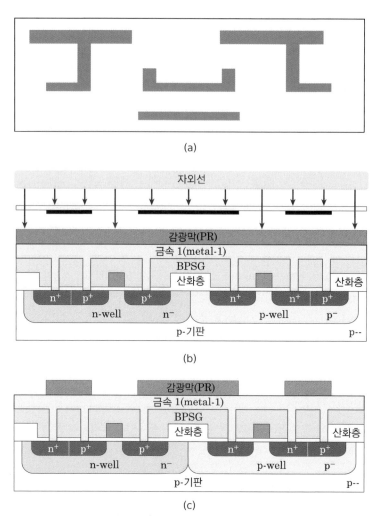

(a)

(b)

(c)

▼ 그림 9.86 금속-1의 (a) 마스크 (b) 마스킹 작업 (c) 현상

### (30) 금속-1 식각(Metal-1 etching)과 감광막 제거

그림 9.87 (a)와 같이 금속-1 식각과 (b)의 감광막을 제거한다. 그러면 그림의 중앙 부분은 pMOS와 nMOS의 드레인이 서로 연결되고 오른쪽 부분의 nMOS의 $n^+$와 $p^+$가 접속된다. 왼쪽 부분은 pMOS와 $p^+$와 $n^+$가 접속되었다.

### (31) 금속층 절연 산화막 성장과 감광액 도포

우리는 앞서 두 개 층의 금속을 갖는 CMOS 트랜지스터를 만들기로 하였다. 그래서 두 개의 금속층을 절연하는 과정이 필요하다. 그 두 개의 금속층은 금속-1(Metal-1)과 지금부터 만들어야 하는 금속-2(Metal-2)이다.

그림 9.88에서 보여 주는 바와 같이 이 두 개의 금속층을 절연하기 위하여 성장하는 산화막을 IMO_Inter Metal Oxide라고 한다. IMO 위에 감광액을 도포하였다.

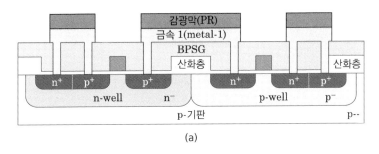

(a)

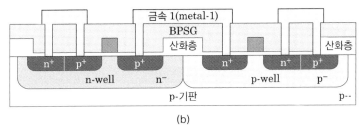

(b)

▼ 그림 9.87 금속-1의 (a) 식각 (b) 감광막 제거

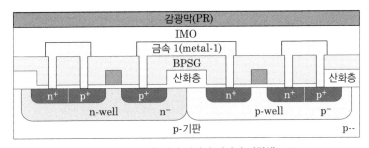

▼ 그림 9.88 금속층 절연 산화막 성장과 감광액 도포

## (32) 비아$_{via}$ 마스킹

이제 두 개의 금속층 중 금속 – 2(Metal-2)의 증착이 진행되어야 하는데, 그 전 단계로 비아$_{via}$ 공정을 수행해야 한다. via의 사전적 의미는 '~을 경유하여', '~을 거쳐'이다.

nMOS와 pMOS의 드레인 단자에 접촉되어 있는 금속 – 1층과 연결하여 외부의 출력 단자로 사용할 목적으로 금속 – 2층이 필요하다. 이렇게 하기 위해서 금속층의 절연 산화막인 IMO 층에 구멍을 뚫어야 한다.

이 과정을 수행하기 위해 그림 9.89 (a)의 via 마스크를 사용하여 (b)의 via 마스킹 작업을 수행한다.

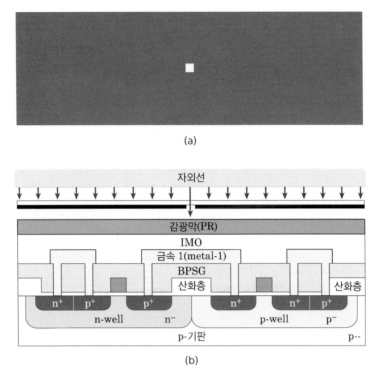

(a)

(b)

▚ 그림 9.89 via 공정의 (a) 마스크 (b) 마스킹 작업

## (33) 금속층 절연 산화막의 식각과 감광막 제거

금속층 절연막인 산화막(IMO~Inter Metal Oxide~)의 식각과 감광막을 제거하면 금속-2를 증착할 수 있는 준비가 되었다. 이를 그림 9.90에서 보여 주고 있다.

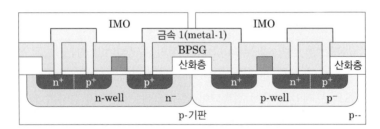

▚ 그림 9.90 **금속층 절연 산화막(IMO)의 식각과 감광막 제거**

## (34) 금속-2(Metal-2) 증착

웨이퍼의 전 표면에 금속-2(Metal-2)를 증착한다. 그러면 금속-1과 같이 via 구멍으로 금속 -2가 채워져 금속-1과 접촉이 된다. 이를 그림 9.91에 나타내었다.

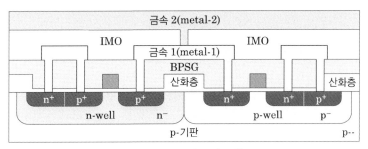

▼ 그림 9.91 **금속-2의 증착**

## (35) 금속-2(Metal-2) 마스킹

그림 9.92와 같이 웨이퍼 전 표면에 금속 – 2를 증착하였기 때문에 필요한 부분만을 남기고 나머지는 모두 제거해야 한다. 그래서 그림 (a)의 금속 – 2 마스크를 사용하여 (b)의 금속 – 2 마스킹 작업을 진행한다.

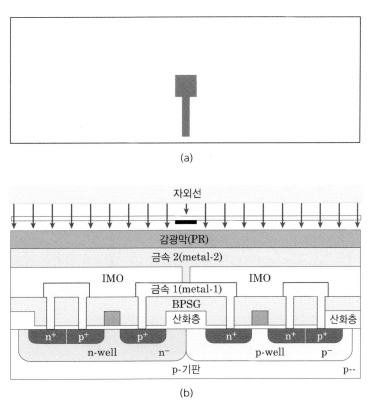

▼ 그림 9.92 **금속-2의 (a) 마스크 (b) 마스킹 공정**

## (36) 금속-2(Metal-2) 식각과 감광막 제거

금속 – 2를 식각하고, 감광막을 제거하면 그림 9.93을 얻을 수 있다.

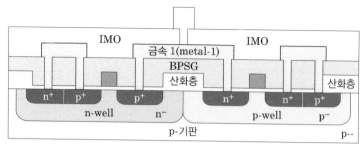

▷ 그림 9.93 **금속-2 식각과 감광막 제거**

## (37) 보호막 형성

이제 마지막 공정으로 보호막 형성 공정을 진행한다. 이 **보호막**passivation은 말 그대로 칩 내부의 환경을 보호하는 기능을 갖는데, 외부의 압력 등에 의해 금속-2가 손상을 입거나 습기에 의하여 부식되는 것을 방지하는 역할을 하게 된다. 이를 그림 9.94에 나타내었다.

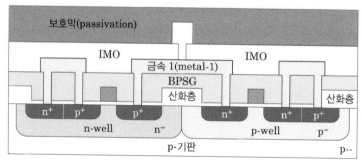

▷ 그림 9.94 **보호막 형성**

이렇게 하여 CMOS 트랜지스터가 완성되었는데, 이 CMOS가 디지털 회로의 기본이 되는 인버터inverter가 되는 것이다.

그림 9.95 (a)에서 nMOS와 pMOS의 드레인 단자를 묶어서 출력 단자로 사용하고, 두 소자의

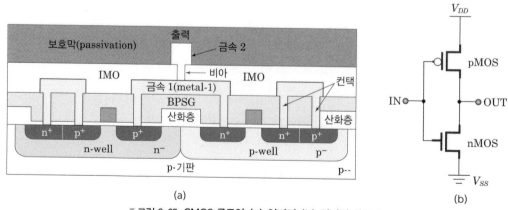

(a)

▷ 그림 9.95 **CMOS 구조의 (a) 인버터 (b) 인버터 회로도**

게이트를 묶어서 입력 단자로 사용하면 (b)와 같은 인버터 회로가 되므로 디지털 회로의 집적 회로를 쉽게 만들 수 있게 된다. (a)에서 왼쪽 부분의 전원 전압 단자 $V_{DD}$, 오른쪽 nMOS의 소스를 접지 단자 $V_{SS}$로 사용하면 인버터 동작을 하는 CMOS가 구성된다.

## 6 반도체 생산

### 1 제조 설비

반도체 산업을 "장치 산업"이라고 한다. 그만큼 반도체 제조 과정이 제조 설비에 크게 의존한 다는 의미이다. 반도체 설비는 1947년 미국의 벨연구소에서 트랜지스터가 발명된 이후, 산업화 과정을 거치면서 고도의 첨단 설비로 발전하였으며 다음과 같은 특징을 갖게 되었다.

- 고가이며 투자 부담이 크다.
- 공정process 조건에 크게 의존한다.
- 전기, 전자, 기계 등 여러 기술의 종합적 산물로서 점점 복잡화, 다양화되고 있다.
- 반도체 제조 기술의 빠른 발전 속도에 따라 그만큼 유효 수명이 짧다.
- 진동, 불순물 입자 혼입 등 문제점이 있어 세심한 주의가 필요하다.
- 반도체 제품의 수율이나 신뢰성에 크게 영향을 미친다.
- 장비의 운용에도 최적 상태로의 유지 및 보수가 생산성 향상의 주요인이 된다. 반도체 설비 는 크게 설계 설비, 공장 설비, 조립/검사 설비로 나눌 수 있는데, 점차로 복잡화, 자동화, 고기능화한다는 공통점이 있다.

표 9.1에서는 반도체 제조 공정과 그에 따른 설비의 종류 및 기능을 보여 주고 있다.

▼ 표 9.1 반도체 공정 설비 및 주요 내용

| 공정명 | 설비명 | 주요 내용 |
|--------|--------|-----------|
| 확산<br>(diffusion) | (H-furnace,<br>V-furnace) | 반도체 공정에서는 액체 사이의 확산이 아니라 고체 사이의 확산이 이루 어지며, 빠른 확산을 위해 고온에서 열처리한다. 이처럼 고온의 환경을 만 들어 주는 설비가 furnace(爐)이다. 용광로를 사용하는 제철소와는 달리 반도체 라인에서는 석영관에 코일을 감은 전기로를 사용하며 불순물을 주 입하는 방식에 따라 수평식horizontal과 수직식vertical의 두 가지가 있다. |
| 화학 기상 증착<br>(CVD) | APCVD<br>LPCVD<br>PECVD | CVD 보호막을 만들 때 사용되는 공정을 의미하나, 설비를 의미할 때도 사용된다. AP, LP, PE 등의 공정 환경을 의미하는 약어를 붙여 구분하 는데 여기서 AP는 常壓atmospheric pressure, LP는 低壓low pressure, PE는 플라스마plasma enhanced를 의미한다. |

(계속)

| 공정명 | 설비명 | 주요 내용 |
|---|---|---|
| 사진 현상 (Photolithogrpy) | 도포 장치 (coater) | 감광액(PR<sub>Photo Resist</sub>) 도포 설비. 웨이퍼 표면에 감광액을 고르게 도포한다. |
| | 패턴 전사 장치 (stepper) | 반도체 제조용 카메라. 자외선(UV선)을 이용하여 마스크상의 회로 패턴을 감광액이 도포된 웨이퍼 표면에 전사하는 설비 |
| | 정렬 장치 (aligner) | 미세한 회로 패턴이 그려진 마스크를 반복적으로 축소하여 투영하게 되는데 웨이퍼상의 위치와 마스크가 정확히 일치하도록 정렬시켜 주는 설비 |
| | 현상 장치 (developer) | 빛에 노출되어 성질이 변한 감광액을 현상액으로 제거하는 설비 |
| 박 막 (Thin Film) | 이온 주입 장치 (Implanter) | 불순물 주입 공정에 사용되는 설비로서 불순물 원자 이온을 고속으로 가속하여 웨이퍼 속으로 주입하는 장치. 가속 에너지 정도에 따라 High Implanter와 Medium Implanter가 있다. |
| | 증착 장치 (sputter) | 금속 증착 장치. 알루미늄 원자를 웨이퍼 표면에 부착시켜 소자 사이에 금속 배선을 한다. |
| | 연마 장치 (grinder) | 반도체의 특성에 치명적인 영향을 미치는 원소 중에 대표적인 것이 나트륨(Na)인데, 이 나트륨을 제거하기 위해 나트륨을 웨이퍼 뒷면으로 몰아서 나중에 그 뒷면을 갈아서 제거할 때 사용하는 설비 |
| 식 각 (Etch) | Etcher | 웨이퍼 위에 형성된 패턴대로 필요한 부분을 선택적으로 식각하는 설비 |
| | Stripper | 식각 공정이 끝난 후 남아 있는 감광액을 제거하는 설비 |
| | Station | 세척 설비. 매 공정 후 항상 웨이퍼를 세척한다. |

## 2 케미컬 및 유틸리티

케미컬<sub>chemical</sub>은 반도체 제조 공정에서 사용되는 화공 약품을 말하며, 각종 산과 용매 등이 있다. 유틸리티<sub>utility</sub>는 공기, 질소, 진공, 초순수, 전기 등 제반 공정에 필요한 요소들을 통틀어 일컫는 말이다. 초순수<sub>deionized water</sub>는 이온이 함유되지 않은 물, 즉 불순물을 제거시킨 순수한 물로서 웨이퍼 세정 및 절단 시 용수로 사용된다.

## 3 반도체 수율

수율<sub>yield</sub>은 한마디로 "불량률의 반대"라고 말할 수 있다. 반도체 제조 과정을 그림 9.96과 같이 간단하게 나타냈을 때, 투입한 양<sub>input</sub> 대비 제조되어 나온 양의 비율을 바로 수율이라고 할 수 있는 것이다. 만일 투입양이 100일 때 "처리"를 거쳐 나온 결과<sub>output</sub>가 80이면 수율이 80이라고 할 수 있다. 반도체 산업은 바로 이 수율을 높이기 위한 기술 개발이라고 해도 과언이 아니다.

이처럼 수율을 강조하는 이유는 제조 공정에서 부딪히는 실수나 문제점이 제품에 치명적인

그림 9.96 반도체의 처리 과정

영향을 미치기 때문이다. 반도체 제조와 자동차 제조를 비교해 보자. 자동차가 최종 검사 장소에 왔을 때 라디오에 결함이 있으면 라디오를 수리하거나 교체하면 된다. 자동차의 다른 부분도 마찬가지이다. 어떤 경우에도 자동차 자체를 버리는 일은 없다. 그러나 반도체는 그처럼 결함이 있는 부분을 수리하거나 교체할 수 없다. 어느 한 부분이라도 결함이 있으면 반도체 전체를 버려야 하는 것이다.

## 4 제조 라인

### 1. FAB

그림 9.57에서는 반도체를 가공하는 과정을 보여 주고 있는데, 이는 웨이퍼 가공wafer fabrication 공정이 진행되는 라인이다.

### 2. 조립 라인

그림 9.98에서는 반도체 조립을 위한 라인을 보여 주고 있는데, 이것은 웨이퍼상의 칩을 개개로 잘라서 리드 프레임과 결합하여 완제품으로 조립하는 라인이다.

그림 9.97 FAB 라인 모습

그림 9.98 조립 라인 모습

## 3. 검사 라인

그림 9.99에서 보여 주는 바와 같이 완성된 제품이 제대로 동작하는지를 검사하는 라인이다.

▛ 그림 9.99 검사 라인 모습

## 4. FAB 라인의 모양

### (1) 베이

베이bay란 원래 만(灣)이란 뜻인데, 라인 내부의 각 룸room들이 마치 해안의 만처럼 생겼기 때문에 이런 이름으로 불리게 되었다. 베이의 양벽을 기준으로 설비의 조작 부분은 베이 안에, 나머지 부분은 베이 밖에 놓이도록 설치되어 있다.

### (2) 서비스 에어리어

베이 밖으로 설비가 돌출된 부분이나 외곽의 복도를 말하는데, 이곳에서 공정 작업이 아닌 설비수리나 공구이동이 이루어진다. 베이보다 조금 낮은 청정도로 관리된다.

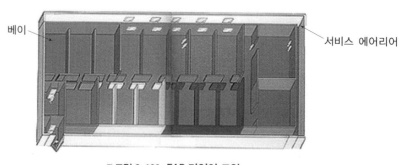

▛ 그림 9.100 FAB 라인의 모양

## 5 청정실

반도체는 청정실에서 여러 공정을 거쳐 만들게 된다. 언론에서 반도체 회사가 나올 때 흰색 가운을 입고, 마스크와 장갑을 끼고 에어 샤워air shower실을 통과하는 장면을 보았을 것이다. 반도체는 미세한 공정을 수행하기 때문에 먼지 등 이물질의 혼입을 최대한 막아야 한다. 심지어 사람에게서 나는 땀도 막아야 한다. 그래서 청정도를 유지해야 하는 것이다. 여기서 청정실의 청정도를 나타내는 단위로 클래스$_{class}$를 사용하고 있다. 이것은 1[m$^3$]당 10[$\mu$m] 이상의 크기를 갖는 먼지가 몇 개가 있는가를 나타내는 수치이다. class 10이란 1[m$^3$]당 10[$\mu$m] 이상의 크기를 갖는 먼지가 10개가 있다는 뜻이다. 청정실에서는 다음의 내용을 준수하면서 반도체 제조공정을 진행해야 한다.

## 1. 복장

### (1) 마스크 착용 상태 검사 기준

① 마스크를 정확하게 펴서 사용한다.
② 알루미늄 부위를 위로 착용한다.
③ 콧등을 눌러 주었는지 확인한다.

### (2) 방진복 착용 상태 검사 기준

① 자기 방진복을 착용하며, 없을 경우 공용 방진복을 착용한다.
② 지퍼 불량, 손목 부위 고무줄 상태를 확인한다.
③ 반드시 몸에 맞는 방진복을 착용한다.

### (3) 방진화 착용 상태 검사 기준

① 지퍼 상태가 바른지 확인한다.
② 약품, 더러움, 낙서 등 오염 상태를 확인한다.

그림 9.101 방진복 착용 모습

### (4) 방진 모자 착용 상태 검사 기준

① 눈썹이 보이지 않게 착용한다.
② 목끈을 알맞게 조여서 착용한다.
③ 속살이 보이지 않게 접착 부위 상태를 확인한다.
④ 방진복 위로 방진모자의 밑부분이 나오지 않게 한다.
⑤ 각자 몸에 맞는 방진 모자를 착용한다.
⑥ 착용 전에 낡음, 보푸라기 등을 확인한다.
⑦ 찢어졌는지, 바느질 상태는 양호한지 확인한다.

### (5) 방진 장갑 착용 상태 검사 기준

① 속장갑을 먼저 착용한 후, 비닐장갑을 착용한다.
② 장갑 목 부위가 반드시 방진복 소매 끝으로 들어가도록 착용한다.

### (6) 방진화 착용 상태 검사 기준

① 무릎 밑까지 올렸는지 확인한다.

② 고무줄 조임 상태, 청결 상태를 확인한다.

③ 반드시 자기 발에 맞는 방진화를 착용한다.

## 2. 에어샤워룸<sub>air shower room</sub>

FAB 라인 출입 시 방진복, 방진화 등에 부착된 먼지나 이물질을 제거하기 위한 장치로서, 밀폐된 Box에 사람이 들어가면 양벽에서 강한 공기가 불어 나와 먼지를 제거하도록 되어 있다.

▶ 그림 9.102 에어샤워하는 모습

## 3. 라인에서 작업하는 모습

반도체 산업을 청정 산업이라고 하는 것처럼 웨이퍼가 가공되는 청정실은 먼지 입자가 최대의 적이다. 사진을 보면 투명한 판이 일렬로 두 줄이 걸려 있는데 이를 파티션이라고 한다.

이 파티션을 기준으로 하여 안쪽을 워킹 에어리어<sub>working area</sub>라고 하여 작업자(오퍼레이터)가 작업 활동을 하게 되고, 바깥쪽을 프로세스에 에리어<sub>process area</sub>라고 하여 장비들이 놓여 있으며

▶ 그림 9.103 라인에서 작업하는 모습

제반 공정이 진행된다. 물론 두 공간 간의 청정도도 차별 관리된다. 라인 바닥을 보면 구멍이 많이 뚫려 있는 모습이 보이는데 이는 라인 공조를 위한 것으로, 라인 내부의 공기가 바닥으로 흡입되면 천장 위의 필터로 보내서 정화된 공기가 다시 라인 안으로 유입되도록 되어 있다.

그림 9.104  각종 공정을 수행하는 모습

# 복습문제

■ 다음 문장의 ( ) 혹은 [국문(영문)]에 적절한 용어를 써 넣으시오.

**01** 반도체 소자는 원재료인 ( ), 공정을 위한 [ ( )], [ ( )] 등의 재료와 전공정인 집적 회로 제조의 단위 공정 기술을 이용하여 가공한 후, 후공정인 [ ( )] 과정을 거쳐 출하하게 된다.

**02** 반도체 소자를 제조하는 데 주요 재료인 [ ( )]는 반도체 물질로 만들어진 얇고 둥근 원판을 말하는데, 이 원판 위에 집적회로를 만들어 넣게 된다.

**03** 실리콘 웨이퍼silicon wafer는 ( )의 실리콘을 원재료로 만들어진 결정 실리콘 박판을 말한다.

**04** 웨이퍼 제조 공정 과정은 [ ( )], [ ( )], [ ( )], [ ( )]을 거쳐 완성한다.

**05** 단결정으로 성장시킨 실리콘 결정에는 전기 전도도를 위해 의도적으로 첨가한 불순물(B, P, Sb) 이외에는 가능한 한 불순물을 억제시켜야 하며, 결정 성장 시 인위적으로 주입되는 불순물dopant에 의해 [ ( )]가 되는 것이다.

**06** [ ( )] 혹은 [ ( )]는 전기로 속에서 가공된 전자 회로가 들어있는 아주 작은 얇고 네모난 반도체 조각으로 수동 소자, 능동 소자 또는 집적 회로가 만들어진 반도체이다.

**07** [ ( )]는 웨이퍼 내에 제작된 칩 또는 다이를 절단하여 개개의 칩으로 나누기 위해 절단하는 영역이다.

**08** [ ( )]는 웨이퍼는 가장자리 부분에 미완성의 다이를 말하며, 이들은 미완성이기 때문에 결국 웨이퍼의 손실이 된다. 때문에 보다 큰 지름을 갖는 웨이퍼를 생산하는 요인이 되는 것이다.

**09** 웨이퍼의 결정 구조는 육안으로는 식별 불가능하다. 따라서 웨이퍼의 구조를 구별하기 위해 결정에 기본을 둔 [ ( )]을 만들어 준다.

**10** [ (　　　　　　　　) ]는 기존 웨이퍼와는 달리 산화막으로 2장의 웨이퍼를 접합시킨 웨이퍼이다. 실리콘 웨이퍼 기판 위에 절연막이 있고 다시 그 위에 집적 회로가 제작될 단결정 실리콘 박막이 있는 것을 말한다.

**11** [ (　　　　) ]는 기존의 실리콘 웨이퍼 표면에 또 다른 단결정 층을 성장시킨 웨이퍼를 말하며 기존의 실리콘 웨이퍼보다 (　　　)이 적고 (　　　)의 농도나 종류의 제어가 가능한 특성을 지니게 된다.

**12** [ (　　　　) ]는 웨이퍼 위에 만들어질 회로패턴의 모양을 각 층layer별로 유리판 위에 그려 놓은 것으로, (　　　) 공정을 할 때 반도체 가공용 카메라 장착 시스템인 [ (　　　　) ]의 사진 건판으로 사용된다.

**13** [ (　　　) ]은 보통 구리로 만들어진 구조물로서, 조립 공정 과정에서 칩이 이 위에 놓여지게 되며 가는 금선(金線)으로 칩과 연결된다. 이렇게 하여 이 리드 프레임을 통하여 집적 회로 내부의 기능과 외부와의 전기 신호를 주고받게 되는 것이다.

**14** 반도체 제조 과정에 필요한 설비 중 사진 현상에 필요한 것은 (　　　), (　　　), (　　　), (　　　) 등이 있다.

**15** 반도체 제조 과정에서 투입한 양input 대비 제조되어 나온 양의 비율을 바로 [ (　　) ]이라고 한다.

**16** 반도체 웨이퍼에 대한 공정은 크게 웨이퍼 표면에 가공하고자 하는 패턴pattern을 인화시키는 [ (　　　　) ]과 불순물(p, As, B 등)을 도핑doping하는 [ (　　　　) ], 금속이나 폴리실리콘polysilicon 등을 웨이퍼 표면에 부착시키는 [ (　　　) ] 및 선택된 패턴을 부식하는 [ (　　) ] 등으로 나누어진다.

**17** 조립assembly 과정은 각 칩을 [ (　　　　) ]에 탑재하고, 칩과 프레임을 전기적으로 연결하는 [ (　　) ]을 한 후에, 조립된 칩을 보호관 속에 (　　)하는 과정으로 이루어진다. 분리된 각각의 칩 다이는 인쇄 기판에 연결될 다양한 형태의 [ (　　　) ]로 조립한다.

**18** 실리콘 단결정 제조에 가장 많이 이용하는 방법은 [　　　(　　　　)]과 [　　　(　　　　)] 등이 있다.

**19** 광사진 식각 공정을 하기 위해서는 마스크가 필요한데, 이 마스크는 [　　　(　　　　)] 마스크와 [　　　(　　　　)] 마스크로 구분된다. (　　　　)는 회로 패턴이 있는 부분이 어둡고 나머지 부분이 밝은 것이다. (　　　　)는 반대로 대부분이 어두운 반면 회로패턴이 있는 부분이 밝은 것이다.

**20** 광사진 식각 공정을 하기 위해서는 마스크가 필요하다. 투명 혹은 불투명 패턴이 유리판에 형성되는데, 이것을 [　　　(　　　　)]이라고 한다. 이 (　　　　)로 반복적인 패턴 형성을 하여 광사진 식각에 사용될 마스크 판을 얻게 된다. 이 마스크 판을 이용하여 (　　　　)에 패턴을 전사한다.

**21** 웨이퍼의 제조 과정에 필요한 마스크 제작은 (　　　　), (　　　　), (　　　　), (　　　　), (　　　　) 등이다.

**22** 웨이퍼 가공을 위하여 (　　　), (　　　) 및 식각 과정인 (　　　), (　　　), (　　　)을 거쳐 불순물 주입 과정인 (　　　), 회로의 금속 배선 과정인 (　　　)을 통하여 집적 회로의 전 공정을 완성하는 것이다.

**23** 실리콘 웨이퍼 표면에 형성된 [　　　　(　　　　)]층을 산화막<sub>oxide</sub>이라고 한다.

**24** 산화막의 역할은 다음과 같다.
① 불순물 확산에 대한 (　　　) 역할을 한다.
② (　　　) 및 안정화 역할을 한다.
③ 전기적인 절연과 (　　　) 역할을 한다.
④ 소자 사이의 (　　　) 역할을 한다.

**25** 반도체 제조 과정 중 사진 식각에 필요한 네 가지 주요 요소는 [　　(　　　)], [　　(　　　)], [　　(　　　)], [　　(　　　)]이다.

**26** 광사진 식각에 쓰이는 (          )은 현상액developer 용매에 빛이 쪼여진 부분이 용해되지 않고, 나머지 부분이 용해되는 성질을 가지고 있다. 양성형 감광막은 빛이 (          )이 용해되고 나머지 부분이 용해되지 (          ) 성질을 갖는 것이다.

**27** 실리콘 웨이퍼 표면에 선택 확산으로 불순물 원자가 실리콘 결정 안으로 주입될 수 있도록 산화막을 부분적으로 제거하는 기술을 [          (          )]이라고 한다.

**28** 식각 기술에는 화학 약품에 의한 [          (          )]과 가스에 의한 [          (          )]이 있으나, 1[$\mu$m] 이하의 고정도 미세 가공의 식각에는 주로 (          )을 이용하고 있다.

**29** [          (          )]이란 원자 이온에 목표물target인 고체 표면을 뚫고 들어갈 만큼의 큰 에너지를 공급하여 이온을 고체 내에 주입하는 것을 말한다. 가장 많이 이용되는 경우는 반도체 소자를 제작할 때 실리콘에 (          )을 넣어 주는 공정이다.

**30** 이온 주입의 가장 중요한 장점은 불순물 원자의 수를 (          )할 수 있고 (          )할 수 있다는 것이다. 또 [          (          )] 과정을 통하여 이온 주입 과정에서 발생할 수 있는 방사능 손상radiation damage의 제거와 주입된 (          )를 꾀할 수 있으며, 분포 모양의 조절, (          ) 및 균일성을 보장할 수 있게 된다.

**31** 집적 회로 제조 공정에서 확산은 선확산인 [          (          )]과 [          (          )]의 두 단계로 이루어진다.

**32** (          )은 실리콘 웨이퍼 표면에 n형 또는 p형 불순물을 주입하는 단계이고, (          )은 (          )된 불순물을 온도와 시간을 조절하여 최종 접합 깊이와 농도 분포를 얻는 단계를 말한다.

**33** [          (          )]은 유전체나 도체로 작용하는 층을 기체 상태의 화합물로 분해한 후 화학적 반응에 의하여 기판 위에 적층하는 기술이다.

**34** 개별 소자의 제작이 끝나면 이들을 상호 접속하여 원하는 회로 기능을 갖도록 배선하는 기술이
[          (              )] 공정이다.

**35** 웨이퍼 선별 공정부터 최종 검사에 이르기까지의 조립 및 검사 공정 과정은 (          ), (          ),
(          ), (          ), (          ), (          ), (          ) 등이다.

**36** 패키지의 기본 요소는 [          (          )], [          (          )], [          (          )]
등으로 구성한다.

**37** 집적 회로 패키지의 종류에서 삽입 장착 패키지through-hole mounted package는 [          (          )],
[          (          )], [                    ] 등이고, 표면 장착 패키지surface mounted package는
[          (          )], [          (          )], [          (          )] 등이 있다.

**38** CMOS 공정에는 [          (          )], [          (          )], [          (          )]
CMOS 공정 및 SOIsilicon on insulator CMOS 공정 기술 등으로 구분된다.

**39** 웨이퍼 가공wafer fabrication 공정이 진행되는 라인을 (          )이라고 한다.

**40** 웨이퍼상의 칩을 개개로 잘라서 리드 프레임과 결합하여 완제품으로 조립하는 라인이 (          )이다.

**01** 전자 회로 소자의 집적화 방법에 대하여 설명하시오.

**02** 산화 과정에 대하여 설명하시오.

**03** 확산 현상에 대하여 설명하시오.

**04** 에피택시epitaxy 공정에 대하여 설명하시오.

**05** 이온 주입 공정에 대하여 설명하시오.

**06** 화학 기상 증착에 대하여 설명하시오.

**07** 식각 공정의 종류를 열거하고 각각을 설명하시오.

**08** 패키징packaging 공정의 필요성은 무엇인가?

**09** 패키지 방식을 열거하고 각각을 설명하시오.

**10** CMOS 소자의 제작 공정에서 전공정에 대하여 설명하시오.

**11** CMOS 소자의 제작 공정에서 후공정에 대하여 설명하시오.

**12** 패키지의 종류를 열거하고 설명하시오.

**13** 패키지 공정을 열거하고 설명하시오.

**14** twin-well 2-metal 기술을 이용한 CMOS 구조의 인버터를 그리고 각 부분을 설명하시오.

# 10

# 특수 반도체 소자

Special semiconductor device

태양 전지의 개발은 다음과 같이 이루어졌다.

태양 전지solar cell는 태양 에너지를 전기 에너지로 변환하는 반도체 소자로서 태양 전지 연구가 시작된 시기는 반도체 연구가 시작된 시기와 비슷하다.

1954년 미국의 Bell 연구소의 한 연구원에 의해서 인공위성용의 전원으로 사용할 목적으로 개발이 되었다. 그 후 1970년대 두 차례의 석유 위기를 겪으면서 대체 에너지와 환경 에너지 차원에서 태양 전지가 연구되고 개발이 추진되었다. 1990년대 이후 주택용 태양 전지, 우주의 인공위성용 태양 전지, 자동차용 태양 전지 등이 개발되어 보급되고 있다.

학습
목표

# 1 정전압 다이오드

앞 절에서 살펴본 바와 같이 pn 접합에 역방향 전압 즉, p형 측에 음(-)의 전압, n형 측에 양(+)의 전압을 인가한 경우, 전압의 값이 일정 값을 넘으면 역방향 전류가 급격히 증가하는 **항복 현상**breakdown phenomena이 발생한다. 이 pn 접합의 항복 현상에는 비교적 낮은 전압(5 V 이하)에서 발생하는 제너 항복과 높은 전압에서 발생하는 애벌란시 항복의 두 종류가 있는데, 제너 항복은 역 바이어스에 의해 좁아진 에너지 갭을 뛰어 넘어 가전자가 전도대로 올라가 자유 전자 -정공쌍을 발생시키므로 이것에 의해 제너 항복 전류가 흐르는 것이다. 애벌란시 항복은 공핍층 내에서 열적으로 발생한 전자와 정공이 강전계로 가속되어 높은 에너지를 얻고 자유 전자 -정공쌍의 발생이 연쇄적으로 일어나 애벌란시 항복전류가 흐르는 현상이다.

그림 10.1에서는 pn 접합에서 발생하는 항복 현상의 특성 곡선을 보여 주고 있다.

실리콘 pn 접합에서 이러한 제너 항복은 접합 계면 근처의 좁은 공핍층 내에서 단결정 격자를 구성하고 있는 실리콘 원자의 결합쌍으로부터 높은 전압에 의해서 가전자가 분리된다. 그 결과 가전자가 터널tunnel 전류로 되어 공핍층 내를 충돌하게 되므로 pn 접합에 역방향으로 전류가 흐르게 되는 것이다. 한편, 애벌란시 항복은 공핍층 내에서 열적으로 발생한 전자와 정공이 높은 전압으로 가속되어 충분한 에너지를 얻어 격자점의 실리콘 원자의 결합쌍을 절단하여 전자-정공쌍을 발생시킨다. 이와 같은 과정으로 발생한 전자와 정공이 높은 전압으로 가속되어 다음의 전자 -전공쌍을 발생시키는 연쇄 공정에 의해 급격한 역방향 전류를 만들게 되는 것이다.

pn 접합의 항복 전압은 역방향 전류의 값과 온도 등에 크게 의존하지 않고, 또 항복 현상이 발생할 때의 전기저항이 낮아 거의 일정 값으로 되는 특징이 있다. 이러한 항복 현상은 과대한 역방향 전류를 오랜 시간 흐르게 하면 pn 접합은 열적으로 파괴되어 버리지만 그 이하의 조건에서는 파괴되지 않고 일정한 전압을 유지하게 되므로 정전압(定電壓)이 얻어지게 되는 것이다.

그림 10.2에서는 pn 접합에서 항복 현상이 발생할 때 에너지대의 변화를 보여 주고 있다. 역바이어스에 의해 좁아진 에너지 갭을 뛰어넘어 가전자가 전도대로 올라가 자유 전자 -정공쌍이

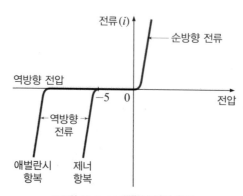

▼ 그림 10.1 pn 접합의 항복 현상

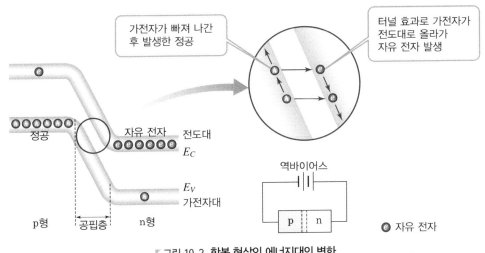

가전자가 빠져 나간
후 발생한 정공

터널 효과로 가전자가
전도대로 올라가
자유 전자 발생

정공     자유 전자    전도대
$E_C$

$E_V$
가전자대

p형    공핍층    n형

역바이어스

p   n

◉ 자유 전자

▼ 그림 10.2 **항복 현상의 에너지대의 변화**

발생되어 이것에 의해 제너 항복에 의한 전류가 흐른다.

공핍층 내에서 열적으로 발생한 전자와 정공이 높은 전계로 가속되어 높은 에너지를 얻어, 자유 전자와 정공쌍이 생성되고 가속되어 애벌란시 항복 전류가 흐른다.

이와 같은 성질을 이용하여 실리콘 pn 접합 정전압 다이오드는 회로 내에서 일정한 기준 전압 등을 만들어 내기 위한 정전압 소자로 이용되며, 집적 회로의 외부 입·출력 단자에서 발생할 수 있는 정전기 등의 잡음 전압noise voltage, 급격한 전압 변화 현상인 서지surge 전압 등, 내부 소자의 파괴로부터 보호할 수 있는 보호 소자로서 이용되기도 한다. 또한 전압을 일정 값으로 제한하거나 그 이상의 높은 전압을 걸리지 않도록 하는 리미터limiter로 이용되고 있다.

## 2 광다이오드

광다이오드photo diode는 광신호를 전기 신호로 변환하는 기능을 갖는 다이오드로, CCDCharge Coupled Diode 등에서 광검출기로 이용되고 있다.

광다이오드는 여러 종류가 있는데, 일반적으로 그림 10.3 (a)와 같이 p형과 n형 반도체의 접합에서 얻어지는 pn 접합 광다이오드이다.

광다이오드를 동작시키기 위해서는 pn 접합에 역방향 전압을 인가하고, 또 pn 접합과 병렬로 부하 저항을 삽입하여 구성한다. 광다이오드가 동작할 때, pn 접합부의 에너지대의 변화를 그림 (b)에 나타내었다. 광다이오드에 광신호가 입력되면, 가전자대에 존재하는 일부의 가전자가 높은 에너지를 얻는다. 그 후, 에너지 갭($E_g$)을 뛰어넘어 전도대로 올라가 전도 전자로 된다. 가전자가 빠져나간 후, 가전자대에는 정공이 만들어진다. 다만, 이 현상이 일어나는 것은 광신호의 진동

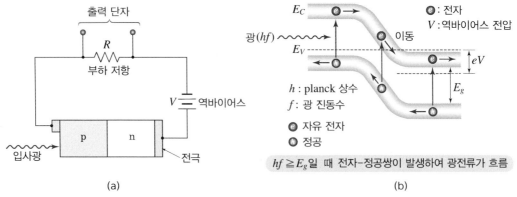

(a)                                                        (b)

▼ 그림 10.3 광다이오드의 기본 구조와 에너지대 변화

수를 $f$, 플라크 상수를 $h$라 하면 $hf \geq E_g$인 경우로 제한된다. 즉, 광신호의 에너지가 반도체의 에너지 갭보다 높은 경우만 광다이오드로서의 기능을 갖게 된다. 자유 전자와 정공이 만들어지면 pn 접합 근처의 전계에 의해서 자유 전자는 (+)전극 측인 n형 영역으로, 정공은 p형 영역으로 이동하여 전류를 생성시키게 된다.

광다이오드의 전류-전압 특성 곡선을 그림 10.4에서 보여 주고 있다. (a) 곡선과 같이 입사되는 광신호의 강도에 대응하여 역방향 전류가 증가한다. 한편, 부하저항의 역전류-전압 특성 곡선은 (b)와 같이 부(負)의 기울기를 갖는 직선으로 되어 광신호와는 무관하게 된다. 따라서 전체 특성 곡선은 (a)와 직선 (b)의 교차점으로 얻어지게 되는 것이다. 교차점은 입사하는 광신호의 강도가 올라가면 오른쪽 방향, 즉 전압이 올라가 역방향 전류가 증가하는 방향으로 이동하고, 역으로 광신호의 강도가 내려가면 왼쪽 방향, 즉 전압이 내려가 역방향 전류가 감소하는 방향으로 이동한다. 광신호의 강도와 전압 혹은 전류 사이에는 일정한 관계가 있기 때문에 광신호를 전기 신호로 변환하고 있음을 알 수 있다.

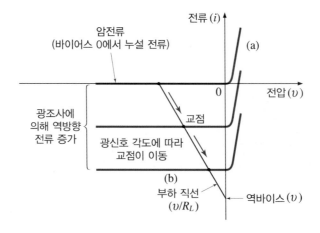

▼ 그림 10.4 광다이오드의 전류-전압 특성 곡선

# 3 태양 전지

지구 상에는 여러 가지 특성을 내는 다양한 물질이 있다. 앞에서 절연체인 진성 반도체에 몇 가지 조건을 충족하여 주면 자유 전자가 생겨 전류가 만들어진다고 하였다. 그 조건이라는 것에는 반도체에 불순물을 넣어 주는 것, 열을 가해 주는 것, 빛을 쪼여 주는 것 등이 있었다. 반도체에 빛을 쪼여 주면 전압을 얻을 수 있는 소자가 있다. 빛을 쪼여 주는 조건을 이용하는 것이다. 이것이 바로 pn 접합 다이오드에 빛을 쪼여 주어 전압을 얻는 태양 전지$_{\text{solar cell}}$[1]이다. 즉, 태양 전지는 빛에너지를 전기 에너지로 변환하는 반도체 소자이다. 태양 전지는 전자계산기, 시계, 가로등, 자동차, 우주선에 이르기까지 다양하게 사용하고 있는 대체 에너지원으로서 크게 주목받고 있는 반도체 소자이다. 태양 전지도 pn접합 다이오드의 대표적인 응용 제품이다.

태양 전지는 어떻게 하여 전압을 얻을까?

그림 10.5에서와 같이 태양 전지는 빛을 받아서 전기를 만드는 것이다. p형 반도체와 n형 반도체가 접합한 구조에 빛을 쪼여 주면 빛에서 나오는 빛에너지가 자유 전자와 정공에 전달, 즉 충돌하여 정공은 (－)극, 전자는 (+)극으로 이동하여 전류를 만들면 그림 (b)와 같이 전구에 불을 켤 수 있다. 다시 말하면 태양 전지는 빛을 받아서 전기를 생산하는 것으로 전기가 흐르기 위해서는 많은 빛이 필요하다.

그림 10.6을 이용하여 다시 한 번 태양 전지의 원리를[2] 살펴보자. 태양은 무궁무진한 에너지원으로 빛에너지의 형태로 지구에 도달한다. 빛은 광자$_{\text{photon}}$라고 하는 알갱이들이 모여 큰 에너지로 작용하는 것이다. 이 광자가 pn 접합 다이오드의 접합면에 있던 전자 및 정공들과 충돌하면서 자신이 가지고 있던 에너지를 전자와 정공이 받아 그 힘으로 전자와 정공이 생겨, 이들이 도선으로 흘러 전기용품을 작동시키는 전력으로 쓰이는 것이다.

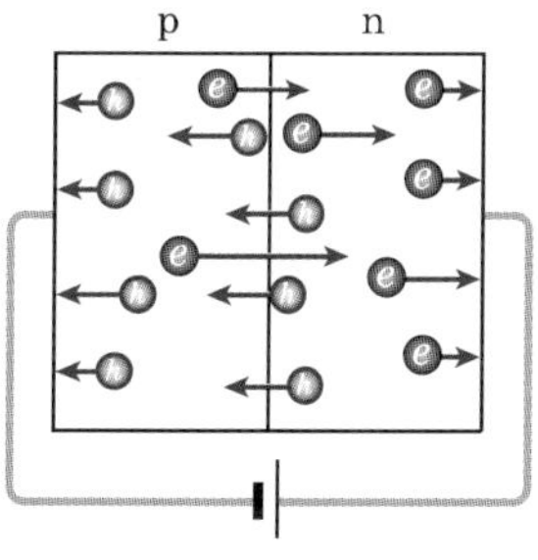


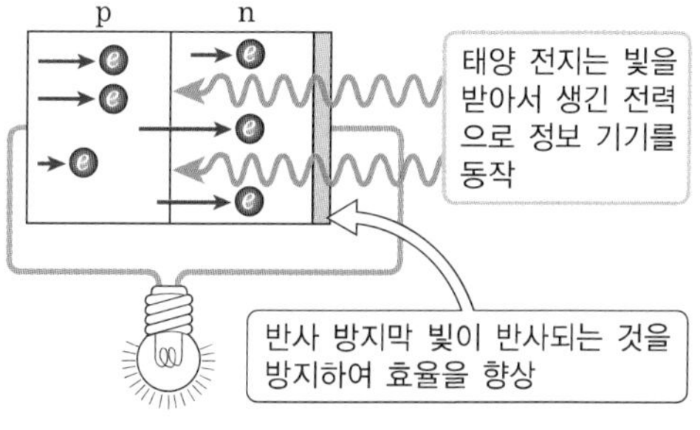


그림 10.5 **태양 전지의 원리**

1 태양 전지$_{\text{solar battery}}$ 태양 전지는 태양의 빛에너지를 전기 에너지로 바꾸는 장치를 말한다. 태양 전지는 우리가 생활에서 흔히 사용하는 화학 전지와는 다른 구조를 가진 것으로, '물리 전지'라 구분하며, p형 반도체와 n형 반도체라고 하는 2종류의 반도체를 사용해 전기를 일으킨다.

2 태양 전지의 원리 태양 전지에 빛을 비추면 내부에서 전자와 정공이 발생한다. 발생된 전하들은 각각 p극과 n극으로 이동하는데, 이 작용에 의해 p극과 n극 사이에 전위차(광기전력)가 발생하며, 이때 태양 전지에 부하를 연결하면 전류가 흐르게 된다. 이를 광전 효과라고 한다.

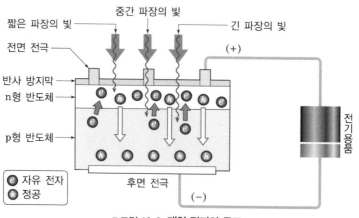

중간 파장의 빛

짧은 파장의 빛

긴 파장의 빛

전면 전극

(+)

반사 방지막

n형 반도체

전기용품

p형 반도체

자유 전자

정공

후면 전극

(-)

▸ 그림 10.6 태양 전지의 구조

그림에서는 p형과 n형 반도체가 접합되어 있고, 그 위쪽에는 투명 물질로 창을 만들어 빛이 들어올 수 있도록 하였다. 그리고 이 광을 효율적으로 받아들이기 위하여 들어온 빛이 반사되어 나가지 않도록 반사 방지막이 있으며, 접합면에서 생긴 전자와 정공을 끌어내기 위해 (+)극과 (-)극의 단자로 이루어져 있다.

태양 전지의 작동을 살펴보자. 태양 전지의 투명창을 통하여 들어오는 빛에너지 중에서 짧은 파장의 빛에너지는 p형 반도체에 도달하여 정공을 생기게 하고 이들이 뒷면 전극으로 이동하게 하면, 결국 전기의 흐름이 나타나 전기용품을 작동시키는 전력으로 쓸 수 있는 것이다.

# 4 광트랜지스터 phototransistor

pnp형 광트랜지스터는 보통 트랜지스터의 베이스 전극을 부착하지 않고, 이미터 – 컬렉터의 두 단자로 한 것이다. 그림 10.7 (a)에서와 같이 렌즈를 집광한 전압을 가하면 컬렉터 접합에 역방향 전압이 인가된다. 베이스 영역에 광을 쪼이면 발생한 정공은 좌우로 이동하지만, 전자는 그림 (b)와 같은 모양으로 된다. 이 때문에 베이스가 부(-)전위로 되어 이미터에서 정공의 흐름이 많아지게 된다. 이것이 베이스를 통하여 컬렉터에 도달함으로써 외부 전류를 형성하게 된다.

광의 작용은 베이스 전위를 변화시키는 것이고, 광으로 발생한 캐리어 그 자체가 광전류로 되는 것은 아니다. 광은 전류를 제어하는 작용을 하므로 감도는 대단히 좋다. 베이스에서 발생한 정공은 인가한 전압에 의하여 주로 컬렉터로 흐른다. 이 크기를 $I_L$이라 하면 이는 광의 크기에 비례하여 외부 회로에 흐른다. 전류 $I$를 트랜지스터의 전류로 하여 계산하는 경우 $I_L$은 암전류 (暗電流dark current) $I_{CBO}$와 같은 성질의 것으로 보아도 좋다. 이제 광을 조사하면 암전류 $I_{CBO}$와 광조사에 한 전류 $I_L$의 합 $I_{CBO} + I_L$로 된다. 베이스 접지, 이미터 접지의 전류 증폭률을 $\alpha$, $\beta$라 하면 그림 10.7로 부터

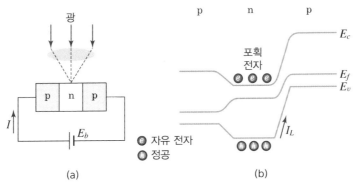

그림 10.7 (a) 광트랜지스터 (b) 에너지대 구조

$$I = (1 + \beta)(I_{CBO} + I_L) = \frac{1}{1 - \alpha}(I_{CBO} + I_L) \qquad (10.1)$$

로 된다. $I_L$은 $P_N$ 접합 포토다이오드의 전류와 같은 정도의 크기이므로 전류 감도는 대단히 크다. 광전류의 특성을 그림 10.8에 나타내었다. $P_N$ 접합보다 감도는 좋지만 암전류(暗電流)는 많다. 또 이미터 접지 트랜지스터인 경우는 그림과 같이 $V_{CE}$의 크기에 의하여 감도가 변화하는 결점이 있다.

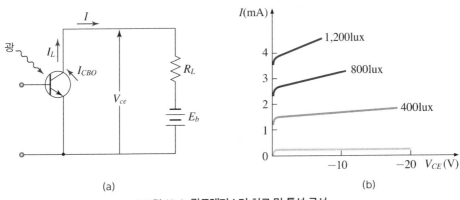

그림 10.8 광트랜지스터 회로 및 특성 곡선

# 5 발광 다이오드

## 1 발광 다이오드의 특성

### 1. 발광 다이오드의 개요

요즈음 생활 속에서 사용하는 각종 전기용품들의 소비 전력을 절감하는 것이 큰 과제로 되었다. 다이오드는 각종 전기용품에서 여러 가지 장점이 있어서 다양하게 쓰이고 있는 반도체 소자

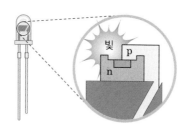

▼ 그림 10.9 LED의 구조

로 LED[light emitting diode][3]가 화제가 되고 있다.

LED는 pn 접합 다이오드에 전류가 흐르면 빛이 나오는 특징이 있는 소자이다. 그러나 똑같이 전류가 흐를 때, 빛을 내는 전구나 형광등과는 다른 과정으로 빛을 내고 있다.

그림 10.9에서는 LED의 구조를 보여 주고 있는데, 이 그림에서 보면 LED의 다리 길이가 다르다. LED 다리의 길이가 다른 이유가 있다. LED도 pn 접합 다이오드를 사용한다. 이것은 p형 반도체와 n형 반도체를 접합한 것이어서 이것을 구분하기 위해서이다. p형과 n형 반도체에 순방향 전압을 걸어 주면, 접합 부분에 있던 전자와 정공이 충돌하면서 그들이 가지고 있던 에너지를 빛으로 방출하는 것이다. 여기서 주입하는 불순물이나 재료의 종류에 따라 여러 가지 빛을 얻을 수 있다. 즉, 빛의 3원색인 빨강, 노랑, 파랑의 색을 얻을 수 있다. 빛은 전자파의 일종으로 고유의 파장[4]을 가지고 있다. 이 파장은 결국 빛의 색깔로 나타난다. 전자와 정공이 충돌할 때 생기는 에너지의 크기에 따라 여러 가지 파장이 나오게 되는 것이다.

여기서 전자와 정공이 충돌하는 과정을 재결합[recombination][5]이라고 하는데, 이 재결합 과정으로 전자와 정공은 마치 자석의 N극과 S극이 밀착하듯이 서로 충돌하면서 그들이 가지고 있던 에너지를 빛으로 발산하고 없어지는 것이다.

LED[6]의 기본 구조도 일반 다이오드와 같은 구조를 가지고 있으나, 차이점이 있다. 그것은 LED에서는 실리콘 재료를 바탕으로 한 p형, n형 반도체를 만들어서 pn 접합 다이오드를 만드는 것이 아니라, 기본적으로 Ⅲ족 원소인 갈륨(Ga)과 V족 원소인 비소(As)를 화합한 화합물 반도체로 만드는 것이다. 특별히 빛을 내야 하기 때문이다. 빛을 내기 위해서는 p형과 n형의 물질이 화합물이어야 그런 특성을 내 주기 때문이다.

---

3  발광 다이오드(LED[Light Emitting Diode])  흔히 LED라고 하며, 접합부에 전류가 흐르면 빛을 내는 금속 간 화합물 접합 다이오드이다. 소자의 종류에 따라 다른 색깔의 빛을 얻을 수 있으며, 전자제품에서의 문자 표시, 숫자 표시, LED TV 모니터, 각종 LED등, 물리 치료기 등에 쓰인다.

4  파장(wavelength)  2개의 연속적인 파동(wave)에서 대응되는 두 지점 사이의 거리를 말하는데, 여기서 대응되는 점이라는 말은 동일한 위상, 즉 주기적인 운동을 동일한 양만큼 완료할 때 갖는 두 지점이나 입자를 의미한다. 대개 횡파(파의 진행 방향에 대해 수직으로 진동하는 파)에서 파장은 마루에서 마루까지 또는 골에서 골까지로 측정한다. 파장은 대개 그리스 문자 람다($\lambda$)로 표시되는데, 매체에서의 파동의 속도($v$)를 주파수($f$)로 나눈 값, 즉 $\lambda = v/f$와 같다.

5  재결합(再結合recombination)  재결합은 이온화(化)에 의해 나누어진 음양의 이온 또는 전자와 양이온이 다시 결합하여 중성 분자나 원자를 만들거나 빛, 열 등의 에너지를 내는 일을 말한다. 반도체 내에서 전자와 정공이 만나 서로 재결합하게 되면 빛이나 열을 방출하게 된다. 발광 소자의 경우 주로 빛을 내는 재결합이 일어나야 하지만, 실제로는 비발광 재결합, 즉 빛을 내지 않고 주로 열로 사라지는 재결합 역시 많이 일어나게 된다.

6  LED의 발광 원리  반도체의 p-n 접합 구조를 이용하여 주입된 소수 캐리어(전자 또는 정공)를 만들어내고, 이들의 재결합에 의하여 발광시킨다. 반도체에 전압을 가할 때 생기는 발광 현상은 전기 루미네선스(전기장 발광)라고 하며, 1923년 탄화규소 결정의 발광 관측에서 비롯된다. 1923년에 비소화갈륨 p-n 접합에서의 고발광 효율이 발견되면서부터 그 연구가 활발하게 진행되었고, 1960년대 말에는 이들이 실용화되기에 이르렀다.

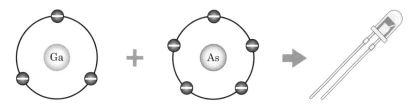

▼ 그림 10.10 화합물 반도체

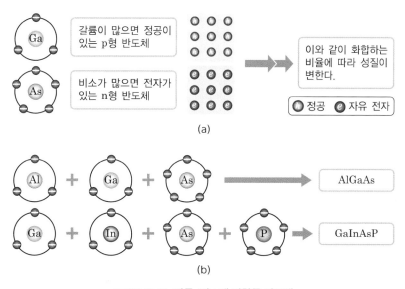

▼ 그림 10.11 갈륨−비소계 화합물 반도체

갈륨과 비소를 혼합한 재료는 실리콘보다 전자의 이동 속도가 5배나 빠르고 발광 효과가 뛰어나다. 발광 효과가 있다는 것은 전자와 정공의 재결합이 잘 이루어진다는 것이다. 그림 10.10에서 Ⅲ족 원소인 갈륨(Ga)과 Ⅴ족 원소인 비소(As)가 결합하여 '갈륨비소'라는 화합물 반도체가 되어 LED를 만드는 재료로 쓰이고 있음을 보여 주고 있다.

그림 10.11 (a)에서와 같이 갈륨을 더 많이 넣어 주면 p형 반도체가 되고, 비소를 더 많이 넣어 주면 n형 반도체가 되어 이들을 접합하면 화합물 반도체의 pn 접합 다이오드가 되는 것이다. 그래서 순방향 바이어스를 공급하면 접합면에서 재결합 작용으로 빛을 발생하게 된다. 이것이 LED의 발광 원리이다. 그림 (b)에서는 기존의 Ga, As 외에 알루미늄(Al), 인듐(In), 인(P) 등의 다양한 재료를 혼합하여 화합물 반도체를 만들어 사용하고 있는데, 이렇게 만든 소재를 사용하면 다양한 빛을 내는 LED를 얻을 수 있다.

그림 10.12에서 갈륨−비소를 재료로 한 p형 반도체와 n형 반도체를 접합하여 순방향 전압을 넣어 주면, 접합면에서 자유 전자와 정공이 이동하면서 서로 충돌하여 빛으로 변하여 우리 눈에 보이는 것이다. 반도체에 쓰이는 재료의 종류에 따라 나오는 빛의 종류가 다르다.

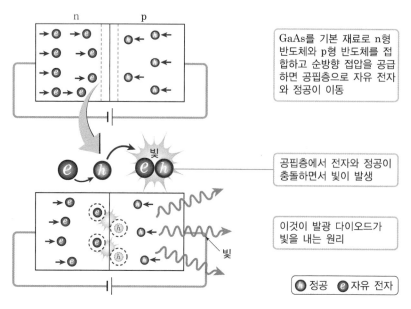

n     p

GaAs를 기본 재료로 n형 반도체와 p형 반도체를 접합하고 순방향 접압을 공급하면 공핍층으로 자유 전자와 정공이 이동

빛

공핍층에서 전자와 정공이 충돌하면서 빛이 발생

이것이 발광 다이오드가 빛을 내는 원리

빛

h 정공    e 자유 전자

▼ 그림 10.12 LED에서 빛이 나오는 현상

이제 우리 생활 속에서 LED가 어떻게 사용되는지 살펴보자.

LED에 대한 이야기를 이해하기 위해서는 먼저 가시광선(可視光線)에 대하여 살펴보아야 한다. 이것은 전자기파 중에서 사람의 눈에 보이는 범위의 파장을 말하는데, 파장의 범위는 사람에 따라 다소 차이가 있으나, 대체로 380~770[nm]이다. 1[nm]는 $10^{-9}$[m]이다. 이것은 1[m]를 10억 개의 균일한 작은 거리로 나눌 때 그것의 1개 거리를 말한다. 가시광선 내에서는 파장에 따른 성질의 변화가 여러 종류의 색깔로 나타나며 빨강색으로부터 보라색으로 갈수록 파장이 짧아진다. 단색광인 경우, 대략 700~610[nm]는 빨강, 610~590[nm]는 주황, 590~570[nm]는 노랑, 570~500[nm]는 초록, 500~450[nm]는 파랑, 450~400[nm]는 보라로 보인다. 이를 그림 10.13에서 파장별 색을 나타내었다.

우리가 흔히 알고 있는 무지개를 상상하면 이해가 빠를 것이다. 일곱 가지 색으로 나타나는 광을 모두 합치면 흰색으로 보이는데, 이러한 이유 때문에 태양이 희게 보이는 것이다. 태양 광선 아래에서 하얀 색깔의 종이가 하얗게 보이는 이유는 일곱 가지 색을 모두 반사하기 때문이고, 파란색의 종이가 파랗게 보이는 것은 가시광선 중에서 파란색만을 반사하여 그 색깔만 눈에 감지되기 때문이다. 빨강보다 파장이 긴 빛을 적외선, 보라보다 파장이 짧은 빛을 자외선이라 하고, 대기를 통해서 지상에 도달하는 태양 복사(輻射_radiation)의 광량은 가시광선 영역이 가장 많다. 사람의 눈의 감도가 이 부분

파장(nm)

자외선

보라 — 400
남색
파랑
— 500
초록

노랑 — 600
주황

가시광선

빨강 — 700

— 800
적외선

▼ 그림 10.13 가시광선과 파장

에서 가장 높은 것은 그 때문이다. 복사radiation[7]란 태양 등 발생원으로부터 에너지가 나와서 주위의 매질을 통해 전파되어 가는 과정과 그 과정 중에 포함된 에너지를 말한다.

빛의 삼원색은 빨강($R_{red}$), 녹색($G_{green}$), 파랑($B_{blue}$)이다. 이 세 가지 색으로 사람이 볼 수 있는 모든 색을 만들 수 있다. 사람이 볼 수 있는 색은 정해져 있다. 무지개색만 볼 수 있다. LED가 이 가시광선을 만들 수 있다. LED는 여러 가지 재료를 섞어 다양한 빛을 낼 수 있다고 하였다.

우리의 생활 속에서 쉽게 접할 수 있는 색은 무엇이 있을까?

형광등이 있다. 형광등은 흰색을 내는 전기용품이다. 형광 램프는 유리관 내벽에 형광 물질이 도포되어 있으며 텅스텐 코일로 만들어진 2중, 3중의 필라멘트가 설치된 전극이 있고, 그 필라멘트가 발열할 때 전자가 방출되는데, 이것이 열전자이다. 이 열전자를 방출시켜 방전이 지속되면서 방전에 따른 전자가 형광등 내의 수은 원자와 충돌하여 자외선을 발생시키게 된다. 그 자외선이 형광등 내벽에 도포되어 있는 형광 물질에 충돌하여 흰색(백색)을 내는 것이다. 관 내벽에는 방전을 용이하게 하기 위해 아르곤(Ar) 가스와 미량의 수은이 봉입되어 있다. 형광등 내벽에 도포하는 형광 물질의 종류에 의하여 백색, 주광색, 녹색, 청색 등 여러 종류의 빛을 얻을 수 있는 것이다.

방전이란 비교적 압력이 높은 기체 속에 두 개의 전극을 넣고 높은 전압을 걸었을 때, 기체가 이온화되어 갑자기 절연의 능력을 잃고 두 전극 사이에 이온에 의한 큰 전류가 흐르는 현상이다.

이런 형광등의 일을 LED가 할 수 있다. 백색광을 만들기 위해서는 LED에서 나오는 빨강, 녹색, 파랑의 빛을 모두 섞거나, 파랑색을 내는 LED에 어떤 형광 물질을 도포하면 백색광을 얻을 수 있다. 그래서 LED가 형광등을 대신할 수 있는 것이다.

LED의 소비 전력은 형광등의 1/2배, 백열등의 1/8배로 낮을 뿐만 아니라 광원의 크기도 작고, 얇고, 가벼우면서도 수명이 길고 친환경적이어서 경제성이 우수한 전기용품으로 각광받고 있다. 이 뿐만이 아니라 전광판, 신호등, 자동차의 각종 램프, 휴대 전화, LED TV 등에 쓰이고 있으며, 최근에는 질병의 치료 목적으로도 LED가 사용되고 있다. 또한 각종 농산물을 성장, 인간의 감성 조명등으로 그 응용 범위가 확대되고 있다.

## 2. 반도체의 광전 소자

### (1) 반도체 이론

LED는 전자가 정공과 재결합recombination하면서 방출하는 에너지가 빛으로 발광하는 소자이며, 이때 발광 파장은 LED의 재료로 사용되는 반도체의 에너지 갭에 의해 좌우된다.

반도체는 원자 간의 속박에서 벗어나 자유로이 결정 내를 움직이는 전자가 존재하는 전도대

---

7  복사(輻射radiation) 열이나 전자기파(電磁氣波)가 물체로부터 바퀴살처럼 방출되는 현상을 말하는데, 물체를 가열하여 온도를 높이면 점차 붉은색, 주황색, 노란색, 흰색 등의 가시광선을 내어 우리 눈에 보이게 된다. 물론 태양에서 나오는 보이지 않은 자외선 등도 존재한다. 이와 같이 물체를 가열함에 따라 그 물체에 쌓이는 열에너지가 전자파의 형태의 에너지로 빠져나가는데, 이러한 전자파의 방출 현상을 복사라고 한다.

표 10.1 반도체 재료

| 원소 반도체 | IV족 | Si | Ge |
|---|---|---|---|
| | VI족 | Se | Te |
| III-V족 화합물 반도체 | | GaAs | GaP, GaN |
| | | InAs | InP |
| II-VI족 화합물 반도체 | | ZnS | ZnSe |
| | | CdS | CdSe |
| 산화물 반도체 | | ZnO | $Cu_2O$ |

conduction band와 공유 결합에 기여하며 전자가 구속되어 있는 가전자대valence band, 전도대와 가전자대 사이에 금지대가 있다. 즉, 전자가 정공과 재결합하기 위해서는 전도대에서 가전자대로 금지대 폭을 넘어야 하며, 이러한 금지대 폭만큼의 에너지를 빛으로 방출하기 때문에 LED의 발광 색을 결정하는 것은 바로 반도체 재료에 의해 좌우된다고 할 수 있다.

표 10.1은 원소 및 화합물의 주요 재료를 나타낸 것이다. Si나 Ge과 같이 하나의 원자로 구성된 원소 반도체는 주로 주기율표상 IV족으로 분류되며, 이외의 화합물 반도체compound semiconductior는 두 가지 원소 혹은 그 이상의 원소가 결합하여 구성된다. 여기서, 두 가지 원소로 구성된 반도체를 2원 화합물binary compound 반도체라 하며, 세 원소로 구성된 반도체를 3원 화합물ternary compound 반도체라고 한다. 예로서, GaAs는 III-V족의 두 원소가 결합된 반도체로서 III족의 Ga과 V족의 As가 결합한 것이다.

그림 10.14는 반도체 재료의 결정 구조를 나타내는 것으로 원소 반도체인 Si와 Ge는 다이아몬드 구조를 하며, 화합물 반도체인 GaP, GaAs 및 ZnSe 등은 섬아연광zincblende 구조에 속한다. 그리고 GaN은 울쯔광wurtzite 구조를 가지며, 섬아연광 구조와 유사한 다이아몬드형의 정육면체 구조를 가진다. 일반적으로 에너지대의 구조는 결정구조와 밀접한 관계를 가지기 때문에 화합물 반도체의 에너지대 구조는 거의 다이아몬드형의 구조와 동일하다. 이러한 결정구조들은 다이아몬드 결정구조와 함께 LED용 반도체 재료에서 중요한 위치를 차지하고 있다. 표 10.2는 여러 종류의 LED용 반도체 재료에 대한 특성을 나타낸 것이다.

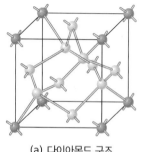
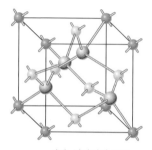

(a) 다이아몬드 구조          (b) 섬아연광 구조

그림 10.14 결정 구조

▼ 표 10.2 LED용 반도체 재료의 특성

| 반도체 재료 | 결정 구조 | 에너지 구조 | 에너지 갭[eV] at 300 K | 격자 상수[Å] |
|---|---|---|---|---|
| Si | D | 간접 | 1.12 | 5.43 |
| Ge | D | 간접 | 0.66 | 5.66 |
| GaAs | Z | 직접 | 1.43 | 5.65 |
| AlP | Z | 간접 | 2.45 | 5.46 |
| GaP | Z | 간접 | 2.24 | 5.45 |
| InP | Z | 직접 | 1.35 | 4.87 |
| AlAs | Z | 간접 | 2.13 | 5.66 |
| ZnSe | Z | 직접 | 2.67 | 5.67 |
| GaN | W | 직접 | 3.39 | a = 3.18, b = 5.16 |
| SiC | 육방정 | 간접 | 2.86 | a = 3.08, b = 15.12 |

주) D : diamond, Z : zincblende, W : wurtzite

LED의 발광 효율을 높이기 위해서는 전자와 정공이 재결합하여 에너지를 방출할 경우, 재결합 전후로 에너지뿐만 아니라, 운동량의 보존이 필요하다. 즉, 가장 우수한 발광 효율을 얻기 위해서는 재결합 과정에서 전자와 정공의 운동량이 동일하고 방출되는 에너지가 모두 빛에너지로 변화되어야 한다. 그림 10.15는 직접 천이형 반도체와 간접 천이형 반도체의 에너지 구조를 나타낸 것이다.

직접 천이형 반도체는 가전자대의 최고점과 전도대의 최저점에서 운동량의 차이가 없는 에너지대 구조이며, 반면에 간접 천이형은 운동량의 보존을 위해 열이나 소리 등의 격자 진동이 관여하며 재결합 확률이 매우 작다. 따라서 Si나 Ge과 같은 간접 천이형 반도체는 발광 효율이 별로 좋지 못하다. 반면에 GaAs나 GaN와 같은 화합물 반도체는 직접 천이형으로 LED 등의 발광 소자에 이용한다.

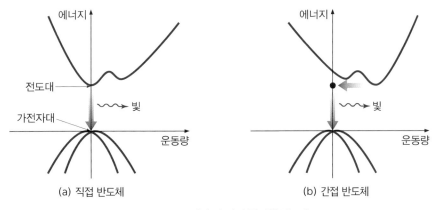

(a) 직접 반도체        (b) 간접 반도체

▼ 그림 10.15 직접 및 간접 천이형 반도체

## (2) 발광 이론

빛은 광자에 의한 불연속적인 에너지로, 그림 10.16에서는 빛에너지의 파장 스펙트럼을 표시하고 있다. 눈으로 구별할 수 있는 가시광선의 파장은 $0.39{\sim}0.77[\mu\mathrm{m}]$이고, 보라색에서부터 빨간색까지의 파장을 나타낸다. 자외선 영역은 대략 $0.01{\sim}0.39[\mu\mathrm{m}]$이고, 적외선 영역은 $0.77{\sim}1,000$ $[\mu\mathrm{m}]$ 정도이다. 빛은 보통 주파수보다는 파장으로 나타내는데, 파장 $\lambda$는 다음과 같이 표현한다.

$$\lambda = \frac{c}{f} = \frac{hc}{hf} = \frac{1.24}{hf}[\mu\mathrm{m}] \tag{10.2}$$

여기서, $c$는 진공 중에서 빛의 속도로 $3{\times}10^{8}[\mathrm{m/s}]$이고, $f$는 빛의 진동수이며, $h$는 Planck 상수로써 그 값은 $6.624{\times}10^{-34}[\mathrm{J \cdot s}]$이다. 또한 $hf$는 빛에너지를 의미하며 단위는 $[\mathrm{eV}]$이다. 위 식으로부터 빛에너지는 진동수와 직접적으로 관련되고, 진동수가 증가하면 에너지도 증가하지만 파장은 역으로 감소한다. 그리고 광전 소자의 반도체 내에서 발생되는 파장은 금지대폭 $E_{g}$와 관계하며, 다음과 같이 주어진다.

$$\lambda = \frac{1.24}{E_{g}} \tag{10.3}$$

위 식으로부터 가시광선을 얻기 위해서는 에너지 갭이 $1.6[\mathrm{eV}]$ 이상 되어야 한다. 그림 10.12는 반도체 재료와 에너지 갭에 해당하는 발광색과 파장을 나타낸다. 적외선 LED에는 GaAs를 비롯하여 InP, GaAlAs, GaAsP 등이 사용된다. GaP는 간접 천이형으로 보통 녹색 LED로 알려

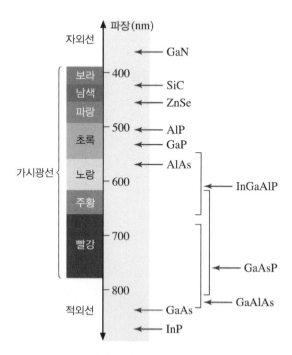

▶ 그림 10.16 LED용 반도체 재료와 발광 파장

져 있지만, 불순물로 Zn-O쌍을 발광 중심으로 도입하면 발광 파장이 700[nm]인 적색 LED를 구현할 수 있다. 그러나 보다 고휘도의 적색 LED로는 GaAsP, GaAlAs, InGaP 등의 3원 화합물 반도체가 개발되었으며, 예로서 GaAsP에서 As와 P의 조성비를 조절함으로써 에너지 갭을 요구하는 발광색에 따라 바꿀 수 있고, 직접 천이형이므로 발광 효율이 매우 높다. GaAlAs도 역시 직접 천이형으로 Al과 As의 조성비를 조절하여 에너지 갭을 변화시킬 수 있다.

$In_{1/2}(Ga_{1-x}Al_x)_{1/2}P$는 Ga과 Al의 조성에 따라 주황색에서 초록색까지의 LED를 만들 수 있고, 직접 천이형으로 고휘도 특성을 가진다. 청색 LED를 형성하기 위해서는 에너지 갭이 큰 재료가 요구되며, SiC, ZnSe 및 ZnS 등이 이용된다. SiC는 pn 접합을 용이하게 형성할 수 있으며, 간접 천이형이다. 반면에 직접 천이형인 ZnSe와 ZnS는 높은 발광 효율을 얻을 수 있다. 특히, 1990년대 초반에는 InGaN/AlGaN의 이중 이종 접합double hetero junction 구조로 고휘도의 청색 LED를 만드는 데 성공하였다.

## 2 LED의 구조와 동작

LED는 실제로 정공이 다수 캐리어인 p형 반도체와 전자가 다수 캐리어인 N형 반도체를 접합하여 만든 구조이다. 그림 10.17에서와 같이 GaAs에 Ⅱ족의 Zn를 도핑하여 정공이 많은 p형 반도체를 만들고, Ⅵ족인 Te를 도핑하여 전자가 많은 n형 반도체를 접합한 후 열평형 상태에서는 에너지 장벽이 높기 때문에 전류가 흐르지 않게 된다.

그러나 그림 (b)에서와 같이 pn 접합 다이오드에 순방향으로 전압을 인가하면, 에너지 장벽이

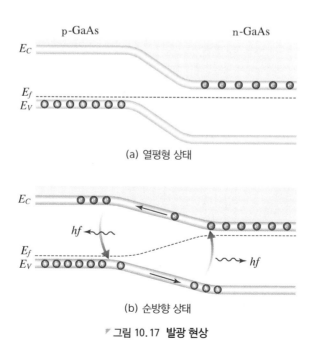

(a) 열평형 상태

(b) 순방향 상태

▼ 그림 10.17 **발광 현상**

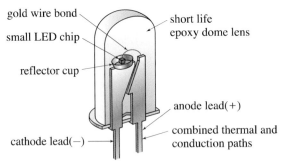

그림 10.18 **LED의 구조**

낮아져 전자가 장벽을 넘어 p형 영역으로, 정공은 n형 영역으로 확산되어 소수 캐리어가 되면서 다수 캐리어와 재결합하여 빛을 방출한다.

그림 10.18은 LED의 내부 구조를 나타낸 것이다. 2단자 소자인 LED에서 짧은 단자는 음극cathode이고, 긴 단자가 양극anode이다. LED 본체인 머리 부분을 자세히 살펴보면, 반도체 칩에 전원을 공급하기 위해 음극과 양극이 있고, 이들은 금으로 된 매우 미세선으로 반도체 칩에 연결되는데, 이를 금 와이어Au wire라고 한다. 내부의 칩을 보호하고 동시에 빛을 모으기 위한 렌즈 구실을 하는 플라스틱의 일종인 에폭시 수지로 몰드mold 하게 된다. 이와 같은 간단한 구조를 가진 LED는 백열전구의 필라멘트를 이용하여 얻는 빛과는 달리 반도체를 통하여 빛을 얻기 때문에 효율이 높으며, 반도체의 소재에 따라 발광하는 빛의 색깔을 조절할 수 있다.

그림 10.19는 몇 가지 발광 효율의 정의를 개략적으로 나타낸 것이다. 발광 효율은 LED의 성능을 표시하는 하나의 요소로서, 발광 효율은 양자 효율과 전력 효율로 나눈다. 양자 효율은 단위 시간당 방출되는 광자photon의 개수를 도통하는 전하의 수로 나눈 양이며, 전력 효율은 출력광의 전력을 입력 전력으로 나눈 비율이다. LED에 주입한 캐리어가 광자로 변환하는 비율을 내부 양자 효율이라 하고, 캐리어가 결정 밖으로 나오는 빛과의 비율을 외부 양자 효율이라고 한

전력−광변환 효율 : D/A

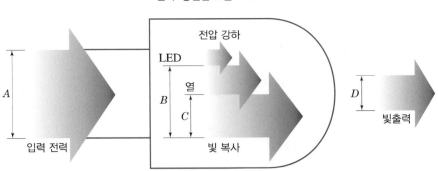

내부 양자 효율$(C/B)$ × 광소모율$(D/C)$ = 외부 양자 효율$(D/B)$

그림 10.19 **LED의 발광 효율**

다. LED에 입력된 전력 중에서 일부는 n형이나 p형의 저항, 금속과의 접촉 저항 등으로 인하여 전력을 소모하게 된다.

그림에서와 같이 n형에 전자와 p형의 정공이 발광층으로 주입되는 전체 에너지를 $B$라고 표현하였는데, 만일 발광층 내로 주입된 캐리어를 열로 변환하는 결함이 있다면, 발광층 내에서 손실이 발생하게 된다. 이 외에 발광층에서 효율적인 광변환을 고려하면, 이는 빛에너지로 변환된 $C$에 해당할 것이다.

일반적으로 LED의 양자 효율이라 하는 것은 외부 양자 효율을 의미한다. 그림에서 보여 주는 것과 같이 외부 양자 효율은 내부 양자 효율에 광소모율을 곱한 것을 의미하며, pn 접합 부근에서 발생한 빛은 결정 내부에서 흡수되거나 반사되어 다소 감소하기 때문에 보통 외부 양자 효율은 내부 양자 효율보다 낮다. 전체적인 LED의 효율은 전기 에너지 $A$에 대한 출력된 빛에너지 $D$의 비율로 표현한다. LED에서 n형과 p형의 불순물이 다량 주입되면, 직렬 저항이 낮아질 것이고 전압 강하는 큰 문제가 되지 않는다.

외부 양자 효율은 적색 LED의 경우, 약 15%, 황색에서 녹색의 경우는 약 0.3~1.0%, 청색의 경우는 약 3% 정도 얻을 수 있다. 발광 효율은 LED 에너지의 입·출력을 나타내는 것으로 pn 접합의 캐리어 주입 효율, 캐리어가 빛으로 변하는 변환 효율, 발광하는 빛이 소자 외부로 나가는 광방출 효율의 곱으로 나타낼 수 있다.

이상에서 기술한 바와 같이, LED는 pn 접합에 전류를 흐르게 하면 캐리어가 주입되어 재결합하면서 방출하는 빛을 외부로 방출하는 소자인 반면에, 레이저 다이오드는 유사한 구조에 다시 도파로와 공진기를 설치하여 방출된 빛의 일부를 귀환시키고, 또한 유도 방출을 이용하여 빛의 강도를 높이는 광발진기이다. 여기서, 유도 방출이란 활성 영역에 전자와 정공이 다량으로 존재하는 상태에서 빛의 자극을 주어 재결합을 일으켜, 이때 들어온 빛과 동일한 위상으로 빛을 방출하는 현상을 말한다.

레이저 다이오드에 사용하는 반도체 재료는 모두 직접 천이형 반도체이기 때문에 높은 발광 효율을 얻을 수 있다. 따라서 레이저 다이오드에서 얻을 수 있는 발광은 LED에 비해 광출력이 매우 높고, 레이저 다이오드의 우수한 특성인 빛의 직진성과 간섭성을 이용하여 넓은 범위에서 응용되고 있다.

## 3 LED의 종류와 특성

LED용 반도체 재료를 결정하기 위해서는 다음과 같은 조건을 고려해야 하는데,

- 요구하는 발광색을 얻기 위해 반도체의 충분한 에너지 갭을 선정할 것
- 발광 특성이 우수한 재료를 선택할 것
- 우수한 발광 특성을 갖기 위해 소수 캐리어의 주입이 용이한 것
- 발광한 빛이 결정 내에서 외부로 나가는 효율이 높은 것

표 10.3 LED의 종류

| LED 재료 | 응용 표시 방식 |
|---|---|
| GaP : ZnO 적색 LED | 파일럿형 LED |
| GaP : N 녹색 LED | 숫자 표시용 LED |
| GaAsP계 적색 LED | 문자 표시용 LED |
| GaAsP계 등·황색 LED | 어레이 표시용 LED |
| GaAlAs계 LED | 도트 매트릭스용 LED |
| InGaAlP계 등·황색 LED | 모놀리식형 평면 LED |
| GaN계 청색 LED | 하이브리드형 평면 LED |
| SiC계 청색 LED | |
| Ⅱ-Ⅵ족 청색 LED | |

등이 있다. 또한, 이러한 조건을 만족하면서 좋은 LED를 형성하기 위해서는 먼저 우수한 pn 접합을 만들어야 하며, 역시 필요로 하는 발광색을 얻기 위해 결정 내의 발광 중심에 불순물이 적절히 침투되도록 하는 기술도 중요하다.

표 10.3은 LED의 종류를 분류한 것으로, 사용하는 재료에 따라 나타나는 발광색으로 LED를 나눌 수 있고, LED의 형태나 표시 내용에 따라 분류하기도 한다.

## 1. LED의 재료

### (1) GaP : ZnO 적색 LED

GaP를 이용한 적색 LED는 1970년대에 상용화되면서 지금까지 LED의 주축을 이루어 왔으며, 따라서 차지하는 비율이 매우 높다. 결정 성장법으로는 GaP를 기판으로 성장하고, LPE법으로 발광용 pn 접합을 형성한다. GaP는 간접 천이형 반도체지만, 포획 중심을 사용하면 발광 효율을 높일 수 있는데, ZnO를 발광 중심으로 사용하여 발광 효율을 최고 15%까지 얻을 수 있다.

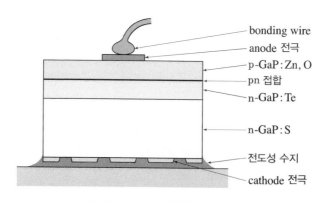

그림 10.20 GaP 적색 LED의 구조

그림 10.20은 GaP 적색 LED의 기본 구조를 나타낸 것인데, 이는 저전류용으로 적합한 표시 소자로서 주로 각종 가전제품이나 옥내용 기기에 사용한다.

## (2) GaP : N 녹색 LED

녹색 LED는 최근에 발광 효율이 크게 개선되고 있는데, 간접 천이형 반도체인 GaP를 사용하며, 발광 중심에 질소를 첨가하여 녹색 LED를 형성한다. 발광 피크 파장은 565[nm]로 약간 황색을 포함하고 발광 효율은 0.3~0.7% 정도로 낮지만, 비시감도가 적색보다 10배 이상 높기 때문에 눈에는 매우 밝게 느껴진다. 그리고 순녹색의 LED를 제작하기 위해서는 성장 시에 N을 첨가하지 않으며, 이때 발광 파장은 555[nm]가 얻어진다. 발광 효율은 0.1% 정도로 낮지만, 매우 밝은 편이다.

## (3) GaAsP계 적색 LED

GaAsP계의 정확한 성분비는 $GaAs_{1-x}P_x$로 나타내는데, x의 변화에 따라 적외선($x=0$)에서 부터 녹색($x=1$)까지 발광할 수 있다. GaAsP는 기판 결정상에 VPE법으로 n형 GaAsP를 성장하고, p형 불순물을 확산하여 발광용 pn 접합을 형성한다. 조성비를 $x=0.55$으로 결정 성장하면, 피크 파장이 650[nm]의 적색 LED를 만들 수 있으며, 발광 효율은 최고 0.5%까지 얻을 수 있다. 적색 LED는 결정성장의 기술 개발, 발광층의 결정성 개선 및 도핑 기술의 개량 등으로 휘도가 향상되어 왔으며 양산 기술의 향상으로 원가를 줄이고 있다.

## (4) GaAsP계의 등황색 LED

GaAsP계 등황색 LED는 기판 결정을 GaP로 하고 VPE법으로 발광용 pn 접합을 만든다. $GaAs_{1-x}P_x$의 조성비에서 x를 크게 조절하면 단파장화하는데, 즉 적색 LED인 0.55보다 높여 0.65에서 0.75로 조정하면 최대 파장이 630에서 610[nm] 범위의 등황색 LED가 만들어지며, 발광 효율은 0.6% 정도까지 가능하다. 그리고 x를 0.85에서 0.90까지 조절하면, 피크 파장은 590~583[nm]의 황색 LED를 발광할 수 있지만, 발광 효율은 0.1~0.2% 정도로 낮아진다.

## (5) GaAlAs계 LED

$Ga_{1-x}Al_xAs$의 LED는 조성비를 조정하여 피크 파장이 660~900[nm]으로 적색에서부터 적외선까지 형성할 수 있다. 직접 천이형의 반도체로서 발광 효율을 개선하기 위해 단일이종 구조의 발광층에서 하나 더 삽입하여 양측으로 만들어 캐리어를 가둘 수 있는 이중 이종 구조로 개발하였다. 이에 따라 외부 양자 효율은 단일 이종 구조에서 3% 정도이지만, 이중 이종 구조에서는 15%로 크게 증가한다. 응용 분야로는 자동차, 도로표시 및 대형 광고판 등의 옥외용 표시 소자로 확대되고 있는 실정이다. 그림 10.21에서 이들 구조를 보여 주고 있다.

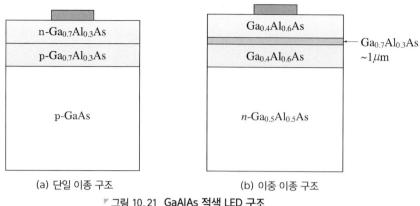

(a) 단일 이종 구조      (b) 이중 이종 구조

▷ 그림 10.21 GaAlAs 적색 LED 구조

## (6) InGaAlP계 등황색/황색 LED

최근에 와서 실용화에 성공한 $In_{1-y}(Ga_{1-x}Al_x)_yP$계의 혼합 결정 재료는 직접 천이형의 반도체이며, 등황색과 황색 LED의 휘도 개선을 가능하게 하였다. 혼합 결정 $In_{1/2}(Ga_{1-x}Al_x)_{1/2}P$에서 x를 0에서 0.6까지 조정하면, 피크 파장은 660~555[nm]로 적색에서 녹색까지 만들어지며, 높은 발광 효율을 가진 LED를 기대할 수 있다. 결정 성장을 MOCVD에 의해 이중 이종 구조로 만든 InGaAlP를 이용하여 고휘도의 등황색 LED를 개발하였으며, 또한 내부 양자 효율을 올리기 위해 불순물 농도를 최적하였다. 그림 10.22는 그 구조를 나타낸 것이다.

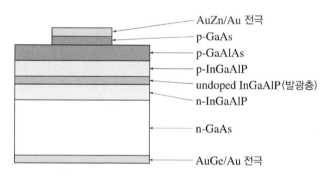

▷ 그림 10.22 InGaAlP 등황색 LED 구조

## (7) GaN계 청색 LED

GaN은 직접 천이형의 에너지대 구조를 가진 반도체로서 발광 효율 면에서 유리하지만, 대형 기판으로 만들기가 쉽지 않고 p형 결정을 만들기가 어렵다는 등의 단점을 가진다. 따라서 $Al_2O_{3\text{sapphire}}$ 결정 기판 상에 VPE법으로 n-GaN를 성장하고 I층을 만들어 MIS 구조의 청색 LED를 형성하면 발광 효율 0.03%를 얻을 수 있다.

전자선 조사에 의한 처리로 억셉터(acceptor) 불순물을 활성화하여 $P$형 전도성을 나타내는 GaN 단결정을 실현하였는데, 마그네슘(Mg)을 도핑하여 저항이 높은 GaN : Mg에 전자선을 조

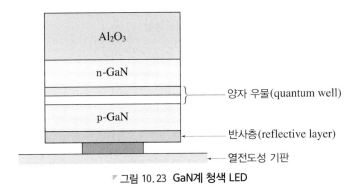

양자 우물(quantum well)

반사층(reflective layer)

열전도성 기판

▼ 그림 10.23 GaN계 청색 LED

사함으로써 비저항이 수십[$\Omega \cdot cm$]로 낮아지는 p형 결정을 형성하였다.

이와 같은 GaN층의 p형화는 열적인 처리annealing로도 가능하며, GaN 완충층buffer layer을 이용하여 보다 높은 캐리어 농도를 가진 p형 층을 실현할 수 있게 되어 GaN계 청색 LED의 특성을 향상시킬 수 있다. 특히, 고휘도의 InGaN/AlGaN의 이중 이종 구조로 청색 LED를 구현함으로써 옥외형 LED 디스플레이를 완전 컬러화하여 구성할 수 있고, 교통 도로용 신호기로서 대체되고 있다. 그림 10.23에 그 구조를 나타내었다.

## 2. LED의 특성

단파장의 발광 다이오드는 환경친화적이고 안전한 고체 소자의 조명 광원으로 향후 실용화에 많은 기대가 예상되고 있다. LED의 장점은 다음과 같다.

- 광변환 효율이 매우 높기 때문에, 소비 전력이 다른 광원에 비해 백열전구의 1/8, 형광등의 1/2배로 매우 적다.
- 광원이 작기 때문에 소형화·박형화·경량화가 가능하다.
- 백열전구의 100배로 수명이 매우 길다.
- 열적인 방전에 의한 발광이 아니기 때문에 예열 시간이 불필요하고, 점등이나 소등 속도가 매우 빠르다.
- 점등 회로나 구동 장치 등의 기구를 간소화할 수 있어 다른 광원에 비해 부품이 적다.
- 가스나 필라멘트가 없기 때문에 충격에 강하고 비교적 안전하다.
- 안정적인 직류 점등 방식으로 소비 전력이 적고, 잦은 반복 동작이 가능하며, 눈의 피로를 줄일 수 있다.
- 형광등과 같이 수은이나 방전용 가스를 사용하지 않기 때문에 환경친화적인 조명 광원이다.

## 4 LED의 제조 공정

LED의 발광층은 pn 접합으로 형성되며, 단결정의 기판 위에 각 층을 다양한 방법으로 증착

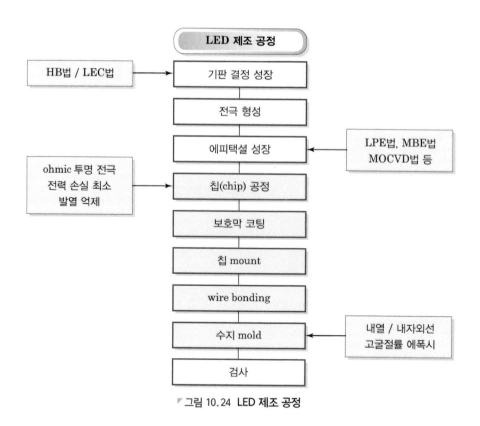

그림 10.24 **LED 제조 공정**

하여 구성한다. 그림 10.24는 LED 제조 공정의 전체 흐름도를 나타낸 것이다.

먼저, 기판의 단결정은 보트 성장법인 수평 Bridgman법과 액체 밀봉 $CZ_{Czochralski}$법으로 제작한다. 일반적으로 GaP 단결정은 CZ법에 의해 제조하는데, 이는 단결정의 회전 인상 장치를 이용한다. 원료로는 순도 99.999%(5N)의 다결정 GaP와 밀봉제로 $B_2O_3$를 사용하며, 가스로는 $N_2$ 혹은 Ar 분위기에서 1,460℃의 고온에서 제작한다.

그리고 GaAs 단결정은 석영관 내에 Ga과 As를 봉입하고 가열 용융한 Ga에 1,240℃로 기화된 As를 반응시켜 온도법차를 이용한 HB법으로 제작한다. 또한, 고휘도의 GaAsP와 GaAlAs LED도 HB법으로 기판을 제조하며, 저가격화와 대구경화를 이룰 수 있는 LEC법은 GaP이나 InGaAs 기판을 제조하기 위해 이용할 수 있다.

단결정 기판을 구성하고, 발광층을 형성하기 위한 결정 성장 기술법으로는 $LPE_{Liquid\ Phase\ Epitaxy}$, $VPE_{Vapor\ Phase\ Epitaxy}$, $MBE_{Molecular\ Beam\ Epitaxy}$, $MOCVD_{Metal\ Organic\ Chemical\ Vapor\ Deposition}$ 등 매우 다양하다.

LPE법의 원리는 온도에 대한 용해도의 변화를 이용하여 포화 용액의 냉각에 의해 과잉 용해분의 용질이 기판의 결정 표면에 석출되도록 하는 용액 냉각법으로 고순도의 결정을 얻을 수 있고, 성장 속도가 비교적 빠르기 때문에 GaP, GaAs, InP 등의 LED 생산에 사용된다. 그러나 LPE법의 단점으로는 막 두께와 조성의 조절이 어려우며, 표면에 요철이 발생한다는 것이다.

VPE법은 Ⅲ족의 금속 소스 가스와 Ⅴ족의 염화물이나 수소화물을 반응시키는 기상 성장법으로 GaAsP LED의 제조에 사용한다. 염화물계의 고순도를 얻을 수 있지만, 조성 제어가 어렵다. 반면에 수소화물계에서는 성장 속도나 조성의 조절이 용이하다는 장점을 가진다.

MBE법은 초고진공 하에서 고체 원료를 가열한 후, 기화시켜 얻는 분자선을 기판 결정 위에 날려 단결정을 성장시키는 방법으로 조성이나 막 두께의 조절이 용이하고 균일성이 우수하며, 가파른 계면을 용이하게 구성할 수 있으며, 저온 성장에 의해 고순도 결정을 얻을 수 있다는 점이다.

MOCVD법은 III-V족 화합물에서 III족의 알칼리 금속, V족의 수소화물을 원료로 기상 성장법에 의해 가열 기판 상에서 과잉 반응시키는 결정 성장법이다. 장점으로는 조성 및 막 두께의 조절이 용이하고 균일성이 우수하며, 양산성이 좋은 결정 성장법이다. InP계의 성장에 적합하며, 고휘도의 InGaAlP LED 제작이 가능하다.

제조 공정 중의 칩 공정에는 옴$_{ohmic}$ 전극 형성이 있는데, 이는 전극에서의 전력 손실을 작게 하여 발열을 억제하기 위한 것이다. 그리고 수지 몰드에서는 칩으로부터 빛이 외부로 잘 방출하도록 몰드를 렌즈 모양으로 형성하며, 렌즈의 굴절률을 반도체의 재료에 가까운 것을 사용한다. 실제로 칩의 전체 광량 중에 단지 10% 정도만이 외부로 방출되며, 칩의 효율적 설계로 15%까지 가능하다.

LED의 검사 항목으로 I-V법, C-V법, 전류-휘도 특성, 발광 – 피크 파장, 발광 스펙트럼, 응답 속도, 발광 효율, 온도 특성, 각도 특성 및 수명 등을 시험한다. 이외에 전류, 전압 및 온도의 최대 정격 등을 측정하며, 대부분의 공정을 자동화하여 저가격화를 추구한다.

## 5 LED의 응용

LED는 일상생활에서 사용하는 가전제품, 오디오 제품 및 자동차 등에 표시 소자로 널리 사용하고 있으며, 전자 기기를 비롯한 각종 산업용 기기에 많이 적용되어 왔다. LED를 사용 용도에 따라 나누면, 각종 기기에 사용하는 점발광 LED, 세그먼트나 매트릭스형의 복합 표시 소자용 LED, 옥외용 디스플레이로 사용되는 옥외 표시용 LED 및 여러 사람을 대상으로 정보를 제공하는 옥내용의 LED 패널 디스플레이 등이 있다.

LED는 용도에 따라 동작의 상황에 대한 정보를 알려 주기도 하고, 숫자, 문자나 색상 등으로 표시하기도 하며, 자체로 발광하는 광원으로도 이용되고 있다. 또한, 옥외에서는 문자나 도형을 표시하기도 하고 대화면의 디스플레이로서 많은 정보를 여러 사람에게 전달하기도 한다. 최근에는 고휘도의 LED를 이용하여 자동차 표시등, 도로 교통 표시등이나 알림 표시판 등으로 많이 적용되고 있다.

1992년 청색 LED가 개발되어 각광을 받은 이후로, 1997년부터 청색 광원에 형광체를 도포하여 백색광 LED$_{white\ LED}$가 개발되었는데, 백색광 LED란 종래의 단색광과는 달리 형광등과 같이 백색을 발광하는 반도체 소자를 일컬어 부르는 명칭이다. 기존의 벽열전구와 비교하여 LED의 스펙트럼은 확실히 에너지 절감 효과를 기대할 수 있으며, 고효율 LED는 백열등보다 약 80~

90%의 전력 절감을 기대할 수 있다.

사실 90년대 중반 이후, GaN 청색 LED가 등장하면서 주로 가전제품이나 산업용 기기에 사용하던 LED가 부각되기 시작하였는데, 이는 자연색에 가까운 디스플레이가 가능하게 되어 우리 생활에 곳곳에서 자리 잡게 되었다. 대표적으로 LCD의 후면 광원 이외에 옥외용 완전 컬러의 대형 전광판, 교통 신호등, 자동차 계기판, 항만, 공항 등 다양한 곳에서 그 수요가 급격히 증가하고 있다.

또한, LED는 반도체의 빠른 처리 속도와 낮은 소비 전력 등의 장점과 환경친화적이고 에너지 절감 효과라는 차원에서 국가 성장 동력 산업의 부품으로 선정하여 발전시키고 있다. 이러한 분위기에서 LED는 차세대 광원과 디스플레이로서 두각을 나타내면서 LED 기반의 차세대 조명 시장을 지배할 것으로 전망하고 있다.

일반 조명으로 응용하기 위해서는 먼저 LED가 백색광을 만들어야 하는데, 이와 같은 백색광 LED를 구현하기 위한 기술은 크게 3가지가 있다.

- 빛의 3원색인 R·G·B를 발광하는 3개의 LED를 조합하여 백색광을 구현하는 기술
- 청색 LED의 광원을 사용하여 황색 형광체를 여기시켜 백색광을 구현하는 기술
- 자외선 발광 LED를 광원으로 3원색 황광체를 여기시켜 백색을 구현하는 기술

LED는 다른 광원과 비교하여 초대형 디스플레이 광원으로서, 현재 우위를 차지하고 있으나, 보다 고효율화 및 저가격화를 위하여 효율 개선, InGaAlP의 적색 LED의 효율 개선, GaInN계의 녹색 LED의 효율 개선, GaInN계 청색 LED의 효율 개선 등의 기술 개발이 이어져야 할 것이다.

## 6 반도체 레이저

레이저(LASER<sub>light amplification by stimulated emmision of radiation</sub>)는 전기 입력을 레이저광으로 변환하여 출력하는 소자이다. He-Ne의 혼합 기체 등을 이용한 가스 레이저, 고체 재료 등을 이용한 고체 레이저, 화합물 반도체를 이용한 반도체 레이저 등의 여러 종류의 레이저가 개발되어 이용되고 있다. 여기서 반도체 레이저는 소형 제작이 가능하고, 고효율, 저전압, 저소비 전력을 가지고 있으며, 오랜 수명과 고속 변조 등의 특징이 있어 광기기의 광원으로 널리 이용되고 있다. 그림 10.21에서는 반도체 레이저의 기본 구조와 에너지 변화도, 주입전류의 특성을 보여 주고 있다.

그림 10.25 (a)의 기본 구조에서 보통 이중 이종 접합(異種接合<sub>double hetero junction</sub>)이 이용되고 있다. 이중 이종 접합은 2[$\mu$m] 이하의 얇은 pn 접합으로 구성되는 활성층을 사이에 두고, 활성층 반도체보다 에너지 갭이 넓고 굴절률이 작은 반도체의 p형과 n형의 피복층으로 샌드위치한

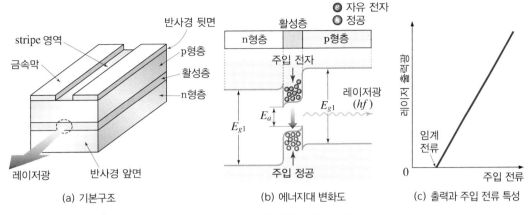

반사경 뒷면

stripe 영역

금속막

p형층

활성층

n형층

레이저광

반사경 앞면

(a) 기본구조

자유 전자

정공

활성층

n형층 | p형층

주입 전자

$E_{g1}$

$E_a$

$E_{g1}$

레이저광 $(hf)$

주입 정공

(b) 에너지대 변화도

레이저광 출력

임계 전류

0

주입 전류

(c) 출력과 주입 전류 특성

▷ 그림 10.25 **반도체 레이저의 구조와 동작**

구조로 제작하여 사용한다. 피복층에 부착한 외부 전극으로부터 순방향 전압을 인가하면 p형 피복층으로부터 활성층의 p형 영역에는 정공이 주입되고, n형 피복층으로부터 활성층의 n형 영역에는 전자가 주입된다. 이 활성층 내에 주입된 전자와 정공쌍이 재결합하는 사이에 에너지를 광으로 방출하게 되는 것이다. 앞에서 살펴본 광다이오드와 다른 점은 이 광이 굴절률의 차이로부터 좁은 활성층 내에 들어와 양 측면에 설치한 반사경에 반사하여 가두게 하는 점이다. 이 감금된 광에 의해서 생긴 유도광(誘導光)이 방사되고 다시 반사를 거듭하는 사이에 파장과 위상이 같은 광이 증폭되어 레이저광으로서 외부로 방출되는 곳이다.

따라서 반도체 레이저는 입력 전류(주입된 전자, 정공에 의한 전류)가 일정한 값을 넘는 경우, 처음에 발진 현상이 일어나고, 그 후 주입 전류와 같이 레이저광 출력을 증가시킨다.

# 7 단일 접합 트랜지스터

단일 접합 트랜지스터(UJT_Uni-Junction Transistor)는 pn 접합을 이루고 있는 부성저항 특성을 갖는 트리거 소자이며 두 개의 베이스 단자가 있기 때문에 이중 – 베이스 다이오드_double-base diode라고도 한다.

그림 10.26 (a)와 같이 n형 실리콘 막대의 양끝에 옴_ohm성 접촉의 전극을 부착하여 베이스 1, 베이스 2로 하고 베이스 2 부근의 영역에 pn 접합을 만들어 이미터 전극으로 한다. 전압 $V_{BB}$를 그림 (b)와 같이 인가하여 이미터 전류 $I_e$가 0일 때, 베이스 사이의 저항은 반도체 고유 저항만으로 5~10[KΩ] 정도이다.

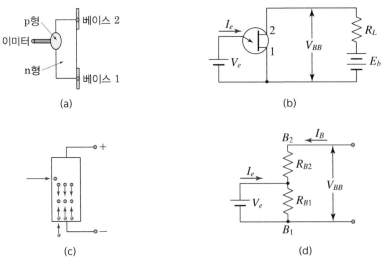

(a)
(b)
(c)
(d)

▼ 그림 10.26 이중-베이스 다이오드

## ■ 연습문제 10-1 ■

어떤 UJT의 $\eta = 0.6$이고, $V_{BB} = 20\,V$일 때 첨두치 전압 $V_p$는 얼마인가?

**풀이** $V_p = \eta V_{BB} + 0.7V = 0.6 \times 20 + 0.7V = 12.7V$

$\therefore V_p = 12.7V$

여기서 그림 (d)의 두 저항 중 $R_{B1}$에 분할되는 전압 $V_{B1}$은

$$V_{B1} = \frac{R_{B1}}{R_{B1} + R_{B2}} V_{BB} = \eta V_{BB} \tag{10.4}$$

로 되며, 여기서 $\eta$는 개방 전압비 또는 스탠드-오프비stand-off ratio라 하며, 다음과 같이 정의된다.

$$\eta = \frac{R_{B1}}{R_{B1} + R_{B2}} \bigg|_{I_e = 0} \tag{10.5}$$

$V_e = \eta V_{BB}$일 때 이미터 전류는 0으로 된다.

이미터 전압 $V_e$가 식 (10.4)의 $\eta V_{BB}$ 이하($V_e < \eta V_{BB}$)인 경우는 pn 접합이 역바이어스 상태이므로 $I_e$는 미소한 역포화 전류만이 흐른다.

$V_e$가 $\eta V_{BB}$ 이상($V_e > \eta V_{BB}$)인 경우는 순방향 바이어스로 되어 이미터에서 베이스로 정공이 주입되어 베이스 1 방향으로 이동한다. 그림 (c)와 같이 주입된 정공과 같은 양의 전자가 베이스 1에서 이미터 방향으로 이동한다. 이와 같이 양쪽으로 캐리어가 흘러 이미터와 베이스 1 사이의 실리콘에서 전도도 변조를 일으켜 저항이 감소하고 전원 $E_b$보다 큰 전류가 흐르게 된다.

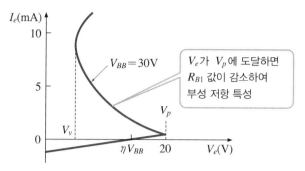

▼ 그림 10.27  **이중 베이스 다이오드의 전류 전압 곡선**

등가 회로는 그림 (d)와 같으며, $I_e$에 의해서 $R_{B1}$이 변화되는 것으로 보아도 좋다. 이미터 전류 $I_e$와 이미터 전압 $V_e$의 관계는 그림 10.27과 같이 된다. $V_e$가 증가하여 $V_p$에 도달하면 $R_{B1}$의 저항이 감소하고, $I_e$의 증가에 따라 $V_e$가 감소하여 부성 저항 특성이 나타난다.

# 8 사이리스터

## 1 실리콘 제어 정류기

p-n-p-n 접합은 그림 10.28 (a)와 같이 4개의 층으로 구성되며 위쪽의 p 영역은 양극₍anode₎, 밑의 n 영역은 음극₍cathode₎이 된다. 만일 (+)전압이 양극에 공급되면 소자는 순바이어스 상태에 있으나 $J_2$ 접합은 매우 작은 전류만 존재하는 역바이어스 상태에 있다. 만일 (−)전압을 양극에 공급하면 $J_1$과 $J_2$가 역바이어스되므로 역시 매우 작은 전류만이 흐르게 된다.

그림 (b)에서 이들 조건에 대한 $I-V$ 특성 곡선을 보여 주고 있다. $V_p$는 $J_2$ 접합의 항복 전압이다.

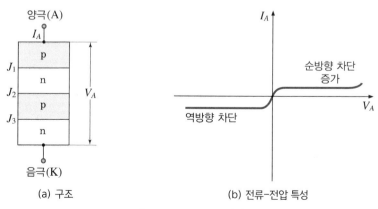

(a) 구조                    (b) 전류−전압 특성

▼ 그림 10.28  **p-n-p-n 다이오드**

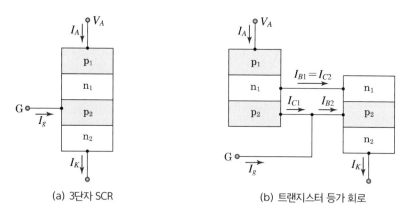

(a) 3단자 SCR　　　　　　(b) 트랜지스터 등가 회로

**그림 10.29 실리콘 제어 정류기**

　　p-n-p-n 소자의 특성을 이해하기 위하여 npn형과 pnp형 바이폴러 트랜지스터가 결합되어 있는 구조로 모델화할 수 있다. 그림 10.29 (a)에서는 4개의 층을 갖는 p-n-p-n 구조를, 그림 (b)는 두 개의 트랜지스터 등가 회로를 보여 주고 있다. pnp 소자의 B는 npn 소자의 C와 같기 때문에 베이스 전류 $I_{B1}$은 사실상 컬렉터 전류 $I_{C2}$와 같아야 한다. 비슷하게 pnp 소자의 C는 npn 소자의 B와 같으므로 컬렉터 전류 $I_{C1}$은 베이스 전류 $I_{B2}$와 같아야 한다. 이 조건에서 pnp 소자의 $B-C$와 npn 소자의 $B-C$는 역바이어스이나 $B-E$ 접합은 순바이어스이다. 변수 $\alpha_1$과 $\alpha_2$를 베이스 접지 시 pnp형과 npn형 트랜지스터의 전류 이득이라 하면 컬렉터 전류는

$$I_{C1} = \alpha_1 I_A + I_{CO1} = I_{B2} \tag{10.6}$$

$$I_{C2} = \alpha_2 I_K + I_{CO2} = I_{B1} \tag{10.7}$$

이다. 여기서 $I_{CO1}$과 $I_{CO2}$는 역바이어스된 $B-C$ 접합의 포화 전류이다.

　식 (10.6)과 식 (10.7)를 더하면

$$I_{C1} + I_{C2} = I_A = (\alpha_1 + \alpha_2)I_A + I_{CO1} + I_{CO2} \tag{10.8}$$

이다. 여기서 $I_A = I_K$, $I_{C1} + I_{C2} = I_A$로 놓았다.

　양극 전류 $I_A$는 식 (10.6)에서

$$I_A = \frac{I_{CO1} + I_{CO2}}{1 - (\alpha_1 + \alpha_2)} \tag{10.9}$$

이다. 여기서 $(\alpha_1 + \alpha_2)$가 1보다 훨씬 작으므로 양극 전류는 작으며, 그림 10.30 (b)에 나타낸 것과 같다. 베이스 접지 전류이득 $\alpha_1$과 $\alpha_2$는 컬렉터 전류에 크게 의존한다. $V_A$가 작은 경우 각 소자의 컬렉터 전류는 역포화 전류로서 매우 작은 값을 가지며, 컬렉터 전류값이 작은 것은 $\alpha_1$과 $\alpha_2$가 1 이하의 값을 갖는 것을 의미한다.

　이제 $J_2$에서 애벌란시 항복 작용이 일어날 수 있도록 충분히 큰 양극 전압을 공급한 경우를

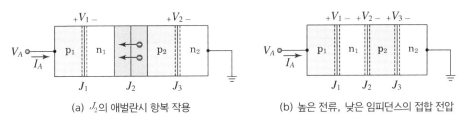

|  | |
| --- | --- |
| (a) $J_2$의 애벌란시 항복 작용 | (b) 높은 전류, 낮은 임피던스의 접합 전압 |

▼ 그림 10.30 p-n-p-n 다이오드의 바이어스 의존성

고찰해 보자. 이 효과를 그림 (a)에 나타내었다. 충돌 전리impact ionization에 의하여 발생한 전자들이 $N_1$ 영역으로 이동하여 $N_1$ 영역은 더욱 큰 ( − )로 만든다. 또한 충돌 전리에 의하여 생성된 정공들은 $P_2$ 영역으로 모여 $P_2$ 영역을 더욱 ( + )로 만든다. 이와 같은 작용은 순바이어스 접합의 전압 $V_1$과 $V_3$가 증가함을 의미하며, $B-E$ 접합 전압의 증가는 전류의 증가를 초래하고 결국 $\alpha_1$과 $\alpha_2$의 증가를 가져온다. 식 (10.7)에서와 같이 $I_A$가 더욱 증가하게 되는 것이다. 양극 전류 $I_A$와$(\alpha_1 + \alpha_2)$가 증가할 때 2개의 등가 바이폴러 트랜지스터는 포화 영역에서 작용하고 접합 $J_2$는 순바이어스 된다. 소자 양단의 전체전압은 감소하고 거의 하나의 다이오드와 같게 된다. 이를 그림 (b)에서 보여 주고 있다.

### ▓ 연습문제 10-2 ▓

어떤 p-n-p-n 구조의 다이오드가 20[V]의 양극 − 음극 사이의 전압으로 순방향 영역에서 바이어스되어 있다. 이때 $\alpha_1 = 0.35$, $\alpha_2 = 0.45$이고 누설 전류가 100[nA]인 경우 양극 전류 $I$는 얼마인가?

**풀이** 양극 전류식은 다음과 같다.

$$I = \frac{I_{CO1} + I_{CO2}}{1 - (\alpha_1 + \alpha_2)} = \frac{100n\,\mathrm{A} + 100n\,\mathrm{A}}{1 - (0.35 + 0.45)} = \frac{200n\,\mathrm{A}}{1 - 0.8} = 1{,}000\,[n\,\mathrm{A}]$$

$$\therefore I = 1.0\,[\mu\mathrm{A}]$$

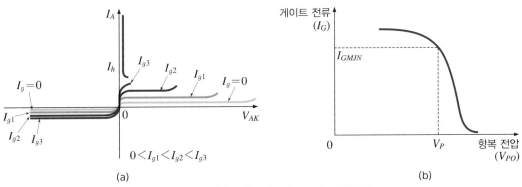

▼ 그림 10.31 실리콘 제어 정류기의 전류-전압 특성

게이트 전류의 함수로서 3단자 p-n-p-n 소자의 $I-V$ 특성은 그림 10.31에 나타내었다. 항복 전압 $V_P$는 $I_g$에 의하여 변화하는데, 이 관계를 그림 (b)에 나타내었다. 그림에서 $I_g$값에 따라 $I_A$가 증대한다.

이상과 같은 특성을 갖는 소자를 실리콘 제어 정류기(SCR_silicon controlled rectifier)라 하며 계전기 제어, 시간 지연 회로, 전동기 속도 제어, 위상 제어, 조광 장치 등 광범위하게 응용되고 있다.

## 1. SCR ON 동작

그림 10.32 (a)와 같이 게이트 전류 $I_g=0$이며 SCR은 OFF 상태의 p-n-p-n 다이오드와 같은 특성을 갖게 된다. 즉, 양극과 음극 사이의 높은 저항으로 개방 스위치_open switch 역할을 한다. 게이트에 펄스를 인가하면 트랜지스터 $Q_1$, $Q_2$가 ON 상태로 되어 그림 (b)와 같이 된다. 게이트의 트리거 펄스_trigger pulse에 $Q_2$가 ON 되므로 $I_{B2}$가 공급되어 $Q_2$의 컬렉터로 들어가는 $I_{B1}$이 흘러 $Q_1$을 ON시킨다. $Q_1$의 컬렉터 전류($I_{B2}$)가 $Q_2$의 베이스로 흘러 $Q_2$의 게이트에 트리거 신호를 제거하더라도 ON 상태를 유지한다. 따라서 그림 (c)와 같이 한 번 트리거되면 ON 상태를 유지하게 되어 양극과 음극 사이의 매우 낮은 저항으로 SCR은 단락 스위치_short switch의 작용을 한다.

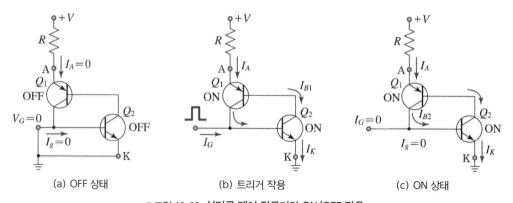

(a) OFF 상태     (b) 트리거 작용     (c) ON 상태

그림 10.32 **실리콘 제어 정류기의 ON/OFF 작용**

## 2. SCR OFF 동작

실리콘 제어 정류기(SCR)는 트리거 펄스가 제거되어 게이트 전압 $V_G=0$에서도 OFF되지 않고 ON 상태를 유지하게 된다. SCR를 OFF 스위치로 하기 위한 방법은 양극 전류의 차단과 강제전환의 2가지 기본적인 방법이 있다.

그림 10.33 (a)에서는 양극 전류를 $I_A=0$으로 감소시켜 OFF 스위치 작용을 하는 것을 보여주고 있으며, 그림 (b)는 SCR과 병렬로 스위치를 연결하여 이 스위치로 하여금 양극 전류의 일

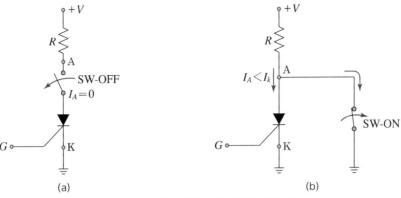

▼ 그림 10.33 **전류 제어에 의한 SCR의 OFF 동작**

부를 흡수하도록 하여 양극 전류를 유지 전류($I_h$) 이하로 감소시켜 OFF 스위치 작용을 하도록 하는 것이다.

## 2 실리콘 제어 스위치<sub>SCS</sub>

SCS<sub>Silicon Controlled Switch</sub>는 SCR과 기본적 동작은 유사하다. 단지 그림 10.34와 같이 음극 cathode 게이트와 양극anode 게이트 두 개의 단자를 가지고 있는 것이 다를 뿐이다.

그림 10.35는 SCS의 스위치 ON, OFF 작용을 설명하기 위한 등가 회로를 나타낸 것이다. 우선, $Q_1$과 $Q_2$ 모두 OFF 상태로 SCS는 도통되어 있지 않은 것으로 하자. 그림 (a)에서와 같이 음극 게이트($G_K$)에 정(正) 펄스를 인가하면 $Q_2$가 ON 상태이며, $Q_1$의 베이스 전류가 흐르게 된다. $Q_1$의 컬렉터 전류가 $Q_2$를 구동시키므로 SCR이 스위치가 ON 상태로 유지된다. 또한 양극 게이트($G_A$)에 부(負) 펄스를 인가하여 스위치가 ON 상태를 유지할 수도 있다. 즉, $Q_1$이 ON 상태가 되고 $Q_2$에 베이스 전류를 공급하므로 $Q_2$가 ON 상태로 되어 SCS가 스위치-ON 상태로 작용한다. SCS를 스위치-OFF하기 위해서는 양극 게이트($G_A$)에 정(正) 펄스, 음극 게이트($G_k$)에 부(負) 펄스를 인가하여 OFF시킬 수 있다.

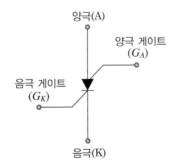

▼ 그림 10.34 **실리콘 제어 스위치 기호**

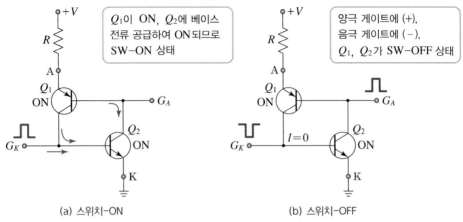

| (a) 스위치-ON | (b) 스위치-OFF |

▼ 그림 10.35 **실리콘 제어 스위치의 ON/OFF 작용**

## ③ 다이액과 트라이액

### 1. 다이액DIAC

다이액은 양 방향으로 전류를 흘릴 수 있는 5층 구조의 소자로서 그림 10.36 (a)에서와 같이 $A_1$, $A_2$ 두 개의 단자가 존재하며, 두 단자 사이에 어느 극성으로도 브레이크 오버 전압break over voltage 이상이면 ON 상태를 유지할 수 있다. 그림 (b), (c)는 각각 5층 구조 및 특성 곡선을 나타내고 있다.

한편, 다이액의 등가 회로는 그림 10.37과 같이 나타낼 수 있으므로 $A_1$이 정(正), $A_2$가 부(負)로 바이어스되면 $Q_1$, $Q_2$는 순바이어스가 되고 $Q_3$, $Q_4$는 역바이어스가 되어 그림 10.37 (c)의 제1상한 특성이 된다. 반면에 $A_2$가 정, $A_1$이 부로 바이어스하면 $Q_3$, $Q_4$가 순바이어스가 되고 $Q_1$, $Q_2$는 역바이어스로 되어 특성 곡선의 제3상한 특성을 나타내게 된다.

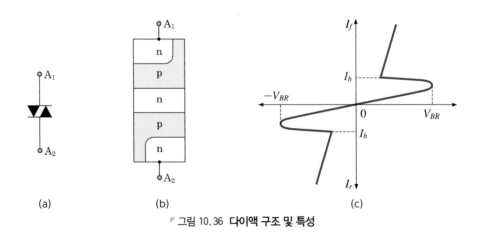

| (a) | (b) | (c) |

▼ 그림 10.36 **다이액 구조 및 특성**

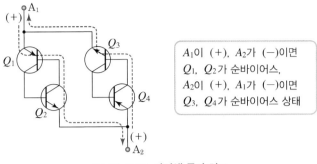

▶ 그림 10.37 **다이액 등가 회로**

## 2. 트라이액<sub>TRIAC</sub>

트라이액<sub>TRIAC</sub>은 AC 제어를 위한 3단자 소자로서 다이액에 게이트 단자를 갖고 있다. 이를 그림 10.38에 나타내었다. 그림 10.39에 트라이액의 등가 회로를 나타내었으며 양 방향으로 도통될 수 있음을 보여 주고 있다.

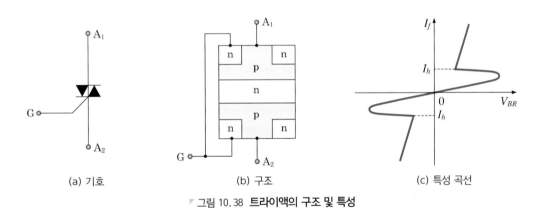

▶ 그림 10.38 **트라이액의 구조 및 특성**

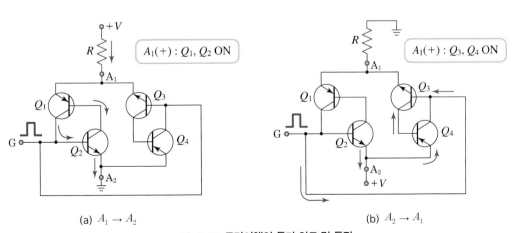

▶ 그림 10.39 **트라이액의 등가 회로 및 동작**

그림 (a)에서와 같이 $A_1$이 정(正), $A_2$가 부(負)로 바이어스되면 게이트 단자의 트리거 펄스가 $Q_1$, $Q_2$를 ON 상태로 유지시켜 $A_1$에서 $A_2$로 도통되고, 반대로 그림 (b)와 같이 바이어스하면 $Q_3$, $Q_4$가 ON되어 $A_2$에서 $A_1$으로 도통된다.

## 4 프로그래머블 단일 접합 트랜지스터

PUT<sub>Programmable Unijunction Transistor</sub>는 그림 10.40과 같이 게이트 단자를 양극 근처의 n 영역에 접속한 것으로 SCR 구조와 유사하다.

그림 10.41에서는 PUT의 바이어스 회로를 나타낸 것으로 외부 분압기에 의하여 원하는 전압을 바이어스시킬 수 있다. UJT에서 정의되는 $R_{BB}, V_p, \eta$가 $R_{B1}, R_{B2}$에 의해서 조정되기 때문이다. 그림에서 $I_G = 0$인 경우 전압 분배 법칙에 의하여

$$V_G = \frac{R_{B1}}{R_{B1} + R_{B2}} V_{BB} = \eta V_{BB} \tag{10.10}$$

이다. 여기서 $\eta = \dfrac{R_{B1}}{R_{B1} + R_{B2}}$이다.

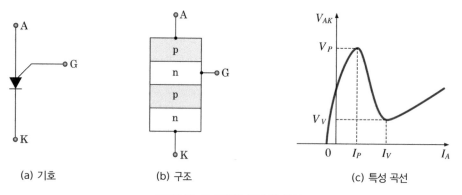

| (a) 기호 | (b) 구조 | (c) 특성 곡선 |

▼ 그림 10.40 **PUT의 구조 및 특성**

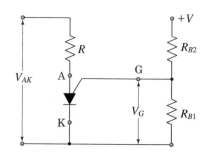

▼ 그림 10.41 **PUT의 바이어스 회로**

PUT를 도통시키는 도통 전위 $V_p$는 다음과 같다.

$$V_p = \eta V_{BB} + 0.7\,\text{V} \tag{10.11}$$

실리콘(Si) PUT의 특성이 다음과 같을 때 $R_{By}$과 $V_{BB}$를 구하시오. (단, $\eta = 0.8$, $V_p = 10.3[\text{V}]$, $R_{B2} = 5$ [KΩ]이다.)

**풀이** $\eta = \dfrac{R_{By}}{R_{B1} + R_{B2}} = 0.8$

$R_{B1} = 0.8(R_{B1} + R_{B2})$에서 $\therefore R_{B1} = 20[\text{KΩ}]$

$V_p = \eta V_{BB} + 0.7\text{V}$에서

$V_{BB} = \dfrac{V_p - 0.7\,\text{V}}{\eta} = \dfrac{10.3 - 0.7}{0.8} = 12$

$\therefore V_{BB} = 12[\text{V}]$

## 5 SUS와 SBS

SUS<sub>Silicon Unilateral Switch</sub>와 SBS<sub>Silicon Bilateral Switch</sub>는 집적 회로 기술을 응용한 특수 사이리스터 thyristor로서 1966년 GE 회사가 제작한 것이다. SUS는 그림 10.42와 같은 SCR와 정전압 다이오드를 접속한 구조로 단방향성이다. 동작 특성은 양극과 음극 사이에 정전압 다이오드의 제너 전압 $V_Z$과 SCR의 $V_G$ 전압을 합한 것보다 큰 전압, 즉 스위칭 전압 $V_S$를 인가하면 제너 전류 $I_Z$가 SCR를 도통시켜, 게이트로 흘러들어간다. $I_Z$가 게이트 트리거 전류 이상이 되면 SCR의 도통, 즉 SW-ON되고, 양극과 음극 사이의 전압이 스위칭 전압 $V_S$ 이하일 때는 보통의 SCR와 같은 작용으로 동작하게 된다.

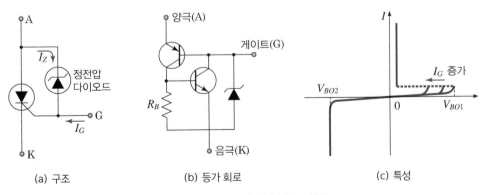

(a) 구조          (b) 등가 회로          (c) 특성

▷ 그림 10.42 **SUS의 등가 회로와 특성**

그러므로 SUS는 다이액으로 변환하여 2단자로 사용할 수도 있고, 또한 외부 저항 $R_1$과 $R_2$에 의한 stand-off비 $\eta$를 설정할 수 있는 PUT로도 응용할 수 있다. SUS를 2개 역병렬 접속하여 SBS를 만들 수 있다.

# 9 반도체 메모리

## 1 우리의 두뇌를 닮은 반도체

반도체 분야에서 쓰이고 있는 반도체 메모리memory라는 말은 반도체 기억 소자라고 번역한다. 이것은 컴퓨터 등에서 정보와 명령을 저장하는 기능의 역할을 하는 반도체 소자이다. 반도체 메모리에는 몇 가지 종류가 있다. 기본적으로 DRAM Dynamic Random Assess Memory[8]과 SRAM Static Random Access Memory이 있다.

RAM[9]이란 컴퓨터, 휴대 전화 등의 정보 기기에 사용되는 메모리로 기기 속에 데이터를 기억시킬 수 있으며, 또 불러 낼 수 있는 기능이 있다. 즉, 정보 '1' 또는 '0'을 써 넣을 수 있고, 기억된 정보를 읽어서 불러올 수 있다. 이런 연유로 읽기/쓰기 메모리(RWM Read/Write Memory)라 부르기도 한다. SRAM[10]은 전원이 공급되는 동안은 기억된 정보를 그대로 유지하기 때문에 '정적(靜的static)'이라 하는 것이다. DRAM은 커패시터의 충·방전에 따라 정보를 기억하고 읽어 내는 기능의 소자로, 기억 세포memory cell에 있는 커패시터에 전하가 저장되어 있으면 이 전하의 양은 시간이 지남에 따라 줄어들게 되어 있다. 왜냐하면 커패시터는 어떤 원인에 의하여 방전할 수 있기 때문이다. 그래서 '동적(動的dynamic)'이라는 말을 쓰게 된 것이다.

DRAM의 경우 손톱만 한 면적에 수십 억 개의 작은 기억 세포memory cell가 존재한다. 이 기억 세포 1개에 1 비트의 정보가 저장된다.

그림 10.43 (a)에서는 DRAM 메모리셀을 보여 주고 있는데, MOS형 트랜지스터와 커패시터 각 1개로 구성되어 있다. 그림 (b)는 비트선bit line과 워드선word line이 배선되어 있는 것을 나타낸 것이다. 워드선은 어떤 셀을 선택할 것인가의 기능을 가지며, 비트선은 정보를 공급하기 위한

---

8   DRAM Dynamic Random Access Memory   RAM의 한 종류로, 저장된 정보가 시간에 따라 소멸되기 때문에 주기적으로 재생시켜야 하는 특징을 가지고 있다. 구조가 간단해 집적이 용이하므로 대용량 임시 기억 장치로 사용된다. DRAM은 SRAM보다 구조가 간단하다. 한 비트를 구성하는데 SRAM은 여섯 개의 트랜지스터가 필요한 반면, DRAM은 한 개의 트랜지스터와 한 개의 축전지가 필요하다. 따라서 고밀도 집적에 유리하다. 또한 전력 소모가 적고, 가격이 낮아 대용량 기억 장치에 많이 사용된다. DRAM은 전원이 차단될 경우 저장되어 있는 자료가 소멸되는 특성이 있는 휘발성 기억 소자이다. DRAM은 우리나라 반도체 산업의 주류를 이루고 있는 것으로 반도체 사업 중에서 비중이 매우 큰 제품이다.

9   RAM Random Access Memory   기억된 정보를 읽어 내기도 하고 다른 정보를 기억시킬 수도 있는 메모리로, 전원이 끊어지면 휘발유처럼 기록된 정보도 날아가기 때문에 휘발성 메모리라고도 한다. 따라서 컴퓨터의 주기억 장치, 응용 프로그램의 일시적 로딩(loading), 데이터의 일시적 저장 등에 사용된다.

10   SRAM Dynamic Random Access Memory   플립플롭 방식의 메모리 장치를 가지고 있는 RAM의 하나이다. 전원이 공급되는 동안만 저장된 내용을 기억하고 있다.

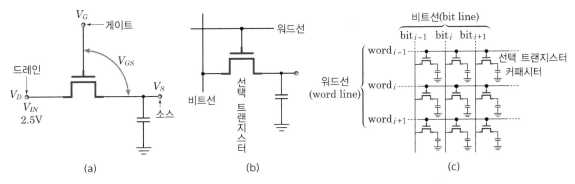

그림 10.43 (a) 기본 메모리셀의 구조 (b) 1_cell 메모리망 (c) 9_cell 메모리망

것이거나 저장된 정보를 감지하는 기능을 갖는다. 그림 (c)에서는 메모리셀들의 집합체인 메모리망memory matrix을 보여 주고 있는데, 구성되어 있는 망 속에 수많은 정보가 기억되는 것이다. 여기서 워드선은 게이트 단자를 공통 접속하고, 비트선은 드레인 단자를 공동으로 접속하였다.

　보통 64 Mb DRAM의 경우, 메모리 매트릭스의 크기는 1[cm]×2[cm]의 면적에 6,400만 개의 메모리셀을 집적하여 사용하고 있다. 즉, 6,400만 개의 정보를 동시에 기억시킬 수 있는 것이다. 이 메모리셀의 수를 무한히 증가시킬 수 있다면 사람의 두뇌에 접근할 수 있을 것이다. 요즈음의 증가 추세라면 인간의 두뇌를 따라잡을 날이 그리 머지않아 보인다.

## 2 메모리셀에 전하가 있는가 없는가에 따라

　보통 컴퓨터 등 정보 기기의 기억 능력은 메가바이트(M byte)로 표현한다. 메모리셀 1개의 기억 능력이 1비트이다. 8비트가 1바이트이므로 4 M(4×210×210)바이트이면 4,194,304비트이다. 즉, 4,194,304개의 메모리셀이 있다는 것이고, 4,194,304개의 정보를 동시에 저장할 수 있는 능력을 갖게 되는 것이다.

　이 메모리셀에 있는 커패시터는 전하가 있는 경우와 없는 경우로 나눌 수 있는데, 전하가 있으면 '1'의 상태, 없으면 '0'의 상태가 되는 것이다. 그림 10.44에 커패시터에 전하가 저장되는 상태를 나타내었다. 메모리셀의 커패시터의 역할은 전기를 담아 두거나, 담겨져 있는 전하를 빼내는 것이다. 커패시터는 공기를 사용하거나 유리, 폴리에틸렌polyethylene 등의 절연체를 사용한다.

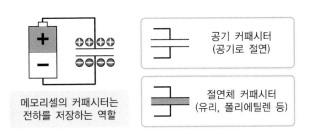

그림 10.44 커패시터의 전하

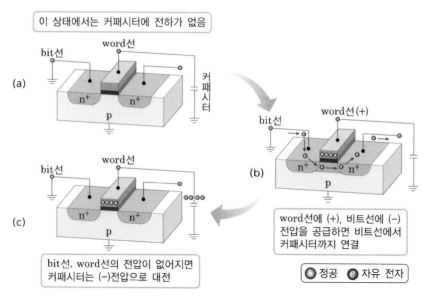

그림 10.45 DRAM 메모리셀의 동작

그림 10.45는 DRAM셀의 기본 동작을 나타낸 것이다. 그림 (a)와 같은 상태에서는 커패시터에 전하가 존재할 수 없다. 왜냐하면 MOS 트랜지스터의 게이트에 연결된 워드선에 전압이 공급되어 있지 않기 때문이다. 그러나 그림 (b)와 같이 워드선에 (+)전압, 비트선에 ( - )전압을 공급하면 비트선에서 커패시터로 전자가 이동하여 전하를 축적한다. 그림 (c)에서는 비트선과 워드선의 전압을 없애면 커패시터에는 ( - )전하가 대전하게 된다.

## 3 메모리셀에서의 MOS 트랜지스터의 역할

결국 비트선은 전하를 감지하는 기능을 갖는 것이다. 비트선과 워드선 사이에 접속되어 있는 MOS 트랜지스터가 n 채널인 경우를 살펴보자.

이것을 일반적으로 엔모스(nMOS)라고 부른다. 그림 10.46 (b)와 같이 게이트의 금속판에 워

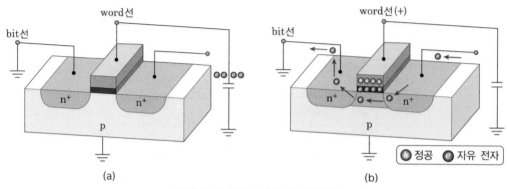

그림 10.46 DRAM에서 MOS의 역할

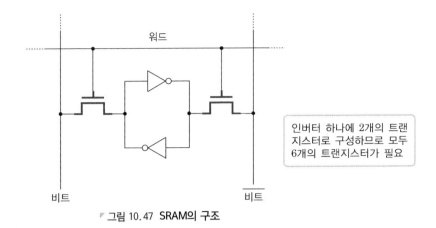

워드

인버터 하나에 2개의 트랜지스터로 구성하므로 모두 6개의 트랜지스터가 필요

비트                비트

▼ 그림 10.47 **SRAM의 구조**

드선이 연결되어 있어 여기에 (+)전압을 인가한다. 그러면 전계효과가 일어나 채널이 만들어지고, 커패시터에서 비트선까지 연결 상태가 되니까 커패시터의 전하가 비트선으로 이동하게 된다. 그 결과 비트선에 ( − )전기 신호가 출력된다. 반대로 데이터의 쓰기 기능은 워드선에 (+) 전압을 걸면 비트선으로부터 커패시터까지 연결된다. 그래서 비트선에서 전자를 끌어와 커패시터에 전하가 저장되어 정보를 기억하는 것이다. 이것이 DRAM이다.

이제 SRAM을 살펴보자. DRAM의 경우는 1개의 메모리셀에 1개의 트랜지스터가 필요하였다. SRAM에서는 6개의 트랜지스터가 필요하다. DRAM에 비하여 비교적 복잡한 구조를 가지고 있다. 그림 10.47에서 기본적인 SRAM의 메모리셀을 보여 주고 있는데, 6개의 트랜지스터를 사용하나 커패시터는 사용하지 않는 특징이 있다.

## 4 여러 가지 메모리의 동작

### 1. DRAM의 데이터 쓰기

그림 10.43 (c)에서 보여 준 DRAM의 메모리망 중에서 4개의 메모리셀cell만 선택하여 그 동작을 살펴보자.

그림 10.48에서는 데이터 '1'을 기억시키기 위하여 4개의 메모리셀의 구성도를 보여 주고 있는데, 각 셀에는 nMOS와 커패시터가 각각 1개씩이고, nMOS의 게이트는 가로줄인 워드선 word_0와 word_1, nMOS의 드레인은 세로줄인 비트선 bit_0, bit_1에 각각 접속하여 구성하고 있다. 그리고 각 셀의 명칭은 00_cell, 01_cell, 10_cell, 11_cell로 부르기로 한다.

#### (1) 01_cell에 2진수인 데이터 '1' 기억

먼저, 00_cell에 2진수인 데이터 '0', 01_cell에 2진수인 데이터 '1'을 기억시키는 원리를 살펴보자.

이 경우에는 그림과 같이 워드선 word_0에 2진수 '1'(이것은 nMOS에 2.5[V]를 공급하면 된

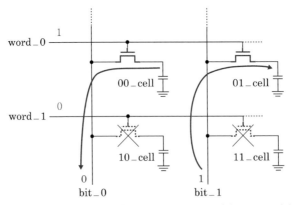

▼ 그림 10.48 4_셀 SRAM의 데이터 '1' 쓰기 동작(00_cell='0', 01_cell='1'의 경우)

다)을 공급하여 nMOS를 SW-ON시키고, 워드선 word_1에 연결되어 있는 nMOS의 게이트에 2진수 '0'을 공급하여 10_cell과 11_cell을 OFF시킨다. 이 상태에서 bit_0에 2진수 '0', bit_1에 2진수 '1'을 넣어 주면 00_cell에는 커패시터에 충전되어 있던 전하가 방전하여 논리 '0'이 될 것이다. 반면, 01_cell에는 논리 '1'로 충전될 것이다. nMOS의 높은 전압 쪽이 드레인이 되고 낮은 전압 쪽이 소스가 되기 때문에 높은 쪽에서 낮은 쪽으로 전하가 흘러 커패시터에 충전되는 것이다. 여기서 '2진수'와 '논리'라는 말은 넓은 의미에서 같은 뜻으로 보아도 좋다. 그리고 논리 '0'과 '1'의 전기적 의미는 각각 0[V], 2.5[V]를 나타낸다.

## (2) 10_cell, 11_cell의 번지에 논리 '1'을 기억시키는 경우

이제 10_cell과 11_cell의 두 곳에 논리 '1'을 기억하는 동작을 살펴보자.

그러자면 word_0='0', word_1='1'을 주어 00_cell와 01_cell을 SW-OFF시키고, 10_cell과 11_cell을 SW-ON시킨다. 이 상태에서 bit_0='1', bit_1='1'을 공급하면 00_cell과 01_cell의 커패시터에 전하가 충전하여 이 두 번지의 기억 셀에 논리 '1'이 기억되는 것이다. 이 동작을 그림 10.49에서 보여 주고 있다.

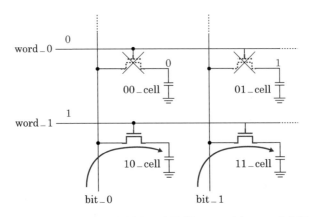

▼ 그림 10.49 4_셀 DRAM의 데이터 '1' 쓰기 동작(10_cell='1', 11_cell='1'의 경우)

## 2. DRAM의 데이터 읽기

### ■ 00_cell, 01_cell의 번지에 기억된 논리 ‘1’의 읽기

이번에는 DRAM에 기억된 논릿값을 읽어 보자.

그림 10.50과 같이 00_cell, 01_cell의 번지에 논리 ‘1’의 상태가 기억되어 있다고 하자. word_0=‘1’, word_1=‘0’로 하여 00_cell, 01_cell의 nMOS가 SW-ON 상태가 된다. 그러면 커패시터에 저장되었던 데이터가 비트선 bit_0, bit_1으로 출력되어 저장된 값을 읽을 수 있게 된다. 여기서 생각하고 넘어갈 것이 있다. 바로 커패시터의 충전과 방전이다. 커패시터는 전하를 저장하는 기능과 방전하는 기능이 있다고 하였다. 커패시터에 저장되어 있던 전하의 양이 어느 정도 방전되면 이것이 논리 ‘1’인지 논리 ‘0’인지 구별하기 어렵게 된다. 그래서 주기적으로 전하를 보충해 주어야 하는데, 이것을 재충전$_{\text{refresh}}$이라고 한다. DRAM은 이런 재충전의 동작을 위한 회로와 방전을 지연시키는 회로 등이 추가되어 전체 회로가 다소 복잡한 특징이 있다.

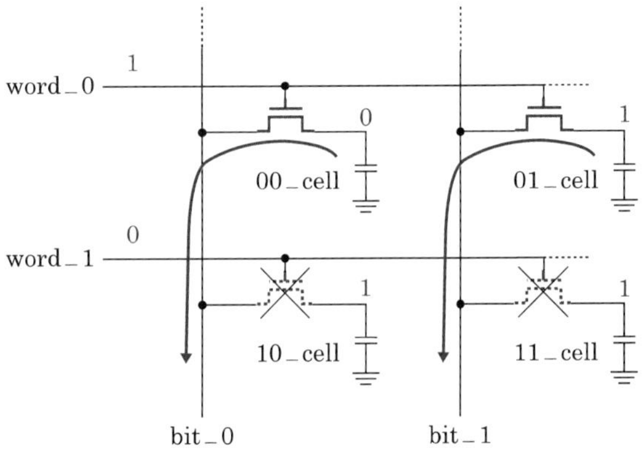


그림 10.50 00_cell, 01_cell의 번지에 기억된 논리 ‘1’의 읽기

## 3. SRAM의 데이터 쓰기

SRAM$_{\text{Static Random Access Memory}}$에 대한 동작을 살펴보자.

그림 10.51에서는 기본적인 SRAM의 회로도를 보여 주고 있는데, nMOS 2개, CMOS 인버터 2개로 구성되어 있다. CMOS는 nMOS와 pMOS로 구성되므로 결국 SRAM은 6개의 MOS 트랜지스터가 필요하다. 그림에서 보면 두 개의 nMOS의 게이트에 워드선, nMOS의 한쪽에 비트선, 다른 쪽에 비트선이 접속되어 있다. 비트선과 비트선은 서로 반대의 논릿값을 갖는다. 비트=‘1’이면, 비트=‘0’이 그것이다.

이제 SRAM에 논리 ‘1’을 써 보자. 논리 ‘1’을 기억시키기 위하여 그림 10.52를 살펴보자. 워드선의 값을 논리 ‘1’로 하면 두 개의 nMOS는 ON상태가 될 것이다. 이때, 비트=‘1’, 비트=‘0’을 공급하면 이 두 값이 두 개의 nMOS를 지나게 되는데, $\overline{\text{비트}}$=‘1’ 값이 인버터 a의 입력으

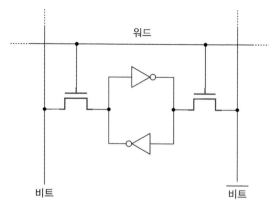

▼ 그림 10.51 SRAM의 구성도

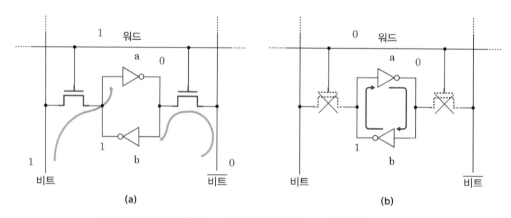

(a)                                    (b)

▼ 그림 10.52 SRAM의 (a) 논리 '1' 값의 입력 (b) 논리 '1' 값의 기억 유지

로 공급되어 논리 '0' 출력을 얻는다. 반면, 비트='0'의 값도 nMOS를 통과하여 인버터 b의 입력으로 들어가 논리 '1'의 출력을 얻을 수 있는 것이다.

논릿값을 기억시키고 난 후, 워드선의 값을 논리 '0'으로 하면 두 개의 nMOS는 SW-OFF 상태가 되므로 더 이상의 논릿값은 들어가지 못한다. 이러한 과정으로 서로 직렬로 연결된 두 개의 인버터가 계속 돌아 논릿값이 없어지지 않고 유지되는 동작으로 기억되는 것이다.

## 4. SRAM의 데이터 읽기

이제 SRAM의 기억 내용을 읽어 내어 보자. 그림 10.53과 같이 워드선에 논리 '1'을 공급하자. 그러면 2개의 nMOS가 ON 상태가 될 것이고, 인버터 b의 출력이 왼쪽의 nMOS를 통하여 비트선으로 출력되고, 인버터 a의 출력이 오른쪽의 nMOS를 통하여 비트선으로 출력되어 읽혀지는 것이다.

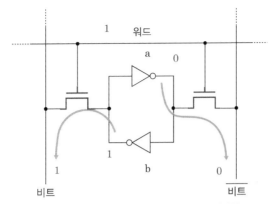

▼ 그림 10.53 SRAM의 논릿값 읽기(비트='1', $\overline{비트}$='0')

## 5. ROM의 특성

일반적으로 ROM[Read Only Memory][11]이라고 하면 마스크 ROM을 말한다. 이것은 불휘발성의 기본 구조로 웨이퍼를 제작하는 단계에서 미리 내용을 써 넣는 것이다. 그러므로 기억시킨 내용을 변경할 필요가 없는 고정적인 내용을 기억시키는 데 사용하는 소자이다. ROM에서 메모리셀을 하나의 MOS 트랜지스터로 구성할 수 있으므로 집적도를 높이는 데 효과적이며 낮은 비용으로 실현할 수 있는 특징이 있다. 보통 고집적화에는 NAND형이 우수하나, 주변 회로 구성의 용이성, 속도 등의 성능 면에서 NOR형이 장점을 가지고 있다.

ROM의 구성 방법으로는 트랜지스터를 직렬 접속하여 구성하는 NAND형과 병렬 접속하는 NOR형으로 구분된다. 이를 그림 10.54에 나타내었다. (a)는 MOS 트랜지스터 9개를 이용하여 직렬 접속한 구성도이며. (b)는 9개의 트랜지스터로 병렬 접속한 구성도이다.

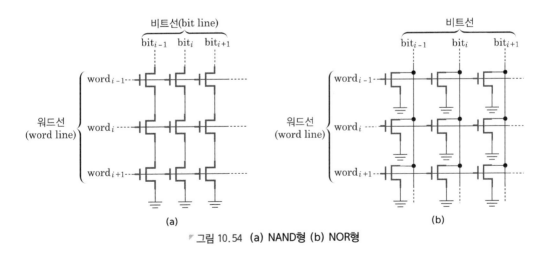

▼ 그림 10.54  (a) NAND형 (b) NOR형

---

11  ROM[Read Only Memory]  한 번 기록한 데이터를 빠른 속도로 읽을 수 있지만, 다시 기록할 수 없는 메모리를 말한다. 컴퓨터의 판독 전용 기억 장치로, 전원이 끊어져도 정보가 없어지지 않는 불휘발성[non-volatile] 기억 장치이다. 문자 패턴 발생기나 코드 변환기처럼 행하는 처리가 일정하고 대량으로 사용되는 것은 기억할 정보를 소자의 제조와 동시에 설정하기 때문이다. 따라서 ROM은 정보를 소자의 구조로서 기억하고 있으므로 바꾸어 쓸 수가 없는 것이다.

## 6. NOR형 ROM의 읽기 동작

ROM은 읽기만 할 수 있는 메모리 소자이다. 그러므로 ROM의 읽기 동작을 살펴보기로 한다. 그림 10.55은 4개의 MOS 트랜지스터로 셀을 구성하여 병렬로 접속한 것이다. 00_cell, 01_cell, 10_cell, 11_cell이 그것이다. 워드선 word_0, word_1은 각 MOS의 게이트에 연결되고, 비트선 bit_0, bit_1은 드레인 단자에 접속되어 있으며 전원 전압 $V_{DD}$에 저항 $R_0$, $R_1$이 연결되어 NOR형 ROM을 구성하고 있다.

### (1) word_0 번지의 데이터 읽기

이것의 동작을 이해하기 위하여 그림 10.56을 보자. word_0 = '1', word_1 = '0'이므로 00_cell과 01_cell의 nMOS가 ON 상태를 유지하므로 전원 전압 $V_{DD}$로부터 저항 $R_0$, $R_1$을 통하여 흐르는 전류와 bit_0, bit_1에 있던 전하가 두 MOS를 통하여 접지 $V_{SS}$로 빠져나가 bit_0, bit_1에 논리 '0'의 값이 출력되어 데이터가 읽혀지는 것이다.

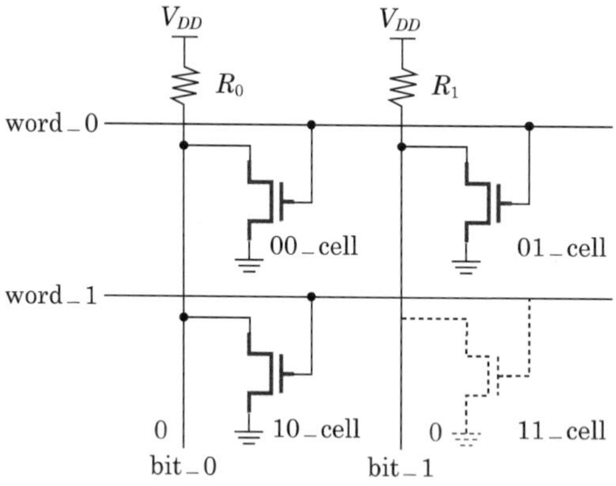


그림 10.55 NOR형 ROM의 구조(4_cell)

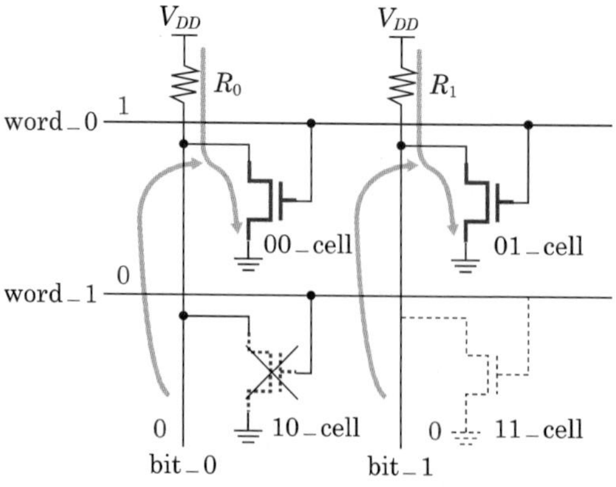


그림 10.56 NOR형 ROM의 데이터 읽기(word_0='1'의 경우)

## (2) word_1 번지의 데이터 읽기

word_1 번지의 내용을 읽어 내는 동작을 살펴보기 위하여 그림 10.57를 보자.

word_1 = '1'이므로 10_cell이 SW-ON상태가 되므로 VDD에서 저항 $R_0$를 통하여 흐르는 전류와 bit_0에 있던 전하가 10_cell의 nMOS를 통해 빠져나가니 비트선 bit_0에 논리 '0'의 값이 출력되는 것이다. 여기서 11_cell은 가상의 셀로 구성되어 있다. 그래서 전원 VDD로부터 저항 $R_1$을 통하여 그대로 bit_1에 전달되어 논리 '1'의 값이 출력된다.

ROM은 읽기 전문 메모리 소자이어서 반도체 제조 회사에 미리 필요한 논릿값을 저장하여 놓는 것이다. 그러므로 새로 기억시키거나, 수정할 수 없고, 단지 읽기만 가능한 것이다. 그리고 구성 방식이 트랜지스터를 병렬로 접속하고 각 셀은 자신의 전원 전압과 접지를 갖는 독립적인 구조의 특징이 있다. 이것은 번지의 개수가 아무리 많아도 선택 번지에 연결되어 있는 트랜지스터는 항상 1개이다. 즉, 출력되는 논릿값은 1개의 트랜지스터를 통과하는 데 걸리는 시간밖에는 소모되지 않아 정보의 출력 속도가 빠른 특징을 가지고 있기도 하다.

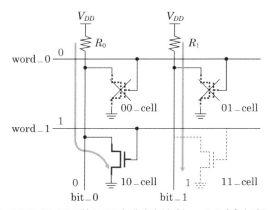

▼ 그림 10.57 NOR형 ROM의 데이터 읽기(word_1='1'의 경우)

## 7. NAND형 ROM의 읽기 동작

이것의 동작을 이해하기 위하여 그림 10.58의 구조를 보자. 전원 전압 $V_{DD}$에서 이웃하고 있는 nMOS를 통하여 접지 $V_{SS}$로 연결되어 있는 구조이다. 그림에서 보면 6개의 셀이 수직 구조로 직렬 접속한 형태이다. 보통 nMOS의 문턱 전압 $V_{TO}$는 0.6[V] 정도이다. 그러나 그림에서 파란색 굵은선 표시의 nMOS인 00_cell과 11_cell은 미리 메모리 소자를 제조할 때, 0[V] 이하, 즉 (−)의 문턱 전압을 갖도록 만든다. 이 트랜지스터의 특징은 전원 전압 $V_{DD} = 2.5$[V]가 들어오면 당연히 ON 상태가 되며, 접지 전압 $V_{SS} = 0$[V]가 들어와도 ON 상태가 되는 것이다. 왜 그럴까? nMOS는 항상 문턱 전압보다 높은 게이트 전압이 있으면 ON되는 성질이 있기 때문이다. 문턱 전압이 $V_{TO} = -1.5$[V]라면 $V_{TO} = 0.6$[V]는 상당히 높은 전압이다. 그러므로 전원이 있는 한 늘 nMOS가 ON 상태를 유지하는 것이다.

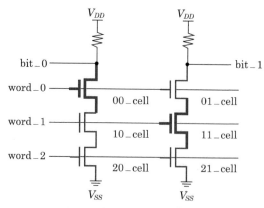

▼ 그림 10.58 NAND형 ROM의 구조(6_cell)

## (1) word_0 번지의 데이터 읽기

그림 10.59에서는 워드선 word_0='0'의 경우, 6개의 cell로 구성되어 있는 NAND형 ROM의 읽기 동작을 보여 주고 있다. 선택된 번지의 워드선에는 논리 '0', 비선택 번지의 워드선에는 논리 '1'의 값을 준다.

그러니까 선택 번지인 word_0='0', 비선택 번지인 word_1='1', word_2='1'이 공급되었다. 이런 상태에서 비트선 bit_1을 보자. 11_cell과 21_cell은 ON 상태를 유지하나, 01_cell은 SW-OFF 상태이어서 전원 전압 $V_{DD}$에서 저항 $R_1$을 통하여 비트선 bit_1으로 논리 '1'의 값이 출력된다.

한편, 비트선 bit_0는 어떻게 작용할까?

비트선 word_1=word_2='1'이므로 10_cell과 20_cell은 ON 상태를 유지할 것이다. 물론 word_0='0'상태이기는 하나, 이 트랜지스터의 문턱 전압이 음(−)의 값을 가지므로 항상 SW-ON 상태에 있다. 그러므로 전원 전압에서 bit_0에 있던 전하들이 $V_{DD}$ → 00_cell → 10_cell → 20_cell → $V_{SS}$의 경로로 빠져나가 비트선 bit_0에는 논리 '0'의 값을 읽어 내는 것이다.

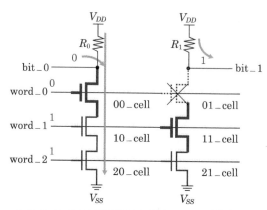

▼ 그림 10.59 NAND형 ROM의 동작(word_0='0'의 경우)

## (2) word_1 번지의 데이터 읽기

이번에는 그림 10.60과 같이 6개의 셀 중 word_1만 논리 '0'이 공급된 경우를 살펴보자.

bit_0 쪽을 보자. word_1='0'이므로 10_cell이 OFF 상태이므로 전원에서 내려온 전류가 그대로 비트선 bit_0로 나와 읽혀지는 것이다. 이제 bit_1 쪽은 어떻게 동작할까?

word_1 ='0'가 공급되기는 하였으나, 이 트랜지스터는 음(−)의 문턱 전압을 가지고 있으므로 여전히 ON 상태를 유지한다. 그러므로 $V_{DD} \rightarrow$ 01_cell $\rightarrow$ 11_cell $\rightarrow$ 21_cell $\rightarrow V_{SS}$의 경로를 따라 빠져나가므로 비트선 bit_1의 출력은 논리 '0'이다. 여기서 $V_{DD}$에 접지인 $V_{SS}$까지 전류가 빠져나가기 위해서는 트랜지스터 3개를 거쳐야 한다. 이것은 워드선이 3개인 경우이지만, 수억 개의 워드선이 있는 경우는 반응 속도가 느리다. 이것이 단점이긴 하지만, NAND형은 셀들을 작게 집적시킬 수 있다. 즉, 집적도를 높일 수 있는 것이다. NAND형은 NOR형보다 제조 과정에서 영역과 영역 사이의 공간을 줄여서 만들 수 있기 때문이다.

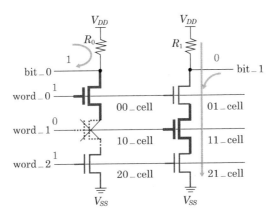

▶ 그림 10.60  NAND형 ROM의 동작(word_1='0'의 경우)

# 복 습 문 제

■ 다음 문장의 (  ) 혹은 [국문(영문)]에 적절한 용어를 써 넣으시오.

**01** pn 접합에 역방향 전압 즉, (     ) 영역에 음(−)의 전압, n형 측에 [        (     )]의 전압을 인가한 경우, 전압의 값이 일정 값을 넘으면 역방향 전류가 급격히 증가하는 [        (        )]이 발생한다.

**02** (     )은 역바이어스에 의해 좁게 된 에너지 갭을 뛰어넘어 가전자가 전도대로 올라가 자유 전자-정공쌍을 발생시키므로 이것에 의해 (       )가 흐르는 것이다.

**03** 애벌란시 항복은 (     ) 내에서 열적으로 발생한 전자와 정공이 강전계로 가속되어 높은 에너지를 얻고 (         )의 발생이 연쇄적으로 일어나 애벌란시 항복 전류가 흐르는 현상이다.

**04** pn 접합의 항복 전압은 (       )의 값과 온도 등에 크게 의존하지 않고, 또 항복 현상이 발생할 때의 전기 저항이 낮아 거의 (       )으로 되는 특징이 있다.

**05** pn 접합의 항복 현상은 과대한 역방향 전류를 오랜 시간 흐르게 하면 pn 접합은 열적으로 파괴되어 버리지만 그 이하의 조건에서는 파괴되지 않고 (          )을 유지하게 되므로 (      )이 얻어지게 되는 것이다.

**06** [          (        )]는 광신호를 전기 신호로 변환하는 기능을 갖는 다이오드로 CCD Charge Cupled Diode 등에서 광검출기로 이용되고 있다.

**07** [          (        )]는 전기 신호를 광신호로 변환하는 기능을 갖는 소자이다.

**08** 발광 다이오드의 주된 용도는 (     )과 표시용 소자로 구분되는데, (       )에서는 주로 장파장대($\lambda =$ 1.3 $\mu$m, 1.5 $\mu$m)의 광이 이용되고 있다. 표시용 소자는 (     ), (     ), (     ), (     ) 등의 가시광선 파장대가 이용되고 있다.

**09** 레이저(LASER Light Amplification by Stimulated Emission of Radiation)는 (       )을 (       )으로 변환하여 출력하는 소자이다.

**10** [                    (                    )]는 pn 접합을 이루고 있는 부성 저항 특성을 갖는 트리거 소자로서 두 개의 (          ) 단자가 있기 때문에 이중-베이스 다이오드double-base diode라고도 한다.

**11** [          (          )]는 계전기 제어, 시간 지연 회로, (          ), 위상 제어, 조광 장치 등 광범위하게 응용되고 있다.

**12** 다이액DIAC은 (          )으로 전류를 흘릴 수 있는 (          )의 소자로서 두 단자 사이에 어느 극성으로도 [          (                    )] 이상이면 ON 상태를 유지할 수 있다.

**13** [          (          )]은 AC 제어를 위한 3단자 소자로서 다이액에 게이트 단자를 갖는 소자이다.

**14** [          (          )]은 기억된 정보를 읽어 내기도 하고 다른 정보를 기억시킬 수 있는 메모리로서, 전원이 꺼지면 기억된 내용은 지워져 버린다. 휘발유처럼 없어져 버리기 때문에 [          (          )]라고 한다.

**15** [          (          )]은 정보를 읽고 쓰는 것이 가능하나 전원이 공급되고 있는 동안이라도 일정 기간 내에 주기적으로 정보를 다시 써 넣지 않으면 기억된 내용이 없어지는 메모리이다.

**16** [          (                )]은 전원이 공급되는 동안은 항상 기억된 내용이 그대로 남아 있는 메모리로서 하나의 기억 소자는 4개의 트랜지스터와 2개의 저항, 또는 6개의 트랜지스터로 구성되어 있다.

**17** [          (                )]은 기억된 정보를 단지 읽어 낼 수만 있는 메모리로서, 전원이 꺼져도 기억된 정보는 지워지지 않는다. 이처럼 정보가 날아가 버리지 않기 때문에 [          (                )]라고 한다.

**18** [          (                )]은 전기적으로 지울 수 있고 또 프로그램할 수도 있는 ROM인데, 이는 전기적인 방법으로 신호의 정보를 지우거나 기억시킬 수 있는 메모리로서 (          )이 꺼져도 정보를 유지할 수 있다.

**19** [          (                )]는 EEPROM의 집적도 한계를 극복하기 위해서 일괄 소거 방식의 1트랜지스터-1셀cell 구조를 채용한 최신 제품으로 전원이 없어져도 기억된 정보가 없어지지 않는 (          )의 일종으로 (          )인 방법으로 정보를 자유롭게 입출력할 수 있다. 또한 전력 소모가 적고 (                )이 가능한 특징이 있다.

![연구문제]

**01** 태양 전지의 동작 원리에 대하여 설명하시오.

**02** 광기전력 효과에 대하여 설명하시오.

**03** 발광의 원리를 설명하고, 발광 소자의 종류를 열거하고 각각을 설명하시오.

**04** 정전압 다이오드 및 광다이오드에 대하여 설명하시오.

**05** 반도체 레이저 소자에 대하여 설명하시오.

**06** 광도전 재료가 가시광선 영역에서 광전자를 방출하기 위한 일함수는 몇 [eV]인가? (단, 가시광선의 파장은 $\lambda = 4,000 \sim 8,000 [\text{Å}]$이다.)

**07** 파장 $\lambda = 6,328 [\text{Å}]$, 광출력 $P = 10 \text{ mW}$의 He-Ne LASER광은 1[sec]당 몇 개의 광자photon가 발생하는가?

| 힌트 | 
$$\begin{pmatrix} P = nhf \\ \therefore\ n = \dfrac{P}{hf} = \dfrac{P}{h\dfrac{c}{\lambda}} \end{pmatrix}$$

**08** 다음 그림의 각 기호에 소자명과 단자 명칭을 쓰시오.

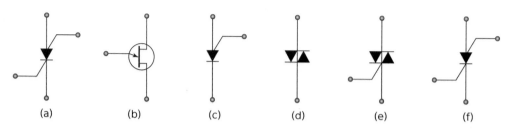

|    (a)    |    (b)    |    (c)    |    (d)    |    (e)    |    (f)    |

**09** p-n-p-n 다이오드의 구조와 동작 원리에 대하여 설명하시오.

**10** SCR의 ON, OFF 특성을 설명하시오.

**11** 단일 접합 트랜지스터의 구조를 설명하시오.

**12** 다이액과 트라이액을 비교 설명하시오.

**13** 단일 접합 트랜지스터에서 $R_{B1} = 2.5[\text{K}\Omega]$, $R_{B2} = 4[\text{K}\Omega]$인 경우 $\eta$(stand-off ratio)는 얼마인가? (단, $V_{BB} = 10[\text{V}]$이다.)

| 힌트 |  $\left( \eta = \dfrac{R_{B1}}{R_{B1} + R_{B2}} \right)$

**14** 기억 소자memory cell의 기본 구조를 그리고 설명하시오.

**15** 4개의 기억 세포를 갖는 DRAM에서 데이터의 쓰기 동작에 대하여 설명하시오.

**16** 4-cell 구조의 DRAM에서 데이터 읽기 동작에 대하여 설명하시오.

**17** SRAM의 기본 구조를 그리고 그 동작에 대하여 설명하시오.

**18** NOR형 ROM의 읽기 동작에 대하여 설명하시오.

**19** NAND형 ROM의 읽기 동작에 대하여 설명하시오.

**20** 광원용 LED가 갖추어야 할 특성에 대하여 기술하시오.


**21** 광원용 LED 재료의 종류를 열거하고, 그 특성에 대하여 간략히 기술하시오.


**22** 광원용 LED 제조 공정의 흐름도를 그리고 각 공정에 대하여 간략히 기술하시오.


**23** 광원용 LED의 응용 분야에 대하여 기술하시오.


**24** 광원용 LED가 일반 조명용으로 쓰이기 위하여 고효율의 백색광 LED가 개발되어야 한다. white LED의
구현 방법에 대하여 기술하시오.

Advanced Semiconductor Engineering

# 정보 디스플레이

Information display

TV 수상기에서 영상을 비추어 내는 CRT 디스플레이는 1897년 독일의 물리학자 K. F. Braun에 의해 발명된 이래 최근까지 영상 표시 분야를 선점하여 왔다. 그러나 1888년 Reinitzer가 액정liquid crystal을 발견한 후 1968년 Heilmeier 등의 기초적인 LCD 방식 개발, 1971년 Schadt의 TN형 개발, 1980년 a-Si TFT LCD 개발, 1984년 Scheffer 등의 STN형 LCD 방식이 개발되면서 상용화의 획기적인 전기가 마련되었다.

이어 PDP, OLED, FED, LED 등의 디스플레이가 개발되어 쓰이고 있으며, 차세대 디스플레이로 두루마리 액정 디스플레이, 종이 TV, 3차원 동영상 TV 등이 각광받을 것으로 기대된다.

학습
목표

# 1 정보 디스플레이의 개요

## 1 디스플레이의 구성 요소

정보 디스플레이information display는 각종 전자제품으로부터 다양한 정보를 우리 인간에게 전달하는 장치를 말한다. 즉, 전자 기기와 인간 사이의 정보 교환을 위한 도구로서 우리 주변의 수많은 정보와 인간을 연결하여 주는 역할을 하는 장치이다. 그림 11.1에 각종 정보 디스플레이 제품을 소개하였다.

동영상을 포함한 대량의 정보들은 인간의 눈을 통하여 전달되기 때문에 디스플레이 제품은 인간의 시각적인 감각을 만족하면서 기기로부터 얻어지는 정보의 전달 역할을 수행하게 된다. 따라서 정보 디스플레이 기술의 초점은 기기와 인간과의 시각적인 관점에서 연구되어 개발하고 있다. 즉, 인간의 시각적인 체계의 범주에서 최상의 화상과 포근함을 목표로 개발되고 있어 영상 정보의 원활한 전달을 위하여 정보의 특성에 맞는 디스플레이의 선택이 필요하다.

**LCD**(Liquid Crystal Display)  **PDP**(Plasma Display Panel)
**FED**(Field Emission Display)  **OLED**(Organic Light Emitting Diode)

▼ 그림 11.1 정보 디스플레이 제품

정보 디스플레이 인간

Computer
Video
DVD
⋮

▼ 그림 11.2 디스플레이 장치의 역할

그림 11.2는 주변의 영상 정보를 디스플레이 장치를 통하여 우리 인간에게 정보를 전달하는 역할을 나타내고 있다.

영상 정보를 표시하는 디스플레이 장치는 그 표시화면 자체가 여러 개의 단위 화소unit pixel로 구성되어 있으며, 최근에는 단색 표시 장치 대신 컬러 디스플레이color display가 주류를 이루고 있다.

정보 표시의 화면을 컬러로 하기 위하여 그림 11.3에서와 같이 컬러 화소color pixel가 필요하며, 이 컬러 화소는 다시 빛의 삼원색에 해당하는 적색(R_{Red}), 녹색(G_{Green}) 및 청색(B_{Blue})의 RGB 발광 소자가 있어야 한다. 이들 RGB 발광 소자는 표시 화면을 만들 때, 유기 또는 무기 화합물로 구성된 컬러 발광체color phosphor를 표시 화면의 안쪽에 도포하거나 컬러 필터color filter라 하는 것을 사용하여 백색광을 투과시켜 얻을 수 있다.

TV, 컴퓨터 등의 모니터에서 영상을 표시하는 디스플레이 화면의 화질을 평가하는 요소가 있다. 첫째, 표시 화면의 밝기를 나타내는 휘도brightness가 있는데, 이는 단위 면적당 방출하는 광의 양을 나타내는 척도로 [cd/m$^2$]의 단위를 쓴다. 둘째는 디스플레이 화면의 정밀도를 나타내는 해상도resolution 즉, 표시 화면을 구성하는 화소의 수를 pixel수로 나타내는 것이 있다. 셋째, 표시 화면의 밝고 어두움을 나타내는 명암도contrast가 있다. 이것은 하나의 화소에 대한 최대 밝기를 최저 밝기로 나눈 값이다. 마지막으로 화면의 색깔을 얼마나 원색에 접근하고 있는가를 나타내는 색상color chromaticity 등이 있다.

디스플레이 장치의 휘도는 영상을 나타내는 표시 화면의 밝기를 표시하는데, 이 값은 장치 내부에 있는 광원light source의 세기에 비례하며 동일 광원을 사용할 경우, 방출되는 면적의 크기에 반비례하게 된다. 국제적으로 촛불 한 개의 밝기를 1[cd]candle로 정하였기 때문에 광원의 세기는 사용하는 광원의 종류에 따라 수십 cd에서 수만 cd까지 다양하게 사용하고 있다. 보통 우리가 사용하는 TV나 컴퓨터 모니터의 경우, 디스플레이 화면의 밝기가 대략 100[cd/m$^2$]에서 1,000 [cd/m$^2$] 정도로 적어도 500[cd/m$^2$] 이상이 되어야 조명이 밝은 장소에서 화면을 볼 수 있게 된다.

표 11.1에서는 현재 국제적으로 규정하고 있는 디스플레이 화면 시스템의 해상도를 보여 주고 있다.

최근에 급속히 보급되고 있는 고화질 TV(HDTV_{High Definition TV})는 디지털 신호 처리 기술을

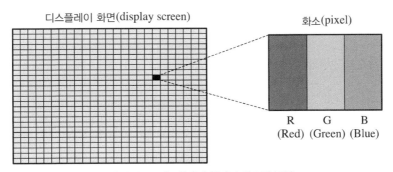

디스플레이 화면(display screen)　　　　화소(pixel)

R　　G　　B
(Red) (Green) (Blue)

▼ 그림 11.3 디스플레이 화면과 화소의 구성

| 구분 | 장치 | 화소수(pixel) | 종횡비(aspect ratio) |
|------|------|------|------|
| TV | NTSC(National TV System Committee) | 640×480 | 4 : 3 |
| | HDTV(High Definition TV) | 1,920×1,080 | 16 : 9 |
| 컴퓨터 | VGA(Video Graphics Array) | 640×480 | |
| | SVGA(Super VGA) | 800×600 | |
| | XGA(Extended VGA) | 1,024×768 | |
| | UXGA(Ultra Extended VGA) | 1,280×1,024 | |
| | SXGA(Super XGA) | 1,600×1,200 | |
| | Engineering Workstation | 1,280×1,024 | |

활용한 최고급 영상 장치로 미세한 부분까지 표시가 가능하며, 화면의 종횡비(縱橫比$_{aspect\ ratio}$)가 16 : 9인 대형 화면의 경우 총 화소수가 200만 개 이상에 달한다. 따라서 앞으로 디지털 신호 처리 시스템을 이용한 HDTV 디스플레이는 향후 3차원 영상 디스플레이 표시 장치로 각광받을 것으로 기대되고 있다.

한편, 디스플레이 화면의 명암비$_{contrast}$는 화면의 질을 나타내는 것으로 영상을 표시하는 화소의 최대 밝기와 어둡기의 비율로 그 크기를 나타내며, 이 값은 영상의 선명도와 관련이 있어 디스플레이의 화질을 결정하는 중요한 척도가 되고 있다.

디스플레이의 색상$_{color\ chromaticity}$은 표시 화면의 색깔이 인간의 눈에 익숙한 자연색에 얼마나 가까운가를 나타내는 것이다. 디스플레이 장치가 색을 표시하기 위하여 강도가 서로 다른 삼색광을 인간 눈의 공간 분해 능력이 미치지 못하는 좁은 영역에 동시에 나타내어서 빛이 섞여 보이도록 하거나, 한 공간에서 인간 눈의 시간 분해능보다 더 빠르게 삼색광을 순차적으로 나타내 빛이 보이도록 하여야 한다. 가장 이상적인 색의 표현을 위해서는 동일 시간에 동일 위치에서 삼색광이 동시에 중첩되어 인간의 눈에 감지되어야 한다.

## 2 디스플레이의 개발

인간이 영상 정보를 표현하고자 개발한 장치는 음극선관(CRT)으로서 1897년 독일의 과학자 브라운(Brown)에 의하여 발명되었다. 이 음극선관은 디스플레이 장치로서 많은 정점을 갖고 있으나, 부피가 크고 무거운 유리관, 전자총, 고전압 열전자 가속 장치 등을 가지고 있어서 가벼우면서 대형화하기가 어려운 점 등으로 그 수요가 점점 떨어지고 있다.

한편, 1980년대 제품화에 성공하여 본격적으로 시장에 출시한 평판 디스플레이 장치는 음극선관의 결정적 결점을 해결하여 매우 얇고 가벼우며, 시력 장애 등에 유리한 영상 정보 표시 장치로서 각광받게 되었다.

평판 디스플레이의 대표적 제품인 액정 표시 장치(LCD_Liquid Crystal Display)는 1888년 오스트리아의 Reinitzer가 액정 효과를 발견한 이후, 1973년 미국의 RCA사가 전자시계에 디스플레이 소자로 응용하는 데 성공하였다. 그 후, 일본에서 LCD 기술을 보다 발전시켜 시계와 장난감, 전자계산기 등에 사용하게 되었다.

그러나 당시의 LCD는 동작 속도가 느리고 주위 온도 변화에 민감한 특성을 가지고 있어 제품으로서 제약이 있었다. 1980년대 들어서 점차 구동 속도가 빠른 STN_Super Twisted Nematic형 액정이 개발되었다. 또한 제조 공정이 비교적 간단하고 가격이 저렴한 비정질 실리콘_amorphous silicon을 유리 기판 위에 형성하여 제작한 박막 트랜지스터 TFT_Thin Film Transistor가 개발되면서 능동형 매트릭스 구동 회로를 갖는 액정 표시 장치(AMLCD_Active Matrix LCD)가 출현하였다.

이러한 TFT-LCD가 주로 채택하고 있는 AMLCD는 최근에 들어와 급속하게 기술의 진전이 이루어져 동작 속도, 화질과 화면 크기에서 크게 개선되었다.

또 투명 전극이 입혀진 유리 기판의 양산 체제에 따라 가격이 저렴하게 되었으며, 반도체 박막 공정의 발전과 부품 소재의 양산 기술에 힘입어 액정 디스플레이 소자의 가격도 떨어져 1990년대에는 평판 디스플레이 시장 가운데 액정 표시 장치 비중이 90% 이상 접하게 되었다. 1998년 이후 TFT-LCD의 주요 시장이 모니터 시장으로 개편됨에 따라 주로 제4세대 혹은 제5세대 유리 기판을 사용하고 있으며, 2004년 이후는 그 주요 시장이 LCD-TV로 이동함에 따라 주로 제6세대 혹은 제7세대 유리 기판이 사용되고 있다. 현재는 11세대 이상의 제품이 제작되고 있다.

그림 11.4에서는 TFT-LCD의 세대별 크기와 응용 제품을 보여 주고 있다.

이제 우리나라는 이 분야의 연구 개발과 생산에 꾸준한 투자가 이어져 세계 최고의 생산국이 되었으며, 수출의 주종목으로 부상하고 있으며, 최근 57인치 급 초대형 TV용 TFT-LCD 기술을 개발하는 등 세계적 기술을 선도하고 있다.

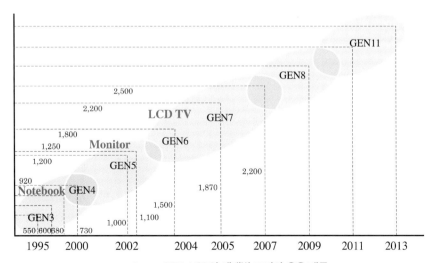

그림 11.4 **TFT-LCD의 세대별 크기와 응용 제품**

차세대 벽걸이 TV로 각광받고 있는 플라즈마 디스플레이 장치(PDP<sub>Plasma Display Panel</sub>)의 경우, 1990년대 이전에는 주로 단색광의 소형 전광판 위주로 개발되었으나, 최근에 플라즈마 발생 기술과 발광체 기술의 발전으로 내부 방전의 에너지 변환 효율이 크게 향상되고 또 플라스마 디스플레이 소자의 전극구조의 최적화와 방전 기술의 개발에 힘입어 특성이 크게 개선되었다. 또한 구동 회로의 집적화와 방열 특성의 향상으로 소모 전력이 감소되었으며, 제품의 고화질화와 대형화의 기술이 계속 진행되고 있다.

## ③ 디스플레이의 종류와 특성

### 1. 디스플레이의 종류

정보 디스플레이를 분류하는 방법은 다음 몇 가지로 나누어 생각할 수 있다.

첫째, 화면의 크기로 분류하는 것이다. 화상이 표현되는 화면의 크기로 구분할 수 있는데, 화면의 대각선의 길이가 10인치<sub>inch</sub> 이하의 디스플레이는 소형, 10인치에서 40인치 미만은 중형, 40인치 이상은 대형 디스플레이로 분류할 수 있다.

둘째, 디스플레이를 직시형과 투사형으로 구분하는데, 직시(直視)형 디스플레이는 회로 시스템에서 만들어진 화상을 인간이 직접 볼 수 있도록 하는 장치로 CRT, PDP, LCD, OLED 등이 이에 속한다. 투사(透寫)형은 회로 시스템에서 만들어진 화상을 광학장치를 거쳐 확대한 화면을 인간이 볼 수 있도록 것으로 프로젝션<sub>projection</sub>이 대표적이다.

셋째는 자발광(自發光)과 비자발광(非自發光) 디스플레이로 나눌 수 있다. 장치 내에 화상을 구현하는데, 필요한 광원을 갖고 있는 경우, 자발광 디스플레이라 하며, OLED나 PDP가 이에 해당한다. 비자발광 디스플레이는 스스로 빛을 낼 수 없는 것으로 후면광<sub>back light</sub> 등의 광원이

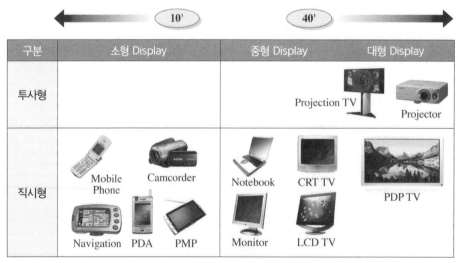

▶ 그림 11.5 **정보 디스플레이의 종류**

필요한 디스플레이를 말하며, LCD나 프로젝션은 이에 해당한다. 최근에는 화면 크기가 대형화하면서 화면의 평면화 여부에 따라 분류하기도 하는데, 예를 들어 평판 디스플레이(FPD<sub>Flat Panel Display</sub>)와 같은 평판형과 비평판형으로 나눌 수 있다.

그림 11.5에는 디스플레이의 종류를 나타내었는데, 디스플레이의 특징에 따라 OLED, FPD, Projection으로 구분되고 있다.

## 2. 디스플레이의 특성

앞에서 기술한 여러 정보 디스플레이를 비교하였다. 지금까지 사용되어온 CRT의 경우, 화질, 명암비, 휘도 및 신뢰성 측면에서 우수한 특성을 보이고 있으나, 박막화 및 소비 전력 면에서는 열세에 있다. TFT-LCD의 경우, 화질, 명암비, 소비 전력 부문에서 기술적 개선이 요구되며, PDP는 명암비, 소비 전력 면에서 개선이 필요한 것으로 지적되고 있다.

표 11.2에서 정보 디스플레이 장치의 특성을 비교하고 있다.

현재 평판 디스플레이의 주종을 이루는 액정 표시 장치인 LCD는 비자발광형으로 화면 자체가 투사형<sub>projection type</sub>과 반사형<sub>reflective type</sub>으로 구분하며, 영상 표현을 하기 위하여 반드시 후면

▷ 표 11.2 **정보 디스플레이의 특성 비교**

| 종 류 | 특 성 | | | | 박막화 | 소비 전력 | 신뢰성 |
|---|---|---|---|---|---|---|---|
| | 화면 크기 (size) | 컬러 화질 (quality) | 명암비 (contrast) | 휘도 (brightness) | | | |
| CRT | ~40인치 | 매우 우수 | 매우 우수 | 매우 우수 | 보통 | 보통 | 매우 우수 |
| PDP | ~102인치 | 매우 우수 | 우수 | 매우 우수 | 우수 | 우수 | 매우 우수 |
| 유기 EL | ~21인치 | 우수 | 우수 | 우수 | 매우 우수 | 매우 우수 | 매우 우수 |
| FED | ~40인치 | 우수 | 우수 | 매우 우수 | 매우 우수 | 매우 우수 | 우수 |
| TFT-LCD | ~57인치 | 매우 우수 | 매우 우수 | 매우 우수 | 매우 우수 | 매우 우수 | 매우 우수 |

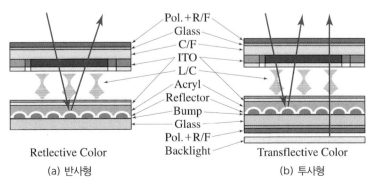

Retlective Color

(a) 반사형

Transflective Color

(b) 투사형

▷ 그림 11.6 **LCD의 반사형과 투사형 구조**

광 장치(BLU_Back Light Unit)를 필요로 한다. 그림 11.6에서는 LCD의 (a) 반사형과 (b) 투사형을 각각 보여 주고 있다.

LCD는 초기에 응답속도가 수백 ms 정도의 매우 느린 TN_Twisted Nematic형 액정으로부터 디스플레이에 실용화되기 시작하였으며, 곧이어 응답 속도가 빠른 STN_Super TN형의 액정 디스플레이 기술을 거쳐 응답 속도가 매우 빠른 영상 표시 화면의 휘도 조절이 보다 용이한 박막 트랜지스터-액정 디스플레이_TFT-LCD가 출현하여 노트북 등의 컴퓨터 모니터와 LCD-TV에 적용하고 있다.

LCD는 외부에서 일정한 전압을 인가하여 액정을 일종의 광조절기로 이용하여 액정의 정렬 상태를 조정하여 후면광_back light에서 발사하는 광의 투과율을 조절할 수 있으므로 영상 표시를 위한 디스플레이의 개별 화소_pixel 하나하나의 휘도를 변화시킬 수 있으므로 LCD의 휘도는 후면 광의 발광 세기와 확산판_diffuser 및 도광판_light wave guide 등의 광 부품 특성과 밀접한 관련이 있다. 또한 화질은 컬러 필터와 광마스크에 의하여 영향을 받으며 화면의 명암비는 액정의 제어 특성에 영향을 받는다.

LCD의 구동 방식은 능동 소자의 유무에 따라 수동 행렬_passive matrix LCD와 능동 행렬_active matrix LCD로 나눌 수 있다. 이를 그림 11.7에서 보여 주고 있는데, 그림 (a)와 같이 수동 행렬의 경우, 세로 방향의 전극과 가로 방향의 전극에 인가된 펄스에 의해 셀의 ON, OFF상태가 결정되는 것으로 그림 (b)와 같은 하나의 셀에 하나의 능동 소자가 배치되는 능동 행렬에 비하여 응답 시간 등의 단점을 가지고 있다. 반도체 제조 공정이 비교적 간단하고, 가격이 저렴한 비정질 실리콘_amorphous silicon 재료를 유리 기판 위에 실현한 TFT가 사용되면서 새로운 능동형 매트릭스 구동 회로를 이용한 액정 표시 장치인 AMLCD가 등장하였다. 이는 하나의 TFT에 셀 하나의 전압을 조절하여 셀의 투과도를 변화시켜서 밝기를 조절하는 것이다.

한편, PDP_Plasma Display Panel는 차세대 벽걸이 TV용으로 각광받는 디스플레이로, 화면의 휘도가 $500 \text{ cd/m}^2$ 이상으로 개선되어 화질, 명암비 및 소비 전력이 거의 CRT 수준으로 향상되고 있으나, 플라스마 발생 장치의 에너지 변환 효율이 비교적 낮고, 100[V]의 비교적 높은 구동 전압으로 소비 전력이 큰 결점은 앞으로 기술 개발을 통하여 해결해야 할 것이다.

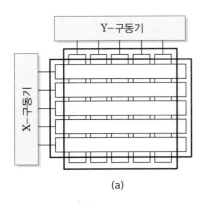
(a)

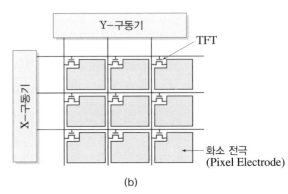
(b)

그림 11.7  LCD 구동

PDP의 기본적인 동작은 수십 마이크로미터 크기의 형광등의 원리와 같다. 형광등은 형광 물질이 도포된 길쭉한 진공의 유리관 속에 수은과 아르곤 기체를 넣은 것이다. 유리관 양끝의 금속 전극에 전압을 걸면 음전극에서 양전극으로 이동하는 전자가 수은 및 아르곤 기체와 부딪히면서 인간의 눈에 보이지 않는 자외선이 발생하게 되는데, 이 자외선이 유리관 내벽에 도포한 형광 물질에 부딪쳐 우리 눈에 잘 보이는 기시광선으로 나오게 되는 것이다.

마찬가지 원리로 수십 마이크로미터의 미세한 방전 셀discharge cell을 격벽isolation rib으로 구성하고 내부에 플라스마를 발생시킬 수 있는 방전용인 아르곤(Ar)과 크세논(Xe_Xenon)의 혼합 가스를 충전한 후, 양 전극 사이에 100[V] 이상의 전압을 인가하면 방전 가스가 이온화한다. 이들 이온화된 양이온이 다시 전자와의 재결합 작용을 통하여 자외선(UV_Ultraviolet ray)을 만들어 내고, 이 자외선들이 유리 내벽에 도포한 발광체phosphor를 자극하여 인간의 눈에 보이는 가시광선을 만들어 내는 것이다. 여기서 디스플레이 화소의 발광색은 발광체의 종류에 따라 차이가 나는데, 자연색을 만들기 위하여 적색(R), 녹색(G) 및 청색(B)의 발광체를 사용하여야 한다.

유기 발광 다이오드(OLED_Organic Light Emitting Diode)는 자체 발광형 디스플레이로 발광의 원리는 보통의 발광 다이오드(LED)와 같다. 외부에서 전압을 인가하면 유기 반도체organic semiconductor 내부에서 발생되는 전자와 정공의 재결합에 의하여 발광하게 되는 것이다. 유기 발광 다이오드는 사용하는 재료에 따라서 저분자low molecular형과 고분자polymer형으로 나누어지며, 자체 발광 특성이 있으므로 LCD의 후면광이 필요 없다. 또한 가볍고 얇은 특징과 함께 넓은 광 시야각, 유연성이 좋은 장점 등이 있어 미래의 정보 디스플레이 장치로 각광받을 것으로 기대되고 있다.

전계 방출 디스플레이(FED_Field Emission Display)는 전계 방출field emission 현상을 이용한 것으로 이 현상은 1897년 Wood가 진공 용기 내에서 두 개의 백금 전극 사이에 발생하는 아크arc를 연구하는 과정에서 처음 제안한 이래, 1960년대 미국 SRI_Stanford Research Institute의 Shoulders가 전계 방출체 어레이(FEA_Field Emitter Array를 이용한 마이크로 진공 소자를 소개하였고, 1968년 SRI의 Spindt가 금속 팁tip을 이용한 FEA 소자의 제조를 실현하였다.

그림 11.8에서는 전계 발광 소자의 기본 구조를 보여 주고 있는데, 각각의 전계 방출체 어레이(FEA)셀은 초소형 전자 발사체로 작용하며, 게이트와 팁tip 사이에 수십 V의 전압을 인가하면 전계 방출 현상에 의해 금속 표면의 전위 장벽이 얇아져 금속 내의 전자들이 터널 현상으로 방출하게 된다. 여기서 방출된 전자들은 수백 V~수 kV의 양극 전압이 작용하여 형광체가 있는 양극 쪽으로 가속되어 형광체에 충돌하게 되면, 이때의 에너지에 의해 형광체 내의 전자들이 여기된 후, 이완되면서 특정의 빛을 발산하는 것이다.

FED의 특징은 음극선관이 갖는 평판 디스플레이의 모든 장점을 갖추고 있다. 즉, 음극선관과 마찬가지로 음극선 발광 현상을 이용하므로 자연색을 얻을 수 있는 동시에 휘도가 높고, 시야각이 넓으며, 동작 속도가 빠르고 환경 적응이 우수하다. 또 평판 디스플레이로서 얇고 가벼우며, 자기력과 X선의 발생이 없는 정점도 가지고 있다.

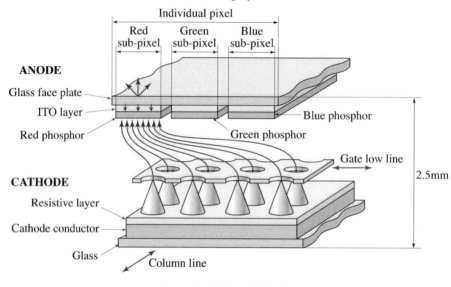

**Field Emission Display**

그림 11.8 전계 발광 소자의 기본 구조

2000년대 접어들어 금속 팁 FEA가 갖는 기술 및 생산성 문제로 제품화가 지연되고 있으나, 금속 팁 대신에 CNT~Carbon Nanotube~, SED(Surface conduction Electron emitter Display), MIM~Metal Insulator Metal~ 형태의 방출체 개발 기술이 진행 중이다.

그림 11.9에서는 FED의 방출체 단면 구조를 보여 주고 있는데, 그림 (a)는 제1세대의 방출체 형태인 마이크로 팁~micro tip~을 이용한 FED의 단면 구조이며, 그림 (b)는 평면~planar~ 형태의 방출체를 갖는 제2세대 FED의 단면 구조이다.

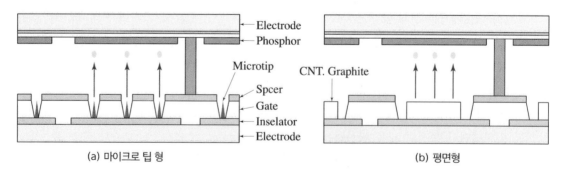

(a) 마이크로 팁 형        (b) 평면형

그림 11.9 전계 방출 소자의 방출체 단면 구조

　우리가 흔히 말하는 '플라스마plasma'는 '플라스마 가스'를 말한다. 이것은 "같은 양의 양이온과 음이온이 존재하는 상태"로 정의하며, 고온에서 물질이 음전하를 띤 전자와 양전하를 띤 이온이 분리된 상태 즉, 플라스마 가스는 전하 분리도가 매우 높으면서 전체적으로 음이온과 양이온의 수가 거의 같아 외부적으로 중성에 가까운 상태이다. 우리 주변에서 플라스마의 응용 제품으로는 네온, 형광등, PDP 벽걸이 TV 등이 있다.

　자연의 플라스마 현상을 살펴보면, 우선 태양을 떠올릴 수 있다. 태양의 내부 온도는 무려 1,500만[℃], 표면 온도는 6,000[℃]의 고온으로 이러한 고온 천체에서는 물질이 전리하여 전자와 이온이 흩어진 상태 즉, 플라스마 상태로 있는 것이다. 지구 극지방의 하늘과 땅에서 펼쳐지는 오색찬란한 '오로라'도 결국 플라스마 현상이다. 오로라는 태양이 폭발하는 과정에서 우주 공간으로부터 날아온 입자들이 지구 극지방의 상공에서 대기층 내의 산소 분자와 충돌하면서 방전할 때 내는 현상이다.

# 2 액정 디스플레이LCD

## 1 액정liquid crystal 의 종류

　액정(液晶liquid crystal)의 최초 발견자는 Reinitzer이며, 1889년 이를 실제 시료를 통하여 <흐르는 결정>이라는 연구 논문을 발표한 Lehmann이 완성하게 되었다. 얼음을 녹이면 물이 되고, 여기에 온도를 상승시키면 증발해 버린다. 이와 같이 물질에는 고체(결정), 액체 및 기체의 세 가지의 상태로 나눌 수 있다.

　액정은 이 세 가지로 분류할 수 없는 네 번째의 상태로, 이 액정의 상태는 유동성(流動性)이 있는데, 액체와는 분명히 차이가 있는 것이다. 물질이 액정의 상태를 갖기 위해서 물질의 형태를 구성하는 분자가 독특한 형태를 가질 필요가 있다.

　액정을 만드는 기본적인 분자는 봉상(棒狀)의 형태와 원반(圓盤)의 형태를 하고 있다. 봉상(棒狀) 분자의 결정이 분해될 때의 상태를 생각하여 보자. 결정(結晶crystal) 상태에서 분자는 그 중심의 위치와 방향이 어느 규칙에 따라 배열된다.

　그림 11.10 (a)는 상태에 따른 봉상 분자의 결정 배열을 나타낸 것이다. 보통 물질이 분해되면 그 중심의 위치와 방향이 흩어지게 되는데, 중심의 위치만을 분해하고 분자의 방향은 분해되지 않는 규칙성을 대체로 유지하는 것이 액정의 상태이다. 그림 (b)에서 나타낸 것과 같이, 액정(液晶) 상태에서 분자는 그 중심 위치의 규칙성은 잃지만 방향의 규칙성은 대체로 유지하게 된다. 이것이 액체 상태와 다른 점이다. 온도를 올리면 방향의 규칙성도 잃어버려 흩어지는 것이 일반적으로 액체 상태이다. 그림 (c)에서 나타낸 것과 같이, 액체 상태에서는 중심 위치와 방향이 흩어져 있으므로 어느 방향에서 보아도 액체의 분자 배열은 똑같이 흩어져 보인다.

(a) 결정 상태     (b) 액정 상태     (c) 액체 상태

▶ 그림 11.10 **상태에 따른 봉상 분자의 배열 상태**

액정 상태를 정면에서 본 것과 밑에서 본 것은 분명히 다르다. 보는 방향에 따라서 물질이 다르게 보이는 것은 이방성(異方性)의 특성을 갖는 것이다. 결정에는 이방성이 있으나, 액체에는 이방성이 없다. 이와 같이 액정은 액체의 유동성과 결정의 이방성을 동시에 갖는 액체와 결정의 중간적 성질을 가지고 있다.

(a)

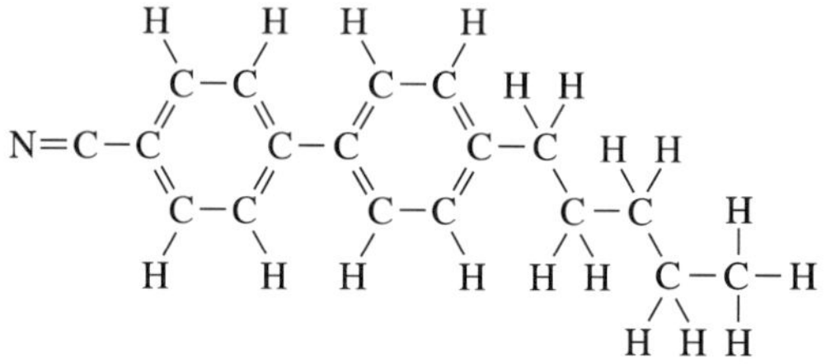

(b)

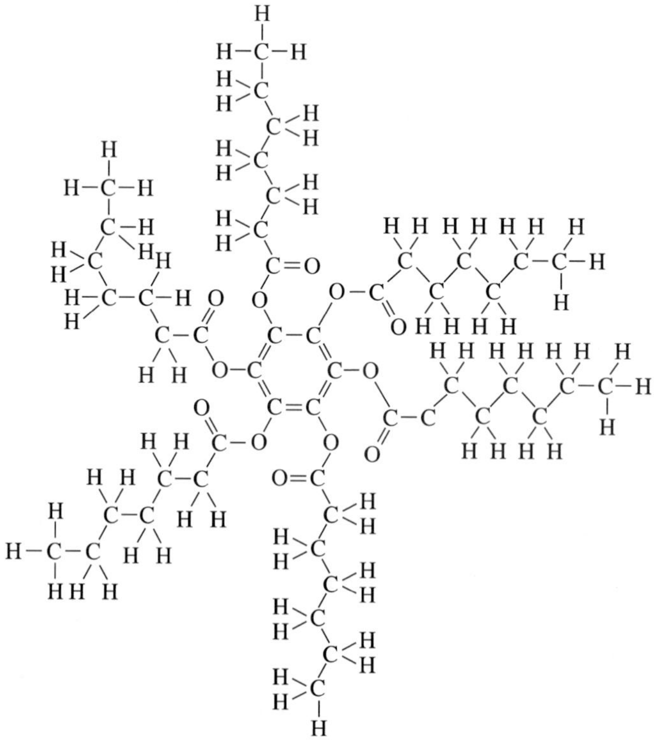

▶ 그림 11.11 **(a) 봉상 분자의 구조 (b) 원반상 분자의 구조**

앞에서 기술한 것과 같이 액정을 이루는 분자는 봉상과 원반상이 있다. 그림 11.11 (a)에서는 대표적인 봉상 분자의 화학적 배열을 보여 주고 있는데, 이것은 1973년 영국의 Gray가 합성한 것으로, 상온에서 액정 상태이며 화학적으로 안정하여 초기의 액정 재료로 디스플레이 응용 연구에 많은 기여를 한 화합물이다. 탄소(C), 질소(N), 수소(H)로 연결되는 구조로 되어 있다.

원반(圓盤)상의 분자는 인도의 Chandrasekhar에 의하여 처음으로 발견된 액정 물질이다. 이것은 중앙에 원반 형태의 골격 부분을 구성하고, 그 주변에 6개의 유연한 고리 사슬을 가지고 있어 이것도 액정 분자의 조건을 만족하고 있다. 그림 (b)에서는 이의 구조를 보여 주고 있다.

한편, 액정을 분류하는 방법에 대하여 살펴보자. 액정의 분류 방법은 배열 구조, 액정 상태의 유발, 액정 분자의 크기, 액정 분자의 기능 및 액정의 용도에 의하여 분류하고 있다.

## 1. 배열 구조에 의한 분류

배열 구조에 의한 액정을 살펴보자. 앞 절에서 결정을 분해하여 위치 질서가 없어지고 방향 질서만 남은 액정 상태를 기술하였다. 위치 질서가 일제히 소멸되는 것이 아니라, 어느 방향의 위치 질서는 소멸되지만, 어느 방향의 위치 질서는 유지된 상태로 있을 수 있다.

그림 11.12 (a)는 $z$ 방향의 위치 질서는 남은 채 $xy$면 내의 위치 질서가 소멸된 상태를 나타내고 있다. 이 상태는 $z$ 방향으로의 1차원의 위치 질서, 즉 층 구조를 가지고 있는 것으로, 그림 (b)에 나타낸 액정 상태와는 분명히 다르다. 이와 같이 위치 질서가 완전히 소멸한 액정 상태를 네마틱 액정nematic liquid crystal이라고 한다.

또한 그림 11.12 (b)와 같이 층의 구조를 가지고 있으며, 층 내의 위치 질서가 소멸한 액정 상태를 스멕틱 액정smetic liquid crystal이라고 한다. 상태를 나타내는 상(相)이라는 말을 사용하여 네마틱상, 스멕틱상으로 불리고 있다.

액정 상태를 배열 구조로 나눌 때, 네마틱상과 스멕틱상 외에 콜레스테릭 액정cholesteric crystal 등 세 가지로 분류하고 있다. 어떤 분자에서는 배열이 자발적으로 뒤틀린 것이 있다. 이런 종류의 분자는 네마틱상이 아니라 그림 (c)와 같은 콜레스테릭상을 갖는다. 뒤틀림은 연속적이므로 층 구조를 구분할 수 없다.

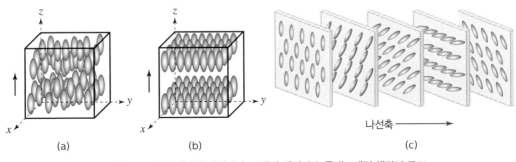

나선축 →

(a) (b) (c)

▶ 그림 11.12 (a) 네마틱 액정 (b) 스멕틱 액정 (c) 콜레스테릭 액정의 구조

(a) 디스코틱 네마틱상

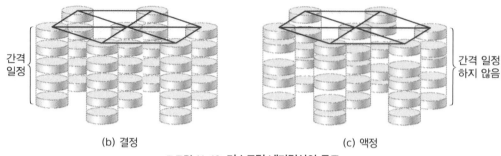

간격
일정

(b) 결정

간격 일정
하지 않음

(c) 액정

▼ 그림 11.13 **디스코틱 네마틱상의 구조**

한편, 원반상(圓盤相) 분자의 액정상은 두 가지로 분류할 수 있다. 봉상 분자의 네마틱 상에 대응하는 것이 디스코틱discotic상이다. 이 상은 그림 11.13 (a)에 나타낸 것과 같이, 분자의 위치 질서는 완전히 소멸되어 있으나, 전체 분자의 원반 면은 평균적으로 보면 어느 방향을 향하고 있다.

그런데 원반상의 분자가 고체 상태에 가까운 액정상의 구조로 그림 (b)와 같은 원반 상 분자의 결정을 생각하여 보자. 분자는 규칙적으로 겹쳐져 유리통(筒) 상의 구조를 형성하고 있다. 이 통을 가득히 하나의 통으로 묶은 것은 통을 위에서 보면 마치 벌집과 같은 구조를 하고 있다.

이 결정이 분해될 때, 벌집 구조를 유지한 채로 분자가 겹쳐 쌓은 방향의 위치 질서가 소멸되면 어떻게 될 것인가? 봉상 분자의 스멕틱 상이 1차원의 위치 질서를 갖는 2차원 액체인 것에 대하여, 2차원 위치 질서를 갖는 1차원 액체라고 할 수 있다. 이를 그림 (c)에서 보여 주고 있다.

## 2. 액정상의 유발에 의한 분류

고체 상태의 얼음은 분해되면 액체로 되고 온도를 올리면 기체 상태로 상태의 변화가 이루어진다.

액정 물질은 온도를 올려 감에 따라 고체(固體)상, 스멕틱smectic상, 네마틱nematic상, 액liquid상으로 변화하게 된다. 온도 변화에 의하여 상태를 변화시키는 것이다. 이와 같은 액정을 온도 전이형thermotropic 액정이라고 한다.

액정 상태의 유발은 온도를 올릴 때와 내릴 때 다른 것도 있다. 예를 들어, 온도를 올릴 때는 고체에서 직접 액체로 되는 것과, 액체의 온도를 내리면 직접 고체로 되지 않고 액체 상태를 나타내는 것도 있다. 이와 같은 액정 상태를 모노트로픽monotropic 액정이라고 한다.

현재, 액정 디스플레이에 사용되고 있는 것은 모두 온도 전이형 액정이다. 액정 상태로 사용하는 것이므로 디스플레이용 액정 재료는 디스플레이가 사용하는 온도 범위에서 액정 상태를 유지할 필요가 있다. 액정의 온도 범위를 넓히기 위하여 여러 액정을 혼합한 재료의 개발이 진행되고 있다.

## 3. 액정 분자의 크기에 따른 분류

지금까지 살펴본 액정 분자는 원자의 수 측면에서 생각하여 보면, 수십 개에서 고작해야 수백 개 정도의 원자로 구성되는 길이 3[nm] 정도의 작은 저분자(低分子)이다. 이에 대하여 원자의 수로 치면 수만 개에 이르는 고분자의 형태를 갖는 액정도 존재하고 있다. 이들을 보통 저분자 액정과 고분자 액정이라고 부른다.

고분자는 어느 반복 단위인 주된 사슬 고리main chain가 연결되어 구성되지만, 이 주된 사슬 고리 자체가 액정 구조를 이루는 것은 주사슬 고리형 고분자 액정과 주사슬 고리에서 옆으로 퍼진 측면 사슬 고리 부분이 액정 구조를 이루는 측면 고리형 고분자 액정의 두 가지가 있다. 이를 그림 11.14에서 보여 주고 있다. 여기서 주사슬 고리형은 네마틱상, 측면 고리형은 스멕틱상을 예로 하여 나타낸 것이다.

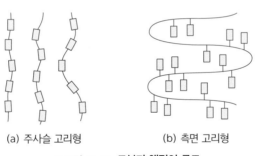

(a) 주사슬 고리형          (b) 측면 고리형

그림 11.14 **고분자 액정의 구조**

## 4. 액정 분자의 기능에 따른 분류

액정의 기능과 용도에 따른 분류는 액정이 갖는 물리적인 성질에 의한 분류이다. 예를 들어, 스멕틱 액정의 어느 종류에는 강유전성(强誘電性)과 반강유전성을 나타내는 액정이 존재하여 강유전성 액정과 반강유전성 액정으로 불리고 있다.

## 2 액정의 표시

### 1. 액정 디스플레이의 기본 원리

액정 디스플레이에서 액정은 두 장의 유리glass 사이의 좁은 공간에 설치되며, 그 두께는 머리

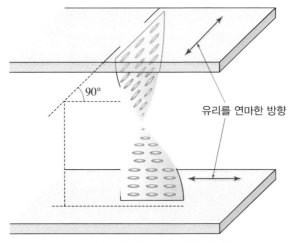

유리를 연마한 방향

▼ 그림 11.15 상 액정 분자의 뒤틀림 상태

굵기의 1/10 정도인 5[$\mu$m] 정도이다. 액정의 분자는 평균적으로 어느 방향을 향하고 있다. 이 어느 방향을 부여하는 것이 유리인데, 이 유리면을 포로 문지르면 액정은 그 문지른 방향을 향하게 된다. 액정의 위와 아래에 접하는 면을 같은 방향으로 문질러 놓으면 유리 사이에서 액정의 분자는 그 방향을 향하게 된다. 유리의 문지른 방향을 직각으로 하면, 각각의 유리 위에서 액정 분자는 서로 늘어서므로 두 장의 유리 사이에서 똑같이 뒤틀린 상태가 나타나며, 정확히 나선형 계단의 1/4 회전한 만큼 액정 분자가 늘어선 모양으로 된다. 이를 그림 11.15에 나타내었다.

## 2. 편광막의 작용

액정 디스플레이는 보통 편광(偏光)을 사용한다. 편광은 어느 방향으로만 진동하는 광파를 말한다. 이와 같은 광을 만들어 내는 편광막이 두 장의 유리에 붙여 놓는다. 이때 광의 진동 방향은 각 유리면의 액정 분자의 방향으로 맞추어진다. 앞서 기술한 액정의 뒤틀린 액정 분자의 배열은 광의 진동 방향을 회전하는 역할을 한다. 즉, 광의 진동 방향은 액정을 빠져나간 후에 90° 뒤틀리게 되는 것이다.

편광막은 유리면 위의 액정 분자의 방향에 맞추어 붙였으므로 광은 편광 막을 통과하여 밝은 표시가 만들어진다. 이를 그림 11.16 (a)에서 보여 주고 있다.

투과하는 광을 변화하는 데에는 액정 분자의 배열을 변화시킬 필요가 있다. 액정은 유동성이 있고, 더구나 같은 방향으로 향하는 성질이 있으므로 작은 전압으로 간단히 액정의 분자 배열을 변화시킬 수 있다.

유리의 안쪽에 붙여진 투명 전극을 사용하여 수 V의 전압을 인가하면 액정 분자의 방향이 전압을 걸은 방향으로 배열된다. 이렇게 하여 늘어선 액정 분자의 배열이 뒤틀린 구조가 되지 않으므로 광은 그 진동 방향을 바꾸지 않고 액정 속을 통과한다. 그러면 반대 측의 편광막을 통과할 수 없으므로 어두운 표시를 할 수 있게 된다. 이를 그림 (b)에서 보여 주고 있다.

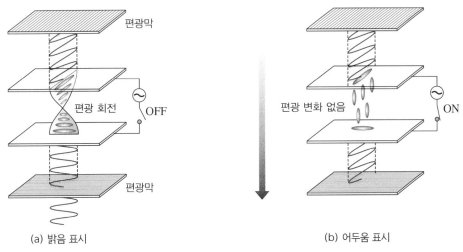

| (a) 밝음 표시 | (b) 어두움 표시 |

그림 11.16 편광 디스플레이의 기본 원리

## 3. 숫자와 화상의 표시

뒤틀린 액정의 배열, 편광막, 전압의 ON, OFF로 광의 투과(밝음), 차단(어두움)을 제어할 수 있다. 즉, 액정 배열의 변화에 의한 광의 셔터라고 할 수 있다. 카메라의 셔터는 기계적으로 광의 통로를 차단하여 이루어지나, 액정 디스플레이에서는 액정이 그 역할을 하는 것이다. 이 원리를 사용하면 간단한 숫자 표시를 할 수 있다. 7개의 부분으로 만들어진 8자형의 전극을 준비하고 7개의 부분 중 전압을 공급한 부분을 적당히 선택하면 0에서부터 9까지의 숫자를 표시할 수 있다.

최근 노트북의 액정 화면은 완전한 컬러 그림을 낼 수 있다. 기본은 노트북의 화면에는 수백만 개의 액정 셔터가 배열되어 있는 것이다. 색을 내기 위해서 셔터는 적색, 청색, 녹색 기능을 가져야 한다. 하지만 수백만 개의 셔터 전극 하나하나에 전압을 걸기 위한 전선을 끌어 낼 수는 없다. 그래서 유리의 위와 아래에 줄무늬stripe 형상의 전극을 서로 직교하도록 배치한다. 이를 매트릭스matrix 방식이라고 한다. 이를 수동 매트릭스(PMPassive Matrix)라 한다.

# 3 액정 재료

## 1 액정 분자의 기본 구조

### 1. 액정의 성질

액정은 앞에서 기술한 바와 같이 액체로서의 유동성과 고체로서의 이방성(異方性)의 성질을 갖고 있다. 이방성이라고 하는 것은 일종의 규칙성을 말하는데, 이는 방향에 의하여 규칙성이 다르게 된다는 것을 의미한다. 이 규칙성은 어디에서 오는 것일까? 이는 분자의 형태에 의존하는 경우가 많다는 것이다. 분자는 몇 개의 원자가 사슬 고리 모양의 가지로 결합하여 굳어진 것이다. 예를 들어 수소 원자 2개와 산소 원자가 1개가 가지로 결합되어 $H_2O$의 분자가 되는 것과 같다. 이들 분자가 많이 모여서 생긴 액체가 물인 것이다.

## 2. 액정의 분자 구조

액정은 유기 화합물(有機化合物)의 일종으로, 분자를 구성하고 있는 원자는 주로 탄소(C), 수소(H), 산소(O) 및 질소(N) 등으로 구성하고 있으며, 그 외에 불소(F) 및 염소(Cl) 등이 포함되는 경우도 있다. 탄소는 가지가 4개, 수소는 1개, 산소는 2개가 있어서, 전체의 가지를 반드시 몇 개의 다른 원자의 가지와 묶어진 상태로 존재할 필요가 있다. 액정을 나타내는 분자를 그림 11.17에서 보여 주고 있는데, 봉상(棒狀) 혹은 원반상(圓盤狀)의 분자 형태로 존재하는 것이 많다.

여기서 일반적으로 디스플레이에 사용되는 것은 봉상 구조이나, 최근에는 원반상 구조도 사용되고 있다. 봉상 구조를 조금 더 살펴보면, 대체적으로 3개에서 5개의 부분으로 나눌 수 있음을 알 수 있다.

지금 그림 11.18에서 그림 11.17 (a)를 다시 나타내었는데, 중심부의 말단 고리 및 공간 부분으로 나누어 생각할 수 있다. 중심부는 분자의 중심 부분으로 벤젠 고리(벌집과 같은 모양) 몇 개가 옆으로 이어서 결합된 것이다. 이는 분자 속에서 단단한 부분으로 되어 있다. 말단 부분은

(a) 봉상 분자　　　　　　　(b) 원방상 분자

▛ 그림 11.17 **액정 분자의 구조**

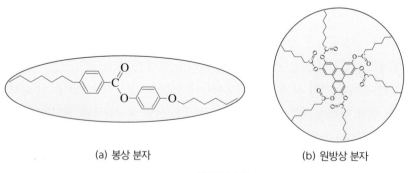

말단부　　spacer부　　　　core부　　　　spacer부　　말단부

▛ 그림 11.18 **봉상 분자의 구조**

탄소 1개에 수소 2개가 묶여져 있고, 그것이 고리 형상으로 배열되어 있는 유연한 부분이다. 공간 부분은 중심부와 말단 부분을 연결하여 주는 역할을 담당하는 곳이다.

## 2 ■ 디스플레이와 액정 재료

구체적으로 실제 디스플레이에 사용되고 있는 액정 재료는 어떤 것이 있는지에 대하여 살펴보자. 액정 디스플레이에서는 액정 분자에 전압을 걸어 분자를 움직여서 액정 스위치의 개/폐(開/閉 ON/OFF) 작용을 한다. 앞에서 기술한 90° 뒤틀림을 기본으로 하는 모드를 뒤틀린 네마틱(TN$_{Twisted}$ $_{Nematic}$) 모드라 한다. 이외에도 많은 액정 디스플레이 종류가 있다.

각 모드의 원리는 다소 차이가 있으나, 전압을 걸어서 액정 분자의 배열이 변화를 일으켜, 그것을 명암(明暗) 표시의 작용으로 이용하고 있다는 의미에서 어느 모드도 공통이다.

전기를 사용하고 있는 것이므로 재료에 어떤 전기적 특성, 즉 어느 정도의 전압으로 얼마만큼 크게 움직이는가, 어느 정도 빠르게 움직이는가 등이 중요한 요소로 작용한다. 또 그 움직임에 의해서 빛을 통과시키기도 하고 차단하기도 하는 것으로 표시 소자의 역할을 수행하는 것이므로, 빛에 대한 성질, 즉 어느 정도의 빛을 통과할 것인가, 어떤 색의 파장으로 빛을 통과시킬 것인가 등이 중요한 요소이다.

이제 결정에 전압을 인가하면 어떠한 작용이 일어나는지를 살펴보자. 액정 분자에는 많은 전자가 있다. 전자는 외부에서 전압을 걸면 정(+)의 전극 방향으로 이동하는 경향이 있으므로 분자에서는 전기적인 편향을 일으키게 한다. 이런 편향 발생의 용이성을 유전율(誘電率)이라 한다.

분자는 완전히 둥근 형태가 아니므로 편향의 용이성, 즉 유전율은 방향에 따라 다르게 된다. 이것이 유전율의 이방성인 것이다. 분자에 전압을 인가하면 분자는 전압의 편향이 전압 방향으로 될 수 있는 한 크게 되도록 한다.

그림 11.19는 액정 분자에 전압을 인가하면 전압의 방향에 따라 분자가 편향되는 상태를 보여 주고 있다. 마치 금속 못을 자석 N극과 S극 사이에 놓고 못이 양극을 연결하는 방향으로 향하는 것과 유사하게 생각할 수 있다.

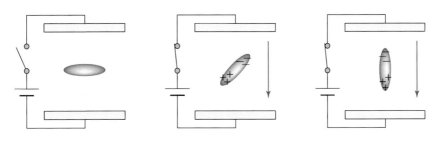

▼ 그림 11.19 **전압에 의한 액정 분자의 배향**

## 3 STN 액정 재료

뒤틀린 네마틱, 즉 TN 모드의 액정을 개량한 초뒤틀린 네마틱(STN<sub>Super Twisted Nematic</sub>) 모드가 있다. 이 액정에서는 급준한 투과율과 전압 특성을 얻기 위하여 탄성 계수(彈性係數)비가 큰 재료를 이용하는 것이 필요하다.

### 1. 탄성 계수

일반적으로 탄성 계수는 물질의 왜곡 상태(歪曲狀態)와 견고성 등을 나타내는 척도로 사용한다. 예를 들어, 단단한 용수철은 탄성 계수가 크다고 알려져 있다. 앞에서 기술한 바와 같이 네마틱 액정에는 위치 질서가 없으므로 압축 등에 의한 탄성이 없다. 그러나 방향 질서는 있으므로 분자의 방위 변형에 대한 탄성은 존재한다.

네마틱 액정에는 크게 나누어 세 가지의 변형을 생각해 볼 수 있다. 계수 그림 11.20에 나타낸 것과 같이 액정의 구부러짐<sub>bend</sub> 변형과 퍼짐<sub>splay</sub> 변형에 대한 탄성 계수를 나타낸 것이다. 이 외에도 뒤틀림<sub>twist</sub> 변형이라 하는 것이 있다.

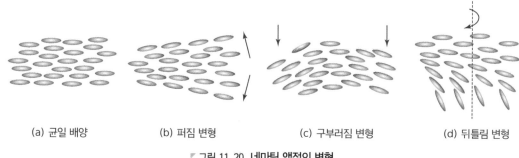

(a) 균일 배양          (b) 퍼짐 변형          (c) 구부러짐 변형          (d) 뒤틀림 변형

� 그림 11.20 네마틱 액정의 변형

### 2. 광학 특성

네마틱 모드의 액정 분자 구조는 광학 특성에 있어서도 복굴절(複屈折)이 크게 이루어지는 특성도 갖고 있어 우수한 재료로 평가할 수 있다. 이 복굴절은 굴절률의 이방성이라고도 한다.

진공 중을 진행하는 광의 속도는 $3 \times 10^8$[m/s]이지만, 유리, 물 등의 물질 속을 통과할 때는 광속보다 훨씬 느리게 된다. 굴절률은 이 속도가 지연되는 척도를 말한다. 여기서의 이방성이라고 하는 것은 빛의 진행(또는 진동) 방향에 의하여 속도가 변한다는 것을 의미한다. 이것에 의하여 액정 속을 통과하는 편광의 상태가 변하는 특성으로 표시<sub>display</sub> 작용이 이루어지는 것이다. 이를 그림 11.21에 나타내었다.

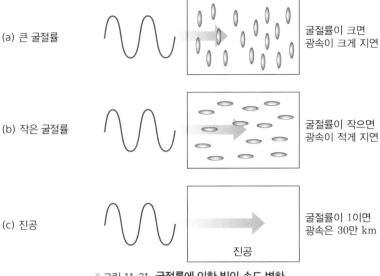

(a) 큰 굴절률 — 굴절률이 크면 광속이 크게 지연

(b) 작은 굴절률 — 굴절률이 작으면 광속이 적게 지연

(c) 진공 — 굴절률이 1이면 광속은 30만 km

진공

▼ 그림 11.21 **굴절률에 의한 빛의 속도 변화**

## 4 TFT 액정 재료

현재 가장 많이 사용하고 있는 디스플레이는 액정과 박막 트랜지스터TFT를 조합시켜 구성한 액티브 매트릭스active matrix형이다. 이 방식의 액정 재료에 요구되는 가장 중요한 점은 단위 길이당 저항값인 비저항이 커야 하며, 자외선에 대한 높은 안정성이다.

재료의 안정성도 전압의 유지율에 관계하므로, 열과 빛에 의한 분해가 일어나지 않는 것도 중요한 요소이다. 분해가 되면 액정 중에 이온이 발생하여 실제의 전압을 떨어뜨리는 원인이 되기 때문이다. 이러한 상태를 그림 11.22에서 보여 주고 있다.

액정 디스플레이의 보기가 쉽도록 하기 위한 물성값이 중요한데, 이를 나타내는 척도가 복굴절(複屈折)값이다. 이 값이 너무 높으면 색의 반전 형상이 일어나기 쉽고, 낮으면 명암비contrast가 떨어진다. 대략 0.08 정도가 적당한 값으로 되어 있다.

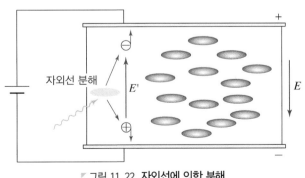

자외선 분해

▼ 그림 11.22 **자외선에 의한 분해**

## 5 강유전성과 반강유전성 액정 재료

### 1. 스멕틱smetic상

강유전성 액정(FLC_{Ferroelectric Liquid Crystal})이 발견된 분자는 그림 11.23과 같은 분자이다. 강유전성과 반강유전성을 나타내는 액정상은 스멕틱 상이다. 강유전성을 나타내는 것은 그림에서와 같이 분자의 긴 방향이 층에 수직한 방향으로부터 어느 각도로 기울어져 있는 스멕틱 상이다. 이 분자의 특징은 4개의 방향에 전혀 다른 것이 붙어 있는 탄소가 존재한다는 점과 쌍극자라 하는 극성의 큰 부분이 분자의 긴 쪽 방향에 대하여 수직으로 향하고 있는 점 등이다.

### 2. 쌍극자와 분극

그림 11.23 (b)의 화살표 부분으로 나타낸 쌍극자는 분자 속의 전자 분포가 치우쳐 양전하와 음전하가 생겨 발생하는 것이다. 쌍극자는 외부에서 전압을 인가하면 그 방향을 향하는 성질이

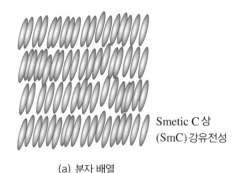

Smetic C 상
(SmC) 강유전성

(a) 분자 배열

쌍극자

$$C_{10}H_{21}O-\phenyl-CH=N-\phenyl-CH=CH-\underset{\underset{O}{\|}}{C}-O-CH_2-\overset{H}{\underset{H}{*C}}-C_2H_5$$

(b) 분자 구조

▼ 그림 11.23 **스멕틱상 강유전성**

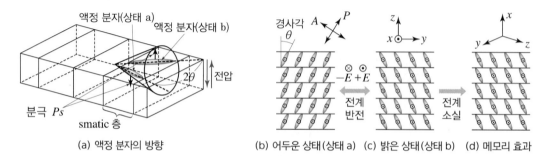

(a) 액정 분자의 방향   (b) 어두운 상태(상태 a)  (c) 밝은 상태(상태 b)  (d) 메모리 효과

▼ 그림 11.24 **강유전성 디스플레이의 표시**

있다. 마침 자석이 지구의 지자기(地磁氣)에 의하여 북극 방향에 N극을 향하는 것과 유사하다. 따라서 그림 11.24와 같이 셀 기판에 수직으로 전압을 인가하면 쌍극자는 그 방향을 향한다.

## 3. 강유전성 액정 디스플레이의 표시

FLC 디스플레이는 쌍극자 방향과 분자의 경사 방향으로 운동하는 것을 이용하는 것이다. 그림 11.24와 같이 분극이 지면의 맞은편 지면을 뚫고 들어가는 방향으로 향하고 있을 때, 분자가 오른쪽으로 기울어져 있다고 하면, 분극이 지면에서 나오는 방향으로 향할 때는 분자는 왼쪽으로 기울게 된다. 이와 같이 전압을 걸어 분극의 방향을 변화하여 분자의 경사 방향을 변화시킬 수 있는 것이다. 여기서 분극은 대체로 같은 방향을 향하고 있는 쌍극자 모멘트의 단위 체적당 크기를 의미한다.

여기에 편광막을 설치하여 놓고, 분자 한 개가 편광막의 방향과 일치하고 있을 때, 빛은 어떤 변화도 받지 않고 투과하기 때문에 직교하고 있는 편광막 아래에서는 어두운 표시가 얻어진다.

한편, 분자의 방향이 어느 편광막의 편광 방향과 일치하지 않을 때, 입사 편광이 변화하여 밝은 표시가 얻어진다. 이것이 강유전성 액정의 표시 원리이다. 이 경우, 네마틱 액정과 같이 직선 편광이 뒤틀려서 투과하는 것이 아니라, 복굴절 효과에 의하여 편광 상태가 타원(楕圓) 편광이라 하는 것으로 변화한다. 이 때문에 빛이 투과하는 것이다.

## 4. 메모리 효과

강유전성 액정은 이와 같이 분자의 경사 방향과 그것에 대응한 쌍극자 방향이 대체로 일치하고 있는 상태이다. 여기에 외부에서 전압을 인가하면 그 방향으로 분극이 일치하는 것과 운동하여 분자가 움직이는 성질의 것을 말한다. 또 전압을 공급한 경우, 직전의 상태를 유지할 수 있게 되는데, 이것이 메모리 효과이다.

## 5. 반강유전성 액정

반강유전성 액정은 분극이 하나의 층마다 반대쪽을 향하여 있는 상태를 말한다. 앞에서 기술한 것과 같이, 분자가 기울어져 있는 방향과 분극의 방향이라고 하는 것은 1 : 1 관계에 있어, 그림 11.25와 같은 분자에서는 액정이 우측으로 기울면 분극은 밑의 방향으로 향하고, 좌측이면 위의 방향으로 대응하여 향한다. 전압을 공급하면 그림과 같이 강유전성 액정의 상태로 분자를 움직인다.

반강유전성 액정에서는 전압을 공급한 방향에 의해서 분자는 세 가지 상태의 사이에서 스위칭하게 된다. 즉, 층에 대하여 두 장의 편광막을 그림과 같이 설치하면, 전압을 걸리지 않는 상태에서 어둡게 되고, 걸린 상태에서는 좌우측으로 기울어져도 같은 양의 빛이 투과하여 밝게 된다.

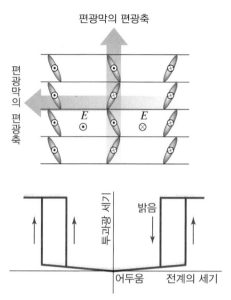

그림 11.25 반강유전성 액정의 표시 원리

## 6. 액정 디스플레이의 용도

현재 우리 주변에서 쓰이고 있는 액정 디스플레이의 용도를 표 11.3에 나타내었다.

표 11.3 액정 디스플레이의 용도

| 분야 | 기기 |
|------|------|
| 휴대 | 시계, 휴대 전화, 전자수첩, 게임기, 만보기 등 |
| OA | 워드 프로세서, 노트북, PC 모니터, 복사기, 모사 전송기 등 |
| 가전 | 액정 TV, 비디오카메라, 디지털카메라, 다기능 전화, TV 전화, 가정 조작 표시기 등 |
| 차량 | 각종 미터기, 차량용 내비게이션, 액정 TV 등 |
| 기타 | 체온계, 혈압계, 자동판매기 등 |

# 4 액정의 동작

## 1 액정 분자의 배열

### 1. 네마틱 액정의 배열

액정 디스플레이의 대부분은 네마틱nematic 액정을 이용하고 있다. 이 네마틱 액정의 특징은 분

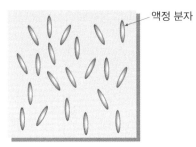

액정 분자

<figcaption>그림 11.26 네마틱 액정의 분자 배열</figcaption>

자의 중심 위치는 흩어져 있으나, 긴 축 방향이 거의 한쪽 방향으로 향하고 있다는 것이다. 이를 그림 11.26에서 보여 주고 있다.

## 2. 배향 처리

액정 디스플레이에서 이 네마틱 액정이 2장의 유리 기판이 마주보는 얇은 간격(약 5[$\mu$m]) 사이에 넣어져 있다. 여기서 5[$\mu$m]의 간격은 우리 머리카락 굵기의 1/10 정도로 얇은 공간을 말한다. 이 공간에 액정을 배열하는 것이다. 액정의 세계에서는 배향 처리(配向處理)라고 하는 것이 있다.

네마틱 액정의 개개의 분자는 서로 같은 방향으로 향하고 싶어 하는 성질을 가지고 있다. 그러나 그 방향으로 정렬한 분자의 집단을 전체로서 어느 쪽인가의 방향으로 향하게 하기 위해서는 어떠한 외부의 힘이 필요하다는 것이다.

현재 사용하고 있는 액정 디스플레이에서 외부의 힘을 가하고 있는 것이 배향막(配向膜)이다. 이 배향막은 0.1[$\mu$m] 정도의 두께를 갖는 고분자막으로 만들어져 있는데, 유리 기판 위에 인쇄하여 박막 형태로 형성하는 방법이 일반적이다.

그림 11.27은 액정 분자의 배향하는 모양을 나타낸 단면을 보여 주고 있다. 유리 기판 위에 전압을 걸기 위한 투명 전극이 있고, 그 위에 배향막이 형성되어 있다. 배향막은 접하고 있는 액정 분자의 긴 방향을 거의 유리 기판 면과 평행하게 되도록 속박하는 힘을 갖고 있는 것이다.

액정 분자가 유리 기판에 거의 평행하게 배향하기 때문에 이 배향을 수평 배향(水平配向)이라 하기도 한다. 배향막의 종류를 변화시키면 액정 분자가 거의 유리 기판에 수직으로 세워진 수직

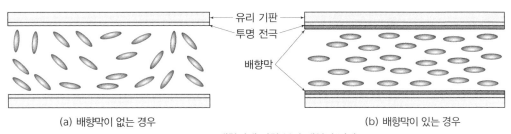

유리 기판
투명 전극
배향막

(a) 배향막이 없는 경우　　　　　　　　　　　　　　(b) 배향막이 있는 경우

<figcaption>그림 11.27 배향막에 의한 분자 배열의 변화</figcaption>

배향(垂直配向)을 얻을 수 있다. 액정 디스플레이의 대부분은 수평 배향을 채택하고 있으므로 수평 배향에 관하여 설명하기로 한다.

### 3. 연마rubbing

배향막의 존재에 의해 액정 분자를 유리 기판 위에 평행하게 고정하였다. 유리 기판 면에 액정 분자가 평행하게 되도록 속박되어 있어도 그 방향은 유리 기판면 내의 모든 방향(360)에 가능성이 있다.

그림 11.28에서 보여 주는 것과 같이, 액정 분자의 배향은 연마rubbing 처리가 필요하다. 이 연마는 "문지르기"라는 뜻이 있듯이 유연한 포(布)로 배향막을 한쪽 방향으로 문질러 준다.

일반적으로 그림 (c)에 나타낸 것과 같이, 굴림대roller에 포를 감아 붙이고 그것을 유리 기판 위에서 회전시켜 처리한다. 연마를 미리 수행한 배향막에 액정 분자가 접하면 간단히 그 방향으로 액정 분자가 배열되어 가는 것이다. 이를 그림 (b)에서 보여 주고 있다.

연마에 의한 액정 분자의 배향을 살펴보자. 다음과 같은 배향 메커니즘에 의하여 이루어지고 있다.

① 포(布)로 배향막을 문질러 주면 배향막 표면이 상처가 생겨 대단히 미세한 도랑이 만들어진다. 액정 분자는 이 도랑에 꼭 끼어 들어가 한 방향으로 배향한다.

② 배향막에 손상이 없어도 연마에 의하여 액정 분자를 그 방향으로 배향하게 하는 전기적인 힘이 배향막에 주어진다.

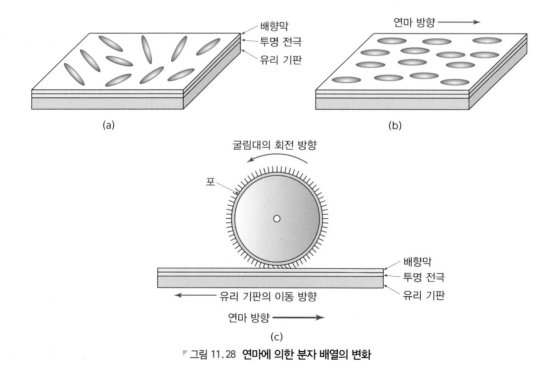

그림 11.28 **연마에 의한 분자 배열의 변화**

방향에 의해서 물리적인 성질이 다른 것을 이방성(異方性)이라고 한다. 여기에서는 연마에 의하여 유리 기판에 이방성이 부여된 것으로 된다. 그래서 이 배향막의 이방성과 액정 분자가 갖는 이방성이 서로 작용하여 액정 분자가 한 방향으로 배향한다. 현재 액정 디스플레이에 주로 이용되고 있는 액정 분자는 ②의 메커니즘으로 배향하고 있다고 생각된다. 앞으로 이 분야에 더 많은 연구가 뒤따라야 할 것이다.

## 2 액정의 전압 응답

### 1. 투명 전극

액정 디스플레이에서 액정에 전압의 인가에 의하여 ON/OFF를 바꿀 수 있거나 혹은 액정 셔터의 개폐(開閉)를 행하는 것과 같다. 그림 11.27의 투명 전극은 전압을 ON/OFF하기 위하여 형성한 것으로, 인듐과 주석의 합금과 산화물로 구성하였으며, ITO~Indium Tin Oxide~라 하기도 한다.

### 2. 양각~positive~형 네마틱 액정

액정의 전압에 대한 응답은 유전율에 이방성이 있기 때문에 발생한다. 액정 디스플레이로 널리 이용하고 있는 네마틱 액정은 정(正)의 유전 이방성(誘電 異方性)을 갖기 때문에 양각~positive~형이라고 한다. 분자의 긴 축 방향의 쪽이 짧은 축 방향보다 유전율이 크다. 이것이 큰 특징이 된다.

양각형 네마틱 액정에 전압을 인가하면 그림 11.29와 같이 누워 있던 액정 분자들이 전압과 같은 방향으로 변화하여 일어나게 된다. 미소한 전압에서 이런 특성이 일어나는 것은 액정이기 때문이다. 액정 분자는 모두 어느 방향으로 정렬되는 것이다. 전압에 대한 응답도 액정 분자 하나하나가 아니라 큰 집단이 방향을 변화시키기 때문에 큰 힘이 되어 작은 전압에서도 움직이는

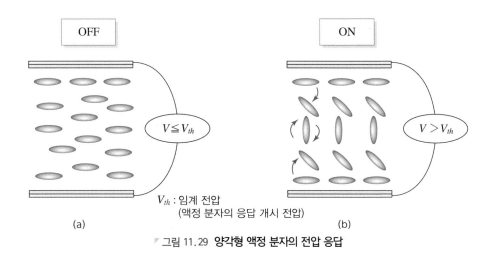

$V_{th}$ : 임계 전압
(액정 분자의 응답 개시 전압)

(a)  (b)

▶ 그림 11.29 **양각형 액정 분자의 전압 응답**

것이다. 마치 지레의 원리와 같다고 할 수 있다. 지레를 사용하여 바위를 움직이고자 할 때, 지렛대가 짧으면 큰 힘이 필요하고 길면 작은 힘으로도 움직일 수 있는 것이다.

온도를 올려서 액정 상태에서 액체 상태로 되어 버리면, 사방으로 향해 있는 분자를 어느 방향으로 향하도록 하기 위해서는 큰 전압을 공급해야 한다. 액정 디스플레이에서 사용하고 있는 전압으로는 아무것도 일으키지 못한다.

### (3) 음각negative형 네마틱 액정

액정에는 분자의 긴 축(長軸) 방향보다 짧은 축(短軸) 방향의 유전율이 큰 음각negative형의 것도 있다. 최근 일부의 액정 디스플레이에서 이 음각형 네마틱 액정을 사용하는 경우도 있는데, 이 음각형 액정에서는 전압을 인가하면 그림 11.30과 같이 액정 분자는 전압과 수직으로 되어 버린다. 결국 유리 기판과 같은 방향이 되는 것이다.

음각형 네마틱 액정은 전압을 공급하지 않을 때, 액정 분자의 초기 배향이 유리 기판과 수직 즉 수직 배향이 되고, 이와 같은 분자 배열을 얻기 위하여 특별한 배향막(수직 배향막)을 선택해야 한다. 음각형은 일부 액정 디스 플레이에서만 채택하고 있다.

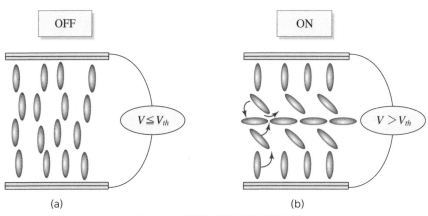

▼ 그림 11.30 **음각형 액정 분자의 전압 응답**

### 3 프리틸트각

액정 분자가 전압에 응답하는 모양을 더 상세하게 생각하여 보자. 그림 11.29와 같이 전압을 공급하였을 때 액정 분자가 응답한다. 하지만, 액정 분자가 일어나는 방향에는 두 가지 방법이 있다. 여기서 위와 아래의 유리 기판과 조합시켜 생각하여 보면, 결국은 그림 11.31과 같이 액정 분자의 응답은 네 가지가 존재하고 있음을 알 수 있다. 액정 디스플레이에 있어서 이 네 가지의 응답이 불규칙하게 혼재한다면 액정의 배향이 산란되어 액정 표시 소자로서의 품질이 떨어지게 된다.

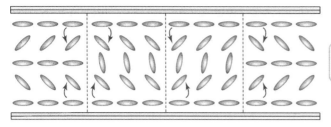

액정 분자가 움직이는 방향은 두 가지
상하 기판과의 조합으로 네 가지

▽ 그림 11.31  **전압에 의한 배향의 변화**

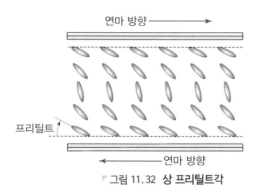

연마 방향 ⟶

프리틸트

⟵ 연마 방향

▽ 그림 11.32  **상 프리틸트각**

그러나 실제 액정 디스플레이에서는 그러한 것이 일어나지 않는다. 왜냐하면 연마에 의하여 분자는 완전히 기판과 평행하지 않고, 기판에 대하여 약간의 각도를 유지하며 떠 있는 것이다. 그림 11.32와 같이 이 각도를 프리틸트각이고 한다.

연마는 왕복 운동이 아니라 한쪽 방향으로 움직이므로 전압을 걸지 않을 때에도 연마 방향에 대하여 액정 분자는 유리 기판 면에서 미소하게 일어나 있다. 따라서 전압을 인가한 때의 액정 분자가 일어난 방향으로 네 가지가 있다고 하였으나, 실제는 프리틸트 각의 존재로 한 가지로 제한되고 있다.

프리틸트각의 크기는 연마의 조건(롤러의 회전 속도, 포의 압력 등)과 배향막의 재료를 통하여 조절할 수 있다. 포로 표면을 마찰하는 연마 공정은 다른 여러 정밀 기기 제조 공정에 비하여 믿을 수 없을 만큼 조잡한 것일지 모르나, 현재 많은 액정 디스플레이의 제조 공정에서 대단히 중요한 공정 중의 하나이다.

## 4 TN 모드

### 1. 배향 상태의 명칭

액정 디스플레이에는 여러 가지 방식이 있다. 이들을 모드mode라 하고, 모드의 이름은 전압을 걸지 않은 상태에서의 액정 분자의 배열을 이용한 것이 몇 가지 있다. 액정 디스플레이 중에서도 가장 넓게 이용되고 있는 TNTwisted Nematic 모드도 그중 하나이다. 이것은 뒤틀린 네마틱이라는 의미이다. 그 외에 배향 상태가 모드 이름으로 되어 있는 것은 STN 모드와 VA 모드가 있다. STN<sub>Super TN</sub>은 초뒤틀린 네마틱이며, VA<sub>Vertical Alignment</sub>는 수직 배향의 의미를 갖는다.

## 2. TN 모드

지금까지 액정 분자의 일반적인 배향 방법에 대하여 설명하였으나, 이번에는 실제 액정 디스플레이 중에서 액정 분자는 어떻게 배향되는가, 전압을 인가하면 어떻게 변화하는가를 생각해 본다. 특히 TN 모드에 대하여 살펴본다.

TN 모드는 현재 많은 액정 디스플레이에 채택되고 있는 가장 기본적인 방식으로, 액정 분자의 배향도를 그림 11.33에 나타내었다. 그림 (a)는 전압이 0[V], 또는 임계 전압 $V_T$ 이하의 상태 즉 OFF 상태를 나타낸 것이다. 여기서 임계 전압<sub>threshold voltage</sub>이란 이 전압의 값을 넘으면 액정 분자가 응답을 하기 시작하는 전압을 의미한다.

두 장의 유리 기판 위의 액정 분자의 배향 방향은 위·아래에서 90 다른 방향을 향하고 있다. 그래서 유리 기판 안쪽의 액정 분자의 배향은 연속적으로 회전하고 있음을 알 수 있다. 즉, 액정 분자의 배향 방향이 유리 기판의 위에서 아래로 뒤틀려 있는 것이다. 이것이 뒤틀린 네마틱(TN)이라고 불리는 이유이다.

이와 같은 배향 상태는 연마<sub>rubbing</sub> 방향을 미리 위·아래 유리 기판에서 90 각도를 이루는 방향으로 행하여 얻을 수 있다. 연마에 의하여 유리 기판 부근의 액정 분자는 연마 방향으로 배향하고, 각각의 액정 분자는 서로 같은 방향으로 향하게 하는 성질이 있다. 따라서 액정 분자의 배향 방향이 연속적으로 균일하게 뒤틀린 상태를 간단히 만들어 내는 것이다.

이 TN 모드에 임계 전압 이상의 전압을 인가하면 그림 (b)와 같이 액정 분자가 유리 기판 면에서 일어나게 된다. 그림 (a)와 같이 임계 전압 이하인 때는 90° 뒤틀리고, 그림 (b)와 같이 임계 전압 이상인 때는 액정 분자가 일어서서 뒤틀림이 소멸된다. 이 뒤틀림이 있는지 또는 없는지의 여부에 따라 액정 디스플레이 ON/OFF 표시가 되는 중요한 요소이다.

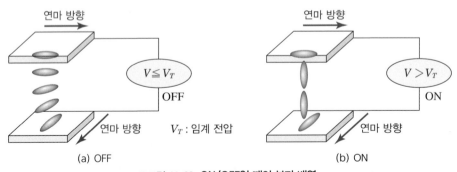

연마 방향     $V \leqq V_T$   OFF    연마 방향    $V_T$ : 임계 전압

연마 방향     $V > V_T$   ON    연마 방향

(a) OFF           (b) ON

▼ 그림 11.33 ON/OFF일 때의 분자 배열

## 3. 뒤틀림 방향

뒤틀림 방향에는 좌($左$) 뒤틀림과 우($右$) 뒤틀림의 두 가지 가능성이 있다. 두 장의 유리 기판의 연마 방향이 단지 직교하고 있는 경우에는 좌 뒤틀림 혹은 우 뒤틀림을 한정할 수 없다.

만일 좌 뒤틀림과 우 뒤틀림 현상이 동시에 존재한다면, 액정 분자의 배향이 흩어져 혼란스럽게 되어 표시 기능의 품질이 떨어지는 결과를 초래하게 된다. 액정은 좌·우 어느 쪽인가의 한 방향으로 뒤틀리는 성질을 가지고 있다.

## 5 액정의 편광

### 1. 편광의 개념

많은 액정 디스플레이에서 액정 분자가 뒤틀린 배향인 TN 모드가 이용되고 있으나, 어떻게 문자와 그림 등의 표시가 가능한 것인지를 살펴보자. 먼저 편광($偏光$)과 편광막에 대하여 이해할 필요가 있다.

빛은 전자파라고 하는 파($波$)의 일종이다. 이것은 수면에서 발생하는 파와 긴 줄을 움직여서 발생하는 파와 같은 것으로 횡파($橫波$)이다. 이 횡파는 파가 진행 방향과 수직으로 진동한다.

이에 대하여 종파($縱波$)의 대표적인 음파는 파의 진행 방향과 진동 방향이 같다. 보통 태양이나 형광등 등에서 나오는 빛은 모든 방향으로 진동하고 있어서 자연광이라고 한다. 지금 그림 11.34에서 자연광과 편광의 진동 방향을 보여 주고 있다.

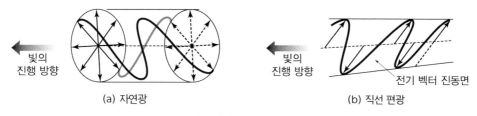

(a) 자연광          (b) 직선 편광

빛의 진행 방향          빛의 진행 방향          전기 벡터 진동면

그림 11.34 진동 방향 (a) 자연광 (b) 직선 편광

### 2. 편광막

많은 액정 모드에서 일정 방향만으로 진동하는 빛을 사용할 필요가 있다. 이러한 빛을 만들어 내는 것이 편광막이다.

그림 11.35에서 보여 주는 바와 같이, 이 편광막에 자연광이 들어오면 막은 특정 방향으로 진동하는 빛만을 투과하며, 이 투과된 광은 일정 방향으로만 진동하는 빛으로 이것을 직선 편광이라고 한다. 이때 빛의 진동 방향을 편광축이라 하고, 이것에 직교하는 방향을 흡수축이라고 한다.

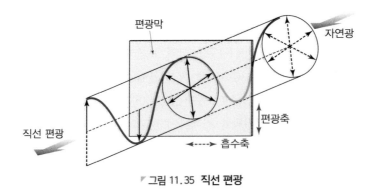

편광막

자연광

직선 편광

편광축

흡수축

▼ 그림 11.35 **직선 편광**

## 3. 편광 발생 방법

편광을 만드는 방법은 여러 가지가 있다. 그림 11.36과 같이 편광막을 두 장 중첩하면 어떻게 될까?

• 두 장의 편광막을 편광축과 평행하게 되도록 겹쳐 놓는다(그림 a).
• 첫 번째 편광막을 투과한 빛은 편광으로 된다.
• 두 번째 편광막을 이 편광이 투과할 수 있다.
• 두 장의 편광축을 서로 직교하도록 겹친다(그림 b).
• 첫 번째 편광막을 투과한 편광은 두 번째 막에 흡수된다.

이와 같이 두 장의 편광막을 겹쳐서 광이 투과하는 경우와 투과하지 않는 경우를 선택할 수 있는 것이다.

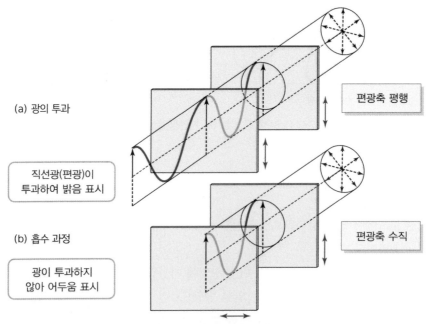

(a) 광의 투과

편광축 평행

직선광(편광)이 투과하여 밝음 표시

(b) 흡수 과정

편광축 수직

광이 투과하지 않아 어두움 표시

▼ 그림 11.36 **(a) 광의 투과 (b) 흡수 과정**

## 4. 밝기와 어두움 표시

TN 모드를 이용한 액정 표시 소자의 구동을 그림 11.37에서 보여 주고 있다. 두 장의 유리 기판 표면에 편광막을 붙인다. 각 편광축 방향은 액정 분자의 배향 방향과 일치시켜 놓는다. 결국, 두 장의 편광축이 직교하고 있다. 만일 액정이 없으면 빛은 투과하지 않을 것이다. 그러나 뒤틀려 배향된 액정이 존재하면 다음과 같은 현상이 일어난다.

- 빛의 진동 방향이 액정 분자의 배향 방향에 따라서 회전한다(그림 a).
- 그 결과 빛의 진동 방향은 두 번째 편광막의 편광축과 일치한다.
- 빛이 투과한다.

이와 같이 액정이 존재하지 않으면 투과할 수 없었던 빛이 액정의 존재에 의하여 투과할 수 있게 되는 것이다. 이것이 TN 모드의 밝기(白) 표시의 상태이다.

여기서 이 액정 표시 소자에 전압을 인가하여 다음의 상태를 살펴보자.

- 액정 분자는 유리 기판으로부터 일어서게 된다(그림 b).
- 액정 분자의 뒤틀림 구조가 없어진다.
- 빛의 진동 방향이 회전할 수 없게 된다.
- 그대로 반대 측의 편광막에 흡수되어 버린다.

이것이 TN 모드의 배향에 대한 어두움(黑) 표시 상태이다. 만일 편광막을 평행하게 한 경우, 전압을 인가하지 않으면 어둡고 인가하면 밝게 된다는 것을 알 수 있을 것이다.

전압을 인가하지 않은 때, 밝기 표시의 모드를 normally white 모드라고 한다. 한편, 전압이 인가하지 않은 상태에서 어둡게 되므로 이 어두움 표시 모드를 normally black 모드라고 한다.

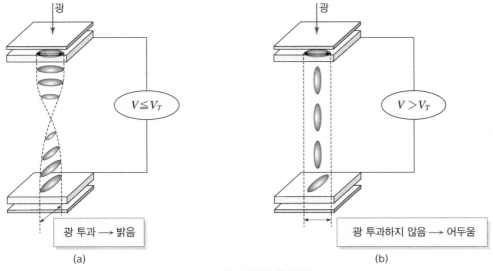

그림 11.37 **액정의 흑백 동작**

일반적으로 TN 모드는 먼저 기술한 normally white 모드가 사용되고 있다. 두 번째 편광막에 의한 빛의 흡수가 있거나 혹은 없거나를 TN 배향한 액정의 전압에 의한 배향 변화로 제어하고, 흑/백 표시를 가능하게 하는 것이 TN 모드이다.

## 5. 밝기의 조정

액정은 어떠한 광원이 없으면 표시할 수 없다. 이용되고 있는 광원은 태양빛이거나 액정 디스플레이에 내장한 형광등(후면광$_{\text{back light}}$)이다. 이 점은 TV의 음극선관이나 플라스마 디스플레이 등의 자발광형, 즉 스스로 빛을 내는 것으로 흑/백을 표시하는 점에서 크게 다르다.

TN 모드의 배향에서 백과 흑의 중간의 밝기 표시는 액정에 가하는 전압의 크기를 조정하여 얻는다.

그림 11.38에 TN 배향의 전압-투과율 특성 곡선을 나타내었다. 전압에 대하여 투과율이 완만하게 변화하고 있음을 알 수 있다. 용이하게 밝기 조정이 가능한 것도 TN 모드의 큰 특징이다.

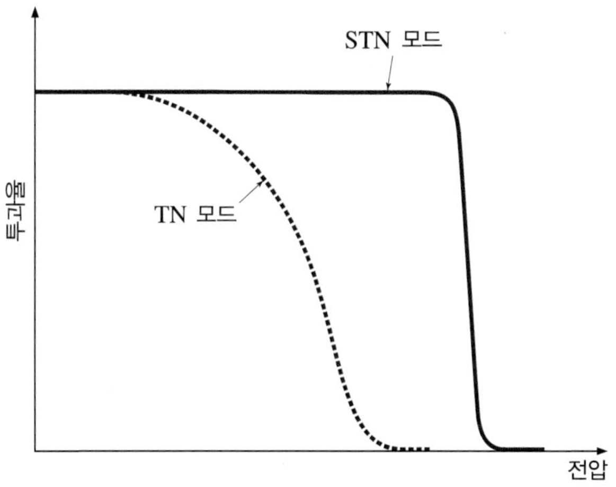


그림 11.38 전압-투과율 특성

# 6 매트릭스 표시

### (1) 매트릭스 표시

세그멘트$_{\text{segment}}$ 표시에도 한계가 있다. 숫자라면 좋지만, 임의의 그림을 나타내기 위하여 투명 전극의 형태를 어떻게 할 것인가를 고려하여 생각한 것이 매트릭스$_{\text{matrix}}$ 표시라고 하는 것이다.

그림 11.39는 매트릭스 전극의 개략도를 나타낸 것이다. 기판 위쪽의 투명 전극이 종(縱) 방향으로 줄무늬$_{\text{stripe}}$ 형상으로 패턴$_{\text{pattern}}$이 되어 있고, 기판 밑쪽에는 횡(橫) 방향의 줄무늬 형상으로 패턴이 되어 있다. 그러므로 기판의 위와 아래의 줄무늬 형상의 전극을 조합하면 전극은 격자

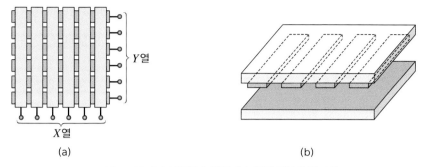

(a)　　　　　　　　　　　　　　　(b)

▼ 그림 11.39 **(a) 매트릭스 전극 (b) 투명 전극의 격자상**

상(格子狀)으로 된다.

종·횡 방향의 줄무늬의 열수를 각각 $X$열, $Y$열이라 하면, 투명 전극이 교차하는 부분이 $(X \times Y)$개가 되는 것이다. 이 교차하는 부분을 화소(畫素)라고 한다. 이 화소의 각각에서 액정은 ON/OFF 작용이 제어되어, $(X \times Y)$개의 화소에서 임의의 문자나 그림 등을 만들 수 있는 것이다.

여기서 세그먼트 표시에서는 $(X \times Y)$개의 화소 표시를 하고자 하는 경우, $(X \times Y)$개의 전극에 대한 전압을 하나하나 제어할 필요가 있으나, 매트릭스 표시에서는 $(X \times Y)$개의 줄무늬 형상의 전극에 대해서만 전압을 제어하면 된다는 것이 중요한 점이다. 이러한 차이점은 대단히 큰 것이다. 임의의 그림을 그리고자 할 때, 매트릭스 표시는 대단히 유효한 방법이다. 복잡한 화상을 표시하는 경우, 이것으로 완전히 문제가 해결되는 것이 아니고, 다음의 두 가지 문제를 더 해결해야 한다. 첫째는 액정의 응답 시간 지연, 둘째는 cross talk 문제이다.

## (1) 액정의 응답 시간 지연

매트릭스 표시에서 전극은 위·아래 $X$열과 $Y$열만 존재한다. 이들에게 한 번에 전기적인 신호를 보내, 임의의 화상을 표시할 수는 없다. 종 방향의 $X$열에 들어온 신호에 대하여 횡 방향의 $Y$전극에 1열씩 순차로 신호를 넣어 1열, 1열 화상 정보를 입력하게 된다. 이것이 선순차(線順次) 방식이라 한다. 동화상(動畫像)을 표시한다고 하면, 1초에 60매 정도의 그림을 그릴 필요가 있으므로, 1매의 그림을 표시하는 데에 할당된 시간은 1/60 sec가 된다. 300열의 $Y$전극이 있다면 1열의 전극에 할당되는 시간은 1/300이므로 약 1/20,000[sec] $(0.05 \times 10^{-3} [sec])$밖에 걸리지 않는다.

그러나 액정은 걸린 전압에 대하여 그렇게 빠르게 응답할 수 없다. 대략 10[ms] 정도이다. 전압이 걸린 전극은 0.05[ms] 후에 다음 행으로 이동하여 가기 때문에, 작은 움직임이라 하여도 다음 순번으로 돌아올 때까지 지연하게 된다. 이 문제의 근본적인 해결책은 TFT~Thin Film Transistor~를 사용하는 것이다.

## (2) cross-talk 문제

세그먼트 표시에서 할 수 없는 복잡한 표시 기능을 매트릭스 표시에서는 가능하다. 그러나 전극의 열수를 많이 배열하게 되면 cross-talk라 하는 문제가 발생하게 된다.

$n$번째 $X$ 전극인 $X_n$과 $m$번째 $Y$ 전극인 $Y_m$이 교차하는 화소에 전압을 걸었다고 하자. 그러나 $X_n$은 $Y_m$ 이외의 $Y$전극과도 교차하고 있는 화소를 가지고 있다. 이 때문에 $X_n$ 전극상의 전압을 걸리지 않는 화소에까지 작지만 전압이 걸리게 되는 것이다. $Y_m$에 대하여도 같은 원리이다.

전극 열수가 그다지 많지 않은 때는 이 전압도 작으므로 문제가 되지는 않으나, 전극 열수가 증가하게 되면 걸리지 않는 전압도 점점 크게 되어 무시할 수 없게 된다.

TN 모드를 이용하는 경우, 그림 11.38과 같이 전압-투과율 특성 곡선에서 전압에 대한 투과율이 완만하게 변화하고 있다. 이것은 전압을 조금만 걸어도 어느 정도의 투과율이 변화하는 것을 의미한다. 결국, $X_n$과 $Y_m$이 교차하는 화소에 전압을 걸면 그 화소만이 응답하는 것이 아니라 $X_n$상과 $Y_m$상의 화소도 응답하는 것이다. 이것을 cross-talk라고 한다.

이것을 해결하기 위하여 매트릭스 표시에서는 TN 배향 대신에 초뒤틀린 네마틱(STN) 배향을 이용하는 것이다. TN 배향에서 액정 분자가 90° 뒤틀려 있는 것에 대하여 STN 배향은 180°~230° 정도로 뒤틀려 있어서 이것으로 초뒤틀려 있다고 하는 것이다.

## 2. cross-talk 대책

컴퓨터에 사용하는 디스플레이의 화소(畫素)수 규격은 VGA나 XGA로 나타내는데, 예를 들어 VGA는 (640×480)열의 매트릭스로 구성되어 있다. 이와 같이 배선의 수가 많은 경우, 전압-투과율 특성 곡선이 TN 모드와 같이 완만한 것과 cross-talk에 의하여 백과 흑 표시의 차가 분명하지 않아 contrast가 낮은 표시를 하게 되는 것이다.

여기서 전압-투과율 특성 곡선이 급준하여 흑백 표시가 분명한 STN 배향이 개발된 것이다. 이 STN 배향의 전압–투과율 특성 곡선은 그림 11.39와 같이 TN 배향에 비하여 급준하게 변하는 특징이 있다. STN 배향은 연마 방향, 첨가재의 양, 프리틸트각의 조정으로 얻어진다. STN 배향의 액정 디스플레이는 노트북 컴퓨터의 일부 등에 사용되고 있다.

## 7  액정의 표시 방법

### 1. 액정 디스플레이의 문제점

STN 모드를 이용한 액정 디스플레이는 노트북 컴퓨터 등에 폭넓게 이용되고 있으나, 다음과 같은 문제점이 있다.

- STN 모드의 전압에 대한 응답이 늦다(동화상의 경우, 잔상이 보이기 쉽다).
- 측면에서(비스듬히) 보면 표시 화면을 보기 어렵다(시야각(視野角)이 좁다).
- 배선수가 증가하면 contrast(흑백비)가 낮다.

여기서 최근에는 박막 트랜지스터를 이용한 것, 즉 TFT형이 주로 이용되고 있다. STN 모드를 이용한 것을 수동형 매트릭스(PM_Passive Matrix) 표시라고 하는 것에 대하여 TFT형은 능동형 매트릭스(AM_Active Matrix)라고 한다. 이 능동형 매트릭스 표시에는 TFT 외에 MIM_Metal Insulator Metal이 있으나, 여기서는 현재 TFT형을 많이 이용하고 있으므로 이것에 대하여 기술하고자 한다.

수동형 매트릭스 표시와 능동형 매트릭스 표시의 차이점에 관하여 살펴보자.

## 2. 수동형 매트릭스 표시

수동형 매트릭스 표시는 그림 11.40과 같이 유리 기판의 위와 아래에 각각 종·횡 줄무늬상의 투명 전극이 형성되어 있다. 각각의 교차점이 1화소라고 하는 의미이다. 따라서 종 방향의 $X$열과 횡 방향의 $Y$열의 전압을 제어하여 여러 가지 화상을 형성하게 되는 것이다.

## 3. 능동형 매트릭스의 표시

그림 11.40 (b)와 같은 능동형 매트릭스 표시에서 유리 기판 위쪽의 전극은 세그먼트_segment 표시와 같아서 하나씩 배열되어 있다. 밑쪽의 전극은 $(X \times Y)$개가 존재하고 각각이 1화소가 된다. 이것이 큰 특징이나, 각각의 화소에 스위치가 하나씩 달려 있는데, 이 스위치는 각각의 화소를 신호선에 대하여 ON/OFF 선택을 하는 기능을 갖는 것이다. 이 스위치의 존재 때문에 능동형 매트릭스 표시에서는 STN 모드를 이용할 필요가 없고 TN 모드가 이용되는 것이다. 따라서 응답 속도, 시야각, contrast가 개선되어 현재의 노트북 컴퓨터, 자동차 내비게이션, 액정 TV 등에 폭넓게 이용되는 것이다.

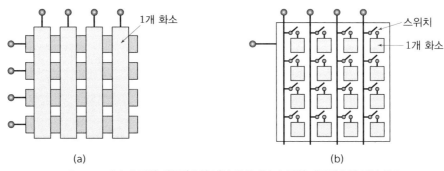

(a)　　　　　　　　　　　　　　　(b)

▼ 그림 11.40　**(a) 수동형 매트릭스의 기본 구조 (b) 능동형 매트릭스의 기본 구조**

## 8 ■ 능동형 매트릭스 표시의 구조

### 1. 게이트와 소스선

TFT를 사용한 능동형 매트릭스 표시의 원리를 살펴보자. TFT 그 자체는 스위치라고 생각하

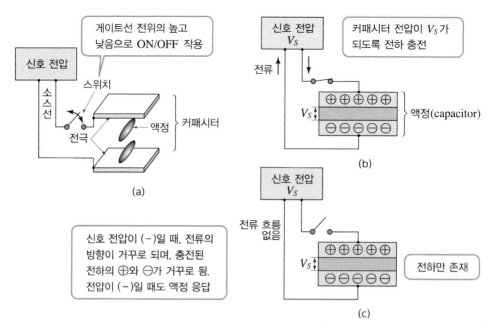

**그림 11.41 (a) 스위치와 액정 (b) 액정의 전하 충전 (c) 전하의 유지**

여도 좋다. 그림 11.41 (a)에 나타낸 것과 같이, 이 스위치는 하나의 화소에 하나씩 설치되어 있다. 신호 전압 $V_S$가 음(−)인 때는 전류의 방향이 거꾸로 되고, 충전된 전하의 양(+)과 음(−)이 거꾸로 된다. 전압이 음이라도 액정은 응답한다.

예를 들어, 그림 (b)와 같이 게이트gate선에 15[V] 정도의 높은 전압을 유지하면 스위치가 ON 상태 즉 도통 상태로 작용하게 된다. 그러면 소스source선에 의하여 신호 전압이 액정에 공급된다. ON 상태는 보통 수십 μs 정도로 곧 게이트 선은 −5[V] 정도의 낮은 전위로 내려간다. 그러면 스위치는 OFF 상태, 즉 비도통 상태로 된다. 이때 ON 상태에서 액정에 인가되어 있던 전압은 그대로 유지하게 된다. 이것은 그림 (c)와 같이 두 개의 전극 사이에 끼워진 액정이 커패시터 capacitor 역할을 하고 있기 때문이다.

ON 상태일 때 커패시터에 전압을 인가하면 용량에 따른 전하가 충전되는 것이다. 다음, OFF 상태가 되어도 ON 상태일 때의 전하가 그대로 커패시터에 축적되어 있어 액정은 전압이 인가된 상태를 그대로 유지하게 되는 것이다. 결국, 수 μs 사이에 순간적으로 주어진 전압이 TFT를 사용함에 따라 그대로 유지된다는 의미이다.

## 2. 선순차 주사

다시 스위치가 ON 상태로 되기까지는 같은 표시를 유지한다. ON 상태로 되면 다음의 새로운 신호 전압이 인가되어 표시가 고쳐지게 된다. 그림 11.41 구조에 대한 실제 구조를 그림 11.42에서 보여 주고 있다.

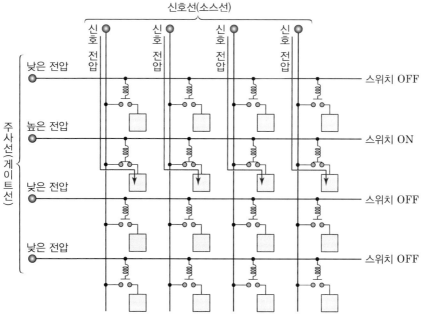

그림 11.42 선순차 주사용 매트릭스

그림과 같이 게이트 선과 소스선이 매트릭스 상태로 되어 있다. 그래서 1열의 게이트 선이 높은 전위로 유지될 때, 그 게이트 선에 접속되어 있는 스위치만 모두 ON 상태로 된다. 이들 스위치를 매개로 하여 각 화소의 액정에 신호 전압이 공급되는 것이다.

한편, 기타의 게이트선이 낮은 전위로 유지되면, 이들 게이트 선에 접속되어 있는 스위치는 모두 OFF 상태로 되어 각 화소는 이전에 인가된 전압을 그대로 유지하게 되는 것이다.

수십 $\mu$s 후, 높은 전위로 되었던 게이트 선이 낮은 전위로 되고, 곧 밑의 게이트선이 높은 전위로 된다. 그러면 위의 화소에 인가된 신호 전압은 그대로 유지되고, 그 밑의 화소에는 다음의 새로운 신호 전압을 각 화소에 공급한다. 순차적으로 이것을 되풀이하여 높은 전위로 된 게이트선이 제일 밑의 게이트선까지 오면 하나의 화면이 만들어지는 것을 의미한다.

이 동작을 매트릭스 표시의 때와 같이 선순차 주사(線順次走査) 방식이라고 한다. 이에 비하여 보통의 TV에서 이용하고 있는 브라운관(음극선관)에서는 점순차 주사(點順次走査) 방식으로 동작하는 것이다. 두 방식 모두 이 주사를 반복 수행하여 정지 화면과 움직이는 화면의 화상을 만들어 내는 것이다.

## **1** TFT의 구조

TFT는 게이트선이 높은 전위일 때는 ON 상태, 낮은 전위일 때는 OFF 상태의 스위치 역할을 하게 된다. 그림 11.43 (a)에서는 액정 1화소의 구조를 보여 주고 있는데, 종$_{column}$ 방향의 배선이 소스$_{source}$선이고, 횡$_{row}$ 방향이 게이트$_{gate}$선이다. 교차점 부근에 TFT와 화소 전극이 존재하고 있다. 점선 A의 단면도를 그림 (b)에서 나타내었으며, 각 영역의 설명은 다음과 같다.

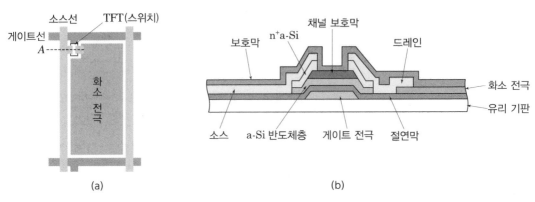

▼ 그림 11.43  **(a) 액정의 TFT 1화소 구조 (b) TFT 단면 구조**

### ① 유리 기판
일반적으로 저열 팽창률이 있을 것, 평탄성이 우수할 것, 알칼리 성분이 없을 것 등의 조건이 요구된다.

### ② 게이트 전극
금속 박막(Al, Ta, W 등)으로 만들어지는 게이트 배선을 TFT 소자의 가장 밑에 형성한다. 스위치 역할을 하는 TFT의 ON/OFF 작용은 게이트 영역의 높은 전위와 낮은 전위로 결정된다.

### ③ 절연막
게이트 전극과 기타의 영역을 전기적으로 절연하기 위하여 필요한 영역으로 산화막($SiO_2$)과 질화막($Si_3N_4$)으로 형성한다.

### ④ 활성 반도체층
여기가 스위치의 심장부로 전류가 흐르는 영역이다. 비정질 실리콘(a-Si, amorphous-Si)으로 만든다.

### ⑤ n⁺ a-Si층
활성 반도체층과 소스, 드레인을 전기적으로 접속하는 영역이다.

⑥ **채널 보호막**

이 채널 보호막이 있으면 TFT를 동작시킬 때 편리하지만, 최근에는 없는 것도 등장하고 있다.

⑦ **소스 전극**

게이트와 같이 금속 박막으로 만들어지며, 소스 배선에서 신호 전압이 공급되는 곳이다.

⑧ **드레인**drain

금속 박막으로 만들어지며, 이것을 매개로 화소 전극에 신호 전압이 공급된다.

⑨ **화소 전극**

여기까지 몇 번이라도 나오고 들어갈 수 있는 투명 전극 영역이다. 보통 ITO$_{Indium\ Tin\ Oxide}$로 만들어진다.

⑩ **보호막**

TFT를 보호하기 위한 것으로 질화규소 등으로 만든다.

## ② TFT의 동작

박막 트랜지스터(TFT$_{Thin\ Film\ Transistor}$)는 기본적으로는 MOSFET와 같다. MOSFET는 단결정 기판 위에 형성되는 것에 반하여 TFT는 유리 또는 사파이어 등의 기판 위에 형성된다. 1962년 Weimer에 의해 진공 증착 CdS 박막 트랜지스터가 제안되었지만, 박막 기술이 충분히 확립되어 있지 않았었기 때문에 실용화되지 못했다. 그 후 a-Si 및 다결정 박막 형성 기술이 확립되면서 오늘날 평판 액정 디스플레이(LCD$_{Liquid\ Crysyal\ Display}$)의 매트릭스 회로에 박막 트랜지스터가 널리 채용되고 있다. 이 소자는 TFT-LCD라고도 한다.

### ■ 박막 트랜지스터의 구조와 동작 원리

그림 11.44는 대표적인 박막 트랜지스터의 단면도이다. 이 구조를 스터거$_{staggered}$ 구조라 하며, 특히 그림 (b)를 역스터거 구조라고 한다. 반도체 박막으로는 a-Si 또는 다결정 Si이 이용되며 절연막으로는 a-Si$_3$N$_4$ : H, SiO$_2$ 또는 SiN 등이 이용된다.

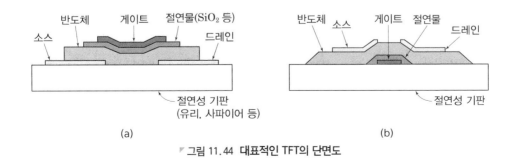

▼ 그림 11.44 **대표적인 TFT의 단면도**

그림 11.45는 TFT의 동작 원리를 나타낸 것이다. 채널의 길이와 폭이 각각 $L$, $W$이고 박막의 두께는 $d$이다. 절연막의 두께가 $t_{ox}$, 저항률이 $\rho$이다. 게이트 전압이 $V_{GS}=0$일 때 소스−드레인 사이의 전압 $V_{DS}$에 의해서 흐르는 드레인 전류 $I_D$는 다음 식과 같다.

$$I_D = \frac{1}{\rho} \cdot \frac{Wd}{L} V_{DS} \tag{11.1}$$

$V_{GS} > 0$인 전압이 게이트에 인가되면 반도체의 표면에 (−)전하인 전자가 유기된다. 유기된 표면전하 밀도 $Q$는

$$Q \fallingdotseq - C_{ox} V_{GS} \tag{11.2}$$

로 주어진다. 여기서 $C_{ox}$는 단위 단면적당의 게이트 용량이며 유전율을 $\varepsilon_{ox}$라 할 때

$$C_{ox} = \frac{\varepsilon_{ox}}{t_{ox}} \tag{11.3}$$

가 된다. 유기된 (−)전하는 게이트를 통해서는 흐를 수 없지만 반도체 표면을 통해서 흐를 수 있다. 따라서 유기된 전자의 이동도를 $\mu_n$라 할 때 $I_D$는

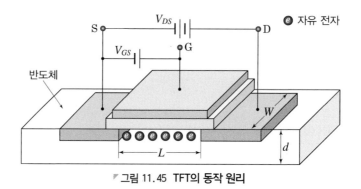

▼ 그림 11.45 **TFT의 동작 원리**

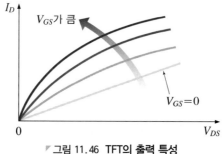

▼ 그림 11.46 **TFT의 출력 특성**

제1항 : 게이트 전압 $V_{GS}$에 의해 유기된 전자에 의한 전류($= I_{ON}$)

$$I_D \fallingdotseq -\mu_n Q \frac{W}{L} V_{DS} + \frac{Wd}{\rho L} V_{DS} \tag{11.4}$$

제2항 : $V_{GS} = 0$일 때 흐르는 드레인 전류($= I_{OFF}$)

가 된다. $V_{GS}$의 증가에 따라 $Q$가 증가하기 때문에 그림 11.46에 나타낸 것과 같이 $I_D$가 증가하는 트랜지스터 작용을 얻을 수 있다.

$V_{GS} = 0$일 때 $I_D$를 OFF 전류 $I_{OFF}$, $V_{GS} > 0$일 때 $I_D$를 ON 전류 $I_{ON}$이라 하면 ON/OFF의 비 $\gamma$는 식 (11.2)와 (11.4)로부터 $\gamma \gg 1$일 때

$$\gamma = I_{ON}/I_{OFF} \fallingdotseq \mu_n C_{OX} V_{GS} \rho / d \tag{11.5}$$

와 같이 쓸 수 있다. 이 식으로부터 ON/OFF의 스위칭 기능을 이용하는 박막 트랜지스터에서는 $\gamma$를 높이기 위해서 $\mu_n$이 크고 $\rho$가 높은 재료가 필요함을 알 수 있다.

## ③ TFT 스위치의 특성

게이트에 15[V] 정도의 높은 전위를 인가한 경우를 생각하여 보자. 그러면 반도체 게이트 부근으로 음의 전하인 전자를 끌어당긴다. 이때, 소스source와 드레인drain에 전위차가 존재하면 전자가 이동하여 결국 전류가 흐르는 것이다. 이 전류는 소스와 드레인이 같은 전위가 될 때까지 흐르게 된다.

게이트를 높은 전위로 하면, 소스에서 드레인을 거쳐 신호 전압이 화소 전극으로 주어져 결국 소스–드레인 사이가 도통(ON) 상태가 되어 TFT 스위치가 ON되는 것이다. 거꾸로 게이트에 –5[V] 정도의 낮은 전위를 인가하면, 전에 끌어당겨져 모여 있던 전자들이 없어지게 된다. 이 때문에 소스와 드레인에 전위차가 있어도 전류는 발생하지 않는다. 전류를 구성하는 전자가 없으므로 소스-드레인 사이가 비도통(OFF) 상태로 되어 TFT 스위치가 OFF되는 것이다.

이와 같은 TFT 스위치의 특성은 저항값의 OFF/ON비로 나타낸다. 여기서 TFT 스위치에서 OFF일 때의 저항값이 무한대라고 할 수 없다.

대개 저항 값의 OFF/ON비는 100,000~1,000,000 정도의 수준의 값을 갖는다.

예를 들어, ON 저항이 1[MΩ] 정도일 때 OFF 저항은 $10^{11} \sim 10^{12}$[Ω]의 값을 갖게 되는 것이다. 우리가 알고 있는 이상적인 스위치, 즉 OFF/ON비가 무한대인 것은 아니다. ON일 때도 어느 정도 큰 저항값을 갖고 있고, 또 OFF일 때도 저항값이 무한대가 아니기 때문에 미소하지만 전류가 흐르고 있다는 것이다. 이것은 화소 전극에 충전된 전하가 누설되는 것을 의미한다.

그러나 실제에는 새로운 신호가 60[Hz]로 반복하여 주기 때문에 이 정도의 OFF/ON비라면 충분히 스위치로서의 역할을 다할 수 있는 것이다.

현재 많은 TFT 액정 디스플레이의 각 화소에 보조 커패시터가 설치되어 액정 커패시터와 병렬로 접속되어 있다. 이 보조 커패시터는 화소 전극의 충전 전하를 보다 안정하게 유지하는 역할을 할 수 있으므로 거의 모든 TFT 제품에 설치하고 있다.

## 4 TFT의 제조 방법

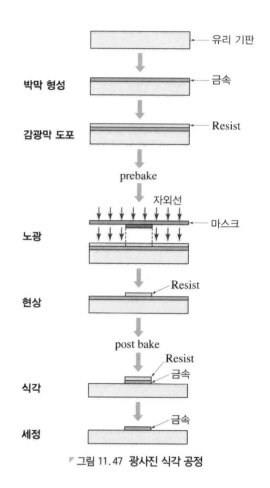

그림 11.47 광사진 식각 공정

앞에서 기술한 스위치 역할을 가지고 있는 TFT는 반도체 제조 공정 중의 하나인 광사진 식각 photolithography) 공정을 이용하여 만들 수 있다. 이 광사진 식각 공정은 기판에 고분자막을 도포하고 거기에 광(자외선)을 쪼여서 패턴을 써 넣는 기술이다. 그림 11.47에서 광사진 식각 공정 과정을 보여 주고 있다.

### ① 막의 형성

plasma CVD, sputtering 기술을 이용하여 절연막, 반도체층, 금속층 등을 형성한다. 각 층의 두께는 층에 따라 다르나, 보통 $0.1 \sim 0.4[\mu m]$ 정도의 범위이다.

### ② 감광막

자외선에 반응하는 감광막photoresist을 도포한다. 최근에 여러 가지 방법이 개발되고 있다. 일반적으로 유리 기판에 감광액을 떨어뜨리고 고속 회전시키면 기판 표면에 감광막이 균일하게 도포된다. 이를 스핀 – 코팅spin-coating법이라 한다.

### ③ prebake

감광막을 굳게 하기 위하여 고온에서 굽는 과정이다.

### ④ 노광

노광(露光)은 미리 목적에 맞게 그려진 마스크mask를 감광막 위에 겹쳐 놓고 그 위에서 자외선을 조사하는 것을 말한다.

### ⑤ 현상

노광으로 자외선이 조사된 부분의 감광막을 현상액으로 제거하는 과정이다.

### ⑥ postbake

다시 고온에서 굽는다.

⑦ **식각**

식각etching은 감광막으로 덮혀져 있지 않는 부분의 막 즉 절연막, 반도체층 또는 금속층 등을 식각액으로 제거하는 과정이다.

⑧ **세척**

마지막으로 남아 있는 감광막을 세정액으로 없애고 순수물로 세척한다. 목표하는 박막이 기판 표면에 남게 된다.

## 5 ■ 컬러 표시의 구조

### 1. 가법 혼색

최근 노트북 컴퓨터 등의 액정 디스플레이는 컬러color 표시 제품이 대부분이다. 어떤 방법으로 여러 가지 색이 표현되는지를 살펴보자. 색이 조합되는 구조를 간단히 기술한다.

모든 색은 단지 3색 즉 적색red, 녹색green, 청색blue의 조합으로 만들어진다. 이들을 빛의 3원색이라고 한다. 3원색의 조합으로 여러 가지 색을 만드는 방법을 가법 혼색(加法混色)이라 하며, 그 원리를 그림 11.48에서 보여 주고 있다.

3원색에 추가하여 조합시킴에 따라 황색yellow, 주황색, 청록색, 백색, 흑색 등이 만들어진다. 이것만으로 8가지 색이 되는데, 실제에는 3원색(적, 녹, 청)에서 각 원색의 밝기를 조정하여 모든 색을 재현하게 되는 것이다.

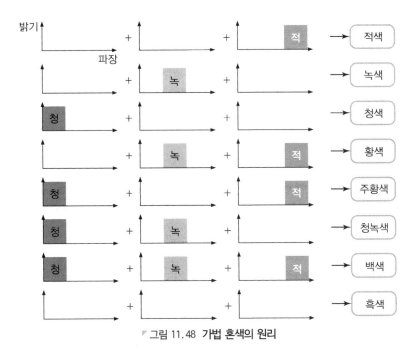

▼ 그림 11.48 **가법 혼색의 원리**

가법 혼색의 원리는 액정 디스플레이, 플라스마 디스플레이, 브라운관 등 매우 많은 표시 제품에 채택되고 있다.

## 2. 액정 디스플레이의 컬러 표시 방법

액정 디스플레이의 컬러 표시는 컬러 필터(CF$_{Color\ Filter}$)이다. 컬러 필터는 색이 붙어 있는 셀로판$_{cellophane}$과 같은 것으로 약 1$[\mu m]$의 얇은 막이다. 그림 11.49와 같이 컬러 유리 기판 안쪽에 형성되어 있다. 컬러 필터가 적(赤)이면 그 부분은 액정의 반응에 의하여 적~흑 사이의 색 표시를 행하고, 녹청의 컬러 필터의 경우도 같다.

이 컬러 필터는 그림 11.50과 같이 패턴이 형성되어 있다. 여기서 각각의 색 사이에 블록 매트릭스$_{block\ matrix}$라고 하는 차광막(遮光膜)이 있어 배선 근처에서 발생하는 광의 누광(漏光)을 방지하기도 하고, 바깥의 광이 TFT에 도달하는 것에 의한 OFF 저항의 감소를 방지하기도 한다.

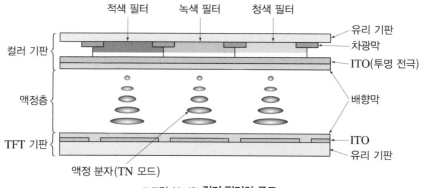

￪ 그림 11.49 **컬러 필터의 구조**

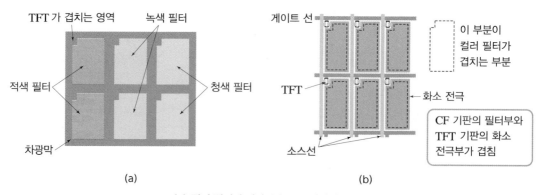

(a)  (b)

￪ 그림 11.50 **(a) 컬러 필터의 기판 (b) TFT 기판의 컬러 필터의 위치**

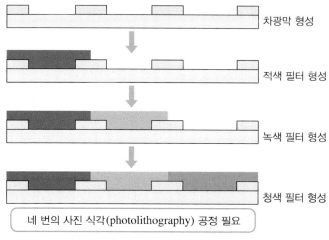

차광막 형성

적색 필터 형성

녹색 필터 형성

청색 필터 형성

네 번의 사진 식각(photolithography) 공정 필요

▷ 그림 11.51 **컬러 필터 기판의 제작**

컬러 필터를 만드는 방법도 TFT와 같이 광 사진 식각 공정 기술을 이용하고 있다. 그림 11.51은 컬러 필터의 제조 공정을 나타낸 것이다. 4번에 걸친 광사진 식각 공정이 필요하다.

## ⑥ 액정 패널

### 1. 액정 패널의 제작

액정 디스플레이의 표시 부분을 액정 패널liquid crystal panel이라고 한다. 액정 패널의 제조 방법을 살펴보자.

우선, 두 가지 흐름이 별개로 진행된다. TFT 소자가 형성되어 있는 측의 기판(TFT 기판)을 만드는 제조 공정과 컬러 필터가 형성되어 있는 측의 기판을 만드는 제조 공정이다. 이들 두 장

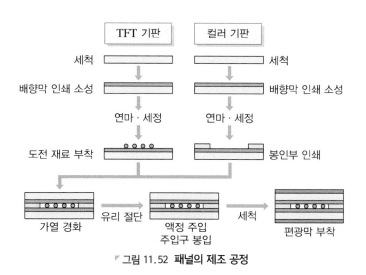

▷ 그림 11.52 **패널의 제조 공정**

의 기판을 준비한 후, 여러 과정을 거쳐 액정을 주입하여 완성하는 공정으로 진행된다. 두 장의 기판에서 액정 패널을 만들기까지 공정의 흐름을 그림 11.52에 나타내었다. 이들을 순서대로 살펴보자.

## (1) 세척

TFT 기판, CF$_{Color\ Filter}$ 기판을 세척한다.

## (2) 배향막의 인쇄 · 소성(燒成)

TFT 기판, CF 기판 양쪽에 배향막을 인쇄한다. 그 후, 양 기판을 200[℃] 정도의 고온에서 굽는다.

## (3) 연마 · 세척

롤러$_{roller}$로 포를 감아 붙인 장치로 TFT 기판, CF 기판을 목표하는 방향으로 연마한다. 연마 후, 두 기판의 표면에 부착한 포의 털을 제거하기 위하여 다시 세척한다.

## (4) 봉인부의 인쇄

스크린$_{screen}$ 인쇄 방법을 이용하여 그림과 같이 액정을 가두어 놓는 부분을 형성한다. 이를 위하여 봉인 영역은 에폭시 접착제 등을 이용하여 봉인부의 두께를 일정하게 유지하기 위하여 크기가 균일한 유리 섬유를 섞어서 사용하고 있다. 인쇄하는 것은 TFT 기판 혹은 CF 기판 어느 한쪽이다.

## (5) 도전 재료의 부착

TFT 기판과 CF 기판을 부착시킬 때, CF 기판의 대향(對向) 전극을 TFT 기판의 특정 부분과 도통되도록 하기 위하여 도전 물질을 부착한다.

## (6) 부착 · 가열

TFT 기판과 CF 기판을 붙인다. 압력을 걸은 상태에서 봉인부를 가열하여 경화(硬化)시킨다.

## (7) 유리 절단

어떤 크기의 액정 디스플레이도 같은 크기의 유리 기판으로 만들어진다. 이 단계에서 각각의 액정 디스플레이의 패널 크기로 절단한다.

## (8) 액정 주입, 주입구 봉입

그림 11.53과 같은 진공 주입(眞空注入)이라 하는 방법으로 액정을 액정 패널의 유리 공간으로 주입시킨다. 주입이 끝나면 주입구 부분을 자외선을 쪼이면 굳는 접착제로 봉입한다.

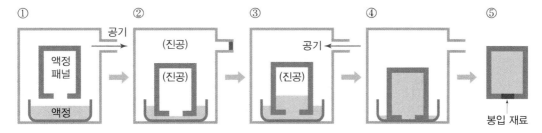

그림 11.53 **액정의 주입 및 주입구의 봉쇄**

## (9) 세척

액정 패널을 세척하여 주변에 부착한 액정 등을 제거한다.

## (10) 편광막의 부착

유리 표면에 편광막을 먼지 등이 들어가지 않도록 주의하여 부착한다.

## 2. 액정 패널의 동작

액정 패널에 접속되는 회로 즉 액정 패널의 구동 회로에 대하여 살펴보자. 각 게이트 선의 TFT를, 게이트의 높은 전위로 ON하여 원하는 전압을 소스선을 통하여 액정에 공급하는 작업을 선순차(線順次)적으로 수행하여, 전체 화소로 수행한 액정 패널에서 화상이 만들어진다.

그림 11.54와 같은 회로가 액정 패널에 접속되어 있다. 그중 하나가 게이트 구동 회로gate driver 이다. 게이트 구동 회로는 선택된 게이트 선만 높은 전위로 하고 나머지는 낮은 전위를 유지한다. 선택된 게이트 선이 1열씩 어긋나 있다. 1/60[sec]로 위에서 아래까지 선택된 게이트 선이 이동하여 간다.

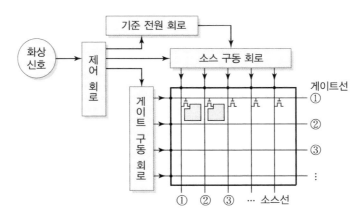

그림 11.54 **액정 패널 구동 회로**

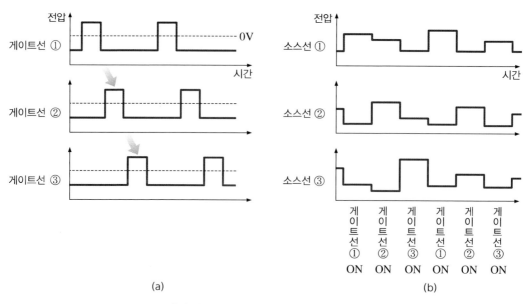

(a)

(b)

▼ 그림 11.55 **출력 전압 파형 (a) 게이트 구동 회로 (b) 소스 구동 회로**

그림 11.55 (a)는 게이트 구동 회로에서 출력되는 전압 파형을 나타내고 있다. VGA 규격을 예로 하면 게이트 선은 480열이다. 따라서 게이트 선의 1열당 선택 시간은 대략 1[sec]/60[Hz]/480[열] = 34.7[$\mu$s]로 된다.

또 액정 패널에는 소스 구동 회로도 접속되어 있다. 이 소스 구동 회로는 화상 데이터 신호를 받아 액정에 인가할 적절한 전압으로 변환한다. 그리고 신호 전압을 선택된 게이트 선에 접속하고 있는 화소 전극으로 공급하는 역할을 한다. 소스 구동 회로는 게이트 구동 회로와 시간을 맞추어 동작하게 된다. 그림 (b)는 소스 구동 회로에서 출력되는 전압 파형을 나타내고 있다.

똑같이 VGA의 규격을 예로 하여 살펴보면, 소스 선은 800×3[RGB]=2,400열을 갖게 된다. 그래서 34.7[$\mu$s]당 2,400열의 소스 선에 신호 전압을 출력하는 것이다.

이들 두 개의 구동 회로는 하나의 전용 IC인 LCD 제어 회로에 접속되어 있다. 외부로부터 화상 신호를 받아서 소스 구동 회로로 출력하기도 하고, 시간을 맞추기 위하여 제어 신호를 양 구동 회로에 출력하는 역할을 한다.

## **7** **박형**(薄型) **후면광**(後面光)

### 1. 후면광의 장점

액정 패널은 광의 셔터_shutter_뿐만 아니라 이것을 표시 소자로 활용하는 데에는 광원이 필요하다. 광원으로는 태양, 형광등과 같은 자연광의 경우도 있으나, 본 절에서는 액정 패널의 후면에서 광을 조사하는 후면광_back light_에 대하여 살펴보고자 한다. 후면광은 특히 현재 노트북 컴퓨터,

LCD TV, 휴대폰 등에서 중요한 요소이다. 이것의 중요한 장점은 다음의 세 가지이다.

## (1) 밝기의 균일성

밝기의 균일성은 장소에 따라서 밝기가 다르면, 표시 품질이 떨어지는 액정 디스플레이가 되는 것이다.

## (2) 박형화(薄型化)

액정 디스플레이의 장점 중의 하나가 박형(薄型) 표시 장치라는 것이다. 액정 디스플레이를 탑재한 제품 즉 노트북 컴퓨터와 같이 얇은 형일 필요가 있다. 따라서 광원으로 쓰이는 것도 박형화가 필요한 것이다.

## (3) 고휘도 및 고효율화

노트북 컴퓨터와 휴대 기기는 전지로 구동하기 때문에 가능한 한 사용 가능 시간을 길게 할 필요가 있다. 특히 액정 디스플레이에서는 후면광(back light)의 소비 전력이 전체 소비 전력의 1/2 이상을 점하고 있으므로 후면광의 고효율화와 고휘도화가 절대적으로 필요하다.

## 2. 후면광의 구조

그림 11.56은 백색 LED를 사용한 후면광의 구조를 나타낸 것이다. 여러 부품이 적층 구조로 되어 있음을 알 수 있다. 각 부품의 역할을 살펴본다.

## (1) 백색 LED

백색을 발생하는 것으로, 광원의 중심적 역할을 하는 부품이다.

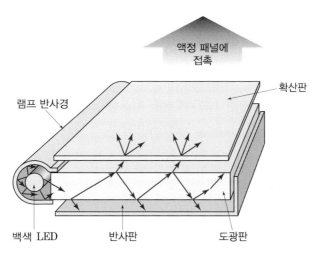

▼ 그림 11.56 **백색 LED의 후면광 구조(edge type)**

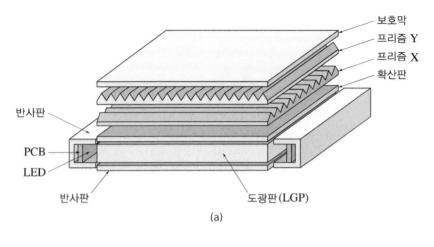

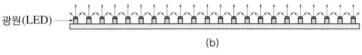

▼ 그림 11.57 **(a) LED 후면광 구조 (b) LED 광원**

## (2) 빛 반사경light reflector

백색 LED의 광효율을 높여 도광판(導光板)으로 전도를 잘 하기 위하여 설치하는 부품이다.

## (3) 도광판

광이 도광판 속을 전반사하면서 전달하고, 액정 패널의 전체 면에 평면광을 조사하는 역할을 한다.

## (4) 확산판(擴散板)

밝기의 균일성을 높이기 위하여 설치하는 부품이다.

## (5) 반사판

도광판 밑으로 빠져나간 광을 다시 이용하기 위하여 설치하는 부품이다.

최근에는 발광다이오드를 사용한 LED 후면광 시스템이 개발되어 LCD TV 등에 응용되고 있다. 그림 11.57은 측면 발광side emitting LED 후면광 시스템의 한 예를 나타낸 것이다.

## 8 ■ 액정 디스플레이의 전체 구성

지금까지의 기술로 액정 디스플레이에는 여러 가지 부품이 사용되고 있음을 알았다. 액정 디스플레이의 전체 구성도를 그림 11.58에서 나타내었다.

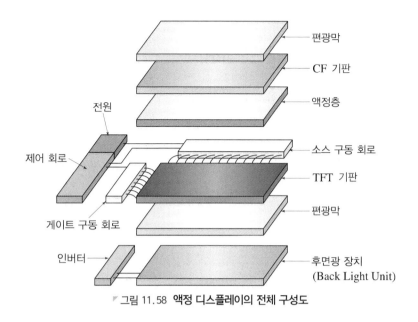

▼ 그림 11.58 **액정 디스플레이의 전체 구성도**

편광막
CF 기판
액정층
소스 구동 회로
TFT 기판
편광막
후면광 장치 (Back Light Unit)

전원
제어 회로
게이트 구동 회로
인버터

액정 디스플레이는 여러 가지의 부품으로 구성한 것이다. 액정 디스플레이라고 하면서 실제 사용한 액정은 미소한 양이다. 예를 들어, 노트북 컴퓨터의 12.1인치의 액정 디스플레이 속의 액정 양을 계산하여 보자. 우선 1인치$_{inch}$는 2.54[cm]이므로 30.7[cm]가 된다. 액정의 대각선이므로 "대각선 : 횡 : 종 = 5 : 4 : 3"을 이용하여 횡·종의 길이를 계산하면, 횡의 길이[(30.7[cm]× (4/5)) = 24.6[cm]], 종의 길이[(30.7[cm]×(3/5)) = 18.4[cm]]로 되고, 액정의 두께(5[$\mu$m] = 0.0005[cm])이므로 액정의 체적은 24.6[cm]×18.4[cm]×0.0005[cm] = 0.23[cm$^3$]로 된다. 액정의 밀도는 1[g/cm$^3$]이므로 1[g]이면 4개 정도의 액정 디스플레이를 만들 수 있다.

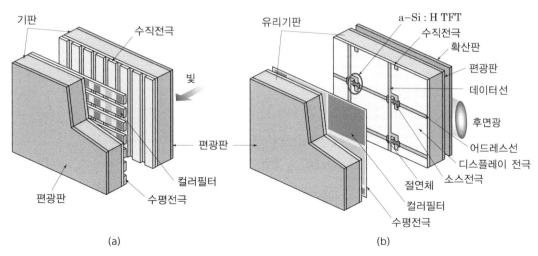

기판
수직전극
빛
편광판
컬러필터
수평전극
편광판

(a)

유리기판
a–Si : H TFT
수직전극
확산판
편광판
데이터선
후면광
어드레스선
디스플레이 전극
소스전극
절연체
컬러필터
수평전극

(b)

▼ 그림 11.59 **LCD의 구조 (a) PM (b) AM**

그림 11.59는 매트릭스 방식의 실제 구조를 보여 주고 있다. 그림 (a)는 PM_passive matrix 방식, 그림 (b)는 AM_active matrix 방식의 LCD 구조이다.

PM 구동 방식은 공통_common 전극과 데이터_data 전극을 XY 형태로 배치하고 그 교차 부분에 순차적으로 호를 가하여 표시하는 방식이다. TN, STN LCD가 여기에 속하며, 표시량이 많은 용도에 STN, 시계, 계산기 등에 응용되고, 표시량이 간단한 용도에 TN이 사용된다.

AM 구동 방식은 각 화소에 공급되는 전압을 조절하는 스위치로서 트랜지스터를 사용한다. 독립적으로 화소를 제어하기 때문에 라인 간섭에 의한 Crosstalk가 없고 화질이 깨끗하게 표시된다. 현재 모니터, 노트북 PC에 사용되는 대부분의 것이 이 방식에 속한다.

## 9 표시 성능

표시 성능을 나타내는 용어를 살펴보자.

### 1. 표시 크기

표시부의 크기는 음극선관(CRT)과 같이 대각선의 길이를 inch로 표시하는 것이 일반적이다. 단, CRT에서는 표시에 기여하지 않는 주변 부분까지 포함하고 있는 것에 대하여 액정 디스플레이에서는 표시부만의 길이로 표현하고 있는 것이 특징이다. 그러므로 같은 inch의 크기라면 액정 모니터의 쪽이 CRT 모니터보다 약 2inch 정도 크게 된다.

### 2. 휘도

표시의 밝기를 나타내는 용어로 $cd/m^2$의 단위로 표현된다. 이것이 클수록 밝으며, 최근에는 $300[cd/m^2]$ 이상의 제품이 개발되고 있다.

### 3. 화소수

화소수에 대하여 종횡의 화소수로 여러 가지 규격이 있다. 이들 규격을 살펴보면 다음과 같다.

$$VGA \rightarrow 640 \times 3(RGB) \times 480$$
$$SVGA \rightarrow 800 \times 3(RGB) \times 600$$
$$XGA \rightarrow 1024 \times 3(RGB) \times 768$$
$$SXGA \rightarrow 1280 \times 3(RGB) \times 1024$$

최근 개인용 컴퓨터에서 SVGA~XGA급이 주류를 이루고 있다. 워크스테이션과 같은 화소수가 많은 규격도 있다. 이들은 컴퓨터 모니터의 규격으로 채택되고 있으나, 그 외 TV, wide TV, HDTV, digital TV 등의 규격도 있어 이미 여러 규격의 액정 디스플레이가 제품화되어 있다.

## 4. contrast

이것은 백(白) 표시의 휘도를 흑(黑) 표시의 휘도로 환산한 값이다. 이상적으로는 흑 표시의 휘도가 무한소의 것이 필요하나, 실제는 미소하게 빛이 누광(漏光)되고 있다. 현재에는 contrast 300 정도가 일반적인 수준이다.

## 5. 시야각(視野角)

이 항목은 액정 디스플레이의 결점이다. CRT와 같은 자발광형 디스플레이에서는 정면, 측면 등 어느 곳에서도 영상이 같게 보인다. 그러나 액정 디스플레이에서는 측면 방향에서는 밝기, 색조합, contrast가 변화하는 단점을 갖고 있다. 각 제조 회사에서 시야각을 넓히는 기술을 개발하고 있다.

## 6. 응답 시간

액정 분자의 전계에 대한 응답 시간으로 표현되는 것으로, 현재 30[ms] 정도이다. 개인용 컴퓨터의 모니터, 자동차 내비게이션 용도에서는 거의 문제가 되지 않는다. 고속으로 움직이는 동화면의 표시에 잔상이 남는 현상이 일어나고 있으나, 이러한 응답 시간의 문제도 곧 해결될 것이다.

# 6 유기 발광 디스플레이 OLED

## 1 전계 발광의 개요

빛을 크게 두 가지로 분류하면 온도 방사thermal radiation와 발광luminescence으로 나눌 수 있다. 온도 방사는 물체를 고온으로 가열하면 빛을 방출하는 현상이다. 예로서, 백열전구의 필라멘트인 텅스텐에 전기를 가하면, 열이 발생하며 이러한 열의 방사로 인하여 빛을 만드는 것을 의미한다. 그리고 발광은 열방사 이외에 외부에서의 에너지원이 광 에너지로 변환하는 것을 의미하며, 자극의 종류에 따라 여러 종류로 나눌 수 있는데, 표 11.4는 발광의 종류를 나타낸 것이다.

발광은 다시 인광phosphorescence과 형광fluorescence으로 나누며, 발광체 내에서 전자를 여기시키는 외부 에너지의 주입 시간과 잔광 시간인 수명에 의해 구분하는데, 형광의 수명은 $10^{-9}$[sec]이고, 인광은 $10^{-6}$[sec]로 형광보다 약 1,000배 정도로 길다.

그림 11.60은 형광과 인광의 발광 현상에 대한 비교를 보여 주고 있다.

표 11.4 **여러 종류의 발광 현상**

| 열방사 | 연소 발광 | 양초, 석유 램프 |
|---|---|---|
| | 백열 발광 | 백열전구 |
| 발광 | 형광 발광 | 형광등 |
| | X선 발광 | X선 변환기 |
| | 방사선 발광 | 방사선 검출기 |
| | 냉음극 발광 | 브라운관 |
| | 전계 발광 | EL 소자, 발광 다이오드 |
| | 방전 발광 | 수은등, 아크등, 네온관 |
| | 화학 발광 | 케이컬 라이트 |
| | 레이저 발광 | 반도체 레이저 |

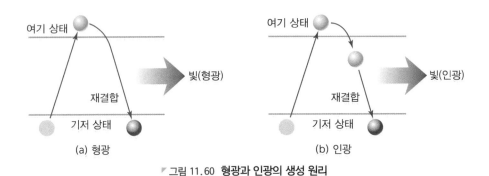

그림 11.60 **형광과 인광의 생성 원리**

## 1. 전계 발광의 원리

전계 발광은 크게 나누어 보면, 무기 전계 발광inorganic EL과 유기 전계 발광organic EL으로 구분하는데, 전계 발광의 원리를 이들 두 가지로 나누어 기술하고자 한다.

### (1) 무기 EL의 원리

그림 11.61은 무기 EL의 발광 원리를 나타내는 구조로서, 형광체가 두 개의 전극 사이에 놓여진다. 입자의 크기가 $10 \sim 20 \ \mu$m인 형광체를 분산시킨 고분자 결합재이다. 분산된 형광체의 내부에서는 ZnS와 Cu의 표면이 마치 금속과 반도체 사이의 접합면과 유사하게 Schottky 구조를 가진 전위 장벽이 형성된다. 그리고 두 개의 전극 사이에 외부에서 강한 전계를 걸어 주면 전자는 그림에서와 같이 발광층 안으로 가속되어 발광 중심에 충돌하며, 이때 발광 중심이 유도 방출하여 발광하게 된다. 마주 보는 유전층과 발광층 사이의 계면에는 전자 포획 중심trap이 설치, 즉 도너doner 준위에 있던 전자가 터널tunnel 효과로 이동하여 발광 중심으로 천이하면서 빛을 발광하게 된다. 다음 역방향으로 전계를 걸어 주면 반대로 전자가 가속하여 반복하게 된다. 교류 펄스

▼ 그림 11.61 **무기 EL의 발광 및 구조**

전압으로 구동하여, 구동 전압은 200[V] 정도이고, 전계는 약 $2 \times 10^6$[V/cm]이다. 유전체의 유전율이 클수록 형광체에 강한 전계가 공급되어 밝은 빛을 나타낸다.

## (2) 유기 EL의 원리

일반적으로 EL 현상은 무기 화합물인 ZnS계의 형광체에 AC 전압을 강하게 인가할 때에 발광하는 현상으로 알려져 왔다. 유기 EL은 발광 물질을 형광성 유기 화합물로 사용한 것이다. 유기 EL의 원리를 간단히 설명하면, 양극에서 주입된 정공과 음극에서 주입된 전자가 발광층에서 재결합하여 여기자exciton를 생성하는데, 이러한 여기자는 안정된 상태로 되돌아오면서 방출되는 에너지가 특정 파장의 빛으로 바뀌어 발광하게 된다. 따라서 동작 기구mechanism의 측면에서 전자와 정공에 의한 운반자 주입형carrier injection type EL이라 할 수 있다.

그림 11.62는 유기 EL 소자의 구조를 간단하게 나타낸 것인데, 각각 양극과 음극의 금속 전극에 이웃하여 정공과 전자의 수송층transport layer이 놓이고, 전자와 정공이 재결합하여 발광하는 발광층이 중앙에 위치한다.

일반적으로 기판은 유리를 사용하며 유연성을 가진 플라스틱이나 PET 필름이 사용되기도 한다. 양극은 투명 전극인 ITOIndium Tin Oxide로 구성되고, 음극은 낮은 일함수를 가진 금속이 사용되며, 두 개의 전극 사이에 유기 박막층이 있다. 유기 박막층의 소재는 저분자 혹은 고분자 물질

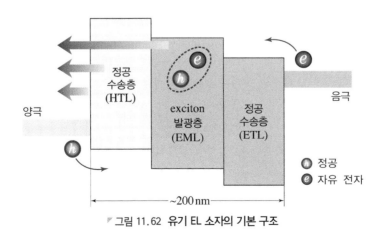

▼ 그림 11.62 **유기 EL 소자의 기본 구조**

로 구분하는데, 저분자 재료는 진공 증착법으로 증착되고, 고분자 물질은 스핀 코팅법spin coating 으로 박막을 형성한다.

유기 EL 소자를 다층의 박막 구조로 만드는 이유는 유기물질의 경우에 전자와 정공의 이동도가 크게 다르기 때문에 전자 수송층(ETLElectron Transport Layer)과 정공 수송층(HTLHole Transport Layer)을 사용하면 효과적으로 전자와 정공이 발광층(EMLEmission Material Layer)으로 이동할 수 있다. 이와 같이 전자와 정공의 밀도가 균형을 이루면 발광 효율을 높일 수 있다.

음극에서 발광층으로 주입된 전자는 발광층과 정공 수송층 사이에 존재하는 에너지 장벽으로 인하여 유기 발광층에 갇히게 되어 재결합 효율은 더욱 증가한다. 그리고 전자 수송층의 두께를 20[nm] 이상으로 형성하게 되면, 재결합 영역이 음극으로부터 여기자의 확산 거리(10~20[nm]) 이상 떨어지게 되어 여기자가 음극에 의해 소멸되지 않기 때문에 발광 효율을 개선할 수 있게 된다.

발광 효율을 한층 더 개선하기 위한 방법으로 양극과 정공 수송층 사이에 전도성 고분자 또는 Cu-PC 등의 정공 주입층(HILHole Injection Layer)을 배치하여 에너지 장벽을 낮추어 정공 주입을 원활하게 하고, 또한 음극과 전자 수송층 사이에는 LiF 등의 전자 주입층(EILElectron Injection Layer)을 삽입하여 전자 주입의 에너지 장벽을 낮추어 발광 효율을 증대시킬 수 있으며, 구동 전압을 낮추는 효과를 얻을 수 있다.

## 2. 유기 EL 소자의 전류-전압 특성

그림 11.63은 유기 EL 소자에서의 전하주입 과정을 나타낸 것이다. 유기 EL 소자의 전극 사이에 전압이 인가되면, 양극인 ITO 전극에서는 유기층인 HOMOHighest Occupied Molecular Orbital 준위로 정공이 주입되고, 음극에서는 유기층 LUMOLowest Unoccupied Molecular Orbital로 전자가 주입되어 발광층에서 여기자exciton를 형성한다. 생성된 여기자는 재결합하면서 재료에 의존하여 특정한 파장의 빛을 발생시킨다. 이와 같은 과정에서 유기 EL 소자의 전류-전압 특성에 영향을 주는 중요한 요소는 전하의 주입, 수송 및 전자-정공의 재결합이다. 유기 EL 소자에서 사용하는 유기 박막의 에너지 갭은 매우 크고, 열평형 상태에서 전하밀도는 매우 낮으며, 발광 현상에 관여하는 전하는 인가되는 외부 전압으로부터 주입된 것이다.

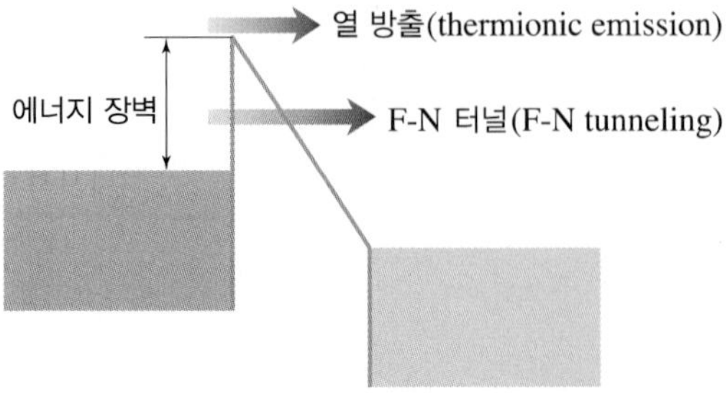


그림 11.63 유기층과 금속 사이의 전하 주입 과정

유기 및 고분자 EL 소자의 전류-전압 특성에서 전하의 주입 과정을 설명하기 위한 이론으로는 열방출thermionic emisson 모델과 Fowler-Norheim(F-N) 이론에 의한 터널 모델이 가장 많이 적용되고 있다. 모델 식을 간단하게 정리한 H.A. Bethe에 의한 열방출 모델은 다음과 같다.

$$i = i_s \left( \exp\left( \frac{eV}{kT} \right) - 1 \right) \tag{11.6}$$

$$i_s = A^* T^2 \exp\left( -\frac{\Phi}{kT} \right)$$

여기서, $i_s$는 포화 전류 밀도이고, $A^*$는 Richardson 상수, $k$는 Boltmann 상수, $T$는 절대 온도이고, $\Phi$는 에너지 장벽의 높이를 나타낸다.

또한, F-N tunneling에 의한 전류-전압 특성은 다음과 같이 간략하게 정리한다.

$$i \propto E^2 \exp\left( -\frac{\chi}{E} \right) \tag{11.7}$$

여기서, $E$는 전계이고, $\chi$는 에너지 장벽의 모양에 따라 결정되는 상수이다. 주입되는 전하가 전극과 유기 박막 사이에 형성된 삼각형 모양의 에너지 장벽을 터널 작용으로 통과하면, 상수 $\chi$는 다음과 같이 정리된다.

$$\chi = \frac{8\pi (2m^*)^{1/2} \Phi^{3/2}}{3eh} \tag{11.8}$$

여기서, $m^*$는 전자의 유효 질량이고, $e$는 전자의 전하량, $h$는 Plank 상수이다. 전압이 가해지지 않을 경우에 에너지 장벽의 높이 $\Phi_0$를 구하기 위해서는 Schottky 효과에 의해 낮아지는 에너지 장벽을 고려하여야 한다. 여기서, Schottky 효과는 금속과 반도체 접합에서 금속에 유도되는 영상 전하 때문에 반도체 영역에서 에너지 장벽이 낮아지는 것을 의미하여, 유효 에너지 장벽의 높이는 전계에 의존하여 기술하면 다음과 같다.

$$\Phi = \Phi_0 - e \sqrt{\frac{e}{4\pi\varepsilon_0 \varepsilon_s} E^{1/2}} \tag{11.9}$$

여기에서 $\varepsilon_s$는 유기 박막의 비유전율이다.

유기층과 전극 사이가 옴 접촉ohmic contact이라면, 낮은 전압에서는 열적으로 생성된 자유전하가 주입된 전하보다 크기 때문에 전류는 옴ohm의 법칙에 따라 다음과 같다.

$$i = ep_0\mu_p \frac{V}{d} \tag{11.10}$$

만일, 유기 반도체의 경우 다수 캐리어는 정공이다. 여기서, $p_0$는 정공의 밀도이고, $\mu_p$는 정공의 이동도이다.

그러나 전압이 증가하면 열적으로 생성된 자유전하보다 외부 전극에서 주입되는 전하가 많아지므로 유기 EL 소자는 공간 제한전류에 의한 전류 – 전압 특성을 나타낸다. 만일, 포획 중심$_{trap}$이 없다면, 유기 EL 소자의 전류-전압 특성은 Mott-Gurney 모델로 잘 알려진 공간 제한 전류로 나타낼 수 있다.

$$i = \frac{9}{8} \varepsilon_0 \varepsilon_s \mu_p \frac{V^2}{d^3}$$

(11.11)

전류가 옴의 법칙에서 벗어나 공간 제한 전류의 형태로 변하는 전압 $V_{ohm}$에서는 식 (11.10)과 식 (11.11)이 일치하므로 $V_{ohm}$은 다음과 같다.

$$V_{ohm} = \frac{8}{9} \frac{e p_0 d^2}{\varepsilon_0 \varepsilon_s}$$

(11.12)

온도가 증가하게 되면 열적으로 생성된 자유 전하가 증가하여 옴의 법칙을 만족하는 영역이 커짐으로 $V_{ohm}$도 커지게 된다. 만일, 포획 중심이 지수함수적인 분포를 갖는다면, 공간 제한 전류는 다음과 같은 식으로 표현할 수 있다.

$$i \propto \frac{V^{m+1}}{d^{2m+1}}$$

(11.13)

여기서, $m = E_t / kT$이고, $E_f$는 유리층의 HOMO와 LUMO 사이에 지수적으로 분포되어 있는 포획 중심 에너지를 의미한다.

## 2 ELD의 구조 및 동작

### 1. IELD의 구조와 동작

그림 11.64는 박막형 IELD의 기본 구조를 나타낸 것이다. 그림에서와 같이 발광층의 상부와 하부에 절연층을 형성하고 있으며, 하부는 투명 전도막인 ITO와 유리 기판으로 구성되어 화면의 역할을 한다. 그리고 상부에는 알루미늄(Al) 전극이 연결되어 교류 전압이 인가된다. 이때, 화면 색은 발광층의 소재와 첨가되는 첨가물에 따라 결정된다.

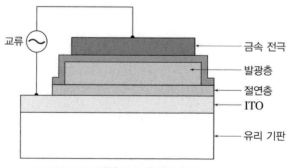

교류

금속 전극
발광층
절연층
ITO
유리 기판

▼ 그림 11.64 박막 IELD의 기본 구조

동작 원리를 살펴보면, IELD의 상·하 두 개의 전극에 외부의 교류 전압을 인가하여 절연층 사이에 수 MV/cm 이상의 강한 전계가 걸리면 절연층과 발광층 사이의 계면 준위에 포획되어 있던 전자들이 방출되어 발광층의 전도대로 터널tunnel 현상이 일어난다. 이와 같이 방출된 전자들은 외부 전계에 의해 가속되어 발광 중심을 여기시키기에 충분한 에너지를 얻어 발광 중심의 최외각 전자를 직접 충돌하여 여기시킨다. 여기 상태의 전자들이 다시 기저 상태로 완하되면서 에너지 차이만큼의 빛을 방출하게 된다.

이때 높은 에너지를 가진 전자의 일부는 발광 모체와 충돌하여 이온화시켜 2차 전자를 방출하기도 하며, 발광 중심과의 충돌과정에서 에너지를 잃은 전자들과 충돌하지 않은 일부 1차 전자 및 2차 전자들은 다시 높은 에너지를 갖게 되어 발광 중심을 여기시키고, 결국 양극의 계면 주위로 포획된다. 다시 외부의 전압이 반대로 극성이 바뀌면 같은 과정을 되풀이한다.

IELD의 발광체로는 발광 모체에 인위적으로 첨가한 발광 중심으로부터 발광이 가능하여야 하고, 높은 전계를 견딜 수 있어야 한다.

표 11.5는 IELD용 발광 모체와 발광 중심으로 사용되는 대표적인 재료와 특성을 나타낸 것이다. 이와 같이 IELD의 발광층은 발광 모체와 발광 중심 재료의 결합으로 이루어진다. 즉, 발광 중심으로 첨가되는 천이 금속이나 희토류 원소들은 모체의 양이온 자리를 치환하여 들어가는 것으로 알려져 있다. 여기서 발광 모체의 내부에 효과적으로 첨가되기 위해서는 모체의 양이온과 발광 중심 이온의 화학적 특성이나 이온 반경의 정합이 중요하다.

발광 휘도를 개선하기 위해서는 발광층의 역할을 세분화하여 발광층과 전자 주입층 및 수송층 등으로 구분하여야 하는 방안이 모색 중이며, 발광 재료로서 고효율의 발광이 가능한 산화물이나 할로겐 화합물 등에 대한 연구가 요구된다. 또한, 발광층에서 생성된 빛의 일부는 발광층 내부나 절연층과 계면에서 전반사 등으로 소실되므로 이를 유효하게 외부로 방출하게 되면 발광 휘도를 개선할 수 있다.

표 11.5 **IELD용 발광체 및 발광 특성**

| 발광체 | 색상 | 휘도(cd/m$^2$) | 효율(lm/W) |
|---|---|---|---|
| ZnS : Mn | 황색 | 300 | 3~6 |
| ZnS : Mn/filter | 적색 | 65 | 0.8 |
| CaS : Eu | 적색 | 12 | 0.2 |
| ZnS : Tb | 녹색 | 100 | 0.6~1.3 |
| SrS : Ce | 청녹색 | 30 | 0.8~1.6 |
| SrGa$_2$S$_4$ : Ce | 청색 | 5 | 0.02 |
| CaGa$_2$S$_4$ : Ce | 청색 | 10 | 0.03 |
| SrS : Pr, K | 백색 | 30 | 0.1~0.2 |
| SrS : Ce, K, Eu | 백색 | 30 | 0.1~0.2 |

주) $\dfrac{lm}{W} = \dfrac{(\text{cd}/\text{m}^2)}{(\text{W}/\text{m}^2)}$

## 2. OELD의 구조와 동작

### (1) 초기 OELD의 구조

그림 11.65는 OELD에 대한 연구의 획기적인 역할을 담당하였던 1986년에 제작한 OELD의 기본 구조를 나타낸 것이다. 박막의 전체 두께가 약 100[nm] 정도이고, 전자 주입 전극은 MgAg 합금을 사용하였다. 이와 같은 소자를 개발하여 저전압에서도 효율적으로 전자와 정공의 주입이 가능하게 되었고, 안정적인 발광을 얻을 수 있었다.

그림 11.66은 발광층을 폴리파라페닐렌비닐렌(PPV)의 단층 박막으로 제작한 구조로 PPV는 도전성 고분자 재료 및 비선형 광학 재료로 강한 형광 특성이 있다는 것을 알게 되어 OELD의 부품으로 쓰여지고 있다.

이후, 폴리페닐렌 혹은 폴리티오펜이나 이들이 공중합 고분자를 이용한 유기 EL에 대해 많은 연구가 활발하게 전개되었으며, 새로운 소자의 구조, 발광 재료 및 발광 기구 등에 관한 결과를 얻게 되었다. 한편, 1988년에는 그림 11.62에서 보여 주고 있는 바와 같이 전자 수송층과 정공 수송층을 끼워 만든 3층 구조가 제안되어, 여러 종류의 발광 재료를 사용하여 다양한 색을 구현하게 되었다.

OELD의 발광 효율을 향상하기 위해서는 적층 구조를 취하여야 한다는 연구 결과가 나오고 있는데, 이는 적층 구조를 가짐으로서 발광층으로 전자와 정공의 전달을 균형 있게 유지할 수 있으며, 또한 발광층에서 전자나 정공, 그리고 여기자를 잘 가두어 두어야 한다는 것이다. 특히, 소자의 내구성을 개선하기 위해 소자의 구조는 발광 재료의 안정성과 함께 매우 중요한 요소라는 것이다.

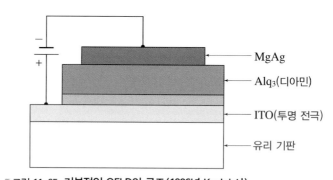

▼ 그림 11.65 **기본적인 OELD의 구조(1986년 Kodak사)**

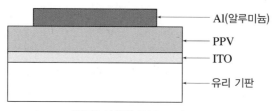

▼ 그림 11.66 **PPV를 사용한 OELD 소자**

## (2) 단분자 및 저분자 OELD의 구조

OELD 중에서 가장 먼저 연구되어온 소자가 단분자 OELD이며, 단일층이나 2중층의 구조로 빛을 발광할 수 있지만, 발광 효율, 밝기 및 안정성 등을 개선하기 위해 적층 구조가 바람직하다. 유기 단분자의 막 형성은 고진공($10^{-6} \sim 10^{-7}$[torr])에서 저항 가열 방식의 열증착으로 연속적인 증착 방식으로 만들어진다.

단분자 혹은 저분자 OELD의 구조와 에너지대에 의한 동작을 그림 11.67에 나타내었다. 그림 (a)에서는 양극과 음극 사이에 정공 주입층, 정공 수송층, 발광층, 정공 저지층, 전자 수송층 및 전자 주입층으로 구성한다.

양극에서 정공 주입층(HIL_Hole Infection Layer)의 가전자대(혹은 HOMO)로 주입된 정공은 유기물 사이를 이동하여 정공 수송층(HTL)을 통과한 후, 발광층(EML)으로 진행하고, 동시에 전자는 음극에서 전자 주입층(EIL_Electron Injection Layer)으로 주입하여 전자 수송층(ETL)을 통과한 후에 발광층의 전도대(LUMO)로 전자가 이동한다.

따라서 발광층에서는 전자와 정공이 만나 결합하게 되는데, 이를 재결합_recombination이라 하며, 재결합한 전자와 정공쌍은 정전기력에 의해 재배열하여 여기자가 된다. 이러한 여기자는 안정된 상태로 되돌아오면서 방출되는 에너지가 빛으로 바뀌어 발광하게 된다.

양극 전극은 일반적으로 투명 전도막인 ITO나 IZO(_Indium Zinc Oxide) 등의 금속 산화물을 사용하는데, 이는 일함수가 커서 정공 주입을 용이하게 하며, 투명하기 때문에 가시광선이 방출하게 된다. 그리고 음극 전극으로는 일함수가 낮은 세슘(Cs), 리튬(Li) 및 칼슘(Ca) 등과 같은 금속을 사용하며, 혹은 알루미늄(Al), 구리(Cu) 및 은(Ag) 등과 같이 일함수가 약간 높으나, 안정하고 증착이 용이한 금속을 사용하기도 한다.

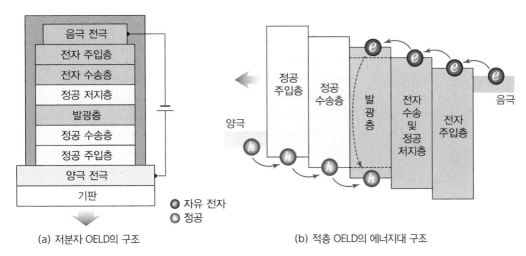

(a) 저분자 OELD의 구조          (b) 적층 OELD의 에너지대 구조

그림 11.67 **저분자 OELD의 구조와 동작**

### (3) 고분자 OELD의 구조

그림 11.68은 고분자 OELD의 구조와 에너지대에 의한 발광 과정을 나타낸 것이다. 초기의 고분자 OELD는 발광층이 단층 구조로 투명 전극으로 코팅된 기판 위에 스핀 코팅spin coating법으로 소자를 제조하였으나, 동작 전압, 발광 효율, 휘도 등을 최적화하기 위해 3층 이상의 구조로 향상하였다.

그림에서 완충층buffer layer은 양극 전극과 발광층 사이의 접착력을 개선하고, 정공 주입층(HIL)의 역할을 하게 된다. 일반적으로 고분자는 단분자가 공유 결합하여 수백 개가 서로 연결된 구조를 하기 때문에 단분자에 비해 박막 형성이 쉽고, 내충격성이 크다는 장점을 가진다.

따라서 초박막 형성을 이용하는 전자 소자나 광학소자로서 가장 적합한 소재이다. 그러나 완충층 위에 형성되는 발광층은 발광 고분자를 담은 용액으로 코팅하게 되는데, 이러한 과정에서 완충층이 녹거나 미세하게 부풀어 오르는 경우가 발생할 수 있다. 이와 같은 현상을 방지하기 위해서는 완충층을 녹이지 않는 용매를 사용해야 한다. 완충층의 성분이 가교 결합에 의한 불용성 소재를 사용하지 않을 경우, 손상이 우려되기 때문에 OELD의 상용화에 있어 완충층의 선택은 매우 중요하다.

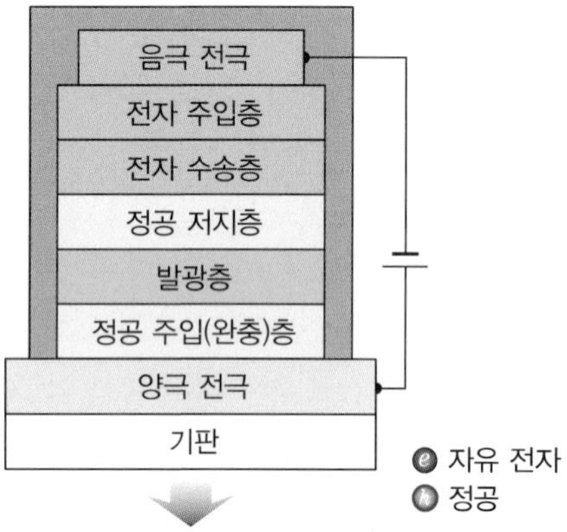


(a) 고분자 OELD의 구조

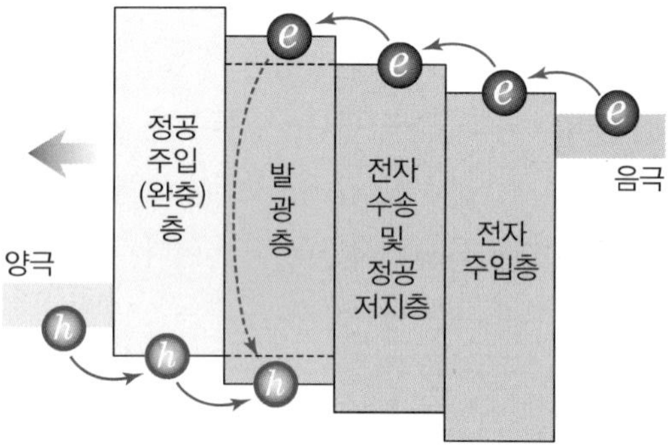


(b) 적층 OELD의 에너지대 구조

그림 11.68 **고분자 OELD의 구조와 동작**

### (4) OELD의 적층 구조

OELD의 특성 중에 높은 발광 효율과 낮은 구동 전압을 갖도록 개선하기 위해서 적층 구조를 형성하게 되는데, 전자와 정공을 효율적으로 수송하여 발광층(EML)에서 재결합시키기 위해 전자 수송층과 정공 수송층을 구성하게 된다. 그러나 OELD의 성능을 더욱 높이기 위해서는 더 많은 전하의 주입과 수송층을 구성한다. 즉, 양극 쪽에는 정공 주입층(HIL)과 정공 수송층(HTL)을 만들게 되는데, 이는 양극에서의 에너지 장벽을 낮추어 정공 주입을 용이하게 하며, 따라서 양극 전극인 ITO의 일함수와 HIL의 에너지 준위 차이는 작아야 한다.

그리고 HTL은 발광층과 바로 접하기 때문에 HIL과는 다른 조건을 가져야 한다. 즉, HTL은 발광층과의 사이에 전하 이동 화합물charge transfer complex이나 여기 화합물exciplex 등과 같은 분자 간에 상호 작용을 하지 말아야 한다.

이미 그림 11.67과 그림 11.68 (b)에서 보여 주었듯이, 음극 전극과 발광층 사이에도 전자 주입층(EIL)과 전자 수송층(ETL)의 2층 구조가 삽입된다. 이와 같은 구조는 음극에서 발광층으로 전자의 주입을 원활하게 하기 위해 에너지 장벽을 완화하고, 동시에 발광층에서의 여기자를 가두어 두는 효과를 하게 된다.

전하의 수송/주입층과 발광층 사이에 역할의 차이가 있는데, 전하의 수송층이나 주입층은 전자 혹은 정공 중에 하나만을 수송하는 단극성unipolar인 반면에 발광층은 기본적으로 재결합하기 위해 전자와 정공이 모두 이동하는 양극성bipolar을 가지며, 강한 발광 기능을 가지게 된다. 이와 같은 전하의 주입 및 수송층을 도입함으로써 OELD의 발광 효율은 매우 개선되었다.

최근에는 소재에 대한 개발뿐만 아니라, 내구성을 갖춘 새로운 소자 구조로서 전하의 수송 재료와 발광 재료를 혼합한 구조가 제시되고 있다. OELD는 형광 재료를 사용하여 최대 5% 정도의 외부 양자 효율을 얻을 뿐이다. 그러므로 하나의 OELD 소자로는 양자 효율을 개선하기 어려우며, 적층 구조를 취함으로서 양자 효율을 높일 수 있다. 예를 들어, OELD 소자를 직렬로 구성하면 각 소자로 흐르는 전류는 동일하여 각 소자에는 일정한 값의 양자 효율을 발광하게 된다.

## (5) OELD의 백색 발광 구조

그림 11.69는 저분자 적층형과 고분자 분산형 백색 OELD의 구조를 나타낸다. 고분자 분산형 OELD의 경우, 폴리비닐카르바졸(PVK)을 모체host 재료로 사용하며, R·G·B 형광 재료를 소량으로 분산하여 백색을 구현하게 된다. 색소분산형은 전하가 선택적으로 HOMO나 LUMO 준위가 낮은 적색 요소에 의해 포획되기도 한다. 따라서 적색 불순물의 양을 청색이나 녹색의 불순물보다 적게 첨가하여 전하의 포획을 맞추게 된다. 전하의 포획에 의한 효과와 더불어 R·G·B 색소 간에 에너지 이동의 균형도 고려하여야 한다. 이와 같이 고분자 분산형 OELD는 색소의 양을 조절하여 비교적 용이하게 백색 발광을 구현할 수 있다.

한편 저분자 적층형의 OELD는 그림 (a)에서와 같이 발광층을 서로 보색 관계로 형성하여 백

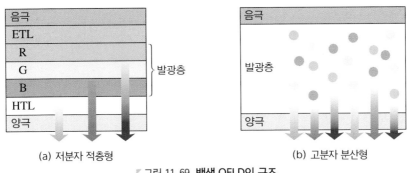

(a) 저분자 적층형    (b) 고분자 분산형

그림 11.69 **백색 OELD의 구조**

색 발광을 실현하게 된다. 즉, 여러 층을 서로 균일하게 발광시키기 위해 전자나 정공의 이동도를 조절하여 여기자를 생성하도록 하는 것이 바람직하다. 백색 OELD는 LCD용 후면광이나 조명용 등으로 응용되며, R·G·B 발광을 얻기 위해 컬러 필터color filter가 필요하고, 이로 인하여 발광 효율이 떨어지는 단점을 가진다.

## 3  OELD의 제조 공정

### 1. 기본적인 OELD 제조 공정

기본적인 구조를 가진 OELD의 제조 공정은 순서에 따라 패턴pattern 형성 공정, 박막 증착 공정, 봉지 공정 및 모듈 조립 공정 등으로 크게 분류한다. 그림 11.70은 전형적인 기본 OELD 소자의 제조 과정을 나타낸 것이다.

먼저 그림에서의 제조 공정과 같이 기판 위에 양극 전극인 ITO를 증착한 후에 광식각 공정을 이용하여 패턴 형성을 하게 된다. 기판의 표면에 돌기나 이물질 등은 소자의 고장을 초래할 수 있기 때문에 반드시 제거되어야 한다. 보통 ITO의 면저항은 약 10[Ω/□] 정도이며, 일함수는 대략 5.0[eV] 정도이다. 이후, 세정된 ITO/glass 기판은 약 100[℃]로 열처리하여 진공 증착을 하게 되는데, 이는 기판 상에 존재할 수 있는 수분을 제거하기 위한 것이다. 수분은 전극을 부식시키거나 화면의 흑점을 야기할 수 있어서 제거해야 한다.

다음 공정부터는 진공이나 질소 등의 기체 분위기 하에서 진행하게 되는데, 유기 발광층을 형성한 후에 음극 전극을 증착하고 matrix를 구성하기 위해 다시 전극을 패턴하게 된다.

일반적으로 유기물 증착은 다층 구조가 필요하므로 여러 개의 증착원이 필요하다. 음극 재료로는 MgAg 합금이 가장 많이 사용되는데, 이는 Li, Ca, Cs 등과 같은 알칼리 금속의 전극보다 재현성이 우수하고 부착력이 미흡한 Mg를 Ag가 첨가되어 개선할 수 있기 때문이다.

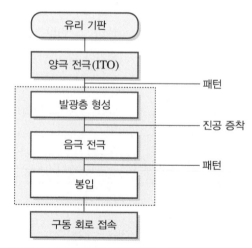

▼ 그림 11.70 **기본적인 OELD 제조 공정**

그리고 소자의 봉입 공정으로는 표면 보호 유리, 금속 케이스나 보호막을 이용하여 소자를 감싸게 되며, 미량의 수분이라도 침투하지 않도록 건조제로서 산화바륨($BaO_2$)을 함께 봉입하게 된다. 다음 단계로 외부 구동 회로부와 접속하여 모듈 조립 공정으로 마무리한다. 이상과 같이 제조공정은 매우 간단하고, 공정 온도가 낮아 생산성 등에서 많은 장점을 가진다.

## 2. 컬러 OELD 제조 기술

OELD의 궁극적인 목적은 완전 컬러full color를 표현하는 디스플레이로의 응용이라 할 수 있다. 그림 11.71은 완전 컬러를 구현하기 위해 OELD의 기본 화소를 제조하기 위한 대표적인 4가지 기술을 보여 주고 있다.

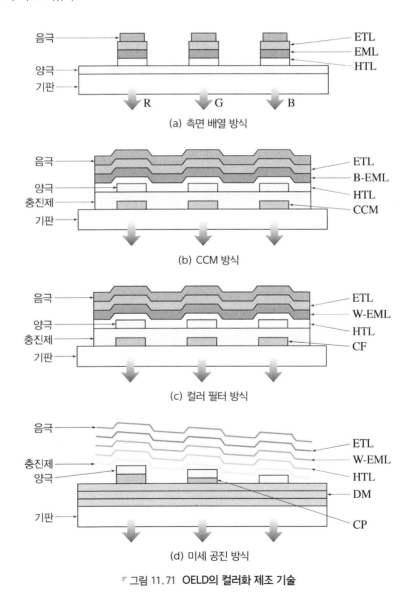

▶ 그림 11.71 **OELD의 컬러화 제조 기술**

그림 (a)에서는 3가지 R·G·B의 sub-pixel를 나란히 배열하는 측면 배열side-by-side 방식이다. 이와 같은 제조 방식은 3가지 R·G·B sub-pixel를 동일한 기판 상에 모두 형성해야 하는 제조 공정 기술의 어려움이 있다. 즉, 발광층에 각 R·G·B 형광체를 순서에 따라 3번의 공정 과정을 반복하여야 한다는 것이다. 또한, 발광층이나 수송층으로 사용하는 유기물이 유기 용매에 약하기 때문에 유기막을 미세하게 패턴화하는 과정이 쉽지 않다.

다음은 그림 (b)에서 보여 주는 색 변환층(CCMColor Changing Medium) 방식으로 청색 형광체에서 발광하는 빛을 색 변환층을 이용하여 R·G·B 화소를 구현하는 것이다. 즉, 청색 발광 소자에 의해 높은 휘도로 발광하는 빛을 광 발광 효율이 매우 우수한 R·G·B의 색 변환층을 이용하여 완전 컬러를 형성하는 방법이다. 이와 같은 제조 방법은 유기 용매에 약한 유기막을 가공하는 과정이 줄어들기 때문에 미세 패턴으로 가공할 수 있다는 장점을 가진다.

세 번째 방법인 컬러 필터(CF) 방식은 그림 (c)에서 보여 주며, 이는 컬러 LCD 패널에서 제조하는 기술과 흡사한 것으로, R·G·B를 포함하여 백색광을 방출하는 OELD에 컬러 필터를 이용하여 R·G·B 화소pixel를 구현하는 방법이다. LCD에서와 같이 TFT와 AMActive Matrix 구동 방식을 이용하여 고해상도의 패널을 실현할 수 있다. 단점으로는 발광하는 백색광으로부터 R·G·B 화소를 얻기 위해 컬러 필터를 사용해야 하기 때문에 광원의 밝기가 다소 떨어지는 경향이 있다.

그림 (d)에서 나타나는 마지막 제조 기술은 백색광 OELD 소자로부터 나오는 빛을 미세 공진 구조microcavity를 이용하여 R·G·B 화소로 구현하는 방식이다. 제조 기술의 방법은 컬러 필터를 이용하는 방식과 거의 유사한데, 컬러 필터 대신에 미세 공진을 사용하여 R·G·B 화소를 형성한다는 점이 다를 뿐이다. OELD에서 발광하는 백색광은 공간 영역spacer의 두께와 DMDielectric Mirror를 이용하여 미세 공진의 길이를 조절하도록 하여 R·G·B 화소를 분리하게 된다.

이와 같은 방법을 사용하면, 발광 파장이 좁은 R·G·B를 얻을 수 있다는 장점을 가지며, 단점으로는 발광 효율이 낮고 방출되는 R·G·B가 방향성을 가지기 때문에 시야각이 좁아진다는 것이다. 따라서 이러한 제조 방식은 작은 크기의 화면을 갖는 개인용 디스플레이에 많이 응용하게 된다.

표 11.6에는 위에서 기술한 4가지 제조 방식의 특징을 비교하여 나타내었다.

**표 11.6 OELD의 4가지 pixel 제조 기술에 대한 특징 비교**

| 구분 | 측면 배열법 | CCM법 | 컬러 필터법 | 미세공진법 |
|---|---|---|---|---|
| 색순도 | 활성층에 의존 | ○ | ○ | ◎ |
| 출력 효율 | △ | × | ○ | ◎ |
| 제조 기술 | 매우 어려움 | 용이 | 용이 | 용이 |
| 가격 | 높음 | 낮음 | 낮음 | 중간 |
| 결점 | RGB 열화 차이 | 낮은 효율 | – | 좁은 시야각 |
| 응용 | 대면적 FPD | 저가 display | 중간 크기 | 개인용 display |

주) ◎ : 매우 우수, ○ : 우수, △ : 보통, × : 나쁨

■ 다음 문장의 ( ) 혹은 [국문(영문)]에 적절한 용어를 써 넣으시오.

**01** [            (                    )]는 전자 기기와 인간 사이의 위한 도구로서, 우리 주변의 수많은 정보와 인간을 연결하여 주는 역할을 하는 장치이다.

**02** 디스플레이 장치는 그 표시 화면 자체가 여러 개의 [        (            )]로 구성되어 있다.

**03** 정보 표시의 화면을 컬러로 하기 위하여 [        (        )]가 필요하며, 이것은 다시 빛의 삼원색에 해당하는 (        ), (        ), (        )의 RGB 발광 소자가 있어야 한다.

**04** 디스플레이 화면의 화질을 평가하는 요소는 [                (                )], [            (                )], [            (                )]와 화면의 색깔을 얼마나 원색에 접근하고 있는가를 나타내는 색상color chromaticity 등이 있다.

**05** 디스플레이 화면의 화질을 평가하는 요소에서 표시 화면의 (        )를 나타내는 것이 휘도brightness인데, 이는 단위 면적당 (        )하는 광의 양을 나타내는 척도로 (        )의 단위를 쓴다.

**06** 디스플레이 화면의 (        )를 나타내는 해상도resolution는 표시 화면의 표시 화면을 (        )을 나타내는데, 구성하는 (            )를 픽셀pixel수로 나타내는 것이다.

**07** 화면의 화질을 평가하는 요소에서 명암도contrast는 표시 화면의 (        )을 나타내는데, 하나의 화소에 대한 (            )를 (            )로 나눈 값이다.

**08** [            (                        )]은 표시 화면의 색깔이 인간의 눈에 익숙한 자연색에 얼마나 가까운가를 나타내는 것이다.

**09** [            (                        )]는 음극선관의 결정적 결점을 해결하여 매우 (        ) 가벼우며, 시력 장애 등에 유리한 영상 정보 표시 장치로서 각광을 받게 되었다.

**10** 디스플레이의 종류에서 직시(直視)형은 회로 시스템에서 만들어진 화상을 인간이 직접 볼 수 있도록 하는 장치로 [ (       )], [ (       )], [ (       )] 등이 이에 속한다.

**11** 액정 표시 장치(LCD<sub>Liquid Crystal Display</sub>) 제조 공정에서 비교적 간단하고 가격이 저렴한 비정질 실리콘 amorphous silicon을 유리 기판 위에 형성하여 제작한 [ (                    )]가 개발되면서 [ (            )]가 출현하였다.

**12** [ (        )]는 같은 양의 양이온과 음이온이 존재하는 상태로 정의하며, 고온에서 물질이 음전하를 띤 (    )와 (    )를 띤 이온이 분리된 상태이다.

**13** 차세대 벽걸이 TV로 각광받고 있는 [ (                )]가 있다.

**14** LCD의 구동 방식은 능동 소자의 유무에 따라 [ (        )]과 [ (        )] LCD로 나눌 수 있다.

**15** [ (                )]는 자체 발광형 디스플레이이다.

**16** OLED의 발광의 원리는 보통의 발광 다이오드(LED)와 같이 외부에서 전압을 인가하면 유기 반도체<sub>organic semiconductor</sub> 내부에서 발생되는 (        )와 정공의 (        )에 의하여 발광하게 되는 것이다.

**17** [ (            )]는 전계 방출<sub>field emission</sub> 현상을 이용한 것이다.

**18** FED의 특징은 (        ) 발광 현상을 이용하므로 자연색을 얻을 수 있는 동시에, (        )가 높고, (        )이 넓으며, 동작 속도가 빠르고 환경 적응이 우수하다.

**19** 보통 물질이 분해되면 그 중심의 위치와 방향이 흩어지게 되는데, 중심의 (        )만을 분해하고 분자의 (    )은 분해되지 않고 (        )을 대체로 유지하는 것이 액정의 상태이다.

**20** 액정liquid crystal은 액체의 (          )과 (          )의 이방성을 동시에 갖는 액체와 (          )의 중간적 성질을 가지고 있다.

**21** 액정의 분류 방법은 (          ), 액정 상태의 유발, 액정 분자의 (          )와 (          ) 및 액정의 용도에 의하여 분류하고 있다.

**22** 액정 상태를 배열 구조로 나눌 때, (          ), (          ) 상 외에 [          (          )] 등 세 가지로 분류하고 있다.

**23** 위치 질서가 완전히 소멸한 액정 상태를 [          (          )]이라 하고, 층 내의 위치 질서가 소멸한 액정 상태를 [          (          )]이라고 한다.

**24** 원반상(圓盤相) 분자의 액정 상에서 봉상 분자의 네마틱 상에 대응하는 것이 [          (          )] 상이다.

**25** 디스코틱discotic상은 분자의 (          )는 완전히 소멸되어 있으나, 전체 분자의 원반 면은 평균적으로 보면 (          )을 향하고 있는 것이다.

**26** 액정 디스플레이에서 액정 분자에 전압을 걸어 분자를 움직여서 액정 스위치의 개/폐(開/閉, ON/OFF) 작용을 하는데, 90° 뒤틀림을 기본으로 하는 모드를 [          (          )] 모드라고 한다.

**27** 디스플레이는 (          )과 (          )를 조합시켜 구성한 것이 액티브 매트릭스active matrix형이다.

**28** 액티브 매트릭스 방식의 액정 재료는 단위 길이당 저항값인 (          )이 커야 하며, (          )에 대한 높은 안정성이다.

**29** 액정 분자가 유리 기판에 거의 평행하게 배향하는 경우를 (          )이라 하고, 배향막의 종류를 변화시키면 액정 분자가 거의 유리 기판에 수직으로 세워진 (          )을 얻을 수 있다.

**30** 액정의 전압에 대한 응답은 유전율에 (          )이 있기 때문에 발생한다.

**31** 네마틱 액정은 정(正)의 유전 이방성(誘電異方性)을 갖기 때문에 [     (               )]형이라고 한다.

**32** 양각형 네마틱 액정에 (     )을 인가하면 누워 있던 (      )들이 전압과 같은 방향으로 변화하여 정렬된다.

**33** 액정 분자의 전압에 대한 응답은 (         ) 하나하나가 아니라 큰 집단이 (          )을 변화시키기 때문에 큰 힘이 되어 작은 전압에서도 움직이는 것이다.

**34** 액정 모드에서 일정 방향만으로 진동하는 (      )을 사용할 필요가 있는데, 이런 빛을 만들어 내는 것이 (           )이다.

**35** 액정에 사용되는 TFT는 반도체 제조 공정 중의 하나인 [          (                  )] 공정을 이용하여 만들 수 있다. 이것은 기판에 고분자막을 도포하고 거기에 (          )을 쪼여서 패턴을 써 넣는 기술이다.

**36** 광사진 식각 공정 과정은 막의 형성, [     (          )] 도포, prebake, (          ), 현상, (          ), 식각, 세척 등의 과정을 거친다.

**37** 모든 색은 3색, 즉 (        ), (        ), (        )의 조합으로 만들어진다. 이들을 빛의 3원색이라 한다.

**38** 액정 패널을 만들기까지 공정의 흐름은 세척, (          ) 인쇄·소성(燒成), (                ), 봉인 인쇄, (          ) 부착, 부착·가열, (          ), 액정 주입, 주입구 봉입, 세척, (          )의 부착

**39** 액정 패널의 후면에서 광을 조사하는 것이 [       (            )]이다.

**40** 후면광의 요구 조건은 (              ), (              ), (              )이다.

**41** 후면광의 구조는 ( ), [ ( )], ( ), ( ), ( )으로 이루어져 있다.

**42** 플라스마 현상을 응용한 디스플레이는 ( )이다.

**43** PDP의 기본적인 동작은 수십 마이크로미터 크기의 ( )의 원리와 같다.

**44** [ ( )]는 1888년 오스트리아의 Reinitzer가 액정 효과를 발견한 이후, 1973년 미국의 RCA사가 전자시계에 디스플레이 소자로 응용하는 데 성공하였다. 그 후, 일본에서 LCD기술을 보다 발전시켜 시계와 장난감, 전자계산기 등에 사용하게 되었다.

**45** LCD 제조 공정은 비교적 간단하고 가격이 저렴한 비정질 실리콘amorphous silicon을 유리 기판 위에 형성하여 제작한 [ ( )]가 개발되면서 [ ( )]가 출현하였다.

**46** [ ( )]는 자체 발광형 디스플레이로 발광의 원리는 보통의 발광 다이오드LED와 같다. 외부에서 전압을 인가하면 [ ( )] 내부에서 발생되는 전자와 정공의 재결합에 의하여 발광하게 되는 것이다.

**47** 유기 발광 다이오드는 사용하는 재료에 따라서 [ ( )]형과 [ ( )]형으로 나누어지며, 자체 발광 특성이 있으므로 [ ( )]이 필요 없다. 또한 ( ) 특징과 함께 넓은 ( ), 유연성이 좋은 장점 등이 있어 미래의 정보 디스플레이 장치로 각광받을 것으로 기대되고 있다.

**48** [ ( )]는 전계 방출field emission 현상을 이용한 것으로 이 현상은 1897년 Wood가 진공 용기 내에서 두 개의 백금 전극 사이에 발생하는 아크arc를 연구하는 과정에서 처음 제안한 것이다.

**49** FED의 특징은 음극선관과 마찬가지로( )을 이용하므로 자연색을 얻을 수 있는 동시에 ( )가 높고, 시야각이 넓으며, ( )가 빠르고 환경 적응이 우수하다. 또 평판 디스플레이로서 ( ) 가벼우며, 자기력과 X선의 발생이 없는 정점도 갖고 있다.

**50** [          (          )]는 pn 접합에서 주입되는 소수 캐리어와 다수 캐리어의 재결합으로 발광되는 소자이다.

**51** LED의 효율을 표시하는 요소는 (          ), (          )로 구분한다. (          )은 단위 시간당 방출되는 광자의 개수를 도통하는 전자의 수로 나눈 양이다.

**52** LED는 반도체의 빠른 처리 속도와 낮은 (          ), (          ) 이어서 국가의 전략 산업 분야로 발전시키고 있다.

**01** 디스플레이display 장치의 의미에 대하여 기술하시오.

**02** 디스플레이 화면의 구성 요소와 평가 요소에 대하여 기술하시오.

**03** 평판 디스플레이의 종류를 쓰고 기술하시오.

**04** 유기 발광 다이오드OLED에 대하여 기술하시오.

**05** 전계 방출 디스플레이FED에 대하여 기술하시오.

**06** 액정liquid crystal을 배열 구조로 분류할 때, 그 종류에 대하여 기술하시오.

**07** 액정의 동작에서 배향 처리에 대하여 기술하시오.

**08** 액정에서 능동형 매트릭스 표시의 구조에 대하여 기술하시오.

**09** TFTThin Film Transistor의 의미에 대하여 기술하시오.

**10** TFT의 구조에 대하여 기술하시오.

**11** TFT의 제조 순서에 대하여 기술하시오.

**12** LCD의 구성 부품인 액정 패널에 대하여 기술하시오.

**13** LCD의 구성 부품인 후면광back light에 대하여 기술하시오.

**14** OLED의 기본적인 제조 공정을 기술하시오.

**15** OLED의 기본 원리는 무엇인가?

**16** 저분자 OLED의 구조를 그리고 동작을 기술하시오.

**17** 유기 EL 소자의 기본 구조를 그리고 동작을 기술하시오.

# 부록

# ① Symbol lists

| 기호 | 의미 | 단위 |
|---|---|---|
| $a$ | 격자 상수lattice constant | Å |
| $B$ | 자속 밀도magnetic flux density | Wb/m$^2$ |
| $c$ | 광속speed of light in a vacuum | cm/s |
| $C$ | 용량capacitance | F |
| $D$ | 전속electric displacement | C/cm$^2$ |
| $D$ | 확산 계수diffusion coefficient | cm$^2$/s |
| $E$ | 에너지energy | eV |
| $E_f$ | 페르미 준위fermi energy level | eV |
| $E_g$ | 에너지 갭energy gap | eV |
| $E$ | 전계electric field | V/cm |
| $E_m$ | 최대 전계maximum electric field | V/cm |
| $f$ | 주파수frequency | Hz |
| $h$ | 플랑크 상수planck's constant | J·s |
| $h\nu$ | 광에너지photon energy | eV |
| $I$ | 전류current | A |
| $J$ | 전류 밀도current density | A/cm$^2$ |
| $k$ | 볼츠만 상수boltzmann constant | J/K |
| $kT$ | 열에너지thermal energy | eV |
| $L$ | 길이length | cm or $\mu$m |
| $m_0$ | 전자 정지 질량electron rest mass | kg |
| $m^*$ | 실효 질량effective mass | kg |
| $n$ | 전자 밀도density of free electrons | cm$^{-2}$ |
| $n_i$ | 진성 밀도intrinsic density | cm$^{-2}$ |
| $n$ | 불순물 농도doping concentration | cm$^{-3}$ |
| $n_a$ | 억셉터 농도acceptor impurity density | cm$^{-3}$ |
| $n_d$ | 도너 농도donor impurity density | cm$^{-3}$ |
| $p$ | 정공 밀도density of free holes | cm$^{-2}$ |
| $P$ | 압력pressure | N/m$^2$ |
| $e$ | 전하의 크기magnitude of electronic charge | C |
| $R$ | 저항resistance | Ω |

(계속)

| 기호 | 의미 | 단위 |
|:---:|:---|:---:|
| $t$ | 시간time | s |
| $T$ | 절대 온도absolute temperature | K |
| $v$ | 캐리어 속도carrier velocity | cm/s |
| $V$ | 전압voltage | V |
| $V_{bi}$ | 내부 전위built-in potential | V |
| $V_B$ | 항복 전압breakdown voltage | V |
| $d$ | 폭thickness | cm or $\mu$m |
| $\varepsilon_0$ | 진공 중 유전율permittivity in vacuum | F/m |
| $\tau$ | 시정수lifetime | s |
| $\theta$ | 각angle | rad |
| $\lambda$ | 파장wavelength | $\mu$m or Å |
| $v$ | 진동수frequency of light | Hz |
| $\mu_0$ | 진공 중의 투자율permeability in vacuum | H/cm |
| $\mu_n$ | 전자 이동도electron mobility | cm$^2$/V · s |
| $\mu_p$ | 정공 이동도hole mobility | cm$^2$/V · s |
| $\rho$ | 저항률resistivity | $\Omega$ · cm |
| $\Phi$ | 장벽 높이barrier height | V |
| $\Phi_m$ | 금속의 일함수metal work function | V |
| $\omega$ | 각주파수angular frequency($2\pi f$ or $2\pi v$) | Hz |
| $\sigma$ | 도전율conductivity | $\Omega$/cm |

## 2 International system of lists

| 양 | 단위 | 기호 | 차원 |
|:---|:---:|:---:|:---:|
| 길이length | meter | m | |
| 질량mass | kilogram | kg | |
| 시간time | second | s | |
| 온도temperature | kelvin | K | |
| 전류current | ampere | A | |

(계속)

| 양 | 단위 | 기호 | 차원 |
|---|---|---|---|
| 주파수frequency | hertz | Hz | $1/s$ |
| 힘force | newton | N | $kg/s^2$ |
| 압력presssure | pascal | Pa | $N/m^2$ |
| 에너지energy | joule | J | $N \cdot m$ |
| 전력power | watt | W | $J/s$ |
| 전하electric charge | coulomb | C | $A \cdot s$ |
| 전위potential | volt | V | $J/C$ |
| 컨덕턴스conductance | siemens | $S(℧)$ | $A/V$ |
| 저항resistance | ohm | $\Omega$ | $V/A$ |
| 용량capacitance | farad | F | $C/V$ |
| 자속magnetic flux | weber | Wb | $V \cdot s$ |
| 자속 밀도magnetic flux density | | B | $Wb/m^2$ |
| 인덕턴스inductance | henry | H | $Wb/A$ |

## 3 Unit prefixes

| 누승 | 접두어 | 기호 | 누승 | 접두어 | 기호 |
|---|---|---|---|---|---|
| $10^{18}$ | exa | E | $10^{-1}$ | deci | $d$ |
| $10^{15}$ | peta | P | $10^{-2}$ | centi | $c$ |
| $10^{12}$ | tera | T | $10^{-3}$ | milli | $m$ |
| $10^9$ | giga | G | $10^{-6}$ | micro | $\mu$ |
| $10^6$ | mega | M | $10^{-9}$ | nano | $n$ |
| $10^3$ | kilo | k | $10^{-12}$ | pico | $p$ |
| $10^2$ | hecto | h | $10^{-15}$ | femto | $f$ |
| $10$ | deca | da | $10^{-18}$ | atto | $a$ |

# 4 Greek alphabet

| 문 자 | 소문자 | 대문자 | 문 자 | 소문자 | 대문자 |
|---|---|---|---|---|---|
| Alpha | $\alpha$ | $A$ | nu | $\nu$ | $N$ |
| Beta | $\beta$ | $B$ | xi | $\xi$ | $\Xi$ |
| Gamma | $\gamma$ | $\Gamma$ | Omicron | $o$ | $O$ |
| Delta | $\delta$ | $\Delta$ | Pi | $\pi$ | $H$ |
| Epsilon | $\epsilon$ | $E$ | Rho | $\rho$ | $P$ |
| Zeta | $\zeta$ | $Z$ | Sigma | $\sigma$ | $\Sigma$ |

| Eta | $\eta$ | H | Tau | $\tau$ | $T$ |
|---|---|---|---|---|---|
| Theta | $\theta$ | $\Theta$ | Upsilon | $\upsilon$ | $Y$ |
| Iota | $\iota$ | $I$ | Phi | $\Phi$ | $\Phi$ |
| Kappa | $\kappa$ | $K$ | Chi | $\kappa$ | $X$ |
| Lambda | $\lambda$ | $\Lambda$ | Psi | $\Psi$ | $\Psi$ |
| Mu | $\mu$ | $M$ | Omega | $\omega$ | $\Omega$ |

# 5 Physical constants

| 물리 정수 | 기호 | 크기 |
|---|---|---|
| 단위angstrom unit | $\text{Å}$ | $1\text{Å} = 10^{-4}\mu m = 10^{-8} cm$ |
| 아보가드로 상수avogadro constant | $N_{AVO}$ | $6.02204 \times 10^{23} \text{ mol}^{-1}$ |
| 보어 반경bohr radius | $aB$ | $0.52917\text{Å}$ |
| 볼츠만 상수boltzmann constant | $k$ | $1.38066 \times 10^{-23} \text{ J/K} (R/N_{AVO})$ |
| 전하량elementary charge | $q$ | $1.60218 \times 10^{-19} \text{ C}$ |
| 전자 정지 질량electron rest mass | $m_0$ | $0.91095 \times 10^{-30} \text{ kg}$ |
| 전자 볼트electron volt | $eV$ | $1\text{eV} = 1.60218 \times 10^{-19} \text{ J} = 23.053 \text{ kcal/mol}$ |
| 기체 상수gas constant | $R$ | $1.98719 \text{ cal mol}^{-1} \text{K}^{-1}$ |
| 진공 중 투자율permeability in vacuum | $\mu_0$ | $1.25663 \times 10^{-8} \text{ H/cm} (4\pi \times 10^{-9})$ |
| 진공 중 유전율permittivity in vacuum | $\varepsilon_0$ | $8.85418 \times 10^{-14} \text{ F/cm} (1/\mu_0 c^2)$ |

(계속)

| 물리 정수 | 기호 | 크기 |
|---|---|---|
| 플랑크 상수planck constant | $h$ | $6.62617 \times 10^{-34}$ J·s |
| 감소된 플랑크 상수reduced planck constant | $\hbar$ | $1.05458 \times 10^{-34}$ J·s($h/2\pi$) |
| 프로톤 정지 질량proton rest mass | $M_p$ | $1.67264 \times 10^{-27}$ kg |
| 진공 중 광속speed of light in vacuum | $c$ | $2.99792 \times 10^{10}$ cm/s |
| 표준 대기압standard atmosphere | | $1.01352 \times 10^5$ N/m$^2$ |
| 열전압thermal voltage at 300K | $kT/q$ | 0.0259 V |
| 1 eV의 양자 파장wavelength of 1 eV quantum | $\lambda$ | $1.23977 \mu$m |

# 6  Properties of Ge, Si, GaAs at 300K

| 특성 | Ge | Si | GaAs |
|---|---|---|---|
| 원자수(atoms/cm$^2$) | $4.42 \times 10^{22}$ | $5.0 \times 10^{22}$ | $4.42 \times 10^{22}$ |
| 원자 무게atomic weight | 72.60 | 28.09 | 144.63 |
| 항복 전계breakdown field (V/cm) | $\sim 10^5$ | $\sim 3 \times 10^5$ | $\sim 4 \times 10^5$ |
| 결정 구조crystal structure | diamond | diamond | zincblende |
| 밀도density (g/cm$^3$) | 5.3267 | 2.328 | 5.32 |
| 비유전율dielectric constant | 16.0 | 11.9 | 13.1 |
| 전도대의 실효 밀도 effective density of states in conduction band, $N_c$ (cm$^{-2}$) | $1.04 \times 10^{19}$ | $2.8 \times 10^{19}$ | $4.7 \times 10^{17}$ |
| 가전자대의 실효 밀도 effective density of state in valence band, $N_v$ (cm$^{-2}$) | $6.0 \times 10^{18}$ | $1.04 \times 10^{19}$ | $7.0 \times 10^{18}$ |
| 실효 질량effective mass, $m^*/m_0$ | | | |
| 전자electrons | $m^*_1 = 1.64$ | $m^*_1 = 0.98$ | 0.067 |
| | $m^*_t = 0.082$ | $m^*_t = 0.19$ | |
| 정공holes | $m^*_{1h} = 0.044$ | $m^*_{1h} = 0.16$ | $m^*_{1h} = 0.082$ |
| | $m^*_{hh} = 0.28$ | $m^*_{hh} = 0.49$ | $m^*_{1h} = 0.45$ |
| 전자 친화력electron affinity, eV | 4.0 | 4.05 | 4.07 |
| 금지대폭energy gap (eV) at 300K | 0.66 | 1.12 | 1.424 |
| 진성 캐리어 농도intrinsic carrier concentration (cm$^{-3}$) | $2.4 \times 10^{13}$ | $1.45 \times 10^{10}$ | $1.79 \times 10^6$ |
| 진성 디바이 길이intrinsic debye length ($\mu$m) | 0.68 | 24 | 2,250 |
| 진성 저항률intrinsic resistivity ($\Omega$·cm) | 47 | $2.3 \times 10^5$ | $10^8$ |

(계속)

| 특성 | Ge | Si | GaAs |
|---|---|---|---|
| 격자 정수lattice constant($\text{Å}$) | 5.64613 | 5.43095 | 5.6533 |
| 선형 열팽창 계수<br>linear coefficent of thermal expansion, $\Delta_L/\Delta_T(\text{℃}^{-1})$ | $5.8 \times 10^{-6}$ | $2.6 \times 10^{-6}$ | $6.86 \times 10^{-6}$ |
| 융점melting point($\text{℃}$) | 937 | 1,415 | 1,238 |
| 소수 캐리어 수명minority carrier lifetime($\text{s}$) | $10^{-3}$ | $2.5 \times 10^{-3}$ | $\sim 10^{-8}$ |
| 이동도mobility(drift)($\text{cm}^2/\text{V} \cdot \text{s}$) | | | |
| 전자electron | 3,900 | 1,500 | 8,500 |
| 정공hole | 1,900 | 450 | 400 |
| 광자 에너지optical-phonon energy($\text{eV}$) | 0.037 | 0.063 | 0.035 |
| 광자의 평균 자유 행정phonon mean free path $\lambda_0(\text{A}°)$ | 105 | 76(electron) | 55(hole) |
| 비열specific heat($\text{J/g℃}$) | 0.31 | 0.7 | 0.35 |
| 열전도도thermal conductivity) (300K) ($\text{W/cm℃}$) | 0.6 | 1.5 | 0.46 |
| 열확산 계수thermal diffusivity($\text{cm}^2/\text{s}$) | 0.36 | 0.9 | 0.44 |
| 증기압vapor pressure($\text{Pa}$) | 1 at 1,330℃<br>$10^{-6}$ at 760℃ | 1 at 1,650℃<br>$10^{-6}$ at 900℃ | 100 at 1,050℃<br>1 at 900℃ |

| 특성 | SiO$_2$ | Si$_3$N$_4$ |
|---|---|---|
| 구조structure | 비정질 | 비정질 |
| 융점melting point($\text{℃}$) | ~1,600 | – |
| 밀도density($\text{g/cm}^3$) | 2.2 | 3.1 |
| 반사 계수refractive index | 1.46 | 2.05 |
| 비유전 상수dielectric constant | 3.9 | 7.5 |
| 유전 강도dielectric strenght($\text{C/cm}$) | 107 | $10^7$ |
| 적외선 흡수 길이infrared absorption band($\mu\text{m}$) | 9.3 | 11.5~12.0 |
| 금지대폭energy gap($\text{eV}$) | 9 | ~5.0 |
| 열팽창 계수termal expansion coefficient($\text{℃}^{-1}$) | $5 \times 10^{-7}$ | – |
| 열전도도thermal conductivity($\text{W/cm} \cdot \text{K}$) | 0.014 | – |
| 직류 저항률DC resistivity($\Omega \cdot \text{cm}$)] | | |
| 25℃ | $10^{14} \sim 10^{16}$ | $\sim 10^{14}$ |
| 500℃ | – | $\sim 2 \times 10^{13}$ |
| 완충 HF의 식각률etch rate in buffered HF($\text{Å/min}$)] | 1,000 | 5~10 |

주) buffered HF : 34.6%(wt.) NH₄F, 6.8%(wt.) HF, 58.6% H₂O

| ? 족 | 1 | | | | | | | | | | | | | | | | | 18 |
|---|---|---|---|---|---|---|---|---|---|---|---|---|---|---|---|---|---|---|
| 1 | 1 H | 2 | 원자 번호 1 원소 기호 H | | | | | | | | | | 13 | 14 | 15 | 16 | 17 | 2 He |
| 2 | 3 Li | 4 Be | | | | | | | | | | | 5 B | 6 C | 7 N | 8 O | 9 F | 10 Ne |
| 3 | 11 Na | 12 Mg | 3 | 4 | 5 | 6 | 7 | 8 | 9 | 10 | 11 | 12 | 13 At | 14 Si | 15 P | 16 S | 17 Cl | 18 Ar |
| 4 | 19 K | 20 Ca | 21 Sc | 22 Ti | 23 V | 24 Cr | 25 Mn | 26 Fc | 27 Co | 28 Ni | 29 Cu | 30 Zn | 31 Ga | 32 Gc | 33 As | 34 Sc | 35 Br | 36 Kr |
| 5 | 37 Rb | 38 Sr | 39 Y | 40 Zr | 41 Nb | 42 Mo | 43 Tc | 44 Ru | 45 Rb | 46 Pd | 47 Ag | 48 Cd | 49 In | 50 Sn | 51 Sb | 52 Te | 53 I | 54 Xe |
| 6 | 55 Cs | 56 Ba | 57 La | 72 Hf | 73 Ta | 74 W | 75 Re | 76 Os | 77 Ir | 78 Pt | 79 Au | 80 Hg | 81 Ti | 82 Pb | 83 Bi | 84 Po | 85 At | 86 Rn |
| 7 | 87 Pr | 88 Ra | 89 Ac | 104 Unq | 105 Unp | 106 Unh | | | | | | | | | | | | |

| 58 Ce | 59 Pr | 60 Nd | 61 Pm | 62 Sm | 63 Eu | 64 Gd | 65 Tb | 66 Dy | 67 Ho | 68 Er | 69 Tm | 70 Yb | 71 Lu |
|---|---|---|---|---|---|---|---|---|---|---|---|---|---|
| 90 Th | 91 Pa | 92 U | 93 Np | 94 Pu | 95 Am | 96 Cm | 97 Bk | 98 Cf | 99 Es | 100 Fm | 101 Md | 102 No | 103 Lr |

복습문제
해답

## 1 물성론

01 (전자)(양성자)(중성자)(중간자)
02 [핵(nucleus)] (핵) [전자(electron)]
03 [원자핵(atomic nucleus)]
04 (원자)(원자)(원자핵)[전자(electron)]
05 [중성자(neutron)] [양성자(proton)]
06 (전자의 수) (양자의 수)
07 (14개의 전자) (14개의 전자) (가전자) (최외각 전자)
08 (질량) (전하량)
09 [전자 전압(eV : electron Volt)]
10 [양자(quantum)] [양자론(quantum theory)]
11 (파동으로서의 성질) (입자로서의 성질)
12 [에너지 양자(energy-quantum)] ($E = hf$)
13 [광자(photon)] [광전자(photoelectron)] [광전자 방출(photoelectron emission)] [광전 효과(photoelectric effect)]
14 [일함수(work function)]
15 (원심력) (쿨롱의 힘) (평형 상태)
16 (여기) (원자핵의 구속력)
17 (주양자수) (부양자수) (자기 양자수) (스핀 양자수)
18 [파울리 배타율(pauli exclusion principle)]
19 (전자를 잃거나 얻는 것) (전자를 잃으면) (얻으면) (양성자의 수) (전자의 수)
20 (전자의 방향)

## 2 반도체의 결정

01 [단결정(single crystal)] [다결정(poly crystal)] (단결정) (다결정)
02 [단위정(unit cell)]
03 (단결정) (다결정)
04 (비정질 구조) (비정질) (비정질)
05 [액정(liquid crystal)]
06 (단순입방격자)
07 [면심입방격자(face centered cubic lattice)]
08 (1/8) (1/2) (4개)
09 [체심입방격자(body centered cubic lattice)],
10 (면심입방격자)
11 (같은 원자)
12 ( 8 ), 13 [우르짜이트광(wurtzite)]
14 (결정 구조) (결정 방향),
15 (밀러 지수)
16 [격자 결함(lattice defect)]

17 [원자 공공(vacancy)] [격자간 원자(interetitial)] [불순물 원자(impurity atom)] [전위(dislocation)] [표면 및 입계(surface of grain boundary)] [격자 열진동(lattice vibration)]
18 (원자 공공) (격자간 원자)
19 [X-선 회절(X-ray diffraction)]
20 (정전기)

## 3 반도체의 재료

01 [도체(conductor)]
02 [절연체(insulator)] [반도체(semiconductor)]
03 (고유 저항)
04 (저항률)
05 [진성 반도체(intrinsic semiconductor)]
06 [불순물 반도체(extrinsic semiconductor)]
07 [실리콘(silicon)]
08 (전기 전도도)
09 (1) (작아) (2) (불순물의 양)
   (3) (정류 작용) (4) (저항) (5) (전류)
10 [전자(electron)] [정공(hole)]
11 (n형 반도체) (p형 반도체)
12 (불순물의 종류) (불순물의 양)
13 (양성자와 중성자) [전자(electron)]
14 (최외각 전자) (결합)
15 [캐리어(carrier)] (캐리어)
16 [확산(diffusion)] [드리프트(drift)]
17 (14개의 전자) (2개) (8개) (M각)
18 [자유 전자(free electron)] (절연체적)
19 (최외각 전자) (저항이 감소) (도체)
20 [재결합(recombination)] [열평형 상태(thermal equilibrium)]
21 (불순물 원자의 수) (감소)
22 (5개) (온도가 상승) [이온화 에너지(ionized energy)]
23 ($1.5 \times 10^{10}/cm^3$) (n형 반도체) [도너(donor)]
24 (다수 캐리어) (열에너지) [항복(breakdown) 현상]
25 (전자 한 개가 부족) (정공) [부(−)로 이온화 (negative ionization)]
26 [집적(integrated)한다]
27 [실리콘(silicon)]
28 (화합물 반도체) [갈륨비소(GaAs)] (고속 소자)
29 (증폭) (트랜지스터)
30 [발광 소자(LED)] (빛을 전기 신호)
31 (메모리 반도체)

## 4  반도체의 에너지 준위

01 [공유 결합(covalent bond)]
02 (전도대) (충만대) (가전자대) (금지대)
03 [금지대폭(energy gap)]
04 (금지대) [자유 전자(free electron)]
05 [정공 (hole)] (정공)
06 (에너지) (에너지)
07 (작다)
08 (불순물) (불순물 반도체)
09 (최외각 전자) (중성) (중성)
10 (중성) (양의 전기) (양성자)
11 (1.12 eV) (0.045 eV) (자유 전자)
12 (n형 반도체) (3족 원소)
13 (중성인 반도체) (중성)
14 [직접 천이형 반도체(direct semiconductor)]
15 직접 천이 반도체

## 5  반도체의 에너지 준위

01 (자유 전자)
02 (자유 전자)
03 (드리프트 작용) [드리프트 속도(drift velocity)]
04 [평균 자유 행정(mean free path) [평균 자유 시간(mean free time)]
05 (자계) (자계)
06 (자계) [홀 효과(hall effect)]
07 (입자의 이동)
08 [확산(diffusion)] [확산 전류(diffusion current)]
09 (과잉 캐리어)
10 (열생성)
11 [재결합(recombination)]
12 (재결합 중심)
13 (포획 중심) (전도대)

## 6  반도체의 pn 접합

01 [pn 접합(pn junction)]
02 (불순물이 확산) (페르미 준위)
03 (전자와 정공)
04 (p형 반도체) (억셉터 이온)
05 (n형 반도체) (도너 이온)
06 [공간 전하 영역(space charge region)]

07 (전계)   08 [공핍층(depletion layer)]
09 (전자의 확산) (정공의 확산)
10 [확산 전위(diffusion potential)]
11 (전자) (n형 반도체) [전위 장벽(potential barrier)]
12 [정류 특성(rectification)] (반대 방향)
13 [순방향 바이어스(forward bias)
14 (정공) (정공) [역방향 전류(reverse saturation current)]
15 [공핍층 용량(depletion layer capacitance)]
16 (역포화 전류) [항복 전압(breakdown voltage)]
17 (역포화 전류) (항복 현상) (절연 파괴 현상)
18 (역전압)(이온화 과정)
19 (연쇄 충돌 과정) [애벌란시 항복(avalanche breakdown)]
20 (작은) (이온화) (터널현상) [제너 항복(zener breakdown)]

## 7  트랜지스터

01 (점접촉형)
02 (점접촉형)
03 [확산(diffusion)]
04 (npn형 트랜지스터)
05 (순바이어스) (역바이어스)
06 (전위 장벽) (전도 전자) [방출(emission)]
07 (전자) (재결합) (확산)
08 (전자) [드리프트(drift)] (n형 중성층)
09 [이미터(emitter)] [베이스(base)] [컬렉터(collector)]
10 (재결합) (증폭 작용)
11 (베이스 전류) [전류 증폭률(current amplification factor)]
12 [이미터 효율(emitter efficiency)] (주입율)
13 [베이스 전송 계수(base transport factor)]
14 [포화 영역(saturation region)] [활성 영역(active region)] [차단 영역(cut-off region)]
15 [옴성 접촉(ohmic contact)] [전계효과 트랜지스터(field effector transistor)]
16 (게이트 전압) (선형 영역) (포화 영역)
17 [선형 영역(linear region)]
18 [포화 영역(saturation region)] (전류) (급격히 증가)
19 [핀치 - 오프(pinch-off)]
20 [금속-절연체-반도체(metal insulator semiconductor)]
21 (금속 - 산화물 - 반도체)

22 (산화막) (입력 임피던스) (게이트 전류)

23 (전압) (도통) (차단) [전계효과(field effect)]

24 [축적 모드(accumulation mode)] [공핍 모드 (depletion mode)] [반전 모드(inversion mode)]

25 (정공) (축적) [축적 모드(accumulation mode)]

26 (정공) (⊖ 공간 전하 영역) [공핍 모드(depletion mode)]

27 (전자) (전자) [반전(inversion)] [반전 모드 (inversion mode)]

28 [반전층(inversion layer)] [채널(channel)]

29 (반전층) [문턱 전압(threshold voltage)]

30 (채널) [증가형(enhancement type)]

31 (채널) [공핍형(depletion type)]

32 (전자) (pMOSFET)

33 (드레인 영역) [핀치 – 오프(pinch-off)]

34 (드레인 전류의 변화) [전달 이득(transfer gain)]

35 (공핍 상태) [커패시터(capacitor)]

## 8  금속과 반도체의 접촉

01 (일함수의 크기) (전류)

02 [일함수(work function)]

03 [전자 친화력(electron affinity)]

04 (4.55 eV) (5.65 eV) (4.28 eV)

05 (전도대) (금속) [페르미 준위(fermi level)] (공 핍층) (공간 전하층)

06 [쇼트키 장벽(schottky barrier)]

07 (감소) (증가)

08 (증가) (않는다)

09 [에너지 밴드(energy band)] (정류 특성) (쇼트키 장벽)

10 (금속) (금속) (반도체)

11 (않는다) (높아지고) (전도대) (금속)

12 (낮게) (금속) (반도체)

13 [옴성 접촉(ohmic contact)]

14 (높기) (금속) (정공) (위쪽)

15 (정공) (반도체) (정공) (금속) (옴성 접촉)

## 9  반도체의 제조 공정

01 (웨이퍼) [마스크(mask)] [리드 프레임(lead frame)] [패키지(package)]

02 [웨이퍼(wafer)]

03 (다결정)

04 [단결정 성장(crystal growing)] [절단(slicing)] [경면 연마(polishing)] [세척과 검사(cleaning & inspection)]

05 [반도체(semiconductor)]

06 [칩(chip)] [다이(die)]

07 [절단선(scribe line)]

08 [가장자리 다이(edge die)]

09 [평탄 영역(flat zone)]

10 [SOI(silicon on insulator)]

11 [에피텍셜 웨이퍼(epi wafer)] (표면 결함) (불순물)

12 [마스크(mask)] (사진 식각) [스테퍼(stepper)]

13 [리드 프레임(lead frame)]

14 (Coater) (Stepper) (Aligner) (Developer)

15 [수율(yield)]

16 [현상 공정(development process)] [확산 공정 (diffusion process)] [박막 공정(thin film process)] [식각 공정(etching process)]

17 [리드 프레임(lead frame)] [접속선 접착(wire bonding)] (밀봉) [패키지(package)]

18 [FZ 결정(floating zone crystal)] [CZ 결정 (czochralski crystal)]

19 [투명 영역(clear field)] [불투명 영역(opaque field)] (투명 영역 마스크) (불투명 영역 마스크)

20 [레티클(reticle)] (레티클) (웨이퍼)

21 (단결정 성장) (규소봉 절단 ) (웨이퍼 표면 연마) (회로 설계) (마스크 제작)

22 (산화막의 성장) (사진 현상) (노광) (현상) (식각) (이온 주입) (금속 증착)

23 [산화 실리콘(SiO2)]

24 (보호막) ② (표면의 보호) ③ (유전체) ④ (격리)

25 [마스크(mask)] [감광막(photoresist)] [자외선 (UV)] [식각(etching)]

26 (음성형 감광막) (쪼여진 부분) (않는)

27 [식각(etching)]

28 [습식 식각(wet etching)] [건식 식각(dry etching)] (건식 식각법)

29 [이온 주입(ion implantation)] (불순물)

30 (정확히 제어)(접합 깊이를 조절) [열처리(annealing)] (불순물의 활성화) (측면 퍼짐의 감소)

31 [전치 증착(pre deposition)] [후확산(drive-in)]

32 (전치 증착) (후확산) (전치 증착)

33 [화학 기상 증착(CVD : chemical vapor deposition)]

34 [금속화(metalization)]
35 (웨이퍼 자동 선별) (웨이퍼 절단) (웨이퍼 표면 연마) (금속 연결) (성형) (최종 검사) (조립)
36 [리드 프레임(lead frame)] [본딩 와이어(bonding wire)] [다이(die)]
37 [DIP(dual in package)] [PGA (pin grid array)] [ZIP] [PLCC(plastic leaded chip carrier)] [QFP(quad flat package)] [BGA(ball grid array)]
38 [n형 우물(n-well)] [p형 우물(p-well)] [쌍우물 (twin-well 또는 twin-tub)]
39 (FAB)
40 (조립 라인)

## 10 특수 반도체 소자

01 (p형) [양(positive)] [항복 현상(breakdown phenomena)]
02 (제너 항복) (제너 항복 전류)
03 (공핍층) (자유 전자 – 정공쌍)
04 (역방향 전류)(일정 값)
05 (일정한 전압) (정전압)
06 [광다이오드(photo diode)]
07 [발광 다이오드(light emitting diode)]
08 (광통신용) (광통신용) (빨강색) (황색) (녹색) (청색)
09 (전기 입력) (레이저광)
10 [단일 접합 트랜지스터(UJT : Uni-Junction Transistor)] (베이스)
11 [실리콘 제어 정류기(SCR : silicon controlled rectifier)] (전동기 속도 제어)
12 (양방향) (5층 구조) [브레이크 오버 전압(break over voltage)]
13 [트라이액(TRIAC)]
14 [RAM(random access memory)] [휘발성 메모리 (volatile memory)]
15 [DRAM(dynamic RAM)]
16 [SRAM(static RAM)]
17 [ROM(read only memory)] [비휘발성 메모리 (nonvolatile memory)]
18 [EEPROM(electrically erasable & programm-able ROM)] (전원)
19 [플래시 메모리(flash memory)] (비휘발성 메모리) (전기적) (고속 프로그래밍)

## 11 정보 디스플레이 소자

01 [정보 디스플레이(information display)]
02 [단위 화소(unit pixel)]
03 [컬러 화소(color pixel)], (적색), (녹색), (청색)
04 [휘도(brightness)], [해상도(resolution)], [명암도 (contrast)]
05 (밝기), (방출), (cd/m$^2$)
06 (정밀도), (화소의 수)
07 (최대 밝기), (최저 밝기)
08 [디스플레이 색상(color chromaticity)]
09 [평판 디스플레이(FPD : Flat Panel Display)], (얇고)
10 [CRT(cathode Ray Tube)], [PDP(Plasma Display Panel)], [LCD(Liquid Crystal Display)]
11 [박막 트랜지스터(TFT : Thin Film Transistor)], (능동형 메트릭스 구동 회로를 갖는 액정 표시 장치), (AMLCD : Active Matrix LCD)]
12 [플라스마(plasma)], (전자), (양전하)
13 [플라스마 디스플레이 장치(PDP: Plasma Display Panel)]
14 [수동 행렬(passive matrix)], [능동 행렬(active matrix)]
15 [유기 발광 다이오드(OLED : Orgnic Light Emitting Diode)]
16 (전자), (재결합)
17 [전계 방출 디스플레이(FED: Field Emission DIsplay)]
18 (음극선), (휘도), (시야각)
19 (위치), (방향), (규칙성)
20 (유동성), (결정), (결정)
21 (배열 구조), (크기), (기능)
22 (네마틱), (스멕틱), [콜레스테릭 액정(cholesteric crystal)]
23 [네마틱 액정(nematic liquid crystal)], [스멕틱 액정(smetic liquid crystal)]
24 [디스코틱(discotic)]
25 (위치 질서), (어느 방향)
26 [뒤틀린 네마틱(TN: Twisted Nematic)]
27 (액정), (박막 트랜지스터)
28 (비저항), (자외선)
29 (수평 배향), (수직 배향)
30 (이방성)
31 [양각(positive)]
32 (전압), (액정 분자)

33 (액정 분자), (방향)

34 (빛), (편광막)

35 [광사진 식각(photolithography)], (자외선)

36 [감광막(photoresist)], [노광(postbake)]

37 (적색), (녹색), (청색)

38 (배향막), (연마), (세척), (도전 재료), (유리 절단), (편광막)

39 [후면광(back light)]

40 (밝기의 균일성), (박형화(薄型化)), (고휘도 및 고효율)

41 (형광 램프), (냉음극관), [램프 반사경(lamp reflector)], (도광판), (확산판(擴散板)), (반사판)

42 [플라스마 디스플레이 장치(PDP : plasma display panel)]

43 (형광등)

44 [액정 표시 장치(LCD : liquid crystal display)]

45 [박막 트랜지스터(TFT : thin film transistor)] [능동형 메트릭스 구동 회로를 갖는 액정 표시 장치(AMLCD : active matrix LCD)]

46 [유기 발광 다이오드(OLED : organic light emitting diode)], [유기 반도체(organic semiconductor)]

47 저분자(low molecular)(고분자(polymer)) (후면광(backlight)) (가볍고 얇은) (광시야각)

48 [전계 방출 디스플레이(FED : field emission display)]

49 (음극선 발광 현상) (휘도) (동작 속도) (얇고)

50 [LED(light emitting diode)]

51 (양자 효율), (전력 효율), (양자 효율)

52 (소비 전력), (친환경적)

# 참고문헌

1. S. Wolf, *silicon processing for the vlsi era*, VOLUME 2, LATTICE PRESS, 1990.

2. W. S. TANG, *fundamentals of semiconductor device*, McGraw- Hill Book Company, 1978.

3. S. M. SZE, *semiconductor devices*, physics and Technology, 1985.

4. B. G. Streetman, *solid state electronic device*, second edition, PRENTICE HALL, 1980.

5. S.M.SZE, *Physic of Semiconductor Device*, 2nd edition, Willey-Interscience, 1981.

6. D. A. NEAMEN, *semiconductor physics and devices*, BASIC PRINCIPLE, IRWIN, 1992.

7. J. W.MATTHEWS, *epitaxial growth*, AP, 1975.

8. L. A. Glasser and D. W. Dobberpuhl, *The Design and Analysis of VLSI Circuits*, Addison-Wesley Publishing Company, 1985.1.

9. L. A. Glasser and D. W. Dobberpuhl, *The Design and Analysis of VLSI Circuits*, Addison-Wesley Publishing Company, 1985.

10. N. H. E. *Weste and K. Eshraghian, Principles of CMOS VLSI Design*, Addison-Wesley Publishing Company, 1985.

11. M. Annaratone, *Digital CMOS Circuit Design*, Kluwer Academic Publishers, 1986.

12. J. P. Uyemura, *Fundamentals of MOS Digital Integrated Circuits*, Addison-Wesley Publishing Company, 1988.

13. J. P. Uyemura, *Circuit Design for CMOS VLSI*, Kluwer Academic Publishers, 1992.

14. *LSI Logic 0.7-Micron Array-Based Products Databook*, LSI Logic Co., CA, 1993.

15. R. H. Katz, *Contemporary Logic Design*, The Benjamin/Cummings Publishing Company, Inc., CA. 1994.

16. T. A. DeMassa and Z. Ciccone, *Digital Integrated Circuits*, John Wiley & Sons, Inc., NY, 1996.

17. J. M. Rabaey, *Digital Integrated Circuits: A Design Perspective*, Prentice-Hall, Inc., 1996.

18. B. Kang, S. Lee, J. Park, *CMOS Layout Design using MyChip Station, MyCAD*, Inc./Seudu Logic, Inc., 2000.

19. 香山 普, VLSI パッケ-ジング技術(上)(下), 日經 BP社, 1993.

20. 日立製作所, 總合 [日立 ASIC], 1998.

21. 金田怒紀夫, マイクロプセッサとRISC, オ-ム社, 1991.

22. 米津宏雄, 光情報産業と先端技術, 工學圖書, 1997.

23. 三菱電機, わかりやすい半導体デバイス, オ-ム社, 1997.7.

24. カラ-版最新圖解半導體ガイド, 誠文堂新光社, 1996.

25. 池田宏之助 ほか, 圖解電池のはなし, 日本實業出版社, 1996.

26. 液品のつくる世界畵像をかえた素材, 竹添秀男, ポプラ社, 1995.

27. 液晶の基礎と應用, 松本正一, 角田市良, 工業調査會, 1991.

28. 液晶 : LCDの基礎と新しい應用, 液晶若手研究會編, シグマ出版, 1997.

29. わかりやすい 액정のはなし, 那野比古, 日本實業出版社, 1998.

30. Handbook of Liquid Crystal, D. *Demus et al*. Wiley-VCH, 1996.

31. 류장렬, 최신반도체공학, 형설출판사, 2010.

32. 류장렬, 반도체길라잡이, 청문각, 2015.

# 찾아보기

정보화 시대의 반도체 길라잡이

# 반도체공학

2015년 9월 15일   1판 1쇄 펴냄
2017년 1월 31일   1판 2쇄 펴냄

지은이   류장렬
펴낸이   류원식
펴낸곳   **청문각출판**

주소   413-120 경기도 파주시 교하읍 문발로 116
전화   1644-0965(대표)
팩스   070-8650-0965
홈페이지   www.cmgpg.co.kr
등록   2015. 01. 08.  제406-2015-000005호

ISBN   978-89-6364-236-9  (93560)
값   29,000원

* 잘못된 책은 바꾸어 드립니다.

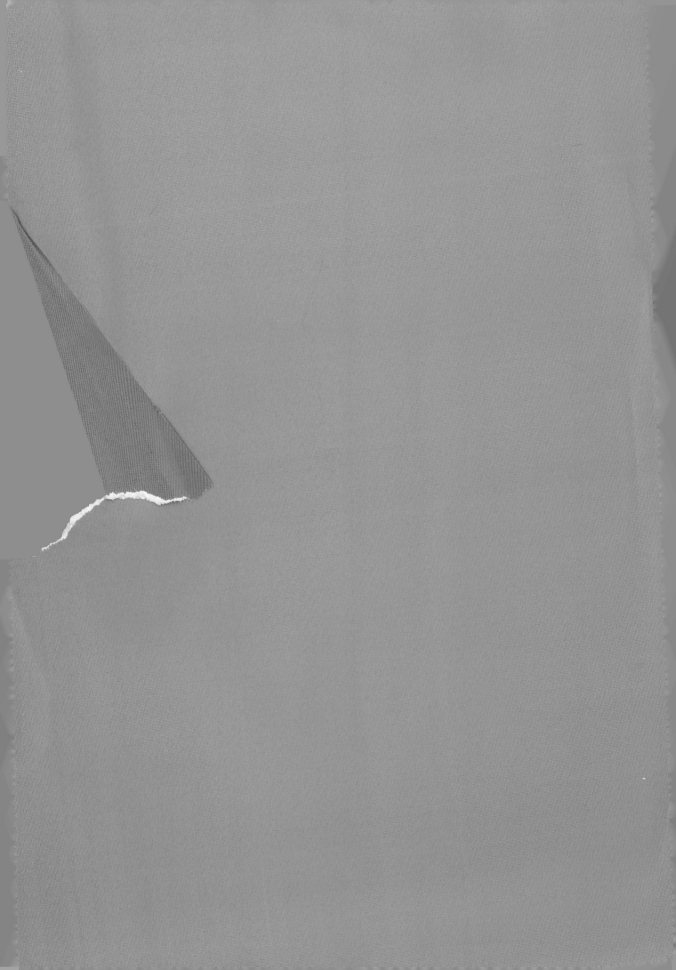